N. BOURBAKI

ÉLÉMENTS DE MATHÉMATIQUE

N. BOURBAKI

ÉLÉMENTS DE MATHÉMATIQUE

TOPOLOGIE GÉNÉRALE

Chapitres 1 à 4

Springer

Réimpression inchangée de l'édition originale de 1971

ISBN-10 3-540-33936-1 Springer Berlin Heidelberg New York
ISBN-13 978-3-540-33936-6 Springer Berlin Heidelberg New York

Springer est membre du Springer Science+Business Media
springer.com

Maquette de couverture: WMXdesign, Heidelberg
Imprimé sur papier non acide 41/3100/YL - 5 4 3 2 1 0 -

Mode d'emploi de ce traité

NOUVELLE ÉDITION

1. Le traité prend les mathématiques à leur début, et donne des démonstrations complètes. Sa lecture ne suppose donc, en principe, aucune connaissance mathématique particulière, mais seulement une certaine habitude du raisonnement mathématique et un certain pouvoir d'abstraction. Néanmoins, le traité est destiné plus particulièrement à des lecteurs possédant au moins une bonne connaissance des matières enseignées dans la première ou les deux premières années de l'Université.

2. Le mode d'exposition suivi est axiomatique et procède le plus souvent du général au particulier. Les nécessités de la démonstration exigent que les chapitres se suivent, en principe, dans un ordre logique rigoureusement fixé. L'utilité de certaines considérations n'apparaîtra donc au lecteur qu'à la lecture de chapitres ultérieurs, à moins qu'il ne possède déjà des connaissances assez étendues.

3. Le traité est divisé en Livres et chaque Livre en chapitres. Les Livres actuellement publiés, en totalité ou en partie, sont les suivants:

Théorie des Ensembles	désigné par	E
Algèbre	„	A
Topologie générale	„	TG
Fonctions d'une variable réelle	„	FVR
Espaces vectoriels topologiques	„	EVT
Intégration	„	INT
Algèbre commutative	„	AC
Variétés différentielles et analytiques	„	VAR
Groupes et algèbres de Lie	„	LIE
Théories spectrales	„	TS

Dans les *six premiers* Livres (pour l'ordre indiqué ci-dessus), chaque énoncé ne fait appel qu'aux définitions et résultats exposés précédemment dans ce Livre ou dans les Livres *antérieurs*. A partir du septième Livre, le lecteur trouvera éventuellement, au début de chaque Livre ou chapitre, l'indication précise des autres Livres ou chapitres utilisés (les six premiers Livres étant toujours supposés connus).

4. Cependant, quelques passages font exception aux règles précédentes. Ils sont placés entre deux astérisques: * . . . *. Dans certains cas, il s'agit seulement de faciliter la compréhension du texte par des exemples qui se réfèrent à des faits que le lecteur peut déjà connaître par ailleurs. Parfois aussi, on utilise, non seulement les résultats supposés connus dans tout le chapitre en cours, mais des résultats démontrés ailleurs dans le traité. Ces passages seront employés librement dans les parties qui supposent connus les chapitres où ces passages sont insérés et les chapitres auxquels ces passages font appel. Le lecteur pourra, nous l'espérons, vérifier l'absence de tout cercle vicieux.

5. A certains Livres (soit publiés, soit en préparation) sont annexés des *fascicules de résultats*. Ces fascicules contiennent l'essentiel des définitions et des résultats du Livre, mais aucune démonstration.

6. L'armature logique de chaque chapitre est constituée par les *définitions*, les *axiomes* et les *théorèmes* de ce chapitre; c'est là ce qu'il est principalement nécessaire de retenir en vue de ce qui doit suivre. Les résultats moins importants, ou qui peuvent être facilement retrouvés à partir des théorèmes, figurent sous le nom de « propositions », « lemmes », « corollaires », « remarques », etc.; ceux qui peuvent être omis en première lecture sont imprimés en petits caractères. Sous le nom de « scholie », on trouvera quelquefois un commentaire d'un théorème particulièrement important.

Pour éviter des répétitions fastidieuses, on convient parfois d'introduire certaines notations ou certaines abréviations qui ne sont valables qu'à l'intérieur d'un seul chapitre ou d'un seul paragraphe (par exemple, dans un chapitre où tous les anneaux considérés sont commutatifs, on peut convenir que le mot « anneau » signifie toujours « anneau commutatif »). De telles conventions sont explicitement mentionnées à la tête du *chapitre* dans lequel elles s'appliquent.

7. Certains passages sont destinés à prémunir le lecteur contre des erreurs graves, où il risquerait de tomber; ces passages sont signalés en marge par le signe ☡ (« tournant dangereux »).

8. Les exercices sont destinés, d'une part, à permettre au lecteur de vérifier qu'il a bien assimilé le texte; d'autre part, à lui faire connaître des résultats qui n'avaient pas leur place dans le texte; les plus difficiles sont marqués du signe ¶.

9. La terminologie suivie dans ce traité a fait l'objet d'une attention particulière. *On s'est efforcé de ne jamais s'écarter de la terminologie reçue sans de très sérieuses raisons.*

10. On a cherché à utiliser, sans sacrifier la simplicité de l'exposé, un langage rigoureusement correct. Autant qu'il a été possible, les *abus de langage ou de*

notation, sans lesquels tout texte mathématique risque de devenir pédantesque et même illisible, ont été signalés au passage.

11. Le texte étant consacré à l'exposé dogmatique d'une théorie, on n'y trouvera qu'exceptionnellement des références bibliographiques; celles-ci sont groupées dans des *notes historiques*. La bibliographie qui suit chacune de ces Notes ne comporte le plus souvent que les livres et mémoires originaux qui ont eu le plus d'importance dans l'évolution de la théorie considérée; elle ne vise nullement à être complète.

Quant aux exercices, il n'a pas été jugé utile en général d'indiquer leur provenance, qui est très diverse (mémoires originaux, ouvrages didactiques, recueils d'exercices).

12. Dans la nouvelle édition, les renvois à des théorèmes, axiomes, définitions, remarques, etc. sont donnés en principe en indiquant successivement le Livre (par l'abréviation qui lui correspond dans la liste donnée au n° 3), le chapitre et la page où ils se trouvent. A l'intérieur d'un même Livre la mention de ce Livre est supprimée; par exemple, dans le Livre d'Algèbre,

E, III, p. 32, cor. 3

renvoie au corollaire 3 se trouvant au Livre de Théorie des Ensembles, chapitre III, page 32 de ce chapitre;

II, p. 23, *Remarque* 3

renvoie à la Remarque 3 du Livre d'Algèbre, chapitre II, page 23 de ce chapitre.

Les fascicules de résultats sont désignés par la lettre R; par exemple: EVT, R signifie « fascicule de résultats du Livre sur les Espaces vectoriels topologiques ».

Comme certains Livres doivent seulement être publiés plus tard dans la nouvelle édition, les renvois à ces Livres se font en indiquant successivement le Livre, le chapitre, le paragraphe et le numéro où se trouve le résultat en question; par exemple:

AC, III, § 4, n° 5, cor. de la prop. 6.

Au cas où le Livre cité a été modifié au cours d'éditions successives, on indique en outre l'édition.

INTRODUCTION

A côté des structures *algébriques* (groupes, anneaux, corps, etc.) qui ont fait l'objet du Livre d'Algèbre, interviennent, dans toutes les parties de l'Analyse, des structures d'une autre sorte: ce sont celles où l'on donne un sens mathématique aux notions intuitives de *limite*, de *continuité* et de *voisinage*. C'est l'étude de ces structures qui va faire l'objet du présent Livre.

Historiquement, les notions de limite et de continuité sont apparues très tôt dans la mathématique, notamment en Géométrie, et leur rôle n'a fait que grandir avec le développement de l'Analyse et ses applications aux sciences expérimentales. C'est qu'en effet ces notions sont intimement liées à celles de *détermination expérimentale* et *d'approximation*. Mais comme la plupart des déterminations expérimentales se ramènent à des *mesures*, c'est-à-dire à la détermination d'un ou plusieurs *nombres*, il était naturel qu'en mathématiques les notions de limite et de continuité ne jouent de rôle tout d'abord que dans la théorie des nombres réels avec ses ramifications ou champs d'application divers (nombres complexes, fonctions réelles ou complexes de variables réelles ou complexes, géométrie euclidienne ou géométries derivées).

A une époque récente, on a compris que la portée des notions dont il s'agit dépasse de loin les nombres réels et complexes de l'Analyse classique (voir Note historique du chap. I). Par un effort d'analyse et de dissociation, on a été amené à en dégager l'essentiel, et à forger un outil dont l'efficacité s'est révélée dans de nombreuses branches des Mathématiques.

Pour faire comprendre ce qu'il y a d'essentiel dans les notions de limite, de continuité et de voisinage, nous commencerons par analyser celle de *voisinage*, bien qu'historiquement elle soit plus tardive que les deux autres. Si nous partons du concept physique d'approximation, il sera naturel de dire qu'une partie A d'un ensemble E est un voisinage d'un élément *a* de A, si lorsqu'on remplace *a* par un élément « approché », ce nouvel élément appartient encore à A, pourvu toutefois que l' « erreur » commise soit assez petite; ou encore, si tous les points de E « suffisamment proches » de *a* appartiennent à A. Cette définition a un sens précis chaque fois que l'on aura précisé la notion d'erreur assez petite, ou d'élément suffisamment proche d'un autre. Pour y arriver, la première idée consiste à supposer qu'on a été amené à mesurer l' « écart » de deux éléments par un nombre réel (positif). Chaque fois que, dans un ensemble, on aura défini, pour tout couple d'éléments, un « écart » ou une « distance », on pourra définir les « voisinages » d'un élément *a*: sera voisinage de *a* tout sous-ensemble qui contient tous les éléments dont la distance à *a* est inférieure à un nombre strictement positif convenable. Bien entendu, pour qu'à partir de cette définition puisse se développer une théorie intéressante, on devra supposer que la « distance » satisfait à certaines conditions ou axiomes (par exemple, les inégalités qui, en géométrie euclidienne, existent entre les distances mutuelles de trois sommets d'un triangle, devront encore être vérifiées pour notre distance généralisée). On obtient ainsi une vaste généralisation de la géométrie euclidienne; aussi est-il commode de se servir d'un langage géométrique, d'appeler *points* les éléments de l'ensemble sur lequel a été définie une « distance », cet ensemble prenant lui-même le nom d'*espace*. De tels espaces seront étudiés au chapitre IX.

Dans cette conception, on n'a pas encore réussi à se débarrasser des nombres réels. Pourtant les espaces ainsi définis possèdent un grand nombre de propriétés qui peuvent s'énoncer indépendamment de la « distance » qui leur a donné naissance. Par exemple: tout sous-ensemble qui contient un voisinage de *a* est encore un voisinage de *a*; l'intersection de deux voisinages de *a* est un voisinage de *a*. Ces propriétés et quelques autres entraînent une foule de conséquences qu'on en déduit indépendamment de tout recours à la « distance » qui a permis initialement la définition des voisinages. On obtiendra ainsi des énoncés dans lesquels il ne sera jamais question de grandeur, de distance, etc.

Ceci nous amène enfin à la conception générale d'espace topologique, conception indépendante de toute théorie préalable des nombres réels. Nous dirons qu'un ensemble E est muni d'une *structure topologique* chaque fois que, par un moyen ou par un autre, on aura associé à chaque élément de E une famille de parties de E, appelées *voisinages* de cet élément, pourvu toutefois que ces voisinages satisfassent à certaines conditions (les *axiomes* des structures topologiques). Le choix des axiomes à imposer aux voisinages est évidemment quelque peu arbitraire, et historiquement il a donné lieu à de longs tâtonnements (voir Note historique du chap. I). Le système d'axiomes auquel on s'est finalement arrêté couvre sensiblement les besoins actuels de l'Analyse, sans tomber dans une généralité excessive et sans objet.

Un ensemble muni d'une structure topologique prend le nom d'*espace topologique*, ses éléments prennent le nom de *points*. La branche des mathématiques qui étudie les structures topologiques porte le nom de *Topologie* (étymologiquement « science du lieu », nom peu expressif par lui-même) que l'on préfère aujourd'hui à celui d'*Analysis Situs* qui en est synonyme.

On remarquera que, pour arriver à la notion de voisinage, nous étions partis du concept vague d'élément « suffisamment proche » d'un autre. Inversement une structure topologique permet maintenant de donner un sens précis à la phrase: « telle propriété a lieu pour tous les points *suffisamment voisins* de a »; cela signifie, par définition, que l'ensemble des points qui possèdent cette propriété est un voisinage de a dans la structure topologique en question.

De la notion de voisinage découle une série d'autres notions dont l'étude est le propre de la Topologie: intérieur d'un ensemble, adhérence d'un ensemble, frontière d'un ensemble, ensemble ouvert, ensemble fermé, etc. (voir chap. I, § 1). Par exemple, une partie A est un ensemble *ouvert* si, chaque fois qu'un point a appartient à A, tous les points suffisamment voisins de a appartiennent à A, autrement dit, si A est voisinage de chacun de ses points. Pour toutes ces notions, les axiomes des voisinages comportent diverses conséquences: par exemple, l'intersection de deux ensembles ouverts est un ensemble ouvert (parce qu'on a supposé que l'intersection de deux voisinages de a est un voisinage de a). Inversement, partons d'une de ces notions dérivées au lieu de partir de celle de voisinage; par exemple, supposons connus les ensembles ouverts, et érigeons en axiomes les propriétés de la famille des ensembles ouverts (une de ces propriétés vient d'être indiquée à titre d'exemple). On constate que l'on peut alors, de la connaissance des ensembles ouverts, remonter à celle des voisinages, les axiomes des voisinages se trouvant vérifiés comme conséquences des nouveaux axiomes pris comme point de départ. On voit qu'une structure topologique peut être définie de plusieurs manières différentes, mais équivalentes au fond (cf. E, IV, p. 9). Dans ce traité nous partons de la notion d'*ensemble ouvert*, pour des raisons de commodité, parce que les axiomes correspondants offrent un caractère de plus grande simplicité.

Une fois définies les structures topologiques, il est facile de préciser la notion de *continuité*. Intuitivement une fonction est continue en un point si sa valeur varie aussi peu qu'on veut lorsque l'argument reste suffisamment voisin du point considéré. On voit que la notion de continuité aura un sens précis chaque fois que l'espace des arguments et l'espace des valeurs seront des espaces topologiques. La définition précise qui s'impose alors sera donnée dans I, p. 8.

Comme la notion de continuité, la notion de *limite* fait intervenir deux ensembles munis respectivement de structures convenables, et une application de l'un dans l'autre. Par exemple, lorsqu'on parle de la limite d'une suite de nombres réels a_n, il intervient d'une part l'ensemble $\mathbf{N}$ des entiers naturels, d'autre part l'ensemble $\mathbf{R}$ des nombres réels, enfin une application du premier ensemble dans le second. On dit alors qu'un nombre réel a est limite de la suite si, quel que soit le voisinage V de a, ce voisinage contient tous les a_n, sauf pour un nombre fini de valeurs de n; autrement dit, si l'ensemble des n pour lesquels a_n appartient à V est une partie de **N** dont le complémentaire est fini. On voit que **R** est supposé muni d'une structure topologique, puisqu'il s'agit de voisinages; quant à l'ensemble **N**, on y fait jouer un rôle particulier à une certaine famille de sous-ensembles, ceux dont le complémentaire est fini. C'est là un fait général. Chaque fois que l'on parle de limite, il est question d'une application f d'un ensemble E dans un espace topologique F; on dit alors que f a pour limite un point a de F si l'ensemble des éléments x de E dont l'image $f(x)$ appartient à un voisinage V de a (cet ensemble n'est autre que l' « image réciproque » $\overset{-1}{f}(V)$) appartient, quel que soit V, à une certaine famille $\mathfrak{F}$ de sous-ensembles de E, donnée à l'avance. Pour que la notion de limite possède les propriétés essentielles qu'on lui attribue d'ordinaire, on impose à la famille $\mathfrak{F}$ de satisfaire à certains axiomes qui seront énoncés dans I, p. 35. Une telle famille $\mathfrak{F}$ de partie de E s'appelle un *filtre* sur E. La notion de filtre, qui est donc inséparable de celle de limite, intervient d'ailleurs à plus d'un titre en Topologie: par exemple, les voisinages d'un point dans un espace topologique forment un filtre.

L'étude générale de toutes les notions précédentes constitue l'objet essentiel du Chapitre I. On y étudiera aussi certaines classes particulières d'espaces topologiques: espaces satisfaisant à des axiomes plus restrictifs que les axiomes généraux, ou espaces obtenus par des procédés particuliers à partir d'autres espaces supposés donnés.

Comme on l'a déjà dit, une structure topologique sur un ensemble permet de donner un sens précis à la phrase: « dès que x est suffisamment voisin de a, x possède la propriété $P\{x\}$ ». Mais, sauf dans le cas où aurait été définie une « distance », on ne voit pas quel sens attribuer à la phrase: « tout couple de points x,y suffisamment voisins possède la propriété $P\{x, y\}$ ». Cela tient à ce qu'on ne possède *a priori* aucun moyen de comparer entre eux les voisinages de deux points différents. Or, la notion de couple de points voisins intervient fréquemment dans l'Analyse classique (entre autres dans les énoncés où il est question de continuité uniforme). Il importe donc de lui donner un sens précis en toute généralité; pour cela, on est amené à définir des structures plus riches que les structures topologiques, les *structures uniformes*. Elles seront étudiées au chapitre II.

Les autres chapitres du Livre de Topologie générale seront consacrés à des questions où, en plus d'une structure topologique ou uniforme, interviennent simultanément d'autres structures. Par exemple, un *groupe* sur lequel on a défini une topologie convenable (c'est-à-dire compatible en un certain sens avec la structure du groupe) prend le nom de *groupe topologique*. Les groupes topologiques seront étudiés au chapitre III; on y verra en particulier comment tout groupe topologique peut être muni de certaines structures uniformes.

Au chapitre IV, on appliquera les principes précédents au corps des nombres rationnels (défini d'une manière purement algébrique dans A, I, p. 111), ce qui permettra de définir le corps des nombres réels; en raison de son importance, on en fera aussitôt une étude détaillée. A partir des nombres réels, on définira, dans les chapitres suivants, certains espaces topologiques particulièrement intéressants du point de vue des applications de la Topologie à la géométrie classique: espaces vectoriels à un nombre fini de dimensions, sphères, espaces projectifs, etc. On étudiera aussi certains groupes topologiques étroitement liés au groupe additif des nombres réels, que l'on caractérisera axiomatiquement; ceci conduira à la définition et aux propriétés élémentaires des fonctions les plus importantes de l'Analyse classique: exponentielle, logarithme, fonctions trigonométriques.

Dans le chapitre IX, on reviendra aux espaces topologiques généraux en se servant de l'instrument nouveau qu'est le nombre réel; on étudiera en particulier les espaces dont la topologie est définie au moyen d'une « distance », espaces qui possèdent des propriétés dont certaines n'ont pu encore être étendues aux espaces plus généraux. Au chapitre X, on se propose d'étudier les ensembles d'applications d'un espace topologique dans un espace uniforme (espaces fonctionnels); ces ensembles, munis à leur tour de structures topologiques convenables, possèdent des propriétés intéressantes qui jouent, jusque dans l'Analyse classique, un rôle important. Enfin, le dernier chapitre est consacré à l'étude des notions de *revêtement* et d'*espace simplement connexe*.

CHAPITRE I

Structures topologiques

§ 1. ENSEMBLES OUVERTS; VOISINAGES; ENSEMBLES FERMÉS

1. Ensembles ouverts

DÉFINITION 1. — *On appelle structure topologique* (ou plus brièvement *topologie*) *sur un ensemble* X *une structure constituée par la donnée d'un ensemble* $\mathfrak{O}$ *de parties de* X *possédant les propriétés suivantes* (dites *axiomes des structures topologiques*):

(O_I) *Toute réunion d'ensembles de* $\mathfrak{O}$ *est un ensemble de* $\mathfrak{O}$.

(O_{II}) *Toute intersection finie d'ensembles de* $\mathfrak{O}$ *est un ensemble de* $\mathfrak{O}$.

Les ensembles de $\mathfrak{O}$ *sont appelés ensembles ouverts de la structure topologique définie par* $\mathfrak{O}$ *sur* X.

DÉFINITION 2. — *On appelle espace topologique un ensemble muni d'une structure topologique.*

Les éléments d'un espace topologique sont souvent appelés *points*. Lorsqu'on a défini une topologie sur un ensemble X, on dit que cet ensemble est *sous-jacent* à l'espace topologique X.

L'axiome (O_I) implique en particulier que la réunion de la partie vide de $\mathfrak{O}$, c'est-à-dire *l'ensemble vide* (E, II, p. 22) appartient à $\mathfrak{O}$. L'axiome (O_{II}) implique que l'intersection de la partie vide de $\mathfrak{O}$, c'est-à-dire *l'ensemble* X (E, II, p. 23, déf. 3) appartient à $\mathfrak{O}$.

Lorsqu'on veut montrer qu'un ensemble $\mathfrak{O}$ de parties de X satisfait à (O_{II}), il est souvent commode d'établir séparément qu'il satisfait aux deux axiomes suivants, dont la conjonction est équivalente à (O_{II}):

(O_{IIa}) *L'intersection de deux ensembles de* $\mathfrak{O}$ *appartient à* $\mathfrak{O}$.

(O_{IIb}) X *appartient à* $\mathfrak{O}$.

Exemples de topologies. — Sur un ensemble quelconque X, l'ensemble de parties de X formé de X et de ∅ satisfait aux axiomes (O_I) et (O_{II}) et définit donc une topologie sur X. Il en est de même de l'ensemble $\mathfrak{P}(X)$ de toutes les parties de X: la topologie qu'il définit est dite *topologie discrète* sur X, et l'ensemble X muni de cette topologie est appelé *espace discret.*

Un *recouvrement* $(U_\iota)_{\iota \in I}$ d'une partie A d'un espace topologique X (E, II, p. 27) est dit *ouvert* si tous les U_ι sont ouverts dans X.

Définition 3. — *On appelle homéomorphisme d'un espace topologique* X *sur un espace topologique* X' *un isomorphisme de la structure topologique de* X *sur celle de* X'; c'est-à-dire, conformément aux définitions générales (E, IV, p. 6) *une bijection de* X *sur* X' *qui transforme l'ensemble des parties ouvertes de* X *en l'ensemble des parties ouvertes de* X'.

On dit que X et X' sont *homéomorphes* lorsqu'il existe un homéomorphisme de X sur X'.

Exemple. — Si X et X' sont deux espaces discrets, toute bijection de X sur X' est un homéomorphisme.

La définition d'un homéomorphisme se transforme aussitôt en le critère suivant: *pour qu'une bijection f d'un espace topologique* X *sur un espace topologique* X' *soit un homéomorphisme, il faut et il suffit que l'image par f de tout ensemble ouvert dans* X *soit un ensemble ouvert dans* X', *et que l'image réciproque par f de tout ensemble ouvert dans* X' *soit un ensemble ouvert dans* X.

2. Voisinages

Définition 4. — *Dans un espace topologique* X, *on appelle voisinage d'une partie* A *de* X *tout ensemble qui contient un ensemble ouvert contenant* A. *Les voisinages d'une partie* $\{x\}$ *réduite à un seul point s'appellent aussi voisinages du point x.*

Il est clair que tout voisinage d'une partie A de X est aussi un voisinage de toute partie B ⊂ A; en particulier, c'est un voisinage de tout point de A. Réciproquement, soit A un voisinage de chacun des points d'un ensemble B, et soit U la réunion des ensembles ouverts contenus dans A; on a U ⊂ A, et comme tout point de B appartient à un ensemble ouvert contenu dans A, on a B ⊂ U; mais U est ouvert en vertu de (O_I), donc A est un voisinage de B. En particulier:

Proposition 1. — *Pour qu'un ensemble soit un voisinage de chacun de ses points, il faut et il suffit qu'il soit ouvert.*

Le mot « voisinage » a, dans le langage courant, un sens tel que beaucoup de propriétés où intervient la notion mathématique que nous avons désignée sous ce nom, apparaissent comme l'expression mathématique de propriétés intuitives; le choix de ce terme a donc l'avantage de rendre le langage plus imagé. Dans le même but, on peut aussi utiliser les expressions « assez voisin » et « aussi voisin qu'on veut » dans certains énoncés. Par exemple, on peut énoncer la prop. 1 sous la forme suivante: pour qu'un ensemble A soit ouvert, il faut et il suffit que, pour tout $x \in A$, tous les points *assez voisins de x* appartiennent à A. Plus généralement, on dira qu'une propriété a lieu pour tous les points *assez voisins* d'un point x, lorsqu'elle a lieu en tous les points d'un voisinage de x.

Désignons par $\mathfrak{V}(x)$ l'ensemble des voisinages de x. Les ensembles de parties $\mathfrak{V}(x)$ jouissent des propriétés suivantes:

(V_I) *Toute partie de* X *qui contient un ensemble de* $\mathfrak{V}(x)$ *appartient à* $\mathfrak{V}(x)$.

(V_{II}) *Toute intersection finie d'ensembles de* $\mathfrak{V}(x)$ *appartient à* $\mathfrak{V}(x)$.

(V_{III}) *L'élément* x *appartient à tout ensemble de* $\mathfrak{V}(x)$.

Ces trois propriétés sont en effet des conséquences immédiates de la déf. 4 et de l'axiome (O_{II}).

(V_{IV}) *Si* V *appartient à* $\mathfrak{V}(x)$, *il existe un ensemble* W *appartenant à* $\mathfrak{V}(x)$ *et tel que, pour tout* $y \in W$, V *appartienne à* $\mathfrak{V}(y)$.

En effet, il suffit, en vertu de la prop. 1, de prendre pour W un ensemble ouvert contenant x et contenu dans V.

> On peut encore exprimer cette propriété en disant qu'*un voisinage de x est aussi un voisinage de tous les points assez voisins de x.*

Ces quatre propriétés des ensembles $\mathfrak{V}(x)$ sont *caractéristiques*; de façon précise:

PROPOSITION 2. — *Si, à chaque élément* x *d'un ensemble* X, *on fait correspondre un ensemble* $\mathfrak{V}(x)$ *de parties de* X *de sorte que les propriétés* (V_I), (V_{II}), (V_{III}) *et* (V_{IV}) *soient vérifiées, il existe une structure topologique et une seule sur* X, *telle que, pour tout* $x \in X$, $\mathfrak{V}(x)$ *soit l'ensemble des voisinages de* x *pour cette topologie.*

D'après la prop. 1, s'il existe une topologie répondant à la question, l'ensemble des ensembles ouverts pour cette topologie est nécessairement l'ensemble $\mathfrak{O}$ des parties A de X telles que, *pour tout* $x \in A$, *on ait* $A \in \mathfrak{V}(x)$; d'où l'*unicité* de cette topologie si elle existe.

L'ensemble $\mathfrak{O}$ satisfait bien aux axiomes (O_I) et (O_{II}): pour (O_I), cela résulte

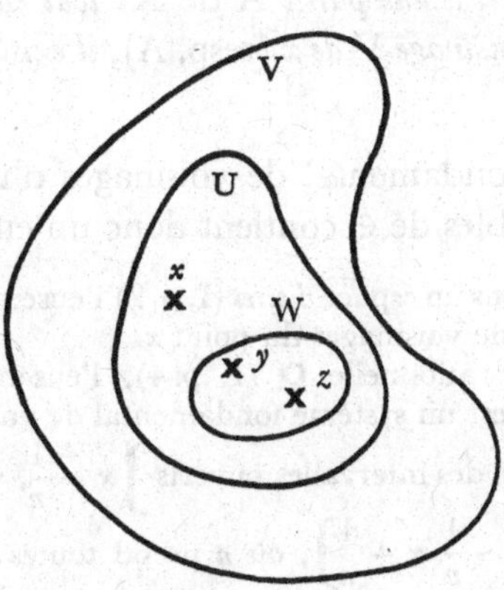

Figure 1

immédiatement de (V_I), et pour (O_{II}), de (V_{II}). Reste à voir que, pour la topologie définie par $\mathfrak{O}$, $\mathfrak{V}(x)$ est l'ensemble des voisinages de x pour tout $x \in X$. Il résulte de (V_I) que tout voisinage de x appartient à $\mathfrak{V}(x)$. Réciproquement, soit V un ensemble de $\mathfrak{V}(x)$, et soit U l'ensemble des points $y \in X$ tels que $V \in \mathfrak{V}(y)$; montrons que $x \in U$, $U \subset V$ et $U \in \mathfrak{O}$, ce qui achèvera la démonstration. On a $x \in U$ puisque $V \in \mathfrak{V}(x)$; on a $U \subset V$, car tout point $y \in U$ appartient à V en vertu de (V_{III}) et de l'hypothèse $V \in \mathfrak{V}(y)$. Reste à montrer que $U \in \mathfrak{O}$, c'est-à-dire que $U \in \mathfrak{V}(y)$ pour tout $y \in U$; or (fig. 1) si $y \in U$, il existe, en vertu de (V_{IV}), un ensemble $W \in \mathfrak{V}(y)$ tel que, pour tout $z \in W$, on ait $V \in \mathfrak{V}(z)$; comme la relation $V \in \mathfrak{V}(z)$ signifie que $z \in U$, on a $W \subset U$, donc, en vertu de (V_I), $U \in \mathfrak{V}(y)$.   C.Q.F.D.

La prop. 2 montre qu'on peut définir une topologie sur X en se donnant les ensembles $\mathfrak{V}(x)$ des voisinages des points de X, soumis seulement aux axiomes (V_I), (V_{II}), (V_{III}) et (V_{IV}).

> *Exemple.* — On définit une topologie sur l'ensemble **Q** des nombres rationnels en prenant pour ensembles ouverts de cette topologie les *réunions d'intervalles ouverts bornés*; en effet, l'ensemble de ces parties satisfait bien à (O_I), et pour voir qu'il satisfait à (O_{II}), il suffit de remarquer que si l'intersection de deux intervalles ouverts $]a, b[$ et $]c, d[$ n'est pas vide, elle est identique à l'intervalle ouvert $]\alpha, \beta[$, où $\alpha = \sup(a, c)$ et $\beta = \inf(b, d)$. On obtient la même topologie en définissant pour chaque $x \in \mathbf{Q}$ l'ensemble $\mathfrak{V}(x)$ des voisinages de ce point comme l'*ensemble des parties contenant un intervalle ouvert auquel appartient x*. L'espace topologique obtenu en munissant **Q** de cette topologie est appelé *droite rationnelle* (cf. IV, p. 2). On remarquera que dans cet espace, tout intervalle ouvert est un ensemble ouvert. *On définit de la même manière une topologie sur l'ensemble **R** des nombres réels; **R**, muni de cette topologie, est appelé *droite numérique* (cf. I. p. 91, exerc. 5 et IV, p. 3).*

3. Systèmes fondamentaux de voisinages; bases d'une topologie

DÉFINITION 5. — *Dans un espace topologique X, on appelle système fondamental de voisinages d'un point x (resp. d'une partie A de X) tout ensemble $\mathfrak{S}$ de voisinages de x (resp. A) tel que pour tout voisinage V de x (resp. A), il existe un voisinage $W \in \mathfrak{S}$ tel que $W \subset V$.*

Si $\mathfrak{S}$ est un système fondamental de voisinages d'une partie A de X, toute intersection finie d'ensembles de $\mathfrak{S}$ contient donc un ensemble de $\mathfrak{S}$.

> *Exemples.* — 1) Dans un espace *discret* (I, p. 2) l'ensemble $\{x\}$ constitue à lui seul un système fondamental de voisinages du point x.
> 2) Sur la droite rationnelle **Q** (I, p. 4), l'ensemble des intervalles ouverts contenant un point x est un système fondamental de voisinages de ce point. Il en est de même de l'ensemble des intervalles ouverts $\left] x - \dfrac{1}{n}, x + \dfrac{1}{n} \right[$, et de l'ensemble des intervalles fermés $\left[x - \dfrac{1}{n}, x + \dfrac{1}{n} \right]$, où n prend toutes les valeurs entières > 0, ou seulement une suite infinie strictement croissante de valeurs entières > 0.
> *On a des résultats analogues pour la droite numérique.*

DÉFINITION 6. — *On appelle base de la topologie d'un espace topologique* X *tout ensemble* $\mathfrak{B}$ *de parties ouvertes de* X *tel que tout ensemble ouvert de* X *soit réunion d'ensembles appartenant à* $\mathfrak{B}$.

PROPOSITION 3. — *Dans un espace topologique, pour qu'un ensemble* $\mathfrak{B}$ *de parties ouvertes de* X *soit une base de la topologie de* X, *il faut et il suffit que pour tout* $x \in X$, *l'ensemble des* $V \in \mathfrak{B}$ *tels que* $x \in V$ *soit un système fondamental de voisinages de* x.

La condition est évidemment nécessaire. Inversement, si elle est satisfaite, pour tout ensemble ouvert U, et tout $x \in U$, il existe un ensemble ouvert $V_x \in \mathfrak{B}$ tel que $x \in V_x \subset U$. La réunion des V_x pour $x \in U$ est donc égale à U, ce qui achève la démonstration.

Exemples. — 1) La topologie discrète a pour base l'ensemble des parties réduites à un seul élément.

2) L'ensemble des intervalles ouverts bornés est par définition une base de la topologie de la droite rationnelle (I, p. 4). *L'ensemble des intervalles ouverts bornés est de même une base de la topologie de la droite numérique.*

4. Ensembles fermés

DÉFINITION 7. — *Dans un espace topologique* X, *on appelle ensembles fermés les complémentaires des ensembles ouverts de* X.

Par passage aux complémentaires, les axiomes (O_I) et (O_{II}) se traduisent respectivement en les suivants:

(O'_I) *Toute intersection d'ensembles fermés est un ensemble fermé.*

(O'_{II}) *Toute réunion finie d'ensembles fermés est un ensemble fermé.*

L'ensemble vide et l'espace entier X sont fermés (et par suite, *à la fois ouverts et fermés*; cf. I, p. 80).

Dans la droite rationnelle, tout intervalle de la forme $[a, \rightarrow[$ est un ensemble fermé, car son complémentaire $]\leftarrow, a[$ est ouvert; de la même manière, on voit que tout intervalle de la forme $]\leftarrow, a]$ est un ensemble fermé; il en est donc de même de tout intervalle fermé borné $[a, b]$, qui est l'intersection des intervalles $[a, \rightarrow[$ et $]\leftarrow, b]$.

L'ensemble **Z** des nombres entiers rationnels est fermé dans la droite rationnelle, car son complémentaire $\bigcup_{n \in \mathbf{Z}}]n, n+1[$ est ouvert.

Un *recouvrement* $(F_\iota)_{\iota \in I}$ d'une partie A d'un espace topologique X est dit *fermé* si tous les F_ι sont fermés dans X.

Un *homéomorphisme* f d'un espace topologique X sur un espace topologique X' (I, p. 2) peut encore être caractérisé comme une bijection de X sur X' *telle que l'image par* f *de tout ensemble fermé dans* X *soit un ensemble fermé dans* X' *et que l'image réciproque par* f *de tout ensemble fermé dans* X' *soit un ensemble fermé dans* X.

5. Familles localement finies

DÉFINITION 8. — *On dit qu'une famille* $(A_\iota)_{\iota \in I}$ *de parties d'un espace topologique* X *est localement finie si, pour tout* $x \in X$, *il existe un voisinage* V *de* x *tel que* $V \cap A_\iota = \varnothing$ *sauf pour un nombre fini d'indices* $\iota \in I$. *On dit qu'un ensemble* $\mathfrak{S}$ *de parties de* X *est localement fini si la famille de parties définie par l'application identique de* $\mathfrak{S}$ *sur lui-même est localement finie.*

Il est clair que si $(A_\iota)_{\iota \in I}$ est une famille de parties localement finie et si $B_\iota \subset A_\iota$ pour tout $\iota \in I$, la famille $(B_\iota)_{\iota \in I}$ est localement finie.

Toute famille *finie* de parties d'un espace topologique X est évidemment localement finie, la réciproque étant inexacte.

Par exemple, dans **Q**, le recouvrement ouvert formé de l'intervalle $]\leftarrow, 1[$ et des intervalles $]n, \rightarrow[$ pour tout entier $n \geqslant 0$ est localement fini; on observera que chaque intervalle $]n, \rightarrow[$ rencontre une infinité d'ensembles du recouvrement précédent.

PROPOSITION 4. — *La réunion d'une famille localement finie de parties fermées d'un espace topologique* X *est fermée dans* X.

En effet, soit $(F_\iota)_{\iota \in I}$ une famille localement finie de parties fermées de X, et supposons que $x \in X$ n'appartienne pas à $F = \bigcup_{\iota \in I} F_\iota$; il existe un voisinage V de x qui ne rencontre que les F_ι dont les indices appartiennent à une partie *finie* J de I. D'autre part, pour tout $\iota \in J$, $U_\iota = \complement F_\iota$ est ouvert et contient x; on en conclut que $\complement F$ contient le voisinage $V \cap \bigcap_{\iota \in J} U_\iota$ de x; en vertu de I, p. 2, prop. 1, $\complement F$ est ouvert, donc F est fermé.

On notera que la réunion d'une famille *quelconque* de parties fermées de X n'est pas nécessairement fermée: par exemple, dans la droite rationnelle **Q**, l'ensemble $]0, 1[$ est réunion des ensembles fermés $\left[\frac{1}{n}, 1 - \frac{1}{n}\right]$ pour $n > 0$, mais n'est pas fermé.

6. Intérieur, adhérence, frontière d'un ensemble; ensembles partout denses

DÉFINITION 9. — *Dans un espace topologique* X, *on dit qu'un point* x *est intérieur à une partie* A *de* X *lorsque* A *est un voisinage de* x. *L'ensemble des points intérieurs à* A *s'appelle l'intérieur de* A *et se note* $\mathring{A}$.

D'après la déf. 9 et I, p. 2, déf. 4, un point x est intérieur à A s'il existe un ensemble ouvert contenu dans A et contenant x; il en résulte que $\mathring{A}$ est la réunion des ensembles ouverts contenus dans A, et par suite est *le plus grand ensemble ouvert contenu dans* A: en d'autres termes, si B est un ensemble *ouvert* contenu dans A, on a $B \subset \mathring{A}$. Par suite, si A et B sont deux parties de X telles que $B \subset A$, on a $\mathring{B} \subset \mathring{A}$; pour que A soit un voisinage de B, il faut et il suffit que $B \subset \mathring{A}$.

Remarque. — L'intérieur d'un ensemble non vide peut être vide; c'est le cas pour un ensemble réduit à un seul point lorsqu'il n'est pas ouvert, par exemple dans la droite rationnelle *(ou la droite numérique)*.

La prop. 1 de I, p. 2 peut encore s'énoncer de la façon suivante: *Pour qu'un ensemble soit ouvert, il faut et il suffit qu'il soit identique à son intérieur.*

La propriété (V_{II}) de I, p. 3 entraîne que tout point intérieur à la fois à deux ensembles A et B est intérieur à A ∩ B; par suite:

(1) $$\widehat{A \cap B}^{\circ} = \mathring{A} \cap \mathring{B}.$$

Tout point intérieur au complémentaire d'un ensemble A est dit *extérieur* à A, et l'ensemble de ces points s'appelle l'*extérieur* de A dans X; un point $x \in X$ extérieur à A est donc caractérisé par la propriété qu'*il existe un voisinage de x ne rencontrant pas* A.

DÉFINITION 10. — *Dans un espace topologique* X, *on dit qu'un point x est adhérent à un ensemble* A *lorsque tout voisinage de x rencontre* A. *L'ensemble des points adhérents à* A *s'appelle adhérence de* A *et se note* $\overline{A}$.

On peut encore énoncer cette définition en disant qu'un point x est adhérent à un ensemble A s'il existe des points de A *aussi voisins qu'on veut de x*.

Tout point non adhérent à A est extérieur à A, et réciproquement; on a donc les formules (duales l'une de l'autre):

(2) $$\complement\overline{A} = \mathring{\widehat{\complement A}}, \qquad \complement\mathring{A} = \overline{\complement A}.$$

A toute proposition sur les intérieurs d'ensembles correspond donc par passage aux complémentaires (E, II, p. 26, prop. 5) une proposition sur les adhérences, et vice versa. En particulier, l'adhérence d'un ensemble A est *le plus petit ensemble fermé contenant* A: en d'autres termes, si B est un ensemble *fermé* tel que $A \subset B$, on a $\overline{A} \subset B$. Si A et B sont deux parties de X telles que $A \subset B$, on a $\overline{A} \subset \overline{B}$.

Pour qu'un ensemble soit fermé, il faut et il suffit qu'il soit identique à son adhérence.

A la formule (1) correspond par passage aux complémentaires la formule

(3) $$\overline{A \cup B} = \overline{A} \cup \overline{B}.$$

PROPOSITION 5. — *Soit* A *un ensemble* ouvert *dans* X; *pour toute partie* B *de* X, *on a*

(4) $$A \cap \overline{B} \subset \overline{A \cap B}.$$

En effet, soit $x \in A$ un point adhérent à B; pour tout voisinage V de x, $V \cap A$ est encore un voisinage de x, puisque A est ouvert; donc $V \cap A \cap B$ n'est pas vide, ce qui montre que x est adhérent à $A \cap B$.

Si x est un point adhérent à A mais n'appartenant pas à A, tout voisinage de x contient un point de A *différent de x*; mais si $x \in A$, il peut se faire qu'il existe un voisinage de x ne contenant aucun point de A différent de x; on dit alors que x est un *point isolé de* A; en particulier, dire qu'un point x est isolé dans l'espace X tout entier signifie que $\{x\}$ est un ensemble ouvert.

Un ensemble fermé dont aucun point n'est isolé est appelé ensemble *parfait.*

DÉFINITION 11. — *Dans un espace topologique* X, *un point* x *est dit point frontière d'un ensemble* A, *s'il est à la fois adhérent à* A *et à* $\complement$A; *l'ensemble des points frontières de* A *s'appelle frontière de* A.

La frontière de A est donc l'ensemble $\overline{A} \cap \overline{\complement A}$, qui est *fermé*. Un point frontière x de A est caractérisé par la propriété que tout voisinage de x contient au moins un point de A et au moins un point de $\complement$A; il peut ou non appartenir à A. La frontière de A est identique à celle de $\complement$A; si on considère l'intérieur de A, l'extérieur de A et la frontière de A, ceux de ces trois ensembles qui ne sont pas vides constituent une *partition de* X.

DÉFINITION 12. — *On dit qu'une partie* A *d'un espace topologique* X *est dense dans* X (ou encore est *partout dense*, lorsqu'il n'en résulte pas de confusion sur X) *si* $\overline{A} = X$, *autrement dit si pour toute partie ouverte non vide* U *de* X, $U \cap A$ *est non vide.*

Exemples. — *On verra dans IV, p. 3 que l'ensemble des nombres rationnels et son complémentaire sont partout denses dans la droite numérique.*

Dans un espace discret X, il n'existe pas d'ensemble partout dense distinct de X. Par contre, tout ensemble non vide est partout dense pour la topologie sur X dont les seuls ensembles ouverts sont $\varnothing$ et X.

PROPOSITION 6. — *Si* $\mathfrak{B}$ *est une base de la topologie d'un espace topologique* X, *il existe dans* X *un ensemble partout dense* D *tel que* $\mathrm{Card}(D) \leqslant \mathrm{Card}(\mathfrak{B})$.

En effet, on peut se limiter au cas où les ensembles de $\mathfrak{B}$ sont non vides (les ensembles de $\mathfrak{B}$ non vides formant déjà une base de la topologie de X); alors, pour tout $U \in \mathfrak{B}$, soit x_U un point de U; il résulte de I, p. 5, prop. 3 que l'ensemble D des x_U est dense dans X et on a $\mathrm{Card}(D) \leqslant \mathrm{Card}(\mathfrak{B})$ (E, III, p. 25, prop. 3).

§ 2. FONCTIONS CONTINUES

1. Fonctions continues

DÉFINITION 1. — *On dit qu'une application* f *d'un espace topologique* X *dans un espace topologique* X' *est continue en un point* $x_0 \in X$ *si, quel que soit le voisinage* V' *de* $f(x_0)$ *dans* X', *il existe un voisinage* V *de* x_0 *dans* X *tel que la relation* $x \in V$ *entraîne* $f(x) \in V'$.

On peut énoncer la déf. 1 sous la forme plus imagée suivante: dire que f est continue au point x_0 signifie que $f(x)$ *est aussi voisin qu'on veut de* $f(x_0)$ *dès que* x *est assez voisin de* x_0.

La relation « pour tout $x \in V$, $f(x) \in V'$ » est équivalente à $f(V) \subset V'$ ou encore à $V \subset \overset{-1}{f}(V')$; tenant compte de l'axiome (V_I) des voisinages, la déf. 1 est équivalente à la suivante: *on dit que* $f: X \to X'$ *est continue au point* x_0 *si, pour tout voisinage* V′ *de* $f(x_0)$ *dans* X′, $\overset{-1}{f}(V')$ *est un voisinage de* x_0 *dans* X. Il suffit d'ailleurs que $\overset{-1}{f}(V')$ soit un voisinage de x_0 pour tout voisinage V′ appartenant à un *système fondamental de voisinages* de $f(x_0)$ dans X′ (I, p. 4).

PROPOSITION 1. — *Soit f une application d'un espace topologique* X *dans un espace topologique* X′. *Si f est continue au point x, et si x est adhérent à une partie* A *de* X, *alors* $f(x)$ *est adhérent à* $f(A)$.

Soit en effet V′ un voisinage de $f(x)$ dans X′; comme $\overset{-1}{f}(V')$ est un voisinage de x dans X, il existe un point $y \in A \cap \overset{-1}{f}(V')$, donc on a $f(y) \in f(A) \cap V'$, ce qui prouve que $f(x)$ est adhérent à $f(A)$.

PROPOSITION 2. — *Soient* X, X′, X″ *trois espaces topologiques, f une application de* X *dans* X′ *continue au point* $x \in X$, *g une application de* X′ *dans* X″ *continue au point* $f(x)$. *Alors l'application composée* $h = g \circ f$ *de* X *dans* X″ *est continue au point x.*

En effet, soit V″ un voisinage de $h(x) = g(f(x))$ dans X″; comme g est continue au point $f(x)$, $\overset{-1}{g}(V'')$ est un voisinage de $f(x)$ dans X′; comme f est continue au point x, $\overset{-1}{f}(\overset{-1}{g}(V'')) = \overset{-1}{h}(V'')$ est un voisinage de x dans X, d'où la proposition.

DÉFINITION 2. — *On dit qu'une application d'un espace topologique* X *dans un espace topologique* X′ *est continue dans* X (ou simplement qu'elle est *continue*) *si elle est continue en tout point de* X.

Exemples. — 1) L'application identique d'un espace topologique X sur lui-même est continue.

2) Une application constante d'un espace topologique dans un espace topologique est continue.

3) Toute application d'un espace discret dans un espace topologique est continue.

THÉORÈME 1. — *Soit f une application d'un espace topologique* X *dans un espace topologique* X′; *les propriétés suivantes sont équivalentes*:

a) *f est continue dans* X;

b) *pour tout partie* A *de* X, $f(\overline{A}) \subset \overline{f(A)}$;

c) *l'image réciproque par f de toute partie fermée de* X′ *est une partie fermée de* X;

d) *l'image réciproque par f de toute partie ouverte de* X′ *est une partie ouverte de* X.

On a déjà vu que a) entraîne b) (prop. 1). Montrons que b) entraîne c): si F′ est une partie fermée de X′ et $F = \overset{-1}{f}(F')$, on a par hypothèse $f(\overline{F}) \subset \overline{f(F)} \subset \overline{F'} = F'$, donc $\overline{F} \subset \overset{-1}{f}(F') = F \subset \overline{F}$, autrement dit $F = \overline{F}$ et F et fermé. En vertu de la relation $\complement \overset{-1}{f}(A') = \overset{-1}{f}(\complement A')$ pour toute partie A′ de X′, c) implique d). Enfin, si d) est vérifiée, pour tout $x \in X$ et tout voisinage V′ de $f(x)$

dans X′, il existe un ensemble A′ ouvert dans X′ tel que $f(x) \in A' \subset V'$; donc $x \in \overset{-1}{f}(A') \subset \overset{-1}{f}(V')$, et comme $\overset{-1}{f}(A')$ est ouvert, $\overset{-1}{f}(V')$ est un voisinage de x dans X, ce qui prouve que d) entraîne a).

Remarques. — 1) Soit $\mathfrak{B}$ une base (I, p. 5) de la topologie de X′; pour que $f: X \to X'$ soit continue, il faut et il suffit que $\overset{-1}{f}(U')$ soit un ensemble ouvert dans X pour tout $U' \in \mathfrak{B}$.

Exemples. — Soit a un nombre rationnel quelconque; l'application $x \mapsto a + x$ de la droite rationnelle **Q** dans elle-même est continue dans **Q**, car l'image réciproque par cette application d'un intervalle ouvert $]b, c[$ est l'intervalle ouvert $]b - a, c - a[$. De même, l'application $x \mapsto ax$ est continue dans **Q**: c'est évident si $a = 0$, puisque alors $ax = 0$ pour tout x; si $a \neq 0$, l'image réciproque par cette application de l'intervalle ouvert $]b, c[$ est l'intervalle ouvert d'extrémités b/a et c/a.

2) L'image *directe* d'un ensemble ouvert (resp. fermé) de X par une application continue $f: X \to X'$ n'est pas nécessairement un ensemble ouvert (resp. fermé) dans X′ (cf. I, p. 30).

Exemple. — *L'application $f: x \mapsto 1/(1 + x^2)$ de **R** dans lui-même est continue, mais $f(\mathbf{R})$ est l'intervalle semi-ouvert $]0, 1]$, qui n'est ni ouvert ni fermé dans **R**.*

THÉORÈME 2. — 1° *Si* $f: X \to X'$ *et* $g: X' \to X''$ *sont deux applications continues, alors* $g \circ f: X \to X''$ *est continue.*

2° *Pour qu'une bijection f d'un espace topologique* X *sur un espace topologique* X′ *soit un homéomorphisme, il faut et il suffit que f et la bijection réciproque g de f soient continues* (ou, comme on dit encore, que f soit *bicontinue*).

La première assertion est une conséquence immédiate de la prop. 2; la seconde résulte du th. 1, d) et de la définition d'un homéomorphisme (I, p. 2).

Remarques. — 3) Il peut exister une *bijection continue* d'un espace topologique X sur un espace topologique X′ qui *ne soit pas bicontinue*; on en a un exemple en prenant pour X′ la droite rationnelle **Q**, pour X l'ensemble **Q** muni de la topologie discrète; l'application identique $X \to X'$ est continue, mais non un homéomorphisme.

4) Pour vérifier qu'une bijection continue $f: X \to X'$ est un homéomorphisme, il suffit de prouver que pour tout $x \in X$ et tout voisinage V de x, $f(V)$ est un voisinage de $f(x)$ dans X′.

5) Soient X un espace topologique, et pour tout $x \in X$, soit $\mathfrak{V}(x)$ l'ensemble des voisinages de x. Soit x_0 un point de X; pour tout $x \in X$, définissons un ensemble $\mathfrak{V}_0(x)$ de parties de X de la façon suivante: $\mathfrak{V}_0(x_0) = \mathfrak{V}(x_0)$, et pour $x \neq x_0$, $\mathfrak{V}_0(x)$ est l'ensemble de toutes les parties de X contenant x. On vérifie aussitôt (I, p. 3, prop. 2) que les $\mathfrak{V}_0(x)$ sont les ensembles de voisinages des points de X pour une topologie sur X; désignons par X_0 l'espace topologique ainsi obtenu, par j l'application identique $X_0 \to X$, qui est continue mais non bicontinue en général. Pour qu'une application f de X dans un espace topologique X′ soit continue *au point* x_0, il faut et il suffit que l'application composée $X_0 \xrightarrow{j} X \xrightarrow{f} X'$ soit *continue dans* X_0, ainsi qu'il résulte aussitôt des définitions.

2. Comparaison des topologies

Le th. 2 de I, p. 10 montre que l'on peut prendre pour *morphismes* des structures topologiques les applications continues (E, IV, p. 11); nous supposerons toujours par la suite que l'on a fait ce choix de morphismes. Conformément aux définitions générales (E, IV, p. 13), cela permet de définir une *relation d'ordre* dans l'ensemble des topologies sur un même ensemble X:

DÉFINITION 3. — *Étant données deux topologies $\mathscr{T}_1$, $\mathscr{T}_2$ sur un même ensemble X, on dit que $\mathscr{T}_1$ est plus fine que $\mathscr{T}_2$ (et que $\mathscr{T}_2$ est moins fine que $\mathscr{T}_1$) si, en désignant par X_i l'ensemble X muni de la topologie $\mathscr{T}_i$ ($i = 1, 2$), l'application identique $X_1 \to X_2$ est continue. Si de plus $\mathscr{T}_1 \neq \mathscr{T}_2$, on dit que $\mathscr{T}_1$ est strictement plus fine que $\mathscr{T}_2$ (et que $\mathscr{T}_2$ est strictement moins fine que $\mathscr{T}_1$).*

Deux topologies dont l'une est plus fine que l'autre sont dites *comparables.*

Les critères de continuité d'une application (I, p. 8, déf. 1 et I, p. 9, th. 1) donnent aussitôt la proposition suivante:

PROPOSITION 3. — *Étant données deux topologies $\mathscr{T}_1$, $\mathscr{T}_2$ sur un ensemble X, les propositions suivantes sont équivalentes:*

a) *$\mathscr{T}_1$ est plus fine que $\mathscr{T}_2$.*

b) *Pour tout $x \in X$, tout voisinage de x pour $\mathscr{T}_2$ est un voisinage de x pour $\mathscr{T}_1$.*

c) *Pour toute partie A de X, l'adhérence de A pour $\mathscr{T}_1$ est contenue dans l'adhérence de A pour $\mathscr{T}_2$.*

d) *Toute partie de X fermée pour $\mathscr{T}_2$ est fermée pour $\mathscr{T}_1$.*

e) *Toute partie de X ouverte pour $\mathscr{T}_2$ est ouverte pour $\mathscr{T}_1$.*

Exemple. — *Dans l'espace de Hilbert H des suites $\mathbf{x} = (x_n)$ de nombres réels tels que $\|\mathbf{x}\|^2 = \sum_{n=0}^{\infty} x_n^2 < +\infty$, les voisinages d'un point $\mathbf{x}_0$ pour la topologie *forte* sur H sont les ensembles contenant une boule $\|\mathbf{x} - \mathbf{x}_0\| < \alpha$ de centre $\mathbf{x}_0$; les voisinages de $\mathbf{x}_0$ pour la topologie *faible* sur H sont les ensembles contenant un ensemble défini par une relation de la forme $\sup_{1 \leqslant i \leqslant n} |(\mathbf{x} - \mathbf{x}_0 \mid \mathbf{a}_i)| \leqslant 1$ (où les $\mathbf{a}_i$ sont des points de H et $(\mathbf{x} \mid \mathbf{y}) = \sum_{n=0}^{\infty} x_n y_n$ pour $\mathbf{x} = (x_n)$ et $\mathbf{y} = (y_n)$) (EVT, chap. V). Or, si $\beta = \sup_{1 \leqslant i \leqslant n} \|\mathbf{a}_i\|$, la relation $\|\mathbf{x} - \mathbf{x}_0\| \leqslant 1/\beta$ entraîne $|(\mathbf{x} - \mathbf{x}_0 \mid \mathbf{a}_i)| \leqslant \|\mathbf{x} - \mathbf{x}_0\| . \|\mathbf{a}_i\| \leqslant 1$ pour $1 \leqslant i \leqslant n$, ce qui prouve que la topologie forte sur H est *plus fine* que la topologie faible. D'autre part, pour toute famille finie $(\mathbf{a}_i)_{1 \leqslant i \leqslant n}$ de points de H, il existe dans H des points $\mathbf{x}$ tels que $(\mathbf{x} - \mathbf{x}_0 \mid \mathbf{a}_i) = 0$ pour $1 \leqslant i \leqslant n$, et que $\|\mathbf{x} - \mathbf{x}_0\|$ soit *arbitrairement grand*, ce qui prouve que la topologie forte est *strictement plus fine* que la topologie faible.*

Remarques. — 1) Dans l'ensemble ordonné des topologies sur un ensemble X, la topologie dont les seuls ensembles ouverts sont $\varnothing$ et X est la topologie *la moins fine* et la topologie discrète est la topologie *la plus fine.*

2) D'une manière plus imagée, *plus* une topologie est fine, *plus* il y a d'ensembles ouverts, d'ensembles fermés, de voisinages; l'adhérence (resp. l'intérieur)

d'un ensemble est *d'autant plus petite* (resp. *d'autant plus grand*) que la topologie est *plus fine*; *plus* une topologie est fine, *moins* il y a d'ensembles partout denses.

3) Si $f\colon X \to X'$ est une application continue, elle reste continue lorsqu'on remplace la topologie de X par une topologie *plus fine* et la topologie de X′ par une topologie *moins fine* (I, p. 10, th. 2). Autrement dit, il y a *d'autant plus* d'applications continues de X dans X′ que la topologie de X est *plus fine* et celle de X′ *moins fine.*

3. Topologies initiales

Proposition 4. — *Soient* X *un ensemble,* $(Y_\iota)_{\iota \in I}$ *une famille d'espaces topologiques, et pour chaque* $\iota \in I$, *soit* f_ι *une application de* X *dans* Y_ι. *Soit* $\mathfrak{S}$ *l'ensemble des parties de* X *de la forme* $\overset{-1}{f_\iota}(U_\iota)$ $(\iota \in I$, U_ι *ouvert dans* $Y_\iota)$, *et soit* $\mathfrak{B}$ *l'ensemble des intersections finies d'ensembles de* $\mathfrak{S}$. *Alors* $\mathfrak{B}$ *est une base d'une topologie* $\mathcal{T}$ *sur* X *qui est la structure topologique initiale sur* X *pour la famille* (f_ι) (E, IV, p. 14) *et en particulier est la moins fine sur* X *rendant continues les applications* f_ι. *De façon plus précise, soit g une application d'un espace topologique* Z *dans* X. *Pour que g soit continue en un point* $z \in Z$ *(lorsque* X *est muni de la topologie* $\mathcal{T}$*), il faut et il suffit que chacune des fonctions* $f_\iota \circ g$ *soit continue au point z.*

Soit $\mathfrak{O}$ l'ensemble de *toutes* les réunions d'ensembles appartenant à $\mathfrak{B}$; il est immédiat que $\mathfrak{O}$ satisfait à l'axiome (O_I) en vertu de l'associativité de la réunion, et à l'axiome (O_{II}) en vertu de la définition de $\mathfrak{B}$ et de la distributivité de l'intersection finie par rapport à la réunion quelconque (E, II, p. 5, prop. 8). L'ensemble $\mathfrak{O}$ est donc l'ensemble des parties ouvertes de X pour une topologie $\mathcal{T}$ dont $\mathfrak{B}$ est une base. Prouvons la dernière assertion de l'énoncé, ce qui entraînera les autres en raison des propriétés générales des structures initiales (E, IV, p. 14, critère CST 9). En premier lieu, la définition de $\mathfrak{S}$ montre que les f_ι sont continues dans X (I, p. 9, th. 1), donc, si g est continue au point z, il en est de même des $f_\iota \circ g$ (I, p. 10, prop. 2). Inversement, supposons toutes les $f_\iota \circ g$ continues au point z, et soit V un voisinage de $g(z)$ dans X; par définition, il existe une partie finie J de I et pour chaque $\iota \in J$ un ensemble ouvert U_ι dans Y_ι tel que V contienne l'ensemble $\bigcap_{\iota \in J} \overset{-1}{f_\iota}(U_\iota)$ et que $g(z)$ appartienne à ce dernier ensemble. Or, on a $\overset{-1}{g}(V) \supset \bigcap_{\iota \in J} \overset{-1}{g}(\overset{-1}{f_\iota}(U_\iota))$, et l'hypothèse entraîne que chacun des ensembles $\overset{-1}{g}(\overset{-1}{f_\iota}(U_\iota))$ est un voisinage de z dans Z, donc il en est de même de $\overset{-1}{g}(V)$, ce qui achève la démonstration.

Soit $\mathfrak{B}_\iota$ une *base* de la topologie de Y_ι $(\iota \in I)$; désignons par $\mathfrak{S}'$ l'ensemble des parties de X de la forme $\overset{-1}{f_\iota}(U_\iota)$ pour $\iota \in I$, $U_\iota \in \mathfrak{B}_\iota$ pour tout $\iota \in I$; si $\mathfrak{B}'$ est l'ensemble des intersections finies d'ensembles de $\mathfrak{S}'$, il est immédiat que $\mathfrak{S}'$ est encore une *base* de la topologie $\mathcal{T}$.

Les propriétés générales des structures initiales (E, IV, p. 14, critère CST 10) entraînent en particulier la propriété suivante de *transitivité* (dont la démonstration directe est d'ailleurs immédiate) :

PROPOSITION 5. — *Soient* X *un ensemble,* $(Z_\iota)_{\iota \in I}$ *une famille d'espaces topologiques,* $(J_\lambda)_{\lambda \in L}$ *une partition de* I *et* $(Y_\lambda)_{\lambda \in L}$ *une famille d'ensembles ayant* L *pour ensembles d'indices. Enfin, pour tout* $\lambda \in L$, *soit* h_λ *une application de* X *dans* Y_λ; *pour tout* $\lambda \in L$ *et tout* $\iota \in J_\lambda$, *soit* $g_{\iota\lambda}$ *une application de* Y_λ *dans* Z_ι; *on pose alors* $f_\iota = g_{\iota\lambda} \circ h_\lambda$. *On munit chacun des* Y_λ *de la topologie la moins fine rendant continues les* $g_{\iota\lambda}$ $(\iota \in J_\lambda)$; *alors, sur* X, *la topologie la moins fine rendant continues les* f_ι *est identique à la topologie la moins fine rendant continues les* h_λ.

Exemples. — I : *Image réciproque d'une topologie.* — Soient X un ensemble, Y un espace topologique, f une application de X dans Y; la topologie la moins fine $\mathscr{T}$ sur X rendant continue f est appelée l'*image réciproque* par f de la topologie de Y. Il résulte de la prop. 4 (I, p. 12) et des formules donnant l'image réciproque d'une réunion et d'une intersection (E, II, p. 25, prop. 3 et 4) que les ensembles ouverts (resp. fermés) pour $\mathscr{T}$ sont les *images réciproques* par f des ensembles ouverts (resp. fermés) de Y; par suite, pour tout $x \in X$, les ensembles $\overset{-1}{f}(W)$, où W parcourt un système fondamental de voisinages de $f(x)$ dans Y, forment un système fondamental de voisinages de x pour $\mathscr{T}$. Nous étudierons au § 3, sous le nom de *topologie induite*, le cas particulier où X est une partie de Y et f l'injection canonique $X \to Y$; X, muni de cette topologie, prend alors le nom de *sous-espace* de Y (cf. I, p. 17).

Pour qu'une application f d'un espace topologique X dans un espace topologique X' soit *continue*, il faut et il suffit que la topologie de X soit *plus fine* que l'image réciproque par f de la topologie de X'.

II : *Borne supérieure d'un ensemble de topologies.* — Toute famille $(\mathscr{T}_\iota)_{\iota \in I}$ de topologies sur un ensemble X admet une *borne supérieure* $\mathscr{T}$ dans l'ensemble ordonné des topologies sur X, c'est-à-dire qu'il existe une topologie *la moins fine* parmi toutes les topologies sur X *plus fines* que toutes les $\mathscr{T}_\iota$. Il suffit en effet d'appliquer la prop. 4 (I, p. 12) en désignant par Y_ι l'ensemble X muni de la topologie $\mathscr{T}_\iota$ et par f_ι l'application identique $X \to Y_\iota$: $\mathscr{T}$ est la topologie la moins fine rendant continues les f_ι.

Soit maintenant $\mathfrak{S}$ un ensemble *quelconque* de parties d'un ensemble X; parmi les topologies $\mathscr{T}$ sur X pour lesquelles les ensembles de $\mathfrak{S}$ sont *ouverts*, il en existe une $\mathscr{T}_0$ moins fine que toutes les autres, que l'on appelle la topologie *engendrée par* $\mathfrak{S}$: en effet, il suffit de considérer sur X, pour chaque ensemble $U \in \mathfrak{S}$, la topologie $\mathscr{T}_U$ dont les ensembles ouverts sont $\varnothing$, U et X (il est clair que cet ensemble de parties vérifie (O_I) et (O_{II})) ; la topologie $\mathscr{T}_0$ n'est autre que la *borne supérieure des topologies* $\mathscr{T}_U$. En vertu de la prop. 4 (I, p. 12), si $\mathfrak{B}$ est l'ensemble des *intersections finies* des ensembles appartenant à $\mathfrak{S}$, $\mathfrak{B}$ est une *base* de la topologie $\mathcal{T}_0$. On dit que $\mathfrak{S}$ est un *système générateur* de $\mathcal{T}_0$.

III: *Topologie produit.* — Soit $(X_\iota)_{\iota \in I}$ une famille d'espaces topologiques; sur l'ensemble produit $X = \prod_{\iota \in I} X_\iota$, la topologie la moins fine rendant continues les *projections* $\mathrm{pr}_\iota : X \to X_\iota$ est appelée la *topologie produit* de celles des X_ι; nous l'étudierons plus en détail au § 4.

4. Topologies finales

PROPOSITION 6. — *Soient* X *un ensemble,* $(Y_\iota)_{\iota \in I}$ *une famille d'espaces topologiques, et pour chaque* $\iota \in I$, *soit* f_ι *une application de* Y_ι *dans* X. *Soit* $\mathfrak{O}$ *l'ensemble des parties* U *de* X *telles que, pour tout* $\iota \in I$, $\overset{-1}{f_\iota}(U)$ *soit ouvert dans* Y_ι; $\mathfrak{O}$ *est l'ensemble des parties ouvertes de* X *pour une topologie* $\mathcal{T}$ *sur* X *qui est la structure finale sur* X *pour la famille* (f_ι) (E, IV, p. 19), *et en particulier, la plus fine sur* X *rendant continues les applications* f_ι. *En d'autres termes, soit g une application de* X *dans un espace topologique* Z; *pour que g soit continue* (*lorsque* X *est muni de la topologie* $\mathcal{T}$) *il faut et il suffit que chacune des applications* $g \circ f_\iota$ *soit continue.*

On vérifie immédiatement que $\mathfrak{O}$ satisfait aux axiomes (O_I) et (O_{II}) (E, II, p. 25, prop. 3 et 4); prouvons la dernière assertion de l'énoncé, qui entraînera la proposition en raison des propriétés générales des structures finales (E, IV, p. 19, critère CST 18). Il est clair que les f_ι sont continues pour $\mathcal{T}$ par définition de $\mathfrak{O}$ (I, p. 9, th. 1), donc, si g est continue, il en est de même des $g \circ f_\iota$ (I, p. 10, th. 2). Inversement, supposons toutes les $g \circ f_\iota$ continues, et soit V un ensemble ouvert dans Z; par hypothèse, pour tout $\iota \in I$, $\overset{-1}{f_\iota}(\overset{-1}{g}(V))$ est ouvert dans Y_ι, donc $\overset{-1}{g}(V) \in \mathfrak{O}$, ce qui achève la démonstration.

COROLLAIRE. — *Sous les hypothèses de la prop.* 6, *pour qu'une partie* F *de* X *soit fermée pour* $\mathcal{T}$, *il faut et il suffit que pour tout* $\iota \in I$, $\overset{-1}{f_\iota}(F)$ *soit fermé dans* Y_ι.

Cela résulte par passage aux complémentaires de la définition des ensembles ouverts pour $\mathcal{T}$.

Les propriétés générales des structures finales (E, IV, p. 20, critère CST 19) entraînent la propriété suivante de *transitivité* (dont la démonstration directe est immédiate):

PROPOSITION 7. — *Soient* X *un ensemble,* $(Z_\iota)_{\iota \in I}$ *une famille d'espaces topologiques,* $(J_\lambda)_{\lambda \in L}$ *une partition de* I *et* $(Y_\lambda)_{\lambda \in L}$ *une famille d'ensembles ayant* L *pour ensemble d'indices. Enfin, pour tout* $\lambda \in L$, *soit* h_λ *une application de* Y_λ *dans* X; *pour tout* $\lambda \in L$ *et tout* $\iota \in J_\lambda$, *soit* $g_{\lambda\iota}$ *une application de* Z_ι *dans* Y_λ; *on pose alors* $f_\iota = h_\lambda \circ g_{\lambda\iota}$. *On munit chacun des* Y_λ *de la topologie la plus fine rendant continues les* $g_{\lambda\iota}$ $(\iota \in J_\lambda)$; *alors, sur* X, *la* *topologie la plus fine rendant continues les f_ι est identique à la topologie la plus fine rendant continues les h_λ.*

Exemples. — I: *Topologie quotient.* — Soient X un espace topologique, R une relation d'équivalence sur X, $Y = X/R$ l'ensemble quotient de X par cette relation, $\varphi: X \to Y$ l'application canonique. La topologie la plus fine sur Y rendant continue φ est appelée *topologie quotient* de celle de X par la relation R; nous l'étudierons plus en détail au § 3.

II: *Borne inférieure d'un ensemble de topologies.* — Toute famille $(\mathscr{T}_\iota)_{\iota \in I}$ de topologies sur un ensemble X admet une *borne inférieure* $\mathscr{T}$ dans l'ensemble des topologies sur X, autrement dit $\mathscr{T}$ est *la plus fine* des topologies qui sont *moins fines* que toutes les $\mathscr{T}_\iota$. Il suffit en effet d'appliquer la prop. 6 en prenant pour Y_ι l'ensemble X muni de $\mathscr{T}_\iota$ et pour f_ι l'application identique $Y_\iota \to X$. Si $\mathfrak{O}_\iota$ est l'ensemble des parties de X ouvertes pour $\mathscr{T}_\iota$, l'ensemble $\bigcap_{\iota \in I} \mathfrak{O}_\iota$ est l'ensemble des parties de X ouvertes pour $\mathscr{T}$. On dit aussi que $\mathscr{T}$ est *l'intersection* des $\mathscr{T}_\iota$.

III: *Somme d'espaces topologiques.* — Soit $(X_\iota)_{\iota \in I}$ une famille d'espaces topologiques, X l'ensemble *somme* des X_ι (E, II, p. 30, déf. 8); pour tout $\iota \in I$, soit j_ι l'application canonique (injective) de X_ι dans X. La topologie $\mathscr{T}$ sur X la plus fine rendant continues les j_ι est appelée la *topologie somme des topologies des* X_ι, et on dit que X, muni de cette topologie, est l'*espace somme* des espaces topologiques X_ι. Identifions chacun des X_ι à une partie de X au moyen de j_ι; pour qu'un ensemble $A \subset X$ soit ouvert (resp. fermé) pour $\mathscr{T}$, il faut et il suffit que chacun des ensembles $A \cap X_\iota$ soit ouvert (resp. fermé) dans X_ι. En particulier, chacun des X_ι est *à la fois ouvert et fermé.*

IV: La proposition suivante généralise la situation de l'exemple III:

PROPOSITION 8. — *Soient X un ensemble, $(X_\lambda)_{\lambda \in L}$ une famille de parties de X. Supposons chaque X_λ munie d'une topologie $\mathscr{T}_\lambda$ telle que, pour tout couple (λ, μ) d'indices:*

1° $X_\lambda \cap X_\mu$ *soit ouvert* (resp. *fermé*) *pour chacune des topologies $\mathscr{T}_\lambda$, $\mathscr{T}_\mu$.*

2° *Les topologies induites sur $X_\lambda \cap X_\mu$ par $\mathscr{T}_\lambda$ et $\mathscr{T}_\mu$ coïncident.*

Soit $\mathscr{T}$ la topologie la plus fine sur X rendant continues les injections $j_\lambda: X_\lambda \to X$. Alors, pour tout $\lambda \in L$, X_λ est ouvert (resp. *fermé*) *dans X pour la topologie $\mathscr{T}$ et la topologie induite par $\mathscr{T}$ sur X_λ est identique à $\mathscr{T}_\lambda$.*

Compte tenu de la prop. 6 et de son corollaire (I, p. 14), tout revient à démontrer que pour tout λ et toute partie A_λ de X_λ, les propositions suivantes sont équivalentes:

(i) A_λ est ouvert (resp. fermé) pour $\mathscr{T}_\lambda$;

(ii) pour tout $\mu \in L$, $A_\lambda \cap X_\mu$ est ouvert (resp. fermé) pour $\mathscr{T}_\mu$.

Or il est clair que (ii) entraîne (i) en prenant $\mu = \lambda$. Inversement si (i) est vérifiée, $A_\lambda \cap X_\mu$ est ouvert (resp. fermé) dans $X_\lambda \cap X_\mu$ pour la topologie $\mathscr{T}_{\lambda\mu}$ induite sur $X_\lambda \cap X_\mu$ par $\mathscr{T}_\lambda$; mais $\mathscr{T}_{\lambda\mu}$ est aussi la topologie induite sur $X_\lambda \cap X_\mu$

par $\mathscr{T}_\mu$, donc $A_\lambda \cap X_\mu$ est aussi l'intersection de $X_\lambda \cap X_\mu$ et d'une partie B_μ de X_μ ouverte (resp. fermée) pour $\mathscr{T}_\mu$; comme $X_\lambda \cap X_\mu$ est ouvert (resp. fermé) pour $\mathscr{T}_\mu$, il en est de même de $A_\lambda \cap X_\mu$, ce qui achève la démonstration.

On notera que si la réunion des X_λ est distincte de X, la topologie induite par $\mathscr{T}$ sur $X - (\bigcup_{\lambda \in L} X_\lambda)$ est *discrète*. En effet, si $x \in X$ n'appartient à aucun des X_λ, $\{x\} \cap X_\lambda = \varnothing$ est ouvert pour $\mathscr{T}_\lambda$ quel que soit λ, donc $\{x\}$ est ouvert pour $\mathscr{T}$.

5. Recollement d'espaces topologiques

Soit $(X_\lambda)_{\lambda \in L}$ une famille d'ensembles, et soit X l'ensemble *somme* des X_λ (E, II, p. 30, déf. 8); nous identifierons chaque X_λ à une partie de X au moyen de l'injection canonique $j_\lambda : X_\lambda \to X$.

Considérons dans X une relation d'équivalence R telle que *chaque classe d'équivalence suivant* R *ait au plus un élément dans chaque* X_λ; pour tout couple (λ, μ) d'indices, soit $A_{\lambda\mu}$ la partie de X_λ formée des éléments x tels qu'il existe un élément $y \in X_\mu$ appartenant à la classe d'équivalence de x. Il est clair qu'à tout point $x \in A_{\lambda\mu}$ correspond un $y \in A_{\mu\lambda}$ et un seul congru à x mod. R; les applications $h_{\mu\lambda} : A_{\lambda\mu} \to A_{\mu\lambda}$ ainsi définies vérifient alors les conditions suivantes:

(i) pour tout $\lambda \in L$, $h_{\lambda\lambda}$ est l'identité de $A_{\lambda\lambda} = X_\lambda$;

(ii) pour tout triplet d'indices (λ, μ, ν) de L, et tout $x \in A_{\lambda\mu} \cap A_{\lambda\nu}$, on a $h_{\mu\lambda}(x) \in A_{\mu\nu}$ et

$$h_{\nu\lambda}(x) = h_{\nu\mu}(h_{\mu\lambda}(x)). \tag{1}$$

Inversement, supposons donnés, pour tout couple (λ, μ) d'indices, une partie $A_{\lambda\mu}$ de X_λ et une application $h_{\mu\lambda} : A_{\lambda\mu} \to A_{\mu\lambda}$ vérifiant les conditions (i) et (ii) précédentes. Il résulte d'abord de (ii) appliqué aux triplets (λ, μ, λ) et (μ, λ, μ) que $h_{\lambda\mu} \circ h_{\mu\lambda}$ (resp. $h_{\mu\lambda} \circ h_{\lambda\mu}$) est la restriction de $h_{\lambda\lambda}$ (resp. $h_{\mu\mu}$) à $A_{\lambda\mu}$ (resp. $A_{\mu\lambda}$), d'où, en vertu de (i), on déduit que $h_{\lambda\mu}$ et $h_{\mu\lambda}$ sont des *bijections* réciproques l'une de l'autre. Soit alors $R\{x, y\}$ la relation « il existe λ, μ tels que $x \in A_{\lambda\mu}$, $y \in A_{\mu\lambda}$ et $y = h_{\mu\lambda}(x)$ ». Il résulte de (i) et de ce qui précède que R est *réflexive* et *symétrique*; d'autre part, si on a $x \in A_{\lambda\mu}$, $y = h_{\mu\lambda}(x) \in A_{\mu\lambda} \cap A_{\mu\nu}$ et $z = h_{\nu\mu}(y)$, on a aussi $x = h_{\lambda\mu}(y)$, donc, d'après (ii), $x \in A_{\lambda\mu} \cap A_{\lambda\nu}$; la relation (1) prouve donc que R est *transitive*, autrement dit, R est une relation d'équivalence dans X. Il résulte d'ailleurs de (i) et de la définition de R que chaque classe d'équivalence suivant R a *au plus un élément* dans chacun des X_λ, et que $A_{\lambda\mu}$ est l'ensemble des $x \in X_\lambda$ tels qu'il existe un $y \in X_\mu$ congru à x mod. R. On dit que l'ensemble quotient X/R est obtenu par *recollement des* X_λ *le long des* $A_{\lambda\mu}$ *au moyen des bijections* $h_{\mu\lambda}$. Si $\varphi : X \to X/R$ est l'application canonique, la restriction de φ à chaque X_λ est une *bijection* de X_λ sur $\varphi(X_\lambda)$.

Supposons maintenant que chaque X_λ soit un *espace topologique*, et soit $\mathscr{T}_\lambda$ sa topologie. Munissons l'ensemble X/R de la topologie $\mathscr{T}$ la plus fine rendant continues les applications $\varphi \circ j_\lambda : X_\lambda \to X/R$; il revient d'ailleurs au même de dire que l'on munit X de la topologie *somme* des $\mathcal{T}_\lambda$ et X/R du quotient par R de cette topologie. On dit que l'espace topologique X/R s'obtient par *recollement des espaces topologiques* X_λ le long des $A_{\lambda\mu}$, au moyen des bijections $h_{\mu\lambda}$. Les ensembles *ouverts* (resp. *fermés*) de X/R sont donc les images canoniques des parties B de X, *saturées* pour R et telles que $B \cap X_\lambda$ soit *ouvert* (resp. *fermé*) dans X_λ pour tout $\lambda \in L$.

Comme la restriction de φ à chaque X_λ est une bijection sur la partie $X'_\lambda = \varphi(X_\lambda)$ de X/R, on peut transporter au moyen de cette bijection la topologie $\mathcal{T}_\lambda$, de sorte que X'_λ est alors muni d'une topologie $\mathcal{T}'_\lambda$, et que la topologie $\mathcal{T}$ sur X/R est *la plus fine* rendant continues les injections canoniques $X'_\lambda \to X/R$. En général, la topologie induite par $\mathcal{T}$ sur X'_λ est *moins fine* que $\mathcal{T}'_\lambda$, mais non identique à cette dernière même lorsque les $h_{\mu\lambda}$ sont des homéomorphismes (I, p. 94, exerc. 15). Toutefois, il résulte de I, p. 15, prop. 8, que l'on a, avec les notations précédentes:

Proposition 9. — *Supposons que les* $h_{\mu\lambda}$ *soient des homéomorphismes et que chaque* $A_{\lambda\mu}$ *soit ouvert* (resp. *fermé*) *dans* X_λ; *alors chaque* $\varphi(X_\lambda)$ *est ouvert* (resp. *fermé*) *dans* X/R *et la restriction de* φ *à* X_λ *est un homéomorphisme de* X_λ *sur le sous-espace* $\varphi(X_\lambda)$ *de* X/R.

§ 3. SOUS-ESPACES; ESPACES QUOTIENTS

1. Sous-espaces d'un espace topologique

Soit A une partie d'un espace topologique X. Nous avons défini la *topologie induite* sur A par la topologie de X comme l'image réciproque de cette dernière par l'injection canonique $A \to X$ (I, p. 13, *Exemple* I); il revient au même de poser la définition suivante:

Définition 1. — *Soit* A *une partie d'un espace topologique* X. *On appelle topologie induite sur* A *par la topologie de* X *la topologie dont les ensembles ouverts sont les traces sur* A *des ensembles ouverts de* X. *L'ensemble* A, *muni de cette topologie, est appelé un sous-espace de* X.

Exemple. — Sur l'ensemble **Z** des entiers rationnels, la topologie induite par celle de la droite rationnelle est la topologie *discrète*, car la trace sur **Z** de l'intervalle ouvert $]n - \frac{1}{2}, n + \frac{1}{2}[$ est l'ensemble $\{n\}$.

En vertu de la prop. 5 de I, p. 13 (ou directement à partir de la déf. 1), si $B \subset A \subset X$, le *sous-espace* B *de* X est identique au *sous-espace* B du *sous-espace* A *de* X (*transitivité* des topologies induites). Si $\mathfrak{S}$ est un système générateur (resp. une base) de la topologie de X (I, p. 13, *Exemple* II), sa trace $\mathfrak{S}_A$ sur A est un système générateur (resp. une base) de la topologie induite sur A.

Dans toutes les questions où interviennent des éléments ou des parties de A, il faut soigneusement distinguer entre leurs propriétés en tant que points (resp.

parties) de l'espace X, et leurs propriétés en tant que points (resp. parties) du sous-espace A. On opérera cette distinction en utilisant les locutions « dans A », « par rapport à A », ou « relativement à A » pour préciser les propriétés de la seconde catégorie (éventuellement en les opposant aux locutions « dans X », « par rapport à X », « relativement à X »).

Un ensemble *ouvert dans le sous-espace* A n'est pas nécessairement *ouvert dans* X: *pour que tout ensemble ouvert dans* A *soit ouvert dans* X, *il faut et il suffit que* A *soit ouvert dans* X. En effet, la condition est nécessaire, puisque A est ouvert par rapport à A; elle est suffisante en vertu de (O_{II}) et de la déf. 1.

Les ensembles *fermés dans* A sont les *traces sur* A *des ensembles fermés dans* X (I, p. 13, *Exemple* I); on voit comme ci-dessus que, *pour que tout ensemble fermé dans* A *soit fermé dans* X, *il faut et il suffit que* A *soit fermé dans* X.

Les voisinages d'un point $x \in A$ *par rapport à* A sont les *traces sur* A *des voisinages de* x *par rapport à* X; pour que tout voisinage de x par rapport à A soit un voisinage de x par rapport à X, il faut et il suffit que A soit un *voisinage de* x *dans* X.

PROPOSITION 1. — *Si* A *et* B *sont deux parties d'un espace topologique* X *telles que* $B \subset A$, *l'adhérence de* B *par rapport au sous-espace* A *est la trace sur* A *de l'adhérence* $\overline{B}$ *de* B *par rapport à* X.

En effet, si $x \in A$, tout voisinage de x par rapport à A est de la forme $V \cap A$, où V est un voisinage de x dans X. Comme $V \cap B = (V \cap A) \cap B$, pour que x soit adhérent à B par rapport à A, il faut et il suffit qu'il soit adhérent à B par rapport à X.

COROLLAIRE. — *Pour qu'une partie* B *de* A *soit dense par rapport à* A, *il faut et il suffit que* $\overline{B} = \overline{A}$ *dans* X (*ou, ce qui revient au même, que* $A \subset \overline{B}$).

On en conclut que si A, B, C sont trois parties de X telles que $A \supset B \supset C$, et si B est dense par rapport à A et C dense par rapport à B, alors C est dense par rapport à A (*transitivité* de la densité); en effet, on a alors $\overline{A} = \overline{B} = \overline{C}$ dans X.

PROPOSITION 2. — *Soit* A *une partie partout dense d'un espace topologique* X; *pour tout* $x \in A$ *et tout voisinage* V *de* x *par rapport à* A, *l'adhérence* $\overline{V}$ *de* V *dans* X *est un voisinage de* x *par rapport à* X.

En effet, V contient la trace $U \cap A$ sur A d'un ensemble U ouvert dans X et contenant x, donc $\overline{V}$ contient $U \cap \overline{A} = U$ (I, p. 7, prop. 5).

PROPOSITION 3. — *Soit* $(A_\iota)_{\iota \in I}$ *une famille de parties d'un espace topologique* X, *ayant l'une des propriétés suivantes*:

a) *les intérieurs des* A_ι *forment un recouvrement de* X;

b) $(A_\iota)_{\iota \in I}$ *est un recouvrement fermé localement fini* (I, p. 6) *de* X.

Dans ces conditions, pour qu'une partie B *de* X *soit ouverte* (resp. *fermée*) *dans* X, *il faut et il suffit que chacun des ensembles* $B \cap A_\iota$ *soit ouvert* (resp. *fermé*) *dans* A_ι.

La nécessité des conditions est évidente. Pour démontrer qu'elles sont suffisantes, plaçons-nous d'abord dans l'hypothèse a); comme

$$(\complement B) \cap A_\iota = A_\iota - (B \cap A_\iota),$$

on peut, par dualité, se borner à considérer le cas où chacun des $B \cap A_\iota$ est *ouvert* par rapport à A_ι; alors $B \cap \mathring{A}_\iota$ est ouvert dans $\mathring{A}_\iota$ pour tout $\iota \in I$, donc ouvert dans X, et comme $B = \bigcup_\iota (B \cap \mathring{A}_\iota)$ par hypothèse, B est ouvert dans X.

Plaçons-nous maintenant dans l'hypothèse b); par dualité, on peut encore se borner à considérer le cas où chacun des $B \cap A_\iota$ est *fermé* par rapport à A_ι; alors $B \cap A_\iota$ est fermé dans X; comme la famille $(B \cap A_\iota)$ est localement finie, et que $B = \bigcup_\iota (B \cap A_\iota)$, B est fermé dans X en vertu de I, p. 6, prop. 4.

Remarque. — Soit $(U_\iota)_{\iota \in I}$ un recouvrement *ouvert* d'un espace topologique X, et pour tout $\iota \in I$, soit $\mathfrak{B}_\iota$ une *base* de la topologie de sous-espace U_ι de X; il est clair que $\mathfrak{B} = \bigcup_{\iota \in I} \mathfrak{B}_\iota$ est une *base* de la topologie de X.

2. Continuité par rapport à un sous-espace

Soient X, Y deux espaces topologiques, f une application de X dans Y, B une partie de Y contenant $f(X)$. La définition de la topologie induite comme topologie initiale (I, p. 12, prop. 4) montre que pour que f soit continue en $x \in X$, il faut et il suffit que l'application de X dans le *sous-espace* B de Y, ayant même graphe que f, soit continue au point x.

Soit maintenant A une partie de X; si f est continue au point $x \in A$ (resp. continue dans X), sa *restriction* $f \mid A$ est une application du sous-espace A dans Y, qui est continue au point x (resp. continue dans A), en vertu de I, p. 9, prop. 2: on dit parfois qu'une application $f: X \to Y$ est *continue relativement à* A *au point* $x \in A$ (resp. *continue relativement à* A) si sa restriction $f \mid A$ est continue au point x (resp. continue dans A).

On notera que $f \mid A$ peut être continue sans que f soit continue en aucun point de X: un exemple en est fourni par la fonction caractéristique φ_A d'une partie A de X partout dense dans X ainsi que son complémentaire (I, p. 92, exerc. 11); si on considère φ_A comme une application de X dans l'espace discret $\{0, 1\}$, φ_A n'est continue en aucun point de X, mais sa restriction à A est constante, donc continue.

Si A est un voisinage dans X d'un point $x \in A$, et si $f: X \to Y$ est telle que $f \mid A$ soit continue au point x, alors f est continue au point x, puisque tout voisinage de x par rapport à A est un voisinage de x par rapport à X (caractère *local* de la continuité).

PROPOSITION 4. — *Soit* $(A_\iota)_{\iota \in I}$ *une famille de parties d'un espace topologique* X, *dont les intérieurs forment un recouvrement ouvert de* X, *ou qui est un recouvrement fermé localement fini de* X. *Soit f une application de* X *dans un espace topologique* X'. *Si la restriction de f à chacun des sous-espaces* A_ι *est continue, f est continue.*

En effet, si F' est une partie fermée de X' et si on pose $F = \overset{-1}{f}(F')$, $F \cap A_\iota$ est fermé dans A_ι pour tout $\iota \in I$ (I, p. 9, th. 1), donc F est fermé dans X en vertu de la prop. 3 de I, p. 11; la conclusion résulte du th. 1 de I, p. 9.

3. Sous-espaces localement fermés

Définition 2. — *On dit qu'une partie* L *d'un espace topologique* X *est localement fermée en un point* $x \in L$ *s'il existe un voisinage* V *de* x *dans* X *tel que* $L \cap V$ *soit une partie fermée du sous-espace* V. *On dit que* L *est localement fermée dans* X *si elle est localement fermée en chacun de ses points.*

Remarque. — Soit F une partie de X telle que pour *tout point* x *de* X, il y ait un voisinage V de x dans X tel que $V \cap F$ soit fermé dans le sous-espace V; il résulte alors de la prop. 3 de I, p. 18 que F est *fermée* dans X. Par contre, il résulte aussitôt de la prop. 5 ci-dessous qu'il existe en général des ensembles localement fermés et non fermés dans X.

Proposition 5. — *Soit* L *une partie d'un espace topologique* X. *Les conditions suivantes sont équivalentes*:

a) L *est localement fermée*;

b) L *est une partie ouverte du sous-espace* $\overline{L}$, *adhérence de* L *dans* E;

c) L *est intersection d'une partie ouverte et d'une partie fermée de* X.

Il est immédiat que b) implique c), L étant alors l'intersection de $\overline{L}$ et d'une partie ouverte de X; c) implique a) en vertu de la déf. 2. Enfin, a) implique b): en effet, pour tout $x \in L$, il existe alors un voisinage ouvert U de x tel que $U \cap L$ soit fermé dans U; donc $U \cap \overline{L} = U \cap L$, ce qui montre que dans le sous-espace $\overline{L}$, x est intérieur à L, donc L est ouvert dans $\overline{L}$.

Corollaire. — *Soit* $f: X \to X'$ *une application continue; pour toute partie localement fermée* L' *de* X', $\overset{-1}{f}(L')$ *est localement fermée dans* X.

Cela résulte aussitôt de la prop. 5 ci-dessus et de I, p. 9, th. 1.

4. Espaces quotients

Définition 3. — *Soient* X *un espace topologique,* R *une relation d'équivalence dans* X. *On appelle espace quotient de* X *par* R *l'ensemble quotient* X/R, *muni de la topologie quotient de la topologie de* X *par la relation* R (I, p. 15, *Exemple* I).

Sauf mention expresse du contraire, quand nous considérerons désormais X/R comme un espace topologique, il sera sous-entendu qu'il s'agit de l'espace quotient de X par R. On dit souvent que cet espace topologique est l'espace obtenu en *identifiant* les points de X appartenant à une même classe d'équivalence suivant R.

Soit φ l'application canonique X → X/R. Par définition (I, p. 14, prop. 6 et corollaire) les ensembles *ouverts* (resp. *fermés*) dans X/R sont les ensembles A tels que $\overset{-1}{\varphi}(A)$ soit *ouvert* (resp. *fermé*) dans X; autrement dit, les ensembles ouverts (resp. fermés) dans X/R sont en correspondance biunivoque canonique avec les ensembles ouverts (resp. fermés) dans X *saturés* pour R, et sont les images canoniques de ces ensembles.

Proposition 6. — *Soient* X *un espace topologique,* R *une relation d'équivalence dans* X, φ *l'application canonique de* X *sur* X/R; *pour qu'une application f de* X/R *dans un espace topologique* Y *soit continue, il faut et il suffit que f* ∘ φ *soit continue dans* X.

Ce n'est qu'un cas particulier de I, p. 14, prop. 6, exprimant que la topologie quotient est topologie *finale* pour l'application φ.

La prop. 6 montre qu'il existe une correspondance biunivoque canonique entre les applications continues de X/R dans Y et les applications continues de X dans Y, *constantes dans toute classe d'équivalence suivant* R.

Exemple. — *Considérons, sur la droite numérique **R**, la relation d'équivalence $x \equiv y$ (mod. 1); l'espace quotient de **R** par cette relation est appelé *tore à une dimension* et se désigne par **T**. La classe d'équivalence d'un point $x \in \mathbf{R}$ se compose de tous les points $x + n$, où n parcourt l'ensemble **Z** des entiers rationnels. D'après la prop. 6, il y a correspondance biunivoque entre les fonctions continues dans **T** et les fonctions *périodiques* de période 1, continues dans **R**. Nous reviendrons dans V, §1, n° 2 sur cet important exemple.*

Corollaire. — *Soient* X, Y, *deux espaces topologiques,* R (resp. S) *une relation d'équivalence dans* X (resp. Y), *f*: X → Y *une application continue compatible avec les relations d'équivalence* R *et* S (E, II, p. 44); *alors l'application g*: X/R → Y/S *déduite de f par passage aux quotients* (E, II, p. 45) *est continue.*

C'est un cas particulier d'une propriété générale des structures quotients (E, IV, p. 21, critère CST 20).

Proposition 7 (transitivité des espaces quotients). — *Soient* R *et* S *deux relations d'équivalence dans un espace topologique* X, *telles que* R *entraîne* S, *et soit* S/R *la relation d'équivalence quotient dans l'espace quotient* X/R (E, II, p. 46). *L'application canonique bijective* (X/R)/(S/R) → X/S *est alors un homéomorphisme.*

C'est un cas particulier de la transitivité des topologies finales (I, p. 14, prop. 7; cf. E, II, p. 22, critère CST 21).

5. Décomposition canonique d'une application continue

Soient X, Y deux espaces topologiques, *f*: X → Y une application continue, R la relation d'équivalence $f(x) = f(y)$ dans X. Considérons la *décomposition canonique*:

$$f\colon X \xrightarrow{\varphi} X/R \xrightarrow{g} f(X) \xrightarrow{\psi} Y$$

où φ est l'application canonique (surjective) de X dans l'espace quotient X/R, ψ l'injection canonique du sous-espace $f(\mathrm{X})$ dans Y et g la bijection associée à f (E, II, p. 14). Il est immédiat que g est continue (par la prop. 6 de I, p. 14) ce qui est d'ailleurs un cas particulier d'un résultat général sur les structures quotients (cf. E, IV, p. 21). Mais la bijection *g n'est pas nécessairement un homéomorphisme.*

PROPOSITION 8. — *Soient* $f = \psi \circ g \circ \varphi$ *la décomposition canonique d'une application continue* $f\colon \mathrm{X} \to \mathrm{Y}$, R *la relation d'équivalence* $f(x) = f(y)$. *Les trois conditions suivantes sont équivalentes :*

a) *g est un homéomorphisme de* X/R *sur* $f(\mathrm{X})$.

b) *L'image par f de tout ensemble ouvert saturé pour* R *est un ensemble ouvert dans le sous-espace* $f(\mathrm{X})$.

c) *L'image par f de tout ensemble fermé saturé pour* R *est un ensemble fermé dans le sous-espace* $f(\mathrm{X})$.

En effet, la condition b) (resp. c)) exprime que l'image par g de tout ensemble ouvert (resp. fermé) dans X/R est un ensemble ouvert (resp. fermé) dans $f(\mathrm{X})$.

Exemple. — Soient X un espace topologique, $(\mathrm{X}_\iota)_{\iota \in \mathrm{I}}$ un *recouvrement* de X, Y l'espace *somme* des sous-espaces X_ι de X ; il y a donc une partition $(\mathrm{Y}_\iota)_{\iota \in \mathrm{I}}$ de Y en sous-espaces à la fois ouverts et fermés, et pour chaque $\iota \in \mathrm{I}$ un homéomorphisme $f_\iota\colon \mathrm{Y}_\iota \to \mathrm{X}_\iota$. Soit $f\colon \mathrm{Y} \to \mathrm{X}$ l'application continue qui coïncide avec f_ι dans Y_ι pour tout $\iota \in \mathrm{I}$, et soit R la relation d'équivalence $f(x) = f(y)$; l'espace quotient Y/R est donc obtenu par « recollement » des Y_ι (I, p. 17). Considérons la bijection $g\colon \mathrm{Y/R} \to \mathrm{X}$, associée à f ; en général g n'est pas un homéomorphisme, comme le montre l'exemple où on prend tous les X_ι réduits à un point, X étant supposé non discret. Toutefois, si les intérieurs des X_ι forment un recouvrement de X, ou si (X_ι) est un recouvrement fermé localement fini de X, g est un homéomorphisme ; en effet, pour toute partie ouverte U de Y, saturée pour R, et pour tout $\iota \in \mathrm{I}$, $f(\mathrm{U}) \cap \mathrm{X}_\iota = f_\iota(\mathrm{U} \cap \mathrm{Y}_\iota)$ est ouvert dans X_ι, et la conclusion résulte de la prop. 3 de I. p. 18.

La proposition suivante donne une condition *suffisante* simple pour que g soit un homéomorphisme :

PROPOSITION 9. — *Soient* $f\colon \mathrm{X} \to \mathrm{Y}$ *une application continue surjective,* R *la relation d'équivalence* $f(x) = f(y)$. *S'il existe une section continue* $s\colon \mathrm{Y} \to \mathrm{X}$ *associée à f* (E, II, p. 18, déf. 11), *l'application* $g\colon \mathrm{X/R} \to \mathrm{Y}$ *associée à f est un homéomorphisme, et s est un homéomorphisme de* Y *sur le sous-espace* $s(\mathrm{Y})$ *de* X.

En effet, si $\varphi\colon \mathrm{X} \to \mathrm{X/R}$ est l'application canonique, g et $\varphi \circ s$ sont bijectives, continues et réciproques l'une de l'autre ; de même s et la restriction de f à $s(\mathrm{Y})$ sont continues, bijectives et réciproques l'une de l'autre.

Lorsque R est une relation d'équivalence dans un espace topologique X et $\varphi\colon \mathrm{X} \to \mathrm{X/R}$ l'application canonique, toute *section continue* $s\colon \mathrm{X/R} \to \mathrm{X}$ associée à φ est aussi appelée *section continue de* X *pour* R (cf. E, II, p. 42) ; le sous-espace $s(\mathrm{X/R})$ de X est alors homéomorphe à X/R. On notera que la donnée de $s(\mathrm{X/R})$ détermine complètement s ; aussi dit-on souvent par abus de langage que $s(\mathrm{X/R})$ est une *section* (continue) de X pour R.

On notera qu'il n'existe pas nécessairement de section continue pour une relation d'équivalence dans un espace topologique (I, p. 94, exerc. 12).

6. Espace quotient d'un sous-espace

Soient X un espace topologique, A un sous-espace de X, R une relation d'équivalence dans X, f l'application canonique $X \to X/R$, g sa restriction à A. La relation d'équivalence $g(x) = g(y)$ dans A n'est autre que la relation R_A *induite* par R dans A (E, II, p. 45). Soit $g = \psi \circ h \circ \varphi$ la décomposition canonique de g, de sorte que si j est l'injection canonique de A dans X, on a le diagramme commutatif[1]

(1) $$A \xrightarrow{\varphi} A/R_A \xrightarrow{h} f(A) \xrightarrow{\psi} X/R.$$

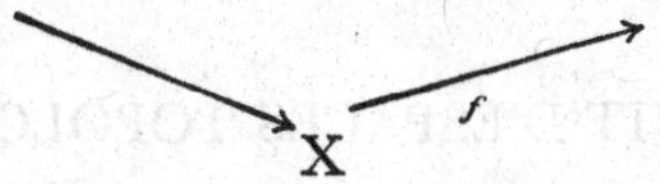

Proposition 10. — *La bijection canonique* $h\colon A/R_A \to f(A)$ *est continue. En outre, les trois propriétés suivantes sont équivalentes:*

a) *h est un homéomorphisme;*

b) *tout ensemble ouvert dans* A *et saturé pour* R_A *est la trace sur* A *d'un ensemble ouvert dans* X *et saturé pour* R;

c) *tout ensemble fermé dans* A *et saturé pour* R_A *est la trace sur* A *d'un ensemble fermé dans* X *et saturé pour* R.

La première partie de la proposition est immédiate (I, p. 22). La seconde résulte de la prop. 8 de I, p. 22: si B est un ensemble ouvert (resp. fermé) dans A et saturé pour R_A, et si $g(B) = f(B)$ est la trace sur $f(A)$ d'un ensemble C ouvert (resp. fermé) dans X/R, B est la trace sur A de l'ensemble ouvert (resp. fermé) $\overset{-1}{f}(C)$ saturé pour R; et réciproquement, si B est la trace sur A d'un ensemble ouvert (resp. fermé) D saturé pour R, $f(B)$ est la trace sur $f(A)$ de $f(D)$, qui est ouvert (resp. fermé) dans X/R.

Corollaire 1. — *Si* A *est un ensemble saturé pour* R *et ouvert* (resp. *fermé*) *dans* X, *l'application canonique* $h\colon A/R_A \to f(A)$ *est un homéomorphisme.*

En effet, si A est ouvert (resp. fermé) et saturé pour R, et si $B \subset A$ est ouvert (resp. fermé) dans A et saturé pour R_A, B est ouvert (resp. fermé) dans X et saturé pour R.

Corollaire 2. — *S'il existe une application continue* $u\colon X \to A$ *telle que, pour tout* $x \in X$, $u(x)$ *soit congru à* x mod. R, *alors* $f(A) = X/R$ *et l'application canonique* $h\colon A/R_A \to X/R$ *est un homéomorphisme.*

En effet, comme toute classe d'équivalence suivant R rencontre A, l'image

[1] Cette expression signifie que l'on a $f \circ j = \psi \circ h \circ \varphi$.

canonique de A/R_A dans X/R est identique à X/R; d'autre part, si U est ouvert dans A et saturé pour R_A, il résulte de l'hypothèse que $\overset{-1}{u}(U)$ est identique à l'ensemble obtenu en saturant U pour R; comme u est continue, $\overset{-1}{u}(U)$ est ouvert dans X (I, p. 9, th. 1) d'où le corollaire, en vertu de la prop. 10.

Exemple. — *Désignons par R la relation d'équivalence $x \equiv y$ (mod. 1) dans la droite numérique **R** (I, p. 21, *Exemple*), par A l'intervalle fermé $[0, 1]$; A contient un point au moins de toute classe d'équivalence suivant R. L'application canonique de A/R_A sur le tore **T** est un homéomorphisme; en effet, soit F un ensemble fermé dans A (donc dans **R**); pour saturer F pour la relation R, il faut prendre la réunion des ensembles fermés $F + n$ (pour $n \in \mathbf{Z}$), qui forment évidemment une famille localement finie; leur réunion est donc fermée (I, p. 6, prop. 4), d'où notre assertion. On observera que A/R_A s'obtient en identifiant dans A les points 0 et 1.$_*$

§ 4. PRODUIT D'ESPACES TOPOLOGIQUES

1. Espaces produits

DÉFINITION 1. — *Étant donnée une famille* $(X_\iota)_{\iota \in I}$ *d'espaces topologiques, on appelle espace produit de cette famille l'ensemble produit* $X = \prod_{\iota \in I} X_\iota$ *muni de la topologie produit des topologies des* X_ι (I, p. 14, *Exemple* III). *On dit que les* X_ι $(\iota \in I)$ *sont les espaces facteurs de* X.

En vertu de I, p. 12, prop. 4, la topologie produit sur X a pour *base* l'ensemble $\mathfrak{B}$ des intersections *finies* d'ensembles de la forme $\overset{-1}{\mathrm{pr}_\iota}(U_\iota)$, où U_ι est ouvert dans X_ι; ces ensembles ne sont autres que les produits $\prod_{\iota \in I} A_\iota$, où A_ι est *ouvert* dans X_ι pour tout $\iota \in I$ et où $A_\iota = X_\iota$ *sauf pour un nombre fini d'indices*; nous donnerons à ces ensembles le nom d'*ensembles élémentaires*.

Si $\mathfrak{B}_\iota$ est une base de la topologie de X_ι (pour tout $\iota \in I$), il est clair que les ensembles élémentaires $\prod_{\iota \in I} A_\iota$ tels que $A_\iota \in \mathfrak{B}_\iota$ pour tout ι tel que $A_\iota \neq X_\iota$ forment encore une *base* de la topologie produit. Ceux de ces ensembles qui contiennent un point $x \in X$ forment par suite un *système fondamental de voisinages* de x (I, p. 5, prop. 3).

Lorsque I est un ensemble *fini*, la construction de la topologie produit à partir des topologies des X_ι se simplifie: les ensembles élémentaires sont simplement les produits $\prod_{\iota \in I} A_\iota$, où A_ι est une partie ouverte quelconque de X_ι pour *tout* $\iota \in I$ (cf. I. p. 95, exerc. 9).

Exemples. — *Le produit $\mathbf{R}^n$ de n espaces identiques à la droite numérique **R** est appelé *espace numérique à n dimensions*; $\mathbf{R}^2$ est aussi appelé *plan numérique* (cf. VI, § 1, n° 1). On définit de même, à partir de la droite rationnelle **Q**, l'espace *rationnel* à n dimensions $\mathbf{Q}^n$ (*plan rationnel* pour $n = 2$).

La topologie de l'espace $\mathbf{R}^n$ a pour base l'ensemble des produits de n intervalles ouverts dans $\mathbf{R}$, ensembles qu'on appelle *pavés ouverts à n dimensions*. Les pavés ouverts contenant un point $x \in \mathbf{R}^n$ forment un système fondamental de voisinages de ce point. On appelle de même *pavés fermés à n dimensions* les produits de n intervalles fermés dans $\mathbf{R}$. Les pavés fermés auxquels x est intérieur forment encore un système fondamental de voisinages de x. On a des résultats analogues pour l'espace rationnel à n dimensions.$_*$

PROPOSITION 1. — *Soit $f = (f_\iota)$ une application d'un espace topologique* Y *dans un espace produit* $X = \prod_{\iota \in I} X_\iota$. *Pour que f soit continue en un point $a \in Y$, il faut et il suffit que, pour tout $\iota \in I$, f_ι soit continue au point a.*

Comme $f_\iota = \mathrm{pr}_\iota \circ f$, cela n'est autre qu'un cas particulier de la prop. 4 de I, p. 12.

COROLLAIRE 1. — *Soient $(X_\iota)_{\iota \in I}$, $(Y_\iota)_{\iota \in I}$ deux familles d'espaces topologiques ayant même ensemble d'indices. Pour tout $\iota \in I$, soit f_ι une application de X_ι dans Y_ι. Pour que l'application produit f: (x_ι) de $(f_\iota(x_\iota)) \mapsto \prod_{\iota \in I} X_\iota$ dans $\prod_{\iota \in I} Y_\iota$ soit continue en un point $a = (a_\iota)$, il faut et il suffit que, pour tout $\iota \in I$, f_ι soit continue au point a_ι.*

En effet, f s'écrit $x \mapsto (f_\iota(\mathrm{pr}_\iota\, x))$; la condition est donc suffisante en vertu de la prop. 1. Inversement, pour tout $\kappa \in I$, soit g_κ l'application de X_κ dans $\prod_{\iota \in I} X_\iota$ telle que $\mathrm{pr}_\kappa(g_\kappa(x_\kappa)) = x_\kappa$ et $\mathrm{pr}_\iota(g_\kappa(x_\kappa)) = a_\iota$ pour $\iota \neq \kappa$; g_κ est continue au point a_κ en vertu de la prop. 1 ; comme $f_\kappa = \mathrm{pr}_\kappa \circ f \circ g_\kappa$, on voit que si f est continue au point a, f_κ est continue au point a_κ.

COROLLAIRE 2. — *Soient* X, Y *deux espaces topologiques. Pour qu'une application $f: X \to Y$ soit continue, il faut et il suffit que l'application $g: x \mapsto (x, f(x))$ soit un homéomorphisme de* X *sur le graphe* G *de f (considéré comme sous-espace de l'espace produit* $X \times Y$).

Comme $f = \mathrm{pr}_2 \circ g$, la condition est suffisante. Elle est nécessaire, car si f est continue, g est bijective et continue (prop. 1) et son application réciproque est la restriction à G de pr_1, qui est continue (cf. E, IV, p. 18, critère CST 17).

PROPOSITION 2 (associativité des produits topologiques). — *Soient $(X_\iota)_{\iota \in I}$ une famille d'espaces topologiques, $(J_\kappa)_{\kappa \in K}$ une partition de l'ensemble* I, *et, pour tout $\kappa \in K$, soit $X'_\kappa = \prod_{\iota \in J_\kappa} X_\iota$ le produit des espaces X_ι pour $\iota \in J_\kappa$. L'application canonique* (E, II, p. 35) *de l'espace produit $\prod_{\iota \in I} X_\iota$ sur l'espace produit $\prod_{\kappa \in K} X'_\kappa$ est un homéomorphisme.*

C'est un cas particulier de la transitivité des topologies initiales (I, p. 13, prop. 5; cf. E, IV, p. 17, critère CST 13).

On *identifie* le plus souvent les espaces produits $\prod_{\iota \in I} X_\iota$ et $\prod_{\kappa \in K} X'_\kappa$ au moyen de l'application canonique.

COROLLAIRE. — *Soit σ une permutation de l'ensemble* I. *L'application* $(x_\iota) \mapsto (x_{\sigma(\iota)})$ *est un homéomorphisme de* $\prod_{\iota \in I} X_\iota$ *sur* $\prod_{\iota \in I} X_{\sigma(\iota)}$.

Il suffit, dans la prop. 2, de prendre $K = I$ et $J_\iota = \{\sigma(\iota)\}$ pour tout $\iota \in I$.

PROPOSITION 3. — *Soient* X *un ensemble,* $(Y_\iota)_{\iota \in I}$ *une famille d'espaces topologiques, et pour chaque* $\iota \in I$, *soit* f_ι *une application de* X *dans* Y_ι. *Soit* f *l'application* $x \mapsto (f_\iota(x))$ *de* X *dans* $Y = \prod_{\iota \in I} Y_\iota$, *et soit* $\mathscr{T}$ *la topologie la moins fine sur* X *rendant continues les* f_ι. *Alors* $\mathscr{T}$ *est l'image réciproque par* f *de la topologie induite sur* $f(X)$ *par la topologie produit sur* Y.

C'est un autre cas particulier de la transitivité des topologies initiales (I, p. 13, prop. 5; cf. E, IV, p. 17, critère CST 15).

COROLLAIRE. — *Pour tout* $\iota \in I$, *soit* A_ι *un sous-espace de* Y_ι. *La topologie induite sur* $A = \prod_{\iota \in I} A_\iota$ *par la topologie produit sur* $\prod_{\iota \in I} Y_\iota$ *est la topologie produit des topologies des sous-espaces* A_ι.

Il suffit d'appliquer la prop. 3 aux fonctions $f_\iota = j_\iota \circ \mathrm{pr}_\iota$, j_ι étant l'injection canonique $A_\iota \to Y_\iota$ (cf. E, IV, p. 17, critère CST 14).

2. Coupe d'un ensemble ouvert; coupe d'un ensemble fermé; projection d'un ensemble ouvert. Continuité partielle

PROPOSITION 4. — *Soient* X_1, X_2 *deux espaces topologiques; pour tout* $a_1 \in X_1$, *l'application* $x_2 \mapsto (a_1, x_2)$ *est un homéomorphisme de* X_2 *sur le sous-espace* $\{a_1\} \times X_2$ *de* $X_1 \times X_2$.

C'est un cas particulier du cor. 2 de I, p. 25, appliqué à la fonction constante $x_2 \mapsto a_1$.

L'application $x_2 \mapsto (a_1, x_2)$ est une *section continue* (I, p. 22) pour la relation d'équivalence $\mathrm{pr}_2 z = \mathrm{pr}_2 z'$ dans $X_1 \times X_2$; l'espace quotient de $X_1 \times X_2$ par cette relation d'équivalence est donc homéomorphe à X_2.

COROLLAIRE. — *La coupe* $A(x_1)$ *d'un ensemble ouvert* (resp. *fermé*) A *du produit* $X_1 \times X_2$, *suivant un point quelconque* $x_1 \in X_1$, *est un ensemble ouvert* (resp. *fermé*) *dans* X_2.

PROPOSITION 5. — *La projection sur un espace facteur d'un ensemble ouvert* U *du produit* $X_1 \times X_2$ *est un ensemble ouvert.*

En effet, on a par exemple $\mathrm{pr}_2 U = \bigcup_{x_1 \in X_1} U(x_1)$ et la proposition résulte du cor. de la prop. 4 et de l'axiome (O_I).

Remarque 1. — La projection sur un espace facteur d'une partie *fermée* d'un espace produit $X_1 \times X_2$ peut fort bien *ne pas être un ensemble fermé*. Par exemple, dans le plan rationnel $\mathbf{Q}^2$, l'hyperbole d'équation $x_1 x_2 = 1$ est un ensemble fermé, mais ses projections sont toutes deux égales au complémentaire du point 0 dans $\mathbf{Q}$, ensemble qui n'est pas fermé.

PROPOSITION 6. — *Soient* X_1, X_2, Y *trois espaces topologiques, f une application de l'espace produit* $X_1 \times X_2$ *dans* Y. *Si f est continue au point* (a_1, a_2), *l'application partielle* $x_2 \mapsto f(a_1, x_2)$ *de* X_2 *dans* Y *est continue au point* a_2.

En effet cette application est composée de f et de l'application $x_2 \mapsto (a_1, x_2)$; la proposition résulte donc de la prop. 4.

On exprime souvent la prop. 6 en disant qu'une fonction continue de deux arguments est continue par rapport à chacun d'eux.

Remarque 2. — Il se peut que *toutes* les applications partielles déterminées par une application $f: X_1 \times X_2 \to Y$ soient continues *sans que f soit continue dans* $X_1 \times X_2$ (cf. IX, § 5, exerc. 21 et EVT, III, § 4, exerc. 4). *Par exemple, l'application f du plan numérique $\mathbf{R}^2$ dans $\mathbf{R}$, définie par $f(x, y) = xy/(x^2 + y^2)$ pour $(x, y) \neq (0, 0)$ et $f(0, 0) = 0$, a toutes ses applications partielles continues, sans être continue au point $(0, 0)$, puisque $f(x, x) = \frac{1}{2}$ si $x \neq 0$.*

Si g est une application de X_1 dans Y, continue en un point a_1, l'application $(x_1, x_2) \mapsto g(x_1)$ de $X_1 \times X_2$ dans Y est continue en tout point (a_1, x_2), car elle est composée de g et de la projection sur X_1.

Les résultats de ce numéro s'étendent aisément à un produit quelconque $\prod_{\iota \in I} X_\iota$ d'espaces topologiques, en remarquant que ce produit est homéomorphe au produit $\left(\prod_{\iota \in J} X_\iota\right) \times \left(\prod_{\iota \in K} X_\iota\right)$ pour toute partition (J, K) de I (I, p. 25, prop. 2).

3. Adhérence dans un produit

PROPOSITION 7. — *Dans un espace produit* $\prod_{\iota \in I} X_\iota$, *l'adhérence d'un produit d'ensembles* $\prod_{\iota \in I} A_\iota$ *est identique au produit* $\prod_{\iota \in I} \overline{A}_\iota$ *de leurs adhérences.*

En effet, supposons que $a = (a_\iota)$ soit adhérent à $\prod_\iota A_\iota$; pour tout $\kappa \in I$, $a_\kappa = \text{pr}_\kappa\, a$ est adhérent à A_κ en vertu de la continuité de pr_κ (I, p. 9, th. 1), donc $a \in \prod_\iota \overline{A}_\iota$. Réciproquement, soit $b = (b_\iota) \in \prod_\iota \overline{A}_\iota$ et soit $\prod_\iota V_\iota$ un ensemble élémentaire quelconque contenant b; pour tout $\iota \in I$, V_ι contient un point $x_\iota \in A_\iota$, donc $\prod_\iota V_\iota$ contient le point $(x_\iota) \in \prod_\iota A_\iota$, ce qui prouve que b est adhérent à $\prod_\iota A_\iota$.

COROLLAIRE. — *Pour qu'un produit* $\prod_\iota A_\iota$ *d'ensembles non vides soit fermé dans l'espace* $\prod_\iota X_\iota$, *il faut et il suffit que, pour tout* ι, A_ι *soit fermé dans* X_ι.

Rappelons que si I est *fini*, un produit $\prod_{\iota \in I} A_\iota$ est ouvert lorsque, pour tout $\iota \in I$, A_ι est ouvert dans X_ι; mais il n'en est pas de même lorsque I est infini.

PROPOSITION 8. — *Soit* $a = (a_\iota)$ *un point d'un espace produit* $X = \prod_{\iota \in I} X_\iota$; *l'ensemble* D *des points* $x \in X$ *tels que* $\mathrm{pr}_\iota\, x = a_\iota$ *sauf pour un nombre* fini *d'indices* ι, *est partout dense dans* X.

En effet, pour tout $x \in X$ et tout ensemble élémentaire $V = \prod_{\iota \in I} U_\iota$ contenant x, on a $U_\iota = X_\iota$ sauf pour les indices ι appartenant à une partie finie J de I; prenons $y_\iota = x_\iota$ pour $\iota \in J$, $y_\iota = a_\iota$ pour $\iota \notin J$; il est clair que $y = (y_\iota) \in D$ et $y \in V$, d'où la proposition.

4. Limites projectives d'espaces topologiques

Soient I un ensemble préordonné (non nécessairement filtrant), la relation de préordre dans I étant notée $\alpha \leqslant \beta$. Pour tout $\alpha \in I$, soit X_α un espace topologique, et pour $\alpha \leqslant \beta$, soit $f_{\alpha\beta}$ une application de X_β dans X_α. Nous dirons que $(X_\alpha, f_{\alpha\beta})$ est un *système projectif d'espaces topologiques* si: 1° $(X_\alpha, f_{\alpha\beta})$ est un *système projectif d'ensembles* (E, III, p. 52); 2° pour $\alpha \leqslant \beta$, $f_{\alpha\beta}$ est une application *continue.* Soient X l'ensemble $\varprojlim X_\alpha$, et pour tout $\alpha \in I$, soit f_α l'application canonique $X \to X_\alpha$; nous dirons que sur X la topologie *la moins fine rendant continues les* f_α est la *limite projective* (pour les $f_{\alpha\beta}$) des topologies des X_α, et que l'ensemble X, muni de cette topologie, est *la limite projective du système projectif d'espaces topologiques* $(X_\alpha, f_{\alpha\beta})$: lorsque nous parlerons de $\varprojlim X_\alpha$ comme d'un espace topologique, il sera toujours sous-entendu, sauf mention expresse du contraire, que la topologie de cet espace est la limite projective des topologies des X_α.

On sait que l'ensemble X est la partie du produit $\prod_{\alpha \in I} X_\alpha$ formée des points x tels que

$$\mathrm{pr}_\alpha\, x = f_{\alpha\beta}(\mathrm{pr}_\beta\, x) \tag{1}$$

pour $\alpha \leqslant \beta$. Il résulte de la prop. 3 de I, p. 26 que, sur X, la topologie limite projective des topologies des X_α est identique à la topologie *induite* par la topologie de l'espace produit $\prod_{\alpha \in I} X_\alpha$. Si, pour tout $\alpha \in I$, Y_α est un sous-espace de X_α, de sorte que les Y_α forment un *système projectif de parties* des X_α (E, III, p. 54), il est clair que l'espace topologique $\varprojlim Y_\alpha$ est un *sous-espace* de $\varprojlim X_\alpha$.

Soit $(X'_\alpha, f'_{\alpha\beta})$ un second système projectif d'espaces topologiques ayant même ensemble d'indices I, et pour tout $\alpha \in I$, soit $u_\alpha : X_\alpha \to X'_\alpha$ une application *continue*, telle que (u_α) soit un *système projectif d'applications* (E III, p. 54); alors $u = \varprojlim u_\alpha$ est une application continue de $X = \varprojlim X_\alpha$ dans $X' = \varprojlim X'_\alpha$. En effet, si f'_α est l'application canonique $X' \to X'_\alpha$, on a $f'_\alpha \circ u = u_\alpha \circ f_\alpha$, donc $f'_\alpha \circ u$ est continue pour tout $\alpha \in I$, et notre assertion résulte de la prop. 4 de I, p. 12.

Enfin, supposons I *filtrant à droite*, et soit J une partie *cofinale* de I; soit Z la limite projective du système projectif $(X_\alpha, f_{\alpha\beta})_{\alpha \in J, \beta \in J}$ d'espaces topologiques.

Alors la bijection canonique $g: X \to Z$ (E, III, p. 55, prop. 3) est un *homéomorphisme*. En effet, pour tout $\lambda \in J$, on a $\mathrm{pr}_\lambda(g(x)) = \mathrm{pr}_\lambda x$, donc g est continue (I, p. 25, prop. 1); inversement, soit h la bijection réciproque de g; pour tout $\alpha \in I$, il existe $\lambda \in J$ tel que $\alpha \leqslant \lambda$ et on a donc $\mathrm{pr}_\alpha(h(z)) = f_{\alpha\lambda}(\mathrm{pr}_\lambda z)$, ce qui montre la continuité de h (I, p. 25, prop. 1), vu l'hypothèse sur les $f_{\alpha\beta}$.

Proposition 9. — *Soit* I *un ensemble préordonné filtrant à droite. Soient* $(X_\alpha, f_{\alpha\beta})$ *un système projectif d'espaces topologiques ayant* I *pour ensemble d'indices,* $X = \varprojlim X_\alpha$, J *une partie cofinale de* I. *La famille des ensembles* $\overset{-1}{f_\alpha}(U_\alpha)$, *où* α *parcourt* J, *où* f_α *est l'application canonique* $X \to X_\alpha$, *et où, pour chaque* $\alpha \in J$, U_α *parcourt une base* $\mathfrak{B}_\alpha$ *de la topologie de* X_α, *est une base de la topologie de* X.

On sait (I, p. 12) que les *intersections finies* d'ensembles de la forme $\overset{-1}{f_\alpha}(U_\alpha)$ ($\alpha \in I$, U_α ouvert dans X_α) forment une base de la topologie de X. Si $(\alpha_i)_{1 \leqslant i \leqslant n}$ est une famille finie d'indices de I, il existe $\gamma \in J$ tel que $\alpha_i \leqslant \gamma$ pour $1 \leqslant i \leqslant n$, donc $f_{\alpha_i} = f_{\alpha_i\gamma} \circ f_\gamma$, et si l'on pose $V_\gamma = \bigcap_i \overset{-1}{f_{\alpha_i\gamma}}(U_{\alpha_i})$, on a $\overset{-1}{f_\gamma}(V_\gamma) = \bigcap_i \overset{-1}{f_{\alpha_i}}(U_{\alpha_i})$; mais V_γ est ouvert, donc réunion d'ensembles de $\mathfrak{B}_\gamma$, d'où la proposition.

Corollaire. — *Supposons* I *filtrant. Soit* A *une partie de* $X = \varprojlim X_\alpha$, *et pour tout* $\alpha \in I$, *posons* $A_\alpha = f_\alpha(A)$. *Alors*:

(i) *Les* A_α (resp. *les* $\overline{A}_\alpha$) *forment un système projectif de parties des* X_α *et l'on a* $\overline{A} = \bigcap_\alpha \overset{-1}{f_\alpha}(\overline{A}_\alpha) = \varprojlim \overline{A}_\alpha$.

(ii) *Si* A *est fermé dans* X, *on a* $A = \varprojlim A_\alpha = \varprojlim \overline{A}_\alpha$.

La première assertion de (i) résulte des relations $f_\alpha = f_{\alpha\beta} \circ f_\beta$ pour $\alpha \leqslant \beta$ et de ce que les $f_{\alpha\beta}$ sont continues (I, p. 9, th. 1). Posons $A' = \bigcap_\alpha \overset{-1}{f_\alpha}(\overline{A}_\alpha)$; il est clair que A' est fermé et contient A, donc $\overline{A} \subset A'$. Inversement, soit $x \in A'$ et montrons que x est adhérent à A. En vertu de la prop. 9, il suffit de prouver que tout voisinage de x qui est de la forme $\overset{-1}{f_\alpha}(U_\alpha)$, avec $\alpha \in I$ et U_α ouvert dans X_α, rencontre A. Or on a par hypothèse $f_\alpha(x) \in U_\alpha$, et comme $f_\alpha(x) \in \overline{A}_\alpha$, on a $U_\alpha \cap A_\alpha \neq \varnothing$, ce qui signifie que $A \cap \overset{-1}{f_\alpha}(U_\alpha)$ n'est pas vide.

Pour établir (ii), il suffit de remarquer que, sans hypothèse sur A, on a $A \subset \varprojlim A_\alpha \subset \varprojlim \overline{A}_\alpha$; si A est fermé, il résulte de (i) que $A = \varprojlim \overline{A}_\alpha$, d'où (ii).

Exemple. — Soit $(X_\alpha)_{\alpha \in I}$ une famille filtrante (pour $\supset$) de parties d'un ensemble Y, et pour chaque $\alpha \in I$, soit $\mathscr{T}_\alpha$ une topologie sur X_α, telle que pour $\alpha \leqslant \beta$, $\mathscr{T}_\beta$ soit *plus fine* que la topologie induite sur X_β par $\mathscr{T}_\alpha$. Alors, si l'on prend pour $f_{\alpha\beta}$ l'injection canonique $X_\beta \to X_\alpha$ pour $\alpha \leqslant \beta$, $\varprojlim X_\alpha$ s'identifie canoniquement à l'*intersection* X des X_α muni de la topologie *borne supérieure* (I, p. 13, *Exemple* II) des topologies induites sur X par les $\mathscr{T}_\alpha$.

§ 5. APPLICATIONS OUVERTES ET APPLICATIONS FERMÉES

1. Applications ouvertes et applications fermées

DÉFINITION 1. — *Soient* X, X′ *deux espaces topologiques. On dit qu'une application* $f: X \to X'$ *est ouverte* (resp. *fermée*) *si l'image par f de toute partie ouverte* (resp. *fermée*) *de* X *est ouverte* (resp. *fermée*) *dans* X′.

En particulier, $f(X)$ est alors une partie ouverte (resp. fermée) de X′.

Exemples. — 1) Soit A un sous-espace d'un espace topologique X; pour que l'injection canonique $j: A \to X$ soit ouverte (resp. fermée), il faut et il suffit que A soit ouvert (resp. fermé) dans X (I, p. 18).

2) Pour qu'une bijection f d'un espace topologique X sur un espace topologique X′ soit un *homéomorphisme*, il faut et il suffit que f soit *continue et ouverte*, ou *continue et fermée*.

3) Soit f une *surjection* d'un ensemble X dans un espace topologique X′; si on munit X de la topologie *image réciproque* de celle de X′ par f (I, p. 13, *Exemple* I), f est une application continue à la fois ouverte et fermée de X dans X′.

4) Dans un espace produit $X = \prod_{\iota \in I} X_\iota$, toute projection $pr_\iota: X \to X_\iota$ est une application continue ouverte, mais non nécessairement fermée (I, p. 26, prop. 5).

*5) Une fonction holomorphe non constante f, définie dans une partie ouverte connexe A de **C**, est une application ouverte de A dans **C**.*

6) Soient X, X′ deux espaces topologiques, f une bijection continue de X sur X′, qui n'est pas bicontinue; alors la bijection réciproque $g: X' \to X$ est une application ouverte et fermée de X′ sur X, qui n'est pas continue.

PROPOSITION 1. — *Soient* X, X′, X″ *trois espaces topologiques*, $f: X \to X'$, $g: X' \to X''$ *deux applications. Alors*:

a) *Si f et g sont ouvertes* (resp. *fermées*), $g \circ f$ *est ouverte* (resp. *fermée*).

b) *Si* $g \circ f$ *est ouverte* (resp. *fermée*) *et si f est surjective et continue, g est ouverte* (resp. *fermée*).

c) *Si* $g \circ f$ *est ouverte* (resp. *fermée*) *et si g est injective et continue, f est ouverte* (resp. *fermée*).

L'assertion a) résulte aussitôt de la déf. 1. Pour démontrer b), il suffit de remarquer que toute partie ouverte (resp. fermée) A′ de X′ s'écrit $A' = f(A)$, où $A = \overset{-1}{f}(A')$ est ouvert (resp. fermé) dans X (I, p. 9, th. 1); donc $g(A') = g(f(A))$ est ouvert (resp. fermé) dans X″. Enfin, pour prouver c), on remarque que pour toute partie A de X, on a $f(A) = \overset{-1}{g}(g(f(A)))$; par hypothèse, si A est ouvert (resp. fermé) dans X, $g(f(A))$ est ouvert (resp. fermé) dans X″, donc $f(A)$ est ouvert (resp. fermé) dans X′ en vertu de I, p. 9, th. 1.

PROPOSITION 2. — *Soient* X, Y *deux espaces topologiques, f une application de* X *dans* Y.

Pour toute partie T *de* Y, *désignons par* f_T *l'application de* $\overset{-1}{f}(T)$ *dans* T *qui coïncide avec* f *dans* $\overset{-1}{f}(T)$.

a) *Si* f *est ouverte* (resp. *fermée*), f_T *est ouverte* (resp. *fermée*).

b) *Soit* $(T(\iota))_{\iota \in I}$ *une famille de parties de* Y *dont les intérieurs forment un recouvrement de* Y, *ou qui est un recouvrement fermé localement fini de* Y; *si toutes les* $f_{T(\iota)}$ *sont ouvertes* (resp. *fermées*), *alors* f *est ouverte* (resp. *fermée*).

a) Si A est une partie ouverte (resp. fermée) de $\overset{-1}{f}(T)$, il existe une partie ouverte (resp. fermée) B de X telle que $A = B \cap \overset{-1}{f}(T)$; on a alors $f_T(A) = f(B) \cap T$; par hypothèse $f(B)$ est ouvert (resp. fermé) dans Y, donc $f_T(A)$ est ouvert (resp. fermé) dans T.

b) Soit B une partie ouverte (resp. fermée) de X, et soit $B_\iota = B \cap \overset{-1}{f}(T(\iota))$; on a $f(B) \cap T(\iota) = f_{T(\iota)}(B_\iota)$; comme $f_{T(\iota)}(B_\iota)$ est ouvert (resp. fermé) dans $T(\iota)$ par hypothèse, $f(B)$ est ouvert (resp. fermé) dans Y en vertu de la prop. 3 de I, p. 18.

COROLLAIRE. — *Soit* $(T(\iota))_{\iota \in I}$ *une famille de parties de* Y *dont les intérieurs forment un recouvrement de* Y, *ou qui est un recouvrement fermé localement fini de* Y. *Si* $f: X \to Y$ *est continue et si chacune des* $f_{T(\iota)}$ *est un homéomorphisme de* $\overset{-1}{f}(T(\iota))$ *sur* $T(\iota)$, f *est un homéomorphisme de* X *sur* Y.

Il est clair en effet que f est bijective, et elle est ouverte en vertu de la prop. 2.

2. Relations d'équivalence ouvertes et relations d'équivalence fermées

DÉFINITION 2. — *On dit qu'une relation d'équivalence* R *dans un espace topologique* X *est ouverte* (resp. *fermée*) *si l'application canonique de* X *sur* X/R *est ouverte* (resp. *fermée*).

Il revient au même de dire que le *saturé* pour R de toute partie ouverte (resp. fermée) de X est un ensemble ouvert (resp. fermé) dans X (I, p. 21).

Exemples. — 1) Soient X un espace topologique, Γ un *groupe d'homéomorphismes* de X sur lui-même, R la relation d'équivalence

$$\text{« il existe } \sigma \in \Gamma \text{ tel que } y = \sigma(x) \text{ »}$$

entre x et y (autrement dit, la relation d'équivalence dont les classes sont les *orbites* de Γ dans X; cf. A, I, p. 54). Montrons que la relation R est *ouverte*: en effet, le saturé d'un ensemble $A \subset X$ pour R est la réunion des images $\sigma(A)$, où σ parcourt Γ; si A est ouvert, il en est de même des $\sigma(A)$ et par suite de leur réunion.

*Sur la droite numérique **R**, la relation d'équivalence $x \equiv y \pmod 1$ est ouverte, car elle est définie de la manière précédente à partir du groupe des translations $x \mapsto x + n$ ($n \in \mathbf{Z}$) (voir III, p. 10).*

2) Soit X un espace somme d'une famille (X_ι) de sous-espaces de X, et soit X/R l'espace obtenu par *recollement* des X_ι le long d'ensembles *ouverts* $A_{\iota\kappa}$ au moyen de

bijections $h_{\kappa\iota}$ (I, p. 16); nous supposerons que $h_{\kappa\iota}$ soit un *homéomorphisme* de $A_{\iota\kappa}$ sur $A_{\kappa\iota}$ pour tout couple d'indices. Dans ces conditions, la relation R est *ouverte*. En effet, si U est ouvert dans X, le saturé de U est la réunion des $h_{\kappa\iota}(U \cap A_{\iota\kappa})$; comme $U \cap A_{\iota\kappa}$ est ouvert dans $A_{\iota\kappa}$, $h_{\kappa\iota}(U \cap A_{\iota\kappa})$ est ouvert dans $A_{\kappa\iota}$, donc dans X, d'où notre assertion.

3) Avec les notations de l'*Exemple* 2), supposons maintenant que les $A_{\iota\kappa}$ soient *fermés* et que les $h_{\kappa\iota}$ soient des *homéomorphismes* ; en outre, nous supposerons que, pour tout indice ι, il n'existe qu'un nombre *fini* d'indices κ tels que $A_{\iota\kappa} \neq \varnothing$ (en termes imagés, chaque X_ι n'est « recollé » qu'à un nombre fini de X_κ). Dans ces conditions, la relation R est *fermée*. En effet, pour tout ensemble fermé F dans X, le saturé de F est la réunion des $h_{\kappa\iota}(F \cap A_{\iota\kappa}) \subset A_{\kappa\iota}$; or l'hypothèse entraîne que cette famille est *localement finie* et d'autre part $h_{\kappa\iota}(F \cap A_{\iota\kappa})$ est fermé dans $A_{\kappa\iota}$, donc dans X. Notre conclusion résulte alors de la prop. 4 de I, p. 6.

PROPOSITION 3. — *Soient* X, Y *deux espaces topologiques,* $f: X \to Y$ *une application continue,* R *la relation d'équivalence* $f(x) = f(y)$ *dans* X, $X \xrightarrow{p} X/R \xrightarrow{h} f(X) \xrightarrow{i} Y$ *la décomposition canonique de* f. *Les trois propriétés suivantes sont équivalentes :*

a) f *est une application ouverte.*

b) *Les trois applications* p, h, i *sont ouvertes.*

c) *La relation d'équivalence* R *est ouverte,* h *est un homéomorphisme et* $f(X)$ *est une partie ouverte de* Y.

En outre, ce qui précède reste vrai lorsqu'on y remplace partout « ouverte » par « fermée ».

Comme l'injection i est continue, il résulte de la prop. 1 c) de I, p. 30 que si f est ouverte, il en est de même de $h \circ p$; comme p est surjective et continue, la prop. 1 b) de I, p. 30 montre alors que h est ouverte, et comme h est une bijection continue, c'est un homéomorphisme ; on en conclut (I, p. 30, prop. 1 a)) que $p = \overset{-1}{h} \circ (h \circ p)$ est ouverte. D'autre part (I, p. 30, prop. 1 b)), $i \circ h$ est ouverte, donc (I, p. 30, prop. 1 a)) il en est de même de $i = (i \circ h) \circ \overset{-1}{h}$. Ceci prouve que a) entraîne b). Inversement, b) entraîne a) en vertu de la prop. 1 a) de I, p. 30. Enfin, l'équivalence de b) et c) résulte aussitôt des définitions.

La démonstration est analogue, *mutatis mutandis*, lorsqu'il s'agit d'applications fermées.

PROPOSITION 4. — *Soient* R *une relation d'équivalence ouverte* (resp. *fermée*) *dans un espace topologique* X, f *l'application canonique* $X \to X/R$, A *une partie de* X. *Supposons que l'une des deux conditions suivantes soit vérifiée :*

a) A *est ouvert* (resp. *fermé*) *dans* X.

b) A *est saturé pour* R.

Dans ces conditions, la relation R_A *induite sur* A *est ouverte* (resp. *fermée*) *et l'application canonique de* A/R_A *sur* $f(A)$ *est un homéomorphisme.*

Considérons le diagramme commutatif (1) de I, p. 23, donnant la décomposition canonique de $f \circ j$. Dans l'hypothèse a), j est ouverte (resp. fermée) et il en est de même de f par hypothèse, donc $f \circ j$ est ouverte (resp. fermée) (I, p. 30, prop. 1 a)), et la conclusion résulte de la prop. 3. Dans l'hypothèse b), on a

$A = \overset{-1}{f}(f(A))$, et $h \circ \varphi$ est l'application de A dans $f(A)$ coïncidant avec f dans A; en vertu de la prop. 2 a) de I, p. 31, $h \circ \varphi$ est ouverte (resp. fermée), et la conclusion résulte encore de la prop. 3 appliquée à $h \circ \varphi$.

3. Propriétés spéciales aux applications ouvertes

PROPOSITION 5. — *Soient* X, Y *deux espaces topologiques*, f *une application de* X *dans* Y, $\mathfrak{B}$ *une base de la topologie de* X. *Les propriétés suivantes sont équivalentes*:

a) f *est une application ouverte.*

b) *Pour tout* $U \in \mathfrak{B}$, $f(U)$ *est ouvert dans* Y.

c) *Pour tout* $x \in X$ *et tout voisinage* V *de* x *dans* X, $f(V)$ *est un voisinage de* $f(x)$ *dans* Y.

L'équivalence de a) et b) résulte aussitôt des définitions et de (O_I); l'équivalence de a) et c) résulte de la prop. 1 de I, p. 2.

PROPOSITION 6. — *Soit* R *une relation d'équivalence dans un espace topologique* X. *Les trois conditions suivantes sont équivalentes*:

a) *La relation* R *est ouverte.*

b) *L'intérieur de tout ensemble saturé pour* R *est saturé pour* R.

c) *L'adhérence de tout ensemble saturé pour* R *est saturé pour* R.

Par passage aux complémentaires (I, p. 7, formules (2)), il est évident que b) et c) sont équivalentes. Montrons que b) entraîne a): supposons b) vérifiée et soient U une partie ouverte de X, V son saturé pour R; on a $\mathring{V} \supset U$ et comme par hypothèse $\mathring{V}$ est saturé, on a $\mathring{V} = V$ et le saturé de U est ouvert. Inversement, montrons que a) implique b); supposons a) vérifiée, et soit A un ensemble saturé pour R; si B est le saturé de $\mathring{A}$, on a $\mathring{A} \subset B \subset A$, et comme B est ouvert par hypothèse, $B = \mathring{A}$.

PROPOSITION 7. — *Soient* R *une relation d'équivalence dans un espace topologique* X, φ *l'application canonique* $X \to X/R$. *Si* R *est ouverte*:

(i) *Pour tout ensemble* $A \subset X$ *saturé pour* R, *l'adhérence* (resp. *l'intérieur*) *de* $\varphi(A)$ *dans* X/R *est* $\varphi(\overline{A})$ (resp. $\varphi(\mathring{A})$).

(ii) *Pour toute partie* C *de* X/R, *on a* $\overset{-1}{\varphi}(\overline{C}) = \overline{\overset{-1}{\varphi}(C)}$.

Inversement, chacune de ces propriétés implique que R *est ouverte.*

(ii) se déduit de (i), car si $A = \overset{-1}{\varphi}(C)$, A est saturé pour R, donc aussi $\overline{A}$ (prop. 6), et $\varphi(\overline{A}) = \overline{C}$, d'où $\overline{A} = \overset{-1}{\varphi}(\overline{C})$. Pour prouver les deux assertions de (i), notons qu'elles se déduisent l'une de l'autre par passage aux complémentaires, en utilisant les formules (2) de I, p. 7, et le fait que si B est une partie saturée de X, on a $\varphi(\complement B) = \complement\varphi(B)$. En vertu de la prop. 6, $\overline{A}$ est saturé, donc $\varphi(\overline{A})$ est fermé dans X/R, et comme $A \subset \overline{A}$, on a $\varphi(A) \subset \varphi(\overline{A})$, d'où $\overline{\varphi(A)} \subset \overline{\varphi(\overline{A})}$; mais puisque φ est continue, $\varphi(\overline{A}) \subset \overline{\varphi(A)}$ (I, p. 9, th. 1), d'où la conclusion.

Inversement, supposons que l'on ait $\overset{-1}{\varphi}(\overline{C}) = \overline{\overset{-1}{\varphi}(C)}$ pour toute partie C de X/R, et montrons que pour tout ensemble U ouvert dans X, $\varphi(U)$ est ouvert dans X/R; dans le cas contraire, il existerait dans $\varphi(U)$ un point z adhérent à $C = \complement\varphi(U)$, donc il y aurait dans U un point $x \in \overset{-1}{\varphi}(\overline{C}) = \overline{\overset{-1}{\varphi}(C)}$; mais cela est absurde puisque U est ouvert et $U \cap \overset{-1}{\varphi}(C) = \varnothing$.

Corollaire. — *Les notations étant celles de la prop. 7, si la relation* R *est ouverte, alors, pour qu'une partie* Z *de* X/R *soit localement fermée, il faut et il suffit que* $\overset{-1}{\varphi}(Z)$ *soit localement fermée dans* X.

En effet, dire que Z est localement fermée dans X/R signifie que $\overline{Z} - Z$ est fermée dans X/R (I, p. 20, prop. 5); mais cela équivaut à dire que $\overset{-1}{\varphi}(\overline{Z} - Z) = \overset{-1}{\varphi}(\overline{Z}) - \overset{-1}{\varphi}(Z)$ est une partie fermée de X (I, p. 21); en vertu de la prop. 7, cela signifie aussi que $\overline{\overset{-1}{\varphi}(Z)} - \overset{-1}{\varphi}(Z)$ est fermée dans X, autrement dit que $\overset{-1}{\varphi}(Z)$ est localement fermée dans X.

Proposition 8. — *Soient* $(X_\iota)_{\iota \in I}$, $(Y_\iota)_{\iota \in I}$ *deux familles d'espaces topologiques ayant même ensemble d'indices. Pour tout* $\iota \in I$, *soit* f_ι *une application ouverte de* X_ι *dans* Y_ι, *et supposons que* f_ι *soit surjective sauf pour un nombre fini d'indices. Alors l'application produit* $f : (x_\iota) \mapsto (f_\iota(x_\iota))$ *de* $\prod_{\iota \in I} X_\iota$ *dans* $\prod_{\iota \in I} Y_\iota$ *est ouverte.*

Il suffit en effet (I, p. 33, prop. 5) de prouver que l'image par f de tout ensemble élémentaire $\prod_{\iota \in I} A_\iota$ de $\prod_{\iota \in I} X_\iota$ est ouverte dans $\prod_{\iota \in I} Y_\iota$. Or, cette image est $\prod_{\iota \in I} f_\iota(A_\iota)$ et les hypothèses entraînent que $f_\iota(A_\iota)$ est ouvert dans Y_ι pour tout $\iota \in I$ et que $f_\iota(A_\iota) = Y_\iota$ sauf pour un nombre fini d'indices; d'où la conclusion.

Corollaire. — *Soit* $(X_\iota)_{\iota \in I}$ *une famille d'espaces topologiques, et pour chaque* $\iota \in I$, *soient* R_ι *une relation d'équivalence dans* X_ι, f_ι *l'application canonique* $X_\iota \to X_\iota/R_\iota$. *Soit* R *la relation d'équivalence dans* $X = \prod_{\iota \in I} X_\iota$

$$\text{« pour tout } \iota \in I,\ \mathrm{pr}_\iota x \equiv \mathrm{pr}_\iota y \pmod{R_\iota} \text{ »}$$

entre x *et* y, *et soit* f *l'application produit* $(x_\iota) \mapsto (f_\iota(x_\iota))$ *de* X *dans* $\prod_{\iota \in I} (X_\iota/R_\iota)$. *Si chacune des relations* R_ι *est ouverte, la relation* R *est ouverte, et la bijection associée à* f *est un homéomorphisme de* X/R *sur* $\prod_{\iota \in I} (X_\iota/R_\iota)$.

En effet, R est la relation $f(x) = f(y)$, et comme f est continue et ouverte en vertu de la prop. 8 ci-dessus et de I, p. 25, cor. 1, la conclusion résulte de la prop. 3 de I, p. 32.

En particulier, si R (resp. S) est une relation d'équivalence *ouverte* dans un espace topologique X (resp. Y), la bijection canonique (E, II, p. 47) de $(X \times Y)/(R \times S)$ sur $(X/R) \times (Y/S)$ est un homéomorphisme; lorsqu'on ne suppose plus R et S ouvertes, cette bijection est encore continue, mais n'est plus nécessairement un homéomorphisme, même lorsque l'une des relations R, S est la relation d'égalité (I, p. 96, exerc. 6).

4. Propriétés spéciales aux applications fermées

PROPOSITION 9. — *Soient* X, X′ *deux espaces topologiques. Pour qu'une application* $f: X \rightarrow X'$ *soit continue et fermée, il faut et il suffit que* $f(\overline{A}) = \overline{f(A)}$ *pour toute partie* A *de* X.

La condition est suffisante, car elle entraîne évidemment que f est fermée, et elle entraîne aussi que f est continue en vertu de I, p. 9, th. 1. Inversement, si f est continue et fermée, on a $f(A) \subset f(\overline{A}) \subset \overline{f(A)}$ en vertu de I, p. 9, th. 1, et en outre $f(\overline{A})$ est fermé dans X′ par hypothèse, donc $f(\overline{A}) = \overline{f(A)}$.

PROPOSITION 10. — *Soit* R *une relation d'équivalence dans un espace topologique* X. *Pour que* R *soit fermée, il faut et il suffit que toute classe d'équivalence* M *suivant* R *admette un système fondamental de voisinages saturés pour* R.

En effet, supposons que R soit fermée, et soit U un voisinage ouvert quelconque de M; comme $F = \complement U$ est fermé dans X, l'ensemble S saturé de F pour R est fermé dans X. Comme M est saturé pour R, on a $M \cap S = \varnothing$, donc $V = \complement S$ est un voisinage ouvert de M, saturé pour R et contenu dans U.

Inversement, supposons que R satisfasse à la condition de l'énoncé, et soit F une partie fermée quelconque de X. Soient T le saturé de F pour R, x un point de $\complement T$, M la classe d'équivalence de x; on a $M \cap T = \varnothing$ et *a fortiori* $M \cap F = \varnothing$, autrement dit, $U = \complement F$ est un voisinage de M. Il existe donc un voisinage $V \subset U$ de M, saturé pour R; comme $V \cap F = \varnothing$, on a aussi $V \cap T = \varnothing$; il en résulte que $\complement T$ est un voisinage de M, donc de x, ce qui prouve (I, p. 2, prop. 1) que $\complement T$ est ouvert, donc que T est fermé.

Remarque. — La prop. 10 entraîne la propriété suivante: Si R est fermée, en désignant par φ l'application canonique $X \rightarrow X/R$, pour tout $x \in X$ et tout *voisinage* U *de la classe d'équivalence de* x *dans* X, $\varphi(U)$ est un voisinage de $\varphi(x)$ dans X/R. On aura soin de noter que cela n'entraîne nullement que pour tout voisinage V de x dans X/R, $\varphi(V)$ soit un voisinage de $\varphi(x)$; en d'autres termes (I, p. 33, prop. 5) une relation d'équivalence fermée n'est pas nécessairement ouverte (I, p. 96, exerc. 2). Inversement, une relation d'équivalence ouverte n'est pas nécessairement fermée (I, p. 30, *Exemple* 4): car si U est un voisinage dans X d'une classe d'équivalence M, pour tout $x \in M$ et tout voisinage $V \subset U$ de x, le saturé de V est bien un voisinage de M dans X, mais ce voisinage *n'est pas nécessairement contenu dans* U.

Notons enfin qu'il existe des relations d'équivalence distinctes de l'égalité et qui sont à la fois ouvertes et fermées (I, p. 96, exerc. 3) et des relations d'équivalence qui ne sont ni ouvertes ni fermées (I, p. 101, exerc. 10).

§ 6. FILTRES

1. Définition d'un filtre

DÉFINITION 1. — *On appelle filtre sur un ensemble* X *un ensemble* $\mathfrak{F}$ *de parties de* X *qui possède les propriétés suivantes:*

(F_{I}) *Toute partie de* X *contenant un ensemble de* $\mathfrak{F}$ *appartient à* $\mathfrak{F}$.

(F_{II}) *Toute intersection finie d'ensembles de* $\mathfrak{F}$ *appartient à* $\mathfrak{F}$.

(F_{III}) *La partie vide de* X *n'appartient pas à* $\mathfrak{F}$.

Des deux dernières de ces propriétés on déduit que toute intersection finie d'ensembles de $\mathfrak{F}$ est *non vide.*

Un filtre $\mathfrak{F}$ sur X définit sur X une structure dont les axiomes sont (F_{I}), (F_{II}) et (F_{III}); cette structure est dite *structure d'ensemble filtré*, et l'ensemble X, muni de cette structure, est appelé *ensemble filtré par le filtre* $\mathfrak{F}$.

L'axiome (F_{II}) est équivalent à la conjonction des deux axiomes suivants:

(F_{IIa}) *L'intersection de deux ensembles de* $\mathfrak{F}$ *appartient à* $\mathfrak{F}$.

(F_{IIb}) X *appartient à* $\mathfrak{F}$.

Les axiomes (F_{IIb}) et (F_{III}) montrent qu'*il n'y a pas de filtre sur l'ensemble vide.*

Pour qu'un ensemble de parties satisfaisant à (F_{I}) vérifie aussi (F_{IIb}), il faut et il suffit qu'il soit *non vide*. Pour qu'un ensemble de parties satisfaisant à (F_{I}) vérifie aussi (F_{III}), il faut et il suffit que cet ensemble soit différent de $\mathfrak{P}(X)$.

Exemples de filtres. — 1) Si $X \neq \varnothing$, l'ensemble de parties réduit au seul élément X est un filtre sur X. Plus généralement, l'ensemble des parties de X qui contiennent une partie non vide A de X est un filtre sur X.

2) Sur un espace topologique X, l'*ensemble des voisinages* d'une partie non vide quelconque de X (et en particulier d'un point de X) est un filtre.

3) Si X est un ensemble *infini*, les *complémentaires des parties finies* de X sont les éléments d'un filtre. Le filtre des complémentaires des parties finies de l'ensemble **N** des entiers $\geqslant 0$ est appelé le *filtre de Fréchet.*

2. Comparaison des filtres

DÉFINITION 2. — *Étant donnés deux filtres* $\mathfrak{F}$, $\mathfrak{F}'$ *sur un même ensemble* X, *on dit que* $\mathfrak{F}'$ *est plus fin que* $\mathfrak{F}$, *ou que* $\mathfrak{F}$ *est moins fin que* $\mathfrak{F}'$, *si* $\mathfrak{F} \subset \mathfrak{F}'$. *Si de plus* $\mathfrak{F} \neq \mathfrak{F}'$, *on dit que* $\mathfrak{F}'$ *est strictement plus fin que* $\mathfrak{F}$, *ou que* $\mathfrak{F}$ *est strictement moins fin que* $\mathfrak{F}'$.

Deux filtres dont l'un est plus fin que l'autre sont dits *comparables*. L'ensemble de tous les filtres sur X est *ordonné* par la relation « $\mathfrak{F}$ est moins fin que $\mathfrak{F}'$ », qui n'est autre que la relation induite par la relation d'inclusion dans $\mathfrak{P}(\mathfrak{P}(X))$.

Soit $(\mathfrak{F}_\iota)_{\iota \in I}$ une famille *non vide* quelconque de filtres sur un ensemble X (nécessairement non vide); l'ensemble $\mathfrak{F} = \bigcap_{\iota \in I} \mathfrak{F}_\iota$ vérifie les axiomes (F_{I}), (F_{II})

et (F_{III}), donc est un filtre, appelé *filtre intersection* de la famille $(\mathfrak{F}_\iota)_{\iota \in I}$, et qui est évidemment la *borne inférieure* de l'ensemble des $\mathfrak{F}_\iota$ dans l'ensemble ordonné des filtres sur X.

Le filtre formé de l'unique ensemble X est *le plus petit élément* de l'ensemble ordonné des filtres sur X; lorsque X a plus d'un élément, nous verrons dans I, p. 39 qu'il n'y a pas de plus grand élément dans l'ensemble ordonné des filtres sur X.

Étant donné un ensemble $\mathfrak{S}$ de parties d'un ensemble X, cherchons s'il existe des filtres sur X *contenant* $\mathfrak{S}$. Si un tel filtre existe, il contient aussi, d'après (F_{II}), l'ensemble $\mathfrak{S}'$ des *intersections finies* d'ensembles de $\mathfrak{S}$ (y compris X, intersection de la partie vide de $\mathfrak{S}$); une condition *nécessaire* pour que le problème soit possible est donc que la partie vide de X n'appartienne pas à $\mathfrak{S}'$. Montrons que cette condition est *suffisante*: en effet, tout filtre contenant $\mathfrak{S}'$ contient aussi, d'après (F_I), l'ensemble $\mathfrak{S}''$ des parties de X qui contiennent un ensemble de $\mathfrak{S}'$. Or, $\mathfrak{S}''$ satisfait évidemment à (F_I); il satisfait à (F_{II}) d'après la définition de $\mathfrak{S}'$, et enfin il satisfait à (F_{III}) puisque la partie vide de X n'appartient pas à $\mathfrak{S}'$. L'ensemble $\mathfrak{S}''$ est donc *le moins fin des filtres contenant* $\mathfrak{S}$. Nous avons donc prouvé:

PROPOSITION 1. — *Pour qu'il existe un filtre sur* X *contenant un ensemble* $\mathfrak{S}$ *de parties de* X, *il faut et il suffit qu'aucune des intersections finies d'ensembles de* $\mathfrak{S}$ *ne soit vide.*

On dit que le filtre $\mathfrak{S}''$ défini ci-dessus est *engendré* par $\mathfrak{S}$, et que $\mathfrak{S}$ est un *système générateur* de $\mathfrak{S}''$.

Exemple. — Soit $\mathfrak{S}$ un ensemble quelconque de parties d'un ensemble X, et considérons la topologie $\mathcal{T}$ sur X *engendrée* par $\mathfrak{S}$ (I, p. 13, *Exemple* II). Comme l'ensemble des intersections finies d'ensembles de $\mathfrak{S}$ est une base de $\mathcal{T}$, il résulte de la démonstration de la prop. 1 ci-dessus, ainsi que la prop. 3 de I, p. 5, que pour tout $x \in X$, le *filtre des voisinages* de x pour $\mathcal{T}$ est *engendré* par l'ensemble $\mathfrak{S}(x)$ des ensembles de $\mathfrak{S}$ auxquels appartient x.

COROLLAIRE 1. — *Soient* $\mathfrak{F}$ *un filtre sur un ensemble* X, A *une partie de* X. *Pour qu'il existe un filtre* $\mathfrak{F}'$ *plus fin que* $\mathfrak{F}$ *et tel que* $A \in \mathfrak{F}'$ *il faut et il suffit que* A *rencontre tous les ensembles de* $\mathfrak{F}$.

COROLLAIRE 2. — *Pour qu'un ensemble* Φ *de filtres sur un ensemble non vide* X *admette une borne supérieure dans l'ensemble de tous les filtres sur* X, *il faut et il suffit que pour toute suite finie* $(\mathfrak{F}_i)_{1 \leqslant i \leqslant n}$ *d'éléments de* Φ *et tout* $A_i \in \mathfrak{F}_i$ $(1 \leqslant i \leqslant n)$, *l'intersection* $A_1 \cap \cdots \cap A_n$ *soit non vide.*

Cela exprime en effet que la réunion $\mathfrak{S}$ des filtres $\mathfrak{F} \in \Phi$ vérifie la condition de la prop. 1.

COROLLAIRE 3. — *L'ensemble ordonné des filtres sur un ensemble non vide* X *est inductif.*

En effet, tout *ensemble totalement ordonné* Φ de filtres sur X vérifie la condition du cor. 2, car les ensembles A_i appartiennent tous à l'un des $\mathfrak{F}_j$ par hypothèse, et il suffit d'appliquer (F_{II}).

3. Bases d'un filtre

Si $\mathfrak{G}$ est un système générateur d'un filtre $\mathfrak{F}$ sur X (I, p. 37), $\mathfrak{F}$ n'est pas en général l'ensemble des parties de X contenant un ensemble de $\mathfrak{G}$: pour que $\mathfrak{G}$ ait cette propriété, il faut et il suffit que toute intersection finie d'ensembles de $\mathfrak{G}$ contienne un ensemble de $\mathfrak{G}$. On a donc la proposition suivante:

PROPOSITION 2. — *Étant donné un ensemble de parties $\mathfrak{B}$ d'un ensemble* X, *pour que l'ensemble des parties de* X *contenant un ensemble de $\mathfrak{B}$ soit un filtre, il faut et il suffit que $\mathfrak{B}$ possède les deux propriétés suivantes*:

(B_I) *L'intersection de deux ensembles de $\mathfrak{B}$ contient un ensemble de $\mathfrak{B}$.*

(B_{II}) *$\mathfrak{B}$ n'est pas vide, et la partie vide de* X *n'appartient pas à $\mathfrak{B}$.*

DÉFINITION 3. — *On dit qu'un ensemble de parties $\mathfrak{B}$ d'un ensemble* X *qui satisfait aux axiomes* (B_I) *et* (B_{II}) *est une base du filtre qu'il engendre. On dit que deux bases de filtre sont équivalentes lorsqu'elles engendrent le même filtre.*

Si $\mathfrak{G}$ est un système générateur d'un filtre $\mathfrak{F}$, l'ensemble $\mathfrak{G}'$ des *intersections finies* d'ensembles de $\mathfrak{G}$ est une *base* de $\mathfrak{F}$ (I, p. 37).

PROPOSITION 3. — *Pour qu'une partie $\mathfrak{B}$ d'un filtre $\mathfrak{F}$ sur* X *soit une base de $\mathfrak{F}$, il faut et il suffit que tout ensemble de $\mathfrak{F}$ contienne un ensemble de $\mathfrak{B}$.*

La condition est évidemment nécessaire; elle est suffisante, car si elle est remplie, l'ensemble des parties de X contenant un ensemble de $\mathfrak{B}$ est identique à $\mathfrak{F}$ en vertu de (F_I).

PROPOSITION 4. — *Sur un ensemble* X, *pour qu'un filtre $\mathfrak{F}'$ de base $\mathfrak{B}'$ soit plus fin qu'un filtre $\mathfrak{F}$ de base $\mathfrak{B}$, il faut et il suffit que tout ensemble de $\mathfrak{B}$ contienne un ensemble de $\mathfrak{B}'$.*

La proposition résulte aussitôt des déf. 2 (I, p. 36) et 3 (I, p. 38).

COROLLAIRE. — *Pour que deux bases de filtre $\mathfrak{B}$, $\mathfrak{B}'$ sur un ensemble* X *soient équivalentes, il faut et il suffit que tout ensemble de $\mathfrak{B}$ contienne un ensemble de $\mathfrak{B}'$ et que tout ensemble de $\mathfrak{B}'$ contienne un ensemble de $\mathfrak{B}$.*

Exemples de bases de filtre. — 1) Soit X un espace topologique; les bases du filtre des voisinages d'un point $x \in X$ ne sont autres, en vertu de la prop. 3, que les *systèmes fondamentaux de voisinages* de x (I, p. 4, déf. 5).

2) Soit X un ensemble non vide, préordonné *filtrant* pour une relation (σ) (E, III, p. 12); pour tout élément $a \in X$, on appellera *section* de X relative à l'élément a l'ensemble $S(a)$ des $x \in X$ tels que $a(\sigma)x$. L'*ensemble $\mathfrak{S}$ des sections de* X est une *base de filtre*: il satisfait en effet à (B_{II}) de manière évidente; d'autre part, si a, b sont deux éléments quelconques de X, il existe par hypothèse un élément $c \in X$ tel que $a(\sigma)c$ et $b(\sigma)c$, d'où $S(c) \subset S(a) \cap S(b)$, ce qui démontre ($B_I$). Le filtre engendré par $\mathfrak{S}$ est appelé le *filtre des sections* de l'ensemble filtrant X.

Par exemple, le *filtre de Fréchet* (I, p. 36) est le filtre des sections sur l'ensemble ordonné **N**, considéré comme ensemble filtrant pour la relation $\leqslant$.

Soit maintenant $\mathfrak{F}$ un filtre sur un ensemble Z; comme $\mathfrak{F}$ est un ensemble filtrant pour la relation $\supset$ (en vertu de l'axiome (F_{II})), on peut définir sur $\mathfrak{F}$ un *filtre des sections*, une section relative à un ensemble $A \in \mathfrak{F}$ étant ici l'ensemble S(A) des ensembles $M \in \mathfrak{F}$ tels que $M \subset A$. Ce filtre est appelé le *filtre des sections du filtre* $\mathfrak{F}$.

4. Ultrafiltres

DÉFINITION 4. — *On appelle ultrafiltre sur un ensemble* X *un filtre tel qu'il n'existe aucun filtre strictement plus fin que lui* (en d'autres termes, un élément *maximal* de l'ensemble ordonné des filtres sur X).

Comme l'ensemble ordonné des filtres sur X est inductif (I, p. 37, cor. 3), le th. de Zorn (E, III, p. 20, th. 2) entraîne le théorème suivant:

THÉORÈME 1. — *Pour tout filtre* $\mathfrak{F}$ *sur un ensemble* X, *il existe un ultrafiltre plus fin que* $\mathfrak{F}$.

PROPOSITION 5. — *Soit* $\mathfrak{F}$ *un ultrafiltre sur un ensemble* X. *Si* A *et* B *sont deux parties de* X *telles que* $A \cup B \in \mathfrak{F}$, *on a* $A \in \mathfrak{F}$ *ou* $B \in \mathfrak{F}$.

Raisonnons par l'absurde, et supposons que $A \notin \mathfrak{F}$, $B \notin \mathfrak{F}$ et $A \cup B \in \mathfrak{F}$. Soit $\mathfrak{G}$ l'ensemble des parties M de X telles que $A \cup M \in \mathfrak{F}$. On vérifie immédiatement que $\mathfrak{G}$ est un filtre sur X. Or $\mathfrak{G}$ est strictement plus fin que $\mathfrak{F}$, puisque $B \in \mathfrak{G}$; mais ceci est en contradiction avec l'hypothèse que $\mathfrak{F}$ est un ultrafiltre.

COROLLAIRE. — *Si la réunion d'une suite finie* $(A_i)_{1 \leqslant i \leqslant n}$ *de parties de* X *appartient à un ultrafiltre* $\mathfrak{F}$, *l'un au moins des* A_i *appartient à* $\mathfrak{F}$.

Il suffit de raisonner par récurrence sur *n*.

En particulier, si $(A_i)_{1 \leqslant i \leqslant n}$ est un *recouvrement de* X, un au moins des A_i appartient à $\mathfrak{F}$.

La prop. 5 *caractérise* les ultrafiltres; plus généralement:

PROPOSITION 6. — *Soit* $\mathfrak{G}$ *un système générateur d'un filtre sur un ensemble* X; *si, pour toute partie* Y *de* X, *on a* $Y \in \mathfrak{G}$ *ou* $\complement Y \in \mathfrak{G}$, $\mathfrak{G}$ *est un ultrafiltre sur* X.

Soit en effet $\mathfrak{F}$ un filtre contenant $\mathfrak{G}$ (il en existe par hypothèse); $\mathfrak{F}$ est identique à $\mathfrak{G}$, car si $Y \in \mathfrak{F}$, on a $\complement Y \notin \mathfrak{F}$, donc $\complement Y \notin \mathfrak{G}$, ce qui entraîne $Y \in \mathfrak{G}$.

Exemple d'ultrafiltre. — L'ensemble des parties d'un ensemble non vide X qui contiennent un élément $a \in X$ est un ultrafiltre; en effet, c'est un filtre et si Y est une partie quelconque de X, on a $a \in Y$ ou $a \in \complement Y$. Ces ultrafiltres sont dits *triviaux*.

Le lecteur pourra observer qu'en dehors de cet exemple, nous ne démontrerons jamais l'existence d'un ultrafiltre (même sur un ensemble infini dénombrable) autrement que par le th. 1 (donc en utilisant l'axiome de choix).

Remarque. — Si X est un ensemble contenant au moins deux éléments, il y a au moins deux ultrafiltres distincts sur X, donc l'ensemble ordonné des filtres sur X n'a pas de plus grand élément.

PROPOSITION 7. — *Tout filtre* $\mathfrak{F}$ *sur un ensemble* X *est l'intersection des ultrafiltres plus fins qui lui.*

Il est clair que cette intersection contient $\mathfrak{F}$. D'autre part, soit A un ensemble n'appartenant pas à $\mathfrak{F}$, et posons $A' = \complement A$; comme A ne contient aucun ensemble de $\mathfrak{F}$, on a $M \cap A' \neq \varnothing$ pour tout $M \in \mathfrak{F}$, et par suite (I, p. 37, cor. 1), il existe un filtre $\mathfrak{F}'$ plus fin que $\mathfrak{F}$ et contenant A'. Si $\mathfrak{U}$ est un ultrafiltre plus fin que $\mathfrak{F}'$ (I, p. 39, th. 1), on a donc $A \notin \mathfrak{U}$, ce qui achève la démonstration.

5. Filtre induit

PROPOSITION 8. — *Soient $\mathfrak{F}$ un filtre sur un ensemble* X, A *une partie de* X. *Pour que la trace $\mathfrak{F}_A$ de $\mathfrak{F}$ sur* A *soit un filtre sur* A, *il faut et il suffit que tout ensemble de $\mathfrak{F}$ rencontre* A.

En effet, la relation $(M \cap N) \cap A = (M \cap A) \cap (N \cap A)$ montre que $\mathfrak{F}_A$ vérifie (F_{II}); de même, si $M \cap A \subset P \subset A$, on a $P = (M \cup P) \cap A$, donc $\mathfrak{F}_A$ vérifie (F_I). Pour que $\mathfrak{F}_A$ satisfasse à (F_{III}), il faut et il suffit que tout ensemble de $\mathfrak{F}$ rencontre A, d'où la proposition.

En particulier, si $A \in \mathfrak{F}$, $\mathfrak{F}_A$ est un filtre sur A, d'après (F_{II}) et (F_{III}).

DÉFINITION 5. — *Si la trace, sur une partie* A *d'un ensemble* X, *d'un filtre $\mathfrak{F}$ sur* X, *est un filtre sur* A, *on dit que ce filtre est induit par $\mathfrak{F}$ sur* A.

Si un filtre $\mathfrak{F}$ sur X induit un filtre sur $A \subset X$, la trace sur A d'une base de $\mathfrak{F}$ est une base de $\mathfrak{F}_A$ en vertu de la prop. 3 de I, p. 37.

Exemple. — Soient X un espace topologique, A une partie de X, x un point de X; pour que la trace sur A du *filtre des voisinages* de x soit un filtre sur A, il faut et il suffit que tout voisinage de x rencontre A, autrement dit (I, p. 7, déf. 10) que x soit *adhérent* à A.

Ce qui fait l'intérêt de cet exemple de filtre induit, c'est d'une part qu'il joue un rôle important dans la théorie des limites (I, p. 50), et d'autre part que *tout filtre peut être défini de cette manière*. En effet, soit $\mathfrak{F}$ un filtre sur un ensemble X; soit X' l'ensemble obtenu en *adjoignant* à X un nouvel élément ω, X étant identifié au complémentaire de $\{\omega\}$ dans X' (E, II, p. 30); soit $\mathfrak{F}'$ le filtre sur X' formé des ensembles $M \cup \{\omega\}$, où M parcourt $\mathfrak{F}$. Pour tout point $x \neq \omega$ de X', soit $\mathfrak{V}(x)$ l'ensemble des parties de X' contenant x; posons d'autre part $\mathfrak{V}(\omega) = \mathfrak{F}'$; les $\mathfrak{V}(x)$, pour $x \in X'$, satisfont visiblement aux axiomes (V_I), (V_{II}), (V_{III}), et (V_{IV}), donc définissent sur X' une topologie dont ils sont les filtres de voisinages; enfin ω est *adhérent* à X pour cette topologie et $\mathfrak{F}$ est induit par $\mathfrak{F}' = \mathfrak{V}(\omega)$ sur X. La topologie ainsi définie sur X' (resp. l'ensemble X' muni de cette topologie) s'appelle *topologie associée* (resp. *espace topologique associé*) à $\mathfrak{F}$.

PROPOSITION 9. — *Pour qu'un ultrafiltre $\mathfrak{U}$ sur un ensemble* X *induise un filtre sur une partie* A *de* X, *il faut et il suffit que* $A \in \mathfrak{U}$; *si cette condition est remplie*, $\mathfrak{U}_A$ *est un ultrafiltre sur* A.

C'est une conséquence immédiate des prop. 5 et 6 (I, p. 39).

6. Image directe et image réciproque d'une base de filtre

Soit $\mathfrak{B}$ une base de filtre sur un ensemble X, et soit f une application de X dans un ensemble X'; $f(\mathfrak{B})$ est une *base de filtre* sur X', car la relation $M \neq \varnothing$ entraîne

$f(M) \neq \emptyset$, et on a $f(M \cap N) \subset f(M) \cap f(N)$. Si $\mathfrak{B}_1$ est une base d'un filtre *plus fin* que le filtre de base $\mathfrak{B}$, $f(\mathfrak{B}_1)$ est une base d'un filtre *plus fin* que le filtre de base $f(\mathfrak{B})$ (I, p. 38, prop. 4).

Proposition 10. — *Si $\mathfrak{B}$ est une base d'ultrafiltre sur un ensemble* X, *f une application de* X *dans* X', $f(\mathfrak{B})$ *est une base d'ultrafiltre sur* X'.

Soit en effet M' une partie de X'; si $\overset{-1}{f}(M')$ contient un ensemble M de $\mathfrak{B}$, M' contient $f(M)$; sinon, $\complement \overset{-1}{f}(M') = \overset{-1}{f}(\complement M')$ contient un ensemble N de $\mathfrak{B}$ (I, p. 39, prop. 5), donc $\complement M'$ contient $f(N)$. La proposition résulte par suite de la prop. 6 de I, p. 39.

Considérons en particulier le cas où f est l'injection canonique $A \to X$ d'une partie A d'un ensemble X. Si $\mathfrak{B}$ est une base de filtre sur A, $f(\mathfrak{B})$ est une base de filtre sur X. On dit que le filtre $\mathfrak{F}$ sur X engendré par $f(\mathfrak{B})$ est le *filtre engendré par* $\mathfrak{B}$, *lorsqu'on considère* $\mathfrak{B}$ *comme base de filtre sur* X. Si $\mathfrak{B}$ est une *base d'ultrafiltre sur* A, c'est aussi une *base d'ultrafiltre sur* X, en vertu de la prop. 10.

Examinons maintenant si l'*image réciproque* d'une base de filtre est une base de filtre. Soit $\mathfrak{B}'$ une base de filtre sur un ensemble X', et soit f une application de X dans X'; pour que $\overset{-1}{f}(\mathfrak{B}')$ soit une base de filtre sur X, *il faut et il suffit que* $\overset{-1}{f}(M') \neq \emptyset$ *pour tout* $M' \in \mathfrak{B}'$, comme il résulte aussitôt de la relation

$$\overset{-1}{f}(M' \cap N') = \overset{-1}{f}(M') \cap \overset{-1}{f}(N')$$

et de la déf. 3 de I, p. 38. Cette condition peut aussi s'exprimer en disant que *tout ensemble de* $\mathfrak{B}'$ *rencontre* $f(X)$ (ou encore que la trace de $\mathfrak{B}'$ sur $f(X)$ est une base de filtre). On notera que si elle est remplie, $f(\overset{-1}{f}(\mathfrak{B}'))$ est une base d'un filtre *plus fin* que le filtre de base $\mathfrak{B}'$.

Si $\mathfrak{B}$ est une base de filtre sur X, il est clair que la condition précédente est remplie par $\mathfrak{B}' = f(\mathfrak{B})$; $\overset{-1}{f}(f(\mathfrak{B}))$ est alors une base d'un filtre *moins fin* que le filtre de base $\mathfrak{B}$.

Soient A une partie d'un ensemble X, φ l'injection canonique $A \to X$; si $\mathfrak{B}$ est une base de filtre sur X, $\overset{-1}{\varphi}(\mathfrak{B})$ n'est autre que $\mathfrak{B}_A$; en exprimant, à l'aide de la condition précédente, que c'est une base de filtre sur A, on retrouve une partie de la prop. 8 de I, p. 40.

7. Produit de filtres

Soit $(X_\iota)_{\iota \in I}$ une famille d'ensembles, et pour chaque indice $\iota \in I$, soit $\mathfrak{B}_\iota$ une *base de filtre* sur X_ι. Soit $\mathfrak{B}$ l'ensemble des parties de l'ensemble produit $X = \prod_{\iota \in I} X_\iota$, qui sont de la forme $\prod_{\iota\in I} M_\iota$, où $M_\iota = X_\iota$ sauf pour un nombre *fini* d'indices et où $M_\iota \in \mathfrak{B}_\iota$ pour tout ι tel que $M_\iota \neq X_\iota$. En vertu de la formule

$$(\prod_{\iota\in I} M_\iota) \cap (\prod_{\iota\in I} N_\iota) = \prod_{\iota\in I} (M_\iota \cap N_\iota),$$

il est immédiat que $\mathfrak{B}$ est une *base de filtre* sur X. On notera que le filtre de base $\mathfrak{B}$ est aussi engendré par les ensembles $\overset{-1}{\mathrm{pr}}_\kappa(M_\kappa)$, où $M_\kappa \in \mathfrak{B}_\kappa$ et où κ parcourt I, puisque $\overset{-1}{\mathrm{pr}}_\kappa(M_\kappa) = M_\kappa \times \prod_{\iota\neq\kappa} X_\iota$.

DÉFINITION 6. — *Étant donné un filtre $\mathfrak{F}_\iota$ sur chacun des ensembles X_ι d'une famille $(X_\iota)_{\iota\in I}$ on appelle produit des filtres $\mathfrak{F}_\iota$ et on note $\prod_{\iota\in I} \mathfrak{F}_\iota$ (si aucune confusion n'en résulte) le filtre sur $X = \prod_{\iota\in I} X_\iota$ ayant pour base l'ensemble des parties de la forme $\prod_{\iota\in I} M_\iota$, où $M_\iota \in \mathfrak{F}_\iota$ pour tout $\iota \in I$ et $M_\iota = X_\iota$ sauf pour un nombre fini d'indices.*

Le lecteur vérifiera aisément que le filtre produit des $\mathfrak{F}_\iota$ peut encore être défini comme le *moins fin* des filtres $\mathfrak{G}$ sur X tels que $\mathrm{pr}_\iota(\mathfrak{G}) = \mathfrak{F}_\iota$ pour tout $\iota \in I$.

Les remarques précédentes montrent que si, pour tout $\iota \in I$, $\mathfrak{B}_\iota$ est une base de $\mathfrak{F}_\iota$, $\mathfrak{B}$ est une *base* du filtre produit $\prod_{\iota\in I} \mathfrak{F}_\iota$ (I, p. 38, prop. 3).

Sur un produit $X = \prod_{\iota\in I} X_\iota$ d'espaces topologiques, le filtre des voisinages d'un point quelconque $x = (x_\iota)$ est le *produit* des filtres des voisinages des points x_ι (I, p. 24).

La construction d'un filtre produit $\mathfrak{F} = \prod_{\iota\in I} \mathfrak{F}_\iota$ se simplifie lorsque l'ensemble d'indices I est *fini*: une base de $\mathfrak{F}$ est alors formée de *tous* les produits $\prod_{\iota\in I} M_\iota$, où $M_\iota \in \mathfrak{F}_\iota$ pour tout $\iota \in I$. Si $I = \{1, 2, \ldots, n\}$ on écrit $\mathfrak{F}_1 \times \mathfrak{F}_2 \times \cdots \times \mathfrak{F}_n$ au lieu de $\prod_{\iota\in I} \mathfrak{F}_\iota$.

8. Filtres élémentaires

DÉFINITION 7. — *Soit $(x_n)_{n\in\mathbf{N}}$ une suite infinie d'éléments d'un ensemble* X; *on appelle filtre élémentaire associé à la suite (x_n) le filtre engendré par l'image du filtre de Fréchet* (I, p. 36) *par l'application $n \mapsto x_n$ de* **N** *dans* X.

Il revient au même de dire que le filtre élémentaire associé à (x_n) est l'ensemble des parties M de X telles que l'on ait $x_n \in M$ sauf pour un nombre *fini* de valeurs de n. Si S_n désigne l'ensemble des x_p tels que $p \geqslant n$, les ensembles S_n forment une *base* du filtre élémentaire associé à la suite (x_n).

Le filtre élémentaire associé à une suite infinie *extraite* d'une suite (x_n) est *plus fin* que le filtre élémentaire associé à (x_n) (cf. I, p. 98, exerc. 15).

Tout filtre élémentaire possède par définition une base *dénombrable*. Inversement :

PROPOSITION 11. — *Si un filtre $\mathfrak{F}$ possède une base dénombrable, il est le filtre intersection des filtres élémentaires plus fins que $\mathfrak{F}$.*

En effet, rangeons la base dénombrable de $\mathfrak{F}$ en une suite $(A_n)_{n \in \mathbf{N}}$; si on pose $B_n = \bigcap_{p=0}^{n} A_p$, les B_n forment encore une base de $\mathfrak{F}$ (I, p. 38, prop. 3) et on a $B_{n+1} \subset B_n$ pour tout n. Soit a_n un élément quelconque de B_n; il est clair que $\mathfrak{F}$ est moins fin que le filtre associé à (a_n). Le filtre intersection $\mathfrak{G}$ des filtres élémentaires plus fins que $\mathfrak{F}$ existe donc et est évidemment plus fin que $\mathfrak{F}$; s'il était *strictement plus fin*, il existerait un ensemble $M \in \mathfrak{G}$ tel que $B_n \cap \complement M \neq \varnothing$ pour tout n; si b_n est un élément de $B_n \cap \complement M$, le filtre associé à la suite (b_n) serait plus fin que $\mathfrak{F}$ et M n'appartiendrait pas à ce filtre, contrairement à la définition de $\mathfrak{G}$.

Remarque. — Un filtre *moins fin* qu'un filtre à base dénombrable peut fort bien ne pas posséder de base dénombrable; par exemple, si X est un ensemble infini non dénombrable, le filtre des complémentaires des parties finies de X n'a pas de base dénombrable (sans quoi l'ensemble des parties finies de X serait dénombrable, ce qui est contraire à l'hypothèse); toutefois ce filtre est moins fin que tout filtre élémentaire associé à une suite infinie dont les termes sont distincts.

9. Germes suivant un filtre

Soit $\mathfrak{F}$ un filtre sur un ensemble X. Dans l'ensemble $\mathfrak{P}(X)$ des parties de X, la relation

$$\text{« il existe } V \in \mathfrak{F} \text{ tel que } M \cap V = N \cap V \text{ »}$$

entre M et N est une *relation d'équivalence* R, car elle est évidemment réflexive et symétrique, et si M, N, P sont trois parties de X telles que $M \cap V = N \cap V$ et $N \cap W = P \cap W$ pour deux ensembles V, W de $\mathfrak{F}$, on en conclut que $M \cap (V \cap W) = N \cap (V \cap W) = P \cap (V \cap W)$ et l'on a $V \cap W \in \mathfrak{F}$, d'où la transitivité de R. On dit que la classe mod. R d'une partie M de X est le *germe de* M *suivant* $\mathfrak{F}$; l'ensemble quotient $\mathfrak{P}(X)/R$ est appelé *l'ensemble des germes de parties de* X (*suivant* $\mathfrak{F}$).

Les applications $(M, N) \mapsto M \cap N$ et $(M, N) \mapsto M \cup N$ de $\mathfrak{P}(X) \times \mathfrak{P}(X)$ dans $\mathfrak{P}(X)$ sont compatibles avec les relations d'équivalence $R \times R$ et R (E, II, p. 44). En effet, si $M \equiv M'$ (mod. R) et $N \equiv N'$ (mod. R), il existe V et W dans $\mathfrak{F}$ tels que $M \cap V = M' \cap V$ et $N \cap W = N' \cap W$, d'où

$$(M \cap N) \cap (V \cap W) = (M' \cap N') \cap (V \cap W)$$

et

$$\begin{aligned}(M \cup N) \cap (V \cap W) &= (M \cap (V \cap W)) \cup (N \cap (V \cap W)) \\ &= (M' \cap (V \cap W)) \cup (N' \cap (V \cap W)) = (M' \cup N') \cap (V \cap W).\end{aligned}$$

Par passage aux quotients, on déduit de ces applications deux applications notées (par abus de langage) $(\xi, \eta) \mapsto \xi \cap \eta$ et $(\xi, \eta) \mapsto \xi \cup \eta$ de $(\mathfrak{P}(X)/R) \times (\mathfrak{P}(X)/R)$ dans $\mathfrak{P}(X)/R$. On vérifie immédiatement que pour ces lois de composition tout élément est idempotent, et que ces lois sont commutatives, associatives et distributives l'une par rapport à l'autre. En outre, les relations $\xi = \xi \cap \eta$ et $\eta = \xi \cup \eta$ sont équivalentes; si on les écrit (par abus de langage) $\xi \subset \eta$, on vérifie aisément que cette relation est une relation d'*ordre* sur $\mathfrak{P}(X)/R$, pour laquelle cet ensemble est *réticulé*, admet le germe de $\varnothing$ pour plus petit élément et le germe de X pour plus grand élément; on notera d'ailleurs que la relation $\xi \subset \eta$ signifie qu'il existe $M \in \xi$, $N \in \eta$ et $V \in \mathfrak{F}$ tels que $M \cap V \subset N \cap V$.

Soit maintenant X′ un second ensemble, et désignons par Φ l'ensemble des applications dont l'ensemble de départ est une partie de X appartenant à $\mathfrak{F}$ et dont X′ est l'ensemble d'arrivée. Dans Φ, la relation

« il existe $V \in \mathfrak{F}$ tel que f et g soient définies et coïncident dans V »

entre f et g est une *relation d'équivalence* S, car elle est évidemment réflexive et symétrique; de plus, elle est transitive, car si f et g sont définies et coïncident dans $V \in \mathfrak{F}$, et si g et h sont définies et coïncident dans $W \in \mathfrak{F}$, alors f et h sont définies et coïncident dans $V \cap W \in \mathfrak{F}$. On dit que la classe mod. S d'une application f d'un ensemble $V \in \mathfrak{F}$ dans X′ est le *germe de* f (*suivant* $\mathfrak{F}$), et l'ensemble quotient $\tilde{\Phi} = \Phi/S$ est appelé l'*ensemble des germes d'applications de* X *dans* X′ (*suivant* $\mathfrak{F}$).

Remarques. — 1) Toute application f d'une partie $M \in \mathfrak{F}$ de X dans X′ est équivalente mod. S à une application f_1 de X dans X′ (ce qui justifie la terminologie précédente) : il suffit en effet de prolonger f à X en lui donnant par exemple une valeur constante dans X − M.

2) Pour que les *fonctions caractéristiques* φ_M et φ_N de deux parties M, N de X aient même germe suivant $\mathfrak{F}$, il faut et il suffit que les parties M et N aient même germe suivant $\mathfrak{F}$.

Soient X″ un troisième ensemble, φ une application de X′ dans X″, Φ' l'ensemble des applications dont l'ensemble de départ est une partie de X appartenant à $\mathfrak{F}$ et dont X″ est l'ensemble d'arrivée. Pour toute application $f \in \Phi$, $\varphi \circ f$ appartient à Φ'; en outre, il est immédiat que si $g \in \Phi$ a même germe que f suivant $\mathfrak{F}$, $\varphi \circ f$ et $\varphi \circ g$ ont même germe suivant $\mathfrak{F}$; ce germe ne dépend donc que du germe $\tilde{f}$ de f suivant $\mathfrak{F}$ et se note $\varphi(\tilde{f})$. On définit ainsi une application (encore notée φ par abus de langage) de l'ensemble $\tilde{\Phi}$ des germes d'applications de X dans X′, dans l'ensemble $\tilde{\Phi}'$ des germes d'applications de X dans X″.

Soient maintenant X'_i $(1 \leqslant i \leqslant n)$ des ensembles, $Y = \prod_{i=1}^{n} X'_i$ leur produit; désignons par Φ_i (resp. Φ) l'ensemble des applications dont l'ensemble de départ est une partie appartenant à $\mathfrak{F}$ et dont X'_i (resp. Y) est l'ensemble d'arrivée. Si $f_i \in \Phi_i$ pour $1 \leqslant i \leqslant n$ et si $M_i \in \mathfrak{F}$ est l'ensemble de départ de f_i, l'application

$t \mapsto (f_1(t), \ldots, f_n(t))$ est définie dans $\bigcap_{i=1}^{n} M_i$ et appartient donc à Φ; nous la désignerons (par abus de langage) par $(f_1, \ldots, f_n)$. En outre, si f_i et g_i appartiennent à Φ_i et ont même germe suivant $\mathfrak{F}$ (pour $1 \leqslant i \leqslant n$), il est immédiat que $(f_1, \ldots, f_n)$ et $(g_1, \ldots, g_n)$ ont même germe suivant $\mathfrak{F}$; ce germe ne dépend donc que des germes $\tilde{f}_i$ des f_i. Si on le désigne par $\Gamma(\tilde{f}_1, \ldots, \tilde{f}_n)$, il est immédiat que Γ est une *bijection* de l'ensemble produit $\prod_{i=1}^{n} \tilde{\Phi}_i$ sur l'ensemble $\tilde{\Phi}$, en désignant par $\tilde{\Phi}_i$ (resp. $\tilde{\Phi}$) l'ensemble des germes suivant $\mathfrak{F}$ des applications de X dans X'_i (resp. dans Y); aussi, par abus de langage, écrit-on d'ordinaire $(\tilde{f}_1, \ldots, \tilde{f}_n)$ au lieu de $\Gamma(\tilde{f}_1, \ldots, \tilde{f}_n)$ s'il n'en résulte pas de confusion.

D'après ce qui précède, toute application ψ de Y dans un ensemble X″ définit donc une application $(\tilde{f}_1, \ldots, \tilde{f}_n) \mapsto \psi(\tilde{f}_1, \ldots, \tilde{f}_n)$ de $\prod_{i=1}^{n} \tilde{\Phi}_i$ dans l'ensemble $\tilde{\Phi}'$ des germes des applications de X dans X″.

En particulier, si $I = \{1, 2\}$ et si X'_1, X'_2 et X″ sont tous égaux à un même ensemble X′ (de sorte que ψ est une *loi de composition* sur X′) on déduit de ψ une loi de composition sur l'ensemble $\tilde{\Phi}$ des germes d'applications de X dans X′. On vérifie aussitôt que si la loi donnée sur X′ est associative (resp. commutative), il en est de même de la loi correspondante sur $\tilde{\Phi}$; si la loi ψ sur X′ admet un élément neutre e', le germe suivant $\mathfrak{F}$ de l'application constante $x \mapsto e'$ est élément neutre pour la loi correspondante sur $\tilde{\Phi}$. Enfin, lorsque X′ admet un élément neutre e', pour que le germe $\tilde{f}$ d'un élément $f \in \Phi$ soit inversible dans $\tilde{\Phi}$, il faut et il suffit qu'il existe $V \in \mathfrak{F}$, contenu dans l'ensemble de départ de f, et tel que $f(t)$ soit inversible dans X′ pour tout $t \in V$; si, pour tout $t \in V$, on note $g(t)$ l'inverse de $f(t)$, le germe $\tilde{g}$ de g est alors l'inverse de $\tilde{f}$ dans $\tilde{\Phi}$. En particulier, si X′ est un *groupe* pour la loi ψ, $\tilde{\Phi}$ est un groupe pour la loi correspondante; on prouve de même que si X′ est un *anneau* (resp. une *algèbre* sur un anneau A), $\tilde{\Phi}$ est un anneau (resp. une algèbre sur A) pour les lois de composition correspondantes.

10. Germes en un point

Un des cas les plus fréquents où s'appliquent les définitions et résultats du n° 9 est celui où $\mathfrak{F}$ est le *filtre des voisinages* d'un point a d'un espace topologique X; on parle alors de « *germes au point a* » au lieu de « *germes suivant* $\mathfrak{F}$ ». On notera qu'il n'existe alors qu'un seul germe de voisinages du point a, celui de l'espace X tout entier. Les germes d'ensembles *fermés* sont identiques aux germes d'ensembles *localement fermés au point a*, car si L est localement fermé au point a, les germes de L et de $\overline{L}$ au point a sont égaux (I, p. 18, prop. 1). On en conclut que si ξ, η sont deux germes d'ensembles localement fermés au point a, $\xi \cup \eta$ et $\xi \cap \eta$ sont aussi de tels germes.

Comme a appartient à tout ensemble $V \in \mathfrak{F}$, $f(a)$ est défini pour toute application f dont l'ensemble de départ appartient à $\mathfrak{F}$; en outre, si f et g ont même germe au point a, on a nécessairement $f(a) = g(a)$, donc $f(a)$ ne dépend que du germe $\tilde{f}$ de f au point a; on dit que c'est la *valeur* de $\tilde{f}$ au point a et on la note $\tilde{f}(a)$. On notera que la relation $\tilde{f}(a) = \tilde{g}(a)$ n'entraîne nullement $\tilde{f} = \tilde{g}$ en général.

Soient X', X″ deux espaces topologiques, b un point de X', g, g' deux applications de X' dans X″ ayant même germe au point b. Si f, f' sont deux applications de X dans X', *continues* au point a, ayant même germe en ce point et telles que $f(a) = b$, $g \circ f$ et $g' \circ f'$ ont *même germe au point a*: en effet, si V' est un voisinage de b tel que $g(x') = g'(x')$ dans V', il existe un voisinage V de a tel que $f(V) \subset V'$, $f'(V) \subset V'$ et $f(x) = f'(x)$ dans V, d'où notre assertion. Le germe de $g \circ f$ au point a est alors appelé le *composé* des germes $\tilde{g}$ et $\tilde{f}$ de g et de f et se note $\tilde{g} \circ \tilde{f}$.

§ 7. LIMITES

1. Limite d'un filtre

DÉFINITION 1. — *Soient* X *un espace topologique,* $\mathfrak{F}$ *un filtre sur* X. *On dit qu'un point* $x \in X$ *est point limite* (ou simplement *limite*) *de* $\mathfrak{F}$, *si* $\mathfrak{F}$ *est plus fin que le filtre* $\mathfrak{V}(x)$ *des voisinages de* x; *on dit aussi alors que* $\mathfrak{F}$ *converge* (ou *est convergent*) *vers* x. *On dit que* x *est limite d'une base de filtre* $\mathfrak{B}$ *sur* X (ou que $\mathfrak{B}$ *converge vers* x) *si le filtre de base* $\mathfrak{B}$ *converge vers* x.

Cette définition et la prop. 4 de I, p. 38, donnent le critère suivant:

PROPOSITION 1. — *Pour qu'une base de filtre* $\mathfrak{B}$ *sur un espace topologique* X *converge vers* $x \in X$, *il faut et il suffit que tout ensemble d'un système fondamental de voisinages de* x *contienne un ensemble de* $\mathfrak{B}$.

En accord avec la terminologie introduite dans I, p. 3, on peut énoncer la prop. 1 de la façon suivante: pour que $\mathfrak{B}$ converge vers x, il faut et il suffit qu'il existe des ensembles des $\mathfrak{B}$ *aussi voisins qu'on veut de* x.

Si un filtre $\mathfrak{F}$ converge vers x, tout filtre *plus fin* que $\mathfrak{F}$ converge aussi vers x, en vertu de la déf. 1. De même, si on remplace la topologie de X par une topologie *moins fine*, le filtre des voisinages de x est remplacé par un filtre *moins fin* (I, p. 11, prop. 3), donc $\mathfrak{F}$ converge encore vers x pour cette nouvelle topologie.

De façon imagée, on peut donc dire que, *plus une topologie est fine, moins il y a de filtres convergents pour cette topologie*. En particulier, pour la topologie discrète, les seuls filtres convergents sont les filtres de voisinages, car ces derniers sont les ultrafiltres triviaux sur X (I, p. 40).

Soit Φ un ensemble de filtres sur X, qui convergent tous vers un même point x; le filtre des voisinages $\mathfrak{V}(x)$ est moins fin que tous les filtres de Φ, donc aussi moins fin que le *filtre intersection* $\mathfrak{J}$ des filtres de Φ; autrement dit, $\mathfrak{J}$ converge aussi vers x.

PROPOSITION 2. — *Pour qu'un filtre $\mathfrak{F}$ sur un espace topologique* X *converge vers un point x, il faut et il suffit que tout ultrafiltre plus fin que $\mathfrak{F}$ converge vers x.*

Cela résulte aussitôt de ce qui précède et de la prop. 7 de I, p. 39.

On notera qu'en général un filtre peut avoir *plusieurs points limites distincts*; nous reviendrons sur cette question dans I, p. 52.

2. Point adhérent à une base de filtre

DÉFINITION 2. — *Dans un espace topologique* X, *on dit qu'un point x est adhérent à une base de filtre $\mathfrak{B}$ sur* X, *s'il est adhérent à tous les ensembles de $\mathfrak{B}$.*

Si x est adhérent à une base de filtre $\mathfrak{B}$, il est aussi adhérent à toute base de filtre *équivalente à* $\mathfrak{B}$ en vertu de I, p. 38, corollaire, et en particulier au *filtre* de base $\mathfrak{B}$.

PROPOSITION 3. — *Pour qu'un point x soit adhérent à une base de filtre $\mathfrak{B}$, il faut et il suffit que tout ensemble d'un système fondamental de voisinages de x rencontre chacun des ensembles de $\mathfrak{B}$.*

Cela résulte immédiatement des définitions.

Cette proposition et le cor. 1 de I, p. 37 montrent que la propriété « x est adhérent au filtre $\mathfrak{F}$ » est équivalente à la propriété « il existe un filtre plus fin que $\mathfrak{F}$ et que le filtre des voisinages de x ». Autrement dit:

PROPOSITION 4. — *Pour qu'un point x soit adhérent à un filtre $\mathfrak{F}$, il faut et il suffit qu'il existe un filtre plus fin que $\mathfrak{F}$ et qui converge vers x.*

En particulier, tout *point limite* d'un filtre $\mathfrak{F}$ est un *point adhérent* à $\mathfrak{F}$.

COROLLAIRE. — *Pour qu'un ultrafiltre $\mathfrak{U}$ soit convergent vers un point x, il faut et il suffit que x soit adhérent à $\mathfrak{U}$.*

Si x est adhérent à un filtre $\mathfrak{F}$, il est aussi adhérent à tout filtre *moins fin* que $\mathfrak{F}$; de même, si on remplace la topologie de X par une topologie *moins fine*, x reste adhérent à $\mathfrak{F}$ pour cette topologie.

L'ensemble des points adhérents à une base de filtre $\mathfrak{B}$ sur X est par définition l'ensemble $\bigcap_{M \in \mathfrak{B}} \overline{M}$; d'où:

PROPOSITION 5. — *L'ensemble des points adhérents à une base de filtre sur un espace topologique* X *est fermé dans* X.

PROPOSITION 6. — *Soit $\mathfrak{B}$ une base de filtre sur une partie* A *d'un espace topologique* X. *Tout point adhérent à $\mathfrak{B}$ dans* X *appartient à* $\overline{A}$. *Inversement, tout point de* $\overline{A}$ *est limite dans* X *d'un filtre sur* A.

La première assertion est évidente. D'autre part, si $x \in \overline{A}$, la trace sur A du filtre des voisinages de x dans X est un filtre sur A qui converge évidemment vers x.

Remarque. — Un filtre sur un espace topologique n'a pas nécessairement de point adhérent (ni *a fortiori* de point limite) : par exemple, sur un *espace discret infini*, le filtre des complémentaires des parties finies n'a pas de point adhérent. Les espaces dans lesquels tout filtre admet un point adhérent jouent un rôle très important en Mathématique ; nous les étudierons au § 9.

3. Valeur limite et valeur d'adhérence d'une fonction

DÉFINITION 3. — *Soit f une application d'un ensemble* X *dans un espace topologique* Y, *et soit* $\mathfrak{F}$ *un filtre sur* X ; *on dit qu'un point* $y \in$ Y *est valeur limite* (ou simplement *limite*) *de f suivant le filtre* $\mathfrak{F}$ *si la base de filtre* $f(\mathfrak{F})$ *converge vers* y. *On dit que y est valeur d'adhérence de f suivant le filtre* $\mathfrak{F}$ *si y est un point adhérent à la base de filtre* $f(\mathfrak{F})$.

La relation « y est limite de f suivant le filtre $\mathfrak{F}$ » s'écrit aussi $\lim_{\mathfrak{F}} f = y$, ou $\lim_{x,\mathfrak{F}} f(x) = y$, ou même $\lim_{x} f(x) = y$ lorsqu'aucune confusion n'en résulte.

De la déf. 3 et des prop. 1 (I, p. 46) et 3 (I, p. 47) on déduit les critères suivants :

PROPOSITION 7. — *Pour que* $y \in$ Y *soit limite de f suivant le filtre* $\mathfrak{F}$, *il faut et il suffit que, pour tout voisinage* V *de y dans* Y, *il existe un ensemble* M $\in \mathfrak{F}$ *tel que* f(M) $\subset$ V (ou encore, *que* $\overset{-1}{f}$(V) $\in \mathfrak{F}$ *pour tout voisinage* V *de* y).

Pour que y soit valeur d'adhérence de f suivant $\mathfrak{F}$, *il faut et il suffit que pour tout voisinage* V *de y et tout ensemble* M $\in \mathfrak{F}$, *il existe* $x \in$ M *tel que* $f(x) \in$ V.

Exemples. — 1) Une suite de points $(x_n)_{n \in \mathbf{N}}$ d'un espace topologique X est une application $n \mapsto x_n$ de **N** dans X. On a souvent à considérer, en Analyse, la notion de valeur limite ou de valeur d'adhérence d'une telle application *suivant le filtre de Fréchet* (I, p. 36) sur **N** ; si y est limite de $n \mapsto x_n$ suivant le filtre de Fréchet, on dit que y est *limite de la suite* (x_n) *lorsque n croît indéfiniment* (ou que x_n *tend vers y lorsque n croît indéfiniment*) et l'on écrit $\lim_{n \to \infty} x_n = y$. On appelle de même *valeur d'adhérence de la suite* (x_n) toute valeur d'adhérence de l'application $n \mapsto x_n$ suivant le filtre de Fréchet.

On peut encore dire que $y \in$ X est valeur limite (resp. valeur d'adhérence) d'une suite (x_n) de points de X s'il est point limite du *filtre élémentaire associé à* (x_n) (I, p. 42) (resp. point adhérent à ce filtre).

Pour que y soit limite d'une suite (x_n) dans X, il faut et il suffit que, pour *tout* voisinage V de y dans X, *tous les termes de la suite* (x_n) *à l'exception d'un nombre fini appartiennent à* V, autrement dit qu'il existe un entier n_0 tel que $x_n \in$ V pour $n \geqslant n_0$. De même pour que y soit valeur d'adhérence de la suite (x_n), il faut et il suffit que pour *tout* voisinage V de y et *tout* entier n_0, il existe un entier $n \geqslant n_0$ tel que $x_n \in$ V.

Il importe de distinguer soigneusement la notion de *valeur d'adhérence d'une suite* de celle de *point adhérent à l'ensemble des points de la suite*; toute valeur d'adhérence est un point adhérent à l'ensemble des points de la suite, mais la réciproque est inexacte.

2) Plus généralement, soit f une application d'un ensemble *filtrant* A dans un espace topologique X. Si $x \in X$ est valeur limite (resp. valeur d'adhérence) de f suivant le *filtre des sections* de A (I, p. 38), on dit que x est *limite* (resp. *valeur d'adhérence*) *de* f *suivant l'ensemble filtrant* A, et on écrit $x = \lim\limits_{z \in A} f(z)$.

Si y est valeur limite (resp. valeur d'adhérence) d'une application $f \colon X \to Y$ suivant un filtre $\mathfrak{F}$ sur X, y reste valeur limite (resp. valeur d'adhérence) de f suivant $\mathfrak{F}$ quand on remplace la topologie de Y par une topologie *moins fine*.

De même, si y est limite (resp. valeur d'adhérence) de f suivant le filtre $\mathfrak{F}$, y est encore limite (resp. valeur d'adhérence) de f suivant tout filtre *plus fin* (resp. *moins fin*) que $\mathfrak{F}$.

Proposition 8. — *Soit* f *une application d'un ensemble* X *dans un espace topologique* Y; *pour que* $y \in Y$ *soit valeur d'adhérence de* f *suivant* $\mathfrak{F}$, *il faut et il suffit qu'il existe sur* X *un filtre* $\mathfrak{G}$ *plus fin que* $\mathfrak{F}$ *et tel que* y *soit limite de* f *suivant* $\mathfrak{G}$.

En effet, si y est valeur d'adhérence de f suivant $\mathfrak{F}$, et si $\mathfrak{V}$ est le filtre des voisinages de y, $\overset{-1}{f}(\mathfrak{V})$ est une base de filtre sur X puisque tout ensemble de $\overset{-1}{f}(\mathfrak{V})$ rencontre tout ensemble de $\mathfrak{F}$ (I, p. 41). Cette remarque montre en outre qu'il existe sur X un filtre $\mathfrak{G}$ plus fin que $\mathfrak{F}$ et que le filtre de base $\overset{-1}{f}(\mathfrak{V})$ (I, p. 37, cor. 1), donc y est valeur limite de f suivant $\mathfrak{G}$.

Notons enfin que si f est une application d'un ensemble X dans un espace topologique Y, l'ensemble des valeurs d'adhérence de f suivant un filtre $\mathfrak{F}$ sur X est *fermé* dans Y (I, p. 47, prop. 5) (et éventuellement vide).

Remarque. — Si $y \in Y$ est limite (resp. valeur d'adhérence) d'une application $f \colon X \to Y$ suivant un filtre $\mathfrak{F}$ sur X, y est aussi limite (resp. valeur d'adhérence) de toute fonction $g \colon X \to Y$ ayant *même germe* suivant $\mathfrak{F}$ (I, p. 44); on dit aussi que y est *limite* (resp. *valeur d'adhérence*) du *germe* $\tilde{f}$ de f suivant $\mathfrak{F}$.

4. Limites et continuité

Soient X, Y deux espaces topologiques, f une application de X dans Y, $\mathfrak{V}$ le filtre des voisinages dans X d'un point $a \in X$. Au lieu de dire que $y \in Y$ est limite de f suivant le filtre $\mathfrak{V}$ et d'écrire $y = \lim_{\mathfrak{V}} f$, on utilise la notation particulière

$$y = \lim_{x \to a} f(x)$$

et on dit que y est *limite de* f *au point* a ou que $f(x)$ *tend vers* y *lorsque* x *tend vers* a. De même, au lieu de dire que y est valeur d'adhérence de f suivant $\mathfrak{V}$, on dit que y est *valeur d'adhérence de* f *au point* a.

Compte tenu de la définition de la continuité (I, p. 8, déf. 1), la prop. 7 de I, p. 48 montre que:

PROPOSITION 9. — *Pour qu'une application f d'un espace topologique* X *dans un espace topologique* Y *soit continue en un point $a \in$ X, il faut et il suffit que* $\lim_{x \to a} f(x) = f(a)$.

COROLLAIRE 1. — *Soient* X, Y *deux espaces topologiques, f une application de* X *dans* Y. *Supposons f continue en un point $a \in$ X; alors, pour toute base de filtre $\mathfrak{B}$ sur* X *qui converge vers a, la base de filtre $f(\mathfrak{B})$ converge vers $f(a)$. Inversement, si, pour tout ultrafiltre $\mathfrak{U}$ sur* X *qui converge vers a, la base d'ultrafiltre $f(\mathfrak{U})$ converge vers $f(a)$, f est continue au point a.*

La première assertion est une conséquence immédiate de la prop. 9. Pour démontrer la seconde, supposons que f ne soit pas continue au point a; il existe alors un voisinage W de $f(a)$ dans Y tel que $\overset{-1}{f}(\mathrm{W})$ n'appartienne pas au filtre $\mathfrak{V}$ des voisinages de a dans X. Alors (I, p. 39, prop. 7) il existe un ultrafiltre $\mathfrak{U}$ plus fin que $\mathfrak{V}$ et ne contenant pas $\overset{-1}{f}(\mathrm{W})$, donc contenant son complémentaire $\mathrm{A} = \mathrm{X} - \overset{-1}{f}(\mathrm{W})$ (I, p. 39, prop. 5); comme $f(\mathrm{A}) \cap \mathrm{W} = \varnothing$, $f(\mathfrak{U})$ ne converge pas vers $f(a)$.

COROLLAIRE 2. — *Soit g une application d'un ensemble* Z *dans un espace topologique* X, *admettant une limite a suivant un filtre $\mathfrak{F}$ sur* Z; *si l'application f:* X → Y *est continue au point a, la fonction composée $f \circ g$ admet la limite $f(a)$ suivant le filtre $\mathfrak{F}$.*

5. Limites relativement à un sous-espace

Soient X, Y deux espaces topologiques, A une partie de X, a un point de X *adhérent à* A (mais n'appartenant pas nécessairement à A). Soit $\mathfrak{F}$ la *trace* sur A du filtre des voisinages de a dans X. Si f est une application de A dans Y, au lieu de dire que $y \in$ Y est limite de f suivant $\mathfrak{F}$ et d'écrire $y = \lim_{\mathfrak{F}} f$, on écrit

$$y = \lim_{x \to a,\, x \in \mathrm{A}} f(x)$$

et on dit que y est *limite de f au point a, relativement au sous-espace* A, ou que $f(x)$ tend vers y lorsque x tend vers a en restant dans A. On remarquera que l'on a alors $y \in \overline{f(\mathrm{A})}$.

Lorsque $\mathrm{A} = \complement\{a\}$, où a est un point *non isolé* de X, au lieu d'écrire $y = \lim_{x \to a,\, x \in \mathrm{A}} f(x)$, on écrit aussi $y = \lim_{x \to a,\, x \neq a} f(x)$.

On a des définitions analogues pour les valeurs d'adhérence.

Si f est la *restriction* à A d'une application g: X → Y, on dit que g a une limite (resp. valeur d'adhérence) y, relativement à A, en un point $a \in \overline{\mathrm{A}}$, si y est limite (resp. valeur d'adhérence) de f au point a, relativement à A.

Soient B une partie de A, $a \in$ X un point *adhérent à* B; si y est limite au point a, *relativement à* A, d'une application f: A → Y, y est aussi limite de f au point a, *relativement à* B; la réciproque est inexacte. Mais si V est un *voisinage* dans X d'un point $a \in \overline{A}$, et si f a une limite y au point a, *relativement à* $V \cap A$, y est encore limite de f au point a, *relativement à* A.

Soit a un point de X *non isolé*, donc adhérent à $\complement\{a\}$. Pour qu'une application $f\colon X \to Y$ soit *continue au point* a, il faut et il suffit que l'on ait $f(a) = \lim_{x \to a,\, x \neq a} f(x)$, comme il résulte aussitôt des définitions.

6. Limites dans les espaces produits et les espaces quotients

PROPOSITION 10. — *Soient* X *un ensemble,* $(Y_\iota)_{\iota \in I}$ *une famille d'espaces topologiques, et pour chaque* $\iota \in I$, *soit* f_ι *une application de* X *dans* Y_ι. *On munit* X *de la topologie* $\mathcal{T}$ *la moins fine rendant continues les* f_ι. *Pour qu'un filtre* $\mathfrak{F}$ *sur* X *converge vers* $a \in X$, *il faut et il suffit que pour tout* $\iota \in I$, *la base de filtre* $f_\iota(\mathfrak{F})$ *converge vers* $f_\iota(a)$ *dans* Y_ι.

La condition est nécessaire puisque les f_ι sont continues (I, p. 50, cor. 1). Inversement, supposons-la vérifiée, et soit V un voisinage ouvert de a dans X. Par définition de $\mathcal{T}$ (I, p. 12, prop. 4), il existe une partie finie J de I et, pour chaque $\iota \in J$, une partie ouverte U_ι de Y_ι telle que $f_\iota(a) \in U_\iota$ pour $\iota \in J$ et que V contienne l'ensemble $\bigcap_{\iota \in J} \overset{-1}{f_\iota}(U_\iota)$. L'hypothèse entraîne que $\overset{-1}{f_\iota}(U_\iota) \in \mathfrak{F}$ (I, p. 48, prop. 7); comme J est fini, $M = \bigcap_{\iota \in J} \overset{-1}{f_\iota}(U_\iota)$ appartient à $\mathfrak{F}$, et on a $M \subset V$, ce qui achève la démonstration.

COROLLAIRE 1. — *Pour qu'un filtre* $\mathfrak{F}$ *sur un espace produit* $X = \prod_{\iota \in I} X_\iota$ *converge vers un point* x, *il faut et il suffit que, pour tout* $\iota \in I$, *la base de filtre* $\mathrm{pr}_\iota(\mathfrak{F})$ *converge vers* $\mathrm{pr}_\iota\, x$.

COROLLAIRE 2. — *Soit* $f = (f_\iota)$ *une application d'un ensemble* X *dans un espace produit* $Y = \prod_{\iota \in I} Y_\iota$. *Pour que* f *ait une limite* $y = (y_\iota)$ *suivant un filtre* $\mathfrak{F}$ *sur* X, *il faut et il suffit que, pour tout* $\iota \in I$, f_ι *ait pour limite* y_ι *suivant* $\mathfrak{F}$.

PROPOSITION 11. — *Soient* R *une relation d'équivalence* ouverte *dans un espace topologique* X, φ *l'application canonique* $X \to X/R$. *Pour tout* $x \in X$ *et toute base de filtre* $\mathfrak{B}'$ *sur* X/R *qui converge vers* $\varphi(x)$, *il existe une base de filtre* $\mathfrak{B}$ *sur* X *qui converge vers* x *et est telle que* $\varphi(\mathfrak{B})$ *soit équivalente à* $\mathfrak{B}'$.

En effet, pour tout voisinage U de x dans X, $\varphi(U)$ est un voisinage de $\varphi(x)$ dans X/R (I, p. 33, prop. 5), donc il existe un ensemble $M' \in \mathfrak{B}'$ tel que $M' \subset \varphi(U)$; si on pose $M = U \cap \overset{-1}{\varphi}(M')$, on a $M' = \varphi(M)$. Cela montre que lorsque M' parcourt $\mathfrak{B}'$ et U le filtre des voisinages de x, les ensembles $U \cap \overset{-1}{\varphi}(M')$ forment une base de filtre $\mathfrak{B}$ sur X, qui converge évidemment vers x et est telle que $\varphi(\mathfrak{B})$ soit équivalente à $\mathfrak{B}'$.

§ 8. ESPACES SÉPARÉS ET ESPACES RÉGULIERS

1. Espaces séparés

PROPOSITION 1. — *Soit* X *un espace topologique. Les propositions suivantes sont équivalentes :*

(H) *Quels que soient les points distincts x, y de* X, *il existe un voisinage de x et un voisinage de y sans point commun.*

(H^{i}) *L'intersection des voisinages fermés d'un point quelconque de* X *est l'ensemble réduit à ce point.*

(H^{ii}) *La diagonale* Δ *de l'espace produit* $X \times X$ *est un ensemble fermé.*

(H^{iii}) *Pour tout ensemble* I, *la diagonale* Δ *de l'espace produit* $Y = X^{I}$ *est fermée dans* Y.

(H^{iv}) *Un filtre sur* X *ne peut avoir plus d'un point limite.*

(H^{v}) *Si un filtre* $\mathfrak{F}$ *sur* X *admet un point limite x, x est le seul point adhérent à* $\mathfrak{F}$.

Nous démontrerons les implications

$$H \Rightarrow H^{i} \Rightarrow H^{v} \Rightarrow H^{iv} \Rightarrow H$$

et

$$H \Rightarrow H^{iii} \Rightarrow H^{ii} \Rightarrow H.$$

(H) $\Rightarrow$ (H^{i}) : En effet, si $x \neq y$, il y a alors un voisinage ouvert U de x et un voisinage ouvert V de y tels que $U \cap V = \varnothing$; par suite $y \notin \overline{U}$.

(H^{i}) $\Rightarrow$ (H^{v}) : Soit $y \neq x$; il y a un voisinage fermé V de x tel que $y \notin V$, et par hypothèse il existe $M \in \mathfrak{F}$ tel que $M \subset V$; on en conclut que $M \cap \complement V = \varnothing$, et comme $\complement V$ est un voisinage de y, y n'est pas adhérent à $\mathfrak{F}$.

(H^{v}) $\Rightarrow$ (H^{iv}) : C'est immédiat, puisque tout point limite d'un filtre est adhérent à ce filtre.

(H^{iv}) $\Rightarrow$ (H) : Si tout voisinage V de x et tout voisinage W de y se rencontrent, les ensembles $V \cap W$ forment une base de filtre, qui admet à la fois x et y comme points limites dans X. D'où la conclusion.

(H) $\Rightarrow$ (H^{iii}) : Soit $x = (x_\iota)$ un point de X^{I} n'appartenant pas à Δ. Il y a donc au moins deux indices λ, μ tels que $x_\lambda \neq x_\mu$. Soit V_λ (resp. V_μ) un voisinage de x_λ (resp. x_μ) dans X, tels que $V_\lambda \cap V_\mu = \varnothing$; alors l'ensemble

$$W = V_\lambda \times V_\mu \times \prod_{\iota \neq \lambda, \mu} X_\iota$$

(avec $X_\iota = X$ pour $\iota \neq \lambda, \mu$) est un voisinage de x dans X^{I} (I, p. 24) ne rencontrant pas Δ, ce qui prouve que Δ est fermé dans X^{I}.

(H^{iii}) $\Rightarrow$ (H^{ii}) : C'est évident.

(H^{ii}) $\Rightarrow$ (H) : Si $x \neq y$, le point $(x, y) \in X \times X$ n'appartient pas à la diagonale Δ, donc (I, p. 24) il existe un voisinage V de x et un voisinage W de y tels que $(V \times W) \cap \Delta = \varnothing$, ce qui signifie que $V \cap W = \varnothing$.

DÉFINITION 1. — *On dit qu'un espace topologique* X *qui vérifie les conditions de la prop.* 1

est un espace séparé (ou *un espace de Hausdorff*) ; *la topologie d'un tel espace est dite séparée* (ou *de Hausdorff*).

L'axiome (H) est appelé *axiome de Hausdorff*.

Exemples. — Tout espace discret est séparé. La droite rationnelle $\mathbf{Q}$ est séparée, car si x, y sont deux nombres rationnels tels que $x < y$, et z un nombre rationnel tel que $x < z < y$, les voisinages respectifs $]\leftarrow, z[$ et $]z, \rightarrow[$ de x et y ne se rencontrent pas.

Un ensemble X ayant au moins deux points et muni de la topologie la moins fine (I, p. 11) n'est pas un espace séparé.

Soit $f\colon X \to Y$ une application d'un ensemble X dans un espace *séparé* Y; il résulte aussitôt de la prop. 1 que f ne peut avoir qu'*une seule limite* suivant un filtre $\mathfrak{F}$ sur X, et que si f a une limite y suivant $\mathfrak{F}$, y est *la seule valeur d'adhérence* de f suivant $\mathfrak{F}$.

Proposition 2. — *Soient f, g deux applications continues d'un espace topologique* X *dans un espace* séparé Y; *alors l'ensemble des $x \in X$ tels que $f(x) = g(x)$ est fermé dans* X.

En effet, cet ensemble est l'image réciproque de la diagonale de $Y \times Y$ par l'application $x \mapsto (f(x), g(x))$ de X dans $Y \times Y$, qui est continue (I, p. 25, prop. 1); la conclusion résulte donc de (H^{II}) et de I, p. 9, th. 1.

Corollaire 1 (Principe de prolongement des identités). — *Soient f, g deux applications continues d'un espace topologique* X *dans un espace séparé* Y. *Si $f(x) = g(x)$ en tous les points d'une partie partout dense de* X, *on a $f = g$.*

En d'autres termes, une application continue de X dans Y (séparé) est entièrement déterminée par ses valeurs aux points d'une partie partout dense de X.

Corollaire 2. — *Si f est une application continue d'un espace topologique* X *dans un espace* séparé Y, *le graphe de f est fermé dans* $X \times Y$.

En effet, ce graphe est l'ensemble des points $(x, y) \in X \times Y$ tels que $f(x) = y$, et les deux applications $(x, y) \mapsto y$ et $(x, y) \mapsto f(x)$ de $X \times Y$ dans Y sont continues.

Proposition 3. — *Dans un espace séparé* X, *soit $(x_i)_{1 \leqslant i \leqslant n}$ une famille finie de points distincts; il existe alors pour chaque indice i un voisinage V_i de x_i dans* X *tel que les V_i ($1 \leqslant i \leqslant n$) soient deux à deux disjoints.*

On raisonne par récurrence sur n, la proposition n'étant autre que l'axiome (H) pour $n = 2$. Soit donc W_i ($1 \leqslant i \leqslant n - 1$) un voisinage de x_i tel que les W_i soient deux à deux disjoints. Pour $1 \leqslant i \leqslant n - 1$, il existe d'autre part un voisinage T_i de x_i et un voisinage U_i de x_n sans point commun. En prenant $V_i = W_i \cap T_i$ pour $1 \leqslant i \leqslant n - 1$ et $V_n = \bigcap_{i=1}^{n-1} U_i$, on répond à la question.

Corollaire. — *Tout espace fini séparé est discret.*

Proposition 4. — *Dans un espace séparé, tout ensemble fini est fermé.*

Il suffit en effet de remarquer que tout ensemble réduit à un point est fermé en vertu de l'axiome (H^I).

Proposition 5. — *Si, pour tout couple de points distincts x, y d'un espace topologique* X, *il existe une application continue f de* X *dans un espace séparé* X′ *telle que* $f(x) \neq f(y)$, *alors* X *est séparé.*

En effet, soient V′ et W′ des voisinages disjoints de $f(x)$ et $f(y)$ respectivement dans X′ ; $\overset{-1}{f}(V')$ et $\overset{-1}{f}(W')$ sont des voisinages disjoints de x et y respectivement, d'où la conclusion.

Corollaire. — *Toute topologie plus fine qu'une topologie séparée est séparée.*

2. Sous-espaces et espaces produits d'espaces séparés

Un sous-espace A *d'un espace séparé* X *est séparé*: il suffit en effet d'appliquer la prop. 5 à l'injection canonique $A \to X$.

Inversement:

Proposition 6. — *Si, dans un espace topologique* X, *tout point possède un voisinage* fermé *qui soit un sous-espace séparé de* X, X *est séparé.*

En effet, soit x un point de X, et soit V un voisinage fermé de x dans X qui soit un sous-espace séparé de X. Les voisinages fermés de x relativement à V ont pour intersection $\{x\}$ par hypothèse (axiome (H^I)) ; comme ce sont des voisinages fermés de x *dans* X (I, p. 18), l'intersection de tous les voisinages fermés de x dans X est *a fortiori* réduite à x; donc X vérifie (H^I).

On peut donner des exemples d'espaces *non séparés* dans lesquels tout point admet un voisinage *séparé* (I, p. 101, exerc. 7).

Proposition 7. — *Tout produit d'espaces séparés est séparé. Réciproquement, si un produit d'espaces non vides est séparé, chacun des espaces facteurs est séparé.*

En effet, soit $X = \prod_{\iota \in I} X_\iota$ un produit d'espaces topologiques; pour deux points distincts x, y de X, il existe ι tel que $\mathrm{pr}_\iota\, x \neq \mathrm{pr}_\iota\, y$, et la prop. 5 montre que X est séparé si les X_ι le sont. Inversement, si X est séparé et les X_ι non vides, chacun des X_ι est homéomorphe à un sous-espace de X (I, p. 26, prop. 4), donc est séparé.

Corollaire 1. — *Soient* X *un ensemble,* $(Y_\iota)_{\iota \in I}$ *une famille d'espaces topologiques séparés, et pour chaque* $\iota \in I$, *soit* f_ι *une application de* X *dans* Y_ι. *On munit* X *de la topologie* $\mathscr{T}$ *la moins fine rendant continues les* f_ι. *Pour que* X *soit séparé, il faut et il suffit que pour tout couple* (x, y) *de points distincts de* X, *il existe* $\iota \in I$ *tel que* $f_\iota(x) \neq f_\iota(y)$.

La condition est suffisante en vertu de la prop. 5 de I, p. 54. Inversement, pour prouver que la condition est nécessaire, on peut, en vertu de la prop. 7 de I, p. 54 et de la prop. 3 de I, p. 26, se ramener au cas où I est réduit à un seul élément, autrement dit au cas où $\mathcal{T}$ est l'image réciproque par $f: X \to Y$ d'une topologie séparée. Mais si $f(x) = f(y)$ pour deux points distincts x, y de X, il est clair que tout ensemble ouvert (pour $\mathcal{T}$) qui contient x contient aussi y, d'où notre assertion.

Corollaire 2. — *Soit* $(X_\alpha, f_{\alpha\beta})$ *un système projectif d'espaces topologiques. Si les* X_α *sont séparés,* $X = \varprojlim X_\alpha$ *est séparé et est un sous-espace fermé de* $\prod_\alpha X_\alpha$.

La première assertion résulte aussitôt de ce que X est un sous-espace de l'espace séparé $\prod_\alpha X_\alpha$ (I, p. 54, prop. 7). D'autre part, pour $\alpha \leqslant \beta$, soit $F_{\alpha\beta}$ la partie de $\prod_\alpha X_\alpha$ formée des x tels que $\mathrm{pr}_\alpha x = f_{\alpha\beta}(\mathrm{pr}_\beta x)$; les $F_{\alpha\beta}$ sont fermés dans $\prod_\alpha X_\alpha$ (I, p. 53, prop. 2), donc aussi leur intersection X.

Il est immédiat que tout espace *somme* d'espaces séparés (I, p. 15, *Exemple* III) est séparé.

3. Séparation d'un espace quotient

Cherchons des conditions pour qu'un espace quotient X/R soit *séparé* (auquel cas on dit que la relation d'équivalence R est *séparée*). En premier lieu, si X/R est séparé, les ensembles réduits à un point dans X/R sont *fermés* (I, p. 54, prop. 4), donc *toute classe d'équivalence suivant* R *est fermée dans* X. Cette condition nécessaire n'est pas suffisante; la définition des ensembles ouverts dans X/R donne la condition nécessaire et suffisante suivante: *pour que* X/R *soit séparé, il faut et il suffit que deux classes d'équivalence distinctes dans* X *soient respectivement contenues dans deux ensembles ouverts saturés sans point commun.* Nous allons donner d'autres conditions plus maniables.

Proposition 8. — *Pour qu'un espace quotient* X/R *soit séparé, il est nécessaire que le graphe* C *de* R *soit fermé dans* X × X. *Cette condition est suffisante lorsque la relation* R *est ouverte.*

Soit $\varphi: X \to X/R$ l'application canonique; C est l'image réciproque par $\varphi \times \varphi: X \times X \to (X/R) \times (X/R)$ de la diagonale Δ de $(X/R) \times (X/R)$, donc la première assertion résulte de la continuité de $\varphi \times \varphi$, de $(\mathrm{H_{II}})$ et de I, p. 9, th.1. Si R est ouverte, $(X/R) \times (X/R)$ s'identifie à l'espace quotient $(X \times X)/(R \times R)$ (I, p. 34, cor. de la prop. 8), et Δ s'identifie donc à l'image canonique dans $(X \times X)/(R \times R)$ de l'ensemble C saturé pour $R \times R$; d'où la seconde assertion.

Lorsque R n'est pas ouverte, on peut donner des exemples où C est fermé et R non séparée (I, p. 101, exerc. 10 et I, p. 105, exerc. 28).

Pour démontrer que X/R est séparé, on peut aussi faire usage de la prop. 5 de I, p. 54: M et N étant deux classes d'équivalence distinctes suivant R il suffira de connaître une application continue f d'une partie ouverte A de X, saturée pour R et contenant M et N, dans un espace séparé X', de sorte que: 1° f soit constante sur toute classe d'équivalence suivant R, contenue dans A; 2° f prenne des valeurs distinctes sur M et N. Comme A/R_A peut être identifié à une partie ouverte de X/R (I, p. 23, cor. 1), on pourra appliquer la prop. 5 de I, p. 54 à l'application $g: A/R \rightarrow X'$ deduite de f par passage aux quotients, puisque cette application est continue (I, p. 21, prop. 6).

En particulier:

Proposition 9. — *Si f est une application continue d'un espace topologique* X *dans un espace séparé* X', *et* R *la relation d'équivalence* $f(x) = f(y)$, *l'espace quotient* X/R *est séparé.*

Proposition 10. — *Si* X *est un espace séparé, et s'il existe une section continue s de* X *pour la relation* R, X/R *est séparé et* $s(X/R)$ *est fermé dans* X.

En effet (I, p. 22) X/R est homéomorphe au sous-espace $s(X/R)$ de X, qui est séparé. En outre $s(X/R)$ est l'ensemble des $x \in X$ tels que $s(\varphi(x)) = x$, où $\varphi: X \rightarrow X/R$ est l'application canonique; la seconde assertion résulte donc de I, p. 53, prop. 2.

4. Espaces réguliers

Proposition 11. — *Dans un espace topologique* X, *les propriétés suivantes sont équivalentes*:

(O_{III}) *L'ensemble des voisinages fermés d'un point quelconque de* X *est un système fondamental de voisinages de ce point.*

(O'_{III}) *Pour toute partie fermée* F *de* X *et tout point* $x \notin F$, *il existe un voisinage de x et un voisinage de* F *sans point commun.*

$(O_{III}) \Rightarrow (O'_{III})$: En effet, si F est fermé et $x \notin F$, il existe un voisinage fermé V de x contenu dans le voisinage $\complement F$ de x; V et $\complement V$ sont alors des voisinages de x et F respectivement, sans point commun.

$(O'_{III}) \Rightarrow (O_{III})$: En effet, si W est un voisinage ouvert d'un point $x \in X$, il existe alors un voisinage U de x et un voisinage V de $\complement W$ sans point commun, ce qui montre que $\overline{U} \subset W$.

Définition 2. — *On dit qu'un espace topologique est régulier s'il est séparé et vérifie l'axiome* (O_{III}); *sa topologie est alors dite régulière.*

Un espace discret est régulier. *Nous verrons au § 9 que tout espace *localement compact* (en particulier la droite numérique **R**) est un espace régulier.*

Proposition 12. — *Tout sous-espace d'un espace régulier est régulier.*

En effet, soit A un sous-espace d'un espace régulier X. Comme X est séparé, A est séparé (I, p. 54); d'autre part, tout voisinage d'un point $x \in A$ par rapport à A est de la forme $V \cap A$, où V est un voisinage de x dans X. Comme X est régulier, il existe un voisinage W de x dans X, fermé dans X et tel que $W \subset V$; $W \cap A$ est alors un voisinage de x dans A, fermé dans A et tel que $W \cap A \subset V \cap A$, d'où la proposition.

Inversement:

PROPOSITION 13. — *Si, dans un espace topologique* X, *tout point possède un voisinage* fermé *qui soit un sous-espace régulier de* X, X *est régulier.*

En effet, X est séparé (I, p. 54, prop. 6). D'autre part, soit x un point quelconque de X et soit V un voisinage fermé de x dans X, qui soit un sous-espace régulier de X. Pour tout voisinage U de x dans X tel que $U \subset V$, U est un voisinage de x dans V, donc il existe par hypothèse un voisinage W de x dans V, fermé dans V et contenu dans U. Mais W est aussi un voisinage de x dans X puisque V est un voisinage de x dans X, et W est fermé dans X puisque V est fermé dans X.

Remarques. — 1) On peut donner des exemples d'espaces *non séparés,* dont tout point admet un voisinage *régulier* (I, p. 101, exerc. 7).

2) On peut donner des exemples d'espaces *séparés non réguliers* (I, p. 103, exerc. 20).

3) Une topologie *plus fine* qu'une topologie régulière n'est pas nécessairement régulière (I, p. 103, exerc. 20).

5. Prolongement par continuité. Double limite

THÉORÈME 1. — *Soient* X *un espace topologique,* A *une partie partout dense de* X, $f: A \to Y$ *une application de* A *dans un espace* régulier Y. *Pour qu'il existe une application continue* $\bar{f}: X \to Y$ *prolongeant* f, *il faut et il suffit que pour tout* $x \in X$, $f(y)$ *tende vers une limite dans* Y *lorsque* y *tend vers* x *en restant dans* A. *Le prolongement continu* $\bar{f}$ *de* f *à* X *est alors unique.*

L'unicité de $\bar{f}$ résulte du principe de prolongement des identités (I, p. 53, cor. 1). La nécessité de la condition est évidente, car si $\bar{f}$ est continue dans X, on a, pour tout $x \in X$, $\bar{f}(x) = \lim_{y \to x, y \in A} \bar{f}(y) = \lim_{y \to x, y \in A} f(y)$ (I, p. 50). Inversement, supposons vérifiée la condition de l'énoncé et *posons,* pour tout $x \in X$, $\bar{f}(x) = \lim_{y \to x, y \in A} f(y)$, élément bien déterminé de Y, puisque Y est séparé. Il reste à prouver que $\bar{f}$ est *continue* en tout point $x \in X$. Soit V′ un voisinage *fermé* de $\bar{f}(x)$ dans Y; par hypothèse, il existe un voisinage V de x dans X, *ouvert* dans X et tel que $f(V \cap A) \subset V'$; comme V est un voisinage de chacun de ses points, pour tout $z \in V$, on a $\bar{f}(z) = \lim_{y \to z, y \in V \cap A} f(y)$, ce qui entraîne $\bar{f}(z) \in \overline{f(V \cap A)} \subset V'$, puisque V′ est fermé. La conclusion résulte donc de ce que les voisinages fermés de $f(x)$ forment un système fondamental de voisinages de $f(x)$ dans Y.

On dit que l'application $\bar{f}$ s'obtient en *prolongeant* f *par continuité à* X.

On ne peut, dans l'énoncé du th. 1, remplacer l'hypothèse que Y est régulier par une condition moins restrictive, sans faire d'hypothèse supplémentaire sur X, A ou f (I, p. 102, exerc. 19).

Corollaire. — *Soit* $\mathfrak{F}_1 \times \mathfrak{F}_2$ *le filtre produit* (I, p. 42), *sur un ensemble* $X = X_1 \times X_2$, *d'un filtre* $\mathfrak{F}_1$ *sur* X_1 *et d'un filtre* $\mathfrak{F}_2$ *sur* X_2. *Soit* f *une application de* X *dans un espace* régulier Y. *On suppose que*:

a) $\lim_{\mathfrak{F}_1 \times \mathfrak{F}_2} f$ *existe*;

b) $\lim\limits_{x_2, \mathfrak{F}_2} f(x_1, x_2) = g(x_1)$ *existe quel que soit* $x_1 \in X_1$.

Dans ces conditions, $\lim\limits_{x_1, \mathfrak{F}_1} g(x_1)$ *existe et est égale à* $\lim_{\mathfrak{F}_1 \times \mathfrak{F}_2} f$.

Soit $X'_1 = X_1 \cup \{\omega_1\}$ (resp. $X'_2 = X_2 \cup \{\omega_2\}$) l'espace topologique *associé* au filtre $\mathfrak{F}_1$ (resp. $\mathfrak{F}_2$) (I, p. 40, *Exemple*). Dans l'espace produit $X' = X'_1 \times X'_2$, soit X'' la réunion des sous-espaces $X_1 \times X'_2$ et $\{(\omega_1, \omega_2)\}$; X est évidemment un sous-espace partout dense de X'', et les hypothèses signifient que $f(y_1, y_2)$ tend vers une limite lorsque (y_1, y_2) tend vers un point quelconque (x_1, x_2) de X'' en restant dans X. L'existence du prolongement par continuité de f à X'' résulte donc du th. 1. Comme en outre (ω_1, ω_2) est adhérent dans X'' à l'ensemble $(X_1 \times \{\omega_2\})$, la conclusion du corollaire en résulte aussitôt (I, p. 50).

6. Relations d'équivalence dans un espace régulier

Proposition 14. — *Soient* X *un espace régulier*, R *une relation d'équivalence fermée dans* X; *alors le graphe* C *de* R *dans* $X \times X$ *est fermé.*

Soit (a, b) un point de $X \times X$ adhérent à C, et soit V (resp. W) un voisinage *fermé* de a (resp. un voisinage de b) dans X; par hypothèse, il existe $(x, y) \in C \cap (V \times W)$. Comme $x \in V$, y appartient au saturé S de V pour R; donc $W \cap S \neq \varnothing$ pour tout voisinage W de b, et comme S est *fermé* par hypothèse, on a $b \in S$. Soit alors B le saturé de $\{b\}$ pour R; on a $V \cap B \neq \varnothing$ pour tout voisinage fermé V de a; comme par hypothèse B est *fermé* et X *régulier*, on a $a \in B$, donc $(a, b) \in C$, ce qui achève la démonstration.

Corollaire. — *Dans un espace régulier, toute relation d'équivalence à la fois ouverte et fermée est séparée.*

Cela résulte de la prop. 14 et de I, p. 55, prop. 8.

Proposition 15. — *Soient* X *un espace régulier*, F *une partie fermée non vide de* X, R *la relation d'équivalence obtenue en identifiant entre eux tous les points de* F (autrement dit, la relation d'équivalence dont les classes sont F et les ensembles $\{x\}$ pour $x \in \complement F$). *Alors l'espace quotient* X/R *est séparé.*

En effet, soient M et N deux classes d'équivalence distinctes dans X. Si chacune d'elles se réduit à un point dans $\complement F$, il existe dans le sous-espace séparé $\complement F$ deux voisinages ouverts de M et N respectivement sans point commun, et ces voisinages sont des voisinages de M et N dans X, saturés pour R et sans point commun. Si $M = F$ et $N = \{b\}$ où $b \notin F$, il existe par hypothèse un voisinage ouvert de b et un voisinage ouvert de F sans point commun, et ces voisinages sont saturés pour R, ce qui achève la démonstration.

On notera que l'espace quotient X/R n'est pas nécessairement régulier (IX, §4, exerc. 18).

§ 9. ESPACES COMPACTS ET ESPACES LOCALEMENT COMPACTS

1. Espaces quasi-compacts et espaces compacts

DÉFINITION 1. — *On dit qu'un espace topologique* X *est quasi-compact s'il vérifie l'axiome suivant:*

(C) *Tout filtre sur* X *possède au moins un point adhérent.*

On dit qu'un espace topologique est compact s'il est quasi-compact et séparé.

On déduit aussitôt de cet axiome que si f est une application d'un ensemble Z dans une espace quasi-compact X, et $\mathfrak{F}$ un filtre quelconque sur Z, f a au moins une valeur d'adhérence suivant $\mathfrak{F}$. En particulier, toute *suite* de points d'un espace compact a au moins une valeur d'adhérence, mais cette condition n'est pas équivalente à (C) (I, p. 106, exerc. 12).

Nous énoncerons trois axiomes *équivalents à l'axiome* (C):

(C′) *Tout ultrafiltre sur* X *est convergent.*

(C′) entraîne (C): car soit $\mathfrak{F}$ un filtre sur X; il existe un ultrafiltre plus fin que $\mathfrak{F}$ (I, p. 39, th. 1); comme cet ultrafiltre est convergent vers un point x, x est adhérent à $\mathfrak{F}$.

(C) entraîne (C′): car si un ultrafiltre a un point adhérent, il converge vers ce point (I, p. 47, corollaire).

Si f est une application d'un ensemble Z dans un espace quasi-compact X, et $\mathfrak{U}$ un ultrafiltre sur Z, f a donc *au moins une limite* suivant $\mathfrak{U}$ (I, p. 41, prop. 10).

(C″) *Toute famille d'ensembles fermés dans* X, *dont l'intersection est vide, contient une sous-famille finie, dont l'intersection est vide.*

(C) entraîne (C″): car soit $\mathfrak{S}$ une famille d'ensembles fermés dans X dont l'intersection soit vide; si l'intersection d'une sous-famille finie quelconque de $\mathfrak{S}$ n'était pas vide, $\mathfrak{S}$ engendrerait un filtre (I, p. 37, prop. 1) qui aurait un point adhérent d'après (C). Mais ce point appartiendrait à tous les ensembles de $\mathfrak{S}$, ces derniers étant fermés; ce qui est contraire à l'hypothèse.

Inversement, la négation de (C) entraîne celle de (C″): car si $\mathfrak{F}$ est un filtre sans point adhérent, les adhérences des ensembles de $\mathfrak{F}$ forment une famille d'ensembles fermés contredisant (C″).

(C‴) (axiome de Borel–Lebesgue). *Tout recouvrement ouvert de* X *contient un recouvrement ouvert fini de* X.

(C‴) se déduit de (C″) par passage aux complémentaires, et lui est donc équivalent.

Si X est quasi-compact, tout recouvrement *localement fini* $\mathfrak{R}$ de X est *fini*, car il existe alors en vertu de (C‴) un recouvrement de X formé d'un nombre fini d'ensembles ouverts, dont chacun ne rencontre qu'un nombre fini d'ensembles de $\mathfrak{R}$.

Exemples. — 1) Tout espace *fini* est *quasi-compact* et plus généralement tout espace dans lequel il n'y a qu'un nombre fini d'ensembles ouverts est quasi-compact; pour qu'un espace fini soit compact, il faut et il suffit qu'il soit *discret*, puisqu'un espace fini séparé est discret (I, p. 53, corollaire). Réciproquement, *tout espace discret compact est fini*, car dans un tel espace tout ensemble réduit à un point est ouvert, donc l'espace est fini en vertu de (C‴).

2) Soit X un ensemble; munissons X de la topologie pour laquelle les parties fermées sont X et les parties *finies* de X (cet ensemble de parties vérifiant de façon évidente les axiomes (O'_I) et (O'_{II}) de I, p. 5). L'espace topologique X ainsi défini est *quasi-compact*; montrons en effet qu'il vérifie l'axiome (C″). Si $(F_\iota)_{\iota \in I}$ est une famille de parties fermées de X dont l'intersection est vide, il y a un $\alpha \in I$ tel que F_α soit fini; si a_k $(1 \leqslant k \leqslant n)$ sont ses éléments, il existe par hypothèse pour chaque indice k un indice $\iota_k \in I$ tel que $a_k \notin F_{\iota_k}$; l'intersection des F_{ι_k} $(1 \leqslant k \leqslant n)$ et de F_α est alors vide. Si X est infini, il n'est pas séparé.

Remarque. — Les espaces quasi-compacts non séparés sont surtout utiles dans les applications de la Topologie à la Géométrie algébrique, mais n'interviennent guère dans les autres théories mathématiques, où par contre les espaces compacts jouent un rôle prépondérant.

Théorème 1. — *Soit $\mathfrak{F}$ un filtre sur un espace quasi-compact* X, *et soit* A *l'ensemble des points adhérents à $\mathfrak{F}$. Tout voisinage de* A *appartient alors à $\mathfrak{F}$.*

En effet, soit V un voisinage de A; raisonnons par l'absurde, en supposant que tout ensemble de $\mathfrak{F}$ rencontre $\complement V$. Les traces sur $\complement V$ des ensembles de $\mathfrak{F}$ forment alors une base d'un filtre $\mathfrak{G}$ sur X; comme X est quasi-compact, $\mathfrak{G}$ a au moins un point adhérent y, qui n'appartient pas à A, puisque le voisinage V de A a une intersection vide avec certains de ensembles de $\mathfrak{G}$. Mais, comme $\mathfrak{G}$ est *plus fin* que $\mathfrak{F}$, y est aussi adhérent à $\mathfrak{F}$, ce qui est contraire à l'hypothèse.

Corollaire. — *Pour qu'un filtre sur un espace compact soit convergent il faut et il suffit qu'il ait un seul point adhérent.*

La condition est nécessaire en vertu de I, p. 52, prop. 1; elle est suffisante en vertu du th. 1.

2. Régularité d'un espace compact

Proposition 1. — *Soient* X *un espace compact, x un point de* X. *Pour qu'une base de filtre $\mathfrak{B}$ formée de voisinages* fermés *de x soit un système fondamental de voisinages de x, il faut et il suffit que l'intersection des ensembles de $\mathfrak{B}$ se réduise au point x.*

La condition est nécessaire puisque X est séparé (I, p. 52, prop. 1). Elle est suffisante, car elle signifie que x est le seul point adhérent à $\mathfrak{B}$, donc $\mathfrak{B}$ converge vers x d'après le cor. du th. 1.

Corollaire. — *Tout espace compact est régulier.*

En effet, il résulte de l'axiome (H[I]) (I, p. 52, prop. 1) que la base de filtre formée de *tous* les voisinages fermés d'un point quelconque de l'espace satisfait à la condition de la prop. 1.

On notera que l'espace quasi-compact non séparé X de l'*Exemple* 2 de I, p. 60 ne vérifie pas l'axiome (O_{III}), car l'intersection de deux ensembles ouverts non vides dans cet espace n'est jamais vide.

3. Ensembles quasi-compacts; ensembles compacts; ensembles relativement compacts

Définition 2. — *On dit qu'une partie* A *d'un espace topologique* X *est un ensemble quasi-compact* (resp. *compact*) *si le sous-espace* A *est quasi-compact* (resp. *compact*).

Pour qu'une partie A d'un espace topologique X soit un ensemble quasi-compact, il faut et il suffit que tout recouvrement de A par des ensembles *ouverts dans* X contienne un recouvrement *fini* de A, comme il résulte de l'axiome (C‴). Dans un espace *séparé*, les notions d'ensemble quasi-compact et d'ensemble compact coïncident, puisque tout sous-espace est séparé.

Exemples. — 1) Dans un espace topologique X, tout ensemble fini est quasi-compact; l'ensemble vide et tout ensemble réduit à un point sont compacts.

2) Dans un espace topologique X, soit $(x_n)_{n \in \mathbf{N}}$ une suite infinie de points qui *converge* vers un point *a*. L'ensemble A formé des x_n ($n \in \mathbf{N}$) et de *a* est *quasi-compact*. En effet, si (U_ι) est un recouvrement de A par des ensembles ouverts de X, il existe un indice κ tel que $a \in U_\kappa$; comme U_κ est un voisinage de *a*, il n'existe qu'un nombre fini d'indices n_k tels que $x_{n_k} \notin U_\kappa$; si, pour chaque indice *k*, ι_k est un indice tel que $x_{n_k} \in U_{\iota_k}$, U_κ et les U_{ι_k} forment un recouvrement ouvert fini de A.

Proposition 2. — *Dans un espace quasi-compact* (resp. *compact*), *tout ensemble fermé est quasi-compact* (resp. *compact*).

Il suffit d'appliquer l'axiome (C″), en remarquant que si A est fermé dans un espace X, tout ensemble fermé dans A est fermé dans X.

Proposition 3. — *Soient* X *un espace séparé,* A *et* B *deux parties compactes de* X *sans point commun. Alors il existe un voisinage* V *de* A *et un voisinage* W *de* B *qui ne se rencontrent pas.*

Montrons d'abord que pour tout $x \in A$, il existe un voisinage $T(x)$ de x dans X et un voisinage $U(x)$ de B dans X qui ne se rencontrent pas. En effet, pour tout $y \in B$, il existe un voisinage $T(x, y)$ de x et un voisinage $U(x, y)$ de y qui ne se rencontrent pas; comme B est compact, il y a un nombre fini de points y_j de B tels que les $U(x, y_j)$ forment un recouvrement de B. Il suffit de prendre pour $U(x)$ la réunion des $U(x, y_j)$ et pour $T(x)$ l'intersection des $T(x, y_j)$. Comme A est compact, il y a un nombre fini de points $x_i \in A$ tels que les $T(x_i)$ forment un recouvrement de A. On répond alors à la question en prenant pour V la réunion des $T(x_i)$ et pour W l'intersection des $U(x_i)$.

Proposition 4. — *Dans un espace séparé, tout ensemble compact est fermé.*

En effet, si A est une partie compacte d'un espace séparé X et x un point de $\complement A$, il résulte de la prop. 3 qu'il y a un voisinage de x ne rencontrant pas A, puisque $\{x\}$ est fermé (I, p. 54, prop. 4); donc $\complement A$ est ouvert.

Corollaire. — *Dans un espace compact* X, *pour qu'un ensemble* A *soit compact, il faut et il suffit qu'il soit fermé dans* X.

Proposition 5. — *Dans un espace topologique, la réunion d'une famille finie d'ensembles quasi-compacts est un ensemble quasi-compact.*

Il suffit de montrer que la réunion de deux ensembles quasi-compacts A, B dans un espace topologique X est quasi-compacte. Soit $\mathfrak{R}$ un recouvrement ouvert de $A \cup B$; c'est un recouvrement de A et un recouvrement de B, donc il contient un recouvrement fini $\mathfrak{R}_1$ de A et un recouvrement fini $\mathfrak{R}_2$ de B; $\mathfrak{R}_1 \cup \mathfrak{R}_2$ est donc un recouvrement fini de $A \cup B$ contenu dans $\mathfrak{R}$, d'où la proposition.

Définition 3. — *On dit qu'une partie* A *d'un espace topologique* X *est relativement quasi-compacte* (resp. *relativement compacte*) *dans* X *si* A *est contenue dans une partie quasi-compacte* (resp. *compacte*) de X.

De façon abrégée, on dit aussi que A est un « ensemble relativement quasi-compact » (resp. « relativement compact ») lorsqu'il n'y a pas d'équivoque sur X. Dans un espace *séparé*, les notions d'ensemble relativement quasi-compact et d'ensemble relativement compact sont identiques.

Proposition 6. — *Dans un espace séparé* X, *pour qu'un ensemble* A *soit relativement compact, il faut et il suffit que* $\bar{A}$ *soit compact.*

C'est évidemment suffisant, et c'est nécessaire en vertu de la prop. 4 et de son corollaire.

Proposition 7. — *Si* A *est un ensemble relativement quasi-compact dans un espace topologique* X, *toute base de filtre sur* A *possède au moins un point adhérent* dans X.

En effet, si $A \subset K$, où K est une partie quasi-compacte de X, toute base de filtre sur A admet un point adhérent dans K.

La réciproque de cette proposition n'est valable que moyennant des conditions supplémentaires sur X (I, p. 109, exerc. 23).

Remarque. — Dans un espace non séparé, un ensemble compact n'est pas nécessairement fermé, et son adhérence n'est pas nécessairement quasi-compacte (I, p. 105, exerc. 5); l'intersection de deux ensembles compacts n'est pas nécessairement quasi-compacte (I, p. 105, exerc. 5); la réunion de deux ensembles compacts n'est pas nécessairement compacte (I, p. 105, exerc. 5).

4. Image d'un espace compact par une application continue

Théorème 2. — *Si f est une application continue d'un espace quasi-compact* X *dans un espace topologique* X′, *l'ensemble* $f(X)$ *est quasi-compact.*

En effet, soit $\mathfrak{R}$ un recouvrement de $f(X)$ par des ensembles ouverts de X′; $\overset{-1}{f}(\mathfrak{R})$ est un recouvrement ouvert de X (I, p. 9, th. 1), donc il y a une partie finie $\mathfrak{S}$ de $\mathfrak{R}$ telle que $\overset{-1}{f}(\mathfrak{S})$ soit un recouvrement de X; mais alors $\mathfrak{S}$ est un recouvrement de $f(X)$, d'où le théorème.

Corollaire 1. — *Soit f une application continue d'un espace topologique* X *dans un espace* séparé X′; *l'image par f de tout ensemble quasi-compact* (resp. *relativement quasi-compact*) *dans* X *est un ensemble compact* (resp. *relativement compact*) *dans* X′.

Corollaire 2. — *Toute application continue f d'un espace quasi-compact* X *dans un espace séparé* X′ *est fermée; si en outre f est bijective, f est un homéomorphisme.*

Cela résulte aussitôt du cor. 1 et de I, p. 62, prop. 4.

En particulier:

Corollaire 3. — *Une topologie séparée moins fine qu'une topologie d'espace quasi-compact lui est nécessairement identique.*

Corollaire 4. — *Soient* X *un espace topologique,* R *une relation d'équivalence* séparée *dans* X.

a) *S'il existe dans* X *un ensemble quasi-compact* K *tel que toute classe d'équivalence suivant* R *rencontre* K, X/R *est compact et l'application canonique de* K/R_K *sur* X/R *est un homéomorphisme.*

b) *Si en outre toute classe suivant* R *ne rencontre* K *qu'en un seul point,* K *est une section continue pour la relation* R (I, p. 22).

En effet, soit f la restriction à K de l'application canonique $X \to X/R$; comme X/R est séparé, X/R est compact (cor. 1) et f est une application fermée (cor. 2), donc la bijection $K/R_K \to X/R$ associée à f est un homéomorphisme (I, p. 32, prop. 3); ceci démontre l'assertion a); l'assertion b) en résulte aussitôt, puisqu'alors $K/R_K = K$.

5. Produit d'espaces compacts

Théorème 3 (Tychonoff). — *Tout produit d'espaces quasi-compacts* (resp. *compacts*) *est quasi-compact* (resp. *compact*). *Réciproquement, si un produit d'espaces non vides est quasi-compact* (resp. *compact*), *chacun des espaces facteurs est quasi-compact* (resp. *compact*).

Vu la caractérisation des espaces produits séparés (I, p. 54, prop. 7), tout revient à démontrer les assertions relatives aux espaces quasi-compacts. Si $X = \prod_{\iota \in I} X_\iota$ est quasi-compact et non vide, on a $X_\iota = \mathrm{pr}_\iota(X)$ pour tout ι, donc X_ι est quasi-compact en vertu du th. 2 de I, p. 62. Inversement, supposons les X_ι quasi-compacts et soit $\mathfrak{U}$ un ultrafiltre sur X; pour tout $\iota \in I$, $\mathrm{pr}_\iota(\mathfrak{U})$ est une base d'ultrafiltre sur X_ι (I, p. 41, prop. 10), qui converge donc en vertu de l'axiome (C'); par suite $\mathfrak{U}$ est convergent (I, p. 51, cor. 1), ce qui achève la démonstration.

Corollaire. — *Pour qu'une partie d'un produit d'espaces topologiques soit relativement quasi-compacte, il faut et il suffit que chacune de ses projections soit relativement quasi-compacte dans l'espace facteur correspondant.*

La condition est nécessaire d'après le th. 2 de I, p. 62. Elle est suffisante, car si A est une partie de $\prod_\iota X_\iota$ telle que pour tout ι, $\mathrm{pr}_\iota(A)$ soit contenu dans une partie quasi-compacte K_ι de X_ι, A est contenu dans la partie quasi-compacte $\prod_\iota K_\iota$ de $\prod_\iota X_\iota$.

6. Limites projectives d'espaces compacts

Proposition 8. — *Soient* $(X_\alpha, f_{\alpha\beta})$ *un système projectif d'espaces compacts relatif à un ensemble d'indices filtrant* I, *tel que* $f_{\alpha\alpha}$ *soit l'application identique pour tout* $\alpha \in I$, $X = \varprojlim X_\alpha$ *sa limite projective,* f_α *l'application canonique* $X \to X_\alpha$ (I, p. 28). *Alors*:

1° X *est compact, et pour tout* α, *on a*

$$f_\alpha(X) = \bigcap_{\beta \geqslant \alpha} f_{\alpha\beta}(X_\beta). \tag{1}$$

2° *Si les* X_α *sont non vides,* X *est non vide.*

En effet, X est un sous-espace fermé de $\prod_\alpha X_\alpha$ (I, p. 55, cor. 2), donc il est compact en vertu du th. 3 de I, p. 63 et de la prop. 2 de I, p. 61. Les autres assertions résultent de E, III, p. 58, th. 1 : en effet, on peut appliquer ce théorème en prenant pour $\mathfrak{S}_\alpha$ l'ensemble des parties fermées de X_α; les conditions (i) et (ii) ne sont autres que les axiomes (O'_I) et (C''); la propriété (iii) résulte de ce que $\{x_\alpha\}$ est fermé et $f_{\alpha\beta}$ continue (I, p. 9, th. 1); enfin la propriété (iv) résulte du cor. 2 de I, p. 63.

Corollaire 1. — *Soit* $(X_\alpha, f_{\alpha\beta})$ *un système projectif d'espaces topologiques relatif à un ensemble d'indices filtrant, tel que, pour tout couple d'indices* α, β *tels que* $\alpha \leqslant \beta$, *et pour tout* $x_\alpha \in X_\alpha$, $\overset{-1}{f_{\alpha\beta}}(x_\alpha)$ *soit compact. Alors on a la relation* (1) *et, pour tout* $x_\alpha \in X_\alpha$, $\overset{-1}{f_\alpha}(x_\alpha)$ *est compact.*

En effet, pour tout $x_\alpha \in \bigcap_{\beta \geqslant \alpha} f_{\alpha\beta}(X_\beta)$ et tout $\beta \geqslant \alpha$, posons $L_\beta = \overset{-1}{f_{\alpha\beta}}(x_\alpha)$. Pour $\alpha \leqslant \beta \leqslant \gamma$, on a $f_{\beta\gamma}(L_\gamma) \subset L_\beta$ et l'ensemble des $\beta \geqslant \alpha$ est cofinal à l'ensemble I. Il est immédiat que les L_β ($\beta \geqslant \alpha$) forment un système projectif d'espaces topologiques (pour les restrictions des $f_{\beta\gamma}$), dont la limite projective L est homéomorphe à $\overset{-1}{f_\alpha}(x_\alpha)$. Comme les L_β sont par hypothèse compacts et non vides, le corollaire résulte de la prop. 8.

Corollaire 2. — *Soient* $(X_\alpha, f_{\alpha\beta})$, $(X'_\alpha, f'_{\alpha\beta})$ *deux systèmes projectifs d'espaces topologiques relatifs au même ensemble d'indices filtrant* I, *et soit* (u_α) *un système projectif d'applications* $u'_\alpha : X_\alpha \to X'_\alpha$. *Posons* $X = \varprojlim X_\alpha$, $X' = \varprojlim X'_\alpha$, $u = \varprojlim u_\alpha$.

a) *Si, pour un* $x' = (x'_\alpha) \in X'$, $\overset{-1}{u_\alpha}(x'_\alpha)$ *est compact et non vide pour tout* $\alpha \in I$, *alors* $\overset{-1}{u}(x')$ *est compact et non vide.*

b) *Si les* X_α *sont compacts, les* X'_α *séparés et les* u_α *surjectives et continues, alors* u *est surjective.*

Posons $L_\alpha = \overset{-1}{u_\alpha}(x'_\alpha)$; il est immédiat que les L_α forment un système projectif d'espaces topologiques (pour les restrictions des $f_{\alpha\beta}$) et que $\overset{-1}{u}(x') = L$ est limite projective des L_α; l'assertion a) résulte donc de la prop. 8. L'assertion b) en est une conséquence immédiate, compte tenu de la prop. 2 de I, p. 61.

7. Espaces localement compacts

Définition 4. — *On dit qu'un espace topologique* X *est localement compact s'il est séparé et si tout point de* X *possède un voisinage compact.*

Il est clair que tout espace compact est localement compact, mais la réciproque est inexacte; par exemple, tout espace *discret* est localement compact, mais non compact s'il est *infini*.

*Comme nous le verrons dans IV, p. 7, la *droite numérique* **R** est un espace localement compact, mais non compact.*

Proposition 9. — *Tout espace localement compact est régulier.*

En effet, tout point x d'un espace localement compact X possède un voisinage compact V; comme X est séparé, V est fermé (I, p. 62, prop. 4); d'autre part, V est un sous-espace régulier (I, p. 61, corollaire), donc X est régulier (I, p. 57, prop. 13).

Corollaire. — *Dans un espace localement compact, tout point admet un système fondamental de voisinages compacts.*

En effet, l'intersection d'un voisinage fermé de x et d'un voisinage compact de x est un voisinage compact de x (I, p. 61, prop. 2).

On notera qu'il existe des espaces topologiques *non séparés* dans lesquels tout point a un système fondamental de voisinages compacts (I, p. 105, exerc. 5).

Le cor. de la prop. 9 se généralise comme suit:

Proposition 10. — *Dans un espace localement compact* X, *tout ensemble compact* K *admet un système fondamental de voisinages compacts.*

En effet, soit U un voisinage quelconque de K; pour tout $x \in K$, il existe un voisinage compact $W(x)$ de x contenu dans U. Les intérieurs des ensembles $W(x)$ forment un recouvrement ouvert de K lorsque x parcourt K, donc il existe un nombre fini de points $x_i \in \mathrm{K}$ $(1 \leqslant i \leqslant n)$ tels que les intérieurs des $\mathrm{W}(x_i)$ forment un recouvrement de K; la réunion V des $\mathrm{W}(x_i)$ est alors un voisinage compact de K contenu dans U (I, p. 62, prop. 5).

Proposition 11. — *Dans un espace localement compact* X, *soit* F *un ensemble tel que pour toute partie compacte* K *de* X, $\mathrm{F} \cap \mathrm{K}$ *soit compact; alors* F *est fermé dans* X.

Compte tenu de la prop. 4 de I, p. 62, cela résulte de la prop. 3 a) de I, p. 18.

Proposition 12. — *Dans un espace séparé* X, *tout sous-espace localement compact* A *est localement fermé.*

En effet, pour tout $x \in \mathrm{A}$, il y a par hypothèse un voisinage V de x dans X tel que $\mathrm{V} \cap \mathrm{A}$ soit compact, et par suite fermé dans V (I, p. 62, prop. 4).

Proposition 13. — *Dans un espace localement compact* X, *tout sous-espace localement fermé est localement compact.*

En effet, supposons A localement fermé dans X; pour tout $x \in \mathrm{A}$ il existe un voisinage U de x dans X tel que $\mathrm{U} \cap \mathrm{A}$ soit fermé dans U. Soit $\mathrm{V} \subset \mathrm{U}$ un voisinage compact de x dans X; $\mathrm{V} \cap \mathrm{A} = (\mathrm{U} \cap \mathrm{A}) \cap \mathrm{V}$ est fermé dans V, donc compact (I, p. 61, prop. 2), et comme c'est un voisinage de x dans A, cela démontre la proposition (A étant évidemment séparé).

Le th. 1 (I, p. 60) et le cor. 2 de I, p. 63 *ne s'étendent pas* aux espaces localement compacts non compacts.

Par exemple, dans un espace discret infini, le filtre des ensembles contenant un point x et dont le complémentaire est fini, admet le point x comme seul point adhérent, mais ne converge pas vers x. Une application quelconque d'un espace discret infini X dans un espace séparé X′ étant continue, l'image par cette application d'une partie quelconque de X (qui est fermée dans X) ne sera pas en général une partie fermée de X′.

La proposition correspondant au th. 3 (I, p. 63) est la suivante:

Proposition 14. — a) *Soit* $(\mathrm{X}_\iota)_{\iota \in \mathrm{I}}$ *une famille d'espaces localement compacts, telle que* X_ι *soit compact sauf pour un nombre fini d'indices. Alors l'espace produit* $\mathrm{X} = \prod_{\iota \in \mathrm{I}} \mathrm{X}_\iota$ *est localement compact.*

b) *Réciproquement, si le produit d'une famille* $(\mathrm{X}_\iota)_{\iota \in \mathrm{I}}$ *d'espaces topologiques non vides est localement compact, les* X_ι *sont compacts sauf pour un nombre fini d'indices, et les facteurs non compacts sont localement compacts.*

a) Soit $x = (x_\iota)$ un point de X; pour chacun des indices ι tels que X_ι soit localement compact et non compact, soit V_ι un voisinage compact de x_ι dans X_ι; pour les autres indices ι, posons $\mathrm{V}_\iota = \mathrm{X}_\iota$; alors $\prod_\iota \mathrm{V}_\iota$ est un voisinage compact de x dans X (I, p. 63, th. 3). On sait par ailleurs (I, p. 54, prop. 7) que X est séparé, donc X est localement compact.

b) Si $X = \prod_{\iota \in I} X_\iota$ est localement compact et les X_ι non vides, chacun des X_ι est homéomorphe à un sous-espace fermé de X (I, p. 26, prop. 4 et I, p. 27, corollaire). D'autre part, soit $a = (a_\iota)$ un point de X, V un voisinage compact de a; comme on a $\mathrm{pr}_\iota V = X_\iota$ sauf pour un nombre fini d'indices ι (I, p. 24), il résulte de I, p. 63, cor. 1 que les X_ι sont compacts sauf pour un nombre fini d'indices.

8. Immersion d'un espace localement compact dans un espace compact

THÉORÈME 4 (Alexandroff). — *Pour tout espace localement compact* X, *il existe un espace compact* X′ *et un homéomorphisme* f *de* X *sur le complémentaire d'un point de* X′. *En outre, si* X'_1 *est un second espace compact tel qu'il existe un homéomorphisme* f_1 *de* X *sur le complémentaire d'un point de* X'_1, *il existe un homéomorphisme et un seul* g *de* X′ *sur* X'_1 *tel que* $f_1 = g \circ f$.

Démontrons d'abord la seconde assertion, et soient $f(X) = X' - \{\omega\}$, $f_1(X) = X'_1 - \{\omega_1\}$; si l'homéomorphisme g existe, son unicité est évidente, car on doit avoir par définition $g(x') = f_1(f^{-1}(x'))$ pour $x' \neq \omega$ et par suite $g(\omega) = \omega_1$. Reste à montrer que la bijection $g\colon X' \to X'_1$ définie par ces formules est bicontinue, et comme X′ et X'_1 jouent le même rôle, il suffit de montrer que l'image par g d'un voisinage d'un point $x' \in X'$ est un voisinage de $g(x')$ dans X'_1. Or, cela est évident par définition si $x' \neq \omega$; d'autre part, si V′ est un voisinage ouvert de ω dans X′, $X' - V' = K$ est fermé dans X′, donc compact (I, p. 61, prop. 2) et contenu dans $f(X)$, et par suite $g(K) = f_1(f^{-1}(K))$ est compact (I, p. 63, cor. 1). Il en résulte que $g(V') = X'_1 - g(K)$ est un voisinage ouvert de ω_1 (I, p. 62, prop 4), ce qui achève de prouver que g est un homéomorphisme.

Prouvons maintenant la première assertion du théorème. Soit X′ un ensemble somme de X et d'un ensemble réduit à un élément ω, X étant identifié au complémentaire de $\{\omega\}$ dans X′. Définissons sur X′ une topologie en prenant pour ensemble $\mathfrak{O}$ des parties ouvertes de X′ l'ensemble formé des parties ouvertes de X et des parties de la forme $(X - K) \cup \{\omega\}$, où K est une partie compacte de X. Comme toute intersection de parties compactes de X est compacte (I, p. 61, prop. 2 et I, p. 62, 4) et que toute partie fermée d'un ensemble compact est compacte (I, p. 61, prop. 2), $\mathfrak{O}$ vérifie l'axiome (O_I); comme toute réunion finie de parties compactes de X est compacte (I, p. 62, prop. 5), $\mathfrak{O}$ vérifie aussi l'axiome (O_{II}). Puisque toute partie compacte de X est fermée dans X (I, p. 62, prop. 4), la topologie induite sur X par celle de X′ est la topologie initialement donnée sur X. Pour établir la première assertion, il reste à prouver que X′ est compact. En premier lieu X′ est *séparé*: en effet, si x, y sont deux points distincts de X, il existe dans X deux voisinages ouverts V, W de x et y respectivement qui sont sans point commun, et V et W sont aussi ouverts dans X′; d'autre part, pour tout $x \in X$, il existe dans X un voisinage compact K de x, qui est aussi un voisinage de x dans

X', et $U = (X - K) \cup \{\omega\}$ est alors un voisinage de ω dans X' tel que $U \cap K = \varnothing$. Enfin X' est *quasi-compact*: soit en effet $(U_\lambda)_{\lambda \in L}$ un recouvrement ouvert de X'; il y a au moins un indice $\mu \in L$ tel que $U_\mu = (X - K_\mu) \cup \{\omega\}$, où K_μ est une partie compacte de X; il y a donc une partie finie H de L telle que les U_λ pour $\lambda \in H$ forment un recouvrement de K_μ; posant $J = H \cup \{\mu\}$, $(U_\lambda)_{\lambda \in J}$ est un recouvrement de X', ce qui achève de prouver que X' est compact.

C.Q.F.D.

On observera que si X est déjà *compact*, le point ω est *isolé* dans l'espace compact X', et X' est par suite *somme* (I, p. 15, *Exemple* III) de X et de l'espace $\{\omega\}$.

Lorsqu'on a ainsi défini un espace compact X' à partir d'un espace localement compact X par adjonction d'un élément ω, on dit souvent que ω est le « point à l'infini » de X', et que X' résulte de X par *adjonction d'un point à l'infini*; on dit aussi que X' est le *compactifié d'Alexandroff* de l'espace localement compact X.

**Exemple.* — Si on applique le th. d'Alexandroff au plan numérique $\mathbf{R}^2$, on obtient un espace compact, dont on peut définir comme suit un homéomorphisme sur la sphère $\mathbf{S}_2$ d'équation $x_1^2 + x_2^2 + x_3^2 = 1$ dans l'espace $\mathbf{R}^3$: au point ω qu'on a adjoint à $\mathbf{R}^2$ (point à l'infini), on fait correspondre le point (0, 0, 1) de $\mathbf{S}_2$; et à tout point (x_1, x_2) de $\mathbf{R}^2$ on fait correspondre le point où la droite joignant les points (0, 0, 1) et $(x_1, x_2, 0)$ recoupe $\mathbf{S}_2$. Cet homéomorphisme est connu sous le nom de *projection stéréographique* (voir A, IX, § 10, exerc. 14 et VI, §2, N° 4).$_*$

9. Espaces localement compacts dénombrables à l'infini

Définition 5. — *On dit qu'un espace localement compact* X *est dénombrable à l'infini s'il est réunion dénombrable d'ensembles compacts.*

Exemples. — 1) Pour qu'un espace *discret* soit dénombrable à l'infini, il faut et il suffit qu'il soit dénombrable.

*2) La droite numérique $\mathbf{R}$ est un espace localement compact dénombrable à l'infini, car elle est réunion des intervalles compacts $[-n, +n]$ pour $n \in \mathbf{N}$.$_*$

Remarque. — Un espace topologique séparé peut être réunion dénombrable de sous-espaces compacts sans être localement compact. *Il en est ainsi par exemple de l'espace de Hilbert muni de la topologie *faible*, comme nous le démontrerons plus tard (EVT, I, § 1, n° 6, th. 4).$_*$

Proposition 15. — *Si* X *est un espace localement compact dénombrable à l'infini, il existe une suite* (U_n) *d'ensembles ouverts relativement compacts dans* X, *formant un recouvrement de* X *et tels que* $\overline{U}_n \subset U_{n+1}$ *pour tout n.*

En effet, X est réunion d'une suite (K_n) d'ensembles compacts. Soit U_1 un voisinage ouvert relativement compact de K_1 (I, p. 65, prop. 10) et définissons par récurrence U_n pour $n > 1$ comme un voisinage ouvert relativement compact de $\overline{U}_{n-1} \cup K_n$ (I, p. 62, prop. 5 et I, p. 65, prop. 10); il est clair que les U_n répondent à la question.

Corollaire 1. — *Avec les notations de la prop.* 15, *pour toute partie compacte* K *de* X, *il existe un entier n tel que* $K \subset U_n$.

En effet, il y a un nombre fini des U_k qui recouvrent K (axiome de Borel-Lebesgue).

Corollaire 2. — *Soient* X *un espace localement compact,* X′ *l'espace compact obtenu en adjoignant à* X *un point à l'infini* ω (I, p. 68). *Pour que* X *soit dénombrable à l'infini, il faut et il suffit que, dans* X′, *le point* ω *possède un système fondamental dénombrable de voisinages.*

La condition est suffisante puisque les complémentaires des voisinages ouverts de ω sont compacts dans X. Elle est nécessaire, car si les $U_n \subset X$ ont les propriétés énoncées dans la prop. 15, les voisinages $X' - \overline{U}_n$ de ω dans X forment un système fondamental de voisinages de ω en vertu du cor. 1.

Il est clair que tout sous-espace *fermé* d'un espace localement compact dénombrable à l'infini est un espace localement compact dénombrable à l'infini. De même, tout produit fini d'espaces localement compacts dénombrables à l'infini est dénombrable à l'infini.

On notera par contre qu'un sous-espace *ouvert* d'un espace compact n'est pas nécessairement dénombrable à l'infini, comme le montre le th. d'Alexandroff (I, p. 67, th. 4).

10. Espaces paracompacts

Définition 6. — *Un espace topologique* X *est dit paracompact s'il est séparé, et s'il vérifie l'axiome suivant:*

(PC) *Pour tout recouvrement ouvert* $\mathfrak{R}$ *de* X, *il existe un recouvrement ouvert* localement fini $\mathfrak{R}'$ *de* X, *plus fin que* $\mathfrak{R}$ (E, II, p. 27, déf. 5).

Il est clair que tout espace *compact* est paracompact. Tout espace *discret* X est paracompact, car le recouvrement ouvert formé de tous les ensembles réduits à un point est localement fini et plus fin que tout recouvrement ouvert de X.

Proposition 16. — *Dans un espace paracompact* X, *tout sous-espace fermé* F *est paracompact.*

En effet, F est séparé; d'autre part, si (V_ι) est un recouvrement ouvert dans le sous-espace F, tout V_ι est de la forme $V_\iota = U_\iota \cap F$, où U_ι est ouvert dans X. Considérons le recouvrement ouvert $\mathfrak{R}$ de X formé de $\complement F$ et des U_ι; il existe un recouvrement ouvert localement fini $\mathfrak{R}'$ de X plus fin que $\mathfrak{R}$, et les traces sur F des ensembles de $\mathfrak{R}'$ forment un recouvrement ouvert localement fini de F, plus fin que le recouvrement donné (V_ι).

Par contre, un sous-espace ouvert d'un espace compact n'est pas nécessairement paracompact (I, p. 105, exerc. 12).

PROPOSITION 17. — *Le produit d'un espace paracompact et d'un espace compact est paracompact.*

Soient X un espace paracompact, Y un espace compact, $\mathfrak{R}$ un recouvrement ouvert de $X \times Y$. Pour tout point $(x, y) \in X \times Y$, il existe un voisinage ouvert $V(x, y)$ de x dans X et un voisinage ouvert $W(x, y)$ de y dans Y tels que $V(x, y) \times W(x, y)$ soit contenu dans un ensemble de $\mathfrak{R}$. Pour tout $x \in X$, les $W(x, y)$, où y parcourt Y, forment un recouvrement ouvert de Y, donc il existe un nombre fini de points y_i $(1 \leqslant i \leqslant n(x))$ de Y tels que les $W(x, y_i)$ forment un recouvrement ouvert de Y. Posons $U(x) = \bigcap_{i=1}^{n(x)} V(x, y_i)$; chacun des ensembles ouverts $U(x) \times W(x, y_i)$ est contenu dans un ensemble de $\mathfrak{R}$. Soit alors $(T_\iota)_{\iota \in I}$ un recouvrement ouvert localement fini de X plus fin que le recouvrement formé par les $U(x)$ $(x \in X)$. Pour tout $\iota \in I$, soit x_ι un point de X tel que $T_\iota \subset U(x_\iota)$, et désignons par $S_{\iota,k}$ les ensembles $W(x_\iota, y_k)$ correspondant à ce point $(1 \leqslant k \leqslant n(x_\iota))$. Il est clair que les ensembles $T_\iota \times S_{\iota,k}$ $(\iota \in I, 1 \leqslant k \leqslant n(x_\iota)$ pour tout $\iota \in I)$ forment un recouvrement ouvert de $X \times Y$, plus fin que $\mathfrak{R}$; montrons que ce recouvrement est localement fini. En effet, pour tout $(x, y) \in X \times Y$, il existe un voisinage Q de x ne rencontrant qu'un nombre fini d'ensembles T_ι; *a fortiori* le voisinage $Q \times Y$ de (x, y) ne rencontre qu'un nombre fini d'ensembles de la forme $T_\iota \times S_{\iota,k}$.

Par contre, le produit de deux espaces paracompacts n'est pas nécessairement paracompact (voir IX, §5, exerc. 15).

PROPOSITION 18. — *Un espace* X *somme* (I, p. 15, *Exemple* III) *d'une famille* $(X_\iota)_{\iota \in I}$ *d'espaces paracompacts est paracompact.*

Soit en effet $(V_\lambda)_{\lambda \in L}$ un recouvrement ouvert de X; le recouvrement formé des ensembles ouverts $X_\iota \cap V_\lambda$ est plus fin que (V_λ); si pour chaque $\iota \in I$, $(U_{\iota,\mu})_{\mu \in M_\iota}$ est un recouvrement ouvert localement fini de X_ι plus fin que $(V_\lambda \cap X_\iota)_{\lambda \in L}$, le recouvrement ouvert de X formé des $U_{\iota,\mu}$ $(\iota \in I, \mu \in M_\iota$ pour chaque $\iota \in I)$ est localement fini et plus fin que (V_λ).

THÉORÈME 5. — *Pour qu'un espace localement compact* X *soit paracompact il, faut et il suffit qu'il soit somme d'une famille d'espaces localement compacts dénombrables à l'infini.*

Montrons d'abord que la condition est *nécessaire*. Supposons X paracompact, et pour tout $x \in X$, soit V_x un voisinage ouvert relativement compact de x dans X. Il existe par hypothèse un recouvrement ouvert localement fini $(U(\alpha))_{\alpha \in A}$ de X plus fin que le recouvrement formé des V_x (où $x \in X$); les $U(\alpha)$ sont donc relativement compacts. Toute partie compacte K de X ne rencontre qu'un nombre fini d'ensembles $U(\alpha)$: en effet, les ensembles $U(\alpha) \cap K$ non vides forment un recouvrement ouvert localement fini de l'espace compact K, donc ce recouvrement est nécessairement fini (I, p. 59). Cela étant, soit R la relation suivante entre deux points x, y de X: « il existe une suite finie $(\alpha_i)_{1 \leqslant i \leqslant n}$ d'indices dans A telle que $x \in U(\alpha_1)$, $y \in U(\alpha_n)$ et $U(\alpha_i) \cap U(\alpha_{i+1}) \neq \varnothing$ pour $1 \leqslant i \leqslant n-1$ ». On vérifie aussitôt que R est une *relation d'équivalence*; en outre, toute classe d'équivalence suivant R est un ensemble *ouvert* dans X, comme il résulte aussitôt de la définition de R et du fait que les $U(\alpha)$ sont ouverts. L'espace X est donc *somme* des sous-espaces localement compacts (I, p. 66, prop. 13) formés des classes d'équivalence suivant R; tout revient à prouver que chacun de ces sous-espaces est réunion d'une sous-famille *dénombrable* de la famille $(U(\alpha))$.

Or, soit x un point quelconque de X; définissons par récurrence sur n une suite (C_n) d'ensembles ouverts relativement compacts dans X, de la façon suivante: C_1 est la réunion des ensembles $U(\alpha)$ qui contiennent x, et pour tout $n > 1$, C_n est la réunion des ensembles $U(\alpha)$ qui rencontrent C_{n-1}. Il est immédiat, par récurrence sur n, que chacun des C_n est relativement compact et réunion d'un nombre *fini* d'ensembles $U(\alpha)$. Montrons alors que la classe de x suivant R est la *réunion* des C_n: en effet, si $(\alpha_i)_{1 \leqslant i \leqslant n}$ est une suite d'indices telle que $x \in U(\alpha_1)$ et $U(\alpha_i) \cap U(\alpha_{i+1}) \neq \varnothing$ pour $1 \leqslant i \leqslant n-1$, on a, par récurrence sur i, $U(\alpha_i) \subset C_i$ pour $1 \leqslant i \leqslant n$, ce qui achève de démontrer la première partie du théorème.

Montrons maintenant que la condition de l'énoncé est *suffisante*. En vertu de la prop. 18, on peut se borner au cas où X est *dénombrable à l'infini*. Soit $\mathfrak{R} = (G_\lambda)_{\lambda \in L}$ un recouvrement ouvert quelconque de X. Soit d'autre part (U_n) une suite d'ensembles ouverts relativement compacts de X ayant les propriétés énoncées dans la prop. 15 de I, p. 68; nous désignerons par K_n l'ensemble compact $\overline{U}_n - U_{n-1}$ (en convenant de poser $U_n = \varnothing$ pour $n \leqslant 0$). L'ensemble ouvert $U_{n+1} - \overline{U}_{n-2}$ est un voisinage de K_n par construction; pour tout $x \in K_n$, il existe donc un voisinage W_x de x contenu dans un des ensembles G_λ et contenu aussi dans $U_{n+1} - \overline{U}_{n-2}$. Comme K_n est compact, il existe un nombre fini d'ensembles de la forme W_x formant un recouvrement de K_n; soient H_{ni} $(1 \leqslant i \leqslant p_n)$ ces ensembles. Il est clair que la famille $\mathfrak{R}'$ des ensembles H_{ni} $(n \geqslant 1, 1 \leqslant i \leqslant p_n$ pour tout $n)$ est un recouvrement ouvert de X plus fin que $\mathfrak{R}$; montrons que $\mathfrak{R}'$ est *localement fini*. Soient z un point quelconque de X, n le plus petit entier tel que $z \in U_n$; comme $z \notin U_{n-1}$ il existe un voisinage T de z contenu dans U_n et ne rencontrant pas $\overline{U}_{n-2}$; par suite, T ne peut rencontrer que les ensembles H_{mi} pour lesquels $n-2 \leqslant m \leqslant n+1$, et ces derniers sont en nombre fini.

C.Q.F.D.

Au cours de la démonstration, nous avons en outre prouvé ce qui suit:

COROLLAIRE. — *Soit* X *un espace localement compact et paracompact; pour tout recouvrement ouvert* $\mathfrak{R}$ *de* X, *il existe un recouvrement ouvert localement fini* $\mathfrak{R}'$ *de* X *plus fin que* $\mathfrak{R}$ *et formé d'ensembles relativement compacts. Si* X *est dénombrable à l'infini, on peut en outre supposer que* $\mathfrak{R}'$ *est dénombrable.*

§ 10. APPLICATIONS PROPRES

Dans ce paragraphe, nous noterons Id_X *l'application identique d'un ensemble* X *sur lui-même.*

1. Applications propres

Si $f: X \to Y$ et $f': X' \to Y'$ sont deux applications *continues fermées*, le produit $f \times f': X \times X' \to Y \times Y'$ n'est pas nécessairement une application fermée, même si f est de la forme Id_X.

Exemple. — Toute application constante dans un espace séparé est fermée. Mais si f est l'application constante $\mathbf{Q} \to \{0\}$, $f \times \mathrm{Id}_{\mathbf{Q}}$ est l'application $(x, y) \mapsto (0, y)$ de $\mathbf{Q}^2$ dans $\mathbf{Q}^2$, qui s'identifie à la deuxième projection et n'est pas fermée (I, p. 26, *Remarque* 1).

DÉFINITION 1. — *Soit* f *une application d'un espace topologique* X *dans un espace topologique* Y. *On dit que* f *est propre si* f *est continue et si, pour tout espace topologique* Z, *l'application* $f \times \mathrm{Id}_Z : X \times Z \to Y \times Z$ *est fermée.*

On donnera aux n°s 2 et 3 d'autres caractérisations des applications propres.

En prenant dans la déf. 1 l'espace Z réduit à un point, on voit que:

PROPOSITION 1. — *Toute application propre est fermée.*

PROPOSITION 2. — *Soit* $f: X \to Y$ *une application continue injective. Les trois propriétés suivantes sont équivalentes:*

a) f *est propre.*

b) f *est fermée.*

c) f *est un homéomorphisme de* X *sur une partie fermée de* Y.

On vient de voir que a) entraîne b). Comme la relation d'équivalence $f(x) = f(x')$ est la relation d'égalité, l'espace quotient de X par cette relation s'identifie à X, donc b) entraîne c) en vertu de I, p. 32, prop. 3. Enfin, si c) est vérifiée, $f \times \mathrm{Id}_Z$ est un homéomorphisme de $X \times Z$ sur un sous-espace fermé de $Y \times Z$, donc est une application fermée, ce qui prouve que c) entraîne a).

PROPOSITION 3. — *Soit* $f: X \to Y$ *une application continue; pour toute partie* T *de* Y, *désignons par* f_T *l'application de* $\overset{-1}{f}(T)$ *dans* T *qui coïncide avec* f *dans* $\overset{-1}{f}(T)$.

a) *Si* f *est propre,* f_T *est propre.*

b) *Soit* $(T(\iota))_{\iota \in I}$ *une famille de parties de* Y *dont les intérieurs forment un recouvrement de* Y, *ou qui est un recouvrement fermé localement fini de* Y; *si toutes les* $f_{T(\iota)}$ *sont propres, alors* f *est propre.*

Soit Z un espace topologique. Pour toute partie T de Y, on a $f_T \times \mathrm{Id}_Z = (f \times \mathrm{Id}_Z)_{T \times Z}$; si f est propre, $f \times \mathrm{Id}_Z$ est fermée, donc il en est de même de $(f \times \mathrm{Id}_Z)_{T \times Z}$ (I, p. 31, prop. 2 a)), ce qui démontre a). Si maintenant $(T((\iota)$ a l'une des propriétés énoncées dans b), le recouvrement $(T(\iota) \times Z)_{\iota \in I}$ de

$Y \times Z$ a la même propriété; si les $f_{T(\iota)}$ sont propres, les $(f \times \mathrm{Id}_Z)_{T(\iota)\times Z}$ sont fermées, donc $f \times \mathrm{Id}_Z$ est fermée (I, p. 31, prop. 2 *b*)), ce qui achève la démonstration.

Proposition 4. — *Soit* I *un ensemble fini, et pour tout* $i \in I$, *soit* $f_i\colon X_i \to Y_i$ *une application continue. Posons* $X = \prod_i X_i$, $Y = \prod_i Y_i$, *et soit* $f\colon X \to Y$ *l'application produit* $(x_i) \mapsto (f_i(x_i))$ *des* f_i. *Alors*:

a) *Si chacune des* f_i *est propre,* f *est propre.*

b) *Si* f *est propre et si les* X_i *sont non vides, chacune des* f_i *est propre.*

(Nous verrons dans I, p. 76, cor. 3, que cette proposition s'étend aux produits infinis.)

En raisonnant par récurrence, on voit qu'il suffit de considérer le cas où $I = \{1, 2\}$.

a) Supposons f_1, f_2 propres, et soit Z un espace topologique; l'application $f_1 \times f_2 \times \mathrm{Id}_Z$ est la composée des applications $\mathrm{Id}_{Y_1} \times f_2 \times \mathrm{Id}_Z$ et $f_1 \times \mathrm{Id}_{X_2} \times \mathrm{Id}_Z$; ces deux applications sont fermés par hypothèse, donc $f_1 \times f_2 \times \mathrm{Id}_Z$ est fermée (I, p. 30, prop. 1 a)), et $f = f_1 \times f_2$ est propre.

b) Supposons maintenant f propre; soit F une partie fermée de $X_2 \times Z$, et soit G son image dans $Y_2 \times Z$ par $f_2 \times \mathrm{Id}_Z$; l'image de $X_1 \times F$ dans $Y_1 \times Y_2 \times Z$ par $f_1 \times f_2 \times \mathrm{Id}_Z$ est égale à $f_1(X_1) \times G$. Par hypothèse, $f_1(X_1) \times G$ est fermé dans $Y_1 \times Y_2 \times Z$; si $X_1 \neq \varnothing$, $f_1(X_1)$ est non vide, et cela entraîne que G est fermé dans $Y_2 \times Z$ (I, p. 27, corollaire); donc l'application f_2 est propre. On montre de même que f_1 est propre si $X_2 \neq \varnothing$.

Proposition 5. — *Soient* $f\colon X \to X'$ *et* $g\colon X' \to X''$ *deux applications continues. Alors*:

a) *Si* f *et* g *sont propres,* $g \circ f$ *est propre.*

b) *Si* $g \circ f$ *est propre et si* f *est surjective,* g *est propre.*

c) *Si* $g \circ f$ *est propre et si* g *est injective,* f *est propre.*

d) *Si* $g \circ f$ *est propre et si* X' *est séparé,* f *est propre.*

Soit Z un espace topologique. On a $(g \circ f) \times \mathrm{Id}_Z = (g \times \mathrm{Id}_Z) \circ (f \times \mathrm{Id}_Z)$; si f et g sont propres, $f \times \mathrm{Id}_Z$ et $g \times \mathrm{Id}_Z$ sont fermées, donc (I, p. 30, prop. 1 a)), $(g \circ f) \times \mathrm{Id}_Z$ est fermée, ce qui démontre a). On démontre de même b) (resp. c)) en appliquant la partie b) (resp. c)) de la prop. 1 de I, p. 30, et en remarquant que si f est surjective (resp. si g est injective), $f \times \mathrm{Id}_Z$ est surjective (resp. $g \times \mathrm{Id}_Z$ est injective). Plaçons-nous maintenant dans les hypothèses de d). Considérons le diagramme commutatif

$$(1) \qquad \begin{array}{ccc} X & \xrightarrow{\ \varphi\ } & X \times X' \\ {\scriptstyle f}\downarrow & & \downarrow{\scriptstyle (g\circ f)\times \mathrm{Id}_{X'}} \\ X' & \xrightarrow[\ \psi\ ]{} & X'' \times X' \end{array}$$

où $\varphi(x) = (x, f(x))$ et $\psi(x') = (g(x'), x')$. L'application φ (resp. ψ) est un homéomorphisme de X (resp. X') sur le graphe de f (resp. le symétrique du graphe de g) (I, p. 25, cor. 2); de plus, puisque X' est séparé, le graphe $\varphi(X)$ de f est fermé dans X × X′ (I, p. 53, cor. 2). Donc (I, p. 72, prop. 2) φ est propre; d'autre part la prop. 4 de I, p. 73 montre que $(g \circ f) \times \mathrm{Id}_{X'}$ est propre. D'après a) et la commutativité du diagramme (1), $\psi \circ f$ est propre, et puisque ψ est injective, il résulte de c) que f est propre.

Remarque. — Si X′ n'est pas séparé, il peut se faire que $g \circ f$ soit propre sans que f le soit: il suffit de prendre pour X et X″ (resp. X′) des ensembles à un (resp. deux) éléments et de munir X′ de la topologie la moins fine.

Corollaire 1. — *Si f: X → Y est une application propre, la restriction de f à une partie fermée* F *de* X *est une application propre de* F *dans* Y.

En effet, cette restriction est la composée $f \circ j$, où j: F → X est l'injection canonique, qui est propre (I, p. 72, prop. 2).

Corollaire 2. — *Soit f: X → Y une application propre. Si* X *est séparé, le sous-espace* f(X) *de* Y *est séparé.*

En vertu de la prop. 5 c), on peut se borner au cas où $f(X) = Y$. Alors la diagonale de Y × Y est image par $f \times f$ de la diagonale de X, laquelle est fermée (I, p. 52, prop. 1); comme $f \times f$ est propre (I, p. 73, prop. 4) la diagonale de Y × Y est fermée (I, p. 72, prop. 1), donc Y est séparé (I, p. 52, prop. 1).

Corollaire 3. — *Soit* I *un ensemble fini, et pour tout $i \in$ I, soit f_i: X → Y_i une application propre. Si* X *est séparé, l'application $x \mapsto (f_i(x))$ de* X *dans $\prod_i Y_i$ est propre.*

En effet, cette application est composée de l'application produit $(x_i) \mapsto (f_i(x_i))$ de X^I dans $\prod_i Y_i$, et de l'application diagonale de X dans X^I; comme cette dernière est propre (I, p. 72, prop. 2 et I, p. 52, prop. 1), la conclusion résulte de la prop. 4 (I, p. 73) et de la prop. 5 a).

Corollaire 4. — *Soient* X, Y *deux espaces topologiques, f: X → Y une application continue,* R *la relation d'équivalence $f(x) = f(y)$ dans* X, $X \xrightarrow{p} X/R \xrightarrow{h} f(X) \xrightarrow{i} Y$ *la décomposition canonique de f. Pour que f soit propre, il faut et il suffit que p soit propre, que h soit un homéomorphisme et f(X) une partie fermée de* Y.

Les conditions sont suffisantes en vertu de la prop. 5 a) (I, p. 73) et de la prop. 2 (I, p. 72). Inversement, si f est propre, f est fermée, donc on sait déjà que f(X) est fermé dans Y et que h est un homéomorphisme (I, p. 32, prop. 3); en outre, $h \circ p$ est propre en vertu de la prop. 5 c) (I, p. 73), donc $p = \overset{-1}{h} \circ (h \circ p)$ est propre en vertu de la prop. 5 a) (I, p. 73).

2. Caractérisation des applications propres par des propriétés de compacité

Dans ce numéro, nous désignerons par P *un espace réduit à un point, et muni de son unique topologie.*

Lemme 1. — *Soit* X *un espace topologique tel que l'application constante* $X \to P$ *soit propre. Alors* X *est quasi-compact.*

(Nous verrons un peu plus loin (I, p. 76, cor. 1) que cette propriété *caractérise* les espaces *quasi-compacts*.)

On peut se borner au cas où X est non vide. Soient $\mathfrak{F}$ un filtre sur X, $X' = X \cup \{\omega\}$ l'espace topologique associé à $\mathfrak{F}$ (I, p. 40, *Exemple*). Soient Δ la partie de $X \times X'$ formée des couples (x, x), où x parcourt X, et $F = \overline{\Delta}$ l'adhérence de Δ dans $X \times X'$. Vu l'hypothèse faite sur X, l'image de F par la projection $X \times X' \to X'$ est fermée dans X'; comme cette image contient X, elle contient nécessairement ω, qui est adhérent à X; autrement dit, il existe $x \in X$ tel que $(x, \omega) \in F$. Par définition de la topologie de $X \times X'$, cela signifie que pour tout voisinage V de x dans X et tout ensemble $M \in \mathfrak{F}$, on a $(V \times M) \cap \Delta \neq \varnothing$, c'est-à-dire $V \cap M \neq \varnothing$; en d'autres termes, x est adhérent au filtre $\mathfrak{F}$. C.Q.F.D.

THÉORÈME 1. — *Soit* $f: X \to Y$ *une application continue. Les quatre propriétés suivantes sont équivalentes*:

a) f *est propre.*

b) f *est fermée, et pour tout* $y \in Y$, $\overset{-1}{f}(y)$ *est quasi-compact.*

c) *Si* $\mathfrak{F}$ *est un filtre sur* X *et si* $y \in Y$ *est adhérent à* $f(\mathfrak{F})$, *il existe un point* $x \in X$ *adhérent à* $\mathfrak{F}$ *et tel que* $f(x) = y$.

d) *Si* $\mathfrak{U}$ *est un ultrafiltre sur* X, *et si* $y \in Y$ *est un point limite de la base d'ultrafiltre* $f(\mathfrak{U})$, *il existe un point limite* x *de* $\mathfrak{U}$ *tel que* $f(x) = y$.

a) *entraîne* b) : En effet, si f est propre, f est fermée (I, p. 72, prop. 1) et pour tout $y \in Y$, l'application $f_{\{y\}}: \overset{-1}{f}(y) \to \{y\}$ est propre (I, p. 72, prop. 3 a)). D'après le lemme 1, cela implique que $\overset{-1}{f}(y)$ est quasi-compact.

b) *entraîne* c) : Supposons que $\mathfrak{F}$ et y vérifient les hypothèses de c) et soit $\mathfrak{B}$ la base de filtre sur X formée des adhérences des ensembles de $\mathfrak{F}$. Puisque f est fermée, $f(\overline{M}) = \overline{f(M)}$ pour $M \in \mathfrak{F}$ (I, p. 35, prop. 9). Cela prouve que les ensembles $\overline{M} \cap \overset{-1}{f}(y)$ sont non vides pour $M \in \mathfrak{F}$, et forment par suite une base de filtre sur $\overset{-1}{f}(y)$ composée d'ensembles fermés dans $\overset{-1}{f}(y)$. Comme $\overset{-1}{f}(y)$ est quasi-compact, il existe $x \in \overset{-1}{f}(y)$ appartenant à tous les $\overline{M}$ pour $M \in \mathfrak{F}$; on a $f(x) = y$ et x est adhérent à $\mathfrak{F}$.

c) *implique* d) trivialement.

d) *entraîne que* f *est fermée.* En effet, soit A une partie fermée non vide de X, et soit $\mathfrak{F}$ le filtre des parties de X contenant A; A est alors l'ensemble des points adhérents à $\mathfrak{F}$. Soit B l'ensemble des points adhérents au filtre de base $f(\mathfrak{F})$ sur Y; B est fermé et contient évidemment $f(A)$; nous allons voir que $B = f(A)$, ce qui prouvera notre assertion. Soit $y \in B$ et soit $\mathfrak{V}$ le filtre des voisinages de y dans Y; par hypothèse, tout ensemble de $\mathfrak{W} = \overset{-1}{f}(\mathfrak{V})$ rencontre tout ensemble de $\mathfrak{F}$, donc

$\mathfrak{W}$ est une base de filtre sur X et il y a un ultrafiltre $\mathfrak{U}$ sur X, plus fin que le filtre de base $\mathfrak{W}$ et que $\mathfrak{F}$ (I, p. 37, cor. 2 et I, p. 39, th. 1). L'ultrafiltre de base $f(\mathfrak{U})$ est plus fin que $\mathfrak{V}$, donc converge vers y. En vertu de d), il existe $x \in X$ tel que $f(x) = y$ et que $\mathfrak{U}$ converge vers x; comme $\mathfrak{U}$ est plus fin que $\mathfrak{F}$, x est adhérent à $\mathfrak{F}$, donc $x \in A$, ce qui prouve que $B = f(A)$.

d) *entraîne* a) : En effet, il faut montrer que si f vérifie d) l'application $f \times \mathrm{Id}_Z$ est fermée pour tout espace topologique Z. D'après ce qui précède, il suffit de prouver que $f \times \mathrm{Id}_Z$ vérifie aussi la condition d). Cela résultera du lemme général suivant :

Lemme 2. — *Si* $(f_\iota)_{\iota \in I}$ *est une famille d'applications continues* $f_\iota : X_\iota \to Y_\iota$ *dont chacune vérifie la condition* d), *alors l'application produit* $f : (x_\iota) \mapsto (f_\iota(x_\iota))$ *vérifie aussi la condition* d).

En effet, soit $\mathfrak{U}$ un ultrafiltre sur $X = \prod_\iota X_\iota$, et soit $y = (y_\iota)$ un point de $Y = \prod_\iota Y_\iota$ tel que $f(\mathfrak{U})$ converge vers y. Cela signifie que chacune des bases d'ultrafiltre $\mathrm{pr}_\iota(f(\mathfrak{U})) = f_\iota(\mathrm{pr}_\iota(\mathfrak{U}))$ converge vers y_ι (I, p. 51, cor. 1). En vertu de la condition d), il existe pour chaque $\iota \in I$, un $x_\iota \in X_\iota$ tel que $f_\iota(x_\iota) = y_\iota$ et que $\mathrm{pr}_\iota(\mathfrak{U})$ converge vers x_ι; mais alors $\mathfrak{U}$ converge vers $x = (x_\iota)$ (*loc. cit.*) et on a $f(x) = y$, ce qui démontre le lemme et achève la démonstration du th. 1.

Corollaire 1. — *Pour qu'un espace topologique* X *soit quasi-compact, il faut et il suffit que l'application* $X \to P$ *soit propre.*

On applique l'équivalence de a) et b) à $X \to P$.

Corollaire 2. — *Toute application continue* f *d'un espace quasi-compact* X *dans un espace* séparé Y *est propre.*

L'application composée $X \xrightarrow{f} Y \longrightarrow P$ est propre (cor. 1) donc f est propre en vertu de la prop. 5 d) de I, p. 73. On peut aussi appliquer le critère b) du th. 1, en utilisant le cor. 2 de I, p. 63.

Corollaire 3. — *Si* (f_ι) *est une famille d'applications propres, l'application produit* $(x_\iota) \mapsto (f_\iota(x_\iota))$ *est propre.*

Compte tenu du th. 1, ce n'est autre que le lemme 2 ci-dessus.

Si on applique ce corollaire à la famille d'applications $X_\iota \to P$, on retrouve, compte tenu du cor. 1, le th. de Tychonoff (I, p. 63, th. 3).

Corollaire 4. — *Soit* X *un espace séparé. Pour toute famille d'applications propres* $f_\iota : X \to Y_\iota$, *l'application* $x \mapsto (f_\iota(x))$ *de* X *dans* $\prod_\iota Y_\iota$ *est propre.*

La démonstration est la même que pour le cas d'une famille finie (I, p. 74, cor. 3), en utilisant le cor. 3 ci-dessus, et le fait que la diagonale de X^I est fermée (I, p. 52, prop. 1).

COROLLAIRE 5. — *Pour tout espace quasi-compact* X *et tout espace topologique* Y, *la projection* pr_2: X × Y → Y *est propre.*

En effet, on peut identifier Y à P × Y, en identifiant pr_2 au produit des applications propres X → P (cor. 1) et Id_Y, d'où la conclusion (cor. 3).

Exemple. — Soient X un ensemble, f: X → X′ une application *surjective* de X dans un espace topologique X′; on munit X de la topologie image réciproque de celle de X′ par f. Alors f est *propre*, car elle est fermée (I, p. 30, *Exemple* 3), et l'image réciproque d'un point de X′ est un sous-espace de X dont la topologie est la topologie la moins fine et qui est par suite quasi-compact.

Remarque. — Lorsque Y est *séparé*, la condition d) du th. 1 est équivalente à:

d′) *Si* $\mathfrak{U}$ *est un ultrafiltre sur* X *tel que* $f(\mathfrak{U})$ *soit une base de filtre convergente, alors* $\mathfrak{U}$ *est convergent.*

En effet, si $\mathfrak{U}$ converge vers x et $f(\mathfrak{U})$ vers y, l'unicité de la limite dans Y et la continuité de f montrent que l'on a nécessairement $y = f(x)$. De même, la condition c) du th. 1 est alors équivalente à:

c′) *Si* $\mathfrak{F}$ *est un filtre sur* X *tel que* $f(\mathfrak{F})$ *ait un point adhérent, alors* $\mathfrak{F}$ *a un point adhérent.*

En effet, c) ⇒ c′) ⇒ d′) ⇒ d) ⇒ c).

Par contre, si Y n'est pas séparé, d′) n'entraîne plus d), comme le montre l'exemple où X est réduit à un point, Y formé de deux éléments et muni de la topologie la moins fine.

PROPOSITION 6. — *Soit* f: X → Y *une application propre, et soit* K *une partie quasi-compacte de* Y. *Alors l'ensemble* $\overset{-1}{f}(K)$ *est quasi-compact.*

D'après la prop. 3 de I, p. 72, l'application $f_K: \overset{-1}{f}(K) \to K$ est propre; comme K → P est une application propre (I, p. 76, cor. 1), il résulte de I, p. 73, prop. 5 a), que l'application composée $\overset{-1}{f}(K) \xrightarrow{f_K} K \longrightarrow P$ est propre, donc $\overset{-1}{f}(K)$ est quasi-compact (I, p. 76, cor. 1).

3. Applications propres dans les espaces localement compacts

PROPOSITION 7. — *Soit* f *une application continue d'un espace séparé* X *dans un espace localement compact* Y. *Pour que* f *soit propre, il faut et il suffit que pour toute partie compacte* K *de* Y, $\overset{-1}{f}(K)$ *soit un ensemble compact. En outre, si* f *est propre,* X *est localement compact.*

Si f est propre, $\overset{-1}{f}(K)$ est compact pour toute partie compacte K de Y, en vertu de la prop. 6. Inversement, supposons cette condition vérifiée, et soit (U_α) un recouvrement de Y formé d'ensembles ouverts relativement compacts. L'hypothèse entraîne que les $\overset{-1}{f}(\overline{U}_\alpha)$ sont compacts et que leurs intérieurs forment un recouvrement de X; comme X est séparé, cela prouve en premier lieu que X est localement compact. En outre, chacune des applications $f_{\overline{U}_\alpha}: \overset{-1}{f}(\overline{U}_\alpha) \to \overline{U}_\alpha$ est propre (I, p. 76, cor. 2); donc f est propre (I, p. 72, prop. 3 b)).

Corollaire. — *Soient* X, X′ *deux espaces localement compacts,* Y, Y′ *les espaces compacts obtenus en adjoignant à* X, X′ *respectivement des points à l'infini* ω, ω′ (I, p. 68). *Pour qu'une application continue* f: X → X′ *soit propre, il faut et il suffit que son prolongement* $\bar{f}$: Y → Y′ *tel que* $\bar{f}(\omega) = \omega'$ *soit continu.*

En effet, en vertu de la prop. 7, dire que f est propre signifie que pour toute partie compacte K′ de X′, $\overset{-1}{f}(X' - K') = X - \overset{-1}{f}(K')$ est le complémentaire d'une partie compacte de X; par définition des voisinages de ω et ω′ dans Y et Y′ respectivement (I, p. 67, th. 4), cela équivaut aussi à dire que $\bar{f}$ est continue au point ω, d'où le corollaire.

4. Espaces quotients des espaces compacts et des espaces localement compacts

Proposition 8. — *Soient* X *un espace compact,* R *une relation d'équivalence dans* X, C *son graphe dans* X × X, f *l'application canonique* X → X/R. *Les conditions suivantes sont équivalentes*:

a) C *est fermé dans* X × X.

b) R *est fermée.*

c) f *est propre.*

d) X/R *est séparé.*

En outre, lorsque ces conditions sont vérifiées, X/R *est compact.*

Dire que R est fermée équivaut à dire que f est fermée, donc b) entraîne c) en vertu de I, p. 75, th. 1 b). Le fait que c) entraîne d) est un cas particulier de I, p. 74, cor. 2. On sait déjà que d) entraîne a) sans hypothèse sur X (I, p. 55, prop. 8). Prouvons ensuite que a) entraîne b). Or, si F est une partie fermée de X, son saturé est $pr_2(C \cap (F \times X))$; par hypothèse, $C \cap (F \times X)$ est fermé dans l'espace compact X × X, donc est compact (I, p. 61, prop. 2), et notre assertion résulte de la continuité de pr_2 (I, p. 63, cor. 2).

Enfin, il est clair que si X/R est séparé, il est compact en vertu de I, p. 62, th. 2.

Proposition 9. — *Soient* X *un espace localement compact,* R *une relation d'équivalence dans* X, C *son graphe dans* X × X, f *l'application canonique* X → X/R; *soit* X′ *l'espace compact obtenu en adjoignant à* X *un point à l'infini* ω (I, p. 68), *et soit* R′ *la relation d'équivalence dans* X′, *de graphe* $C' = C \cup \{(\omega, \omega)\}$. *Les conditions suivantes sont équivalentes*:

a) f *est propre.*

b) *Le saturé pour* R *de toute partie compacte de* X *est un ensemble compact.*

c) R′ *est fermée.*

d) *La restriction à* C *de* pr_2 *est propre.*

e) R *est fermée et les classes suivant* R *sont compactes.*

En outre, lorsque ces conditions sont remplies, X/R *est localement compact.*

a) ⇒ b): En effet, comme X/R = f(X), X/R est séparé (I, p. 74, cor. 2), donc l'image par f de toute partie compacte K de X est compacte (I, p. 63, cor. 1); comme le saturé de K pour R est $\overset{-1}{f}(f(\mathrm{K}))$, il est compact en vertu de la prop. 6 de I, p. 77.

b) ⇒ c): Si F′ est fermé dans X′ et ne contient pas ω, F′ est une partie compacte de X, donc son saturé pour R′, égal à son saturé pour R, est compact et *a fortiori* fermé dans X′. Si $\omega \in \mathrm{F}'$ et si $\mathrm{F} = \mathrm{F}' \cap \mathrm{X} = \mathrm{F}' - \{\omega\}$, le saturé de F′ pour R′ est la réunion de $\{\omega\}$ et du saturé H de F pour R, et il suffit de prouver que H est *fermé dans* X (autrement dit, que R est une relation *fermée*). Pour cela, il suffit de montrer que pour toute partie compacte K de X, $\mathrm{H} \cap \mathrm{K}$ est compact (I, p. 66, prop. 11). Or, le saturé L de K pour R est compact par hypothèse, et la trace de H sur L est le saturé de $\mathrm{F} \cap \mathrm{L}$, qui est aussi compact; *a fortiori* $\mathrm{H} \cap \mathrm{K} = (\mathrm{H} \cap \mathrm{L}) \cap \mathrm{K}$ est compact.

c) ⇒ d): En effet, comme X′ est régulier (I, p. 61 corollaire), C′ est *fermé* dans $\mathrm{X}' \times \mathrm{X}'$ (I, p. 58, prop. 14), donc compact. On en conclut que C′ est le compactifié d'Alexandroff de C (I, p. 67, th. 4); comme la restriction de $\mathrm{pr}_2 : \mathrm{X}' \times \mathrm{X}' \to \mathrm{X}'$ à C′ est continue au point ω, la conclusion résulte de I, p. 78, corollaire.

d) ⇒ e): Pour toute partie fermée F de X, $\mathrm{C} \cap (\mathrm{F} \times \mathrm{X})$ est fermé dans C, donc le saturé de F pour R, égal à $\mathrm{pr}_2(\mathrm{C} \cap (\mathrm{F} \times \mathrm{X}))$, est fermé dans X (I, p. 72, prop. 1). En outre, la classe de $x \in \mathrm{X}$ suivant R est homéomorphe à l'image réciproque de $\{x\}$ par la restriction de pr_2 à C, donc est compacte (I, p. 75, th. 1 b)).

e) ⇒ a): En effet, si R est fermée, f est fermée par définition, et pour tout $z \in \mathrm{X}/\mathrm{R}$, $\overset{-1}{f}(z)$ est une classe suivant R, donc est compacte; notre assertion résulte de I, p. 75, th. 1 b).

Montrons enfin que X/R est localement compact. En effet, X′/R′ est compact en vertu de c) et de la prop. 8; la relation R est induite sur X par R′, X est ouvert dans X′ et saturé pour R′; donc X/R est homéomorphe à l'image $f'(\mathrm{X})$ de X par l'application canonique $f' : \mathrm{X}' \to \mathrm{X}'/\mathrm{R}'$ (I, p. 23, cor. 1). Or $f'(\mathrm{X})$ est ouvert dans X′/R′, donc est un sous-espace localement compact.

C.Q.F.D.

Corollaire. — *Soient* X *un espace séparé*, Y *un espace topologique*, $f : \mathrm{X} \to \mathrm{Y}$ *une application propre. Pour que* X *soit compact* (resp. *localement compact*), *il faut et il suffit que* $f(\mathrm{X})$ *soit compact* (resp. *localement compact*), *et il suffit que* Y *soit compact* (resp. *localement compact*).

En effet, si X est compact (resp. localement compact), le fait que $f(\mathrm{X})$ est compact (resp. localement compact) résulte de I, p. 74, cor. 4 et des prop. 8 et 9 (I, p. 78) (le cas où X est compact étant d'ailleurs aussi conséquence de I, p. 76, cor. 2 et de I, p. 62, th. 2). Inversement, si $\mathrm{Z} = f(\mathrm{X})$ est compact (resp. localement compact), comme $f_{\mathrm{Z}} : \mathrm{X} \to f(\mathrm{X})$ est propre (I, p. 72, prop. 3 a)), X est compact (resp. localement compact), en vertu des prop. 6 et 7 (I, p. 77).

Enfin, si Y est compact (resp. localement compact), il en est de même de $f(\mathrm{X})$, qui est fermé dans Y (I, p. 72, prop. 1 et I, p. 66, prop. 13).

Remarque. — Si X est localement compact et non compact, une relation d'équivalence *fermée* R dans X peut être *non séparée* (IX, §4, exerc. 8); et même si elle est séparée, X/R n'est pas nécessairement localement compact (I, p. 113, exerc. 17). On a toutefois le critère suivant:

PROPOSITION 10. — *Soient* X *un espace localement compact,* R *une relation d'équivalence* ouverte *et* séparée *dans* X, f *l'application canonique* $\mathrm{X} \to \mathrm{X/R}$. *Alors* X/R *est localement compact, et pour toute partie compacte* K′ *de* X/R, *il existe une partie compacte* K *de* X *telle que* $f(\mathrm{K}) = \mathrm{K}'$.

La première assertion résulte de ce que tout $x \in \mathrm{X}$ a un voisinage compact V et de ce que $f(\mathrm{V})$ est un voisinage compact de $f(x)$ (I, p. 33, prop. 5 et I, p. 63, cor. 1). Pour tout $y \in \mathrm{K}'$, soit $\mathrm{V}(y)$ un voisinage compact d'un point de $\overset{-1}{f}(y)$ dans X, de sorte que $f(\mathrm{V}(y))$ est un voisinage compact de y. Il existe un nombre fini de points $y_i \in \mathrm{K}'$ tels que les $f(\mathrm{V}(y_i))$ recouvrent K′. Soit K_1 l'ensemble compact $\bigcup_i \mathrm{V}(y_i)$ dans X; on a $\mathrm{K}' \subset f(\mathrm{K}_1)$, donc $\mathrm{K} = \mathrm{K}_1 \cap \overset{-1}{f}(\mathrm{K}')$ est compact (puisque fermé dans K_1) et $f(\mathrm{K}) = \mathrm{K}'$.

§ 11. CONNEXION

1. Espaces et ensembles connexes

DÉFINITION 1. — *On dit qu'un espace topologique* X *est connexe s'il n'est pas réunion de deux ensembles ouverts non vides disjoints.*

On a une définition équivalente en y remplaçant les mots « ensembles ouverts » par « ensembles fermés »; il revient au même de dire qu'en dehors de l'espace X tout entier et de l'ensemble vide, il n'existe aucun sous-ensemble de X qui soit *à la fois ouvert et fermé.*

Si X est connexe et si A et B sont deux ensembles ouverts non vides (resp. deux ensembles fermés non vides) tels que $\mathrm{A} \cup \mathrm{B} = \mathrm{X}$, on a $\mathrm{A} \cap \mathrm{B} \neq \varnothing$.

Exemples. — *1) On verra dans IV, p. 8 que la droite numérique est connexe, et la droite rationnelle non connexe.*

2) Un espace discret contenant plus d'un point n'est pas connexe.

On notera que si $(\mathrm{U}_\iota)_{\iota \in \mathrm{I}}$ est une *partition* d'un espace topologique X formée d'ensembles *ouverts non vides,* chacun des U_ι est *à la fois ouvert et fermé,* car son complémentaire est ouvert, étant la réunion des U_κ pour $\kappa \neq \iota$. Les ensembles ouverts de X sont alors les ensembles A tel que $\mathrm{A} \cap \mathrm{U}_\iota$ soit ouvert dans U_ι pour tout $\iota \in I$, donc X s'identifie à l'espace *somme* des U_ι (I, p. 15, *Exemple* III), et n'est pas connexe si I a au moins deux éléments.

DÉFINITION 2. — *On dit qu'une partie* A *d'un espace topologique* X *est un ensemble connexe, si le sous-espace* A *de* X *est connexe.*

Pour que A soit une partie connexe de X, il faut et il suffit que, pour tout recouvrement de A composé de deux ensembles B, C, tous deux ouverts (ou tous deux fermés) dans X, et tels que $A \cap B$ et $A \cap C$ ne soient pas vides, on ait $A \cap B \cap C \neq \varnothing$.

Exemples. — Dans un espace topologique, l'ensemble vide et tout ensemble réduit à un point sont connexes; dans un espace *séparé*, tout ensemble *fini* comprenant plus d'un point, et plus généralement tout ensemble non réduit à un point et possédant au moins un point *isolé* est non connexe.

Si un ensemble *partout dense* A est connexe, l'espace X tout entier est connexe; sinon il existerait deux ensembles ouverts non vides M, N sans point commun tels que $X = M \cup N$; alors $M \cap A$ et $N \cap A$ seraient, dans A, deux ensembles ouverts non vides sans point commun, dont la réunion serait A, ce qui est contraire à l'hypothèse. D'où:

PROPOSITION 1. — *Si* A *est un ensemble connexe, tout ensemble* B *tel que* $A \subset B \subset \overline{A}$ *est connexe.*

PROPOSITION 2. — *La réunion d'une famille d'ensembles connexes, dont l'intersection n'est pas vide, est un ensemble connexe.*

Soit $(A_\iota)_{\iota \in I}$ une famille de parties connexes de X, contenant toutes un même point x, et montrons que $A = \bigcup_{\iota \in I} A_\iota$ est connexe. Sinon, il existerait dans X deux ensembles ouverts B, C tels que $B \cap A$ et $C \cap A$ soient non vides, que $A \subset B \cup C$ et que $A \cap B \cap C = \varnothing$. Le point x appartient à l'un des ensembles B, C, soit par exemple $x \in B$; d'autre part il existe un indice κ tel que $C \cap A_\kappa \neq \varnothing$; on aurait donc $A_\kappa \subset B \cup C$, $A_\kappa \cap B \cap C = \varnothing$ et $B \cap A_\kappa$ et $C \cap A_\kappa$ seraient non vides, contrairement à l'hypothèse que les A_ι sont connexes.

COROLLAIRE. — *Soit* $(A_n)_{n \geqslant 0}$ *une suite infinie d'ensembles connexes tels que* $A_{n-1} \cap A_n \neq \varnothing$ *pour tout* $n \geqslant 0$; *alors la réunion* $\bigcup_{n=0}^{\infty} A_n$ *est connexe.*

En effet, on voit aussitôt, par récurrence sur n, que l'ensemble $B_n = \bigcup_{i=0}^{n} A_i$ est connexe pour tout n, en vertu de la prop. 2; comme les B_n ont une intersection non vide, leur réunion, égale à $\bigcup_{n=0}^{\infty} A_n$, est connexe en vertu de la prop. 2.

PROPOSITION 3. — *Soit* A *une partie d'un espace topologique* X. *Si* B *est une partie connexe de* X *qui rencontre à la fois* A *et* $\complement A$, B *rencontre la frontière de* A.

En effet, dans le cas contraire, les intersections de B avec l'intérieur et l'extérieur de A seraient deux ensembles non vides ouverts par rapport à B et formant une partition de B, contrairement à l'hypothèse.

COROLLAIRE. — *Dans un espace connexe* X, *tout ensemble non vide et distinct de* X *a au moins un point frontière.*

2. Image d'un ensemble connexe par une application continue

PROPOSITION 4. — *Soient* A *une partie connexe d'un espace topologique* X, f *une application continue de* X *dans un espace topologique* X'; *alors* $f(A)$ *est connexe.*

En effet, s'il existait deux ensembles M', N' non vides ouverts par rapport à $f(A)$ et formant une partition de $f(A)$, $A \cap \overset{-1}{f}(M')$ et $A \cap \overset{-1}{f}(N')$ seraient non vides, ouverts relativement à A et formeraient une partition de A, contrairement à l'hypothèse.

L'image réciproque d'un ensemble connexe par une application continue n'est pas nécessairement connexe, comme le montre l'exemple d'une application d'un espace discret dans un espace réduit à un seul point.

On déduit de la prop. 4 une nouvelle caractérisation des espaces *non connexes*:

PROPOSITION 5. — *Pour qu'un espace topologique* X *soit non connexe, il faut et il suffit qu'il existe une application continue* surjective *de* X *dans un espace discret contenant plus d'un point.*

La condition est évidemment suffisante (prop. 4). Elle est nécessaire, car si A, B sont deux ensembles ouverts non vides formant une partition de X, l'application f de X sur un espace discret $\{a, b\}$ à deux éléments telle que $f(A) = \{a\}$ et $f(B) = \{b\}$, est continue dans X.

3. Espaces quotients d'un espace connexe

PROPOSITION 6. — *Tout espace quotient d'un espace connexe est connexe.*

C'est une conséquence immédiate de la prop. 4.

PROPOSITION 7. — *Soient* X *un espace topologique,* R *une relation d'équivalence dans* X. *Si l'espace quotient* X/R *est connexe, et si chaque classe d'équivalence suivant* R *est connexe, alors* X *est connexe.*

Raisonnons par l'absurde, et supposons qu'il existe une partition de X en deux ensembles ouverts non vides A, B. Les ensembles A, B sont *saturés* pour R: en effet, si $x \in A$, la classe M de x suivant R ne peut rencontrer B, sans quoi les ensembles $A \cap M$ et $B \cap M$ formeraient une partition de M en deux ensembles non vides ouverts par rapport à M, ce qui est contraire à l'hypothèse. Les images canoniques de A et B sont alors des ensembles non vides ouverts dans X/R, formant une partition de X/R, ce qui est absurde.

4. Produit d'espaces connexes

PROPOSITION 8. — *Tout produit d'espaces connexes est connexe. Réciproquement, si un produit d'espaces non vides est connexe, chacun des espaces facteurs est connexe.*

Soit $X = \prod_{\iota \in I} X_\iota$ un produit d'espaces topologiques. Si les X_ι sont non vides, on a $X_\iota = \text{pr}_\iota X$ pour tout $\iota \in I$, donc si X est connexe il en est de même des X_ι (I, p. 82, prop. 4). Inversement, supposons tous les X_ι connexes, et X non connexe. En vertu de la prop. 5 (I, p. 82), il existerait alors une application surjective continue $f: X \to X'$, où X' est un espace discret comprenant plus d'un point. Soit $a = (a_\iota)$ un point quelconque de X, κ un indice quelconque; l'application partielle $f_\kappa: X_\kappa \to X'$, définie par $f_\kappa(x) = f((y_\iota))$ avec $y_\kappa = x$ et $y_\iota = a_\iota$ pour $\iota \neq \kappa$, est continue dans X_κ; comme X_κ est connexe, f_κ est *constante* dans X_κ. Ce résultat prouve aussitôt par récurrence que $f(x) = f(a)$ pour tout point $x = (x_\iota)$ tel que $x_\iota = a_\iota$ sauf pour un nombre fini d'indices. Mais ces points forment une partie *partout dense* de X (I, p. 28, prop. 8); comme f est continue dans X et constante dans une partie partout dense de X, f est constante dans X (I, p. 53, cor. 1), contrairement à l'hypothèse.

5. Composantes connexes

Étant donné un point x d'un espace topologique X, la réunion des parties connexes de X contenant x est encore un ensemble connexe (I, p. 81, prop. 2); c'est donc *la plus grande partie connexe* de X contenant x.

DÉFINITION 3. — *On appelle composante connexe d'un point d'un espace* X *la plus grande partie connexe de* X *contenant ce point. On appelle composantes connexes d'une partie* A *de* X *les composantes connexes des points de* A, *relativement au sous-espace* A *de* X.

Lorsqu'un espace est connexe, il est identique à la composante connexe de chacun de ses points. Si, pour *tout* couple (x, y) de points d'un espace topologique X, il existe *un ensemble connexe contenant x et y*, X est *connexe.*

On dit qu'un espace X est *totalement discontinu* lorsque la composante connexe de chacun de ses points est l'ensemble réduit à ce point. On dit qu'une partie A de X est un *ensemble totalement discontinu* si le sous-espace A de X est totalement discontinu.

Un espace *discret* est totalement discontinu, mais il faut prendre garde de ne pas confondre ces deux notions: nous verrons par exemple dans IV, p. 8, que la droite rationnelle, qui n'est pas un espace discret, est totalement discontinue.

Remarquons encore qu'un ensemble *à la fois ouvert et fermé* contient la composante connexe de chacun de ses points: on peut aussi exprimer cela en disant que *la composante connexe d'un point est contenue dans l'intersection des ensembles à la fois ouverts et fermés contenant ce point.* Elle n'est d'ailleurs pas nécessairement identique à cette intersection (cf. I, p. 115, exerc. 9 et II, p. 32, prop. 6).

PROPOSITION 9. — *Dans un espace topologique* X, *la composante connexe d'un point quelconque est un ensemble fermé. La relation « y appartient à la composante connexe de x » est une relation d'équivalence* $R\{x, y\}$ *dans* X, *dont les classes d'équivalence sont les composantes connexes de* X; *l'espace quotient* X/R *est totalement discontinu.*

La première partie de la proposition est une conséquence immédiate de la déf. 3 et du fait que l'adhérence d'un ensemble connexe est connexe (I, p. 81, prop. 1). Comme la réunion d'ensembles connexes ayant un point commun est connexe (I, p. 81, prop. 2), la relation R est transitive, donc est une relation d'équivalence (puisqu'elle est évidemment réflexive et symétrique) et la classe de x suivant R est la composante connexe de x. Reste à voir que X/R est totalement discontinu. Soit f l'application canonique $X \to X/R$, et soit F un ensemble fermé dans X/R contenant *deux points distincts* au moins; son image réciproque $\overset{-1}{f}(F)$ est fermée dans X, saturée pour R et contient au moins deux composantes connexes distinctes de X, donc est *non connexe*. Il existe par suite deux ensembles non vides, B, C fermés dans X, tels que $B \cap C = \varnothing$ et $B \cup C = \overset{-1}{f}(F)$. Comme la composante connexe *dans* $\overset{-1}{f}(F)$ d'un point quelconque de cet ensemble est identique à la composante connexe de ce point *dans* X (par définition de R), B et C, qui sont à la fois ouverts et fermés *dans* $\overset{-1}{f}(F)$, sont saturés pour R; $f(B)$ et $f(C)$ sont donc fermés dans X/R et l'on a $f(B) \cup f(C) = F$ et $f(B) \cap f(C) = \varnothing$, ce qui prouve que F est *non connexe*, et par suite que X/R est totalement discontinu.

PROPOSITION 10. — *Dans un espace produit* $X = \prod_{\iota \in I} X_\iota$, *la composante connexe d'un point* $x = (x_\iota)$ *est le produit des composantes connexes des points* x_ι *dans les espaces facteurs* X_ι.

En effet, cet ensemble produit est connexe (I, p. 83, prop. 8). D'autre part, si une partie connexe A de X contient x, $pr_\iota(A)$ est un ensemble connexe (I, p. 82, prop. 4) contenant x_ι; comme $A \subset \prod_\iota pr_\iota(A)$, A est contenu dans le produit des composantes connexes des x_ι.

6. Espaces localement connexes

DÉFINITION 4. — *On dit qu'un espace topologique* X *est localement connexe si tout point de* X *possède un* système fondamental *de voisinages connexes.*

On verra dans IV, p. 8, que la droite numérique est un espace localement connexe.

L'existence, en tout point x d'un espace X, d'*un* voisinage connexe de x, n'entraîne nullement que X soit localement connexe. En particulier, X peut être *connexe* mais *non localement connexe* (I, p. 114, exerc. 2 et I, p. 115, exerc. 13). Inversement, un espace peut être localement connexe mais non connexe: un espace discret ayant plus d'un point donne un exemple de ce fait.

Proposition 11. — *Pour qu'un espace* X *soit localement connexe, il faut et il suffit que toute composante connexe d'un ensemble ouvert dans* X *soit un ensemble ouvert dans* X.

La condition est évidemment *suffisante*, car la composante connexe d'un point x relativement à un voisinage ouvert de x dans X est alors un voisinage de x dans X.

La condition est *nécessaire*: soient en effet A un ensemble ouvert dans un espace localement connexe X, B une composante connexe de A, x un point de B. Soit V un voisinage connexe de x contenu dans A; par définition des composantes connexes (I, p. 83, déf. 3), V est contenu dans B, ce qui prouve que B est ouvert dans X (I, p. 2, prop. 1).

Les composantes connexes d'un espace localement connexe X constituent donc une partition de X formée d'ensembles *ouverts* dans X; X est donc l'espace *somme* (I, p. 15, *Exemple* III) de ses composantes connexes (I, p. 81).

Corollaire. — *Soient* U *un ensemble ouvert dans un espace localement connexe* X, V *une composante connexe de* U; *la frontière de* V (*relativement à* X) *est alors contenue dans la frontière de* U.

En effet, V est ouvert et fermé dans U en vertu de la remarque précédente; un point frontière de V relativement à X ne peut donc appartenir à U.

Proposition 12. — *Tout espace quotient d'un espace localement connexe est localement connexe.*

Soient X un espace localement connexe, R une relation d'équivalence dans X, φ l'application canonique $X \to X/R$. Soient A une partie ouverte de X/R, C une composante connexe de A; montrons que $\overset{-1}{\varphi}(C)$ est réunion de composantes connexes de $\overset{-1}{\varphi}(A)$. En effet, si $x \in \overset{-1}{\varphi}(C)$, et si K est la composante connexe de x par rapport à $\overset{-1}{\varphi}(A)$, $\varphi(K)$ est connexe (I, p. 82, prop. 4), contenu dans A, et contient $\varphi(x)$, donc $\varphi(K) \subset C$ par définition, et par suite $K \subset \overset{-1}{\varphi}(C)$. Comme X est localement connexe et $\overset{-1}{\varphi}(A)$ ouvert dans X, $\overset{-1}{\varphi}(C)$ est ouvert dans X (prop. 11) et par suite C est ouvert dans X/R, ce qui démontre la proposition, en vertu de la prop. 11.

Proposition 13. — a) *Soit* $(X_\iota)_{\iota \in I}$ *une famille d'espaces localement connexes, telle que* X_ι *soit connexe sauf pour un nombre fini d'indices. Alors l'espace produit* $X = \prod_{\iota \in I} X_\iota$ *est localement connexe.*

b) *Réciproquement, si le produit d'une famille* (X_ι) *d'espaces topologiques non vides est localement connexe, tous les* X_ι *sont localement connexes, et ils sont connexes sauf pour un nombre fini d'indices.*

a) Soit J la partie finie de I telle que, pour $\iota \in J$, X_ι ne soit pas connexe. Soit $U = \prod_\iota U_\iota$ un ensemble élémentaire contenant un point $x = (x_\iota)$ de X, et soit K la partie finie de I telle que, pour $\iota \in K$, $U_\iota \neq X_\iota$. Si on prend $V_\iota = X_\iota$ pour $\iota \notin J \cup K$ et V_ι égal à un voisinage connexe de x_ι contenu dans U_ι pour $\iota \in J \cup K$, $V = \prod_\iota V_\iota$ est, en vertu de I, p. 83, prop. 8, un voisinage connexe de x contenu dans U, ce qui prouve a).

b) Soit $a = (a_\iota)$ un point de X et soit V un voisinage connexe de a dans X; comme on a $\mathrm{pr}_\iota V = X_\iota$ sauf pour un nombre fini d'indices (I, p. 24), il résulte de I, p. 82, prop. 4 que les X_ι sont connexes sauf pour un nombre fini d'indices. D'autre part, pour tout $\kappa \in I$, tout $a_\kappa \in X_\kappa$ et tout voisinage V_κ de a_κ dans X_κ, il existe un $x \in X$ tel que $\mathrm{pr}_\kappa x = a_\kappa$ et $V = V_\kappa \times \prod_{\iota \neq \kappa} X_\iota$ est un voisinage de x; donc V contient un voisinage connexe W de x, dont la projection $\mathrm{pr}_\kappa W$ est un voisinage connexe de a_κ contenu dans V_κ (I, p. 82, prop. 4 et I, p. 26, prop. 5), ce qui montre que X_κ est localement connexe.

7. Application: le théorème de Poincaré-Volterra

Théorème 1. — *Soit* X *un espace topologique satisfaisant à l'axiome* (O_{III}) *(mais non nécessairement séparé), connexe et localement connexe. Soit* Y *un espace topologique dont la topologie admet une base* dénombrable, *et soit* $p: X \to Y$ *une application continue telle que, pour tout* $y \in Y$, $\overset{-1}{p}(y)$ *soit un sous-espace discret de* X. *Soit enfin* $\mathfrak{V}$ *un ensemble de parties de* X *dont les intérieurs forment un recouvrement de* X, *et tel en outre que:*

1° *La restriction de* p *à toute partie* $V \in \mathfrak{V}$ *est une application fermée de* V *dans* Y.

2° *Tout ensemble* $V \in \mathfrak{V}$ *contient une partie* dénombrable *dense dans* V.

Alors l'espace X *est réunion d'une famille* dénombrable *d'ensembles ouverts dont chacun est contenu dans un ensemble de* $\mathfrak{V}$.

Soit $\mathfrak{B}$ une base dénombrable de la topologie de Y. Nous dirons qu'un couple (W, U) est un *couple distingué* si: 1° $U \in \mathfrak{B}$; 2° W est une composante connexe de $\overset{-1}{p}(U)$ contenue dans un ensemble de $\mathfrak{V}$.

Lemme 1. — *Pour tout point* $x \in X$, *il existe un couple distingué* (W, U) *tel que* $x \in W$.

En effet, l'image réciproque $\overset{-1}{p}(p(x))$ étant discrète, il existe dans X un voisinage de x dont tous les points $x' \neq x$ ont une image $p(x') \neq p(x)$; comme X vérifie (O_{III}), il existe un voisinage *fermé* V de x ayant la même propriété, et on peut évidemment supposer en outre que V est contenu dans un ensemble de $\mathfrak{V}$.

Soit F la frontière de V dans X; en vertu de la condition 1° de l'énoncé, $p(F)$ est fermé dans Y et comme $p(F)$ ne contient pas $p(x)$, il existe un ensemble $U \in \mathfrak{B}$ qui contient $p(x)$ et ne rencontre pas $p(F)$. Soit alors W la composante connexe de $\overset{-1}{p}(U)$ qui contient x; il suffit de prouver que l'on a $W \subset \mathring{V}$; dans le cas contraire, W rencontrerait F (I, p. 81, prop. 3) et par suite $p(F)$ rencontrerait U, contrairement à la définition de U.

Lemme 2. — *Étant donné un couple distingué* (W, U), *l'ensemble des couples distingués* (W', U') *tels que* $W \cap W' \neq \varnothing$ *est dénombrable.*

En effet, $\mathfrak{B}$ étant dénombrable, il suffit de prouver que, pour un $U' \in \mathfrak{B}$ donné, l'ensemble des couples distingués (W', U') tels que W' rencontre W est dénombrable. Or, ces ensembles W' sont ouverts, puisque X est localement connexe (I, p. 85, prop. 11) et deux à deux disjoints, par définition des composantes connexes de $\overset{-1}{p}(U')$; il en est de même des ensembles $W' \cap W$; mais comme W contient un ensemble dénombrable dense dans W, l'ensemble des W' tels que $W' \cap W$ soit non vide est nécessairement dénombrable.

Ces lemmes étant établis, considérons dans X la relation suivante R entre deux points x, x':

« il existe une suite finie de couples distingués (W_i, U_i) $(1 \leqslant i \leqslant n)$ tels que $x \in W_1$, $x' \in W_n$ et $W_i \cap W_{i+1} \neq \varnothing$ pour $1 \leqslant i \leqslant n-1$ ».

La relation R est réflexive en vertu du lemme 1, et on vérifie aussitôt qu'elle est symétrique et transitive; en outre, il résulte de la définition de R et du fait que les W_i sont ouverts, que toute classe d'équivalence suivant R est un ensemble ouvert; comme X est connexe, deux points quelconques de X sont donc équivalents mod. R (I, p. 80). Nous allons en déduire que X est réunion d'une famille *dénombrable* de premiers éléments de couples distingués, ce qui achèvera de démontrer le th. 1. Or, soit x un point de X; définissons par récurrence sur n une suite (C_n) d'ensembles ouverts dans X, de la façon suivante: en vertu du lemme 1, il existe un couple distingué (W_1, U_1) tel que $x \in W_1$; on prendra $C_1 = W_1$; puis, pour $n > 1$, C_n sera la réunion de tous les premiers éléments W des couples distingués (W, U) tels que W rencontre C_{n-1}. On prouve aussitôt, par récurrence sur n, et en appliquant le lemme 2, que C_n est réunion *dénombrable* de premiers éléments de couples distingués. Montrons enfin que tout point $x' \in X$ appartient à l'un des C_n: il existe en effet une suite finie $(W'_i, U'_i)_{1 \leqslant i \leqslant m}$ de couples distingués tels que $x \in W'_1$, $x' \in W'_m$ et $W'_i \cap W'_{i+1} \neq \varnothing$ pour $1 \leqslant i \leqslant m-1$; par récurrence sur i, on voit que $W'_i \subset C_{i+1}$ pour tout i, et par suite $x' \in C_{m+1}$.

C.Q.F.D.

Corollaire 1. — *Soit* Y *un espace régulier dont la topologie possède une base dénombrable.*[1] *Soit* X *un espace connexe et localement connexe, et soit* $p: X \to Y$ *une application continue ayant la propriété suivante: pour tout point* x *de* X, *il existe un voisinage* fermé V *de* x *dans* X *tel que la restriction de* p *à* V *soit un homéomorphisme de* V *sur un sous-espace fermé de* Y. *Alors* X *est un espace régulier dont la topologie possède une base dénombrable.*

Les hypothèses entraînent en premier lieu que X est régulier (I, p. 57, prop. 13). Montrons en outre que les hypothèses du th. 1 sont vérifiées en prenant pour $\mathfrak{B}$ l'ensemble des parties fermées V de X, telles que la restriction de p à V soit un

1 *On peut montrer que ces conditions entraînent que la topologie de Y est *métrisable* (IX, § 4, exerc. 29).*

homéomorphisme de V sur un sous-espace fermé de Y. Par hypothèse, les intérieurs des ensembles de $\mathfrak{V}$ recouvrent X et, en vertu de l'hypothèse sur Y, tout $V \in \mathfrak{V}$ possède une base dénombrable, donc contient une partie dénombrable partout dense (I, p. 8, prop. 6). Reste enfin à voir que pour tout $y \in Y$, le sous-espace $\overset{-1}{p}(y)$ de X est discret: or, par hypothèse, pour tout $x \in \overset{-1}{p}(y)$, il existe un voisinage $V \in \mathfrak{V}$ de x dans X tel que V ne contienne aucun point de $\overset{-1}{p}(y)$ distinct de x, d'où notre assertion. Le th. 1 montre donc que X est réunion d'une famille dénombrable $(T_n)_{n \geqslant 0}$ d'ensembles ouverts, chacun des sous-espaces T_n ayant une base dénombrable $(U_{mn})_{m \geqslant 0}$. Alors les U_{mn} ($m \geqslant 0$, $n \geqslant 0$) forment une base de la topologie de X (I, p. 19, *Remarque*).

COROLLAIRE 2. — *Soit* X *un espace localement compact, connexe et localement connexe, dont chaque point admet un voisinage ayant une base dénombrable. Soit* Y *un espace séparé, dont la topologie admet une base dénombrable, et soit* $p: X \to Y$ *une application continue telle que, pour tout* $y \in Y$, $\overset{-1}{p}(y)$ *soit un sous-espace discret de* X. *Alors la topologie de* X *admet une base dénombrable.*

Pour tout $x \in X$, soit V_x un voisinage compact de x dans X admettant une base dénombrable; il résulte de I, p. 63, cor. 2, que l'ensemble $\mathfrak{V}$ des V_x vérifie les conditions du th. 1; on conclut comme dans le cor. 1.

On notera que, dans ce corollaire, il peut se faire que la restriction de p à un voisinage arbitrairement petit V d'un point de X *ne soit pas un homéomorphisme de* V *sur* $p(V)$.

COROLLAIRE 3 (théorème de Poincaré–Volterra). — *Soit* Y *un espace localement compact, localement connexe et dont la topologie admet une base dénombrable. Soit* X *un espace séparé et connexe, et soit* $p: X \to Y$ *une application continue ayant la propriété suivante: pour tout point* $x \in X$ *il existe un voisinage ouvert* U *de* x *dans* X *tel que la restriction de* p *à* U *soit un homéomorphisme de* U *sur un sous-espace ouvert de* Y. *Alors* X *est localement compact, localement connexe et sa topologie admet une base dénombrable.*

Il est évident que X est localement connexe; d'autre part, tout point $x \in X$ possède un voisinage ouvert U dans X, tel que la restriction de p à U soit un homéomorphisme de U sur un sous-espace ouvert $p(U)$ de Y. Comme $p(U)$ est un sous-espace localement compact de Y (I, p. 66, prop. 13), il existe un voisinage compact W de $p(x)$ contenu dans $p(U)$ et $U \cap \overset{-1}{p}(W)$ est donc un voisinage compact de x contenu dans U. Comme X est séparé, il est donc localement compact; en outre $U \cap \overset{-1}{p}(W)$, étant compact, est fermé dans X (I, p. 62, prop. 4) et les hypothèses du cor. 1 sont par suite satisfaites; donc la topologie de X admet une base dénombrable.

Exercices

§ 1

1) Trouver toutes les topologies sur un ensemble de deux éléments ou de trois éléments.

2) *a*) Soit X un ensemble *ordonné*. Montrer que l'ensemble des intervalles $[x, \rightarrow[$ (resp. $]\leftarrow, x]$) est une base d'une topologie sur X, dite topologie *droite* (resp. *gauche*). Pour la topologie droite, toute intersection d'ensembles ouverts est un ensemble ouvert; l'adhérence de $\{x\}$ est l'intervalle $]\leftarrow, x]$.

b) On dit qu'un espace topologique X est un *espace de Kolmogoroff* s'il vérifie la condition suivante: pour deux points distincts x, x' de X, il y a un voisinage de l'un de ces points qui ne contient pas l'autre. Montrer qu'un ensemble ordonné muni de la topologie droite est un espace de Kolmogoroff.

c) Soit X un espace de Kolmogoroff dans lequel toute intersection d'ensembles ouverts est un ensemble ouvert. Montrer que $x \in \overline{\{x'\}}$ est une relation d'ordre entre x et x' dans X et que, si on l'écrit $x \leqslant x'$, la topologie donnée sur X est identique à la topologie droite déterminée par cette relation.

d) Déduire de *c*) que si X est un espace de Kolmogoroff, toute partie finie non vide de X possède au moins un point isolé. Si X n'a pas de point isolé, toute partie ouverte de X est infinie.

3) Pour toute partie A d'un espace topologique X, on pose $\alpha(A) = \mathring{\overline{A}}$ et $\beta(A) = \overline{\mathring{A}}$. La relation $A \subset B$ entraîne $\alpha(A) \subset \alpha(B)$ et $\beta(A) \subset \beta(B)$.

a) Montrer que si A est ouvert, on a $A \subset \alpha(A)$ et que, si A est fermé, on a $\beta(A) \subset A$.

b) Déduire de *a*) que pour toute partie A de X, on a $\alpha(\alpha(A)) = \alpha(A)$ et $\beta(\beta(A)) = \beta(A)$.

c) Donner un exemple d'ensemble A *(dans la droite numérique)* tel que les sept ensembles A, $\mathring{A}$, $\overline{A}$, $\alpha(A)$, $\beta(A)$, $\beta(\overline{A})$, $\alpha(\mathring{A})$ soient tous distincts et ne vérifient aucune relation d'inclusion autre que les suivantes: $\mathring{A} \subset A \subset \overline{A}$, $\mathring{A} \subset \alpha(\mathring{A}) \subset \beta(A) \subset \overline{A}$, $\mathring{A} \subset \alpha(A) \subset \beta(\overline{A}) \subset \overline{A}$, $\alpha(\mathring{A}) \subset \alpha(A)$, $\beta(A) \subset \beta(\overline{A})$.

d) Montrer que si U et V sont deux ensembles ouverts tels que $U \cap V = \varnothing$, on a aussi $\alpha(U) \cap \alpha(V) = \varnothing$ (utiliser *b*)).

4) *a*) Donner un exemple *dans la droite numérique$_*$ de deux ensembles ouverts A, B tels que les quatre ensembles $A \cap \overline{B}$, $B \cap \overline{A}$, $\overline{A \cap B}$ et $\overline{A} \cap \overline{B}$ soient distincts.

b) *Donner un exemple de deux intervalles A, B dans la droite numérique, tels que $A \cap \overline{B}$ ne soit pas contenu dans $\overline{A \cap B}$.$_*$

5) Pour toute partie A d'un espace topologique X, on désigne par Fr(A) la frontière de A.

a) Montrer que $\mathrm{Fr}(\overline{A}) \subset \mathrm{Fr}(A)$, $\mathrm{Fr}(\mathring{A}) \subset \mathrm{Fr}(A)$, et donner un exemple *dans la droite numérique$_*$ où ces trois ensembles sont distincts.

b) Soient A, B deux parties de X; montrer que

$$\mathrm{Fr}(A \cup B) \subset \mathrm{Fr}(A) \cup \mathrm{Fr}(B)$$

et donner un exemple *dans la droite numérique$_*$ où ces ensembles sont distincts. Si $\overline{A} \cap \overline{B} = \varnothing$, montrer que $\mathrm{Fr}(A \cup B) = \mathrm{Fr}(A) \cup \mathrm{Fr}(B)$.

c) Si A et B sont ouverts dans X, montrer que

$$\begin{aligned}(A \cap \mathrm{Fr}(B)) \cup (B \cap \mathrm{Fr}(A)) &\subset \mathrm{Fr}(A \cap B)\\ &\subset (A \cap \mathrm{Fr}(B)) \cup (B \cap \mathrm{Fr}(A)) \cup (\mathrm{Fr}(A) \cap \mathrm{Fr}(B))\end{aligned}$$

et donner un exemple *dans la droite numérique$_*$ où ces trois ensembles sont distincts.

6) Pour qu'une partie A d'un espace topologique X rencontre toute partie partout dense de X, il faut et il suffit que l'intérieur de A soit non vide.

7) Étant donné un espace topologique X, on considère les cinq propriétés suivantes:

(D_I) La topologie de X possède une base dénombrable.

(D_{II}) Il existe une partie dénombrable de X partout dense.

(D_{III}) Toute partie de X dont tous les points sont isolés est dénombrable.

(D_{IV}) Tout ensemble de parties ouvertes non vides de X, deux à deux sans point commun, est dénombrable.

(D_V) Si $\mathfrak{U}$ est un ensemble de parties ouvertes non vides de X dont les adhérences sont deux à deux disjointes, alors $\mathfrak{U}$ est dénombrable.

Montrer que la propriété (D_I) entraîne (D_{II}) et (D_{III}), que chacune des deux propriétés (D_{II}) et (D_{III}) entraîne (D_{IV}) et que (D_{IV}) entraîne (D_V).

8) Si une partie A d'un espace topologique X n'a pas de point isolé, il en est de même de son adhérence $\overline{A}$ dans X.

9) Soient X un ensemble, $M \mapsto \overline{M}$ une application de $\mathfrak{P}(X)$ dans lui-même telle que: 1° $\overline{\varnothing} = \varnothing$; 2° pour tout $M \subset X$, $M \subset \overline{M}$; 3° pour tout $M \subset X$, $\overline{\overline{M}} = \overline{M}$; 4° quels que soient $M \subset X$, $N \subset X$, $\overline{M \cup N} = \overline{M} \cup \overline{N}$. Montrer qu'il existe sur X une topologie et une seule telle que, pour tout $M \subset X$, $\overline{M}$ soit l'adhérence de M pour cette topologie (on définira les ensembles fermés de cette topologie).

10) Soit X un espace topologique ayant une base dénombrable d'ouverts $\mathfrak{B}$. Si $\mathfrak{U}$ est un ensemble non dénombrable d'ensembles ouverts non vides de X, il existe un ensemble $V \neq \varnothing$ dans $\mathfrak{B}$ contenu dans une infinité non dénombrable d'ensembles de $\mathfrak{U}$.

§ 2

1) Soit *f* une application d'un espace topologique X dans un espace topologique X'; les propriétés suivantes sont équivalentes:

[1] Pour un exemple d'espace où (D_{IV}) est vérifiée, mais non (D_{II}) ni (D_{III}), voir I, p. 101, exerc. 6 *b*). Pour un exemple d'espace où (D_{II}) et (D_{III}) sont vérifiées, mais non (D_I), voir IX, § 5, exerc. 15. Pour des exemples d'espaces où l'une des deux conditions (D_{II}), (D_{III}) est vérifiée mais non l'autre, voir I, p. 109, exerc. 24.

*Dans un espace *métrisable*, les propriétés (D_I) et (D_V) sont équivalentes.$_*$

a) f est continue dans X;

b) pour toute partie A′ de X′, $\overset{-1}{f}(\mathring{A}') \subset (\overset{-1}{f}(A'))^{\circ}$;

c) pour toute partie A′ de X′, $\overline{\overset{-1}{f}(A')} \subset \overset{-1}{f}(\overline{A'})$.

Montrer par un exemple que lorsque f est continue, les ensembles $\overline{\overset{-1}{f}(A')}$ et $\overset{-1}{f}(\overline{A'})$ peuvent être distincts.

2) Soient X, X′ deux ensembles ordonnés, munis de leur topologie droite (I, p. 89, exerc. 2); pour qu'une application f: X → X′ soit continue il faut et il suffit qu'elle soit croissante.

3) Soient X, X′ deux espaces topologiques, f une bijection de X sur X′; pour que f soit un homéomorphisme de X sur X′, il faut et il suffit que la topologie de X′ soit la plus fine des topologies sur X′ pour lesquelles f est continue.

4) Sur un ensemble ordonné X, la borne supérieure de la topologie droite et de la topologie gauche (I, p. 89, exerc. 2) est la topologie discrète; si X est filtrant (à droite ou à gauche), la borne inférieure de ces deux topologies est la topologie la moins fine.

5) Sur un ensemble ordonné X, on désigne par $\mathscr{T}_0(X)$ (resp. $\mathscr{T}_+(X)$, $\mathscr{T}_-(X)$) la topologie engendrée par l'ensemble des intervalles ouverts (resp. l'ensemble des intervalles semi-ouverts à droite, l'ensemble des intervalles semi-ouverts à gauche), limités ou non.

a) Montrer que si X est totalement ordonné, les intervalles ouverts (resp. semi-ouverts à droite, semi-ouverts à gauche) forment une base de $\mathscr{T}_0(X)$ (resp. $\mathscr{T}_+(X)$, $\mathscr{T}_-(X)$); les intervalles fermés sont des ensembles fermés pour ces trois topologies.

b) Sur un ensemble totalement ordonné X, la topologie $\mathscr{T}_+(X)$ est plus fine que la topologie droite (I, p. 89, exerc. 2), la topologie $\mathscr{T}_-(X)$ est plus fine que la topologie gauche; la topologie intersection de $\mathscr{T}_+(X)$ et $\mathscr{T}_-(X)$ est $\mathscr{T}_0(X)$.

c) Soit X un ensemble totalement ordonné. Pour que la topologie $\mathscr{T}_0(X)$ admette une base dénombrable, il faut et il suffit qu'il existe un ensemble dénombrable $D \subset X$ tel que pour tout $x \in X$ et tout intervalle $]a, b[$ contenant x, il existe $\alpha \in D$, $\beta \in D$ tels que $a \leqslant \alpha < x < \beta \leqslant b$ (cf. IV, p. 48, exerc. 11 *c*)).

d) Sur un ensemble bien ordonné (E, III, p. 15) X, la topologie $\mathscr{T}_+(X)$ est la topologie discrète; les topologies $\mathscr{T}_0(X)$ et $\mathscr{T}_-(X)$ sont identiques.

¶6) Sur un ensemble X, on dit qu'une topologie est *quasi-maximale* si elle est maximale dans l'ensemble des topologies pour lesquelles X n'a pas de point isolé.

a) Montrer que les propriétés suivantes pour une topologie $\mathscr{T}$ sur X sont équivalentes: α) $\mathscr{T}$ est quasi-maximale; β) lorsque X est muni de $\mathscr{T}$, X n'a pas de point isolé et toute partie de X sans point isolé est ouverte.

b) Soit X un espace de Kolmogoroff (I, p. 89, exerc. 2) dans lequel tout ensemble ouvert non vide est infini. Montrer qu'il existe sur X une topologie quasi-maximale plus fine que la topologie de X (montrer que l'ensemble des topologies sur X dont tous les ensembles ouverts non vides sont infinis est inductif, et utiliser l'exerc. 2 *d*) de I, p. 89).

¶ 7) Pour tout ensemble X, on désigne par $\mathfrak{P}_0(X)$ l'ensemble des parties non vides de X.

a) Soit X un espace topologique non vide. Sur $\mathfrak{P}_0(X)$ on désigne par $\mathscr{T}_\Omega$ (resp. $\mathscr{T}_\Phi$) la moins fine des topologies telles que pour toute partie ouverte (resp. fermée) non vide A de X, $\mathfrak{P}_0(A)$ soit ouvert (resp. fermé) dans $\mathfrak{P}_0(X)$. Montrer qu'en général ces deux topologies ne sont pas comparables, et que l'application $x \mapsto \{x\}$ est un homéomorphisme de X sur un sous-espace de $\mathfrak{P}_0(X)$ quand on munit ce dernier de l'une des topologies $\mathscr{T}_\Omega$, $\mathscr{T}_\Phi$.

b) Soit D une partie dense de X; montrer que l'ensemble $\mathfrak{F}(D)$ des parties finies non vides de D est dense dans $\mathfrak{P}_0(X)$ pour chacune des topologies $\mathscr{T}_\Omega$, $\mathscr{T}_\Phi$.

c) Si on ordonne $\mathfrak{P}_0(X)$ par la relation d'inclusion, la topologie $\mathscr{T}_\Omega$ est moins fine que la topologie gauche sur $\mathfrak{P}_0(X)$ (I, p. 89, exerc. 2). Pour que $A \in \mathfrak{P}_0(X)$ soit isolé pour $\mathscr{T}_\Omega$, il faut et il suffit que $A = \{x\}$ où x est isolé dans X; pour que $A \in \mathfrak{P}_0(X)$ soit isolé pour $\mathscr{T}_\Phi$, il faut et il suffit que X soit un espace fini discret et que $A = X$.

d) Montrer que si on munit $\mathfrak{P}_0(X)$ de $\mathscr{T}_\Omega$ (resp. de $\mathscr{T}_\Phi$) et $\mathfrak{P}_0(X) \times \mathfrak{P}_0(X)$ du produit de $\mathscr{T}_\Omega$ (resp. $\mathscr{T}_\Phi$) par elle-même, l'application $(M, N) \mapsto M \cup N$ de $\mathfrak{P}_0(X) \times \mathfrak{P}_0(X)$ dans $\mathfrak{P}_0(X)$ est continue.

e) Montrer que si on munit $\mathfrak{P}_0(X)$ de $\mathscr{T}_\Phi$, l'application $M \mapsto \overline{M}$ est continue.

f) Soient X, Y deux espaces topologiques, $f: X \to Y$ une application continue. Montrer que si on munit $\mathfrak{P}_0(X)$ et $\mathfrak{P}_0(Y)$ tous deux de la topologie $\mathscr{T}_\Omega$, ou tous deux de la topologie $\mathscr{T}_\Phi$, l'application $M \mapsto f(M)$ de $\mathfrak{P}_0(X)$ dans $\mathfrak{P}_0(Y)$ est continue.

g) Soient X, Z deux espaces topologiques; pour qu'une application $f: Z \to \mathfrak{P}_0(X)$ soit continue lorsqu'on munit $\mathfrak{P}_0(X)$ de la topologie $\mathscr{T}_\Omega$ (resp. $\mathscr{T}_\Phi$), il faut et il suffit que pour tout ensemble fermé (resp. ouvert) A de X, l'ensemble des $z \in Z$ tels que $f(z) \cap A \neq \varnothing$ soit fermé (resp. ouvert) dans Z.

¶ 8) Soient X un ensemble, $\mathfrak{c}$ un nombre cardinal infini ou égal à 1. L'ensemble des parties de X formé de X et des $M \subset X$ tels que $\mathrm{Card}(M) < \mathfrak{c}$ est l'ensemble des parties fermées de X pour une topologie $\mathscr{T}_\mathfrak{c}$; $\mathscr{T}_1$ est la topologie la moins fine et, si $\mathfrak{c} > \mathrm{Card}(X)$, $\mathscr{T}_\mathfrak{c}$ est la topologie discrète. Toute permutation de X est un automorphisme de l'espace topologique obtenu en munissant X d'une topologie $\mathscr{T}_\mathfrak{c}$.

Inversement, montrer que toute topologie $\mathscr{T}$ sur X, telle que toute permutation de X soit continue pour $\mathscr{T}$, est nécessairement une des topologies $\mathscr{T}_\mathfrak{c}$. (Soit $\mathfrak{c}$ le plus petit cardinal tel que $\mathrm{Card}(F) < \mathfrak{c}$ pour toute partie fermée F pour $\mathscr{T}$, distincte de X; observer que lorsque X est infini et $\mathfrak{c} > \mathrm{Card}(X)$, $\mathscr{T}$ est nécessairement la topologie discrète.)

9) *a*) Sous les hypothèses de la prop. 4 de I, p. 12, montrer que la topologie la moins fine sur X rendant continues les f_ι est aussi la topologie *la plus fine* parmi les topologies $\mathscr{T}$ sur X ayant la propriété suivante: toute application g d'un espace topologique Z dans X, telle que les $f_\iota \circ g$ soient continues, est continue (pour $\mathscr{T}$).

b) Sous les hypothèses de la prop. 6 de I, p. 14, montrer que la topologie la plus fine sur X rendant continues les f_ι est aussi la topologie *la moins fine* parmi les topologies $\mathscr{T}$ sur X ayant la propriété suivante: toute application g de X dans un espace topologique Z, telle que les $g \circ f_\iota$ soient continues, est continue (pour $\mathscr{T}$).

10) Sur un ensemble X, soit $\mathfrak{M}$ un ensemble filtrant croissant de topologies sans point isolé. Montrer que la borne supérieure de $\mathfrak{M}$ dans l'ensemble des topologies sur X est une topologie sans point isolé.

¶ 11) On dit qu'un espace topologique X est *résoluble* s'il existe dans X deux parties complémentaires qui sont toutes deux partout denses.

a) Si un espace topologique X est résoluble, X est sans point isolé et tout sous-espace ouvert de X est résoluble. Réciproquement, si $\mathfrak{B}$ est un ensemble de parties ouvertes non vides de X tel que tout sous-espace ouvert $U \in \mathfrak{B}$ soit résoluble et que toute partie ouverte non vide de X contienne un ensemble de $\mathfrak{B}$, alors X est résoluble (considérer une famille *maximale* de parties ouvertes appartenant à $\mathfrak{B}$, deux à deux disjointes).

b) Si un espace de Kolmogoroff X est résoluble, toute partie ouverte non vide de X est infinie (utiliser l'exerc 2 *d*) de I, p. 89).

c) Soit X un espace topologique tel que: 1° le plus petit cardinal $\mathfrak{d}$ des parties ouvertes non vides de X soit infini; 2° il existe une base $\mathfrak{B}$ de la topologie de X telle que $\mathrm{Card}(\mathfrak{B}) \leqslant \mathfrak{d}$. Montrer que X est résoluble. (Construire par récurrence transfinie deux parties partout denses de X, sans point commun, en utilisant la méthode de E, III, p. 91, exerc. 24 *a*).) En particulier la droite rationnelle est résoluble.

d) On dit qu'un espace topologique X sans point isolé est *isodyne* si pour toute partie ouverte non vide U de X, on a $\mathrm{Card}(U) = \mathrm{Card}(X)$. Dans un espace X sans point isolé, tout ensemble ouvert non vide dans X contient un sous-espace ouvert isodyne non vide. En déduire que si tout sous-espace ouvert isodyne de X est résoluble, X est résoluble.

12) Soit $f: X \to Y$ une application continue surjective. Montrer que les deux propriétés suivantes sont équivalentes:
α) pour toute partie fermée $F \neq X$ de X, on a $f(F) \neq Y$;
β) pour toute partie ouverte G de X, on a $f(G) \subset Y - f(X - G)$.
On dit qu'une telle application continue est *irréductible*.

§ 3

1) Soient A, B deux parties d'un espace topologique X telles que $A \supset B$. Montrer que:
a) L'intérieur de B par rapport à X est contenu dans l'intérieur de B par rapport au sous-espace A de X; donner un exemple où ces deux ensembles sont distincts.
b) La frontière de B par rapport à A est contenue dans la trace sur A de la frontière de B par rapport à X; donner un exemple où ces deux ensembles sont distincts.

2) Soient A, B deux parties quelconques d'un espace topologique X.
a) Montrer que la trace sur A de l'intérieur de B par rapport à X est contenue dans l'intérieur de $B \cap A$ par rapport à A; donner un exemple où ces deux ensembles sont distincts.
b) Montrer que la trace sur A de l'adhérence de B par rapport à X contient l'adhérence de $B \cap A$ par rapport à A; donner un exemple où ces deux ensembles sont distincts.

3) Pour qu'un sous-espace A d'un espace topologique X soit discret, il faut et il suffit que tout point de A soit isolé.

4) Soient Y, Z deux sous-espaces d'un espace topologique X tels que $X = Y \cup Z$; si on pose $A = Y \cap \complement Z$, $B = Z \cap \complement Y$, on suppose que $\overline{A} \cap B = \overline{B} \cap A = \varnothing$. C'est le cas si Y et Z sont tous deux ouverts, ou tous deux fermés.
a) Montrer que pour toute partie M de X, l'adhérence de M dans X est la réunion de l'adhérence de $M \cap Y$ par rapport à Y et de l'adhérence de $M \cap Z$ par rapport à Z. En déduire que si $M \cap Y$ est fermée (resp. ouverte) dans Y et si $M \cap Z$ est fermée (resp. ouverte) dans Z, M est fermée (resp. ouverte) dans X.
b) Soit f une application de X dans un espace topologique X'; montrer que si $f | Y$ et $f | Z$ sont continues, f est continue.

5) Soient Y, Z deux sous-espaces d'un espace topologique X telles que $X = Y \cup Z$. Si une partie M de $Y \cap Z$ est ouverte (resp. fermée) à la fois par rapport à Y et par rapport à Z, montrer que M est ouverte (resp. fermée) par rapport à X.

6) Soit A un sous-espace localement fermé d'un espace topologique X. Montrer que l'ensemble des parties ouvertes U de X telles que $A \subset U$ et que A soit fermé dans U admet un plus grand élément, qui est le complémentaire dans X de la frontière de A par rapport à $\overline{A}$.

7) Montrer par des exemples que dans un espace topologique, la réunion de deux ensembles localement fermés et le complémentaire d'un ensemble localement fermé ne sont pas nécessairement localement fermés.

8) Soit A une partie d'un ensemble ordonné X; la topologie induite sur A par la topologie droite (resp. gauche) de X (I, p. 89, exerc. 2) est la topologie droite (resp. gauche) de A, ordonné par l'ordre induit par celui de X.

9) Soit A une partie d'un ensemble totalement ordonné X.
a) La topologie induite sur A par la topologie $\mathcal{T}_-(X)$ (resp. $\mathcal{T}_+(X)$, $\mathcal{T}_0(X)$) (I, p. 91, exerc. 5) est plus fine que la topologie $\mathcal{T}_-(A)$ (resp. $\mathcal{T}_+(A)$, $\mathcal{T}_0(A)$), A étant ordonné par l'ordre induit. Si A est un intervalle de X, $\mathcal{T}_-(A)$ (resp. $\mathcal{T}_+(A)$, $\mathcal{T}_0(A)$) est induite sur A par la topologie $\mathcal{T}_-(X)$ (resp. $\mathcal{T}_+(X)$, $\mathcal{T}_0(X)$).

b) On prend pour X le produit lexicographique $\mathbf{Q} \times \mathbf{Z}$ (E, III, p. 23), pour A le sous-ensemble $\mathbf{Q} \times \{0\}$. Montrer que sur A la topologie $\mathscr{T}_-(A)$ (resp. $\mathscr{T}_+(A)$, $\mathscr{T}_0(A)$) est strictement moins fine que la topologie induite par $\mathscr{T}_-(X)$ (resp. $\mathscr{T}_+(X)$, $\mathscr{T}_0(X)$).

10) Soit A un sous-espace non vide d'un espace topologique non vide X. Montrer que la topologie induite sur $\mathfrak{P}_0(A)$ par la topologie $\mathscr{T}_\Omega$ (resp. $\mathscr{T}_\Phi$) sur $\mathfrak{P}_0(X)$ (I, p. 91, exerc. 7) est la topologie $\mathscr{T}_\Omega$ (resp. $\mathscr{T}_\Phi$) sur $\mathfrak{P}_0(A)$.

¶ 11) Soient X un espace topologique, $\mathscr{T}$ sa topologie, A un sous-espace partout dense de X. Montrer que l'ensemble des topologies sur X plus fines que $\mathscr{T}$, pour lesquelles A est partout dense, et qui induisent sur A la même topologie que $\mathscr{T}$, admet au moins un élément maximal; on dit qu'un tel élément est une topologie A-*maximale*. Pour qu'une topologie $\mathscr{T}_0$ sur X soit A-maximale, il faut et il suffit que les parties de X ouvertes pour $\mathscr{T}_0$ soient les parties M de X telles que $A \cap M$ soit dense dans M (pour $\mathscr{T}_0$) et ouvert dans A. Le sous-espace $\complement A$ est alors discret pour la topologie induite par $\mathscr{T}_0$ et fermé dans X. Montrer que si $\mathscr{T}_0$ est A-maximale, et si la topologie qu'elle induit sur A est quasi-maximale (I, p. 91, exerc. 6), alors $\mathscr{T}_0$ est quasi-maximale.

12) Soit X le sous-espace $(0, 1)$ de la droite numérique $\mathbf{R}$, et soit S la relation d'équivalence dans X dont les classes sont $\{0, 1\}$ et les ensembles $\{x\}$ pour $0 < x < 1$. Montrer qu'il n'existe pas de section continue de X pour S.

13) Soient X un espace topologique, R et S deux relations d'équivalence dans X telles que R entraîne S. Montrer que s'il existe une section continue de X pour R et une section continue de X/R pour S/R, alors il existe une section continue de X pour S.

14) Soit X un espace somme de deux sous-espaces X_1, X_2, et soit X/R l'espace obtenu par recollement de X_1 et X_2 le long d'un sous-espace A_1 de X_1 et d'un sous-espace A_2 de X_2, au moyen d'un homéomorphisme h de A_1 sur A_2. Montrer que les images canoniques de X_1 et X_2 dans X/R sont respectivement homéomorphes à X_1 et X_2.

15) On considère dans $\mathbf{R}$ les sous-espaces $X_1 = \,]-1, 1[$, $X_2 = \,]-2, -1[$ et $X_3 = \,]1, 2[$; soit X leur réunion, qui est aussi somme de ces trois espaces. Soient A_2 (resp. A_3) l'ensemble des nombres irrationnels contenus dans X_2 (resp. X_3); B_1 (resp. B_2) l'ensemble des nombres rationnels contenus dans $]-1, 0[$ (resp. dans X_2); C_1 (resp. C_3) l'ensemble des nombres rationnels contenus dans $]0, 1[$ (resp. dans X_3). Soit X/R l'espace obtenu par recollement des X_i: 1° le long de A_2 et A_3 au moyen de l'homéomorphisme $x \mapsto x + 3$; 2° le long de B_1 et B_2 au moyen de l'homéomorphisme $x \mapsto x - 1$; 3° le long de C_1 et C_2 au moyen de l'homéomorphisme $x \mapsto x + 1$. Montrer que l'image canonique de X_1 dans X/R n'est pas homéomorphe à X_1. Si $Y = X_1 \cup B_2 \cup C_3$ est le saturé de X_1 pour R, l'espace quotient Y/R_Y n'est pas homéomorphe à l'image canonique de Y dans X/R.

16) Soient X un espace topologique non vide, R une relation d'équivalence dans X. Montrer que si on considère X/R comme une partie de $\mathfrak{P}_0(X)$, la topologie quotient sur X/R est moins fine que les topologies induites sur X/R par les topologies $\mathscr{T}_\Omega$ et $\mathscr{T}_\Phi$ sur $\mathfrak{P}_0(X)$ (I, p. 91, exerc. 7).

§ 4

1) Soient X, Y deux espaces topologiques, A une partie de X, B une partie de Y. Montrer que $\mathrm{Fr}(A \times B) = (\mathrm{Fr}(A) \times \overline{B}) \cup (\overline{A} \times \mathrm{Fr}(B))$.

2) Soient X, Y deux espaces topologiques, A un ensemble *fermé* dans $X \times Y$. Si $\mathfrak{V}(x)$ est l'ensemble des voisinages d'un point $x \in X$, montrer que $\bigcap_{V \in \mathfrak{V}(x)} \overline{A(V)} = A(x)$. Donner un exemple d'ensemble B ouvert dans un produit $X \times Y$, tel que $\bigcap_{V \in \mathfrak{V}(x)} B(V)$ soit distinct de $\overline{B(x)}$.

3) Soit $(X_\iota)_{\iota \in I}$ une famille infinie d'espaces topologiques, tels que chaque X_ι contienne deux points distincts (au moins) a_ι, b_ι tels qu'il y ait un voisinage de b_ι ne contenant pas a_ι.

a) Pour chaque indice $\kappa \in I$, soit c_κ le point de l'espace produit $X = \prod_{\iota \in I} X_\iota$ tel que $\mathrm{pr}_\kappa c_\kappa = b_\kappa$ et $\mathrm{pr}_\iota c_\kappa = a_\iota$ pour $\iota \neq \kappa$. Montrer que, dans X, l'ensemble C des c_κ a tous ses points isolés.
b) Déduire de *a*) que pour que la topologie de X admette une base dénombrable, il faut et il suffit que I soit dénombrable et que la topologie de chacun des X_ι admette une base dénombrable (utiliser l'exerc. 7 de I, p. 90).
c) Montrer que si I n'est pas dénombrable, le point $b = (b_\iota)$ de X n'admet pas de système fondamental dénombrable de voisinages.

¶ 4) Soient K l'espace discret formé des deux nombres 0, 1, A un ensemble infini, X l'espace produit K^A. Soit $V = \prod_{\alpha \in A} V_\alpha$ un ensemble élémentaire dans X: si h est le nombre des indices α tels que $V_\alpha \neq K$, on pose $\mu(V) = 0$ si V est vide, et sinon $\mu(V) = 2^{-h}$.
a) Montrer que, si $U_1, \ldots, U_n$ sont des ensembles élémentaires deux à deux disjoints, on a $\sum_{k=1}^{n} \mu(U_k) \leqslant 1$. (Mettre les U_k sous la forme $W_k \times K^B$, où B (indépendant de k) est le complémentaire d'une partie finie de A, et W_k un ensemble fini dont on évaluera le nombre de points.)
b) Déduire de *a*) que X satisfait à la condition (D_{IV}) de l'exerc. 7 de I, p. 90. (S'il existait une famille non dénombrable (U_λ) d'ensembles élémentaires deux à deux disjoints, remarquer qu'il existerait un entier $p > 0$ tel que $\mu(U_\lambda) \geqslant 1/p$ pour une infinité d'indices λ).
c) Montrer que si A n'est pas dénombrable, X ne satisfait pas à la condition (D_{III}) de l'exerc. 7 de I, p. 90 (cf. exerc. 3).

¶ 5) Soient K l'espace discret formé des deux nombres 0, 1, A un ensemble infini, X l'espace produit $K^{\mathfrak{P}(A)}$.
a) Soit J une partie finie quelconque de A, ayant p éléments. Pour toute partie H de J, soit $\mathfrak{M}_H$ l'ensemble des parties L de A telles que $L \cap J = H$; les $\mathfrak{M}_H$ forment une partition ϖ_J de $\mathfrak{P}(A)$ en 2^p parties. Soit F_J la partie de X formée des éléments $(x_L)_{L \subset A}$ tels que $x_L = x_M$ lorsque L et M appartiennent au même ensemble de la partition ϖ_J; F_J est un ensemble fini de 2^{2^p} éléments. Si F est la réunion des F_J lorsque J parcourt l'ensemble des parties finies de A, F est équipotent à A.
b) Montrer que F est partout dense dans X. Si $A = \mathbf{N}$, en déduire que X vérifie la condition (D_{II}) de l'exerc. 7 de I, p. 90, mais non la condition (D_{III}) (exerc. 4).

6) Soient X, Y, Z trois espaces topologiques, A une partie ouverte de $X \times Y$, B une partie ouverte de $Y \times Z$. Montrer que l'ensemble $B \circ A$ est ouvert dans $X \times Z$.

7) Soient X un espace somme d'une famille (X_λ) d'espaces topologiques, Y un espace somme d'une famille (Y_μ) d'espaces topologiques. Montrer que l'espace produit $X \times Y$ est somme de la famille des $X_\lambda \times Y_\mu$.

8) Soit $(G_\iota)_{\iota \in I}$ une famille de graphes d'équivalences (E, II, p. 40) dans un espace topologique X, et soit R_ι la relation d'équivalence $(x, y) \in G_\iota$; $G = \bigcap_{\iota \in I} G_\iota$ est alors le graphe d'une relation d'équivalence R dans X. Montrer qu'il existe une application continue injective canonique de l'espace quotient X/R dans l'espace produit $\prod_{\iota \in I} (X/R_\iota)$.

9) Soit $(X_\iota)_{\iota \in I}$ une famille infinie d'espaces topologiques. Sur l'ensemble produit $X = \prod_{\iota \in I} X_\iota$, étudier la topologie engendrée par l'ensemble des parties de la forme $\prod_{\iota \in I} U_\iota$, où U_ι est un ensemble ouvert de X_ι et l'ensemble des $\iota \in I$ tels que $U_\iota \neq X_\iota$ a un cardinal $< \mathfrak{c}$, où $\mathfrak{c}$ est un cardinal infini donné. Examiner ce que deviennent pour cette topologie les propositions démontrées dans le § 4.

10) *a*) Soit $(X_\alpha, f_{\alpha\beta})$ un système projectif d'espaces topologiques, et soit X sa limite projective; soit f_α l'application canonique $X \to X_\alpha$ et, pour tout α, soit Y_α un sous-espace de X_α contenant $f_\alpha(X)$ et tel que les Y_α forment un système projectif de sous-espaces des X_α. Montrer que $\varprojlim Y_\alpha$ s'identifie canoniquement à X.

b) Soit $(X'_\alpha, f'_{\alpha\beta})$ une second système projectif d'espaces topologiques ayant même ensemble d'indices supposé filtrant, et soit, pour tout α, $u_\alpha : X_\alpha \to X'_\alpha$ une application continue telle que les u_α forment un système projectif d'applications. Les $u_\alpha(X_\alpha)$ forment un système projectif de sous-espaces des X'_α; montrer que si $u = \varprojlim u_\alpha$ et si on suppose les f_α surjectives, $u(X)$ est dense dans l'espace $\varprojlim u_\alpha(X_\alpha)$. La proposition est-elle encore exacte lorsque les f_α ne sont plus supposées surjectives (cf. E, III, p. 94, exerc. 4) ?

§ 5

1) *a*) Pour qu'une relation d'équivalence R dans un espace topologique X soit ouverte, il faut et il suffit que pour toute partie A de X, le saturé de l'intérieur de A soit contenu dans l'intérieur du saturé de A; donner un exemple où R est ouverte et où ces deux ensembles peuvent être distincts.

b) Pour qu'une relation d'équivalence R dans un espace topologique X soit fermée, il faut et il suffit que pour toute partie A de X, le saturé de l'adhérence de A contienne l'adhérence du saturé de A; donner un exemple où R est fermée et où ces deux ensembles peuvent être distincts.

*2) Montrer que, dans **R**, la relation d'équivalence S: $x \equiv y \pmod{1}$ n'est pas fermée. Si $A = [0, 1]$, la relation induite S_A dans A est fermée et non ouverte.*

3) Soit Γ un groupe *fini* d'homéomorphismes d'un espace topologique X, et soit R la relation d'équivalence: « il existe $\sigma \in \Gamma$ tel que $y = \sigma(x)$ ». Montrer que la relation R est à la fois ouverte et fermée.

*4) Dans l'espace quotient **T** de **R**, on considère le groupe d'homéomorphismes Γ formé de l'identité et de l'homéomorphisme déduit de l'homéomorphisme $x \mapsto \frac{1}{2} + x$ de **R** par passage aux quotients. Soit S la relation d'équivalence: « il existe $\sigma \in \Gamma$ tel que $y = \sigma(x)$ » dans **T**, qui est à la fois ouverte et fermée (exerc. 3). Montrer qu'il n'existe pas de section continue de **T** pour S, bien que **T** et **T**/S soient compacts, connexes et localement connexes. Soit A la partie de **T** image canonique de l'intervalle $[0, \frac{1}{2}[$ de **R**; montrer que dans **T**, A est localement fermé, mais que l'espace quotient A/S_A n'est pas homéomorphe à l'image canonique de A dans **T**/S.*

5) Soient X un espace topologique, R et S deux relations d'équivalence dans X, telles que R entraîne S.

a) Montrer que si S est ouverte (resp. fermée), S/R est ouverte (resp. fermée) dans X/R et que la réciproque n'est pas nécessairement exacte. Montrer que S peut être ouverte (resp. fermée) sans que R le soit.

b) On suppose que R est ouverte (resp. fermée). Montrer que, pour que S/R soit ouverte (resp. fermée), il faut et il suffit que S soit ouverte (resp. fermée).

6) On considère, dans la droite rationnelle **Q**, la relation d'équivalence S obtenue en identifiant entre eux tous les points de **Z**. Montrer que la relation S est fermée; si on désigne par U la relation d'égalité dans **Q**, la bijection canonique de $(\mathbf{Q} \times \mathbf{Q})/(U \times S)$ sur $\mathbf{Q} \times (\mathbf{Q}/S)$ n'est pas un homéomorphisme.

7) Soient X, Y deux espaces topologiques non vides, $f: X \to Y$ une application surjective. Pour que f soit fermée (resp. ouverte), il faut et il suffit que l'application $y \mapsto \overset{-1}{f}(y)$ de Y dans $\mathfrak{P}_0(X)$ soit continue lorsqu'on munit $\mathfrak{P}_0(X)$ de la topologie $\mathcal{T}_\Omega$ (resp. $\mathcal{T}_\Phi$) (I, p. 91, exerc. 7).

En déduire que, pour que la topologie induite sur un ensemble quotient X/R d'un espace topologique non vide X par la topologie $\mathcal{T}_\Omega$ (resp. $\mathcal{T}_\Phi$) soit identique à la topologie quotient de celle de X par R, il faut et il suffit que la relation R soit fermée (resp. ouverte) (cf. I, p. 94, exerc. 16).

§ 6

1) Définir tous les filtres sur un ensemble fini.

2) Si l'intersection de tous les ensembles d'un filtre $\mathfrak{F}$ sur un ensemble X est vide, montrer que $\mathfrak{F}$ est plus fin que le filtre des complémentaires des parties finies de X.

3) Sur un ensemble X, le filtre intersection de deux filtres $\mathfrak{F}$, $\mathfrak{G}$ est l'ensemble des parties $M \cup N$, où M parcourt $\mathfrak{F}$ et N parcourt $\mathfrak{G}$.

4) Soit X un ensemble infini. Montrer que, sur X, le filtre des complémentaires des parties finies est l'intersection des filtres élémentaires associés aux suites infinies d'éléments de X dont tous les termes sont distincts.

5) Soient $\mathfrak{F}$, $\mathfrak{G}$ deux filtres sur un ensemble X; montrer que si $\mathfrak{F}$ et $\mathfrak{G}$ admettent une borne supérieure dans l'ensemble des filtres sur X, cette borne supérieure est l'ensemble des parties de la forme $M \cap N$, où M parcourt $\mathfrak{F}$ et N parcourt $\mathfrak{G}$.

6) Si, à tout filtre sur un ensemble X, on fait correspondre la topologie associée (I, p. 40) sur un *même* ensemble $X' = X \cup \{\omega\}$, on a les propriétés suivantes:

a) Si une topologie sur X′ est plus fine qu'une topologie associée à un filtre $\mathfrak{F}$ sur X, c'est la topologie discrète ou la topologie associée à un filtre plus fin que $\mathfrak{F}$. Réciproque.

b) La borne inférieure des topologies associées aux filtres d'un ensemble Φ de filtres sur X est la topologie associée à l'intersection des filtres de Φ.

c) Soit $\mathfrak{G}$ un ensemble de parties de X, et soit $\mathfrak{G}'$ l'ensemble des parties de X′ de la forme $M \cup \{\omega\}$, où M parcourt $\mathfrak{G}$; soit $\mathfrak{H} = \mathfrak{G}' \cup \mathfrak{P}(X)$. Si $\mathfrak{G}$ engendre un filtre $\mathfrak{F}$, $\mathfrak{H}$ engendre sur X′ la topologie associée à $\mathfrak{F}$. Quelle topologie engendre $\mathfrak{H}$ lorsque $\mathfrak{G}$ n'est pas un système générateur d'un filtre?

d) Pour que $\mathfrak{F}$ soit un ultrafiltre sur X, il faut et il suffit que la topologie associée sur X′ soit X-maximale (I, p. 94, exerc. 11).

7) Dans un espace topologique X, le filtre intersection des filtres de voisinages de tous les points d'une partie non vide A de X est le filtre des voisinages de A dans X.

8) *a*) Soit Φ un ensemble de topologies sur un ensemble X. Montrer que le filtre des voisinages d'un point $x \in X$ pour la topologie intersection des topologies de Φ, est moins fin que le filtre intersection des filtres de voisinages de x pour les topologies de Φ.

b) Sur l'ensemble $\mathbf{Q}^2$, on considère l'ordre lexicographique (E, III, p. 23), et la topologie $\mathscr{T}_1 = \mathscr{T}_0(\mathbf{Q}^2)$ correspondant à cette structure d'ensemble totalement ordonné (I, p. 91, exerc. 5); soit $\mathscr{T}_2$ la topologie sur $\mathbf{Q}^2$ obtenue en transportant $\mathscr{T}_1$ par la symétrie $(\xi, \eta) \mapsto (\eta, \xi)$. Montrer que si $\mathscr{T}$ est l'intersection des topologies $\mathscr{T}_1$, $\mathscr{T}_2$, le filtre des voisinages d'un point pour $\mathscr{T}$ est strictement moins fin que l'intersection des filtres de ses voisinages pour $\mathscr{T}_1$ et $\mathscr{T}_2$.

¶ 9) *a*) Montrer que tout ultrafiltre plus fin que l'intersection d'un nombre fini de filtres est plus fin que l'un d'eux au moins (utiliser la prop. 5 de I, p. 39).

b) Donner un exemple d'ultrafiltre plus fin que l'intersection d'une famille infinie d'ultrafiltres, mais qui n'est identique à aucun des ultrafiltres de cette famille (sur un ensemble infini X, considérer la famille des ultrafiltres dont chacun a pour base un ensemble réduit à un point).

10) Montrer que l'intersection des ensembles d'un ultrafiltre contient au plus un point; si elle est réduite à un point, l'ultrafiltre est formé des ensembles contenant ce point (utiliser la prop. 5 de I, p. 39).

11) Montrer que si une partie A d'un ensemble X n'appartient pas à un ultrafiltre $\mathfrak{U}$ sur X, la trace de $\mathfrak{U}$ sur A est l'ensemble $\mathfrak{P}(A)$.

12) Sur un ensemble infini, montrer qu'un filtre élémentaire associé à une suite dont tous les termes sont distincts n'est pas un ultrafiltre.

13) Soit f une application d'un ensemble X dans un ensemble X'. Afin que pour toute base de filtre $\mathfrak{B}$ sur X, $\overset{-1}{f}(f(\mathfrak{B}))$ soit une base de filtre équivalente à $\mathfrak{B}$, il faut et il suffit que f soit injective.

14) Montrer que si $f\colon X \to X'$ est une application surjective, l'image $f(\mathfrak{F})$ de tout filtre $\mathfrak{F}$ sur X est un filtre sur X'.

¶ 15) Soit $n \mapsto f(n)$ une application *surjective* de **N** dans **N**, telle que $\overset{-1}{f}(m)$ soit *fini* pour tout $m \in \mathbf{N}$. Montrer que si, pour toute suite (x_n) d'éléments d'un ensemble X, on pose $y_n = x_{f(n)}$, les filtres élémentaires associés aux suites (x_n) et (y_n) sont identiques.

En déduire que si (a_n) et (b_n) sont deux suites d'éléments d'un ensemble X telles que le filtre associé à (b_n) soit plus fin que le filtre associé à (a_n), le filtre associé à (b_n) est identique au filtre associé à une suite extraite de (a_n).

¶ 16) Soit Φ un ensemble dénombrable totalement ordonné de filtres élémentaires sur un ensemble X; montrer qu'il existe un filtre élémentaire plus fin que tous les filtres de Φ (montrer que la réunion des filtres de Φ admet une base dénombrable).

17) Soit X un ensemble ordonné *réticulé* (E, III, p. 13). On dit qu'une partie non vide F de X est un *préfiltre* si elle satisfait aux conditions suivantes: 1° quel que soit $x \in F$, la relation $y \geqslant x$ entraîne $y \in F$; 2° si $x \in F$ et $y \in F$, alors $\inf(x, y) \in F$; 3° $F \neq X$. Dans l'ensemble, ordonné par inclusion, des parties d'un ensemble Y, les préfiltres sont donc les filtres sur Y. On dit qu'un préfiltre F est *premier* si la relation $\sup(x, y) \in F$ entraîne $x \in F$ ou $y \in F$. Un préfiltre pour la relation d'ordre opposée à celle de X est appelé un *copréfiltre* sur X.

a) L'ensemble des majorants d'une partie A de X non réduite au plus petit élément de X est un préfiltre. Donner des exemples de préfiltres qui ne sont pas des ensembles de majorants.

b) Montrer que si F est un préfiltre premier, $\complement F$ est un copréfiltre premier.

c) Montrer que si X admet un plus petit élément 0, tout préfiltre est contenu dans un préfiltre maximal (utiliser le th. de Zorn, en remarquant que 0 n'appartient à aucun préfiltre).

d) Déterminer tous les préfiltres dans un ensemble totalement ordonné X, et montrer qu'ils sont tous premiers. En déduire des exemples de préfiltres premiers non maximaux.

e) Soit X un ensemble ordonné formé de 5 éléments, notés $0, 1, a, b, c$, les relations d'ordre entre ces éléments étant $0 < a < 1$, $0 < b < 1$, $0 < c < 1$. Montrer que X est réticulé, et que les préfiltres distincts de $\{1\}$ sont maximaux mais non premiers.

f) Soit X un ensemble réticulé ayant un plus petit élément 0. Montrer que si $F \subset X$ est un préfiltre, a un élément de X n'appartenant pas à F, alors, pour qu'il existe un préfiltre contenant F et a, il faut et il suffit que $\inf(a, x) \neq 0$ pour tout $x \in F$; le plus petit préfiltre contenant F et a est alors l'ensemble des $y \in X$ tels que $y \geqslant \inf(a, x)$ pour un $x \in F$ au moins.

¶ 18) Soit X un ensemble réticulé *distributif* (E, III, p. 72, exerc. 16) ayant un plus petit élément 0.

a) Si a est un élément irréductible de X (E, III, p. 81, exerc. 7), montrer que l'ensemble des majorants de a est un préfiltre premier. Donner un exemple de préfiltre premier qui n'est pas un ensemble de majorants d'un élément irréductible (cf. exerc. 17 *d*)).

b) Montrer que tout préfiltre maximal sur X est premier (utiliser l'exerc. 17 *f*)); donner des exemples de préfiltres premiers non maximaux sur un ensemble réticulé distributif (exerc. 17 *d*)).

c) Montrer que tout préfiltre F est l'intersection des préfiltres premiers qui le contiennent (si $a \notin F$, montrer qu'un élément maximal U dans l'ensemble des préfiltres contenant F et auxquels a n'appartient pas, est premier, en utilisant l'exerc. 17 *f*)).

d) Soit Ω l'ensemble des préfiltres premiers dans X. A tout élément $x \in X$ on fait correspondre la partie A_x de Ω formée des préfiltres premiers F tels que $x \in F$. Montrer que l'application $x \mapsto A_x$ de X dans $\mathfrak{P}(\Omega)$ est injective croissante, et qu'on a $A_{\inf(x,y)} = A_x \cap A_y$ et $A_{\sup(x,y)} = A_x \cup A_y$.

19) Soit X un ensemble réticulé ayant un plus petit élément; montrer que si tout préfiltre sur X est l'intersection des préfiltres premiers qui le contiennent, X est distributif (remarquer que si on définit l'application $x \mapsto A_x$ comme dans l'exerc. 18 *d*), cette application a les propriétés énoncées dans cet exercice).

¶ 20) On dit qu'un ensemble réticulé X est un *réseau booléien* s'il est distributif, admet un plus petit élément 0 et un plus grand élément 1 et si, pour tout $x \in X$, il existe $x' \in X$ tel que $\inf(x, x') = 0$ et $\sup(x, x') = 1$; un tel élément est appelé un *complément* de x dans X.

a) Soit $x \mapsto A_x$ l'application injective d'un réseau booléien X dans l'ensemble des parties de l'ensemble Ω des préfiltres premiers dans X, définie dans l'exerc. 18 *d*); montrer que si x' est un complément de x dans X, on a $A_{x'} = \complement A_x$ dans Ω; en déduire qu'un élément x n'a qu'un seul complément x', que le complément de x' est x, et que le complément de $\inf(x, y)$ est $\sup(x', y')$; donner des démonstrations directes de ces propriétés. Montrer que l'élément $d(x, y) = \inf(y, x')$ possède les propriétés énoncées dans A, I, p. 154, exerc. 8; les idéaux de l'anneau booléien A correspondant à X, distincts de A, sont les copréfiltres sur X.

b) Montrer que, dans un réseau booléien X, tout préfiltre premier est maximal (remarquer que, pour tout $x \in X$, un préfiltre premier contient nécessairement x ou son complément).

c) Inversement, soit X un ensemble réticulé distributif, ayant un plus petit élément 0 et un plus grand élément 1, et tel que tout préfiltre premier sur X soit maximal; montrer que X est est réseau booléien. (Pour un $x \in X$, considérer le copréfiltre C (exerc. 17) formé des $y \in X$ tels que $\inf(x, y) = 0$; si x n'a pas de complément, il existe un copréfiltre maximal M contenant x et C; remarquer que le complémentaire U de M dans X est un préfiltre premier (exerc. 17 *b*) et 18 *b*)), et utiliser l'exerc. 17 *f*)).

d) Montrer que si X est un espace topologique, l'ensemble $\mathfrak{B}$ des parties à la fois ouvertes et fermées de X, ordonné par inclusion, est un réseau booléien. Si on prend pour X l'espace topologique associé au filtre de Fréchet (I, p. 36), montrer que le réseau booléien $\mathfrak{B}$ correspondant est infini dénombrable, et ne peut par suite être isomorphe à l'ensemble ordonné $\mathfrak{P}(A)$ de toutes les parties d'un ensemble A.

§ 7

1) Soient $\mathscr{T}_1$, $\mathscr{T}_2$ deux topologies sur un même ensemble X; pour que $\mathscr{T}_1$ soit plus fine que $\mathscr{T}_2$, il faut et il suffit que tout filtre sur X, convergent pour la topologie $\mathscr{T}_1$, converge vers le même point pour la topologie $\mathscr{T}_2$.

2) Soit $\mathfrak{U}$ un ultrafiltre sur **N** plus fin que le filtre de Fréchet, et soit $X = \mathbf{N} \cup \{\omega\}$ l'espace associé à $\mathfrak{U}$ (I, p. 40). Montrer que, dans X, une suite (x_n) ayant une infinité de termes distincts n'est jamais convergente.

3) Soient X, X' deux espaces topologiques, $f\colon X \to X'$ une application continue en un point $x_0 \in X$. Montrer que pour toute base de filtre $\mathfrak{B}$ sur X ayant x_0 comme point adhérent, $f(x_0)$ est un point adhérent à la base de filtre $f(\mathfrak{B})$ sur X'.

4) *a*) Soient X, Y deux espaces topologiques, $\mathfrak{F}$ un filtre sur X, ayant un point adhérent a, $\mathfrak{G}$ un filtre sur Y, ayant un point adhérent b. Montrer que (a, b) est point adhérent au filtre produit $\mathfrak{F} \times \mathfrak{G}$.

b) Dans l'espace produit $\mathbf{Q}^2$, donner un exemple d'une suite (x_n, y_n) sans valeur d'adhérence, bien que chacune des suites (x_n), (y_n) ait une valeur d'adhérence dans **Q**.

5) Soient X, Y deux espaces topologiques, G le graphe dans X × Y d'une application $f\colon X \to Y$; montrer que pour tout $x \in X$, l'ensemble de valeurs d'adhérence de f au point x est la coupe $\overline{G}(x)$, où $\overline{G}$ est l'adhérence de G dans l'espace produit.

6) Soit $(X_\iota)_{\iota\in I}$ une famille *non dénombrable* d'espaces discrets ayant chacun au moins deux points. Sur l'ensemble produit $X = \prod_{\iota\in I} X_\iota$, on considère la topologie engendrée par les produits $\prod_{\iota\in I} M_\iota$, où $M_\iota \subset X_\iota$ pour tout $\iota \in I$ et $M_\iota = X_\iota$ sauf pour une famille *dénombrable* d'indices (cf. I, p. 95, exerc. 9). Montrer que dans X toute intersection dénombrable d'ensembles ouverts est un ensemble ouvert; en déduire qu'aucun point de X ne possède de système fondamental dénombrable de voisinages.

7) Dans un espace topologique X, on appelle ensemble *primitif* toute partie A de X qui est l'ensemble des points limites d'un ultrafiltre sur X. On désigne alors par Υ_A l'ensemble des ultrafiltres ayant A pour ensemble de points limites.

a) Si A est un ensemble primitif danx X, montrer que toute partie ouverte qui rencontre A appartient à tous les ultrafiltres $\mathfrak{U} \in \Upsilon_A$.

b) Soient A et B deux ensembles primitifs distincts dans X. Montrer qu'il existe un ultrafiltre $\mathfrak{U} \in \Upsilon_A$, un ultrafiltre $\mathfrak{V} \in \Upsilon_B$, et une partie M de X tels que $M \in \mathfrak{U}$ et $\complement M \in \mathfrak{V}$.

c) Soit $f\colon X \to Y$ une application continue. Montrer que l'image par f de tout ensemble primitif de X est contenue dans un ensemble primitif de Y.

d) Pour tout point $x \in X$ tel que $\{x\}$ soit fermé dans X, $\{x\}$ est un ensemble primitif de X.

§ 8

1) *a*) Soit X un espace topologique; montrer que les trois propositions suivantes sont équivalentes:

(Q) Quels que soient les points distincts x, y de X, il existe un voisinage de x ne contenant pas y.

(Q') Toute partie de X réduite à un point est fermée dans X.

(Q") Pour tout $x \in X$, l'intersection des voisinages de x est réduite à x.

On dit qu'un espace X est *accessible* s'il vérifie ces propriétés.

b) Pour qu'un ensemble ordonné X, muni de la topologie droite (pour laquelle X est un espace de Kolmogoroff (I, p. 89, exerc. 2)), soit accessible, il faut et il suffit que deux éléments distincts quelconques de X ne soient jamais comparables, et alors la topologie droite sur X est la topologie discrète.

2) *a*) Si une topologie sur un ensemble X est engendrée par un ensemble fini de parties, et si X est accessible pour cette topologie, X est fini, et la topologie considérée est la topologie discrète.

b) Si, dans un espace accessible X, *toute* intersection d'ensembles ouverts est un ensemble ouvert, X est discret (cf. exerc. 6 du § 7).

3) *a*) Dans un espace accessible X, soit x un point adhérent à une partie A de X et n'appartenant pas à A; montrer que tout voisinage de x contient une infinité de points de A.

b) Soient X un espace accessible, A une partie de X. Montrer que l'ensemble des points $x \in \overline{A}$ tels que tout voisinage de x contienne un point de A distinct de x est fermé dans X.

c) Montrer que, dans un espace accessible X, l'intersection des voisinages d'une partie quelconque A de X est égale à A.

4) Tout sous-espace d'un espace de Kolmogoroff (resp. d'un espace accessible) est un espace de Kolmogoroff (resp. un espace accessible). Une topologie plus fine qu'une topologie d'espace de Kolmogoroff (resp. d'espace accessible) est une topologie d'espace de Kolmogoroff (resp. d'espace accessible).

¶ 5) *a*) Soit X un ensemble infini. Montrer que, sur X, toutes les topologies $\mathscr{T}_\mathfrak{c}$ (I, p. 92, exerc. 8) telles que $1 < \mathfrak{c} \leqslant \mathrm{Card}(X)$ sont des topologies d'espace accessible mais ne sont pas séparées.

b) Montrer que l'intersection de toutes les topologies séparées sur X est la topologie non séparée $\mathscr{T}_{\mathrm{Card(N)}}$, qui est aussi la topologie d'espace accessible la moins fine sur X. (Utiliser l'exerc. 8 de I, p. 92, et remarquer qu'il y a des topologies séparées sur X pour lesquelles il y a des ensembles infinis dénombrables non fermés.)

6) *a*) Soit X un espace séparé et soit D une partie partout dense de X. Montrer que l'on a $\mathrm{Card}(X) \leqslant 2^{2^{\mathrm{Card}(D)}}$ (observer que tout point de X est limite d'une base de filtre sur D). Montrer que cette majoration de Card(X) ne peut être améliorée (I, p. 95, exerc. 5 *b*)), et en déduire que sur un ensemble infini A, l'ensemble des ultrafiltres et l'ensemble des filtres sont tous deux équipotents à $\mathfrak{P}(\mathfrak{P}(A))$.

b) Soient K l'espace discret formé des deux nombres 0, 1, A un ensemble infini. Déduire de *a*) que si $\mathrm{Card}(A) \geqslant 2^{2^{\mathrm{Card}(N)}}$, l'espace produit K^A vérifie la condition (D_{IV}), mais ni la condition (D_{II}) ni la condition (D_{III}) de l'exerc. 7 de I, p. 90 (I, p. 95. exerc. 4).

$_*$7) Soit X l'intervalle $[-1, 1]$ dans **R**. On considère dans X la relation d'équivalence S suivante: si $x \neq \pm 1$, la classe d'équivalence de x se compose des points x et $-x$; chacune des classes d'équivalence de 1 et -1 est réduite à ce point. Montrer que la relation S est ouverte et que l'espace quotient X/S est accessible, mais non séparé. En outre, tout point de X/S possède un voisinage dans X/S qui est un sous-espace régulier.$_*$

8) Soient X un espace topologique, R une relation d'équivalence fermée dans X, telle que les classes d'équivalence suivant R soient *finies*. Montrer que si X est séparé (resp. régulier), il en est de même de X/R. Ceci s'applique en particulier aux deux cas suivants:

1° X/R est l'espace quotient obtenu par recollement d'une famille d'espaces (X_ι) le long d'ensembles fermés $A_{\iota\kappa}$ (I, p. 17), en supposant que pour chaque indice ι il n'existe qu'un nombre *fini* d'indices κ tels que $A_{\iota\kappa} \neq \varnothing$.

2° R est la relation d'équivalence « il existe $\sigma \in \Gamma$ tel que $y = \sigma(x)$ », où Γ est un groupe *fini* d'homéomorphismes de X.

$_*$9) Montrer que l'espace X/S de l'exerc. 7 peut être défini comme obtenu par recollement de deux espaces réguliers le long de deux ensembles ouverts.$_*$

$_*$10) On considère, dans **R**, le sous-espace X complémentaire de l'ensemble des points de la forme $1/n$, où n parcourt l'ensemble des entiers rationnels distincts de 0 et de ± 1. Dans l'espace X, soit S la relation d'équivalence dont les classes sont: 1° l'ensemble réduit à 0; 2° l'ensemble de tous les entiers $\neq 0$; 3° tous les ensembles de la forme $\{x, 1/x\}$, où $x \in X$, $x \neq 0$ et $|x| < 1$.

a) Montrer que, dans X, la relation S n'est ni ouverte ni fermée.

b) Montrer que le graphe de S est fermé dans X × X, mais que l'espace quotient X/S n'est pas séparé.$_*$

¶ $_*$11) Soit X un espace topologique. On considère l'espace produit $Z = \mathbf{R}^X$, et pour chaque $x \in X$, on désigne par Z_x la partie de Z formée des $u \in \mathbf{R}^X$ tels que $u(x) \in \mathbf{Q}$ et $u(y) \notin \mathbf{Q}$ pour $y \in X$ et $y \neq x$. Soit Y le sous-espace du produit X × Z, réunion des ensembles $\{x\} \times Z_x$ lorsque x parcourt X. Montrer que l'espace Y est *séparé*, et que X est homéomorphe à un espace quotient de Y.$_*$

12) Soit X un espace topologique ayant au moins deux points.

a) Montrer que sur $\mathfrak{P}_0(X)$ les topologies $\mathscr{T}_\Omega$ et $\mathscr{T}_\Phi$ (I, p. 91, exerc. 7) ne sont pas des topologies d'espace accessible.

b) On désigne par $\mathscr{T}_\Theta$ la borne supérieure des topologies $\mathscr{T}_\Omega$ et $\mathscr{T}_\Phi$. Montrer que l'ensemble des parties finies non vides de X est dense dans X pour $\mathscr{T}_\Theta$. Montrer que l'ensemble $\mathfrak{F}(X)$ des parties fermées non vides de X, muni de la topologie induite par $\mathscr{T}_\Theta$, est un espace de Kolmogoroff; si en outre X est accessible, il en est de même de $\mathfrak{F}(X)$.

c) On suppose X accessible. Montrer que pour que l'espace $\mathfrak{F}(X)$, muni de la topologie induite par $\mathscr{T}_\Theta$, soit séparé, il faut et il suffit que X soit régulier.

¶ 13) Soient X un ensemble, Γ un groupe de permutations de X.

a) Soit $\mathfrak{F}$ un ensemble de parties de X. Montrer que, parmi toutes les topologies sur X telles que, pour chacune de ces topologies, tous les ensembles de $\mathfrak{F}$ soient fermés, et que toute application $u \in \Gamma$ soit un homéomorphisme de X sur lui-même, il en existe une $\mathscr{T}(\Gamma, \mathfrak{F})$ moins fine que toutes les autres. Si X est infini, montrer qu'il existe des ensembles $\mathfrak{F}$ de parties de X tels que $\mathscr{T}(\Gamma, \mathfrak{F})$ soit non discrète et accessible (I, p. 92, exerc. 8).

b) Soit $J(\Gamma)$ l'ensemble des parties A de X ayant la propriété suivante: pour tout $x \notin A$, il existe une application $f \in \Gamma$ laissant invariant tout élément de A et telle que $f(x) \neq x$. Montrer que toute topologie séparée sur X, pour laquelle toute application $u \in \Gamma$ soit un homéomorphisme de X sur lui-même, est plus fine que $\mathscr{T}_J(\Gamma) = \mathscr{T}(\Gamma, J(\Gamma))$.

Afin que la topologie $\mathscr{T}_J(\Gamma)$ soit séparée, il faut et il suffit que le groupe Γ vérifie la condition suivante: quels que soient les points distincts x, y de X, il existe un nombre fini d'éléments $u_k \in \Gamma$ tels que, si $F(u_k)$ est l'ensemble des éléments de X invariants par u_k, les $F(u_k)$ forment un recouvrement de X et aucun des $F(u_k)$ ne contient à la fois x et y.

c) On désigne par $\mathscr{T}_0$ la topologie de la droite rationnelle $\mathbf{Q}$ (*resp. de la droite numérique $\mathbf{R}_*$), par Γ le groupe des homéomorphismes de $\mathbf{Q}$ (*resp. $\mathbf{R}_*$) sur elle-même. Montrer que la topologie $\mathscr{T}_J(\Gamma)$ est identique à $\mathscr{T}_0$.

d) Soit X le sous-espace de la droite rationnelle formé de 0 et des points $1/n$ (n entier $\geqslant 1$); soit Γ le groupe des homéomorphismes de X. Montrer que la topologie $\mathscr{T}_J(\Gamma)$ n'est pas séparée, et que le groupe des homéomorphismes de X pour cette topologie est égal à Γ.

e) Soit X un espace topologique tel que pour tout couple de points distincts x, y de X, il existe un homéomorphisme u de X sur lui-même tel que $u(x) = x$, $u(y) \neq y$ (*par exemple les espaces numériques $\mathbf{R}^n{}_*$). Soit G le groupe des homéomorphismes de X sur lui-même, et pour tout $x \in X$, soit S_x le sous-groupe de G laissant x invariant. Montrer que S_x est égal à son normalisateur dans G, et que l'intersection des S_x est réduite à l'élément neutre de G; en particulier, le centre de G est réduit à l'élément neutre.

14) Montrer que l'axiome (O_{III}) est équivalent à chacun des axiomes suivants:

(O''_{III}) Pour toute partie fermée F de X, l'intersection des voisinages fermés de F est identique à F.

(O'''_{III}) Pour tout filtre $\mathfrak{F}$ sur X, convergent vers un point a, le filtre $\overline{\mathfrak{F}}$ sur X ayant pour base les adhérences des ensembles de $\mathfrak{F}$, converge aussi vers a.

15) *a*) Montrer que tout espace de Kolmogoroff vérifiant l'axiome (O_{III}) est séparé (et par suite régulier).

b) Former, sur un ensemble de trois éléments, une topologie non séparée satisfaisant à l'axiome (O_{III}).

16) Soit (X_ι) une famille infinie d'espaces topologiques; on munit l'ensemble produit $X = \prod_\iota X_\iota$ d'une des topologies définies dans l'exerc. 9 de I, p. 95. Montrer que si les X_ι sont des espaces de Kolmogoroff (resp. accessibles, séparés, réguliers), il en est de même de X.

17) Sur un ensemble totalement ordonné X, montrer que les topologies $\mathscr{T}_0(X)$, $\mathscr{T}_+(X)$ et $\mathscr{T}_-(X)$ (I, p. 91, exerc. 5) sont régulières.

18) Soient X_1, X_2 deux ensembles, $\mathfrak{F}_i$ un filtre sur X_i ($i = 1, 2$), et soit f une application de $X = X_1 \times X_2$ dans un espace *régulier* Y, telle que pour tout $x_1 \in X_1$, $\lim_{x_2, \mathfrak{F}_2} f(x_1, x_2) = g(x_1)$ existe. Pour qu'un point $a \in Y$ soit valeur d'adhérence de g suivant le filtre $\mathfrak{F}_1$, il faut et il suffit que, quels que soient le voisinage V de a dans Y et l'ensemble $A_1 \in \mathfrak{F}_1$, il existe $x_1 \in A_1$ et $A_2 \in \mathfrak{F}_2$ tels que $f(\{x_1\} \times A_2) \subset V$.

¶ 19) Soient X un espace séparé non régulier (cf. exerc. 20), a un point de X tel qu'il existe un voisinage U de a ne contenant aucun voisinage fermé de a. Soit $\mathfrak{F}$ le filtre des voisinages de a, et soit $Y = \mathfrak{F} \cup \{\omega\}$ l'espace topologique associé (I, p. 40) au filtre des sections de $\mathfrak{F}$. On considère l'ensemble produit $Z = Y \times X$, muni de la topologie suivante: pour $(y, x) \neq (\omega, a)$, les voisinages de (y, x) sont les mêmes que pour la topologie produit, et les voisinages de (ω, a) sont les ensembles contenant un ensemble de la forme

$(\{\omega\} \times V) \cup (S \times X)$, où V est un voisinage de a dans X et S une section (I, p. 39) de $\mathfrak{F}$. Soit A la partie de Z réunion des ensembles $\{V\} \times V$, où V parcourt $\mathfrak{F}$. Soit f l'application $(V, x) \mapsto x$ de A dans X. Montrer qu'en tout point de $\overline{A}$, f a une limite relativement à A, mais qu'il n'existe pas d'application continue de $\overline{A}$ dans X prolongeant f.

¶ 20) *a*) Dans un espace topologique X, on dit qu'un ensemble ouvert U est *régulier* si l'on a $U = \alpha(U)$ (I, p. 89, exerc. 3); il revient au même de dire que U est l'intérieur d'un ensemble fermé. On dit que X est *semi-régulier* (et que sa topologie $\mathcal{T}$ est *semi-régulière*) si les ensembles ouverts réguliers de X forment une base pour $\mathcal{T}$. Montrer que si $\mathcal{T}$ vérifie l'axiome (O_{III}), $\mathcal{T}$ est semi-régulière.

b) L'intersection de deux ensembles ouverts réguliers est un ensemble ouvert régulier. En déduire que les ensembles ouverts réguliers pour $\mathcal{T}$ forment la base d'une topologie $\mathcal{T}^*$ sur X, moins fine que $\mathcal{T}$ et semi-régulière (utiliser l'exerc. 3 *d*) de I, p. 89); on dit que $\mathcal{T}^*$ est la topologie semi-régulière *associée* à $\mathcal{T}$. Pour toute partie U de X, ouverte pour $\mathcal{T}$, l'adhérence de U pour $\mathcal{T}^*$ est égale à son adhérence pour $\mathcal{T}$; si X est accessible pour $\mathcal{T}$, les points isolés de X pour $\mathcal{T}^*$ sont les mêmes que pour $\mathcal{T}$. Pour que $\mathcal{T}^*$ soit séparée, il faut et il suffit que $\mathcal{T}$ le soit. Si Y est un espace régulier, les applications continues de X dans Y sont les mêmes pour la topologie $\mathcal{T}$ et pour la topologie $\mathcal{T}^*$.

c) Soient X un espace semi-régulier, $\mathcal{T}_0$ sa topologie. Pour qu'une topologie $\mathcal{T}$ sur X soit telle que $\mathcal{T}^* = \mathcal{T}_0$, il faut et il suffit qu'il existe un ensemble $\mathfrak{M}$ de parties de X *denses* pour $\mathcal{T}_0$, tel que toute intersection finie d'ensembles de $\mathfrak{M}$ appartienne à $\mathfrak{M}$, et que la topologie $\mathcal{T}$ soit engendrée par la réunion de $\mathfrak{M}$ et de l'ensemble des parties ouvertes pour $\mathcal{T}_0$. (Pour montrer que la condition est nécessaire, considérer les ensembles ouverts et partout denses pour $\mathcal{T}$, et observer que tout ensemble ouvert pour $\mathcal{T}$ est l'intersection d'un ensemble ouvert partout dense pour $\mathcal{T}$ et d'un ensemble ouvert pour $\mathcal{T}_0$.) En déduire des exemples de topologies séparées non régulières plus fines qu'une topologie régulière *(et même plus fines qu'une topologie d'espace compact métrisable)*.

d) Montrer que les ensembles ouverts réguliers forment un réseau booléien *achevé* (E, III, p. 71, exerc. 11) pour la relation d'inclusion.

21) Soit X un espace séparé sans point isolé, et soit $\mathcal{T}_0$ sa topologie. On désigne par $\mathfrak{M}$ l'ensemble des complémentaires des parties dénombrables A de X telles que $\overline{A}$ n'ait qu'un nombre fini de points isolés. Montrer que si $\mathcal{T}$ est la topologie sur X engendrée par la réunion de $\mathfrak{M}$ et de l'ensemble des parties ouvertes pour $\mathcal{T}_0$, on a $\mathcal{T}^* = \mathcal{T}_0$ (exerc. 20) et toute suite convergente pour $\mathcal{T}$ n'a qu'un nombre fini de termes distincts (ce qui implique que pour $\mathcal{T}$ aucun point ne possède de système fondamental dénombrable de voisinages, bien que X lui-même puisse être dénombrable et que tout point de X soit alors intersection d'une famille dénombrable de voisinages de ce point).

¶ 22) *a*) Avec les notations de l'exerc. 20 *c*), montrer que l'ensemble $E(\mathcal{T}_0)$ des topologies $\mathcal{T}$ telles que $\mathcal{T}^* = \mathcal{T}_0$ est inductif pour la relation « $\mathcal{T}$ est moins fine que $\mathcal{T}'$ ». Pour toute topologie semi-régulière $\mathcal{T}_0$ sur X, un élément maximal de $E(\mathcal{T}_0)$ est appelé topologie *submaximale*, et X muni d'une telle topologie est appelé espace *submaximal*. Toute topologie de l'ensemble $E(\mathcal{T}_0)$ est donc moins fine qu'une topologie submaximale.

b) Pour qu'une topologie $\mathcal{T}$ sur X soit submaximale, il faut et il suffit que tout ensemble dense dans X pour $\mathcal{T}$ soit ouvert pour $\mathcal{T}$. Un espace submaximal non vide est donc non résoluble (I, p. 92, exerc. 11).

c) Montrer que tout sous-espace d'un espace submaximal est localement fermé et est submaximal (considérer d'abord les sous-espaces ouverts et les sous-espaces fermés).

d) Montrer que l'espace associé à un filtre plus fin que le filtre des complémentaires des parties finies d'un ensemble infini est un espace submaximal.

e) Si M est une partie d'un espace submaximal X, montrer que le sous-espace $\overline{M} - \mathring{M} = \mathrm{Fr}(M)$ de X est discret.

f) Inversement, soit X un espace topologique dans lequel il y a un sous-espace ouvert partout dense U, tel que U soit submaximal et que la topologie de X soit U-maximale (I, p. 94, exerc. 11); alors X est submaximal.

23) Soient X un espace topologique, A une partie partout dense de X telle que la topologie de X soit A-maximale (I, p. 94, exerc. 11). Soit f une application continue de A dans un espace topologique Y, tel qu'en tout point de X − A, l'ensemble des valeurs d'adhérence de f relativement à A ne soit pas vide *(ce qui sera par exemple le cas si X est non vide, et Y est quasi-compact)$_*$. Montrer que f peut être prolongée par continuité à X tout entier.

24) Dans l'intervalle $]0, 1[$ de la droite rationnelle, soient A l'ensemble des nombres rationnels de la forme $k/2^n$, B l'ensemble des nombres rationnels de la forme $k/3^n$ (k entier). Soit X l'espace obtenu en munissant $]0, 1[$ de la topologie engendrée par les intervalles ouverts $]\alpha, \beta[$ contenus dans X, ainsi que par A et B. Montrer que X est un espace séparé semi-régulier (I, p. 103, exerc. 20) mais non régulier.

¶ 25) *a*) Sur un ensemble X, l'ensemble des topologies régulières, et l'ensemble des topologies régulières sans point isolé, sont inductifs pour la relation « $\mathscr{T}$ est moins fine que $\mathscr{T}'$ ».

b) On dit qu'une topologie $\mathscr{T}$ sur un ensemble X est *ultrarégulière* si elle est maximale dans l'ensemble des topologies sur X qui sont régulières et sans point isolé; pour toute topologie régulière et sans point isolé sur X, il existe donc une topologie ultrarégulière plus fine. Un espace dont la topologie est ultrarégulière est dit *ultrarégulier*. Pour qu'une topologie régulière sans point isolé soit ultrarégulière, il faut et il suffit que si A et B sont deux parties complémentaires de X sans point isolé, A et B soient ouvertes pour $\mathscr{T}$. En particulier, un espace ultrarégulier n'est pas résoluble (I, p. 92, exerc. 11). (Pour montrer que la condition est suffisante, remarquer que si $\mathscr{T}'$ est une topologie régulière sans point isolé, plus fine que $\mathscr{T}$, U une partie ouverte non vide pour $\mathscr{T}'$, $\overline{\mathrm{U}}$ son adhérence pour $\mathscr{T}'$, $\overline{\mathrm{U}}$ et $\mathrm{X} - \overline{\mathrm{U}}$ n'ont pas de point isolé pour $\mathscr{T}$).

c) Dans un espace ultrarégulier, l'adhérence de tout ensemble sans point isolé est un ensemble ouvert, et l'intérieur d'un ensemble partout dense est partout dense; l'intersection de deux ensembles partout denses est donc partout dense. En conclure que si $\mathscr{T}_0$ est une topologie ultrarégulière, parmi toutes les topologies $\mathscr{T}$ telles que $\mathscr{T}^* = \mathscr{T}_0$ (I, p. 103, exerc. 20), il y en a une plus fine que toutes les autres (nécessairement submaximale).

*26) Soit (θ_n) une suite de nombres irrationnels partout dense dans l'intervalle $\mathrm{I} = [0, 1]$ de $\mathbf{R}$. Soit I_n l'espace quotient de I obtenu en identifiant entre eux tous les points $0, \theta_1, \ldots, \theta_n$, et soit φ_n l'application canonique $\mathrm{I} \rightarrow \mathrm{I}_n$. Soit X l'ensemble des nombres rationnels contenus dans I; la restriction de φ_n à X est une bijection de X sur $\varphi_n(\mathrm{X})$; soit $\mathscr{T}_n$ l'image réciproque par cette bijection de la topologie induite sur $\varphi_n(\mathrm{X})$ par la topologie de I_n. Montrer que la borne inférieure de la suite décroissante $(\mathscr{T}_n)$ de topologies séparées sur X n'est pas séparée.$_*$

¶ 27) Soit X un espace topologique. Montrer qu'il existe un espace de Kolmogoroff (resp. accessible, séparé, régulier) Y et une application continue $\varphi: \mathrm{X} \rightarrow \mathrm{Y}$ vérifiant la propriété *universelle* suivante: pour toute application continue $f: \mathrm{X} \rightarrow \mathrm{Z}$ de X dans un espace de Kolmogoroff (resp. accessible, séparé, régulier) Z, il existe une application continue et une seule $g: \mathrm{Y} \rightarrow \mathrm{Z}$ telle que $f = g \circ \varphi$ (E, IV, p. 22). On prouvera successivement que:

a) Pour les espaces de Kolmogoroff, on peut prendre pour Y l'espace quotient de X par la relation d'équivalence $\overline{\{x\}} = \overline{\{y\}}$.

b) Pour les espaces accessibles, on peut prendre pour Y l'espace quotient de X par la relation d'équivalence R suivante: le graphe de R est l'intersection des graphes G d'équivalences dans X tels que $\mathrm{G}(x)$ soit fermé dans X pour tout $x \in \mathrm{X}$; G contient alors le graphe de la relation $\overline{\{x\}} \cap \overline{\{y\}} \neq \varnothing$ entre x et y.

c) Pour les espaces séparés et les espaces réguliers, montrer que les conditions $(\mathrm{CU_I})$ à $(\mathrm{CU_{III}})$ de E, IV, p. 23 sont vérifiées, en utilisant notamment l'exerc. 6 *a*) de I, p. 101. Donner des exemples où X n'est pas régulier et où l'application $\varphi: \mathrm{X} \rightarrow \mathrm{Y}$ dans l'espace régulier universel correspondant est bijective (cf. I, p. 103, exerc. 20 *b*)).

d) Si X est un espace vérifiant l'axiome $(\mathrm{O_{III}})$, montrer que l'espace de Kolmogoroff universel correspondant à X est canoniquement homéomorphe à l'espace régulier universel correspondant à X.

e) Si on prend pour X l'espace accessible quasi-compact de l'*Exemple* 2 de I, p. 60, montrer que l'espace séparé universel correspondant est réduit à un seul point.

28) Soient X un espace séparé non régulier, F une partie fermée de X, $a \notin F$ un point de X tel que tout voisinage de a rencontre tout voisinage de F. Soit R la relation d'équivalence obtenue en identifiant entre eux tous les points de F. Montrer que R est fermée et que son graphe est fermé dans $X \times X$, mais que X/R n'est pas séparé.

¶ 29) *a*) Soit R une relation d'équivalence séparée dans un espace topologique X. Dans l'espace $\mathfrak{F}(X)$ des parties fermées non vides de X, muni de la topologie induite par $\mathcal{T}_\Theta$ (I, p. 101, exerc. 12), montrer que tout $A \in \mathfrak{F}(X)$ adhérent à X/R est contenu dans une classe d'équivalence suivant R (raisonner par l'absurde).

b) On suppose en outre que X soit régulier et la relation R ouverte. Montrer que X/R est alors fermé dans $\mathfrak{F}(X)$ pour la topologie $\mathcal{T}_\Theta$ (utiliser la prop. 11 de I, p. 51).

¶30) Soit X un espace régulier. Montrer que, pour que X vérifie la condition (D_V) de I, p. 90, exerc. 7, il faut et il suffit que toute famille localement finie d'ensembles ouverts non vides dans X soit dénombrable. (Pour prouver que la condition est nécessaire, considérer un ensemble localement fini $\mathfrak{U}$ d'ensembles ouverts dans X. Munir X d'un bon ordre; l'ensemble P des $x \in X$ qui sont plus petits éléments (pour cet ordre) d'un ensemble de $\mathfrak{U}$ est équipotent à $\mathfrak{U}$; si pour tout $x \in P$, $V(x)$ est un des ensembles de U ayant x pour plus petit élément, l'ensemble $\mathfrak{V}$ des $V(x)$ pour $x \in P$ est localement fini et équipotent à $\mathfrak{U}$, et pour $y \in P$ et $y > x$, on a $x \notin V(y)$. En utilisant la régularité de X et la prop. 4 de I, p. 6, montrer que pour tout $x \in P$, il existe un ensemble ouvert $W(x)$ tel que $x \in W(x) \subset V(x)$ et que, lorsque x parcourt P, les $\overline{W(x)}$ soient deux à deux sans point commun).

§ 9

1) Soient X un espace topologique, $\mathfrak{S}$ un système générateur de la topologie de X (I, p. 14). Montrer que si tout recouvrement ouvert de X formé d'ensembles de $\mathfrak{S}$ contient un recouvrement fini de X, X est quasi-compact. (Remarquer que si un ultrafiltre $\mathfrak{U}$ sur X n'était pas convergent, tout point $x \in X$ appartiendrait à un ensemble de $\mathfrak{S}$ n'appartenant pas à $\mathfrak{U}$, et utiliser I, p. 39, corollaire.)

2) Montrer qu'un ensemble *bien ordonné* X, muni de la topologie $\mathcal{T}_-(X)$ (I, p. 91, exerc. 5) est localement compact; pour qu'il soit compact il faut et il suffit qu'il possède un plus grand élément. En déduire que sur tout ensemble il existe une topologie d'espace compact.

3) Soient X un espace régulier, A une partie compacte de X, B une partie fermée de X ne rencontrant pas A. Montrer qu'il existe un voisinage de A et un voisinage de B sans point commun.

4) Montrer que dans l'espace X défini dans l'exerc. 6 de I, p. 100, qui est régulier (I, p. 102, exerc. 16), tout ensemble compact est fini.

5) **a*) L'espace accessible non séparé $Y = X/S$ défini dans l'exerc. 7 de I, p. 101 est tel que tout point de Y admet un voisinage compact; les images α, β de 1 et -1 dans Y admettent des voisinages compacts non fermés dans Y; l'intersection d'un voisinage compact de α et d'un voisinage compact de β n'est pas quasi-compacte, et leur réunion n'est pas compacte.*

b) Soit X l'ensemble somme de **N** et d'un ensemble infini A; pour tout $x \in X$, soit $\mathfrak{S}(x)$ la base de filtre définie comme suit: si $x \in \mathbf{N}$, $\mathfrak{S}(x)$ est formée du seul ensemble $\{x\}$; si $x \in A$, et si $S_{x,n}$ désigne l'ensemble formé de x et des entiers $\geqslant n$, $\mathfrak{S}(x)$ est l'ensemble des $S_{x,n}$, où n parcourt **N**. Montrer qu'il y a une topologie sur X pour laquelle $\mathfrak{S}(x)$ est un système fondamental de voisinages de x pour tout $x \in X$; X est accessible mais non séparé pour cette topologie; X n'est pas quasi-compact, mais il existe dans X des ensembles compacts partout denses.

c) Montrer que sur un même ensemble X, deux topologies d'espace quasi-compact accessible peuvent être comparables et distinctes (cf. I, p. 101, exerc. 7 et I, p. 100, exerc. 5 *b*)).

6) Soient X, Y deux espaces topologiques, A (resp. B) une partie quasi-compacte de X (resp. Y). Montrer que, pour tout voisinage U de A × B dans X × Y, il existe un voisinage V de A dans X et un voisinage W de B dans Y tels que V × W ⊂ U.

7) Donner un exemple de système projectif $(X_\alpha, f_{\alpha\beta})$ d'espaces quasi-compacts dont la limite projective soit vide (remarquer que dans l'espace de l'*Exemple* 2 de I, p. 60, tout sous-espace est quasi-compact).

8) Soit p un nombre premier. On désigne par Z_n l'ensemble **Z** des entiers rationnels, muni de la topologie image réciproque de la topologie discrète par l'application canonique de **Z** sur $\mathbf{Z}/p^n\mathbf{Z}$; pour $m \leqslant n$, on désigne par f_{mn} l'application identique $Z_n \to Z_m$, qui est continue. Montrer que les Z_n sont des espaces quasi-compacts, mais que la limite projective du système projectif (Z_n, f_{mn}) n'est pas un espace quasi-compact.[1]

9) Soient X un espace topologique, $(G_\alpha)_{\alpha \in A}$ une famille de graphes d'équivalences dans X, dont l'ensemble d'indices est préordonné filtrant croissant. Soit R_α la relation $(x, y) \in G_\alpha$ et soit φ_α l'application canonique $X \to X/R_\alpha$. On suppose que pour $\alpha \leqslant \beta$, la relation R_β entraîne R_α; soit alors $\varphi_{\alpha\beta}$ l'application canonique $X/R_\beta \to X/R_\alpha$; $(X/R_\alpha, \varphi_{\alpha\beta})$ est un système projectif d'espaces topologiques; soit $Y = \varprojlim (X/R_\alpha)$.

a) Soit $g: X \to Y$ l'application continue $\varprojlim \varphi_\alpha$. Montrer que $g(X)$ est partout dense dans Y, et que pour tout $x \in X$, $\overset{-1}{g}(g(x))$ est la classe de x pour la relation d'équivalence dont le graphe est l'intersection des G_α.

b) On suppose que les relations d'équivalence R_α soient fermées, et que pour tout $x \in X$ et tout voisinage V de x, il existe un indice α tel que la classe de x pour R_α soit contenue dans V. Montrer que dans ces conditions g est une application *ouverte* de X sur $g(X)$.

c) Si on suppose que les classes suivant les relations R_α soient des ensembles quasi-compacts fermés, alors g est *surjective*.

10) Soit X un espace accessible et soit $\mathfrak{K}$ un ensemble de parties fermées et quasi-compactes de X, contenant l'ensemble des parties finies et tel que la réunion de deux ensembles de $\mathfrak{K}$ appartienne à $\mathfrak{K}$. Soit X′ un ensemble somme de X et d'un ensemble $\{\omega\}$ réduit à un point. Montrer qu'il existe sur X′ une topologie quasi-compacte et accessible, qui induit la topologie donnée sur X, et est telle que les complémentaires dans X′ des ensembles de $\mathfrak{K}$ forment un système fondamental de voisinages ouverts de ω. Donner des exemples de topologies distinctes sur X′, correspondant à des ensembles $\mathfrak{K}$ distincts.

11) Soit X un espace paracompact. Montrer que si tout sous-espace ouvert de X est paracompact, alors il en est de même de tout sous-espace de X. En déduire que tout sous-espace d'un espace localement compact dont la topologie possède une base dénombrable, est paracompact (cf. IX, § 2, exerc. 23 *a*)).

¶ 12) Soient X_0 un ensemble bien ordonné non dénombrable, ayant un plus grand élément, a son plus petit élément, b le plus petit des éléments $x \in X_0$ tels que l'intervalle $[a, x[$ soit non dénombrable. On désigne par X l'intervalle $[a, b[$ muni de la topologie $\mathscr{T}_-(X)$.

a) L'espace X est localement compact et non compact (I, p. 105, exerc. 2) et toute suite dans X admet une valeur d'adhérence (noter que toute partie dénombrable de X est majorée).

b) Soit f une application de X dans lui-même telle que, pour tout x assez grand, on ait $f(x) < x$; montrer qu'il existe $c \in X$ tel que, pour tout $x \in X$, il existe $y \geqslant x$ tel que $f(y) \leqslant c$. (Raisonner par l'absurde, en formant une suite (z_n) de points de X telle que z_{n+1} soit le plus petit des éléments $z' \in X$ tels que pour tout $x \geqslant z'$, on ait $f(x) \geqslant z_n$.)

c) Déduire de *b*) que X n'est pas paracompact.

[1] Cet exemple (inédit) nous a été communiqué par D. Zelinsky.

13) Soient X un espace topologique, $\mathfrak{F}(X)$ l'ensemble des parties fermées non vides de X, $\mathfrak{K}(X)$ l'ensemble des parties quasi-compactes non vides de X; on munit ces ensembles de la topologie induite par la topologie $\mathscr{T}_\Omega$ sur $\mathfrak{P}_0(X)$ (I, p. 91, exerc. 7).

a) Montrer que si $\mathfrak{B} \subset \mathfrak{F}(X)$ est quasi-compact pour $\mathscr{T}_\Omega$ et si X est régulier, la réunion dans X des ensembles $M \in \mathfrak{B}$ est fermée.

b) Montrer que si $\mathfrak{B} \subset \mathfrak{K}(X)$ est quasi-compact pour $\mathscr{T}_\Omega$, la réunion dans X des ensembles $M \in \mathfrak{B}$ est quasi-compacte.

¶ 14) Les notations étant celles de l'exerc. 13, on munit $\mathfrak{F}(X)$ et $\mathfrak{K}(X)$ de la topologie induite par la topologie $\mathscr{T}_\Theta$ sur $\mathfrak{P}_0(X)$ (I, p. 101, exerc. 12).

a) Montrer que si X est quasi-compact, il en est de même de $\mathfrak{F}(X)$. (Pour tout ensemble ouvert U dans X, soit $c(U)$ (resp. $m(U)$) l'ensemble des parties fermées M de X telles que $M \subset U$ (resp. $M \cap U \neq \varnothing$). Les $c(U)$ et les $m(U)$ forment un système générateur de la topologie de $\mathfrak{F}(X)$; utiliser alors l'exerc. 1 de I, p. 105).

b) On suppose que X est accessible; soit X′ l'image de X par l'application $x \mapsto \{x\}$ de X dans $\mathfrak{F}(X)$. Soit $\mathfrak{H}$ un sous-espace de $\mathfrak{F}(X)$ contenant X′; montrer que si $\mathfrak{H}$ est quasi-compact, X est quasi-compact. (Si (U_α) est un recouvrement ouvert de X, remarquer qu'en désignant par $\mathfrak{B}_\alpha$ l'ensemble des $M \in \mathfrak{F}(X)$ tels que $M \cap U_\alpha \neq \varnothing$, $(\mathfrak{B}_\alpha)$ est un recouvrement ouvert de $\mathfrak{F}(X)$.)

c) Si X est localement compact, $\mathfrak{K}(X)$ est ouvert dans $\mathfrak{F}(X)$ (utiliser la prop. 10 de I, p. 65).

d) On suppose X accessible. Montrer que, pour que $\mathfrak{K}(X)$ soit séparé (resp. régulier, compact, localement compact), il faut et il suffit que X le soit. (Pour les deux premières assertions, utiliser l'exerc. 12 de I, p. 101 et l'exerc. 3 de I, p. 105; pour les deux dernières, utiliser *a*), *b*) et l'exerc. 13.)

¶ 15) On dit qu'un espace topologique X est un *espace de Lindelöf* si tout recouvrement ouvert de X contient un recouvrement dénombrable de X. Tout espace admettant une base dénombrable est un espace de Lindelöf; tout espace quasi-compact est un espace de Lindelöf.

a) Tout sous-espace fermé d'un espace de Lindelöf est un espace de Lindelöf. Pour que tout sous-espace d'un espace de Lindelöf soit un espace de Lindelöf, il suffit que tout sous-espace ouvert soit un espace de Lindelöf (cf. exerc. 16).

b) Pour tout application continue f d'un espace de Lindelöf X dans un espace topologique X′, le sous-espace $f(X)$ de X′ est un espace de Lindelöf.

c) Tout espace réunion dénombrable de sous-espaces de Lindelöf est un espace de Lindelöf. En particulier, tout espace dénombrable est un espace de Lindelöf.

d) Pour qu'un espace de Lindelöf X soit quasi-compact, il suffit que toute suite de points de X admette une valeur d'adhérence (montrer que l'axiome (C‴) est alors vérifié).

e) Dans un espace de Lindelof accessible X, un sous-espace fermé discret est nécessairement dénombrable, et à plus forte raison, X vérifie la condition (D_V) de I, p. 90, exerc. 7.

¶ 16) *a*) Soit X un espace dans lequel tout sous-espace ouvert est un espace de Lindelöf. Montrer que X vérifie la condition (D_{III}) de l'exerc. 7 de I, p. 90; si X est régulier, toute partie fermée de X est intersection dénombrable d'ensembles ouverts (cf. I, p. 109, exerc. 24 *c*)).

b) Soit X un espace dans lequel tout sous-espace ouvert est paracompact. Pour que tout espace sous-ouvert de X soit un espace de Lindelöf, il faut et il suffit que X vérifie la condition (D_{III}) de l'exerc. 7 de I, p. 90.

c) Pour qu'un espace compact X soit tel que tout sous-espace ouvert de X soit un espace de Lindelöf, il faut et il suffit qu'il vérifie la condition (D_{III}) de l'exerc. 7 de I, p. 90, et que toute partie fermée de X soit intersection dénombrable d'ensembles ouverts (utiliser *b*) et le th. 5 de I, p. 70).

¶ 17) Soient X un espace topologique, A une partie de X. On dit qu'un point $a \in X$ est *point de condensation* de A si dans tout voisinage de a, il existe une infinité *non dénombrable* de points de A.

a) L'ensemble des points de condensation d'une partie A de X est fermé. Donner un exemple où X n'a qu'un point de condensation (cf. I, p. 67, th. 4).

b) Supposons que X soit un espace accessible dans lequel tout sous-espace ouvert soit un espace de Lindelöf (exerc. 16). Montrer que pour toute partie A de X, l'ensemble B des points de condensation de A est parfait, et l'ensemble $A \cap \complement B$ dénombrable.

¶ 18) Dans un espace topologique X, on dit qu'un point a est *totalement adhérent* à une partie A de X si pour tout voisinage U de a, on a $\mathrm{Card}(A) = \mathrm{Card}(A \cap U)$. Montrer que pour que X soit quasi-compact, il faut et il suffit que pour toute partie infinie A de X, il existe un point totalement adhérent à A. (Si X n'est pas quasi-compact, montrer qu'il existe un ordinal initial ω_α (E, III, p. 87, exerc. 10) et un recouvrement ouvert (U_ξ) de X, où ξ parcourt l'ensemble des ordinaux $< \omega_\alpha$, tel que pour chaque indice $\xi < \omega_\alpha$, le complémentaire A_ξ dans X de la réunion des U_η d'indice $\eta < \xi$ ait un cardinal égal à $\aleph_\alpha$; en déduire qu'on peut définir par récurrence transfinie une famille (x_ξ) $(\xi < \omega_\alpha)$ de points de X telle que $x_\xi \in A_\xi$ pour tout ξ et $x_\xi \neq x_\eta$ pour $\eta < \xi$.)

¶ 19) On dit qu'un espace séparé X est *absolument fermé* s'il possède la propriété suivante: pour tout homéomorphisme f de X sur un sous-espace d'un espace séparé X', $f(X)$ est fermé dans X'. Tout espace compact est absolument fermé.

a) Montrer que les conditions suivantes sont équivalentes:

(AF) L'espace X est absolument fermé.

(AF') Toute base de filtre sur X formée d'ensembles ouverts a au moins un point adhérent.

(AF'') Toute famille d'ensembles fermés dans X, dont l'intersection est vide, contient une sous-famille dont l'intersection des intérieurs est vide.

(AF''') Tout recouvrement ouvert de X contient une sous-famille finie dont les adhérences forment un recouvrement de X.

b) Soient X un espace séparé, U un ensemble ouvert partout dense dans X. On suppose que toute base de filtre sur U formée d'ensembles ouverts a au moins un point adhérent dans X. Montrer que X est alors absolument fermé. En particulier, si A est une partie ouverte d'un espace absolument fermé X, le sous-espace $\overline{A}$ de X est absolument fermé.

c) Soient X un espace absolument fermé, f une application continue de X dans un espace séparé X'. Montrer que $f(X)$ est un sous-espace absolument fermé de X'.

d) Montrer que le produit de deux espaces absolument fermés est absolument fermé (raisonner comme dans la prop. 17 de I, p. 70).

¶ 20) On dit qu'un espace séparé X est *minimal* si sa topologie $\mathcal{T}$ est telle que toute topologie sur X, séparée et moins fine que $\mathcal{T}$, est nécessairement identique à $\mathcal{T}$; alors $\mathcal{T}$ est nécessairement semi-régulière (I, p. 103, exerc. 20). Montrer que pour qu'un espace séparé X soit minimal, il faut et il suffit que toute base de filtre sur X formée d'ensembles ouverts, et ayant un seul point adhérent, soit convergente; X est alors absolument fermé (exerc. 19). (Si $\mathfrak{B}$ est une base de filtre sur X formée d'ensembles ouverts et n'ayant aucun point adhérent, considérer, pour un point $a \in X$, la base de filtre $\mathfrak{B}'$ formée des réunions $V \cup A$, où A parcourt $\mathfrak{B}$ et V l'ensemble des voisinages ouverts de a; en déduire une contradiction.)

¶ 21) On dit qu'un espace topologique X est *complètement séparé* (et que sa topologie est *complètement séparée*) si, pour tout couple de points distincts x, y de X, il existe un voisinage *fermé* de x et un voisinage *fermé* de y sans point commun.

a) Tout espace régulier est complètement séparé. Tout sous-espace d'un espace complètement séparé est complètement séparé. Tout produit d'espaces complètement séparés est complètement séparé. Toute topologie plus fine qu'une topologie complètement séparée est une topologie complètement séparée.

b) Tout espace complètement séparé minimal X (exerc. 20) est compact. (Raisonner par l'absurde, en considérant un ultrafiltre $\mathfrak{U}$ sur X et la base de filtre formée des ensembles ouverts appartenant à $\mathfrak{U}$.)

**c*) Soit θ un nombre irrationnel >0. Pour tout point $(x, y) \in \mathbf{Q} \times \mathbf{Q}^+$, et tout $\alpha > 0$, soit $B_\alpha(x, y)$ l'ensemble formé de (x, y) et des points $(z, 0)$ de $\mathbf{Q}^2$ tels que $|z - (x + \theta y)| < \alpha$ ou $|z - (x - \theta y)| < \alpha$. Soit $\mathfrak{B}(x, y)$ l'ensemble des $B_\alpha(x, y)$ où α parcourt l'ensemble des nombres réels >0. Montrer qu'il existe une topologie séparée $\mathcal{T}$ sur $\mathbf{Q} \times \mathbf{Q}^+$ telle que, pour tout (x, y), $\mathfrak{B}(x, y)$ soit un système fondamental de voisinages de (x, y) pour $\mathcal{T}$. Montrer que quels que soient les points *a*, *b* de $\mathbf{Q} \times \mathbf{Q}^+$, tout voisinage fermé de *a* rencontre tout voisinage fermé de *b* pour la topologie $\mathcal{T}$. Montrer qu'il existe dans l'espace séparé minimal X ainsi défini des sous-espaces fermés qui ne sont pas minimaux.*

¶ 22) *a*) Soit X un espace séparé, et soit $\mathcal{T}$ sa topologie. Montrer que pour que X soit absolument fermé (exerc. 19), il faut et il suffit que la topologie semi-régulière $\mathcal{T}^*$ associée à $\mathcal{T}$ (I, p. 103, exerc. 20) soit une topologie d'espace *minimal* (exerc. 20).
b) Si $\mathcal{T}$ est complètement séparée (exerc. 21), il en est de même de $\mathcal{T}^*$ (utiliser l'exerc. 20 de I, p. 103). En déduire qu'un espace régulier absolument fermé est compact.

¶ 23) *a*) Soient X un espace séparé, A un sous-ensemble partout dense de X. On suppose que tout filtre sur A admette au moins un point adhérent dans X. Montrer que X est absolument fermé (vérifier l'axiome (AF′) de l'exerc. 19 de I, p. 108).
b) Soit X_0 un espace compact dans lequel il existe un ensemble A partout dense et non ouvert pour la topologie $\mathcal{T}_0$ de X_0. Soit $\mathcal{T}$ la topologie sur X_0 engendrée par les parties ouvertes pour $\mathcal{T}_0$ et par A, de sorte que $\mathcal{T}^* = \mathcal{T}_0$ (I, p. 103, exerc. 20). Si X est l'espace absolument fermé non compact obtenu en munissant X_0 de $\mathcal{T}$ (exerc. 22), montrer que tout filtre sur A admet un point adhérent dans X.

¶ 24) *a*) Montrer que dans un espace absolument fermé *dénombrable* X, l'ensemble des points isolés est partout dense. (Raisonner par l'absurde, en rangeant en une suite les points de X, et formant par récurrence un recouvrement ouvert dénombrable (U_n) de X tel qu'aucune réunion finie des $\overline{U}_n$ ne soit un recouvrement de X).
**b*) Donner un exemple d'espace absolument fermé complètement séparé qui ne soit pas un espace de Lindelöf (dans le produit $[0, 1] \times [0, 1]$, considérer les complémentaires des ensembles $A \times \{0\}$, où A parcourt l'ensemble des parties de $[0, 1]$, et appliquer la méthode générale de I, p. 103, exerc. 20 *c*)). Cet espace vérifie la propriété (D_{II}) de I, p. 90, exerc. 7, mais non la propriété (D_{III}).
c) Soient X_0 un espace compact sans point isolé, $\mathfrak{M}$ l'ensemble des complémentaires des parties dénombrables de X_0, les ensembles de $\mathfrak{M}$ étant donc partout denses (cf. *a*)). Soit $\mathcal{T}$ la topologie engendrée par les ensembles ouverts de X_0 et les ensembles de $\mathfrak{M}$. Montrer que l'espace X obtenu en munissant X_0 de la topologie $\mathcal{T}$ est absolument fermé, complètement séparé, et est un espace de Lindelöf ne vérifiant pas la condition (D_{II}) de l'exerc. 7 de I, p. 90, et dans lequel aucun point n'a de système fondamental dénombrable de voisinages et aucune suite infinie dont tous les termes sont distincts n'a de valeur d'adhérence. Si dans X_0 tout sous-espace ouvert est un espace de Lindelöf (cf. I, p. 107, exerc. 16 *c*)), tout sous-espace ouvert de X est un espace de Lindelöf et en particulier X vérifie (D_{III}) (I, p. 107, exerc. 16 *a*)). Il en est ainsi lorsque $X_0 = [0, 1]$; mais montrer que dans ce cas il y a des parties fermées dénombrables de X qui ne sont pas intersections dénombrables d'ensembles ouverts de X (cf. IX, § 5, nº 3).*

¶ 25) *a*) Soit X un espace séparé, et soit Γ l'ensemble des filtres sur X admettant une base formée d'ensembles ouverts, et n'ayant aucun point adhérent dans X. Montrer que l'ensemble Γ est inductif s'il n'est pas vide (autrement dit, si X n'est pas absolument fermé).
b) Soit Ω l'ensemble des filtres *maximaux* dans Γ, et soit X′ l'ensemble somme de X et de Ω. Pour tout $x \in X$, on désigne par $\mathfrak{B}(x)$ l'ensemble des voisinages de *x* dans X; pour tout

$\omega \in \Omega$, on désigne par $\mathfrak{B}(\omega)$ l'ensemble des parties de la forme $\{\omega\} \cup M$, où M parcourt le filtre ω. Il y a une topologie sur X′ pour laquelle $\mathfrak{B}(x')$ est un système fondamental de voisinages de x' pour tout $x' \in X'$. Pour cette topologie, X′ est un espace absolument fermé, et possède la propriété universelle suivante: pour toute application continue ouverte $f\colon X \to Y$ dans un espace absolument fermé Y, il existe une application continue $g\colon X' \to Y$ et une seule qui prolonge f (considérer les images par f des filtres appartenant à Ω; observer que dans un espace absolument fermé, un filtre maximal dans l'ensemble des filtres ayant une base d'ensembles ouverts est nécessairement convergent). En particulier, la topologie de X′ est X-maximale (I, p. 94, exerc. 11). En déduire qu'il existe des espaces absolument fermés dont la topologie est quasi-maximale (I, p. 91, exerc. 6).

¶ 26) *a*) Soit X un espace accessible, et soit Φ l'ensemble des filtres sur X possédant une base formée d'ensembles fermés. Montrer que l'ensemble Φ est inductif. Soit X″ l'ensemble des filtres maximaux dans Φ.

b) Pour tout ensemble ouvert U de X, soit U* l'ensemble des filtres $\mathfrak{F} \in X''$ tels que $U \in \mathfrak{F}$. Si U, V sont deux ensembles ouverts dans X, on a $(U \cap V)^* = U^* \cap V^*$ et $(U \cup V)^* = U^* \cup V^*$ (observer que si $\mathfrak{F} \in X''$ est tel que $U \notin \mathfrak{F}$, alors $X - U \in \mathfrak{F}$). Montrer que les U* forment une base d'une topologie sur X″, pour laquelle X″ est quasi-compact (vérifier l'axiome (C‴) grace à l'observation précédente) et accessible (si $\mathfrak{F}$, $\mathfrak{G}$ sont deux éléments distincts de X″, montrer qu'il existe dans X deux ensembles fermés A, B sans point commun tels que $A \in \mathfrak{F}$, $B \in \mathfrak{G}$).

c) Pour tout $x \in X$, soit $\varphi(x)$ l'ultrafiltre sur X ayant pour base l'unique ensemble $\{x\}$. Montrer que φ est un homéomorphisme de X sur une partie partout dense de X″. Si X est quasi-compact (et accessible) $\varphi(X) = X''$.

d) Montrer que pour toute application continue f de X dans un espace compact Y, il existe une application continue $g\colon X'' \to Y$ et une seule telle que $f = g \circ \varphi$.

e) Soit $\tilde{X}$ l'espace séparé universel associé à X″ (I, p. 104, exerc. 27); montrer que l'application canonique $\psi\colon X'' \to \tilde{X}$ est surjective et que $\tilde{X}$ est compact. Toute application continue f de X dans un espace compact Y s'écrit donc d'une seule manière $f = h \circ \psi \circ \varphi$, où $h\colon \tilde{X} \to Y$ est continue.

27) Si X est un espace discret, montrer que les espaces X″ et $\tilde{X}$ définis dans l'exerc. 26 sont identiques, et que si $\mathscr{T}$ est la topologie de l'espace X′ défini dans l'exerc. 25, l'espace X″ s'identifie à l'espace X′ muni de la topologie $\mathscr{T}^*$ semi-régulière associée à $\mathscr{T}$ (I, p. 103, exerc. 20). En outre, l'ensemble X″ s'identifie canoniquement à l'ensemble des ultrafiltres sur X, et on dit que l'espace compact X″ est l'*espace des ultrafiltres* de X.

¶ 28) Montrer que dans un espace compact X, tout sous-espace ouvert infini isodyne U (I, p. 92, exerc. 11 *d*)) est résoluble. (En utilisant la prop. 1 de I, p. 60, montrer qu'il existe une base $\mathfrak{B}$ de la topologie de U telle que $\mathrm{Card}(\mathfrak{B}) = \mathrm{Card}(U)$; utiliser ensuite l'exerc. 11 *c*) de I, p. 92). En déduire que tout espace localement compact sans point isolé est résoluble (utiliser l'exerc. 11 *d*) de I, p. 92); par suite, un tel espace n'est pas submaximal.

29) *a*) Soit K l'espace discret {0, 1}. Pour tout espace compact X, soit F l'ensemble des applications f de K dans l'ensemble $\mathfrak{F}(X)$ des parties fermées de X, telles que $X = f(0) \cup f(1)$. On considère l'espace compact $Y = K^F$; montrer que pour tout $y = (y_f)_{f \in F}$ dans Y, l'intersection des ensembles fermés $f(y_f)$ de X est vide ou réduite à un point. L'ensemble Z des $y \in Y$ tels que cette intersection ne soit pas vide est une partie fermée de Y; si $\varphi(y)$ est l'unique point commun aux $f(y_f)$ pour $y \in Z$, montrer que φ est une application continue surjective de Z dans X.

b) Donner un exemple d'espace compact X tel qu'il n'existe aucune application continue surjective d'un espace compact de la forme K^A sur X (utiliser l'exerc 4 *b*) de I, p. 95 et l'exerc. 27 de I, p. 110).

¶ 30) On dit qu'un espace topologique X est *localement quasi-compact* si tout point de X admet un système fondamental de voisinages quasi-compacts.

a) Montrer que dans un espace localement quasi-compact, tout ensemble quasi-compact admet un système fondamental de voisinages quasi-compacts.

b) Montrer que tout sous-espace localement fermé d'un espace localement quasi-compact est localement quasi-compact.

**c*) Sur le disque fermé euclidien B: $\|x\| \leqslant 1$ dans le plan $\mathbf{R}^2$, on considère la topologie $\mathcal{T}$ plus fine que la topologie $\mathcal{T}_0$ induite par celle de $\mathbf{R}^2$, telle que pour $\mathcal{T}$ le filtre des voisinages d'un point $x \neq (1, 0)$ de B soit identique au filtre des voisinages de ce point pour $\mathcal{T}_0$, mais un système fondamental de voisinages de (1, 0) soit formé des réunions de $\{(1, 0)\}$ et de la trace sur le disque *ouvert* B_0: $\|x\| < 1$ d'un disque ouvert de centre (1, 0). Soit Y l'ensemble B muni de la topologie $\mathcal{T}$; on considère dans Y la relation d'équivalence dont les classes sont l'ensemble S des $x \neq (1, 0)$ tels que $\|x\| = 1$, et les parties de Y réduites à un point non dans S. Montrer que l'espace quotient X = Y/R est quasi-compact mais non localement quasi-compact.*

31) Soient X, Y deux espaces compacts, $f: X \to Y$ une application continue surjective. Montrer qu'il existe un sous-espace fermé Z de X tel que $f \mid Z: Z \to Y$ soit surjective et *irréductible* (I, p. 93, exerc. 12) (utiliser le lemme de Zorn).

§ 10

1) *a*) Donner un exemple d'applications continues $f: X \to Y$, $g: Y \to Z$ telles que $g \circ f$ soit propre, f non surjective, g non propre.

b) Donner un exemple de deux applications propres $f: X \to Y$, $g: X \to Z$, où X, Y, Z sont quasi-compacts, telles que $x \mapsto (f(x), g(x))$ ne soit pas une application propre de X dans Y × Z.

2) Soit $f: X \to Y$ une application propre, et soit A un sous-espace de X. Montrer que si l'on a $A = \overset{-1}{f}(f(A)) \cap A$, la restriction $f \mid A$ est une application propre de A dans $f(A)$. Cette condition est elle nécessaire?

¶ 3) Soit $(X_\alpha, f_{\alpha\beta})$ un système projectif d'espaces de Kolmogoroff quasi-compacts tels que les $f_{\alpha\beta}$ soient propres. Montrer que si les X_α sont non vides, $\varprojlim X_\alpha$ est non vide (montrer que dans un espace de Kolmogoroff quasi-compact, toute partie fermée non vide contient une partie fermée réduite à un point).

4) Donner un exemple d'application continue $f: X \to Y$, X et Y étant séparés, telle que l'image réciproque $\overset{-1}{f}(K)$ de toute partie compacte K de Y soit compacte, mais qui ne soit pas propre (cf. I, p. 105, exerc. 4).

¶ 5) Soit $f: X \to Y$ une application propre.

a) Montrer que si X est régulier, $f(X)$ est un sous-espace régulier de Y. Inversement, si $f(X)$ est un sous-espace régulier de Y et si X est séparé, X est régulier (utiliser I, p. 61, prop. 3).

b) Montrer que si le sous-espace $f(X)$ de Y est un espace de Lindelöf (I, p. 107, exerc. 15), alors X est un espace de Lindelöf (utiliser la prop. 10 de I, p. 35).

¶ 6) Soit X un espace *somme* de sous-espaces X_ι ($\iota \in I$), et soit f une application continue de X dans un espace topologique Y. Pour tout $\iota \in I$, soit $f_\iota: X_\iota \to Y$ la restriction de f à X_ι. Montrer que, pour que f soit propre, il faut et il suffit que chacune des f_ι soit propre et que la famille des $f(X_\iota)$ soit localement finie (utiliser le th. 1 *d*) de I, p. 75).

¶ 7) Soient $f\colon X \to X'$ une application propre, R (resp. R') une relation d'équivalence dans X (resp. X') telle que f soit compatible avec R et R'. Soit $\bar{f}\colon X/R \to X'/R'$ l'application déduite de f par passage aux quotients. On suppose que: 1° l'image par f de tout ensemble saturé pour R est saturé pour R'; 2° R' est ouverte. Montrer que dans ces conditions $\bar{f}$ est propre (utiliser le th. 1 *c*) de I, p. 75).

8) Montrer que sous les hypothèses de l'*Exemple* 3 de I, p. 32, l'application canonique $X \to X/R$ est propre.

¶ 9) *a*) Soient X, Y deux espaces topologiques $f\colon X \to Y$ une application fermée surjective (non nécessairement continue). Montrer que si pour tout $y \in Y$, $\overset{-1}{f}(y)$ est quasi-compact, alors, pour toute partie quasi-compacte K de Y, $\overset{-1}{f}(K)$ est quasi-compact (raisonner directement, ou utiliser l'exerc. 7 de I, p. 106 et l'exerc. 13 de I, p. 107).

b) On suppose en outre X régulier. Montrer que si, pour tout $y \in Y$, $\overset{-1}{f}(y)$ est fermé dans X, alors, pour toute partie quasi-compacte K de Y, $\overset{-1}{f}(K)$ est fermé dans X (mêmes méthodes). Si de plus Y est localement compact, alors f est continue.

10) Soient X, Y deux espaces topologiques. On dit qu'une correspondance (G, X, Y) entre X et Y (E, II, p. 10) est *propre* si la restriction de la projection pr_2 au graphe G est une application propre $G \to Y$.

a) Soit f une application de X dans Y; montrer que, pour que f soit continue, il faut et il suffit que la correspondance $\overset{-1}{f}$ entre Y et X soit propre. Pour que f soit propre, il faut et il suffit que les correspondances $\overset{-1}{f}$ (entre Y et X) et f (entre X et Y) soient propres. En déduire un exemple d'application f non continue telle que la correspondance f soit propre.

b) Si (G, X, Y) est une correspondance propre, montrer que, pour toute partie fermée A de X, G(A) est une partie fermée de Y.

¶ 11) Soit (G, X, Y) une correspondance propre (exerc. 10).

a) Montrer que si $\mathfrak{B}$ est une base de filtre sur X formée d'ensembles *fermés*, on a $\bigcap_{M \in \mathfrak{B}} G(M) = G(\bigcap_{M \in \mathfrak{B}} M)$.

b) Pour tout $y \in Y$ et tout voisinage V de $\overset{-1}{G}(y)$ dans X, montrer qu'il existe un voisinage W de y dans Y tel que $\overset{-1}{G}(W) \subset V$ (« continuité des racines en fonction des paramètres ») (utiliser l'exerc. 6 de I, p. 106).

¶ 12) *a*) Pour qu'une correspondance (G, X, Y) soit propre, il faut et il suffit que pour tout espace topologique Z et toute correspondance (E, Z, X) dont le graphe E est fermé dans $Z \times X$, le graphe $G \circ E$ soit fermé dans $Z \times Y$. (Pour voir que la condition est nécessaire, remarquer que $G \circ E$ est l'image de $(E \times Y) \cap (Z \times G)$ par $Id_Z \times pr_2\colon Z \times G \to Z \times Y$. Pour voir qu'elle est suffisante, soit δ_Y l'application diagonale $Y \to Y \times Y$; montrer que pour toute partie F de $(Z \times Y) \times X$ l'image réciproque de $G \circ F$ par l'application $Id_Z \times \delta_Y\colon Z \times Y \to Z \times Y \times Y$ est l'image, par l'application $(y, z) \mapsto (z, y)$, de l'ensemble $\overset{-1}{pr_{23}}(\overset{-1}{F} \cap (G \times Z))$, où $\overset{-1}{F}$ est l'image de F par l'application $(z, y, x) \mapsto (x, y, z)$.)

b) Déduire de *a*) que la composée de deux correspondances propres est une correspondance propre.

c) Soit (G, X, Y) une correspondance propre. Montrer que si X est séparé, G est fermé dans $X \times Y$.

¶ 13) Soient X un espace localement compact, Y un espace topologique.

a) Montrer que les conditions suivantes sont équivalentes:

α) (G, X, Y) est une correspondance propre entre X et Y.

β) Pour tout espace séparé X′ contenant X comme sous-espace, G est fermé dans X′ × Y.
γ) G est fermé dans X × Y, et pour tout $y \in$ Y, il existe un voisinage V de y dans Y et une partie compacte K de X tels que (X − K) × V ne rencontre pas G.
δ) Il existe un espace compact X′ contenant X comme sous-espace, et tel que G soit fermé dans X′ × Y.

(Pour prouver que α) implique β), utiliser les exerc. 12 *a*) et *c*). Pour prouver que δ) entraîne α), utiliser la prop. 2 de I, p. 72 et le cor. 5 de I, p. 77.)

b) Montrer que si (G, X, Y) est propre, on a la propriété suivante:

ζ) Pour toute partie compacte L de Y, $\overset{-1}{\mathrm{G}}(\mathrm{L})$ est un ensemble compact.

Prouver en outre que si Y est localement compact et si G est fermé dans X × Y et vérifie la condition ζ), alors (G, X, Y) est propre. (Utiliser l'équivalence de α) et γ)). Cette dernière assertion n'est plus valable lorsque Y est séparé, mais n'est plus supposé localement compact (I, p. 111, exerc. 4).

14) Soient Y un espace localement compact, X un espace topologique. Pour qu'une application f: X → Y soit continue, il faut et il suffit que pour tout espace compact Y′ contenant Y comme sous-espace, le graphe de f soit une partie fermée de X × Y′ (utiliser les exerc. 13 et 10 *a*)).

15) Soient X un espace séparé, A une partie fermée de X, f une application propre de X − A dans un espace localement compact Y, Y′ le compactifié d'Alexandroff de Y, ω le point à l'infini de Y′. Soit g l'application de X dans Y′ égale à f dans X − A, à ω dans A; montrer que g est continue.

¶ 16) Soient X un espace localement compact, R une relation d'équivalence dans X, C son graphe dans X × X. Montrer que, pour que C soit fermé dans X × X, il faut et il suffit que pour toute partie compacte K de X, le saturé de K pour R soit fermé dans X. (Pour montrer que la condition est nécessaire, utiliser le cor. 5 de I, p. 77.)

*17) Dans l'espace localement compact **R**, on considère la relation d'équivalence S obtenue en identifiant entre eux tous les points de **Z**. Montrer que S est fermée et que **R**/S est séparé, mais non localement compact.*

*18) Soit X le sous-espace localement compact $[0, +\infty[$ de **R**. Dans X, soit S la relation d'équivalence dont les classes sont les ensembles $\{x, 1/x\}$ pour $0 < x \leqslant 1$, et l'ensemble $\{0\}$. Montrer que S est ouverte, a un graphe fermé dans X × X, et que X/S est compact, mais que S n'est pas fermée.*

¶ 19) Soient X un espace localement compact dénombrable à l'infini, R une relation d'équivalence dans X dont le graphe est fermé dans X × X. Montrer que X/R est séparé. (Soit (U_n) un recouvrement de X formé d'ensembles ouverts relativement compacts, tels que $\overline{\mathrm{U}}_n \subset \mathrm{U}_{n+1}$. Soient A, B deux ensembles fermés sans point commun, saturés pour R. Définir par récurrence deux suites croissantes (V_n), (W_n) d'ensembles fermés saturés pour R, telles que $\mathrm{V}_n \cap \mathrm{W}_n = \varnothing$ et que $\mathrm{V}_n \cap \overline{\mathrm{U}}_n$ (resp. $\mathrm{W}_n \cap \overline{\mathrm{U}}_n$) soit un voisinage de $\mathrm{A} \cap \overline{\mathrm{U}}_n$ (resp. $\mathrm{B} \cap \overline{\mathrm{U}}_n$) dans le sous-espace compact $\overline{\mathrm{U}}_n$. On utilisera la prop. 8 de I, p. 78 et l'exerc. 16, ainsi que la prop. 3 de I, p. 61.)[1]

¶ 20) Soient X un espace compact non vide, R une relation d'équivalence séparée dans X. Pour que X/R soit fermé dans l'espace $\mathfrak{P}_0(\mathrm{X})$ muni de la topologie $\mathscr{T}_\Theta$ (I, p. 101, exerc. 12), il faut et il suffit que la relation R soit ouverte. (Utiliser l'exerc. 14 de I, p. 107, et l'exerc. 16 de I, p. 94 pour montrer que, si X/R est fermé dans $\mathfrak{P}_0(\mathrm{X})$ pour $\mathscr{T}_\Theta$, alors la topologie quotient sur X/R est identique à la topologie induite par $\mathscr{T}_\Theta$, et appliquer l'exerc. 7 de I, p. 96. Inversement, si R est ouverte, utiliser l'exerc. 29 de I, p. 105 pour montrer que X/R est fermé pour $\mathscr{T}_\Theta$.)

[1] Si l'espace localement compact X n'est pas dénombrable à l'infini, il peut se faire qu'une relation d'équivalence R dans X soit fermée (et *a fortiori* ait un graphe fermé (I, p. 58, prop. 14)) mais que X/R ne soit pas séparé (cf. IX, § 4, exerc. 12 *b*) et 18).

¶ 21) *a*) Soit X un espace accessible et *localement quasi-compact* (I, p. 111, exerc. 30). Soit X_0 l'espace discret ayant même ensemble sous-jacent que X, et soit $\tilde{X}_0$ l'espace (compact) des ultrafiltres sur X_0 (l'espace discret X_0 étant identifié à un sous-espace ouvert de $\tilde{X}_0$) (I, p. 110, exerc. 27). Dans $\tilde{X}_0$, soit R (ou R(X)) la relation d'équivalence entre ultrafiltres $\mathfrak{U}, \mathfrak{B}$: « les ensembles de points limites de $\mathfrak{U}$ et de $\mathfrak{B}$ dans X sont les mêmes ». Montrer que la relation R est *séparée* (utiliser la description de la topologie de $\tilde{X}_0$ donnée dans I, p. 110, exerc. 26 *b*), l'exerc. 7 *b*) de I, p. 100 et l'axiome (C')) ; l'espace compact $X^c = \tilde{X}_0/R$ est en correspondance biunivoque avec l'ensemble des ensembles *primitifs* de X (I, p. 100, exerc. 7). Si X est séparé (et par suite localement compact), X^c s'identifie à X lorsque X est compact, au compactifié d'Alexandroff de X lorsque X n'est pas compact.

b) Soit Y un sous-espace fermé de X. L'espace des ultrafiltres $\tilde{Y}_0$ sur Y_0 s'identifie à l'adhérence de Y_0 dans $\tilde{X}_0$, et l'espace Y^c à l'image canonique de $\tilde{Y}_0$ dans X^c.

c) Montrer que la restriction à X_0 de l'application canonique $\tilde{X}_0 \to X^c$ est une bijection de X_0 sur un sous-espace X^c_* de X^c, que l'application canonique $f\colon X^c_* \to X$ est une bijection continue et que l'image par cette application de toute partie compacte de X^c_* est une partie compacte fermée de X. (Pour voir que f est continue, utiliser *b*) ; observer d'autre part que l'image réciproque dans $\tilde{X}_0$ d'un point de X^c_* est composée d'ultrafiltres sur X ayant tous un seul point limite, et que si $\mathfrak{U}$ est un ultrafiltre sur X, son point limite dans $\tilde{X}_0$, quand $\mathfrak{U}$ est considéré comme base d'ultrafiltre sur $\tilde{X}_0$, est $\mathfrak{U}$ considéré comme *point* de $\tilde{X}_0$.)

**d*) Soit Z l'ensemble somme d'une famille dénombrable d'espaces Y_n identiques à l'espace X S défini dans l'exerc. 7 de I, p.101 , et d'un ensemble $\{\omega\}$ réduit à un point. On définit une topologie sur Z en prenant pour système fondamental de voisinages d'un point $z \in Y_n$ le filtre de ses voisinages dans l'espace Y_n, et pour système fondamental de voisinages de ω l'ensemble des V_n, où V_n est réunion de $\{\omega\}$ et des Y_m d'indice $\geqslant n$. L'espace Z ainsi défini est accessible, quasi-compact et localement quasi-compact; mais le sous-espace Z^c_* de Z^c n'est pas localement compact.$_*$

e) Soit Y un second espace accessible et localement quasi-compact, et soit u une application continue de X dans Y, telle que l'image réciproque par u de toute partie quasi-compacte de Y soit quasi-compacte. Si l'on considère u comme une application de X^c_* dans Y^c_*, montrer que u est continue et se prolonge (de façon unique) en une application continue $X^c \to Y^c$. (Prolonger d'abord u en une application continue de $\tilde{X}_0$ dans $\tilde{Y}_0$ et montrer qu'elle est compatible avec les relations d'équivalence R(X) et R(Y)).

**f*) Soit X l'espace accessible quasi-compact et non localement quasi-compact défini dans l'exerc. 30 *c*) de I, p. 111. Montrer que dans l'espace $\tilde{X}_0$ correspondant, la relation d'équivalence R(X) n'est pas séparée.$_*$

22) *a*) Soient X un espace accessible, $f\colon X \to Y$ une application continue fermée, telle que pour tout $y \in f(X)$, la frontière de $\overset{-1}{f}(y)$ dans X soit quasi-compacte. Pour tout $y \in f(X)$, soit $L(y)$ l'intérieur de $\overset{-1}{f}(y)$ dans X si la frontière de $\overset{-1}{f}(y)$ n'est pas vide, et le complémentaire dans $\overset{-1}{f}(y)$ d'un point de cet ensemble si la frontière de $\overset{-1}{f}(y)$ est vide. Montrer que si F est le complémentaire de la réunion des $L(y)$, la restriction de f à F est une application propre de F dans Y.

b) Soient X_i $(i = 1, 2)$ deux espaces accessibles, $f_i\colon X_i \to Y_i$ deux applications continues, fermées et surjectives $(i = 1, 2)$. On suppose de plus que pour tout $y_i \in Y_i$, la frontière de $\overset{-1}{f}(y_i)$ dans X_i est quasi-compacte $(i = 1, 2)$. Montrer que si

$$f = f_1 \times f_2\colon X_1 \times X_2 \to Y_1 \times Y_2,$$

la bijection $(X_1 \times X_2)/R \to Y_1 \times Y_2$ associée à f (E, II, p. 44) est un homéomorphisme (utiliser *a*)). Donner un exemple où $f_1 \times f_2$ n'est pas fermée.

23) Soient X et Y deux espaces localement compacts, f une application continue de X dans Y. Montrer que les conditions suivantes sont équivalentes:

α) Tout point $y \in f(X)$ possède dans Y un voisinage compact V tel que $\overset{-1}{f}(V)$ soit compact.
β) Tout point $y \in f(X)$ possède dans Y un voisinage ouvert T tel que l'application f_T: $\overset{-1}{f}(T) \to T$ qui coincide avec f dans $\overset{-1}{f}(T)$ soit propre.
γ) Le sous-espace $f(X)$ de Y est localement compact, et si j est l'injection canonique de $f(X)$ dans Y, f se factorise en $X \xrightarrow{g} f(X) \xrightarrow{j} Y$, où g est propre.

24) Soient Z, Y deux espaces localement compacts, f une application propre de Z dans Y, F un sous-espace fermé de Z tel que $X = Z - F$ soit un ouvert partout dense dans Z et que la restriction de f à F soit injective (de sorte que cette restriction est un homéomorphisme de F sur un sous-espace fermé $Y_0 = f(F)$ de Y). Montrer que Y_0 est l'ensemble des $y \in Y$ tels que $X \cap \overset{-1}{f}(V)$ ne soit compact pour aucun voisinage V de y dans Y. En outre, la topologie de Z est engendrée par l'ensemble formé des parties ouvertes de X, des complémentaires dans Z des parties compactes de X et des images réciproques $\overset{-1}{f}(U)$, où U parcourt l'ensemble des parties ouvertes de Y. (Pour montrer que la topologie engendrée par cet ensemble est plus fine que la topologie donnée sur Z, on pourra utiliser la prop. 1 de I, p. 60).

¶25) Soient X, Y deux espaces localement compacts, g une application continue de X dans Y. Montrer qu'il existe un espace localement compact Z, une application propre f de Z dans Y et un homéomorphisme j de X sur une partie ouverte partout dense de Z tels que $g = f \circ j$ et que la restriction de f à $Z - j(X)$ soit injective. Si en outre Z_1, f_1 et j_1 sont un espace localement compact et deux applications ayant les mêmes propriétés que Z, f et j, il existe un homéomorphisme h et un seul de Z sur Z_1 tel que $j_1 = h \circ j$ et $f = f_1 \circ h$. (Utiliser l'exerc. 24 pour définir Z et f).

§ 11

1) Montrer que l'espace séparé dénombrable défini dans I, p. 109, exerc. 21 *c*), est connexe.

2) *a*) Soient X un espace topologique, $\mathscr{T}$ sa topologie. Montrer que si X, muni de la topologie semi-régulière $\mathscr{T}^*$ associée à $\mathscr{T}$ (I, p. 103, exerc. 20), est connexe, alors X est connexe pour la topologie $\mathscr{T}$. En déduire qu'il existe des espaces submaximaux connexes (I, p. 103, exerc. 22).

b*) Former en particulier sur **R une topologie plus fine que la topologie usuelle, pour laquelle **R** est connexe mais aucun point n'admet de système fondamental de voisinages connexes (cf. IV, p. 49, exerc. 14 *c*)).$_*$

3) Soient A, B deux parties d'un espace topologique X.
a) Montrer que si A et B sont fermés dans X et tels que $A \cup B$ et $A \cap B$ soient connexes, alors A et B sont connexes. Montrer par un exemple que la proposition ne s'étend pas lorsque l'un des ensembles A, B n'est pas fermé.
b) On suppose A et B connexes, et tels que $\overline{A} \cap B \neq \varnothing$; montrer que $A \cup B$ est connexe.

¶ 4) Soit X un espace connexe ayant au moins deux points.
a) Soient A une partie connexe de X, B une partie de $\complement A$, ouverte et fermée par rapport à $\complement A$; montrer que $A \cup B$ est connexe. (Appliquer l'exerc. 5 de I, p. 93 à $Y = A \cup B$ et $Z = \complement A$.)
b) Soient A une partie connexe de X, B une composante connexe de l'ensemble $\complement A$; montrer que $\complement B$ est connexe (utiliser *a*)).
c) Déduire de *b*) qu'il existe dans X deux parties connexes M, N, distinctes de X et telles que $M \cup N = X$, $M \cap N = \varnothing$.

*5) *a*) Donner un exemple, dans l'espace $\mathbf{R}^2$, d'une suite décroissante (A_n) d'ensembles connexes, dont l'intersection est non connexe (cf. II, p. 38, exerc. 14).

b) Dans $\mathbf{R}^2$, soit X l'ensemble réunion des demi-plans ouverts $y > 0$, $y < 0$ et des points $(n, 0)$ (n entier $\geqslant 1$) ; il est connexe pour la topologie $\mathcal{T}_0$ induite par celle de $\mathbf{R}^2$. Définir sur X une suite $(\mathcal{T}_m)$ de topologies, telle que $\mathcal{T}_{n+1}$ soit plus fine que $\mathcal{T}_n$, que X soit connexe pour chaque $\mathcal{T}_n$, mais non connexe pour la topologie borne supérieure de la suite $(\mathcal{T}_n)$ (passer de $\mathcal{T}_n$ à $\mathcal{T}_{n+1}$ en introduisant de nouveaux voisinages pour le point $(n + 1, 0)$).$_*$

6) Soient X, Y deux espaces connexes, A (resp. B) une partie de X (resp. Y) distincte de X (resp. Y). Montrer que, dans l'espace produit $X \times Y$, le complémentaire de $A \times B$ est un ensemble connexe.

7) Soient X, Y deux espaces connexes, f une application de $X \times Y$ dans un espace topologique Z telle que chacune des applications partielles $f(.\,, y) : X \to Z$, $f(x, .) : Y \to Z$ ($x \in X$, $y \in Y$) soit continue. Montrer que $f(X \times Y)$ est connexe.

¶ 8) Dans l'exemple de topologie sur un ensemble produit $X = \prod_{\iota \in I} X_\iota$, donné dans I, p. 95, exerc. 9, on suppose que I est infini et le cardinal $\mathfrak{c}$ non dénombrable. Montrer que si les X sont connexes, réguliers et ont chacun au moins deux points distincts, la composante connexe d'un point $a = (a_\iota)$ de X est l'ensemble des $x = (x_\iota)$ tels que $x_\iota = a_\iota$ sauf pour un nombre fini d'indices $\iota \in I$. (Se ramener au cas où $I = \mathbf{N}$; considérer deux points $b = (b_n)$, $c = (c_n)$ de X tels que $b_n \neq c_n$ pour tout n. Pour tout n, soit $(V_{nm})_{m \geqslant 0}$ une suite de voisinages ouverts de b_n dans X_n, ne contenant pas c_n et telle que $\overline{V}_{n,m+1} \subset V_{nm}$. Soit Z l'ensemble des points (x_n) de X ayant la propriété suivante: il existe un entier $k > 0$ tel que pour $n \geqslant k$, on ait $x_n \in V_{n,n-k}$; montrer que Z est à la fois ouvert et fermé dans X.)

$_*$9) Soit X le sous-espace localement compact de $\mathbf{R}^2$ formé des couples $(0, y)$ tels que $-1 \leq y < 0$ ou $0 \leq y \leq 1$, et des couples $(1/n, y)$ tels que n soit entier ≥ 1 et $-1 \leq y \leq 1$; montrer que dans X il y a des points z dont la composante connexe dans X est distincte de l'intersection des ensembles à la fois ouverts et fermés dans X qui contiennent z.$_*$

10) Montrer qu'un ensemble totalement ordonné X, muni de la topologie $\mathcal{T}_+(X)$ ou de la topologie $\mathcal{T}_-(X)$ (I, p. 91, exerc. 5), est totalement discontinu.

11) Soient X un espace topologique, R une relation d'équivalence dans X, telle que toute classe suivant R soit contenue dans une composante connexe de X. Montrer que les composantes connexes de X/R sont les images canoniques des composantes connexes de X (cf. III, p. 68, exerc. 17).

12) Soit X un espace topologique. Montrer que les trois conditions suivantes sont équivalentes: α) les composantes connexes de X sont des parties ouvertes de X; β) tout point $x \in X$ possède un voisinage qui est contenu dans tout ensemble à la fois ouvert et fermé contenant x; γ) pour tout $x \in X$, l'intersection des ensembles à la fois ouverts et fermés contenant x est un ensemble ouvert.

$_*$13) Soit θ un nombre irrationnel. On considère l'application f de la droite numérique $\mathbf{R}$ dans le tore $\mathbf{T}^2$ qui, à tout point $t \in \mathbf{R}$, fait correspondre l'image canonique dans $\mathbf{T}^2$ du point $(t, \theta t) \in \mathbf{R}^2$; f est injective et continue. Montrer que pour la topologie $\mathcal{T}$ image réciproque par f de la topologie de $\mathbf{T}^2$, $\mathbf{R}$ est connexe mais aucun point de $\mathbf{R}$ n'admet de système fondamental de voisinages connexes.$_*$

¶ 14) *a*) Soit X un espace localement compact et localement connexe, et soit A une partie fermée de X. Soit A* la réunion de A et des composantes connexes de ∁A qui sont relativement compactes. On dit que A est *plein* si A* = A. Montrer que A* est fermé et plein.

b) On suppose en outre X connexe. Montrer que si A est une partie compacte de X, A* est compact (considérer un voisinage compact V de A et les composantes connexes de ∁A rencontrant la frontière de V).

c) On suppose en outre X connexe et dénombrable à l'infini. Montrer qu'il existe une suite croissante $(K_n)_{n \geqslant 0}$ d'ensembles compacts, connexes et *pleins*, dont la réunion est X et qui sont tels que $K_n \subset \mathring{K}_{n+1}$ pour tout n.

**d*) Montrer que la conclusion de *b*) n'est plus valable lorsqu'on suppose seulement, soit que X est connexe et localement compact, soit que X est séparé, connexe et localement connexe. (Considérer dans $\mathbf{R}^2$, le sous-espace formé des (x, y) tels que $y = 0$, $0 \leqslant x \leqslant 1$ ou $x = 1/n$ (n entier $\geqslant 1$) et $y > 0$).$_*$

¶ 15) Soit X un espace connexe et localement connexe.

a) Soient M, N deux ensembles fermés non vides sans point commun dans X. Montrer qu'il existe une composante connexe de $\complement(M \cup N)$ ayant des points adhérents dans M et dans N. (Si C est une composante connexe de $\complement(M \cup N)$, n'ayant pas de point adhérent dans M, remarquer que C est à la fois ouvert et fermé par rapport à $\complement N$.)

b) Si A est un ensemble fermé dans X et distinct de X, déduire de *a*) que toute composante connexe de A rencontre l'adhérence de $\complement A$.

*16) Dans $\mathbf{R}^2$, soit X le sous-espace réunion de la droite $y = 0$, des segments fermés d'extrémités $(0, 1)$ et $(n, 1/(1 + n))$ et des demi-droites: $x \leqslant n$, $y = 1/(1 + n)$. Montrer que l'espace X est connexe, mais que dans X il y a une composante connexe du complémentaire du point $(0, 1)$ à laquelle ce point n'est pas adhérent (comparer aux exerc. 4 *a*) (I, p. 115) et 15 *a*)).$_*$

*17) Soient I_0 l'intervalle $[-1, 1]$ de $\mathbf{R}$, P_0 l'espace quotient de I_0 obtenu en identifiant dans I_0 les deux points $1/2$ et 1, B_0 l'espace quotient de I_0 obtenu en identifiant dans I_0, d'une part $1/2$ et 1, d'autre part $-1/2$ et -1. Soient I l'intervalle $]-1, 1[$ dans $\mathbf{R}$, P l'image canonique de I dans P_0, B l'image canonique de I dans B_0.

a) Montrer que deux quelconques des trois espaces I, P, B ne sont pas homéomorphes (pour voir que I et P ne sont pas homéomorphes, remarquer qu'il existe dans P des points dont le complémentaire est connexe; procéder de même pour les deux autres couples d'espaces).

b) Soit X un espace somme d'une famille infinie dénombrable d'espaces homéomorphes à I et d'une famille infinie dénombrable d'espaces homéomorphes à B. Soit Y l'espace somme de X et de P. Montrer que X et Y ne sont pas homéomorphes, mais que: 1° il existe une bijection continue de X sur Y et une bijection continue de Y sur X; 2° X est homéomorphe à un sous-espace ouvert de Y et Y est homéomorphe à un sous-espace ouvert de X.$_*$

*18) Soient X le plan $\mathbf{R}^2$, R la relation d'équivalence dans X dont les classes sont les droites $y = \beta$ pour $\beta > 0$ et les demi-droites $x = \alpha$, $y \leqslant 0$ pour tout $\alpha \in \mathbf{R}$. Montrer que sur X/R, considéré comme partie de $\mathfrak{P}_0(X)$, la topologie induite par $\mathscr{T}_\Omega$ (I, p. 91, exerc. 7) est discrète, la topologie induite par $\mathscr{T}_\Phi$ est non discrète mais fait de X/R un espace non connexe; enfin X/R est connexe pour la topologie quotient.$_*$

*¶ 19) Soit X un espace localement compact; on peut alors montrer que X s'identifie à un sous-espace ouvert partout dense de l'espace compact universel $\tilde{X}$ construit dans l'exerc. 26 de I, p. 110 (cf. IX, § 1, exerc. 14 *b*). On suppose en outre X connexe et localement connexe.

a) Pour toute partie compacte K de X, montrer que l'ensemble des composantes connexes non relativement compactes de X − K est fini (cf. I, p. 116, exerc. 14 *b*)). En déduire qu'un point de $\tilde{X} - X$ ne peut être adhérent qu'à une seule des composantes connexes de X − K (si A_i $(1 \leqslant i \leqslant n)$ sont les composantes connexes non compactes de X − K, C_i l'ensemble compact des points de $\tilde{X} - X$ adhérents à A_i ,former un espace compact dont l'ensemble sous-jacent soit somme de X et des C_i, et tel que X s'identifie à un sous-espace ouvert partout dense de cet espace).

b) Dans $\tilde{X} - X$, soit $R'\{x, y\}$ la relation d'équivalence: « pour toute partie compacte K de X, x et y sont adhérents à la même composante connexe non compacte de X − K ». Soit R la relation d'équivalence dans $\tilde{X}$ dont les classes sont les classes suivant R′ et les parties de X réduites à un seul point. Montrer que R est séparée, que X s'identifie à un sous-espace ouvert partout dense de l'espace compact $X^b = \tilde{X}/R$, et que dans l'espace compact $X^b - X$, tout point est intersection de ses voisinages à la fois ouverts et fermés. On dit que les points de $X^b - X$ sont les *bouts* de l'espace X.

c) Soit Y un espace compact tel que X s'identifie à un sous-espace ouvert partout dense de Y et que dans l'espace compact $Y - X$, tout point soit l'intersection de ses voisinages à la fois ouverts et fermés.[1] Montrer qu'il existe une application continue de X^b dans Y se réduisant à l'application identique dans X. (Si $Y - X$ est réunion de deux ensembles fermés non vides et disjoints A, B, montrer qu'il existe dans Y deux ensembles ouverts U, V disjoints, tels que $A \subset U$, $B \subset V$ et que $Y - (U \cup V)$ soit compact).

d) Montrer que si X est dénombrable à l'infini, l'espace $X^b - X$ admet une base dénombrable.

e) Le nombre de bouts de la droite numérique est égal à 2, celui d'un espace $\mathbf{R}^n$ ($n \geqslant 2$) égal à 1. Donner un exemple d'un sous-espace localement compact, connexe et localement connexe de $\mathbf{R}^2$ pour lequel l'ensemble des bouts a la puissance du continu.$_*$

20) Soient X un espace séparé dans lequel tout point admet un système fondamental de voisinages à la fois ouverts et fermés dans X. Soient Y un sous-espace de X, A une partie compacte de Y, à la fois ouverte et fermée par rapport à Y; montrer qu'il existe une partie B de X, à la fois ouverte et fermée par rapport à X, et telle que $B \cap Y = A$.

¶ 21) *a*) Pour un espace topologique X, les conditions suivantes sont équivalentes: 1° pour tout ensemble ouvert U de X, $\overline{U}$ est ouvert; 2° pour tout ensemble fermé F de X, $\mathring{F}$ est fermé; 3° pour tout couple d'ensembles ouverts U, V de X tels que $U \cap V = \varnothing$, on a $\overline{U} \cap \overline{V} = \varnothing$. Un espace séparé vérifiant ces conditions est dit *extrêmement discontinu*; il est alors totalement discontinu. Un espace discret est extrêmement discontinu. *La droite rationnelle est un espace totalement discontinu, mais non extrêmement discontinu.$_*$

b) Pour qu'un espace séparé soit extrêmement discontinu, il faut et il suffit que l'espace semi-régulier associé (I, p. 103, exerc. 20) le soit.

c) Soient X un espace topologique séparé, A un sous-espace partout dense de X. Montrer que si A est extrêmement discontinu et si la topologie de X est A-maximale (I, p. 94, exerc. 11), alors X est extrêmement discontinu.

d) Déduire de *b*) et *c*) que, pour tout ensemble infini X, l'espace (compact) des ultrafiltres sur X est extrêmement discontinu (cf. I, p. 110, exerc. 27 et I, p. 109, exerc. 25).[2]

e) Soit X un espace topologique séparé sans point isolé. Pour que la topologie de X soit quasi-maximale (I, p. 91, exerc. 6), il faut et il suffit que X soit submaximal (I, p. 103, exerc. 22) et extrêmement discontinu (pour montrer que la condition est suffisante, utiliser l'exerc. 22 *e*) de I, p. 103 et prouver que, dans X, tout ensemble fermé sans point isolé est ouvert).

f) Montrer que tout espace ultrarégulier (I, p. 104, exerc. 25) est extrêmement discontinu, mais un espace compact extrêmement discontinu sans point isolé n'est pas ultrarégulier (cf. I, p. 110, exerc. 28).

g) Montrer qu'un espace extrêmement discontinu semi-régulier (I, p. 103, exerc. 20) est régulier (cf. II, p. 38, exerc. 12).

h) Montrer que, dans un espace extrêmement discontinu, il n'existe pas de suite convergente ayant une infinité de termes distincts (raisonner par l'absurde, en formant par récurrence deux suites (U_n), (V_n) d'ensembles ouverts, deux à deux sans point commun, tels que si l'on pose $U = \bigcup_n U_n$, $V = \bigcup_n V_n$, on ait $U \cap V = \varnothing$, $\overline{U} \cap \overline{V} \neq \varnothing$).

i) Montrer que dans un espace extrêmement discontinu X, un point non isolé *a* ne peut avoir un système fondamental *bien ordonné* (pour la relation $\supset$) de voisinages à la fois ouverts et fermés (raisonner par l'absurde comme dans *h*)).

[1] Cette condition équivaut à dire que $Y - X$ est totalement discontinu (II, p. 32, prop. 6).

[2] Pour des exemples d'espaces compacts extrêmement discontinus et sans point isolé, voir II, p. 38, exerc. 12 *b*).

¶ 22) *a*) Dans un espace extrêmement discontinu (exerc. 21), tout sous-espace ouvert et tout sous-espace partout dense sont extrêmement discontinus.

b) Soit X un espace séparé tel que tout point de X ait un voisinage dans X qui soit un sous-espace extrêmement discontinu. Montrer que X est extrêmement discontinu.

c) Donner un exemple d'espace séparé X non extrêmement discontinu et dans lequel il existe un sous-espace ouvert partout dense extrêmement discontinu (recoller deux espaces extrêmement discontinus).

d) Soient X un espace discret dénombrable, $\tilde{X}$ l'espace (compact) des ultrafiltres sur X (I, p. 110, exerc. 27). Soit $(A_n)_{n \in \mathbf{N}}$ une partition dénombrable infinie de X en ensembles infinis; dans le sous-espace fermé $Y = \tilde{X} - X$ de $\tilde{X}$, les ensembles $B_n = \overline{A}_n \cap Y$ sont à la fois ouverts et fermés et deux à deux disjoints. Soit $B = \bigcup_n B_n$; montrer que l'adhérence $\overline{B}$ de B dans Y n'est pas ouverte dans Y, et par suite que Y n'est pas extrêmement discontinu.[1] (Raisonner par l'absurde: utilisant l'exerc. 20 (I, p. 118), soit C un ensemble à la fois ouvert et fermé dans $\tilde{X}$ tel que $C \cap Y = \overline{B}$; considérer un point x_n dans chacun des ensembles $C \cap A_n$, l'ensemble J des x_n et son adhérence $\overline{J}$, et montrer que $\overline{J} \cap B = \varnothing$).

23) Soit Σ une espèce de structure plus riche que l'espèce de structure d'espace topologique (E, IV, p. 9); un ensemble muni d'une structure d'espèce Σ sera dit un Σ-*espace*; on prend pour morphismes de Σ (E, IV, p. 11) les applications continues. On dit qu'un Σ-espace X est Σ-*projectif* si, pour toute application continue *surjective* $h: Y \to Z$ de Σ-espaces, et toute application continue $g: X \to Z$, il existe une application continue $f: X \to Y$ rendant commutatif le diagramme

$$(1) \qquad \begin{array}{ccc} Y & \xrightarrow{h} & Z \\ & {\scriptstyle f}\nwarrow & \uparrow{\scriptstyle g} \\ & & X \end{array}$$

a) On suppose que l'espèce de structure Σ est telle qu'un sous-espace fermé d'un Σ-espace est un Σ-espace, et que, si X est un Σ-espace, il en est de même du produit $X \times \{0, 1\}$, où $\{0, 1\}$ est muni de la topologie discrète. Montrer que dans ces conditions, tout espace Σ-projectif X est extrêmement discontinu. (Si U est un ensemble ouvert dans X, considérer, dans l'espace produit $Y_0 = X \times \{0, 1\}$, le sous-espace Y réunion de $(X - U) \times \{0\}$ et de $\overline{U} \times \{1\}$, la restriction *h* à Y de la projection pr_1, et l'application identique $g = Id_X$).

En déduire que si Σ est l'espèce de structure des espaces topologiques dont tout point a un système fondamental dénombrable de voisinages, les espaces Σ-projectifs sont les espaces discrets (utiliser l'exerc. 21 *h*) de I, p. 118).

b) Soient X un espace compact, Y un espace compact extrêmement discontinu, $f: X \to Y$ une application continue surjective et irréductible (I, p. 93, exerc. 12). Montrer que *f* est un homéomorphisme de X sur Y.

c) On prend pour Σ l'espèce de structure des espaces compacts. Montrer que les espaces Σ-projectifs sont alors les espaces compacts extrêmement discontinus. (Si, dans le diagramme (1), X, Y, Z sont compacts et X extrêmement discontinu, considérer le sous-espace fermé $X \times_Z Y$ de $X \times Y$ formé des points (x, y) tels que $g(x) = h(y)$, et la restriction $p: X \times_Z Y \to X$ de pr_1; utiliser l'exerc. 31 de I, p. 111, et *b*)).

24) Soit $\mathfrak{a}$ un cardinal infini quelconque. Montrer qu'il existe un espace séparé connexe X dans lequel tout ensemble ouvert non vide ait un cardinal égal à $\mathfrak{a}$. (Pour le cas où $\mathfrak{a} = \mathrm{Card}(\mathbf{N})$, voir I, p. 115, exerc. 1; soit X_0 l'espace correspondant. Si $\mathfrak{a} > \mathrm{Card}(\mathbf{N})$ et si T est un ensemble tel que $\mathrm{Card}(T) = \mathfrak{a}$, considérer, dans l'espace produit X_0^T, un point *p*, et le sous-espace X des $f \in X_0^T$ tels que $f(t) = p(t)$ sauf pour un nombre fini de valeurs de $t \in T$).

[1] Les exerc. 21 *h*) et 22 *d*) nous ont été communiqués par R. Ricabarra.

25) Donner un exemple d'application bijective f d'un espace séparé X sur un espace séparé Y, telle que l'image par f de toute partie compacte de X soit une partie compacte de Y et que l'image par f de toute partie connexe de X soit une partie connexe de Y, mais que f ne soit pas continue (cf. I, p. 105, exerc. 4).

26) Soit X un espace topologique.
a) On munit l'ensemble $\mathfrak{P}_0(X)$ de l'une des topologies $\mathcal{T}_\Omega$, $\mathcal{T}_\Phi$ (I, p. 91, exerc. 7) ou $\mathcal{T}_\Theta$ (I, p. 101, exerc. 12). Montrer que si une partie $\mathfrak{B}$ de $\mathfrak{P}_0(X)$ est connexe et si tout ensemble $M \in \mathfrak{B}$ est connexe, alors la réunion $\bigcup_{M \in \mathfrak{B}} M$ est connexe.
b) Soit $\mathfrak{S}$ une partie de $\mathfrak{P}_0(X)$ contenant l'ensemble de toutes les parties finies non vides de X. Montrer que si X est connexe, il en est de même de $\mathfrak{S}$ (utiliser l'exerc. 7 *b*) de I, p. 91 et la prop. 8 de I, p. 83, en considérant les applications $(x_1, x_2, \ldots, x_n) \mapsto \{x_1, x_2, \ldots, x_n\}$).

¶ 27) Étant donnés deux espaces topologiques X, Y, on dit qu'une application $f: X \to Y$ est un *homéomorphisme local* si pour tout $x \in X$, il existe un voisinage U de x tel que $f(U)$ soit un voisinage de $f(x)$ dans Y et que l'application $U \to f(U)$ coïncidant avec f dans U soit un homéomorphisme. Tout homéomorphisme local est une application continue ouverte.
a) On suppose X séparé, Y localement connexe. Soit $f: X \to Y$ un homéomorphisme local pour lequel il existe un entier $n > 0$ tel que pour tout $y \in Y$, $\overset{-1}{f}(y)$ ait exactement n points. Montrer que pour tout $y \in Y$, il existe un voisinage ouvert V de y tel que $\overset{-1}{f}(V)$ ait n composantes connexes U_i ($1 \leqslant i \leqslant n$) et que l'application $U_i \to V$ coïncidant avec f dans U_i soit un homéomorphisme; f est alors une application propre.
b) On suppose X séparé, Y connexe et localement connexe. Soit $f: X \to Y$ un homéomorphisme local *propre*; montrer que f vérifie l'hypothèse de *a*). (Si pour tout entier $n > 0$, Y_n est l'ensemble des $y \in Y$ tels que $\overset{-1}{f}(y)$ ait au moins n points, montrer que Y_n est à la fois ouvert et fermé dans Y).
**c*) Donner un exemple d'homéomorphisme local surjectif $f: X \to Y$, où Y est compact, connexe et localement connexe, X localement compact, connexe et localement connexe, $\overset{-1}{f}(y)$ a au plus 2 points pour tout $y \in Y$, mais f n'est pas propre (cf. I, p. 96, exerc. 4).*

¶28) Soient Y, Z deux espaces localement compacts, h une application propre de Y dans Z telle que, pour tout $z \in Z$, $\overset{-1}{h}(z)$ soit fini. Soient X un espace localement connexe, M une partie fermée de X telle que, pour tout ouvert connexe non vide U dans X, $U \cap (X - M)$ soit non vide et connexe. On suppose qu'il existe une application continue f de $X - M$ dans Y telle que l'application $g = h \circ f$ de $X - M$ dans Z puisse être prolongée par continuité en une application $\bar{g}$ de X dans Z. Montrer que dans ces conditions f peut être prolongée par continuité en une application $\bar{f}$ de X sans Y. (Considérer un point $x \in M$ et son image $z = \bar{g}(x)$, ainsi que le filtre $\mathfrak{F}$ sur $X - M$ trace sur $X - M$ du filtre des voisinages de x dans X. Montrer que l'ensemble des points adhérents à $f(\mathfrak{F})$ dans Y est fini et non vide et utiliser le fait que $\mathfrak{F}$ admet une base formée d'ensembles connexes).

¶29) Soient Y un espace localement compact, connexe et localement connexe, N une partie fermée de Y telle que, pour tout ouvert connexe non vide V dans Y, $V \cap (Y - N)$ sont non vide et connexe. Soient X un espace séparé, $f: X \to Y - N$ un *homéomorphisme local propre* (exerc. 27).
a) Montrer qu'il existe un espace localement compact, connexe et localement connexe Z, un homéomorphisme j de X sur une partie ouverte partout dense de Z et une application propre g de Z dans Y, tels que $\overset{-1}{g}(y)$ soit fini pour tout $y \in Y$ et que $f = g \circ j$. (Observer d'abord que pour tout ensemble ouvert connexe $W \subset Y - N$, et toute composante connexe C de $\overset{-1}{f}(W)$, on a $f(C) = W$; par suite, si n est le cardinal de $\overset{-1}{f}(y)$ pour tout $y \in Y - N$,

$\overset{-1}{f}(W)$ a au plus n composantes connexes. En déduire que pour tout $y \in N$, il y a au plus filtres sur X ayant une base formée de composantes connexes des ensembles $\overset{-1}{f}(V)$, ou V parcourt l'ensemble des voisinages ouverts connexes de y dans Y. Soit S l'ensemble de tous ces filtres lorsque y parcourt N. Prendre pour Z un ensemble somme de X et de S; on définit les voisinages d'un point $\mathfrak{F} \in S$ de la façon suivante: $\mathfrak{F}$ admet une base formée de composantes connexes C d'ensembles $\overset{-1}{f}(V)$, où V parcourt l'ensemble des voisinages ouverts connexes d'un point $y \in N$. Pour chacun de ces ensembles C, on considère l'ensemble $\tilde{C}$ des filtres $F' \in S$ auquel C appartient aussi, et les ensembles $\tilde{C}$ ainsi définis forment par définition un système fondamental de voisinages de $\mathfrak{F}$ dans Z).

b) Montrer que si Z_1, g_1 et j_1 sont un espace localement compact connexe et localement connexe et deux applications ayant les mêmes propriétés que Z, g et j, il existe un homéomorphisme h de Z sur Z_1 tel que $j_1 = h \circ j$ et $g = g_1 \circ h$. (Utiliser l'exerc. 28).

NOTE HISTORIQUE

(N.-B. — Les chiffres romains renvoient à la bibliographie placée à la fin de cette note.)

Les notions de limite et de continuité remontent à l'antiquité; on ne saurait en faire une histoire complète sans étudier systématiquement de ce point de vue, non seulement les mathématiciens, mais aussi les philosophes grecs et en particulier Aristote, ni non plus sans poursuivre l'évolution de ces idées à travers les mathématiques de la Renaissance et les débuts du Calcul différentiel et intégral. Une telle étude, qu'il serait certes intéressant d'entreprendre, dépasserait de beaucoup le cadre de cette note.

C'est Riemann qui doit être considéré comme le créateur de la topologie, comme de tant d'autres branches de la mathématique moderne : c'est lui en effet qui, le premier, chercha à dégager la notion d'espace topologique, conçut l'idée d'une théorie autonome de ces espaces, définit des invariants (les « nombres de Betti ») qui devaient jouer le plus grand rôle dans le développement ultérieur de la topologie, et en donna les premières applications à l'analyse (périodes des intégrales abéliennes). Mais le mouvement d'idées de la première moitié du XIXᵉ siècle n'avait pas été sans préparer la voie à Riemann de plus d'une manière. En effet, le désir d'asseoir les mathématiques sur une base solide, qui a été cause de tant de recherches importantes durant tout le XIXᵉ siècle et jusqu'à nos jours, avait conduit à définir correctement la notion de série convergente et de suite de nombres tendant vers une limite (Cauchy, Abel) et celle de fonction continue (Bolzano, Cauchy). D'autre part, la représentation géométrique (par des points du plan) des nombres complexes, ou, comme on avait dit jusque-là, « imaginaires » (qualifiés parfois aussi, au XVIIIᵉ siècle, de nombres « impossibles »), représentation due à Gauss et Argand, était devenue familière à la plupart des mathématiciens : elle constituait un progrès du même ordre que de nos jours l'adoption du langage géométrique dans l'étude de l'espace de Hilbert, et contenait en germe la possibilité d'une représentation géométrique de tout objet susceptible de variation continue; Gauss, qui par ailleurs était naturellement amené à de telles conceptions par ses recherches sur les fondements de la géométrie, sur la géométrie non-euclidienne, sur les surfaces courbes, semble avoir eu déjà cette possibilité en vue, car il se sert des mots de « grandeur deux fois étendue » en définissant (indépendamment d'Argand et des mathématiciens français) la représentation géométrique des imaginaires ((I), p. 101–103 et 175–178).

Ce sont d'une part ses recherches sur les fonctions algébriques et leurs intégrales, d'autre part ses réflexions (largement inspirées par l'étude des travaux de Gauss) sur les fondements de la géométrie, qui amenèrent Riemann à formuler un programme d'études qui est celui même de la topologie moderne, et à donner à ce programme un commencement de réalisation. Voici par exemple comment il s'exprime dans sa Théorie des fonctions abéliennes ((II), p. 91):

« *Dans l'étude des fonctions qui s'obtiennent par l'intégration de différentielles exactes, quelques théorèmes d'analysis situs sont presque indispensables. Sous ce nom, qui a été employé par Leibniz, quoique peut-être avec un sens quelque peu différent, il est permis de désigner la partie de la théorie des grandeurs continues qui étudie ces grandeurs, non pas comme indépendantes de leur position et mesurables les unes au moyen des autres, mais en faisant abstraction de toute idée de mesure et étudiant seulement leurs rapports de position et d'inclusion. Je me réserve de traiter cet objet plus tard, d'une manière complètement indépendante de toute mesure...* »

Et dans sa célèbre Leçon inaugurale « Sur les hypothèses qui servent de fondement à la géométrie » ((II), p. 272):

« .... *La notion générale de grandeur plusieurs fois étendue,*[1] *qui contient celle de grandeur spatiale comme cas particulier, est restée complètement inexplorée...* » (p. 272).

« .... *La notion de grandeur suppose un élément susceptible de différentes déterminations. Suivant qu'on peut ou non passer d'une détermination à une autre par transitions continues, ces déterminations forment une multiplicité continue (dont elles s'appelleront les points) ou une multiplicité discrète* » (p. 273).

« .... *La mesure consiste en une superposition des grandeurs à comparer; pour mesurer, il faut donc un moyen d'amener une grandeur sur une autre. En l'absence d'un tel moyen, on ne peut comparer deux grandeurs que si l'une est une partie de l'autre... Les études qu'on peut alors faire à leur sujet forment une partie de la théorie des grandeurs, indépendante de la théorie de la mesure, et où les grandeurs ne sont pas considérées comme ayant une existence indépendante de leur position, ni comme exprimables au moyen d'une unité de mesure, mais comme des parties d'une multiplicité. De telles études sont devenues une nécessité dans plusieurs parties des mathématiques, en particulier pour la théorie des fonctions analytiques multiformes...* » (p. 274).

« ....*La détermination de la position dans une multiplicité donnée est ainsi ramenée, chaque fois que cela est possible, à des déterminations numériques en nombre fini. Il y a, il est vrai, des multiplicités, dans lesquelles la détermination de la position exige, non pas un nombre fini, mais une suite infinie ou bien une multiplicité continue de déterminations de grandeurs. De telles multiplicités sont formées par exemple par les déterminations possibles d'une fonction dans un domaine donné, les positions d'une figure dans l'espace, etc.* » (p. 276).

On remarquera, dans cette dernière phrase, la première idée d'une étude des espaces fonctionnels; déjà, dans la Dissertation de Riemann, d'ailleurs, la même idée se trouve exprimée: « *L'ensemble de ces fonctions* », dit-il à propos du problème de minimum connu sous le nom de principe de Dirichlet, « *forme un domaine connexe, fermé en soi* » ((II), p. 30), ce qui, sous une forme imparfaite, est néanmoins le germe de la démonstration que Hilbert devait donner plus tard du principe de

[1] RIEMANN entend par là, comme la suite le montre, une partie d'un espace topologique à un nombre quelconque de dimensions.

Dirichlet, et même de la plupart des applications des espaces fonctionnels au calcul des variations.

Comme nous avons dit, Riemann donna un commencement d'exécution à ce programme grandiose, en définissant les « nombres de Betti », d'abord d'une surface ((II), p. 92–93), puis ((II), p. 479–482; cf. aussi (III)) d'une multiplicité à un nombre quelconque de dimensions, et en appliquant cette définition à la théorie des intégrales; là-dessus, et sur le développement considérable qu'a pris cette théorie depuis Riemann, nous renvoyons le lecteur aux Notes historiques qui suivront, dans ce Traité, les chapitres de Topologie algébrique.

Quant à la théorie générale des espaces topologiques, telle qu'elle avait été entrevue par Riemann, il fallait, pour qu'elle se développât, que la théorie des nombres réels, des ensembles de nombres, des ensembles de points sur la droite, dans le plan et dans l'espace, fût d'abord étudiée plus systématiquement qu'elle ne l'était du temps de Riemann: cette étude était liée, d'autre part, aux recherches (à demi philosophiques chez Bolzano, essentiellement mathématiques chez Dedekind) sur la nature du nombre irrationnel, ainsi qu'aux progrès de la théorie des fonctions de variable réelle (à laquelle Riemann lui-même apporta une importante contribution par sa définition de l'intégrale et sa théorie des séries trigonométriques, et qui fit l'objet, entre autres, de travaux de du Bois-Reymond, Dini, Weierstrass); elle fut l'œuvre de la seconde moitié du XIXe siècle et tout particulièrement de Cantor, qui le premier définit (tout d'abord sur la droite, puis dans l'espace euclidien à n dimensions) les notions de point d'accumulation, d'ensemble fermé, parfait, et obtint les résultats essentiels sur la structure de ces ensembles sur la droite (cf. Note historique du chap. IV): on consultera là-dessus, non seulement les Œuvres de Cantor (IV), mais aussi sa très intéressante correspondance avec Dedekind (V), où l'on trouvera nettement exprimée aussi l'idée du nombre de dimensions considéré comme invariant topologique. Les progrès ultérieurs de la théorie sont exposés par exemple, sous forme mi-historique, mi-systématique, dans le livre de Schoenflies (VI) : de beaucoup le plus important fut le théorème de Borel–Lebesgue, c'est-à-dire le fait que tout ensemble fermé borné, dans l'espace euclidien $\mathbf{R}^n$ à n dimensions (cf. VI, § 1, nº 1), satisfait à l'axiome (C‴) de I, p. 59 (théorème démontré d'abord par Borel pour un intervalle fermé sur la droite et une famille dénombrable d'intervalles ouverts le recouvrant).

Les idées de Cantor avaient d'abord rencontré une assez vive opposition (cf. Note historique du Livre I, chap. I–IV). Du moins sa théorie des ensembles de points sur la droite et dans le plan fut-elle bientôt utilisée et largement répandue par les écoles françaises et allemandes de théorie des fonctions (Jordan, Poincaré, Klein, Mittag–Leffler, puis Hadamard, Borel, Baire, Lebesgue, etc.) : les premiers volumes de la collection Borel, en particulier, contiennent chacun un exposé élémentaire de cette théorie (v. par ex. (VII)). A mesure que ces idées se répandaient, on commençait de divers côtés à songer à leur application possible aux ensembles, non plus de points, mais de courbes ou de fonctions: idée qui se fait jour, par exemple, dès 1883, dans le titre « Sur les courbes limites d'une variété de courbes » d'un mémoire d'Ascoli (VIII), et qui s'exprime dans une communication d'Hadamard au congrès des mathématiciens de Zürich en 1896 (IX); elle est étroitement liée aussi à l'introduction des « fonctions de ligne » par Volterra en 1887, et à la création du « calcul fonctionnel », ou théorie des fonctions dont l'argument est une fonction (là-dessus, on pourra consulter l'ouvrage de Volterra sur l'Analyse fonctionnelle (X)). D'autre part, dans le célèbre mémoire (XI) où Hilbert, reprenant sur ce point les idées de Riemann, démontrait l'existence du minimum dans le principe de Dirichlet, et inaugurait la « méthode directe » du calcul des variations, on voyait apparaître nettement l'intérêt qu'il y a à considérer des ensembles de fonctions où soit valable le principe de Bolzano-Weierstrass, c'est-à-dire où toute suite contienne une suite partielle convergente; de tels ensembles commençaient d'ailleurs à jouer un rôle important, non seulement en calcul des variations, mais dans la théorie des fonctions de variable réelle (Ascoli, Arzelà), et un peu plus tard dans celle des fonctions de variable complexe (Vitali, Carathéodory, Montel). Enfin l'étude des équations fonctionnelles, et tout particulièrement la résolution par Fredholm du type d'équation qui porte son nom, habituait à considérer une fonction comme un argument, et un ensemble de fonctions comme un ensemble de points, à propos duquel il était tout aussi naturel d'employer un langage géométrique qu'à propos des points d'un espace euclidien à n dimensions (espace qui, lui aussi, échappe à l' « intuition », et, pour cette raison, est resté longtemps un objet de méfiance pour beaucoup de mathématiciens). En particulier, les mémorables travaux de Hilbert sur les équations intégrales (XII) aboutissaient à la définition et à l'étude géométrique de l'espace de Hilbert par Erhard Schmidt (XIV), en analogie complète avec la géométrie euclidienne.

Cependant, la notion de théorie axiomatique avait pris une importance de plus en plus grande, grâce surtout à de nombreux travaux sur les fondements de la géométrie, parmi lesquels ceux de Hilbert (XIII) exercèrent une influence particulièrement décisive; au cours de ces travaux mêmes, Hilbert avait été amené à poser justement, dès 1902 ((XIII), p. 810), une première définition axiomatique de la « multiplicité deux fois étendue » au sens de Riemann, définition qui constituait, disait-il, « le fondement d'un traitement axiomatique rigoureux de l'analysis situs », et utilisait déjà les voisinages (en un sens restreint par les exigences du problème auquel se limitait alors Hilbert).

Les premières tentatives pour dégager ce qu'il y a de commun aux propriétés des ensembles de points et de fonctions (sans intervention d'une notion de « distance ») furent faites par Fréchet (XV) et F. Riesz (XVI); mais le premier, partant de la notion de limite dénombrable, ne réussit pas à construire, pour les espaces non métrisables, un système d'axiomes commode et fécond; du moins reconnut-il la parenté entre le principe de Bolzano–Weierstrass (qui n'est autre que l'axiome (C) de I, p. 59, restreint aux suites dénombrables), et le théorème de Borel–Lebesgue (c'est-à-dire l'axiome (C‴) de I, p. 59; c'est à ce propos qu'il introduisit le mot de « compact », bien que dans un sens quelque peu différent de celui qu'on lui donne dans ce traité. Quant à F. Riesz, qui partait de la notion de point d'accumulation (ou plutôt, ce qui revient au même, d'ensemble « dérivé »), sa théorie était encore incomplète, et resta d'ailleurs à l'état d'ébauche.

Avec Hausdorff ((XVII), chap. 7-8-9) commence la topologie générale telle qu'on l'entend aujourd'hui. Reprenant la notion de voisinage (mais entendant sous ce nom ce que, dans la terminologie du présent Livre, il faudrait appeler « voisinage ouvert »), il sut choisir, parmi les axiomes de Hilbert sur les voisinages dans le plan, ceux qui pouvaient donner à sa théorie à la fois toute la précision et toute la généralité désirables. Les axiomes qu'il prenait ainsi comme point de départ étaient essentiellement (aux différences près qu'entraînait sa notion de voisinage) les axiomes (V_I), (V_{II}), (V_{III}), (V_{IV}) de I, p. 3, et (H) de I, p. 51, et le chapitre où il en développe les conséquences est resté un modèle de théorie axiomatique, abstraite mais d'avance adaptée aux applications. Ce fut là, tout naturellement, le point de départ des recherches ultérieures sur la topologie générale, et principalement des travaux de l'école de Moscou, orientés en grande partie vers le problème de métrisation (cf. Note historique du chap. IX) : nous devons en retenir surtout ici la définition, par Alexandroff et Urysohn, des espaces compacts (sous le nom d' « espaces bicompacts »), puis la démonstration par Tychonoff (XIX) de la compacité des produits d'espaces compacts. Enfin, l'introduction des filtres par H. Cartan (XX), tout en apportant un instrument très précieux en vue de toute sorte d'applications (où il se substitue avantageusement à la notion de « convergence à la Moore–Smith » (XVIII)), est venue, grâce au théorème des ultrafiltres (I, p. 39, th. 1), achever d'éclaircir et de simplifier la théorie.

BIBLIOGRAPHIE

(I) C. F. Gauss, *Werke*, vol. II, Göttingen, 1863.

(II) B. Riemann, *Gesammelte mathematische Werke*, 2e éd., Leipzig (Teubner), 1892.

(III) B. Riemann, in Lettere di E. Betti a P. Tardy, *Rend. Accad. Lincei* (V), t. XXIV[1] (1915), p. 517–519.

(IV) G. Cantor, *Gesammelte Abhandlungen*, Berlin (Springer), 1932.

(V) G. Cantor, R. Dedekind, Briefwechsel, *Actual. Scient. et Ind.*, no 518, Paris (Hermann), 1937.

(VI) A. Schoenflies, *Entwickelung der Mengenlehre und ihrer Anwendungen*, 1re partie, 2e éd., Leipzig-Berlin (Teubner), 1913.

(VII) E. Borel, *Leçons sur la théorie des fonctions*, 2e éd., Paris (Gauthier-Villars), 1914.

(VIII) G. Ascoli, Le curve limiti di une varietà data di curve, *Mem. Accad. Lincei*, (III), t. XVIII (1883), p. 521–586.

(IX) J. Hadamard, Sur certaines applications possibles de la théorie des ensembles, *Verhandl. Intern. Math.-Kongress*, Zürich, 1898, p. 201–202.

(X) V. Volterra, *Theory of Functionals*, London–Glasgow (Blackie & Son), 1930.

(XI) D. Hilbert, *Gesammelte Abhandlungen*, t. III, Berlin (Springer), 1935, p. 10–37 (= *Jahresber der D. M. V.*, t. VIII (1900), p. 184, et *Math. Ann.*, t. LIX (1904), p. 161).

(XII) D. Hilbert, *Grundzüge einer allgemeinen Theorie der Integralgleichungen*, 2e éd., Leipzig–Berlin (Teubner), 1924.

(XIII) D. Hilbert, *Grundlagen der Geometrie*, 7e éd., Leipzig–Berlin (Teubner), 1930.

(XIV) E. Schmidt, Ueber die Auflösung linearer Gleichungen mit unendlich vielen Unbekannten, *Rend. Palermo*, t. XXV (1908), p. 53–77.

(XV) M. Fréchet, Sur quelques points du calcul fonctionnel, *Rend. Palermo*, t. XXII (1906), p. 1–74.

(XVI) F. Riesz, Stetigkeitsbegriff und abstrakte Mengenlehre, *Atti del IV Congresso Intern. dei Matem.*, Bologna, 1908, t. II, p. 18–24.

(XVII) F. Hausdorff, *Grundzüge der Mengenlehre*, 1re éd., Leipzig (Veit), 1914.

(XVIII) E. H. Moore and H. L. Smith, A general theory of limits, *Amer. Journ. of Math.*, t. XLIV (1922), p. 102–121.

(XIX) A. Tychonoff, Über die topologische Erweiterung von Räumen, *Math. Ann.*, t. CII (1930), p. 544–561.

(XX) H. Cartan, Théorie des filtres; Filtres et ultrafiltres, *C. R. Acad. Sc. Paris*, t. CCV (1937), p. 595–598 et 777–779.

CHAPITRE II

Structures uniformes

§ 1. ESPACES UNIFORMES

1. Définition d'une structure uniforme

DÉFINITION 1. — *On appelle structure uniforme sur un ensemble* X *une structure constituée par la donnée d'un ensemble* $\mathfrak{U}$ *de parties de* $X \times X$ *qui satisfait aux axiomes* (F_I) *et* (F_{II}) *de* I, p. 36, *et aux axiomes suivants :*

(U_I) *Tout ensemble de* $\mathfrak{U}$ *contient la diagonale* Δ (fig. 1).

(U_{II}) *La relation* $V \in \mathfrak{U}$ *entraîne* $\overset{-1}{V} \in \mathfrak{U}$.

(U_{III}) *Quel que soit* $V \in \mathfrak{U}$, *il existe* $W \in \mathfrak{U}$ *tel que* $W \circ W \subset V$.

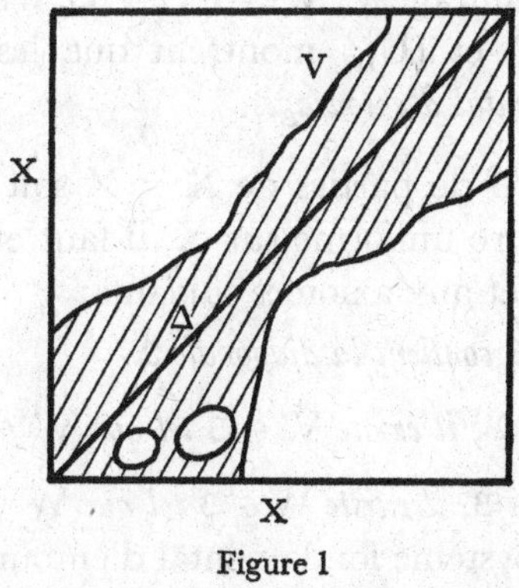

Figure 1

On dit que les ensembles de $\mathfrak{U}$ *sont les entourages de la structure uniforme définie sur* X *par* $\mathfrak{U}$.

On appelle espace uniforme un ensemble muni d'une structure uniforme.

Si V est un entourage d'une structure uniforme sur X, on exprimera la relation $(x, x') \in \mathrm{V}$ en disant que « x et x' sont voisins d'ordre V ».

Remarques. — 1) Pour rendre le langage plus imagé, on pourra employer les expressions « x et y sont assez voisins » et « x et y sont aussi voisins qu'on veut » dans certains énoncés. Par exemple, on dira qu'une relation $\mathrm{R}\{x, y\}$ est vérifiée *si x et y sont assez voisins*, lorsqu'il existe un entourage V tel que la relation $(x, y) \in \mathrm{V}$ *entraîne* $\mathrm{R}\{x, y\}$.

2) La conjonction des axiomes $(\mathrm{U_{II}})$ et $(\mathrm{U_{III}})$ est (compte tenu des autres axiomes des structures uniformes) équivalente à l'axiome:

(U_a) *Quel que soit* $\mathrm{V} \in \mathfrak{U}$, *il existe* $\mathrm{W} \in \mathfrak{U}$ *tel que* $\mathrm{W} \circ \overset{-1}{\mathrm{W}} \subset \mathrm{V}$.[1]

Il est clair en effet que $(\mathrm{U_{II}})$ et $(\mathrm{U_{III}})$ entraînent (U_a). Inversement, si (U_a) est vérifiée, on a $\overset{-1}{\mathrm{W}} = \Delta \circ \overset{-1}{\mathrm{W}} \subset \mathrm{V}$ d'après $(\mathrm{U_I})$; donc $\mathrm{W} \subset \overset{-1}{\mathrm{V}}$, ce qui montre (compte tenu de $(\mathrm{F_I})$) que $\overset{-1}{\mathrm{V}} \in \mathfrak{U}$; d'autre part, si l'on pose $\mathrm{W}' = \mathrm{W} \cap \overset{-1}{\mathrm{W}}$, on a $\mathrm{W}' \in \mathfrak{U}$ d'après ce qui précède et $(\mathrm{F_{II}})$ et on a $\mathrm{W}' \circ \mathrm{W}' \subset \mathrm{W} \circ \overset{-1}{\mathrm{W}} \subset \mathrm{V}$.

Dans toute la suite de ce chapitre, on écrira $\overset{2}{\mathrm{V}}$ au lieu de $\mathrm{V} \circ \mathrm{V}$, et on posera, en général, $\overset{n}{\mathrm{V}} = \overset{n-1}{\mathrm{V}} \circ \mathrm{V} = \mathrm{V} \circ \overset{n-1}{\mathrm{V}}$ pour tout entier $n > 1$ et toute partie V de $\mathrm{X} \times \mathrm{X}$.

3) Si X est non vide, l'axiome $(\mathrm{U_I})$ entraîne qu'aucun ensemble de $\mathfrak{U}$ n'est vide, donc que $\mathfrak{U}$ est un *filtre* sur $\mathrm{X} \times \mathrm{X}$. Sur l'ensemble vide, il n'y a qu'une seule structure uniforme, ayant pour ensemble d'entourages $\mathfrak{U} = \{\varnothing\}$.

Définition 2. — *On appelle système fondamental d'entourages d'une structure uniforme tout ensemble $\mathfrak{B}$ d'entourages tel que tout entourage contienne un ensemble appartenant à $\mathfrak{B}$.*

L'axiome $(\mathrm{U_{III}})$ montre que, si n est un entier quelconque > 0, les ensembles $\overset{n}{\mathrm{V}}$, où V parcourt un système fondamental d'entourages, forment encore un système fondamental d'entourages.

Appelons entourages *symétriques* les entourages V d'une structure uniforme tels que $\mathrm{V} = \overset{-1}{\mathrm{V}}$; pour tout entourage V, $\mathrm{V} \cap \overset{-1}{\mathrm{V}}$ et $\mathrm{V} \cup \overset{-1}{\mathrm{V}}$ sont des entourages symétriques; les axiomes $(\mathrm{F_{II}})$ et $(\mathrm{U_{II}})$ montrent que les entourages symétriques forment un *système fondamental d'entourages*.

Pour qu'un ensemble $\mathfrak{B}$ de parties de $\mathrm{X} \times \mathrm{X}$ soit un système fondamental d'entourages d'une structure uniforme sur X, il faut et il suffit qu'il satisfasse à l'axiome $(\mathrm{B_I})$ de I, p. 38, et aux axiomes suivants:

$(\mathrm{U'_I})$ *Tout ensemble de $\mathfrak{B}$ contient la diagonale* Δ.

$(\mathrm{U'_{II}})$ *Quel que soit* $\mathrm{V} \in \mathfrak{B}$, *il existe* $\mathrm{V}' \in \mathfrak{B}$ *tel que* $\mathrm{V}' \subset \overset{-1}{\mathrm{V}}$.

$(\mathrm{U'_{III}})$ *Quel que soit* $\mathrm{V} \in \mathfrak{B}$, *il existe* $\mathrm{W} \in \mathfrak{B}$ *tel que* $\overset{2}{\mathrm{W}} \subset \mathrm{V}$.

Si X est non vide, un système fondamental d'entourages d'une structure uni-

[1] Rappelons (E, II, p. 11) que si V et W sont deux parties de $\mathrm{X} \times \mathrm{X}$, l'ensemble noté $\mathrm{V} \circ \mathrm{W}$ ou VW est l'ensemble des couples $(x, y) \in \mathrm{X} \times \mathrm{X}$ ayant la propriété qu'il existe $z \in \mathrm{X}$ tel que l'on ait $(x, z) \in \mathrm{W}$ et $(z, y) \in \mathrm{V}$; l'ensemble $\overset{-1}{\mathrm{V}}$ est l'ensemble des couples $(x, y) \in \mathrm{X} \times \mathrm{X}$ tels que $(y, x) \in \mathrm{V}$.

forme sur X est une *base* du filtre des entourages de cette structure (I, p. 38, prop. 3).

Exemples de structures uniformes. — *1) Sur l'ensemble des nombres réels **R**, on définit de la manière suivante une structure uniforme, dite *structure uniforme additive*: pour chaque $\alpha > 0$, on considère, dans $\mathbf{R} \times \mathbf{R}$, l'ensemble V_α des couples (x, y) de nombres réels tels que $|x - y| < \alpha$; lorsque α parcourt l'ensemble des nombres réels >0, les V_α constituent un système fondamental d'entourages de la structure uniforme additive sur **R**. On définit de la même manière une structure uniforme (dite encore *structure additive*) sur l'ensemble **Q** des nombres rationnels; on étudiera aux chap. III et IV ces structures, et les structures uniformes que l'on peut définir de façon analogue sur les *groupes*.*

2) Soient X un ensemble, R une *relation d'équivalence* dans X, C son graphe dans $X \times X$. On sait (E, II, p. 41) que l'on a $\Delta \subset C$ et $\overset{2}{C} = \overset{-1}{C} = C$; l'ensemble de parties de $X \times X$ réduit au *seul* ensemble C est donc un système fondamental d'entourages d'une structure uniforme sur X. En particulier, si on prend pour R la relation d'égalité, on a $C = \Delta$, et les entourages de la structure uniforme correspondante sont alors *toutes les parties de* $X \times X$ *contenant* Δ; on dit que cette structure uniforme est la structure uniforme *discrète* sur X et l'ensemble X, muni de cette structure uniforme, est appelé *espace uniforme discret*.

3) Sur l'ensemble **Z** des entiers rationnels, on définit de la manière suivante une structure uniforme importante en Théorie des Nombres: étant donné un nombre premier p, on considère, pour chaque entier $n > 0$, l'ensemble W_n des couples $(x, y) \in \mathbf{Z} \times \mathbf{Z}$ tels que $x \equiv y \pmod{p^n}$. On vérifie aisément que ces ensembles constituent un système fondamental d'entourages d'une structure uniforme sur **Z**, dite structure *p-adique* (III, p. 82, exerc. 23 et suiv., et IX, §3, n°2).

Conformément aux définitions générales (E, IV, p. 6), si X et X′ sont deux ensembles munis de structures uniformes dont les ensembles d'entourages sont respectivement $\mathfrak{U}$ et $\mathfrak{U}'$, une bijection f de X sur X′ est un *isomorphisme* de la structure uniforme de X sur celle de X′ si, en posant $g = f \times f$, on a $g(\mathfrak{U}) = \mathfrak{U}'$.

Par exemple, si X et X′ sont deux ensembles équipotents, toute bijection de X sur X′ est un isomorphisme de la structure uniforme discrète de X sur la structure uniforme discrète de X′.

2. Topologie d'un espace uniforme

Proposition 1. — *Soit* X *un ensemble muni d'une structure uniforme* $\mathcal{U}$. *Pour tout* $x \in X$, *soit* $\mathfrak{V}(x)$ *l'ensemble des parties* $V(x)$ *de* X, *où* V *parcourt l'ensemble des entourages de* $\mathcal{U}$; *il existe sur* X *une topologie et une seule telle que pour tout* $x \in X$, $\mathfrak{V}(x)$ *soit le filtre des voisinages de* x *pour cette topologie.*

Il faut montrer que les $\mathfrak{V}(x)$ vérifient les conditions (V_{I}), (V_{II}), (V_{III}) et (V_{IV}) de I, p. 3. Pour les trois premières, cela résulte aussitôt de ce que l'ensemble des entourages de $\mathcal{U}$ vérifie (F_{I}), (F_{II}) et (U_{I}). D'autre part, si V est un entourage de $\mathcal{U}$, W un entourage de $\mathcal{U}$ tel que $\overset{2}{W} \subset V$, $V(x)$ appartient à $\mathfrak{V}(y)$ pour tout $y \in W(x)$; en effet, si $(x, y) \in W$ et $(y, z) \in W$, on a $(x, z) \in \overset{2}{W} \subset V$, donc $W(y) \subset V(x)$ pour tout $y \in W(x)$, ce qui achève la démonstration.

DÉFINITION 3. — *On dit que la topologie définie dans la prop.* 1 *est la topologie déduite de la structure uniforme* $\mathcal{U}$.

Exemples. — *1) La topologie déduite de la structure uniforme additive sur l'ensemble des nombres réels est la topologie de la droite numérique (I, p. 4); de même, la topologie déduite de la structure additive sur l'ensemble des nombres rationnels est la topologie de la droite rationnelle.*

2) Sur un ensemble quelconque X, la topologie déduite de la structure uniforme discrète (II, p. 3, *Exemple* 2) est la topologie discrète.

Quand nous parlerons, par la suite, de la topologie d'un espace uniforme X, il faudra toujours entendre, sauf mention expresse du contraire, la topologie déduite de la structure uniforme de cet espace; l'espace topologique obtenu en munissant l'ensemble X de cette topologie sera parfois appelé l'espace topologique *sous-jacent* à l'espace uniforme considéré. Par exemple, quand nous dirons qu'un espace uniforme est *séparé*, ou *compact*, ou *localement compact*, etc., cela signifiera que l'espace sous-jacent a cette propriété.

Étant donnés deux espaces uniformes X, X′, tout isomorphisme f de la structure uniforme de X sur celle de X′ est aussi un *homéomorphisme* de X sur X′; on dit que f est un isomorphisme de l'espace uniforme X sur l'espace uniforme X′. On notera qu'un homéomorphisme de X sur X′ n'est pas nécessairement un isomorphisme de la structure uniforme de X sur celle de X′.

En d'autres termes, les topologies déduites de deux structures uniformes *distinctes* sur un même ensemble X peuvent être identiques. *Par exemple, sur $]0, +\infty[$, la même topologie est déduite de la structure uniforme *additive* et de la structure uniforme *multiplicative*, qui sont distinctes (III, p. 80, exerc. 17).*

Pour un autre exemple, voir II, p. 7, *Remarque* 1.

PROPOSITION 2. — *Soit* X *un espace uniforme. Pour tout entourage symétrique* V *de* X *et toute partie* M *de* X × X, VMV *est un voisinage de* M *dans l'espace topologique produit* X × X, *et l'adhérence de* M *dans cet espace est donnée par la formule*

$$\overline{M} = \bigcap_{V \in \mathfrak{S}} VMV, \tag{1}$$

$\mathfrak{S}$ *désignant l'ensemble des entourages symétriques de* X.

En effet, si V est un entourage symétrique de X, la relation $(x, y) \in VMV$ signifie qu'il existe $(p, q) \in M$ tel que $(x, p) \in V$ et $(q, y) \in V$, autrement dit (V étant symétrique), $x \in V(p)$ et $y \in V(q)$, ou encore $(x, y) \in V(p) \times V(q)$. Comme $V(p) \times V(q)$ est un voisinage de (p, q) dans X × X, cela démontre la première assertion. En outre, les relations $(x, p) \in V$, $(y, q) \in V$ s'écrivent aussi $p \in V(x)$, $q \in V(y)$, ou encore $(p, q) \in V(x) \times V(y)$. Or, lorsque V parcourt $\mathfrak{S}$, les ensembles $V(x) \times V(y)$ constituent un système fondamental de voisinages de (x, y) dans X × X: en effet, si U, U′ sont deux entourages quelconques, il y a toujours un entourage symétrique $V \subset U \cap U'$, donc

$$V(x) \times V(y) \subset U(x) \times U'(y).$$

Dire que $V(x) \times V(y)$ rencontre M pour tout $V \in \mathfrak{S}$ signifie donc que $(x, y) \in \overline{M}$, d'où la formule (1).

Corollaire 1. — *Pour toute partie* A *de* X *et tout entourage symétrique* V *de* X, V(A) *est un voisinage de* A *dans* X, *et l'on a*

$$\overline{A} = \bigcap_{V \in \mathfrak{S}} V(A) = \bigcap_{V \in \mathfrak{U}} V(A) \tag{2}$$

($\mathfrak{U}$ *désignant l'ensemble des entourages de* X).

En effet, si on pose $M = A \times A$, on a $\overset{-1}{V}MV = V(A) \times V(A)$ pour $V \in \mathfrak{S}$, car la relation « il existe $p \in A$ tel que $(x, p) \in V$ » équivaut à $x \in V(A)$ par définition. On en conclut le corollaire, en vertu de I, p. 26, prop. 5 et I, p. 27, prop. 7.

On dit que V(A) est le *voisinage d'ordre* V de A.

Si V est un entourage de X *ouvert* dans X × X, $V(x)$ est ouvert dans X pour tout $x \in X$ (I, p. 26, cor. de la prop. 2), donc V(A), réunion des $V(x)$ pour $x \in A$, est *ouvert* dans X. Par contre, si V est un entourage fermé dans X × X, V(A) n'est pas nécessairement fermé dans X pour toute partie A de X (II, p. 34, exerc. 3).

D'autre part, il convient de remarquer que, lorsque V parcourt l'ensemble des entourages de X, les ensembles V(A) ne forment pas nécessairement un système fondamental de voisinages de A dans X (II, p. 34, exerc. 2).

Corollaire 2. — *Les intérieurs* (resp. *les adhérences*) *dans* X × X *des entourages de* X *forment un système fondamental d'entourages de* X.

En effet, si V est un entourage quelconque de X, il existe un entourage symétrique W tel que $\overset{3}{W} \subset V$; comme $\overset{3}{W}$ est un voisinage de W (prop. 2), l'intérieur de V dans X × X contient W et est donc un entourage de X. En outre (prop. 2), on a $W \subset \overline{W} \subset \overset{3}{W} \subset V$, donc V contient l'adhérence d'un entourage de X.

Corollaire 3. — *Tout espace uniforme vérifie l'axiome* (O_{III}).

En effet, pour tout $x \in X$, si V parcourt l'ensemble des entourages de X fermés dans X × X, les $V(x)$ forment un système fondamental de voisinages de x dans X en vertu du cor. 2, et les $V(x)$ sont fermés dans X (I, p. 26, cor. de la prop. 4).

Proposition 3. — *Pour qu'un espace uniforme* X *soit séparé, il faut et il suffit que l'intersection des entourages de sa structure uniforme soit la diagonale* Δ *de* X × X. *Tout espace uniforme séparé est régulier.*

La dernière assertion résulte aussitôt du cor. 3 de la prop. 2. On a vu que les entourages fermés forment un système fondamental d'entourages de X (cor. 2 de la prop. 2); si leur intersection est égale à Δ, Δ est fermé dans X × X, donc X est séparé (I, p. 52, prop. 1). Inversement, si X est séparé, pour tout point (x, y) n'appartenant pas à Δ, il existe un entourage V de X tel que $y \notin V(x)$, ce qu'équivaut à $(x, y) \notin V$; donc Δ est l'intersection des entourages de X.

Lorsqu'un espace uniforme X est séparé, on dit que sa structure uniforme est *séparée*. Soit $\mathfrak{B}$ un système fondamental d'entourages de cette structure; pour que X soit séparé, il faut et il suffit que l'intersection des ensembles de $\mathfrak{B}$ soit Δ.

§ 2. FONCTIONS UNIFORMÉMENT CONTINUES

1. Fonctions uniformément continues

DÉFINITION 1. — *On dit qu'une application f d'un espace uniforme* X *dans un espace uniforme* X' *est uniformément continue si, pour tout entourage* V' *de* X', *il existe un entourage* V *de* X *tel que la relation* $(x, y) \in V$ *entraîne* $(f(x), f(y)) \in V'$.

D'une manière plus imagée, on peut dire que f est uniformément continue si $f(x)$ et $f(y)$ sont aussi voisins qu'on veut dès que x et y sont assez voisins.

Si on pose $g = f \times f$, la déf. 1 signifie encore que *pour tout entourage* V' *de* X', $\overset{-1}{g}(V')$ *est un entourage de* X.

Exemples. — 1) L'application identique d'un espace uniforme sur lui-même est uniformément continue.

2) Une application constante d'un espace uniforme dans un espace uniforme est uniformément continue.

3) Toute application d'un espace uniforme discret dans un espace uniforme est uniformément continue.

PROPOSITION 1. — *Toute application uniformément continue est continue.*

C'est une conséquence immédiate des définitions.

Par contre, une application continue d'un espace uniforme X dans un espace uniforme X' n'est pas nécessairement uniformément continue, *comme le montre l'exemple $x \mapsto x^3$, *homéomorphisme* de **R** sur lui-même, qui n'est pas uniformément continue pour la structure uniforme additive.$_*$ (Voir II, p. 29, th. 2.)

PROPOSITION 2. — 1° *Si* $f: X \rightarrow X'$ *et* $g: X' \rightarrow X''$ *sont deux applications uniformément continues, alors* $g \circ f: X \rightarrow X''$ *est uniformément continue.*

2° *Pour qu'une bijection f d'un espace uniforme* X *sur un espace uniforme* X' *soit un isomorphisme, il faut et il suffit que f et la bijection réciproque g de f soient uniformément continues.*

Cela résulte immédiatement de l'interprétation de la déf. 1 en termes de l'application produit $f \times f$.

2. Comparaison des structures uniformes

La prop. 2 montre que l'on peut prendre pour *morphismes* des structures uniformes les applications uniformément continues (E, IV, p. 11); nous supposerons toujours par la suite que l'on a fait ce choix de morphismes. Conformément aux définitions générales (E, IV, p. 13), cela permet de définir une *relation d'ordre* dans l'ensemble des structures uniformes sur un même ensemble X:

DÉFINITION 2. — *Étant données deux structures uniformes* $\mathscr{U}_1$, $\mathscr{U}_2$ *sur un même ensemble* X, *on dit que* $\mathscr{U}_1$ *est plus fine que* $\mathscr{U}_2$ (*et que* $\mathscr{U}_2$ *est moins fine que* $\mathscr{U}_1$) *si, en désignant par* X_i *l'ensemble* X *muni de la structure uniforme* $\mathscr{U}_i$ $(i = 1, 2)$ *l'application identique* $X_1 \to X_2$ *est uniformément continue.*

Si $\mathscr{U}_1$ est plus fine que $\mathscr{U}_2$ et distincte de $\mathscr{U}_2$, on dit que $\mathscr{U}_1$ est *strictement plus fine* que $\mathscr{U}_2$ (et que $\mathscr{U}_2$ *est strictement moins fine* que $\mathscr{U}_1$).

Deux structures uniformes dont l'une est plus fine que l'autre sont dites *comparables.*

Exemple. — Dans l'ensemble ordonné des structures uniformes sur un ensemble X, la structure uniforme discrète est la structure uniforme *la plus fine*, et la structure uniforme *la moins fine* est celle dont l'ensemble des entourages est formé du seul élément $X \times X$.

La déf. 1 de II, p. 6 entraîne aussitôt la proposition suivante:

PROPOSITION 3. — *Étant données deux structures uniformes* $\mathscr{U}_1$, $\mathscr{U}_2$ *sur un ensemble* X, *pour que* $\mathscr{U}_1$ *soit plus fine que* $\mathscr{U}_2$, *il faut et il suffit que tout entourage de* $\mathscr{U}_2$ *soit un entourage de* $\mathscr{U}_1$.

COROLLAIRE. — *Sur un ensemble* X, *soit* $\mathscr{U}_1$ *une structure uniforme plus fine qu'une structure uniforme* $\mathscr{U}_2$; *alors la topologie déduite de* $\mathscr{U}_1$ *est plus fine que la topologie déduite de* $\mathscr{U}_2$.

Cela résulte aussitôt de la comparaison des topologies à l'aide des voisinages (I, p. 11, prop. 3).

Remarques. — 1) Il peut se faire qu'une structure uniforme $\mathscr{U}_1$ soit *strictement plus fine* qu'une structure uniforme $\mathscr{U}_2$, mais que les topologies déduites de ces deux structures uniformes soient *identiques.* C'est ce que montre l'exemple suivant:

Soit X un ensemble non vide; pour toute *partition finie* $\varpi = (A_i)_{1 \leqslant i \leqslant n}$ de X, posons $V_\varpi = \bigcup_i (A_i \times A_i)$; les ensembles V_ϖ constituent un *système fondamental d'entourages* d'une structure uniforme $\mathscr{U}$ sur X; en effet pour toute partition finie ϖ, on a $\Delta \subset V_\varpi$ et $V_\varpi \circ V_\varpi = \overset{-1}{V_\varpi} = V_\varpi$ (II, p. 3, *Exemple* 2); d'autre part, si $\varpi' = (B_j)$ et $\varpi'' = (C_k)$ sont deux partitions finies de X, ceux des ensembles $B_j \cap C_k$ qui sont non vides forment une partition ϖ de X, et l'on a $V_\varpi \subset V_{\varpi'} \cap V_{\varpi''}$. On dit que $\mathscr{U}$ est la *structure uniforme des partitions finies* sur X. La topologie déduite de $\mathscr{U}$ est la topologie *discrète*, car pour tout $x \in X$ les ensembles $\{x\}$ et $\complement\{x\}$ forment une partition finie de X. Cependant, si X est infini, il est clair que $\mathscr{U}$ est *strictement moins fine* que la structure uniforme discrète.

2) Si $f: X \to X'$ est une application uniformément continue, elle reste uniformément continue lorsqu'on remplace la structure uniforme de X par une structure uniforme *plus fine* et celle de X' par une structure uniforme *moins fine* (II, p. 6, prop. 2). Autrement dit, il y a *d'autant plus* d'applications uniformément

continues de X dans X′ que la structure uniforme de X est *plus fine* et celle de X′ *moins fine*.

3. Structures uniformes initiales

PROPOSITION 4. — *Soient* X *un ensemble*, $(Y_\iota)_{\iota \in I}$ *une famille d'espaces uniformes, et pour chaque* $\iota \in I$, *soit* f_ι *une application de* X *dans* Y_ι; *pour tout* $\iota \in I$, *on pose* $g_\iota = f_\iota \times f_\iota$. *Soit* $\mathfrak{S}$ *l'ensemble des parties de* X × X *de la forme* $\overset{-1}{g_\iota}(V_\iota)$ ($\iota \in I$, V_ι *entourage de* Y_ι), *et soit* $\mathfrak{B}$ *l'ensemble des intersections finies*

$$(1) \qquad U(V_{\iota_1}, \ldots, V_{\iota_n}) = \overset{-1}{g_{\iota_1}}(V_{\iota_1}) \cap \cdots \cap \overset{-1}{g_{\iota_n}}(V_{\iota_n})$$

d'ensembles de $\mathfrak{S}$. *Alors* $\mathfrak{B}$ *est un système fondamental d'entourages d'une structure uniforme* $\mathscr{U}$ *sur* X *qui est la structure uniforme initiale sur* X *pour la famille* (f_ι) (E, IV, p. 14) *et en particulier est la moins fine sur* X *rendant uniformément continues les applications* f_ι. *En d'autres termes, soit h une application d'un espace uniforme* Z *dans* X. *Pour que h soit uniformément continue* (*lorsque* X *est muni de la structure uniforme* $\mathscr{U}$), *il faut et il suffit que chacune des fonctions* $f_\iota \circ h$ *soit uniformément continue.*

Il est immédiat que $\mathfrak{B}$ vérifie les axiomes (B_I) et (U'_I); si $W_\iota = \overset{-1}{g_\iota}(V_\iota)$, on a $\overset{-1}{W_\iota} = \overset{-1}{g_\iota}(\overset{-1}{V_\iota})$ et $\overset{2}{W_\iota} \subset \overset{-1}{g_\iota}(\overset{2}{V_\iota})$, donc $\mathfrak{B}$ vérifie aussi (U'_{II}) et (U'_{III}) et est par suite un système fondamental d'entourages d'une structure uniforme $\mathscr{U}$ sur X. En outre, il résulte aussitôt de la définition de $\mathscr{U}$ et de la déf. 1 de II, p. 6 que f_ι est uniformément continue pour tout $\iota \in I$; donc (II, p. 6, prop. 2) $f_\iota \circ h$ est uniformément continue pour tout $\iota \in I$ si h l'est. Inversement, supposons que pour tout $\iota \in I$, $f_\iota \circ h$ soit uniformément continue et considérons un ensemble $U(V_{\iota_1}, \ldots, V_{\iota_n})$; par hypothèse, pour $1 \leqslant k \leqslant n$, il existe un entourage W_k de Z tel que la relation $(z, z') \in W_k$ entraîne $(f_{\iota_k}(h(z)), f_{\iota_k}(h(z'))) \in V_k$; si $W = \bigcap_k W_k$, les n relations précédentes sont simultanément vérifiées lorsque z et z' sont voisins d'ordre W, ce qui prouve qu'on a alors

$$(h(z), h(z')) \in U(V_{\iota_1}, \ldots, V_{\iota_n}),$$

et achève la démonstration.

COROLLAIRE. — *La topologie sur* X *déduite de la structure uniforme la moins fine rendant uniformément continues les* f_ι *est la topologie la moins fine rendant continues les* f_ι.

Cela résulte aussitôt de la définition des voisinages d'un point pour cette dernière topologie (I, p. 12, prop. 4).

Les propriétés générales des structures initiales (E, IV, p. 14, critère CST 10) entraînent en particulier la propriété suivante de *transitivité*:

PROPOSITION 5. — *Soient* X *un ensemble*, $(Z_\iota)_{\iota \in I}$ *une famille d'espaces uniformes*, $(J_\lambda)_{\lambda \in L}$ *une partition de* I *et* $(Y_\lambda)_{\lambda \in L}$ *une famille d'ensembles ayant* L *pour ensemble d'indices. Enfin, pour tout* $\lambda \in L$, *soit* h_λ *une application de* X *dans* Y_λ; *pour tout* $\lambda \in L$ *et tout* $\iota \in J_\lambda$, *soit* $g_{\iota\lambda}$ *une application de* Y_λ *dans* Z_ι; *on pose alors* $f_\iota = g_{\iota\lambda} \circ h_\lambda$. *On munit chacun des* Y_λ *da la structure uniforme la moins fine rendant uniformément continues les* $g_{\iota\lambda}$ $(\iota \in J_\lambda)$; *alors, sur* X, *la structure uniforme la moins fine rendant uniformément continues les* f_ι *est identique à la structure uniforme la moins fine rendant uniformément continues les* h_λ.

4. Image réciproque d'une structure uniforme. Sous-espaces uniformes

Soient X un ensemble, Y un espace uniforme, f une application de X dans Y; la structure uniforme la moins fine $\mathscr{U}$ sur X rendant uniformément continue f est appelée l'*image réciproque* par f de la structure uniforme de Y. Il résulte de la prop. 4 de II, p. 8 et des formules donnant l'image réciproque d'une intersection que les images réciproques par $g = f \times f$ des entourages de Y forment déjà un système fondamental d'entourages pour $\mathscr{U}$. La topologie déduite de $\mathscr{U}$ est alors l'*image réciproque* par f de la topologie de Y (II, p. 8, corollaire).

Remarque. — Si f: X → Y est *surjective,* les entourages de Y sont alors les *images directes* par g des entourages de X.

Pour qu'une application f d'un espace uniforme X dans un espace uniforme X′ soit uniformément continue, il faut et il suffit que l'image réciproque par f de la structure uniforme de X′ soit *moins fine* que la structure uniforme de X.

Soit A une partie d'un espace uniforme X; la *structure uniforme induite* sur A par la structure uniforme de X est l'image réciproque de cette dernière par l'injection canonique A → X; il revient au même (II, p. 8, prop. 4) de poser la définition suivante:

Définition 3. — *Soit* A *une partie d'un espace uniforme* X. *On appelle structure uniforme induite sur* A *par la structure uniforme de* X *la structure uniforme dont l'ensemble des entourages est la trace sur* A × A *de l'ensemble des entourages de* X.

La topologie déduite de la structure uniforme induite sur A est la topologie induite sur A par celle de X; A, muni de la structure uniforme et de la topologie induites par celles de X, est appelé *sous-espace uniforme de* X.

Si A est une partie d'un espace uniforme X, f: X → X′ une application uniformément continue, la restriction $f \mid A$ est une application uniformément continue de A dans X′. Si A′ ⊂ X′ est tel que $f(X) \subset A'$, l'application de X dans le sous-espace uniforme A′ de X′ ayant même graphe que f, est encore uniformément continue (II, p. 8, prop. 4).

Si B ⊂ A ⊂ X, le sous-espace uniforme B de X est identique au sous-espace uniforme B du sous-espace uniforme A de X (*transitivité* des structures uniformes induites; II, p. 8, prop. 5).

PROPOSITION 6. — *Soit* A *une partie partout dense d'un espace uniforme* X; *les adhérences, dans* X × X, *des entourages du sous-espace uniforme* A, *forment un système fondamental d'entourages de* X.

En effet, A × A est dense dans X × X (I, p. 27, prop. 7). Soit V un entourage ouvert de A, trace sur A × A d'un entourage ouvert U de X; on a $U \subset \overline{V}$ (I, p. 7, prop. 5), relation qui, jointe à $\overline{V} \subset \overline{U}$, établit la proposition, compte tenu de II, p. 5, cor. 2.

5. Borne supérieure d'un ensemble de structures uniformes

Toute famille $(\mathscr{U}_\iota)_{\iota \in I}$ de structures uniformes sur un ensemble X admet une *borne supérieure* $\mathscr{U}$ dans l'ensemble ordonné des structures uniformes sur X: il suffit en effet d'appliquer la prop. 4 de II, p. 8 en désignant par Y_ι l'ensemble X muni de la structure uniforme $\mathscr{U}_\iota$, et par f_ι l'application identique $X \to Y_\iota$; la topologie déduite de $\mathscr{U}$ n'est autre alors que la *borne supérieure* des topologies déduites des $\mathscr{U}_\iota$. Il résulte en outre de la prop. 4 de II, p. 8 que si $X \neq \varnothing$ et si $\mathfrak{U}_\iota$ est le filtre des entourages de $\mathscr{U}_\iota$, le filtre des entourages de $\mathscr{U}$ est la *borne supérieure* des filtres $\mathfrak{U}_\iota$ (I, p. 37).

Exemple. — Pour toute partition finie $\varpi = (A_i)_{1 \leqslant i \leqslant n}$ d'un ensemble non vide X, l'ensemble $V_\varpi = \bigcup_i (A_i \times A_i)$ constitue à lui seul un système fondamental d'entourages d'une structure uniforme $\mathscr{U}_\varpi$ sur X (II, p. 3, *Exemple* 2); la structure uniforme des partitions finies sur X (II, p. 7, *Remarque* 1) est la *borne supérieure* des structures uniformes $\mathscr{U}_\varpi$.

Remarque. — Une famille $(\mathscr{U}_\iota)$ de structures uniformes sur X admet aussi une *borne inférieure* dans l'ensemble de toutes les structures uniformes sur X, savoir la borne supérieure des structures uniformes moins fines que toutes les $\mathscr{U}_\iota$ (il y en a, puisque l'ensemble de toutes les structures uniformes sur X a un plus petit élément). Mais (en supposant $X \neq \varnothing$) le filtre des entourages de cette structure uniforme n'est pas nécessairement le filtre intersection des filtres d'entourages des $\mathscr{U}_\iota$, car ce dernier ne vérifie pas nécessairement l'axiome (U_{III}) (II, p. 35, exerc. 4).

6. Produit d'espaces uniformes

DÉFINITION 4. — *Étant donnée une famille* $(X_\iota)_{\iota \in I}$ *d'espaces uniformes, on appelle espace uniforme produit de cette famille l'ensemble produit* $X = \prod_{\iota \in I} X_\iota$ *muni de la structure uniforme la moins fine rendant uniformément continues les projections* $\mathrm{pr}_\iota : X \to X_\iota$. *Cette structure est appelée produit des structures uniformes des* X_ι, *et on dit que les espaces uniformes* X_ι *sont les espaces facteurs de* X.

La topologie déduite de la structure uniforme produit sur X est identique à la topologie produit des topologies des X_ι (II, p. 8, corollaire).

PROPOSITION 7. — *Soit* $f = (f_\iota)$ *une application d'un espace uniforme* Y *dans un espace uniforme produit* $X = \prod_{\iota \in I} X_\iota$. *Pour que f soit uniformément continue, il faut et il suffit que, pour tout* $\iota \in I$, f_ι *soit uniformément continue.*

Comme $f_\iota = \mathrm{pr}_\iota \circ f$, c'est un cas particulier de la prop. 4 de II, p. 8.

COROLLAIRE. — *Soient* $(X_\iota)_{\iota \in I}$, $(Y_\iota)_{\iota \in I}$ *deux familles d'espaces uniformes ayant même ensemble d'indices. Pour tout* $\iota \in I$, *soit* f_ι *une application de* X_ι *dans* Y_ι. *Si chacune des* f_ι *est uniformément continue, l'application produit* $f: (x_\iota) \mapsto (f_\iota(x_\iota))$ *est uniformément continue. Réciproquement, si les* X_ι *sont non vides et si f est uniformément continue, chacune des* f_ι *est uniformément continue.*

En effet, f s'écrit $x \mapsto (f_\iota(\mathrm{pr}_\iota x))$, et la première assertion résulte de la prop. 7. La seconde se démontre en considérant un point $a = (a_\iota)$ de $\prod_{\iota \in I} X_\iota$ et en reprenant le raisonnement de I, p. 25, cor. 1, où on remplace « continue au point a (resp. a_κ) » par « uniformément continue ».

Le critère général de transitivité des structures uniformes initiales (II, p. 8, prop. 5) montre, comme pour le produit d'espaces topologiques (I, p. 25) que le produit d'espaces uniformes est *associatif*, et que l'on a la propriété suivante:

PROPOSITION 8. — *Soient* X *un ensemble,* $(Y_\iota)_{\iota \in I}$ *une famille d'espaces uniformes, et pour chaque* $\iota \in I$, *soit* f_ι *une application de* X *dans* Y_ι. *Soit f l'application* $x \mapsto (f_\iota(x))$ *de* X *dans* $Y = \prod_{\iota \in I} Y_\iota$, *et soit* $\mathscr{U}$ *la structure uniforme la moins fine sur* X *rendant uniformément continues les* f_ι. *Alors* $\mathscr{U}$ *est l'image réciproque par f de la structure uniforme induite sur* $f(X)$ *par la structure uniforme produit sur* Y.

COROLLAIRE. — *Pour tout* $\iota \in I$, *soit* A_ι *un sous-espace de* Y_ι. *La structure uniforme induite sur* $A = \prod_{\iota \in I} A_\iota$ *par la structure uniforme produit sur* $\prod_{\iota \in I} Y_\iota$ *est la structure uniforme produit des structures uniformes des sous-espaces* A_ι.

En outre, on voit aussitôt que si X_1, X_2 sont deux espaces uniformes et a_1 un point quelconque de X_1, l'application $x_2 \mapsto (a_1, x_2)$ est un isomorphisme de X_2 sur le sous-espace $\{a_1\} \times X_2$ de $X_1 \times X_2$; par suite:

PROPOSITION 9. — *Soit f une application uniformément continue d'un espace uniforme produit* $X_1 \times X_2$ *dans un espace uniforme* Y; *toute application partielle* $x_2 \mapsto f(x_1, x_2)$ *de* X_2 *dans* Y *est alors uniformément continue.*

On exprime encore cette proposition en disant qu'une fonction uniformément continue de deux arguments est uniformément continue par rapport à chacun d'eux.

*L'exemple donné dans I, p. 27, *Remarque* 2, montre que la réciproque de cette proposition est inexacte.*

7. Limites projectives d'espaces uniformes

Soient I un ensemble préordonné, la relation de préordre dans I étant notée $\alpha \leqslant \beta$. Pour tout $\alpha \in I$, soit X_α un espace uniforme, et pour $\alpha \leqslant \beta$, soit $f_{\alpha\beta}$ une application de X_β dans X_α. Nous dirons que $(X_\alpha, f_{\alpha\beta})$ est un *système projectif d'espaces uniformes* si: 1° $(X_\alpha, f_{\alpha\beta})$ est un *système projectif d'ensembles* (cf. E, III, p. 52); 2° pour $\alpha \leqslant \beta$, $f_{\alpha\beta}$ est une application *uniformément continue*. Sur $X = \varprojlim X_\alpha$, la structure uniforme *la moins fine rendant uniformément continues* les applications canoniques $f_\alpha : X \to X_\alpha$ est appelée la *limite projective* (pour les $f_{\alpha\beta}$) des structures uniformes des X_α, et l'ensemble X, muni de cette structure uniforme, est appelé *la limite projective du système projectif d'espaces uniformes* $(X_\alpha, f_{\alpha\beta})$. Toutes les propriétés des limites projectives d'espaces topologiques établies dans I, pp. 28–29 (à l'exception de la prop. 9) restent valables en remplaçant « topologie » par « structure uniforme » et « application continue » par « application uniformément continue »; en outre:

Proposition 10. — *Soient* I *un ensemble préordonné filtrant,* $(X_\alpha, f_{\alpha\beta})$ *un système projectif d'espaces uniformes ayant* I *pour ensemble d'indices,* J *une partie cofinale de* I. *Pour tout* $\alpha \in I$, *soit* f_α *l'application canonique de* $X = \varprojlim X_\alpha$ *dans* X_α, *et soit* $g_\alpha = f_\alpha \times f_\alpha$. *La famille des ensembles* $\overset{-1}{g_\alpha}(V_\alpha)$, *où* α *parcourt* J, *et où, pour chaque* $\alpha \in J$, V_α *parcourt un système fondamental d'entourages de* X_α, *est un système fondamental d'entourages de* X.

Nous laissons au lecteur la démonstration, qui est une adaptation immédiate de celle de la prop. 9 de I, p. 29.

Enfin, la topologie sur $X = \varprojlim X_\alpha$ déduite de la structure uniforme limite projective des structures uniformes des X_α est la limite projective des topologies des X_α.

§3. ESPACES COMPLETS

1. Filtres de Cauchy

Lorsqu'on a muni un ensemble X d'une structure uniforme, on peut définir ce qu'on entend par un sous-ensemble « petit » dans X (relativement à cette structure): ce sera un ensemble dont tous les points sont « très voisins » deux à deux. De façon précise:

Définition 1. — *Étant donné un espace uniforme* X, *et un entourage* V *de* X, *on dit qu'une partie* A *de* X *est un ensemble petit d'ordre* V *lorsque deux quelconques des points de* A *sont voisins d'ordre* V (ce qui revient à dire que $A \times A \subset V$).

Proposition 1. — *Dans un espace uniforme* X, *si deux ensembles* A *et* B *sont petits d'ordre* V *et se rencontrent, leur réunion* $A \cup B$ *est un ensemble petit d'ordre* $\overset{2}{V}$.

En effet, soient x, y deux points de $A \cup B$, et z un point de $A \cap B$; on a par hypothèse $(x, z) \in V$ et $(z, y) \in V$, donc $(x, y) \in \overset{2}{V}$.

DÉFINITION 2. — *On dit qu'un filtre* $\mathfrak{F}$ *sur un espace uniforme* X *est un filtre de Cauchy si, pour tout entourage* V *de* X, *il existe un ensemble petit d'ordre* V *et appartenant à* $\mathfrak{F}$.

Ici encore, on peut rendre le langage plus imagé en utilisant les expressions « ensemble assez petit » et « ensemble aussi petit qu'on veut »; par exemple, la déf. 2 peut encore s'exprimer en disant qu'un filtre de Cauchy est un filtre qui *contient des ensembles arbitrairement petits*.

On dit qu'une suite infinie (u_n) de points d'un espace uniforme X est une *suite de Cauchy* si le filtre élémentaire associé à cette suite est un filtre de Cauchy. Il revient au même de dire que pour tout entourage V de X, il existe n_0 tel que, quels que soient $m \geqslant n_0$ et $n \geqslant n_0$, on ait $(u_m, u_n) \in V$.

PROPOSITION 2. — *Sur un espace uniforme* X, *tout filtre convergent est un filtre de Cauchy.*

En effet, pour tout $x \in X$, et tout entourage symétrique V de X, le voisinage $V(x)$ de x est petit d'ordre $\overset{2}{V}$; si $\mathfrak{F}$ est un filtre convergent vers x, il existe un ensemble de $\mathfrak{F}$ contenu dans $V(x)$, donc petit d'ordre $\overset{2}{V}$.

Il est clair que tout filtre *plus fin* qu'un filtre de Cauchy est un filtre de Cauchy.

PROPOSITION 3. — *Soit* $f: X \to X'$ *une application uniformément continue. L'image par* f *d'une base de filtre de Cauchy sur* X *est une base de filtre de Cauchy sur* X'.

Soit en effet $g = f \times f$; si V' est un entourage de X', $\overset{-1}{g}(V')$ est un entourage de X, et l'image par f d'un ensemble petit d'ordre $\overset{-1}{g}(V')$ est un ensemble petit d'ordre V'; d'où la proposition.

Il en résulte en particulier que si on remplace la structure uniforme d'un espace uniforme X par une structure uniforme *moins fine*, tout filtre de Cauchy pour la structure uniforme initialement donnée reste filtre de Cauchy pour la nouvelle structure uniforme.

On retiendra aisément ce fait sous la forme suivante: *plus une structure uniforme est fine, moins il y a de filtres de Cauchy.*

PROPOSITION 4. — *Soient* X *un ensemble,* $(Y_\iota)_{\iota \in I}$ *une famille d'espaces uniformes, et pour chaque* $\iota \in I$, *soit* f_ι *une application de* X *dans* Y_ι. *On munit* X *de la structure uniforme* $\mathscr{U}$ *la moins fine rendant uniformément continues les* f_ι. *Pour qu'une base de filtre* $\mathfrak{B}$ *sur* X *soit une base de filtre de Cauchy, il faut et il suffit que, pour tout* $\iota \in I$, $f_\iota(\mathfrak{B})$ *soit une base de filtre de Cauchy sur* Y_ι.

La condition est nécessaire en vertu de la prop. 3. Inversement, supposons-la vérifiée, et soit $U(V_{\iota_1}, \ldots, V_{\iota_n})$ un entourage de la structure uniforme $\mathscr{U}$ (II, p. 8, formule (1)). Par hypothèse, pour tout indice k, il existe un ensemble $M_k \in \mathfrak{B}$ tel que $f_{\iota_k}(M_k)$ soit petit d'ordre V_{ι_k} $(1 \leqslant k \leqslant n)$; soit M un ensemble de $\mathfrak{B}$

contenu dans M_k pour $1 \leqslant k \leqslant n$; pour tout couple de points, x, x' de M, on a $(f_{\iota_k}(x), f_{\iota_k}(x')) \in V_{\iota_k}$ pour $1 \leqslant k \leqslant n$, donc $(x, x') \in U(V_{\iota_1}, \ldots, V_{\iota_n})$ ce qui démontre la proposition.

Corollaire 1. — *Si un filtre de Cauchy sur un espace uniforme* X *induit un filtre sur une partie* A *de* X, *ce filtre est un filtre de Cauchy sur le sous-espace uniforme* A.

Corollaire 2. — *Pour qu'une base de filtre* $\mathfrak{B}$ *sur un produit* $\prod_{\iota \in I} X_\iota$ *d'espaces uniformes soit une base de filtre de Cauchy, il faut et il suffit que, pour tout* $\iota \in I$, $\mathrm{pr}_\iota(\mathfrak{B})$ *soit une base de filtre de Cauchy sur* X_ι.

2. Filtres de Cauchy minimaux

Les éléments minimaux (pour la relation d'inclusion) de l'ensemble des filtres de Cauchy sur un espace uniforme X sont appelés *filtres de Cauchy minimaux* sur X.

Proposition 5. — *Soit* X *un espace uniforme. Pour tout filtre de Cauchy* $\mathfrak{F}$ *sur* X, *il existe un et un seul filtre de Cauchy minimal* $\mathfrak{F}_0$ *moins fin que* $\mathfrak{F}$; *si* $\mathfrak{B}$ *est une base de* $\mathfrak{F}$, $\mathfrak{S}$ *un système fondamental d'entourages symétriques de* X, *les ensembles* V(M) $(M \in \mathfrak{B}, V \in \mathfrak{S})$ *forment une base de* $\mathfrak{F}_0$.

Si M, M' sont dans $\mathfrak{B}$, V, V' dans $\mathfrak{S}$, il existe dans $\mathfrak{B}$ (resp. $\mathfrak{S}$) un ensemble M'' (resp. V'') tel que $M'' \subset M \cap M'$ (resp. $V'' \subset V \cap V'$), d'où

$$V''(M'') \subset V(M) \cap V'(M');$$

les ensembles V(M) (pour $M \in \mathfrak{B}$, $V \in \mathfrak{S}$) forment donc bien une base d'un filtre $\mathfrak{F}_0$ sur X. En outre, si M est petit d'ordre V, V(M) est petit d'ordre $\overset{3}{V}$, donc $\mathfrak{F}_0$ est un filtre de Cauchy sur X, évidemment moins fin que $\mathfrak{F}$. Pour achever la démonstration, il suffit de prouver que si $\mathfrak{G}$ est un filtre de Cauchy moins fin que $\mathfrak{F}$, $\mathfrak{G}$ est plus fin que $\mathfrak{F}_0$; en effet, pour tout $M \in \mathfrak{B}$ et tout $V \in \mathfrak{S}$, il existe un ensemble $N \in \mathfrak{G}$ petit d'ordre V, et comme $N \in \mathfrak{F}$, N rencontre M, donc $N \subset V(M)$ et $V(M) \in \mathfrak{G}$.

Corollaire 1. — *Pour tout* $x \in X$, *le filtre* $\mathfrak{V}(x)$ *des voisinages de* x *dans* X *est un filtre de Cauchy minimal.*

Il suffit, dans la prop. 5, de prendre pour $\mathfrak{F}$ le filtre de toutes les parties contenant x, et pour $\mathfrak{B}$ l'ensemble de parties réduit à l'unique élément $\{x\}$.

Corollaire 2. — *Tout point* x *adhérent à un filtre de Cauchy* $\mathfrak{F}$ *est point limite de* $\mathfrak{F}$.

En effet, il existe un filtre $\mathfrak{G}$ plus fin que $\mathfrak{F}$ et que $\mathfrak{V}(x)$ (I, p. 47, prop. 4); comme $\mathfrak{F}$ est un filtre de Cauchy, il en est de même de $\mathfrak{G}$. Si $\mathfrak{F}_0$ est l'unique filtre de Cauchy minimal moins fin que $\mathfrak{F}$, $\mathfrak{F}_0$ et $\mathfrak{V}(x)$ sont deux filtres de Cauchy minimaux moins fins que $\mathfrak{G}$, donc $\mathfrak{F}_0 = \mathfrak{V}(x)$, ce qui prouve que $\mathfrak{F}$ converge vers x.

Corollaire 3. — *Toute filtre de Cauchy moins fin qu'un filtre convergent vers un point x converge aussi vers x.*

C'est un conséquence du cor 2.

Corollaire 4. — *Si $\mathfrak{F}$ est un filtre de Cauchy minimal, tout ensemble de $\mathfrak{F}$ a un intérieur non vide, qui appartient à $\mathfrak{F}$* (en d'autres termes il existe une base de $\mathfrak{F}$ formée d'ensembles *ouverts*).

En effet, pour tout entourage V de X, il existe un entourage ouvert $U \subset V$ (II, p. 5, cor. 2) et pour toute partie M de X, U(M) est alors ouvert et contenu dans V(M); d'où le corollaire, compte tenu de la prop. 5.

3. Espaces complets

Sur un espace uniforme X, *un filtre de Cauchy n'a pas nécessairement de point limite.*

Exemples. — 1) Considérons, sur la droite rationnelle **Q**, la suite (u_n) définie par $u_n = \sum_{p=0}^{n} 2^{-p(p+1)/2}$; si $m > n$, on a

$$|u_m - u_n| \leqslant 2^{-n(n+3)/2} \tag{1}$$

donc (u_n) est une *suite de Cauchy.* Mais cette suite n'a pas de limite dans **Q**: en effet, si le nombre rationnel a/b était limite de (u_n), on aurait d'après (1), quel que soit n

$$|a/b - h_n/2^{n(n+1)/2}| \leqslant (\tfrac{1}{2})^{n(n+3)/2}$$

où h_n est un entier (dépendant de n); ou encore

$$|a.2^{n(n+1)/2} - bh_n| \leqslant b.2^{-n}$$

quel que soit n; or, comme le premier membre de cette inégalité est un entier quel que soit n, il serait nul pour tout entier n supérieur à un entier n_0 tel que $b < 2^{n_0}$; on aurait alors $a/b = u_n$ quel que soit $n > n_0$, ce qui est absurde.

2) Soit X un ensemble infini, et considérons sur X la structure uniforme des partitions finies (II, p. 7, *Remarque* 1); tout *ultrafiltre* $\mathfrak{F}$ sur X est un filtre de Cauchy pour cette structure. En effet, si (A_ι) est une partition finie de X, $V = \bigcup_\iota (A_\iota \times A_\iota)$ l'entourage correspondant, il existe un des A_ι qui appartient à $\mathfrak{F}$ (I, p. 39, corollaire) et il est petit d'ordre V. Mais d'autre part, X est un espace discret infini, donc non compact, et par suite il existe des ultrafiltres sur X qui ne convergent pas.

Définition 3. — *On appelle espace complet un espace uniforme tel que tout filtre de Cauchy sur cet espace soit convergent.*

Dans un espace complet, toute *suite de Cauchy* (II, p. 13, n° 1) est donc convergente.

Exemple. — Sur un espace uniforme *discret* X, un filtre de Cauchy est un ultrafiltre trivial (I, p. 39), donc convergent, et par suite X est complet.

Des déf. 2 (II, p. 13) et 3 et de la prop. 2 de II, p. 13, on déduit aussitôt la proposition suivante, connue sous le nom de *critère de Cauchy*:

Proposition 6. — *Soit $\mathfrak{F}$ un filtre sur un ensemble* X, *et soit f une application de* X *dans un espace uniforme* complet X'; *pour que f admette une limite suivant $\mathfrak{F}$, il faut et il suffit que l'image de $\mathfrak{F}$ par f soit une base de filtre de Cauchy.*

On voit par là l'intérêt que présentent les espaces complets dans toutes les questions où intervient la notion de limite; si une fonction prend ses valeurs dans espace complet, on pourra démontrer l'*existence* de sa limite, *sans connaître au préalable la valeur de cette limite*, ce qui serait impossible si on ne disposait, comme critère de convergence, que de la définition de la limite.

Une structure uniforme *plus fine* qu'une structure uniforme d'espace complet n'est pas nécessairement une structure uniforme d'espace complet (II, p. 36, exerc. 2 du § 3); mais on a la proposition suivante:

PROPOSITION 7. — *Soient* $\mathscr{U}_1$, $\mathscr{U}_2$ *deux structures uniformes sur un ensemble* X, $\mathscr{T}_1$, $\mathscr{T}_2$ *les topologies déduites respectivement de ces structures uniformes. On suppose que* $\mathscr{U}_1$ *est plus fine que* $\mathscr{U}_2$, *et en outre qu'il existe un système fondamental d'entourages pour* $\mathscr{U}_1$ *qui sont* fermés *dans* $X \times X$ *pour la topologie produit de* $\mathscr{T}_2$ *par elle-même. Alors, pour qu'un filtre* $\mathfrak{F}$ *sur* X *converge pour* $\mathscr{T}_1$, *il faut et il suffit qu'il soit un filtre de Cauchy pour* $\mathscr{U}_1$ *et qu'il converge pour* $\mathscr{T}_2$.

Les conditions sont évidemment nécessaires, puisque $\mathscr{T}_2$ est moins fine que $\mathscr{T}_1$; prouvons qu'elles sont suffisantes. Soit x un point limite de $\mathfrak{F}$ pour $\mathscr{T}_2$; montrons que x est limite de $\mathfrak{F}$ pour $\mathscr{T}_1$. En effet, soit V un entourage symétrique de $\mathscr{U}_1$, fermé pour la topologie produit de $\mathscr{T}_2$ par elle-même. Par hypothèse, $\mathfrak{F}$ contient un ensemble M petit d'ordre V; si $x' \in M$, on a donc $M \subset V(x')$. Mais $V(x')$ est *fermé* pour $\mathscr{T}_2$, donc x, qui est adhérent à M pour $\mathscr{T}_2$, appartient à $V(x')$; on en conclut que $M \subset \overset{2}{V}(x)$, ce qui démontre la proposition.

COROLLAIRE. — *On suppose vérifiées les hypothèses de la prop.* 7. *Si en outre* $\mathscr{U}_2$ *est une structure uniforme d'espace complet, il en est de même de* $\mathscr{U}_1$.

En effet, tout filtre de Cauchy pour $\mathscr{U}_1$ est alors filtre de Cauchy pour $\mathscr{U}_2$, donc converge pour $\mathscr{T}_2$ par hypothèse.

On notera que les hypothèses du cor. de la prop. 7 sont remplies lorsque $\mathscr{T}_1 = \mathscr{T}_2$ (II, p. 5, cor. 2).

4. Sous-espaces des espaces complets

PROPOSITION 8. — *Tout sous-espace fermé d'un espace complet est complet; tout sous-espace complet d'un espace uniforme* séparé (*complet ou non*) *est fermé.*

En effet, soient X un espace complet, A un sous-espace fermé de X. Si $\mathfrak{F}$ est un filtre de Cauchy sur A, c'est une base de filtre de Cauchy sur X (II, p. 13, prop. 3), qui converge donc vers un point $x \in X$; mais comme A est fermé, on a $x \in A$, ce qui prouve que dans le sous-espace A, $\mathfrak{F}$ est convergent.

Soient maintenant A un ensemble non fermé dans un espace uniforme *séparé* X, et soit $b \in \overline{A} - A$; la trace $\mathfrak{B}_A$ sur A du filtre $\mathfrak{B}$ des voisinages de b dans X est un filtre de Cauchy sur A; il ne peut converger vers un point $c \in A$, car alors c

serait point limite de $\mathfrak{B}$ (II, p. 15, cor. 3) ce qui est absurde puisque $b \neq c$ et que X est séparé.

PROPOSITION 9. — *Soient* X *un espace uniforme,* A *une partie partout dense de* X *telle que toute base de filtre de Cauchy sur* A *soit convergente dans* X; *dans ces conditions,* X *est complet.*

Il suffit de montrer qu'un filtre de Cauchy *minimal* $\mathfrak{F}$ sur X est convergent. Comme A est partout dense et que tout ensemble de $\mathfrak{F}$ a un intérieur non vide (II, p. 15, cor. 4), la trace $\mathfrak{F}_A$ de $\mathfrak{F}$ sur A est un filtre de Cauchy sur A, donc converge vers un point $x_0 \in X$; comme $\mathfrak{F}$ est moins fin que le filtre sur X engendré par $\mathfrak{F}_A$, on en conclut que $\mathfrak{F}$ converge vers x_0 (II, p. 15, cor. 3).

5. Produits et limites projectives d'espaces complets

PROPOSITION 10. — *Tout produit d'espaces uniformes complets est complet. Réciproquement, si un produit d'espaces uniformes non vides est complet, chacun des espaces uniformes facteurs est complet.*

La première assertion résulte de la caractérisation des filtres de Cauchy et des filtres convergents sur un espace produit (II, p. 14, cor. 2 de la prop. 4 et I, p. 51, cor. 1). Inversement, supposons $X = \prod_{\iota \in I} X_\iota$ complet (les X_ι étant non vides) et soit $\mathfrak{F}_\kappa$ un filtre de Cauchy sur X_κ; pour tout $\iota \neq \kappa$, soit $\mathfrak{F}_\iota$ un filtre de Cauchy sur X_ι, et considérons le filtre produit (I, p. 42) $\mathfrak{F} = \prod_{\iota \in I} \mathfrak{F}_\iota$ sur X; $\mathfrak{F}$ est un filtre de Cauchy (II, p. 14, cor. 2 de la prop. 4), donc est convergent, et il en est par suite de même de $\mathrm{pr}_\kappa \mathfrak{F} = \mathfrak{F}_\kappa$ (I, p. 51, cor. 1).

COROLLAIRE. — *Soit* $(X_\alpha, f_{\alpha\beta})$ *un système projectif d'espaces uniformes. Si les* X_α *sont séparés et complets, il en est de même de* $X = \varprojlim X_\alpha$.

On sait en effet que X est séparé et s'identifie à un sous-espace *fermé* de $\prod_\alpha X_\alpha$ (I, p. 55, cor. 2); le corollaire résulte donc de la prop. 10 et de la prop. 8 (II, p. 16).

Une limite projective d'espaces uniformes séparés et complets X_α peut être *vide*, même si les X_α sont non vides et les $f_{\alpha\beta}$ surjectifs, comme le montre le cas des espaces discrets (E, III, p. 94, exerc. 4). Mais on a le théorème suivant:

THÉORÈME 1 (Mittag-Leffler). — *Soit* $(X_\alpha, f_{\alpha\beta})$ *un système projectif d'espaces uniformes séparés et complets, relatif à un ensemble d'indices préordonné filtrant* I *qui admet un sous-ensemble cofinal* dénombrable; *on suppose en outre que, pour tout* $\alpha \in I$, X_α *possède un système fondamental* dénombrable *d'entourages.*[1] *Enfin, on suppose que pour tout* $\alpha \in I$, *il existe un* $\beta \geqslant \alpha$ *vérifiant la condition suivante:*

[1] *Cette condition signifie que l'espace uniforme séparé X_α est *métrisable*; cf. IX, § 2, n°4, th. 1.*

($ML_{\alpha\beta}$) *Pour tout* $\gamma \geqslant \beta, f_{\alpha\gamma}(X_\gamma)$ *est dense dans* $f_{\alpha\beta}(X_\beta)$.

Soient alors $X = \varprojlim X_\alpha$, f_α *l'application canonique* $X \to X_\alpha$; *pour tout* $\alpha \in I$ *et tout* $\beta \geqslant \alpha$ *vérifiant* ($ML_{\alpha\beta}$), $f_\alpha(X)$ *est dense dans* $f_{\alpha\beta}(X_\beta)$ (*et par suite* X *est non vide si les* X_α *sont tous non vides*).

Soit (λ_n) une suite d'indices cofinale à I. Partons d'un $\alpha_0 \in I$, et définissons par récurrence une suite croissante (α_n) telle que $\alpha_n \geqslant \lambda_n$ et que ($ML_{\alpha_n,\alpha_{n+1}}$) soit vérifiée; il est clair que la suite (α_n) est cofinale à I. Nous écrirons f_{mn} au lieu de $f_{\alpha_m\alpha_n}$ pour $m \leqslant n$, et nous poserons $f_{n,n+1}(X_{\alpha_{n+1}}) = Y_n$. Alors, pour $m \leqslant n$, $f_{mn}(Y_n)$ *est dense dans* Y_m: en effet, par définition, $f_{m,n+1}(X_{\alpha_{n+1}})$ est dense dans $f_{m,m+1}(X_{\alpha_{m+1}}) = Y_m$, et comme $f_{m,n+1}(X_{\alpha_{n+1}}) = f_{mn}(f_{n,n+1}(X_{\alpha_{n+1}})) = f_{mn}(Y_n)$, cela établit notre assertion.

Par récurrence sur n et k, on peut, pour chaque n, définir un système fondamental $(V_{kn})_{k\in\mathbf{N}}$ d'entourages symétriques fermés de X_{α_n} tel que

$$\overset{2}{V}_{k+1,n} \subset V_{kn} \tag{2}$$

$$(f_{n,n+1} \times f_{n,n+1})(V_{k,n+1}) \subset V_{kn}. \tag{3}$$

Soit en effet $(U_{kn})_{k\in\mathbf{N}}$ un système fondamental d'entourages de X_{α_n}. Si on suppose les V_{kn} définis pour un n donné et pour tout $k \in \mathbf{N}$, on peut, puisque $f_{n,n+1}$ est uniformément continue, définir par récurrence sur k l'entourage $V_{k,n+1}$ de sorte que (3) soit vérifié et que l'on ait en outre

$$\overset{2}{V}_{k+1,n+1} \subset V_{k,n+1} \cap U_{k+1,n+1},$$

d'où notre assertion.

Cela étant, soit $x_0 \in Y_0$. Nous allons prouver que, pour tout entier $k > 0$, il existe $z \in X$ tel que $(x_0, f_{\alpha_0}(z)) \in V_{k-1,0}$, ce qui démontrera le théorème. Comme $f_{n,n+1}(Y_{n+1})$ est dense dans Y_n, on peut définir par récurrence une suite de points $x_n \in Y_n$ tels que

$$(x_n, f_{n,n+1}(x_{n+1})) \in V_{k+n,n}. \tag{4}$$

En vertu de (3), on en déduit que, pour tout $m \leqslant n$,

$$(f_{mn}(x_n), f_{m,n+1}(x_{n+1})) \in V_{k+n,m}. \tag{5}$$

On conclut de là que, pour m fixe, la suite $(f_{mn}(x_n))_{n\geqslant m}$ est une *suite de Cauchy* dans X_{α_m}, et converge par suite vers un point z_m; en effet, par récurrence, on déduit de (5) que pour tout couple d'entiers $p \geqslant m$, $q > 0$, on a

$$(f_{mp}(x_p), f_{m,p+q}(x_{p+q})) \in V_{k+p+q-1,m} \circ V_{k+p+q-2,m} \circ \cdots \circ V_{k+p,m} \tag{6}$$

et en vertu de (2), il est immédiat que le second membre de (6) est contenu dans $V_{k+p-1,m}$; faisant croître q indéfiniment, on en tire en particulier, pour $m = p = 0$, que $(x_0, z_0) \in V_{k-1,0}$, puisque $V_{k-1,0}$ est *fermé*. D'autre part, des relations

$z_m = \lim_{n\to\infty} f_{mn}(x_n)$ et de la continuité de $f_{m,m+1}$, on déduit que $f_{m,m+1}(z_{m+1}) = z_m$ pour tout $m \geqslant 0$. Pour tout $\gamma \in \mathrm{I}$, il y a au moins un entier n tel que $\alpha_n \geqslant \gamma$; si on pose $z_\gamma = f_{\gamma,\alpha_n}(z_n)$, on vérifie aussitôt que z_γ ne dépend pas de la valeur de n telle que $\alpha_n \geqslant \gamma$, et que la famille $(z_\alpha)_{\alpha\in\mathrm{I}}$ ainsi définie est un point z de $\mathrm{X} = \varprojlim \mathrm{X}_\alpha$; comme $f_{\alpha_0}(z) = z_0$, cela termine la démonstration.

COROLLAIRE 1. — *Soit* $(\mathrm{X}_\alpha, f_{\alpha\beta})$ *un système projectif d'ensembles tel que* I *soit filtrant et admette un sous-ensemble cofinal dénombrable, et que les* $f_{\alpha\beta}$ *soient surjectives; si* $\mathrm{X} = \varprojlim \mathrm{X}_\alpha$, *l'application canonique* $f_\alpha : \mathrm{X} \to \mathrm{X}_\alpha$ *est surjective pour tout* $\alpha \in \mathrm{I}$.

Il suffit en effet de munir les X_α de la structure uniforme discrète.

COROLLAIRE 2. — *Soit* I *un ensemble préordonné filtrant ayant un ensemble cofinal dénombrable. Soient* $(\mathrm{X}_\alpha, f_{\alpha\beta})$, $(\mathrm{X}'_\alpha, f'_{\alpha\beta})$ *deux systèmes projectifs d'ensembles relatifs à* I, *et pour tout* $\alpha \in \mathrm{I}$, *soit* $u_\alpha : \mathrm{X}_\alpha \to \mathrm{X}'_\alpha$ *une application telle que les* u_α *forment un système projectif d'applications; posons* $u = \varprojlim u_\alpha$. *Soit* $x' = (x'_\alpha)$ *un élément de* $\mathrm{X}' = \varprojlim \mathrm{X}'_\alpha$ *vérifiant la condition suivante: pour tout* $\alpha \in \mathrm{I}$, *il existe* $\beta \geqslant \alpha$ *tel que, pour tout* $\gamma \geqslant \beta$, *on ait* $f_{\alpha\gamma}(\overset{-1}{u_\gamma}(x'_\gamma)) = f_{\alpha\beta}(\overset{-1}{u_\beta}(x'_\beta))$; *alors il existe* $x \in \mathrm{X} = \varprojlim \mathrm{X}_\alpha$ *tel que* $u(x) = x'$.

Il suffit d'appliquer le th. 1 au système projectif des ensembles $\overset{-1}{u_\alpha}(x'_\alpha)$, munis de la structure uniforme discrète (cf. E, III, p. 58, prop. 5).

**Exemple*. — Supposons donnés, dans $\mathbf{C}$: 1° une suite (a_n) de points distincts tels que la suite $(|a_n|)$ soit croissante et tende vers $+\infty$; 2° pour chaque n, une fonction rationnelle $z \mapsto \mathrm{R}_n(z)$ définie dans $\mathbf{C} - \{a_n\}$ et ayant un pôle au point a_n; 3° une suite strictement croissante (B_n) de boules ouvertes de centre 0, de réunion $\mathbf{C}$, telle qu'aucun des a_k ne soit sur la frontière d'une des boules B_n. Pour chaque n, désignons par B'_n l'intersection de $\overline{\mathrm{B}}_n$ et du complémentaire dans $\mathbf{C}$ de l'ensemble des a_m; soit X_n l'ensemble des applications $z \mapsto \mathrm{S}(z) = \mathrm{P}(z) + \sum_{a_k\in\mathrm{B}_n} \mathrm{R}_k(z)$ de B'_n dans $\mathbf{C}$, où P est la restriction à B'_n d'une fonction continue dans $\overline{\mathrm{B}}_n$ et holomorphe dans B_n. On définit une distance dans X_n en posant $d_n(\mathrm{S}_1, \mathrm{S}_2) = \sup_{z\in\mathrm{B}'_n} |\mathrm{S}_1(z) - \mathrm{S}_2(z)|$. On vérifie aisément que pour cette distance, X_n est *complet*. Enfin, pour $n \leqslant m$, on définit une application $f_{nm} : \mathrm{X}_m \to \mathrm{X}_n$ en faisant correspondre à $\mathrm{S} \in \mathrm{X}_m$ sa *restriction* à B'_n; il est clair que les f_{nm} sont *uniformément continues* et que (X_n, f_{nm}) est un système projectif d'espaces uniformes. Cela étant, il est clair qu'un élément de la *limite projective* $\mathrm{X} = \varprojlim \mathrm{X}_n$ s'identifie canoniquement à une *fonction méromorphe* F dans $\mathbf{C}$, dont les seuls pôles sont les points a_n, et qui est telle que pour tout n, $\mathrm{F}(z) - \mathrm{R}_n(z)$ est *holomorphe au point* a_n. Le théorème classique de Mittag-Leffler affirme que X *n'est pas vide*; en vertu du th. 1, il suffit pour le démontrer de vérifier la condition $(\mathrm{ML}_{n,n+1})$ pour tout n. Or, soit $\mathrm{S}_{n+1} = \mathrm{P}_{n+1} + \sum_{a_k\in\mathrm{B}_{n+1}} \mathrm{R}_k$ un élément de X_{n+1}, où P_{n+1} est continue dans $\overline{\mathrm{B}}_{n+1}$ et holomorphe dans B_{n+1}; pour tout $m \geqslant n+1$, soit Q_{mn} la restriction à B'_n de $\sum_{a_h\in\mathrm{B}_m-\mathrm{B}_{n+1}} \mathrm{R}_h$; cette dernière somme est une fonction holomorphe dans un voisinage de $\overline{\mathrm{B}}_n$, donc (par le développement de Taylor), pour tout $\varepsilon > 0$, il y a un polynôme P_{mn} tel que $|\mathrm{P}_{n+1}(z) - \mathrm{Q}_{mn}(z) - \mathrm{P}_{mn}(z)| \leqslant \varepsilon$ dans B_n; si S_m est la restriction à B'_m de $\mathrm{P}_{mn} + \sum_{a_h\in\mathrm{B}_m} \mathrm{R}_h$ on a $\mathrm{S}_m \in \mathrm{X}_m$ et $|\mathrm{S}_m(z) - \mathrm{S}_{n+1}(z)| \leqslant \varepsilon$ dans B'_n, ce qui achève la démonstration.*

6. Prolongement des fonctions uniformément continues

Il est possible d'apporter d'importants compléments au théorème de prolongement par continuité (I, p. 57, th. 1) lorsqu'il s'agit de fonctions prenant leurs valeurs dans un espace uniforme *séparé* et *complet*.

Proposition 11. — *Soient* A *une partie partout dense d'un espace topologique* X, *et* f *une application de* A *dans un espace uniforme séparé et complet* X'. *Pour que* f *puisse être prolongée par continuité dans* X, *il faut et il suffit que, pour tout* $x \in X$, *l'image par* f *de la trace sur* A *du filtre des voisinages de* x *dans* X *soit une base de filtre de Cauchy sur* X'.

Cela résulte du th. de prolongement par continuité (*loc. cit.*), puisque X' est *régulier* (II, p. 5, prop. 3) et qu'il y a identité entre filtres convergents et filtres de Cauchy sur X'.

Lorsque X est lui-même un *espace uniforme*, on a de plus le théorème suivant:

Théorème 2. — *Soit* f *une fonction définie dans un sous-espace partout dense* A *d'un espace uniforme* X, *prenant ses valeurs dans un espace uniforme séparé et complet* X', *et uniformément continue dans* A. *Alors* f *peut être prolongée par continuité à* X *tout entier, et la fonction prolongée* $\bar{f}$ *est uniformément continue.*

L'existence de $\bar{f}$ est une conséquence immédiate des prop. 3 (II, p. 13) et 11. Montrons que $\bar{f}$ est uniformément continue. Soit V' un entourage symétrique fermé de X', et soit V un entourage de X tel que, lorsque x, y sont dans A et voisins d'ordre V, $f(x)$ et $f(y)$ soient voisins d'ordre V'. On peut supposer que V est l'adhérence dans $X \times X$ d'un entourage W de A (II, p. 10, prop. 6). On a $(\bar{f}(x), \bar{f}(y)) \in V'$ pour $(x, y) \in W$; comme $\bar{f} \times \bar{f}$ est continue dans $X \times X$ (I, p. 25, prop. 1), on a aussi $(\bar{f}(x), \bar{f}(y)) \in V'$ pour $(x, y) \in V = \overline{W}$ puisque V' est fermé (I, p. 9, th. 1).

C.Q.F.D.

Corollaire. — *Soient* X_1, X_2 *deux espaces uniformes séparés et complets,* Y_1, Y_2 *des sous-espaces partout denses de* X_1, X_2 *respectivement. Tout isomorphisme* f *de* Y_1 *sur* Y_2 *se prolonge en un isomorphisme de* X_1 *sur* X_2.

En effet, f est uniformément continue dans Y_1, donc (th. 2) se prolonge en une application uniformément continue $\bar{f}: X_1 \to X_2$; de même l'application réciproque g de f se prolonge en une application uniformément continue $\bar{g}: X_1 \to X_2$. La fonction $\bar{g} \circ \bar{f}$ est alors une application continue de X_1 dans lui-même qui coïncide dans Y_1 avec l'application identique; en vertu du principe de prolongement des identités (I, p. 53, cor. 1), $\bar{g} \circ \bar{f}$ est donc l'application identique de X_1; de même $\bar{f} \circ \bar{g}$ est l'application identique de X_2. Par suite (E, II, p. 18, corollaire) $\bar{f}$ et $\bar{g}$ sont deux bijections réciproques l'une de l'autre; comme elles sont uniformément continues, ce sont des isomorphismes (II, p. 6, prop. 2).

On notera que si f est une application uniformément continue *bijective* de Y_1 sur Y_2, son prolongement par continuité $\bar{f}$ *n'est pas nécessairement injectif ni surjectif* (II, p. 36, exerc. 3).

7. La complétion d'un espace uniforme

THÉORÈME 3. — *Soit* X *un espace uniforme. Il existe un espace uniforme séparé et complet* $\hat{X}$, *et une application uniformément continue* $i\colon X \to \hat{X}$, *ayant la propriété suivante*:

(P) *Pour toute application uniformément continue* f *de* X *dans un espace uniforme séparé et complet* Y, *il existe une application uniformément continue* $g\colon \hat{X} \to Y$ *et une seule telle que* $f = g \circ i$.

Si (i_1, X_1) *est un second couple formé d'un espace uniforme séparé et complet* X_1 *et d'une application uniformément continue* $i_1\colon X \to X_1$, *possédant la propriété* (P), *alors il existe un isomorphisme* $\varphi\colon \hat{X} \to X_1$ *et un seul tel que* $i_1 = \varphi \circ i$.

La première assertion de l'énoncé signifie encore que le couple $(i, \hat{X})$ est solution du *problème d'application universelle* (E, IV, p. 23) dans lequel on prend pour Σ-ensembles les espaces uniformes *séparés* et *complets*, pour σ-morphismes les applications uniformément continues et pour α-applications les applications uniformément continues de X dans un espace uniforme séparé et complet. L'unicité du couple $(i, \hat{X})$ à un isomorphisme unique près résulte donc des propriétés générales des solutions de problèmes d'application universelle (*loc. cit.*). Reste à prouver l'existence du couple $(i, \hat{X})$.

1) *Définition de* $\hat{X}$. Soit $\hat{X}$ *l'ensemble des filtres de Cauchy minimaux* (II, p. 14) *sur* X. Nous allons définir sur $\hat{X}$ une structure uniforme. Pour cela, pour tout entourage *symétrique* V de X, désignons par $\tilde{V}$ *l'ensemble des couples* $(\mathfrak{X}, \mathfrak{Y})$ *de filtres de Cauchy minimaux ayant en commun un ensemble petit d'ordre* V: montrons que les ensembles $\tilde{V}$ forment un système fondamental d'entourages d'une structure uniforme sur $\hat{X}$. En effet:

1° Comme tout $\mathfrak{X} \in \hat{X}$ est un filtre de Cauchy, on a par définition $(\mathfrak{X}, \mathfrak{X}) \in \tilde{V}$ pour tout entourage symétrique V de X, donc (U'_{I}) est vérifié.

2° Si V, V′ sont deux entourages symétriques de X, $W = V \cap V'$ est un entourage symétrique, et tout ensemble petit d'ordre W est petit d'ordre V et d'ordre V′; donc on a $\tilde{W} \subset \tilde{V} \cap \tilde{V}'$, ce qui prouve (B_{I}).

3° Les ensembles $\tilde{V}$ sont symétriques par définition, donc (U'_{II}) est vérifié.

4° Étant donné un entourage symétrique V de X, soit W un entourage symétrique tel que $\overset{2}{W} \subset V$. Considérons trois filtres de Cauchy minimaux $\mathfrak{X}, \mathfrak{Y}, \mathfrak{Z}$ tels que $(\mathfrak{X}, \mathfrak{Y}) \in \tilde{W}$ et $(\mathfrak{Y}, \mathfrak{Z}) \in \tilde{W}$; il existe donc deux ensembles M, N, petits d'ordre W et tels que $M \in \mathfrak{X} \cap \mathfrak{Y}$, $N \in \mathfrak{Y} \cap \mathfrak{Z}$. Comme M et N appartiennent à $\mathfrak{Y}$, $M \cap N$ n'est pas vide, donc (II, p. 12, prop. 1), $M \cup N$ est petit d'ordre $\overset{2}{W} \subset V$; comme $M \cup N$ appartient à $\mathfrak{X}$ et à $\mathfrak{Z}$, on a $\overset{2}{\tilde{W}} \subset \tilde{V}$; d'où (U'_{III}).

Montrons en outre que l'espace uniforme $\hat{X}$ est *séparé*. En effet, soient $\mathfrak{X}, \mathfrak{Y}$ deux filtres de Cauchy minimaux sur X tels que $(\mathfrak{X}, \mathfrak{Y}) \in \tilde{V}$ pour *tout* entourage symétrique V de X. Il est immédiat que les ensembles $M \cup N$, où $M \in \mathfrak{X}$, $N \in \mathfrak{Y}$ forment la base d'un filtre $\mathfrak{Z}$ moins fin que $\mathfrak{X}$ et que $\mathfrak{Y}$. Or, $\mathfrak{Z}$ est un *filtre de Cauchy*, car pour tout entourage symétrique V de X, il y a par hypothèse un ensemble P petit d'ordre V et appartenant à la fois à $\mathfrak{X}$ et à $\mathfrak{Y}$, donc $P \in \mathfrak{Z}$. Par définition des filtres de Cauchy minimaux, on a $\mathfrak{X} = \mathfrak{Z} = \mathfrak{Y}$, et cela achève de montrer que $\hat{X}$ est séparé.

2) *Définition de* i; *la structure uniforme de* X *est image réciproque de celle de* $\hat{X}$ *par* i. On sait que, pour tout $x \in X$, le filtre des voisinages $\mathfrak{V}(x)$ de x dans X est un filtre de Cauchy minimal (II, p. 14, cor. 1 de la prop. 5); nous prendrons $i(x) = \mathfrak{V}(x)$. Soit $j = i \times i$; nous allons montrer que pour tout entourage symétrique V de X, on a $\overset{-1}{j}(\tilde{V}) \subset V \subset \overset{-1}{j}((\overset{3}{V})^\sim)$, ce qui prouvera notre assertion (II, p. 9). Or, si $(i(x), i(y)) \in \tilde{V}$, il y a un ensemble M petit d'ordre V et qui est à la fois voisinage de x et de y, donc $(x, y) \in V$. Inversement, si $(x, y) \in V$, il est immédiat que l'ensemble $V(x) \cup V(y)$ est petit d'ordre $\overset{3}{V}$ et est à la fois voisinage de x et de y.

3) $\hat{X}$ *est complet et* $i(X)$ *dense dans* $\hat{X}$. Cherchons la trace sur $i(X)$ d'un voisinage $\tilde{V}(\mathfrak{X})$ d'un point $\mathfrak{X} \in \hat{X}$; c'est l'ensemble des $i(x)$ tels que $(\mathfrak{X}, i(x)) \in \tilde{V}$. Cette relation signifie qu'il existe un voisinage de x dans X, petit d'ordre V et appartenant à $\mathfrak{X}$, ou encore que x est *intérieur à un ensemble de* $\mathfrak{X}$ *petit d'ordre* V. Soit M la réunion dans X des intérieurs des ensembles de $\mathfrak{X}$ qui sont petits d'ordre V; M appartient à $\mathfrak{X}$ (II, p. 15, cor. 4) et ce qui précède montre que $\tilde{V}(\mathfrak{X}) \cap i(X) = i(M)$; on en conclut que:

1° $\tilde{V}(\mathfrak{X}) \cap i(X)$ n'est pas vide, donc $i(X)$ est *dense* dans $\hat{X}$;

2° La trace sur $i(X)$ de $\tilde{V}(\mathfrak{X})$ appartient à la *base de filtre* $i(\mathfrak{X})$ sur $\hat{X}$, donc cette base de filtre converge dans $\hat{X}$ vers le *point* $\mathfrak{X}$.

Soit alors $\mathfrak{F}$ un filtre de Cauchy sur $i(X)$; d'après ce qu'on a vu dans 2) et la prop. 4 de II, p. 13, $\overset{-1}{i}(\mathfrak{F})$ est une base d'un filtre de Cauchy $\mathfrak{G}$ sur X; soit $\mathfrak{X}$ un filtre de Cauchy minimal moins fin que $\mathfrak{G}$ (II, p. 14, prop. 5); $i(\mathfrak{X})$ est alors une base d'un filtre de Cauchy sur $i(X)$ (II, p. 13, prop. 3) et $\mathfrak{F} = i(\overset{-1}{i}(\mathfrak{F}))$ est plus fin que le filtre de base $i(\mathfrak{X})$. Comme ce dernier converge dans $\hat{X}$, il en est de même de $\mathfrak{F}$, et la prop. 9 de II, p. 17 montre alors que $\hat{X}$ est *complet*.

4) *Vérification de la propriété* (P). Soit f une application uniformément continue de X dans un espace uniforme *séparé* et *complet* Y. Montrons d'abord qu'il existe une application uniformément continue $g_0 : i(X) \to Y$ et une seule telle que $f = g_0 \circ i$. En effet, comme f est continue, on a nécessairement $f(x) = \lim f(\mathfrak{V}(x))$, donc si on pose $g_0(i(x)) = \lim f(\mathfrak{V}(x))$, on a bien $f = g_0 \circ i$; tout revient à voir que g_0 est *uniformément continue* dans $i(X)$. Or, soit U un entourage de Y et soit V un entourage symétrique de X tel que la relation $(x, x') \in V$ entraîne $(f(x), f(x')) \in U$; on a vu dans 2) que la relation $(i(x), i(x')) \in \tilde{V}$ entraîne $(x, x') \in V$, donc aussi $(g_0(i(x)), g_0(i(x'))) \in U$, ce qui établit notre assertion.

Cela étant, soit g le prolongement par continuité de g_0 à $\hat{X}$ (II, p. 20, th. 2); on peut aussi écrire $f = g \circ i$, et il est clair que g est l'unique application continue de $\hat{X}$ dans Y vérifiant la relation précédente puisque $i(X)$ est dense dans $\hat{X}$ (I, p. 53, cor. 1).

C.Q.F.D.

Définition 4. — *On dit que l'espace uniforme séparé et complet* $\hat{X}$ *défini dans la démonstration du th.* 3 *est l'espace séparé complété de* X *et que l'application* $i: X \to \hat{X}$ *est l'application canonique de* X *dans son séparé complété.*

Notons en outre les propriétés suivantes :

Proposition 12. — 1° *Le sous-espace* $i(X)$ *est dense dans* $\hat{X}$.

2° *Le graphe de la relation d'équivalence* $i(x) = i(x')$ *est l'intersection des entourages de* X.

3° *La structure uniforme de* X *est l'image réciproque par i de celle de* $\hat{X}$ (*ou de celle du sous-espace* $i(X)$).

4° *Les entourages de* $i(X)$ *sont les images par* $i \times i$ *des entourages de* X, *et les adhérences dans* $\hat{X} \times \hat{X}$ *des entourages de* $i(X)$ *forment un système fondamental d'entourages de* $\hat{X}$.

En effet, 1° et 3° ont été prouvées au cours de la démonstration du th. 3; 4° est conséquence de 1° et 3° en vertu de propriétés générale vues antérieurement (II, p. 9, *Remarque* et II, p. 10, prop. 6). Enfin, la relation $i(x) = i(x')$ signifie par définition que les filtres de voisinages de x et de x' sont les mêmes. Mais cela entraîne par définition que $(x, x') \in V$ pour tout entourage V de X, et la réciproque est évidente.

Corollaire. — *Si* X *est un espace uniforme séparé, l'application canonique* $i: X \to \hat{X}$ *est un isomorphisme de* X *sur un sous-espace partout dense de* $\hat{X}$.

Lorsque X est *séparé*, on dit que X est l'*espace complété* (ou plus brièvement le *complété*) de X, et on *identifie* le plus souvent X à un sous-espace partout dense de $\hat{X}$ au moyen de i.

Remarque. — Lorsqu'on fait cette identification, les filtres de Cauchy minimaux de X ne sont autres que les traces sur X des filtres de voisinages des points de $\hat{X}$, comme il résulte de la démonstration du th. 3 (II, p. 21).

Le cor. de la prop. 12 *caractérise* le complété d'un espace uniforme séparé :

Proposition 13. — *Si* Y *est un espace séparé et complet,* X *un sous-espace partout dense de* Y, *l'injection canonique* $X \to Y$ *se prolonge en un isomorphisme de* $\hat{X}$ *sur* Y.

En effet, toute application uniformément continue de X dans un espace uniforme séparé et complet Z se prolonge d'une seule manière en une application uniformément continue de Y dans Z en vertu de II, p. 20, th. 2.

Proposition 14. — *Soient* X *un espace uniforme séparé et complet,* $\mathscr{U}$ *sa structure uniforme,* Z *un sous-espace partout dense dans* X. *Si* $\mathscr{U}'$ *est une structure uniforme sur* X, *moins fine que* $\mathscr{U}$ *et induisant sur* Z *la même structure uniforme que* $\mathscr{U}$, *on a* $\mathscr{U}' = \mathscr{U}$.

Désignons par X' l'ensemble X muni de la structure uniforme $\mathscr{U}'$; la composée de l'application canonique $X' \to \hat{X}'$ et de l'application identique $X \to X'$, qui est uniformément continue, peut être considérée comme une application uniformément continue $\varphi : X \to \hat{X}'$; comme Z est séparé pour la structure uniforme induite par $\mathscr{U}'$, la restriction de φ à Z est par hypothèse un isomorphisme de Z sur le sous-espace partout dense $\varphi(Z)$ de $\hat{X}'$; il en résulte (II, p. 20, corollaire) que φ lui-même est un isomorphisme de X sur $\hat{X}'$, donc $X' = \hat{X}'$ et $\mathscr{U}' = \mathscr{U}$.

PROPOSITION 15. — *Soient* X, X' *deux espaces uniformes; pour toute application uniformément continue* $f : X \to X'$, *il existe une application uniformément continue et une seule* $\hat{f} : \hat{X} \to \hat{X}'$ *rendant commutatif*[1] *le diagramme*

$$\begin{array}{ccc} X & \xrightarrow{f} & X' \\ {\scriptstyle i}\downarrow & & \downarrow{\scriptstyle i'} \\ \hat{X} & \xrightarrow[\hat{f}]{} & \hat{X}' \end{array}$$

où $i : X \to \hat{X}$ *et* $i' : X' \to \hat{X}'$ *sont les applications canoniques.*

Il suffit d'appliquer le th. 3 (II, p. 21) à la fonction $i' \circ f : X \to \hat{X}'$.

COROLLAIRE. — *Soient* $f : X \to X'$ *et* $g : X' \to X''$ *deux applications uniformément continues; si* $h = g \circ f$, *on a* $\hat{h} = \hat{g} \circ \hat{f}$.

Cela résulte aussitôt de la propriété d'unicité de la prop. 15.

8. Espace uniforme séparé associé à un espace uniforme

PROPOSITION 16. — *Soient* X *un espace uniforme,* i *l'application canonique de* X *dans son séparé complété* $\hat{X}$. *Pour toute application uniformément continue* f *de* X *dans un espace uniforme séparé* Y, *il existe une application uniformément continue et une seule* $h : i(X) \to Y$ *telle que* $f = h \circ i$.

En effet (II, p. 23, corollaire) on peut identifier Y à un sous-espace de son complété $\hat{Y}$, et f peut alors être considérée comme une application uniformément continue de X dans $\hat{Y}$. En vertu du th. 3 (II, p. 21), elle s'écrit donc $f = g \circ i$, où g est une application uniformément continue de $\hat{X}$ dans $\hat{Y}$; si h est la restriction de g à $i(X)$, on a évidemment $f = h \circ i$, et h applique $i(X)$ dans Y; l'unicité de h est triviale.

Le couple $(i, i(X))$ est donc solution du *problème d'application universelle* (E, IV, p. 23) où cette fois on prend comme Σ-ensembles les espaces uniformes *séparés*, pour σ-morphismes (resp. α-applications) les applications uniformément continues (resp. les applications uniformément continues de X dans un espace uniforme séparé).

DÉFINITION 5. — *On dit que l'espace uniforme séparé* $i(X)$ *défini dans la démonstration du th.* 3 (II, p. 21) *est l'espace uniforme séparé associé à* X.

[1] Autrement dit $i' \circ f = \hat{f} \circ i$.

Par suite, le *séparé complété* de X n'est autre que le complété de l'espace *séparé associé* à X. Si X est *complet*, il résulte de la définition de $\hat{X}$ (II, p. 21, th. 3) que l'application $i\colon X \to \hat{X}$ est *surjective*, donc l'espace séparé associé à X est égal à l'espace séparé complété de X réciproquement, s'il en est ainsi, X est complet (II, p. 23, prop. 12 et II, p. 15, déf. 3).

Corollaire. — *Soient* X, Y *deux espaces uniformes*, X', Y' *les espaces séparés associés; pour toute application uniformément continue* $f\colon X \to Y$, *il existe une application uniformément continue et une seule* $f'\colon X' \to Y'$ *rendant commutatif le diagramme*

$$\begin{array}{ccc} X & \xrightarrow{f} & Y \\ {\scriptstyle i}\downarrow & & \downarrow{\scriptstyle i'} \\ X' & \xrightarrow[f']{} & Y' \end{array}$$

où i *et* i' *sont les applications canoniques.*

On applique la prop. 16 à $i' \circ f\colon X \to Y'$.

L'espace séparé associé à un espace uniforme peut encore se caractériser par la propriété suivante:

Proposition 17. — *Soient* X *un espace uniforme*, $i(X)$ *son espace séparé associé*, f *une application de* X *sur un espace uniforme séparé* X', *telle que la structure uniforme de* X *soit l'image réciproque par* f *de celle de* X'. *Alors l'application* $g\colon i(X) \to X'$ *telle que* $f = g \circ i$ *est un isomorphisme.*

On sait que g est uniformément continue (II, p. 24, prop. 16); g est évidemment surjective, et elle est aussi injective puisque la relation $f(x) = f(y)$ entraîne par définition que (x, y) appartient à tous les entourages de X, donc que $i(x) = i(y)$ (II, p. 23, prop. 12). Enfin, les entourages de X' sont les images par $f \times f$ des entourages de X (II, p. 9, *Remarque*), donc aussi les images par $g \times g$ des entourages de $i(X)$ (II, p. 23, prop. 12), d'où la proposition.

Remarque. — Soit R la relation d'équivalence $i(x) = i(x')$ dans X; on a vu (II, p. 23, prop. 12) que son graphe C est l'intersection des entourages de X. Il est clair que tout ensemble ouvert (et par suite aussi tout ensemble fermé) dans X est *saturé* pour R; compte tenu de la définition de l'image réciproque d'une topologie, on en conclut que la bijection canonique de l'espace topologique quotient X/R sur $i(X)$ déduite de i est un *homéomorphisme*; l'espace séparé associé à X peut donc s'identifier en tant qu'espace topologique à X/R. L'application canonique $i\colon X \to i(X)$ est ouverte et fermée, et même propre (I, p. 77, *Exemple*).

Soient X' un second espace uniforme, C' l'intersection des entourages de X', R' la relation d'équivalence de graphe C'. Soit $f\colon X \to X'$ une application *continue*: comme l'image réciproque par f de tout voisinage de $f(x)$ est un voisinage de x, l'image réciproque par f de $C'(f(x))$ contient $C(x)$, donc f est *compatible* avec R et R', et donne par passage aux quotients une application continue $X/R \to X'/R'$ (I, p. 21, corollaire); ceci généralise le cor. de la prop. 16.

9. Complétion des sous-espaces et des espaces produits

PROPOSITION 18. — *Soient* X *un ensemble,* $(Y_\lambda)_{\lambda \in L}$ *une famille d'espaces uniformes, et pour chaque* $\lambda \in L$, *soit* f_λ *une application de* X *dans* Y_λ; *on munit* X *de la structure uniforme la moins fine* $\mathscr{U}$ *rendant uniformément continues les* f_λ. *Alors la structure uniforme de l'espace séparé complété* $\hat{X}$ *de* X *est la moins fine rendant uniformément continues les applications* $\hat{f}_\lambda: \hat{X} \to \hat{Y}_\lambda$ $(\lambda \in L)$ (II, p. 24, prop. 15). *En outre, si* j_λ *est l'application canonique de* Y_λ *dans* $\hat{Y}_\lambda$, *et si* $g_\lambda = j_\lambda \circ f_\lambda$, $\hat{X}$ *s'identifie à l'adhérence dans* $\prod_{\lambda \in L} \hat{Y}_\lambda$ *de l'image de* X *par l'application* $x \mapsto (g_\lambda(x))$.

Soit X′ (resp. Y'_λ) l'espace uniforme séparé associé à X (resp. Y_λ), et soit $f'_\lambda: X' \to Y'_\lambda$ l'application uniformément continue rendant commutatif le diagramme

$$\begin{array}{ccc} X & \xrightarrow{f_\lambda} & Y_\lambda \\ \downarrow & & \downarrow {\scriptstyle j_\lambda} \\ X' & \xrightarrow[f'_\lambda]{} & Y'_\lambda \end{array}$$

où i est l'application canonique.

La transitivité des structures uniformes initiales (II, p. 8, prop. 5) montre d'une part que $\mathscr{U}$ est la structure uniforme la moins fine rendant uniformément continues les applications $j_\lambda \circ f_\lambda: X \to Y'_\lambda$, et d'autre part que $\mathscr{U}$ est aussi l'image réciproque par i de la structure uniforme $\mathscr{U}'$ la moins fine sur l'ensemble X′ rendant uniformément continues les f'_λ. Or $\mathscr{U}'$ est *séparée*, car si x_1, x_2 sont deux points de X tels que $j_\lambda(f_\lambda(x_1)) = j_\lambda(f_\lambda(x_2))$ pour tout $\lambda \in L$, (x_1, x_2) appartient à tous les entourages de $\mathscr{U}$, et par suite $i(x_1) = i(x_2)$. La prop. 17 (II, p. 25) montre donc que $\mathscr{U}'$ est la structure uniforme de l'espace séparé X′ associé à X.

Cela étant, X′ s'identifie par la bijection $x' \mapsto (f'_\lambda(x'))$ à un sous-espace uniforme de l'espace uniforme produit $\prod_\lambda Y'_\lambda$ (II, p. 11, prop. 8). Comme les Y'_λ sont séparés, on peut identifier chacun des Y'_λ à un sous-espace partout dense de son complété $\hat{Y}_\lambda$, donc $\prod_\lambda Y'_\lambda$ à un sous-espace partout dense de $\prod_\lambda \hat{Y}_\lambda$ (I, p. 27, prop. 7). Mais $\prod \hat{Y}_\lambda$ est séparé et complet (II, p. 17, prop. 10); l'adhérence $\overline{X'}$ de X′ dans $\prod \hat{Y}_\lambda$ est donc un sous-espace séparé et complet (II, p. 16, prop. 8), qui s'identifie par suite au séparé complété $\hat{X}$ de X, les applications $\hat{f}_\lambda$ s'identifiant aux projections sur les $\hat{X}_\lambda$; d'où la proposition.

COROLLAIRE 1. — *Soient* X *un espace uniforme,* i *l'application canonique de* X *dans son séparé complété* $\hat{X}$; *si* A *est un sous-espace de* X, $j: A \to X$ *l'injection canonique, alors* $\hat{j}: \hat{A} \to \hat{X}$ *est un isomorphisme de* $\hat{A}$ *sur l'adhérence de* $i(A)$ *dans* $\hat{X}$.

COROLLAIRE 2. — *Soit* $(Y_\lambda)_{\lambda \in L}$ *une famille d'espaces uniformes. Le séparé complété de l'espace produit* $\prod_{\lambda \in L} Y_\lambda$ *est canoniquement isomorphe au produit* $\prod_{\lambda \in L} \hat{Y}_\lambda$.

§ 4. RELATIONS ENTRE ESPACES UNIFORMES ET ESPACES COMPACTS

1. Uniformité des espaces compacts

DÉFINITION 1. — *On dit qu'une structure uniforme sur un espace topologique* X *est compatible avec la structure de* X *si cette dernière est identique à la topologie déduite de la structure uniforme considérée.*

On dit qu'un espace topologique est uniformisable et que sa topologie est uniformisable s'il existe une structure uniforme compatible avec sa topologie.

Il existe des espaces topologiques non uniformisables, par exemple (en vertu de II, p. 5, cor. 3) les espaces ne vérifiant par l'axiome (O_{III}); le problème se pose donc de déterminer à quelle condition un espace topologique X est uniformisable.

Ce n'est que dans IX, § 1, que nous donnerons une réponse complète à cette question. Dans ce paragraphe, nous n'examinerons qu'un cas particulier important, celui où X est *compact.* On a alors le théorème suivant:

THÉORÈME 1. — *Sur un espace compact* X, *il existe une structure uniforme et une seule compatible avec la topologie de* X; *l'ensemble des entourages de cette structure est identique à l'ensemble des voisinages de la diagonale* Δ *dans* $X \times X$; *en outre,* X, *muni de cette structure uniforme, est un espace uniforme complet.*

La dernière partie du théorème est immédiate: tout filtre de Cauchy sur X a en effet un point adhérent (axiome (C)), donc est convergent (II, p. 14, cor. 2 de la prop. 5).

Montrons en second lieu que, s'il existe une structure uniforme compatible avec la topologie de X, l'ensemble $\mathfrak{U}$ des entourages de cette structure est identique à l'ensemble des voisinages de Δ. On sait déjà que tout entourage est un voisinage de Δ (II, p. 4, prop. 2); il suffit d'établir inversement que tout voisinage de Δ appartient à $\mathfrak{U}$. Supposons qu'il existe un voisinage U de Δ n'appartenant pas à $\mathfrak{U}$; alors les ensembles $V \cap \complement U$, où V parcourt $\mathfrak{U}$, formeraient une base d'un filtre $\mathfrak{G}$ sur l'espace compact $X \times X$; $\mathfrak{G}$ aurait par suite un point adhérent (a, b) n'appartenant pas à Δ; comme $\mathfrak{U}$ serait alors un filtre moins fin que $\mathfrak{G}$, (a, b) serait aussi adhérent à $\mathfrak{U}$. Or, la structure uniforme définie par $\mathfrak{U}$ est séparée par hypothèse, donc l'intersection des adhérences des ensembles de $\mathfrak{U}$ est Δ (II, p. 5, cor. 2 et prop. 3); on aboutit ainsi à une contradiction.

Il reste à montrer que l'ensemble $\mathfrak{V}$ des voisinages de Δ dans $X \times X$ est l'ensemble des entourages d'une structure uniforme compatible avec la topologie de X. Il suffira pour cela de voir que $\mathfrak{V}$ est l'ensemble des entourages d'une structure uniforme *séparée* sur X; car s'il en est ainsi, la topologie déduite de cette structure sera une topologie *moins fine* que la topologie de X (I, p. 11, prop. 3), donc nécessairement identique à cette dernière (I, p. 63, cor. 3).

Il est clair que $\mathfrak{V}$ vérifie les axiomes (F_I) et (F_{II}); montrons que les axiomes

(U_{II}) et (U_{III}) sont aussi vérifiés et que Δ est l'intersection des ensembles de $\mathfrak{V}$. Ce dernier point est immédiat, car tout ensemble réduit à un point (x, y) de $X \times X$ est fermé, puisque X est séparé; donc, si $x \neq y$ dans X, le complémentaire de (x, y) dans $X \times X$ est un voisinage de Δ. Comme la symétrie $(x, y) \mapsto (y, x)$ est un homéomorphisme de $X \times X$ sur lui-même, pour tout $V \in \mathfrak{V}$, on a aussi $\overset{-1}{V} \in \mathfrak{V}$, d'où (U_{II}). Supposons enfin que $\mathfrak{V}$ ne vérifie pas (U_{III}); il existerait alors un ensemble $V \in \mathfrak{V}$ tel que, pour tout $W \in \mathfrak{V}$, l'ensemble $\overset{2}{W} \cap \complement V$ soit non vide; les ensembles $\overset{2}{W} \cap \complement V$ (où W parcourt $\mathfrak{V}$) formeraient donc une base de filtre sur $X \times X$, et cette dernière aurait par suite un point adhérent (x, y) n'appartenant pas à Δ. Or, comme X est *régulier* (I, p. 61, corollaire, il existerait un voisinage ouvert U_1 de x et un voisinage ouvert U_2 de y sans point commun, puis des voisinages *fermés* $V_1 \subset U_1$, $V_2 \subset U_2$ de x et y respectivement. Posons $U_3 = \complement(V_1 \cup V_2)$, et considérons dans $X \times X$ le voisinage

$$W = \bigcup_{i=1,2,3} (U_i \times U_i)$$

de Δ. Il résulte aussitôt de ces définitions que si $(u, v) \in W$ et $u \in V_1$ (resp. $u \in U_1$), on a nécessairement $v \in U_1$ (resp. $v \in U_1 \cup U_3 = \complement V_2$); par suite, le voisinage $V_1 \times V_2$ de (x, y) dans $X \times X$ ne rencontre pas $\overset{2}{W}$; nous avons ainsi obtenu une contradiction, ce qui achève la démonstration.

Remarque 1. — Pour tout *recouvrement ouvert fini* $\mathfrak{R} = (U_i)_{1 \leqslant i \leqslant n}$ de X, $V_{\mathfrak{R}} = \bigcup_{i=1}^{n} (U_i \times U_i)$ est un voisinage de Δ dans $X \times X$; ces ensembles forment un *système fondamental de voisinages* de Δ (et par suite un *système fondamental d'entourages* de l'unique structure uniforme de X): en effet, soit W un voisinage quelconque de Δ dans $X \times X$; pour tout $x \in X$ il y a un voisinage ouvert U_x de x dans X tel que $U_x \times U_x \subset W$. Comme les U_x $(x \in X)$ forment un recouvrement ouvert de X, il existe un nombre fini de points x_i $(1 \leqslant i \leqslant n)$ tels que les U_{x_i} $(1 \leqslant i \leqslant n)$ forment un recouvrement $\mathfrak{R}$ de X; on a alors $V_{\mathfrak{R}} \subset W$, d'où notre assertion.

En raison de ce résultat, on dit souvent que l'unique structure uniforme de X est la *structure uniforme des recouvrements ouverts finis* (cf. IX, § 4, exerc. 23).

Corollaire 1. — *Tout sous-espace d'un espace compact est uniformisable.*

Corollaire 2. — *Tout espace localement compact est uniformisable.*

Il suffit de remarquer qu'en vertu du th. d'Alexandroff (I, p. 67, th. 4), un espace localement compact est homéomorphe à un sous-espace d'un espace compact.

Remarque 2. — On notera qu'il peut exister plusieurs structures uniformes distinctes compatibles avec la topologie d'un espace localement compact.

Par exemple, nous avons vu que sur un espace discret infini, il y a plusieurs structures uniformes distinctes compatibles avec la topologie discrète (II, p. 7, *Remarque* 1).

Il ne faudrait pas croire cependant que l'unicité de la structure uniforme compatible avec la topologie d'un espace uniformisable soit une propriété caractérisant les espaces compacts; il y a des espaces localement compacts non compacts qui la possèdent également (II, p. 37, exerc. 4).

THÉORÈME 2. — *Toute application continue f d'un espace compact* X *dans un espace uniforme* X' *est uniformément continue.*

En effet, soit $g = f \times f$, qui est continue dans X × X (I, p. 25, cor. 1); pour tout entourage ouvert V' de X', $\overset{-1}{g}(V')$ est donc un ensemble ouvert dans X × X, qui contient évidemment la diagonale; le théorème résulte donc du th. 1 (II, p. 27), puisque les entourages ouverts de X' forment un système fondamental d'entourages (II, p. 5, cor. 2).

Sous les hypothèses du th. 2, la restriction de f à tout sous-espace A de X est uniformément continue; donc (II, p. 20, th. 2):

COROLLAIRE. — *Soient* A *un sous-espace partout dense d'un espace compact* X, *f une application de* A *dans un espace uniforme séparé et complet* X'; *pour que f puisse être prolongée par continuité à* X *tout entier, il faut et il suffit que f soit uniformément continue.*

2. Compacité des espaces uniformes

DÉFINITION 2. — *On dit qu'un espace uniforme* X *est précompact si son séparé complété* $\hat{X}$ *est compact. On dit qu'une partie* A *d'un espace uniforme* X *est un ensemble précompact si le sous-espace uniforme* A *de* X *est précompact.*

Pour qu'une partie A d'un espace uniforme X soit précompacte, il faut et il suffit donc que, si $i: X \to \hat{X}$ est l'application canonique, l'adhérence dans $\hat{X}$ de $i(A)$ soit un ensemble compact (II, p. 26, cor. 1).

Exemple. — Dans tout espace uniforme X, l'ensemble des points d'une *suite de Cauchy* (x_n) est précompact: en effet, comme les images des x_n dans $\hat{X}$ forment encore une suite de Cauchy, on peut se borner au cas où X est séparé. L'adhérence dans $\hat{X}$ de l'ensemble des x_n est alors formée des x_n et de $\lim_{n\to\infty} x_n$, donc est compacte (I, p. 61, *Exemple* 2).

THÉORÈME 3. — *Pour qu'un espace uniforme* X *soit précompact, il faut et il suffit que, pour tout entourage* V *de* X, *il existe un recouvrement* fini *de* X *dont tous les ensembles sont petits d'ordre* V.

D'une manière plus imagée, on peut exprimer cette condition en disant qu'il existe des recouvrements finis de X dont les ensembles sont *aussi petits qu'on veut.*

Soit i l'application canonique de X dans $\hat{X}$; les entourages de X sont les images réciproques par $i \times i$ des entourages de $\hat{X}$ (II, p. 23, prop. 12). Pour montrer que la condition de l'énoncé est *nécessaire*, considérons un entourage arbitraire U de $\hat{X}$, et un entourage symétrique U′ de $\hat{X}$ tel que $\overset{2}{U'} \subset U$; comme $\hat{X}$ est compact, il existe un nombre fini de points $x_j \in \hat{X}$ tels que les $U'(x_j)$ (qui sont petits d'ordre U) forment un recouvrement de $\hat{X}$; si V est l'image réciproque de U par $i \times i$, les ensembles $\overset{-1}{i}(U'(x_j))$ forment donc un recouvrement de X par des ensembles petits d'ordre V. Pour voir que la condition est *suffisante*, il suffit d'établir qu'elle entraîne que tout ultrafiltre $\mathfrak{F}$ sur $\hat{X}$ est convergent; comme $\hat{X}$ est complet, il suffit de vérifier que $\mathfrak{F}$ est un *filtre de Cauchy*, ou encore, que pour tout entourage *fermé* U de $\hat{X}$, il existe dans $\mathfrak{F}$ un ensemble petit d'ordre U (II, p. 5, cor. 2). Soit V l'image réciproque de U par $i \times i$, et soit (B_j) un recouvrement fini de X par des ensembles petits d'ordre V; les ensembles $C_j = i(B_j)$ forment un recouvrement de $i(X)$ par des ensembles petits d'ordre U, donc on a $\hat{X} = \bigcup_j \overline{C}_j$; d'autre part, comme $C_j \times C_j \subset U$ et que U est fermé dans $\hat{X} \times \hat{X}$, on a aussi $\overline{C}_j \times \overline{C}_j \subset U$, autrement dit les $\overline{C}_j$ sont aussi petits d'ordre U. Puisque $\mathfrak{F}$ est un ultrafiltre, un des $\overline{C}_j$ appartient à $\mathfrak{F}$ (I, p. 39, corollaire).

C.Q.F.D.

Corollaire. — *Pour qu'un espace uniforme* X *soit compact, il faut et il suffit qu'il soit séparé et complet, et que pour tout entourage* V *de* X, *il existe un recouvrement fini de* X *par des ensembles petits d'ordre* V.

Cela résulte du th. 3 de II, p. 27, th. 1.

Remarque 1. — Un espace *quasi-compact* non séparé n'est pas nécessairement uniformisable, puisqu'il ne vérifie pas nécessairement l'axiome (O_{III}) (cf. I, p. 61); par exemple la plupart des espaces quasi-compacts non séparés qui interviennent en Géométrie algébrique ne satisfont pas à (O_{III}) (cf. II, p. 36, exerc. 2 du § 4).

Proposition 1. — *Dans un espace uniforme, toute partie d'un ensemble précompact, toute réunion finie d'ensembles précompacts, toute adhérence d'ensemble précompact, est un ensemble précompact.*

Les deux premières assertions découlent aussitôt du th. 3. D'autre part, soient X un espace uniforme, A un ensemble précompact dans X, i l'application canonique de X dans son séparé complété $\hat{X}$; $i(\overline{A})$ est contenu dans l'adhérence de $i(A)$ dans $\hat{X}$ (I, p. 9, th. 1), donc l'adhérence de $i(\overline{A})$ dans $\hat{X}$ est contenue par hypothèse dans un ensemble compact, et par suite est compacte.

Remarque 2. — Dans un espace uniforme X, un ensemble *relativement compact* A est *précompact*, puisque A est contenu dans un ensemble compact. Par contre, même si X est séparé, un ensemble précompact *n'est pas nécessairement relativement compact* dans X, comme le montre le cas où X lui-même est précompact, mais non compact.

Proposition 2. — *Soit* $f: X \to Y$ *une application uniformément continue. Pour toute partie précompacte* A *de* X, $f(A)$ *est une partie précompacte de* Y.

En effet, si $i: X \to \hat{X}$, $j: Y \to \hat{Y}$ sont les applications canoniques, on a $j(f(A)) = \hat{f}(i(A))$ (II, p. 24, prop. 15), donc $j(f(A))$ est relativement compact dans $\hat{Y}$ (I, p. 63, cor. 1).

Proposition 3. — *Soient* X *un ensemble,* $(Y_\lambda)_{\lambda \in L}$ *une famille d'espaces uniformes, et pour chaque* $\lambda \in L$, *soit* f_λ *une application de* X *dans* Y_λ; *on munit* X *de la structure uniforme la moins fine rendant uniformément continues les* f_λ. *Pour qu'une partie* A *de* X *soit précompacte, il faut et il suffit que, pour tout* $\lambda \in L$, $f_\lambda(A)$ *soit une partie précompacte de* Y_λ.

La condition est nécessaire en vertu de la prop. 2; vu la caractérisation du séparé complété de X (II, p. 26, prop. 18) elle est suffisante en vertu du th. de Tychonoff (I, p. 64, corollaire).

3. Ensembles compacts dans un espace uniforme

La proposition suivante précise, dans un espace uniforme quelconque, la prop. 3 de I, p. 61 relative aux espaces compacts.

Proposition 4. — *Dans un espace uniforme* X, *soient* A *un ensemble compact,* B *un ensemble fermé tels que* $A \cap B = \varnothing$. *Il existe alors un entourage* V *de* X *tel que* $V(A) \cap V(B) = \varnothing$.

S'il n'en était pas ainsi, aucun des ensembles $A \cap \overset{2}{V}(B)$, où V parcourt l'ensemble des entourages symétriques de X, ne serait vide; ces ensembles formeraient donc une base de filtre sur A, qui aurait un point adhérent $x_0 \in A$. Pour tout entourage symétrique V de X, $\overset{3}{V}(x_0)$ rencontrerait donc B, et par suite, comme B est fermé, on aurait $x_0 \in B$, contrairement à l'hypothèse.

Corollaire. — *Soit* A *un ensemble compact dans un espace uniforme* X; *lorsque* V *parcourt l'ensemble des entourages de* X, *les ensembles* V(A) *forment un système fondamental de voisinages de* A.

En effet, soit U un voisinage ouvert quelconque de A; l'ensemble $B = \complement U$ est fermé et ne rencontre pas A; d'après la prop. 4, il existe un entourage V tel que $V(A) \cap V(B) = \varnothing$; *a fortiori*, on a $V(A) \subset U$, ce qui démontre le corollaire.

4. Ensembles connexes dans un espace compact

Définition 3. — *Dans un espace uniforme* X, *soit* V *un entourage symétrique; on dit qu'une suite finie* $(x_i)_{0 \leqslant i \leqslant n}$ *de points de* X *est une* V*-chaîne si, pour tout indice* i *tel que* $0 \leqslant i < n$, x_i *et* x_{i+1} *sont voisins d'ordre* V; *les points* x_0 *et* x_n *sont appelés les extrémités de la* V*-chaîne, et on dit qu'ils sont joints par la* V*-chaîne.*

Étant donné un entourage symétrique V, la relation « il existe une V-chaîne joignant x et y » est une relation d'équivalence entre x et y dans X, comme on le vérifie aussitôt; soit $A_{x,V}$ la classe d'équivalence de x suivant cette relation, c'est-à-dire l'ensemble des points $y \in X$ pouvant être joints à x par une V-chaîne. Il est

immédiat que si $y \in A_{x,V}$ on a $V(y) \subset A_{x,V}$, donc $A_{x,V}$ est ouvert; mais son complémentaire, qui est réunion de classes d'équivalence, est aussi ouvert. Donc:
PROPOSITION 5. — *Dans un espace uniforme* X, *l'ensemble* $A_{x,V}$ *des points qui peuvent être joints à un point donné x par une* V-*chaîne, est à la fois ouvert et fermé.*

Pour tout $x \in X$, désignons par A_x l'intersection des ensembles $A_{x,V}$ lorsque V parcourt l'ensemble des entourages symétriques de X; c'est la classe d'équivalence de x suivant la relation d'équivalence: « quel que soit l'entourage symétrique V, il existe une V-chaîne joignant x et y ».

PROPOSITION 6. — *Dans un espace compact* X, *la composante connexe d'un point x, l'ensemble* A_x *et l'intersection des voisinages de x à la fois ouverts et fermés sont identiques.*

Il suffit de montrer que A_x est *connexe*; en effet, dans tout espace uniforme X, la composante connexe de x est contenue dans l'intersection des voisinages à la fois ouverts et fermés de X, et cette intersection est elle-même contenue dans A_x en vertu de la prop. 5.

Supposons que A_x ne soit pas connexe; comme c'est un ensemble *fermé*, il existerait deux ensembles *fermés* non vides et sans point commun, B et C, tels que $B \cup C = A_x$. D'après la prop. 4 (II, p. 31) il existerait alors un entourage U de X tel que $U(B) \cap U(C) = \varnothing$; soit W un entourage *ouvert* tel que $\overset{2}{W} \subset U$, et désignons par H l'ensemble *fermé* complémentaire dans X de l'ensemble $W(B) \cup W(C)$. Supposons par exemple que $x \in B$, et considérons un point $y \in C$; pour tout entourage symétrique $V \subset W$, on voit aussitôt, par récurrence sur i, que toute V-chaîne $(x_i)_{0 \leqslant i \leqslant n}$ joignant x et y dans X a nécessairement un point dans H, en vertu du choix de W. Comme par hypothèse x et y peuvent être joints par une V-chaîne pour tout entourage symétrique V, on voit que, pour $V \subset W$, l'ensemble $H \cap A_{x,V}$ n'est pas vide. D'autre part, si $V' \subset V$, on a évidemment $A_{x,V'} \subset A_{x,V}$; il en résulte que lorsque V parcourt l'ensemble des entourages symétriques de X, les ensembles $H \cap A_{x,V}$ formeraient une base de filtre composée d'ensembles *fermés* dans l'espace compact H. Il existerait donc un point commun à tous ces ensembles, autrement dit un point commun à H et A_x; comme cela est contraire à la définition de H, la proposition est démontrée.

COROLLAIRE. — *Soient* X *un espace localement compact,* K *une composante connexe* compacte *de* X. *Alors les voisinages à la fois ouverts et fermés de* K *forment un système fondamental de voisinages de* K.

En effet, soit V un voisinage ouvert relativement compact de K dans X (I, p. 65, prop. 10), et soit F sa frontière. Soit $U \subset \overline{V}$ un ensemble à la fois ouvert et fermé *par rapport à* $\overline{V}$; alors U est fermé dans X, et si en outre U ne rencontre pas F, U est ouvert dans X, car cela entraîne $U \subset V$ et U est ouvert par rapport à V. Tout revient donc à montrer qu'il existe dans $\overline{V}$ un ensemble contenant K, à la fois ouvert et fermé par rapport à $\overline{V}$, et qui ne rencontre pas F.

Raisonnons par l'absurde: les intersections avec F des ensembles contenant

K et à la fois ouverts et fermés par rapport à $\overline{V}$ formeraient une base de filtre composée d'ensembles fermés dans F; comme F est compact, ces ensembles auraient un point commun $y \in F$; mais cela est absurde, car $\overline{V}$ est un espace compact, K est une composante connexe de cet espace, et en vertu de la prop. 6, l'intersection des ensembles contenant K et à la fois ouverts et fermés dans $\overline{V}$ se réduit à K. Le corollaire est donc démontré.

Proposition 7. — *Soient* X *un espace compact*, R *la relation d'équivalence dans* X *dont les classes sont les composantes connexes de* X. *L'espace quotient* X/R *est compact et totalement discontinu.*

On sait déjà (I, p. 84, prop. 9) que X/R est totalement discontinu; tout revient à voir que X/R est *séparé* (I, p. 78, prop. 8). Soient A et B deux composantes connexes distinctes de X; en vertu de la prop. 6 (II, p. 32), il existe un entourage symétrique U de X tel qu'un point quelconque de A et un point quelconque de B ne puissent être joints par une U-chaîne. Or, l'ensemble V (resp. W) des points de X qui peuvent être joints à un point $x \in A$ (resp. $y \in B$) par une U-chaîne est à la fois ouvert et fermé dans X (II, p. 32, prop. 5) et contient A (resp. B); ces ensembles sont donc des voisinages ouverts de A et B respectivement, saturés pour R et ne se rencontrant pas, ce qui démontre la proposition.

Exercices

§ 1

1) Soient X un ensemble infini, $\mathfrak{F}$ un ultrafiltre sur X tel que l'intersection des ensembles de $\mathfrak{F}$ soit vide. Pour tout ensemble $A \in \mathfrak{F}$, soit V_A la partie $\Delta \cup (A \times A)$ de $X \times X$. Montrer que lorsque A parcourt $\mathfrak{F}$, les V_A forment un système fondamental d'entourages d'une structure uniforme $\mathscr{U}(\mathfrak{F})$ sur X, et que la topologie déduite de $\mathscr{U}(\mathfrak{F})$ est la topologie discrète.

*2) Sur la droite numérique **R**, munie de la structure uniforme additive, montrer que lorsque V parcourt le filtre des entourages de **R**, les ensembles V(**Z**) ne forment pas un système fondamental de voisinages de l'ensemble **Z** des entiers rationnels.* (Cf. II, p. 31, corollaire).

*3) Soit V l'entourage de la structure uniforme additive de **R** formé des couples (x, y) tels que l'on ait, ou bien $|x - y| \leqslant 1$, ou bien $xy \geqslant 1$. Montrer que V est fermé dans $\mathbf{R} \times \mathbf{R}$, mais que si on désigne par A l'ensemble (fermé dans **R**) des entiers $n \geqslant 2$, V(A) n'est pas fermé dans **R**.*

4) Montrer que si un espace uniforme est un espace de Kolmogoroff (I, p. 89, exerc. 2), il est séparé.

¶ 5) *a*) Soient X un espace uniforme, $\mathscr{U}$ sa structure uniforme: pour tout entourage V de X, soit $\tilde{V}$ la partie de $\mathfrak{P}(X) \times \mathfrak{P}(X)$ formée des couples (M, N) de parties de X telles qu'on ait *à la fois* $M \subset V(N)$ et $N \subset V(M)$. Montrer que les ensembles $\tilde{V}$ constituent un système fondamental d'entourages d'une structure uniforme $\tilde{\mathscr{U}}$ sur $\mathfrak{P}(X)$.

b) Sur l'ensemble $\mathfrak{P}_0(X)$ des parties non vides de X, montrer que la topologie induite par la topologie $\mathscr{T}(\tilde{\mathscr{U}})$ déduite de $\tilde{\mathscr{U}}$ est plus fine que la topologie $\mathscr{T}_\Phi$ (I, p. 91, exerc. 7).

c) Si X a au moins deux points et si $\mathscr{U}$ est séparée, montrer que, sur $\mathfrak{P}_0(X)$, la topologie induite par la topologie $\mathscr{T}(\tilde{\mathscr{U}})$ n'est jamais moins fine que $\mathscr{T}_\Omega$. Pour que la topologie induite sur l'ensemble $\mathfrak{F}(X)$ des parties fermées non vides de X par $\mathscr{T}(\tilde{\mathscr{U}})$ soit plus fine que la topologie induite par $\mathscr{T}_\Omega$, il faut et il suffit que pour toute partie fermée A de X, l'ensemble des V(A), où V parcourt l'ensemble des entourages de X, soit un système fondamental de voisinages de A.

**d*) Montrer que sur l'ensemble quotient X/R défini dans le chap. I, p. 116, exerc. 18, la topologie quotient et les topologies induites par $\mathcal{T}_\Omega$, $\mathcal{T}_\Phi$ et $\mathcal{T}(\tilde{\mathcal{U}})$ (où $\mathcal{U}$ est la structure uniforme usuelle de $\mathbf{R}^2$) sont toutes distinctes.

§ 2

1) Sur la droite numérique $\mathbf{R}$ (munie de la structure uniforme additive), la fonction $|x|$ est uniformément continue; la fonction $1/x$ est uniformément continue dans tout intervalle $[a, +\infty[$, où $a > 0$; elle est continue, mais non uniformément continue, dans l'intervalle $]0, +\infty[$.

2) Montrer que, sur $\mathbf{Z}$, les topologies déduites des structures p-adiques correspondant à deux nombres premiers différents, ne sont pas comparables.

3) Sur un ensemble infini X, soient $\mathfrak{F}_1$, $\mathfrak{F}_2$ deux ultrafiltres non triviaux distincts; montrer que les structures uniformes $\mathcal{U}(\mathfrak{F}_1)$ et $\mathcal{U}(\mathfrak{F}_2)$ (II, p. 34, exerc. 1) ne sont pas comparables, et que la borne supérieure de ces deux structures uniformes est la structure uniforme discrète; quelle est leur borne inférieure? En déduire que l'ensemble des structures uniformes séparées sur X est équipotent à $\mathfrak{P}(\mathfrak{P}(X))$ (cf. I, p. 101, exerc. 6 *a*)).

4) *a*) Soient $\mathfrak{U}$ et $\mathfrak{U}'$ les filtres d'entourages de deux structures uniformes sur un même ensemble non vide X; pour que le filtre intersection de $\mathfrak{U}$ et $\mathfrak{U}'$ soit le filtre des entourages d'une structure uniforme sur X, il faut et il suffit que, quels que soient $V \in \mathfrak{U}$ et $V' \in \mathfrak{U}'$, il existe $W \in \mathfrak{U}$ et $W' \in \mathfrak{U}'$ tels que $WW' \subset V \cup V'$.

b) Donner un exemple de deux filtres d'entourages $\mathfrak{U}_\varpi$, $\mathfrak{U}_{\varpi'}$, définis chacun par une partition finie de X (II, p. 10, *Exemple*), qui ne satisfont pas à la condition de *a*).

5) Soient $(X_\iota)_{\iota \in I}$ une famille d'espaces uniformes, $\mathfrak{c}$ un cardinal infini. Pour toute famille $(V_\iota)_{\iota \in H}$, où $\mathrm{Card}(H) < \mathfrak{c}$ et V_ι est un entourage de X_ι pour chaque $\iota \in H$, soit $U((V_\iota))$ l'ensemble des couples (x, y) de points de $X = \prod_{\iota \in I} X_\iota$ tels que $(\mathrm{pr}_\iota x, \mathrm{pr}_\iota y) \in V_\iota$ pour tout $\iota \in H$. Montrer que les ensembles $U((V_\iota))$ forment un système fondamental d'entourages d'une structure uniforme sur X; la topologie déduite de cette structure uniforme est la topologie définie dans l'exerc. 9 de I, p. 95.

6) Soient X un espace uniforme, $\mathcal{U}$ sa structure uniforme, $\tilde{\mathcal{U}}$ la structure uniforme correspondante sur $\mathfrak{P}_0(X)$ (II, p. 34, exerc. 5).

a) Montrer que l'application $x \mapsto \{x\}$ est un isomorphisme de l'espace uniforme X sur un sous-espace de l'espace uniforme $\mathfrak{P}_0(X)$.

b) Montrer que la structure uniforme induite par $\tilde{\mathcal{U}}$ sur l'ensemble $\mathfrak{F}(X)$ des parties fermées non vides de X est séparée, et que $\tilde{\mathcal{U}}$ est l'image réciproque par l'application $M \mapsto \overline{M}$ de la structure induite sur $\mathfrak{F}(X)$ par $\tilde{\mathcal{U}}$.

c) Montrer que l'application $(M, N) \mapsto M \cup N$ de $\mathfrak{P}_0(X) \times \mathfrak{P}_0(X)$ dans $\mathfrak{P}_0(X)$ est uniformément continue.

d) Soit Y un second espace uniforme. Si $f: X \to Y$ est une application uniformément continue, montrer que l'application $M \mapsto f(M)$ de $\mathfrak{P}_0(X)$ dans $\mathfrak{P}_0(Y)$ est uniformément continue.

e) Soit $\mathfrak{B}$ une partie compacte de l'ensemble $\mathfrak{F}(X)$ des parties fermées non vides de X, muni de la topologie induite par la topologie $\mathcal{T}(\tilde{\mathcal{U}})$ déduite de $\mathcal{U}$. Montrer que l'ensemble $\bigcup_{M \in \mathfrak{B}} M$ est fermé dans X.

§ 3

*1) Sur la droite numérique $\mathbf{R}$, on désigne par $\mathcal{U}$ la structure uniforme additive, par $\mathcal{U}'$ l'image réciproque de $\mathcal{U}$ par l'application $x \mapsto x^3$ de $\mathbf{R}$ sur lui-même. Montrer que $\mathcal{U}'$ est strictement plus fine que $\mathscr{U}$, mais que les filtres de Cauchy sont les mêmes pour ces deux structures uniformes.$_*$

2) *a*) Soient X un ensemble infini, $\mathfrak{F}$ un ultrafiltre non trivial sur X. Montrer que dans le complété de X muni de la structure uniforme $\mathscr{U}(\mathfrak{F})$ (II, p. 34, exerc. 1) le complémentaire de X se réduit à un seul point, et que l'espace topologique $\hat{X}$ s'identifie à l'espace associé à l'ultrafiltre $\mathfrak{F}$ (I, p. 40, *Exemple*).
$_*$*b*) Déduire de *a*) un exemple de structure uniforme sur **R**, plus fine que la structure uniforme additive, et pour laquelle **R** n'est pas complet.$_*$

$_*$3) *a*) Sur la droite numérique **R**, on désigne par $\mathscr{U}$ la structure uniforme additive, par $\mathscr{U}_1$ la structure uniforme induite sur **R** par celle de la droite achevée $\overline{\mathbf{R}}$, par $\mathscr{U}_2$ la structure uniforme induite sur **R** par celle du compactifié d'Alexandroff $\tilde{\mathbf{R}} = \mathbf{P}_1(\mathbf{R})$ de **R**; $\mathscr{U}$ est strictement plus fine que $\mathscr{U}_1$, $\mathscr{U}_1$ strictement plus fine que $\mathscr{U}_2$, et les topologies déduites de ces trois structures uniformes sont les mêmes; les complétés de **R** pour ces trois structures uniformes sont respectivement **R**, $\overline{\mathbf{R}}$ et $\tilde{\mathbf{R}}$. L'application identique de **R** se prolonge par continuité en une application injective mais non surjective $\mathbf{R} \to \overline{\mathbf{R}}$ et en une application surjective mais non injective $\overline{\mathbf{R}} \to \tilde{\mathbf{R}}$.
b) Déduire de *a*) un exemple d'espaces uniformes séparés X, Y et d'une application uniformément continue et bijective $u: X \to Y$, dont le prolongement par continuité $\hat{u}: \hat{X} \to \hat{Y}$ n'est ni injectif ni surjectif.$_*$

¶ 4) Avec les notations de l'exerc. 5 de II, p. 35, on suppose que tous les espaces uniformes X_ι sont complets. Montrer que pour la structure uniforme définie dans l'exerc. cité, l'espace X est complet (utiliser le cor. 2 de la prop. 5 de II, p. 14 en raisonnant par l'absurde).

5) Soit X un espace uniforme séparé tel que X soit intersection d'une famille dénombrable de parties ouvertes de $\hat{X}$. Montrer que, pour tout espace uniforme séparé Y tel que X soit un sous-espace uniforme de Y, X est intersection d'une partie fermée de Y et d'une famille dénombrable de parties ouvertes de Y.

6) Soient X un espace uniforme, $i: X \to \hat{X}$ l'application canonique de X dans son séparé complété. Soit X_0 l'ensemble somme de X et de $\hat{X} - i(X)$, et soit $j: X_0 \to \hat{X}$ l'application qui coïncide avec i dans X, avec l'identité dans $\hat{X} - i(X)$. Montrer que pour la structure uniforme image réciproque par j de la structure uniforme de $\hat{X}$, X_0 est complet. En outre, pour tout espace uniforme complet Y tel que X soit un sous-espace uniforme de Y, l'application identique $X \to X$ se prolonge d'une seule manière en une application continue $X_0 \to Y$.

¶ 7) Soient X un espace uniforme séparé, $\mathscr{U}$ sa structure uniforme; on désigne par $\mathscr{U}_0$ la structure uniforme induite sur $\mathfrak{F}(X)$ par la structure uniforme $\tilde{\mathscr{U}}$ (II, p. 35, exerc. 6 *b*)), par $\mathscr{U}_{00}$ la structure uniforme induite sur $\mathfrak{F}(\mathfrak{F}(X))$ par la structure uniforme $\tilde{\mathscr{U}}_0$. Montrer que l'application canonique $x \mapsto \{\{x\}\}$ de X dans $\mathfrak{F}(\mathfrak{F}(X))$ se prolonge en un isomorphisme de $\hat{X}$ sur un sous-espace uniforme fermé de $\mathfrak{F}(\mathfrak{F}(X))$ (muni de $\mathscr{U}_{00}$) (utiliser la prop. 9 de II, p. 17).

§ 4

¶ 1) Soit $\mathfrak{R}$ un recouvrement ouvert d'un espace compact X; montrer qu'il existe un entourage V de la structure uniforme de X tel que, pour tout $x \in X$, $V(x)$ soit contenu dans un ensemble appartenant à $\mathfrak{R}$ (remarquer que pour tout $x \in X$, il existe un entourage W_x tel que $\overset{2}{W}_x(x)$ soit contenu dans un ensemble de $\mathfrak{R}$, et recouvrir X par un nombre fini d'ensembles $W_x(x)$).

2) Pour qu'un espace quasi-compact X soit uniformisable, il faut et il suffit que sa topologie soit image réciproque de la topologie d'un espace compact Y, par une application surjective $f: X \to Y$.

3) Soit f une application continue d'un espace compact X dans un espace compact Y, et soit V un entourage ouvert de X tel que la relation $f(x) = f(y)$ entraîne $(x, y) \in V$. Montrer qu'il existe un entourage W de Y tel que la relation $(f(x), f(y)) \in W$ entraîne $(x, y) \in V$.

4) Soit X l'espace localement compact défini dans I, p. 106, exerc. 12. Montrer que, dans $X \times X$, tout voisinage de la diagonale Δ contient un ensemble de la forme $]x, b[\times]x, b[$. En déduire que, sur X, il n'y a qu'une seule structure uniforme compatible avec la topologie de X, et que le complété de X pour cette structure peut être identifié à l'intervalle $X' =]a, b]$ muni de la topologie $\mathscr{T}_-(X')$. (Observer que tout ultrafiltre sur X est nécessairement un filtre de Cauchy pour toute structure uniforme compatible avec la topologie de X.)

5) Pour qu'un espace uniforme X soit précompact, il faut et il suffit que tout ultrafiltre sur X soit un filtre de Cauchy. (Pour montrer que la condition est suffisante, remarquer que si X n'est pas précompact, il existe un entourage V de X tel que les ensembles $\complement V(x)$, où x parcourt X, engendrent un filtre sur X.)

6) Soit X un espace uniforme tel que toute suite de points de X ait au moins une valeur d'adhérence dans X. Montrer que X est précompact (raisonner par l'absurde).

7) Dans un espace uniforme X, on dit qu'un ensemble A est *borné* si, pour tout entourage V de X, il existe un ensemble fini F et un entier $n > 0$ tels que $A \subset \overset{n}{V}(F)$.

a) La réunion de deux parties bornées est bornée. L'adhérence d'un ensemble borné est un ensemble borné. Tout ensemble précompact est borné.

b) Si $f: X \to Y$ est uniformément continue, l'image par f de toute partie bornée de X est une partie bornée de Y.

c) Dans un produit d'espaces uniformes non vides, pour qu'un ensemble soit borné, il faut et il suffit que chacune de ses projections le soit.

d) Pour tout entourage symétrique V de X, soit R_V la réunion des ensembles $\overset{n}{V}$ pour toutes les valeurs de l'entier $n > 0$; montrer que R_V est à la fois ouvert et fermé dans $X \times X$ et que, pour tout $x \in X$, on a $R_V(x) = A_{x,V}$ (notation de II, p. 31). On suppose que pour tout entourage symétrique V de X, on ait $R_V = X \times X$ (ce qui a lieu en particulier si X est connexe); montrer que pour qu'un ensemble $A \subset X$ soit borné, il faut et il suffit que pour tout entourage symétrique V de X, et tout $x_0 \in X$, il existe un entier $n > 0$ tel que $A \subset \overset{n}{V}(x_0)$.

8) Soient X un espace uniforme, V un entourage fermé de X, A une partie compacte de X; montrer que V(A) est fermé dans X (cf. I, p. 77, cor. 5).

¶ 9) Soit X un espace localement compact, muni d'une structure uniforme compatible avec la topologie de X, et telle qu'il existe un entourage V pour lequel $V(x)$ soit relativement compact dans X quel que soit $x \in X$.

a) Montrer que X est complet pour la structure uniforme considérée.

b) Soit U un entourage symétrique de X tel que $\overset{2}{U} \subset V$; montrer que si A est relativement compact dans X, U(A) est relativement compact dans X.

c) Montrer que X est paracompact (utiliser *b*), l'exerc. 7, et le th. 5 de I, p. 70).

d) Soit W un entourage symétrique fermé de X tel que $\overset{2}{W} \subset V$; montrer que pour tout ensemble A fermé dans X, W(A) est fermé dans X (utiliser l'exerc. 8).

10) Soit X un espace uniforme séparé tel qu'il existe un entourage V de X, pour lequel $V(x)$ soit précompact pour tout $x \in X$. Montrer que le complété $\hat{X}$ est localement compact et satisfait aux conditions de l'exerc. 9. (Si W est un entourage ouvert symétrique de X tel que $\overset{3}{W} \subset V$, montrer que l'adhérence $\overline{W}$ de W dans $\hat{X} \times \hat{X}$ est telle que $\overline{W}(x)$ soit compact pour tout $x \in \hat{X}$).

¶ 11) Soient X un espace uniforme séparé, $\mathscr{U}$ sa structure uniforme, $\mathfrak{F}(X)$ l'ensemble des parties fermées non vides de X muni de la structure uniforme induite par la structure uniforme $\tilde{\mathscr{U}}$ définie dans II, p. 34, exerc. 5 *a*).

a) Montrer que si X est précompact, $\mathfrak{F}(X)$ est précompact. (Si (A_ι) est un recouvrement fini de X par des ensembles petits d'ordre V (V symétrique), on montrera que les ensembles $\tilde{V}(B_\kappa)$, où les B_κ sont toutes les réunions d'ensembles A_ι, forment un recouvrement de $\mathfrak{F}(X)$).

b) Pour qu'un point $A \in \mathfrak{F}(X)$ soit tel que tout voisinage de A pour la topologie induite sur $\mathfrak{F}(X)$ par $\mathscr{T}(\tilde{\mathscr{U}})$ contienne un voisinage de A pour la topologie induite sur $\mathfrak{F}(X)$ par $\mathscr{T}_\Theta$ (I, p. 101, exerc. 12), il faut et il suffit que A soit précompact.

c) Montrer que sur l'ensemble $\mathfrak{K}(X)$ des parties compactes de X, les topologies induites par $\mathscr{T}(\mathscr{U})$ et $\mathscr{T}_\Theta$ coïncident (utiliser *b*) et l'exerc. 5 de II, p. 34).

¶ 12) *a*) Soit R un réseau booléien, formé de parties d'un ensemble Ω. A toute partition finie $\varpi = (A_\iota)$ de Ω formée d'ensembles appartenant à R, on fait correspondre, dans $\Omega \times \Omega$, l'ensemble $C_\varpi = \bigcup_\iota (A_\iota \times A_\iota)$. Montrer que les C_ϖ forment un système fondamental d'entourages d'une structure uniforme séparée sur Ω. Le complété $\hat{\Omega}$ de Ω pour cette structure est un espace compact totalement discontinu; pour qu'une partie de $\hat{\Omega}$ soit un ensemble à la fois ouvert et fermé dans $\hat{\Omega}$, il faut et il suffit qu'elle soit de la forme $\overline{A}$, où $A \in R$. Montrer que $A \mapsto \overline{A}$ est une application bijective de R sur l'ensemble des parties à la fois ouvertes et fermées de $\hat{\Omega}$, telle que l'on ait $\overline{\complement A} = \complement \overline{A}$, $\overline{A \cup B} = \overline{A} \cup \overline{B}$ et $\overline{A \cap B} = \overline{A} \cap \overline{B}$. Lorsque R_0 est un réseau booléien quelconque, R le réseau isomorphe de parties de l'ensemble Ω des préfiltres maximaux de R_0 (I, p. 99, exerc. 20), montrer que l'application canonique $\Omega \to \hat{\Omega}$ est bijective, autrement dit que Ω est compact. Si R est achevé (E, III, p. 71, exerc. 11), Ω est extrêmement discontinu (I, p. 117, exerc. 21). Donner un exemple de réseau booléien R_0 tel que Ω ne soit pas extrêmement discontinu (cf. I, p. 99, exerc. 20 *d*)). Si R_0 est un réseau booléien formé de parties d'un ensemble E, les ensembles à la fois ouverts et fermés de Ω s'obtiennent en considérant un ensemble $A \in R_0$ et l'ensemble U(A) des préfiltres maximaux de R_0 auxquels appartient A.

b) Soit X un espace topologique séparé, tel que les ensembles à la fois ouverts et fermés forment une base de la topologie de X. On prend pour R le réseau booléien formé des parties à la fois ouvertes et fermées de X; la topologie induite sur X par la topologie du complété $\hat{X}$ de X pour la structure uniforme $\mathscr{U}$ définie dans *a*) est la topologie donnée sur X. En outre, les éléments maximaux dans l'ensemble des filtres sur X ayant une base formée d'ensembles ouverts, et dans l'ensemble des filtres sur X ayant une base formée d'ensembles fermés, sont des filtres de Cauchy pour $\mathscr{U}$. En déduire qu'il existe des applications surjectives continues $\varphi: \tilde{X} \to \hat{X}$, $\psi: X' \to \hat{X}$ pour les espaces topologiques $\tilde{X}$ et X′ définis dans I, p. 109, exerc. 26 et 25. *Montrer que si X est la droite rationnelle $\mathbf{Q}$, l'application ψ n'est pas bijective.* Si X est extrêmement discontinu (I, p. 117, exerc. 21), ψ est bijective, $\hat{X}$ est extrêmement discontinu et s'identifie à l'espace semi-régulier associé à X′ (I, p. 103, exerc. 20); les espaces extrêmement discontinus peuvent donc se caractériser comme les sous-espaces partout denses des espaces compacts extrêmement discontinus. En déduire un exemple d'espace compact extrêmement discontinu et n'ayant aucun point isolé (cf. I, p. 117, exerc. 21 *f*)).

Si on prend en particulier pour X un espace discret, $\hat{X}$ s'identifie à l'espace des ultrafiltres sur X (I, p. 110, exerc. 27).

13) Soient X un espace localement compact, U une partie ouverte de X, B l'ensemble réunion de U et des composantes connexes relativement compactes de $\complement U$; montrer que B est ouvert et est la réunion de U et des parties de $\complement U$, à la fois ouvertes et compactes dans $\complement U$. (Plonger X dans son compactifié d'Alexandroff $X' = X \cup \{\omega\}$, observer que dans $X' - U$ la composante connexe du point ω est $\{\omega\} \cup \complement B$, et utiliser la prop. 6 de II, p. 32.)

14) Soient X un espace compact, $\mathfrak{B}$ une base de filtre sur X formée d'ensembles fermés connexes; montrer que l'intersection (non vide) des ensembles de $\mathfrak{B}$ est un ensemble fermé connexe (raisonner par l'absurde, en utilisant la prop. 4 de II, p. 31 et I, p. 60, th. 1).

15) Soit X un espace compact; l'espace $\mathfrak{F}(X)$ des parties fermées non vides, muni de la

topologie induite par $\mathscr{T}(\tilde{\mathscr{U}})$ (II, p. 37, exerc. 11) est alors compact (I, p. 106, exerc. 14). On considère un ultrafiltre Ψ sur l'espace $\mathfrak{F}(X)$ et on suppose que pour tout entourage V de la structure uniforme de X, et tout $\mathfrak{X} \in \Psi$, il existe $M \in \mathfrak{X}$ tel que deux points quelconques de M puissent être joints par une V-chaîne contenue dans M. Montrer que le point limite A de Ψ dans $\mathfrak{F}(X)$ est une partie connexe de X (appliquer la prop. 6 de II, p. 32).

¶ 16) Soient X un espace compact et connexe, A et B deux parties fermées non vides de X, sans point commun. Montrer qu'il existe une composante connexe de $\complement(A \cup B)$ ayant des points adhérents dans A et dans B. (Soit U un entourage de la structure uniforme de X tel que $\overset{2}{U}(A) \cap \overset{2}{U}(B) = \varnothing$. Montrer d'abord que l'ensemble $\mathfrak{M}_U$ des composantes connexes de $\complement(U(A) \cup U(B))$ qui rencontrent à la fois $\overline{U(A)}$ et $\overline{U(B)}$ n'est pas vide; pour cela, on prouvera que pour tout entourage symétrique $W \subset U$, il existe $x \in U(A)$ et $y \in U(B)$ et une W-chaîne joignant x et y et dont tous les points distincts de x et y appartiennent à $\complement(U(A) \cup U(B))$; on appliquera ensuite l'exerc. 15. Pour tout entourage $V \subset U$, montrer que tout ensemble $K \in \mathfrak{M}_V$ contient un ensemble $H \in \mathfrak{M}_U$, et que l'ensemble $\mathfrak{N}_{U,V}$ des ensembles $H \in \mathfrak{M}_U$ qui sont contenus dans un ensemble $K \in \mathfrak{M}_V$ est fermé dans $\mathfrak{F}(X)$; en conclure que lorsque V parcourt l'ensemble des entourages contenus dans U, l'intersection des ensembles $\mathfrak{N}_{U,V}$ n'est pas vide.)

17) Soit X un espace localement compact connexe. Pour toute partie compacte K de X, non vide et distincte de X, montrer que toute composante connexe de K rencontre la frontière de K dans X (utiliser le corollaire de II, p. 32). En déduire que pour tout ensemble ouvert A relativement compact dans X, non vide et distinct de X, toute composante connexe de A a au moins un point adhérent dans $\complement A$.

¶ 18) *a*) Montrer qu'un espace compact et connexe X ne peut être réunion d'une infinité dénombrable d'ensembles fermés non vides deux à deux disjoints. (Raisonner par l'absurde: si (F_n) est une partition infinie dénombrable de X formée d'ensembles fermés, montrer, à l'aide de l'exerc. 17, qu'il existe un ensemble compact connexe K ne rencontrant par F_1, mais rencontrant une infinité des F_n; on considérera pour cela la composante connexe d'un point de F_2 par rapport à un voisinage compact de F_2 ne rencontrant par F_1. Raisonner ensuite par récurrence.)

b) Étendre le résultat de *a*) au cas d'un espace localement compact connexe X, lorsqu'on fait une des deux hypothèses supplémentaires suivantes: un des F_n est compact et connexe, ou X est localement connexe. (Dans le premier cas, se ramener à *a*) à l'aide de l'exerc. 17.)

**c*) Dans l'espace $\mathbf{R}^3$, soit X le sous-espace réunion des sous-espaces suivants: A_n est la demi-droite $x > 0$, $y = 1/n$, $z = 0$ $(n \geqslant 1)$; B_n l'intervalle $2n < x < 2n + 2$, $y = 0$, $z = 0$ $(n \geqslant 0)$; C_n l'ensemble défini par les relations

$$x = 2n + 1, \quad 0 \leqslant y \leqslant 1/(n+1), \quad z = y\left(y - \frac{1}{n+1}\right) \qquad (n \geqslant 0).$$

Montrer que X est localement compact, connexe et réunion d'une famille dénombrable de sous-espaces fermés connexes et deux à deux disjoints.*

¶ 19) On dit qu'un espace compact connexe X est *irréductible* entre deux de ses points x, y s'il n'existe aucune partie compacte et connexe de X, distincte de X et contenant les points x et y.

a) Si x, y sont deux points distincts d'un espace compact connexe X, montrer qu'il existe un sous-espace K de X, compact, connexe et irréductible entre x et y (utiliser l'exerc. 14 (II, p. 38) et le th. de Zorn).

b) Montrer qu'un espace compact et connexe ayant au moins deux points distincts ne peut être irréductible entre deux quelconques de ses points (utiliser l'exerc. 17).

c) Soit X un espace compact connexe; on suppose qu'il existe un point $a \in X$ ayant un voisinage fermé connexe V distinct de X. Si x et y sont deux points quelconques de $\complement V$, montrer qu'il existe une partie compacte et connexe de X, contenant x et l'un des points a, y, mais non l'autre (utiliser l'exerc. 17). Avec les mêmes hypothèses, montrer que si x, y, z sont trois points distincts quelconques de X, X ne peut être irréductible à la fois entre x et y, entre y et z et entre z et x.

¶ 20) Soient X un espace compact connexe, L l'ensemble des points de X possédant un système fondamental de voisinages connexes; les points de $S = \complement L$ sont dits points *singuliers* de X. Les points de l'intérieur $\mathring{L}$ de L et les composantes connexes de $\overline{S}$ sont appelés les *constituants premiers* de X.

a) Soient A un ensemble ouvert non vide dans X, distinct de X, K une composante connexe de $\overline{A}$, F l'adhérence de $\overline{A} \cap \complement K$; montrer que si $A \cap K \cap F$ n'est pas vide, tous ses points sont singuliers. Si $x \in A \cap F \cap K$, la composante connexe Q de x dans F rencontre $\complement A$ (en considérant un point de $\complement K$ contenu dans $V(x)$ et sa composante connexe dans $\overline{A}$, montrer, en utilisant l'exerc. 17, que l'ensemble des points de F pouvant être joints à x par une V-chaîne contenue dans F rencontre $\complement A$). En déduire que le constituant premier P contenant x rencontre $\complement A$ (remarquer que P contient la composante connexe de x dans $Q \cap A$, et utiliser l'exerc. 17, appliqué à l'espace compact connexe Q et à l'ensemble ouvert $Q \cap A$ dans cet espace).

b) Déduire de *a*) que si P est un constituant premier de X et U un voisinage de P, il existe un voisinage connexe de P contenu dans U (raisonner par l'absurde).

c) Soit V un entourage symétrique de X; on désigne par V′ l'ensemble des couples (x, y) de points de X tels qu'il existe une V-chaîne joignant x et y et dont tous les points, sauf peut-être x et y, soient singuliers. Lorsque V parcourt l'ensemble des entourages symétriques de X, les ensembles V′ correspondants forment un système fondamental d'entourages d'une structure uniforme (en général non séparée) sur X; soit X′ l'espace séparé associé; montrer que les images réciproques des points de X′ par l'application canonique $X \to X'$ sont les constituants premiers de X. L'espace (compact et connexe) X′ est appelé l'*espace des constituants premiers* de X. Montrer que X′ est *localement connexe* (utiliser *b*) et la prop. 8 de I, p. 78).

**d*) Soit (r_n) la suite de tous les nombres rationnels contenus dans $]0, 1[$, rangés dans un certain ordre. Pour tout x irrationnel dans $[0, 1]$, soit

$$f(x) = \sum_n 2^{-n} \sin 1/(x - r_n).$$

Soit X l'adhérence dans $\mathbf{R}^2$ du graphe de f. Montrer que X est connexe et irréductible entre les points d'abscisses 0 et 1, mais n'a qu'un seul constituant premier.$_*$

*21) Dans l'espace localement compact X défini dans l'exerc. 9 de I, p. 115, soit S la relation d'équivalence dont les classes sont les composantes connexes de X. Montrer que l'espace quotient X/S n'est pas séparé.$_*$

22) Montrer que tout espace compact totalement discontinu X est homéomorphe à une limite projective d'un système projectif d'espaces finis discrets. (Considérer les partitions finies de X en ensembles ouverts et utiliser le corollaire de II, p. 32).

¶ 23) Soient X et Y deux espaces localement compacts, $f : X \to Y$ une application continue ouverte surjective.

a) Pour toute partie compacte et connexe K de Y, et toute composante connexe compacte C de $\overset{-1}{f}(K)$, montrer que $f(C) = K$ (se ramener au cas où $K = Y$ et utiliser le corollaire de II, p. 32). *Donner un exemple d'une composante connexe non compacte C′ de $\overset{-1}{f}(K)$ telle que $f(C') \neq K$.$_*$

b) On suppose en outre Y localement connexe. Pour tout ensemble ouvert connexe U dans Y et toute composante connexe relativement compacte (dans X) R de $\overset{-1}{f}(U)$, montrer que $f(R) = U$. (Observer que dans un espace localement compact et localement connexe, un ensemble ouvert connexe U est réunion des parties compactes connexes contenues dans U et contenant un point donné $y_0 \in U$; appliquer alors *a*)).

c) On suppose en outre X localement connexe. Montrer que pour toute partie connexe K de Y qui est ouverte, ou compacte avec un intérieur non vide, et pour toute partie compacte H de X, il n'existe qu'un nombre fini de composantes connexes de $\overset{-1}{f}(K)$ contenues dans H. (Utiliser *a*) et *b*)).

24) Soient X un espace localement compact et localement connexe, Y un espace séparé, $f: X \to Y$ une application continue. Soit x un point de X tel que le sous-espace $\overset{-1}{f}(f(x))$ de X soit totalement discontinu. Montrer que lorsque U parcourt un système fondamental de voisinages de $f(x)$ dans Y, les composantes connexes de x dans les ensembles $\overset{-1}{f}(U)$ forment un système fondamental de voisinages de x. (Raisonner par l'absurde, en utilisant l'exerc. 14 de II, p. 38).

25) Soit X un espace topologique tel que, pour tout $x \in X$, les voisinages à la fois ouverts et fermés de x forment un système fondamental de voisinages de x. Montrer que X est uniformisable (considérer l'espace de Kolmogoroff universel correspondant à X (I, p. 104, exerc. 27) et utiliser l'exerc. 12 *b*)).

¶26) *a*) Soient X, Y deux espaces localement compacts, f une application continue de X dans Y; on suppose que pour un point $y \in Y$, une composante connexe C de $\overset{-1}{f}(y)$ est *compacte*. Montrer que pour tout voisinage ouvert V de y dans Y, il existe un voisinage ouvert relativement compact $V_1 \subset V$ de y, et un voisinage ouvert relativement compact U de C dans X, contenu dans $\overset{-1}{f}(V_1)$, tels que l'application $f_1 : U \to V_1$ qui coïncide avec f dans U, soit *propre*. (En utilisant le corollaire de II, p. 32, montrer qu'il existe un voisinage ouvert relativement compact W de C contenu dans $\overset{-1}{f}(V)$ et tel que la frontière S de W dans X ne rencontre pas $\overset{-1}{f}(y)$; prendre pour U (resp. V_1) l'ensemble des points de W n'appartenant pas à $\overset{-1}{f}(f(S))$ (resp. l'ensemble des points de V n'appartenant pas à $f(S)$).)

b) Soient X, Y deux espaces localement compacts, f une application continue de X dans Y, telle que les composantes connexes de tous les ensembles $\overset{-1}{f}(y)$, où y parcourt Y, soient *compactes*. Soit R la relation d'équivalence dans X dont les classes d'équivalence sont ces composantes connexes. Montrer que l'application canonique $X \to X/R$ est *propre* (utiliser *a*), et la prop. 9 de I, p. 78).

NOTE HISTORIQUE

(N.-B. — Les chiffres romains renvoient à la bibliographie placée à la fin de cette note.)

Les principales notions et propositions relatives aux espaces uniformes se sont dégagées peu à peu de la théorie des variables réelles, et n'ont fait l'objet d'une étude systématique qu'à une date récente. Cauchy, cherchant à fonder rigoureusement la théorie des séries (cf. Notes hist. des chap. I et IV), y prit comme point de départ un principe qu'il semble avoir considéré comme évident, d'après lequel une condition nécessaire et suffisante pour la convergence d'une suite (a_n) est que $|a_{n+p} - a_n|$ soit aussi petit qu'on veut dès que n est assez grand (v. p. ex. (II)). Avec Bolzano (I), il fut sans doute l'un des premiers à énoncer ce principe explicitement, et à en reconnaître l'importance: d'où le nom de « suite de Cauchy » donné aux suites de nombres réels qui satisfont à la condition dont il s'agit, et, par extension, aux suites (x_n) de points dans un espace métrique (chap. IX) telles que la distance de x_{n+p} à x_n soit aussi petite qu'on veut dès que n est assez grand; de là enfin le nom de « filtre de Cauchy » donné à la généralisation des suites de Cauchy qui a été étudiée dans ce chapitre.

Lorsque par la suite on ne se contenta plus de la notion intuitive de nombre réel, et qu'on chercha, afin de donner à l'Analyse un fondement solide, à définir les nombres réels à partir des nombres rationnels, ce fut précisément le principe de Cauchy qui fournit la plus féconde des définitions proposées dans la deuxième moitié du XIXe siècle; c'est la définition de Cantor (III) (développée aussi, entre autres, d'après les idées de Cantor, par Heine (V), et, indépendamment, par Méray), d'après laquelle on fait correspondre un nombre réel à toute suite de Cauchy (« suite fondamentale » dans la terminologie de Cantor) de nombres rationnels; un même nombre réel correspondra à deux suites de Cauchy de nombres rationnels (a_n) et (b_n) si $|a_n - b_n|$ tend vers 0, et dans ce cas seulement. L'idée essentielle est ici que, d'un certain point de vue (en réalité, du point de vue de la « structure uniforme » définie dans II, p. 3, *Exemple* 1), l'ensemble $\mathbf{Q}$ des nombres rationnels est « incomplet », et que l'ensemble de nombres réels est l'ensemble « complet » qu'on déduit de $\mathbf{Q}$ en le « complétant ».

D'autre part, Heine, dans des travaux largement inspirés par les idées de Weierstrass et de Cantor, définit le premier la continuité uniforme pour les fonctions numériques d'une ou plusieurs variables réelles (IV), et démontra que toute fonction numérique, continue sur un intervalle fermé borné de $\mathbf{R}$, y est uniformément continue (V): c'est le « théorème de Heine ». D'après le th. 2 (II, p. 29), ce résultat est lié à la compacité d'un intervalle fermé borné dans $\mathbf{R}$ (« théorème de Borel–Lebesgue », IV, p. 6, th. 2; cf. Notes hist. des chap. I et

IV), et la démonstration donnée par Heine de son théorème peut aussi servir, avec quelques modifications, à démontrer le théorème de Borel–Lebesgue (ce qui a paru à quelques auteurs une raison suffisante pour donner à celui-ci le nom de « théorème de Heine–Borel »).

L'extension de ces idées à des espaces plus généraux se fit lorsqu'on étudia, d'abord sur des cas particuliers, puis en général, les espaces métriques (cf. chap. IX), où une distance (fonction numérique des couples de points, satisfaisant à certains axiomes) est donnée et définit à la fois une topologie et une structure uniforme. Fréchet, qui le premier posa la définition générale de ces espaces, reconnut l'importance du principe de Cauchy (VI), et démontra aussi, pour les espaces métriques, un théorème équivalent au th. 3 de II, p. 29 ((VI) et (VII)). Hausdorff, qui, dans sa « Mengenlehre » ((VIII); v. aussi (VIII *bis*)) développa beaucoup la théorie des espaces métriques, reconnut en particulier qu'on peut appliquer à ces espaces la construction de Cantor dont il a été question plus haut et déduire ainsi, de tout espace métrique non « complet » (c'est-à-dire où le principe de Cauchy n'est pas valable), un espace métrique « complet ».

Les espaces métriques sont des « espaces uniformes » de nature particulière; les espaces uniformes n'ont été définis d'une manière générale qu'en 1937, par A. Weil (IX). Auparavant on ne savait utiliser les notions et les résultats relatifs à la « structure uniforme » que lorsqu'il s'agissait d'espaces métriques: ce qui explique le rôle important joué dans beaucoup de travaux sur la topologie, par les espaces métriques ou métrisables (et en particulier par les espaces compacts métrisables) dans des questions où la distance n'est d'aucune utilité véritable. Une fois posée la définition des espaces uniformes, il n'y a aucune difficulté (surtout lorsqu'on dispose aussi de la notion de filtre) à étendre à ces espaces presque toute la théorie des espaces métriques, telle qu'elle est exposée par exemple par Hausdorff (et à étendre de même, par exemple, à tous les espaces compacts, les résultats exposés pour les espaces compacts métriques dans la Topologie d'Alexandroff–Hopf (X)). C'est ce qui a été fait dans ce chapitre; en particulier, le théorème de complétion des espaces uniformes (II, p. 21, th. 3) n'est que la transposition, sans aucune modification essentielle, de la construction de Cantor pour les nombres réels.

BIBLIOGRAPHIE

(I) B. Bolzano, *Rein Analytischer Beweis der Lehrsatzes, dass zwischen je zwei Werthen, die ein entgegengesetzes Resultat gewähren, wenigstens eine reelle Wurzel liegt*, Ostwald's Klassiker, n° 153, Leipzig, 1905.

(II) A.-L. Cauchy, Sur la convergence des séries (*Exercices d'Analyse*, 2ᵉ Année, Paris, 1827, p. 221 = *Œuvres* (II), t. VII, Paris (Gauthier-Villars), 1889, p. 267).

(III) G. Cantor, *Gesammelte Abhandlungen*, Berlin (Springer), 1932.

(IV) E. Heine, Ueber trigonometrische Reihen, *J. de Crelle*, t. LXXI (1870), p. 353–365.

(V) E. Heine, Die Elemente der Functionenlehre, *J. de Crelle*, t. LXXIV (1872), p. 172–188.

(VI) M. Fréchet, Sur quelques points du calcul fonctionnel, *Rend. Palermo*, t. XXII (1906), p. 1–74.

(VII) M. Fréchet, Les ensembles abstraits et le calcul fonctionnel, *Rend. Palermo*, t. XXX (1910), p. 1–26.

(VIII) F. Hausdorff, *Grundzüge der Mengenlehre*, Leipzig (Veit), 1914.

(VIII *bis*) F. Hausdorff, *Mengenlehre*, Berlin (de Gruyter), 1927.

(IX) A. Weil, Sur les espaces à structure uniforme et sur la topologie générale, *Actual. Scient. et Ind.*, n° 551, Paris (Hermann), 1937.

(X) P. Alexandroff-H. Hopf, *Topologie* I, Berlin (Springer), 1935.

CHAPITRE III

Groupes topologiques

Théorie élémentaire

Les groupes considérés dans les quatre premiers paragraphes ne sont pas nécessairement commutatifs. Leur loi de composition sera notée multiplicativement, et e désignera l'élément neutre: la traduction des résultats en notation additive (réservée exclusivement, on le rappelle, aux groupes commutatifs) sera le plus souvent laissée au lecteur.

§ 1. TOPOLOGIES DE GROUPES

1. Groupes topologiques

DÉFINITION 1. — *On appelle groupe topologique un ensemble* G *muni d'une structure de groupe et d'une topologie satisfaisant aux deux axiomes suivants*:

(GT_I) *L'application* $(x, y) \mapsto xy$ *de* $G \times G$ *dans* G *est continue.*

(GT_{II}) *L'application* $x \mapsto x^{-1}$ *de* G *dans* G (*symétrie* du groupe G) *est continue.*

Une structure de groupe et une structure topologique étant données sur un ensemble G, on dira qu'elles sont *compatibles* si elles satisfont à (GT_I) et (GT_{II}).

Exemples. — 1) Sur un groupe G, la topologie discrète est compatible avec la structure du groupe; un groupe topologique dont la topologie est discrète est appelé groupe *discret.*

De même, la topologie *la moins fine* (I, p. 11) sur G est compatible avec la structure de groupe de G.

*2) Au chap. IV, on verra que la topologie de la droite rationnelle $\mathbf{Q}$ (resp. de la droite numérique $\mathbf{R}$) est compatible avec la structure de *groupe additif* de $\mathbf{Q}$ (resp. $\mathbf{R}$).*

3) Si G est un groupe topologique, sa topologie est compatible avec la structure du groupe G^0 opposé à G (A, I, p. 29); on dit que G^0, muni de cette topologie, est le groupe topologique *opposé* au groupe topologique G.

Les axiomes (GT_I) et (GT_{II}) équivalent au suivant:

(GT'). *L'application* $(x, y) \mapsto xy^{-1}$ *de* $G \times G$ *dans* G *est continue.*

En effet, (GT_I) et (GT_{II}) entraînent évidemment (GT'). Réciproquement, (GT') entraîne (GT_{II}), car $x \mapsto ex^{-1} = x^{-1}$ est alors continue, et (GT') et (GT_{II}) entraînent (GT_I), car $(x, y) \mapsto x.(y^{-1})^{-1} = xy$ est alors continue.

Si a est un élément quelconque de G, *la translation à gauche* $x \mapsto ax$ (resp. *la translation à droite* $x \mapsto xa$) est continue d'après (GT_I); c'est par suite un *homéomorphisme* de G sur lui-même. Les applications $x \mapsto axb$ (où a et b parcourent G) forment donc un *groupe d'homéomorphismes* de G; les applications $x \mapsto axa^{-1}$ (resp. $x \mapsto ax$, $x \mapsto xa$) où a parcourt G, un sous-groupe de ce groupe d'homéomorphismes. De même, comme la symétrie $x \mapsto x^{-1}$ est une permutation involutive de G, (GT_{II}) montre que cette application est un *homéomorphisme* de G sur lui-même.

Si A est un ensemble ouvert (resp. fermé) dans G, et x un point quelconque de G, les ensembles $x.A$, $A.x$ et A^{-1} sont ouverts (resp. fermés)[1], car ils sont transformés de A par un des homéomorphismes précédents. Si A est *ouvert* et B quelconque, AB et BA sont *ouverts*, comme réunions d'ensembles ouverts (axiome (O_I)). Si V est un voisinage de e dans G, et A une partie non vide quelconque de G, VA et AV sont des *voisinages* de A; en effet, si W est un voisinage ouvert de e contenu dans V, WA et AW sont ouverts et contiennent A.

Par contre, AB n'est pas nécessairement fermé lorsque A est fermé, même si B est fermé (cf. III, p. 28, cor. 1).

*Par exemple, dans le groupe additif **R** de la droite numérique, le sous-groupe **Z** des entiers rationnels est fermé, et il en est de même du sous-groupe $\theta\mathbf{Z}$ formé des multiples entiers $n\theta$ d'un nombre *irrationnel* θ; mais le sous-groupe $\mathbf{Z} + \theta\mathbf{Z}$ de **R**, qui est l'ensemble des nombres réels $m + n\theta$ (où m et n prennent toutes les valeurs entières) n'est pas fermé dans **R**, comme nous le verrons dans V, §1, n° 1.

De même, considérons, dans le groupe additif $\mathbf{R} \times \mathbf{R}$, l'ensemble A des couples (x, y) tels que $x \geqslant 0$, $0 \leqslant y \leqslant 1 - \dfrac{1}{x+1}$, et l'ensemble B des couples $(x, 0)$ (x parcourant **R**); ils sont fermés, mais A + B est l'ensemble des couples (x, y) tels que $0 \leqslant y < 1$, et n'est pas fermé dans $\mathbf{R} \times \mathbf{R}$.*

Soient E un espace topologique, f et g deux applications de E dans un groupe topologique G. Si f et g sont continues en un point $x_0 \in E$, il en est de même[2] de f^{-1} et fg, d'après le théorème des fonctions composées (I, p. 10, th. 2); en particulier, les applications continues de E dans G forment un *sous-groupe* du groupe G^E des applications de E dans G.

De même, soient f et g deux applications d'un ensemble E *filtré* par un filtre $\mathfrak{F}$, dans un groupe topologique *séparé* G. Si $\lim_{\mathfrak{F}} f$ et $\lim_{\mathfrak{F}} g$ existent, il en est de même de $\lim_{\mathfrak{F}} f^{-1}$ et $\lim_{\mathfrak{F}} fg$, et l'on a (I, p. 50, cor. 1)

[1] On rappelle que, si A et B sont deux parties d'un groupe G, A.B ou AB désigne l'ensemble des composés xy, où x parcourt A et y parcourt B; A^{-1} désigne l'ensemble des éléments x^{-1}, où x parcourt A. Si B se réduit à un seul élément x, on écrit $x.A$ ou xA (resp. $A.x$ ou Ax) au lieu de $\{x\}.A$ (resp. $A.\{x\}$).

[2] On rappelle que f^{-1} est l'application $x \mapsto (f(x))^{-1}$, fg l'application $x \mapsto f(x)g(x)$; on aura soin de ne pas confondre ces applications avec $\overset{-1}{f}$ et $f \circ g$ (lorsque ces dernières sont définies) (E, II, p. 17 et p. 16).

(1) $$\lim_{\mathfrak{F}} f^{-1} = (\lim_{\mathfrak{F}} f)^{-1}$$

(2) $$\lim_{\mathfrak{F}} fg = (\lim_{\mathfrak{F}} f)(\lim_{\mathfrak{F}} g).$$

Lorsque G est un groupe *commutatif*, noté *additivement*, l'axiome (GT') exprime que $(x, y) \mapsto x - y$ est une application continue. Si f et g sont des applications d'un espace topologique E dans G, continues en x_0, $f - g$ est donc continue en ce point. On transcrit de même les formules (1) et (2).

2. Voisinages d'un point dans un groupe topologique

Soit $\mathfrak{V}$ le filtre des voisinages de l'élément neutre e dans un groupe topologique G, et soit a un point quelconque de G; puisque $x \mapsto ax$ et $x \mapsto xa$ sont des homéomorphismes, le filtre des voisinages de a est identique à la famille $a.\mathfrak{V}$ des ensembles $a.V$, où V parcourt $\mathfrak{V}$, et aussi à la famille $\mathfrak{V}.a$ des ensembles $V.a$. On connaît donc le filtre des voisinages d'un point *quelconque* d'un groupe topologique quand on connaît le filtre des voisinages de l'*élément neutre e* du groupe.

Si on exprime que xy et x^{-1} sont continues pour $x = y = e$, on obtient (I, p. 8) les propriétés:

(GV_I) *Quel que soit* $U \in \mathfrak{V}$, *il existe* $V \in \mathfrak{V}$ *tel que* $V.V \subset U$.

(GV_{II}) *Quel que soit* $U \in \mathfrak{V}$, *on a* $U^{-1} \in \mathfrak{V}$.

Tout filtre $\mathfrak{V}$ sur G vérifiant (GV_I) et (GV_{II}) vérifie aussi

(GV_a) *Quel que soit* $U \in \mathfrak{V}$, *il existe* $V \in \mathfrak{V}$ *tel que* $V.V^{-1} \subset U$.

En effet, d'après (GV_I), il existe $W \in \mathfrak{V}$ tel que $W.W \subset U$, et d'après (GV_{II}), il existe $V \in \mathfrak{V}$ tel que $V \subset W \cap W^{-1}$, donc $V^{-1} \subset W$ et par suite

$$V.V^{-1} \subset W.W \subset U.$$

Inversement, si un filtre $\mathfrak{V}$ sur G vérifie (GV_a) on en déduit en premier lieu que e *appartient à tout ensemble* $U \in \mathfrak{V}$; car si $V \in \mathfrak{V}$ est tel que $V.V^{-1} \subset U$, comme V n'est pas vide, on a, pour tout $x \in V$, $x.x^{-1} = e \in U$. La condition (GV_a) entraîne alors que $V^{-1} \subset V.V^{-1} \subset U$, ce qui prouve que $U^{-1} \in \mathfrak{V}$ pour tout $U \in \mathfrak{V}$. Enfin si $V \in \mathfrak{V}$ est tel que $V.V^{-1} \subset U$, et $W \in \mathfrak{V}$ est tel que $W \subset V \cap V^{-1}$, on a $W.W \subset U$. On voit donc finalement que (GV_a) est *équivalent* à la conjonction de (GV_I) et (GV_{II}).

Enfin, comme $x \mapsto axa^{-1}$ est un homéomorphisme *conservant e*, $\mathfrak{V}$ possède la propriété suivante:

(GV_{III}) *Quels que soient* $a \in G$ *et* $V \in \mathfrak{V}$, $a.V.a^{-1} \in \mathfrak{V}$.

Ces trois propriétés du filtre $\mathfrak{V}$ sont caractéristiques. De façon précise:

PROPOSITION 1. — *Soient* G *un groupe, et* $\mathfrak{V}$ *un filtre sur* G *satisfaisant aux axiomes* (GV_I), (GV_{II}) *et* (GV_{III}). *Il existe une topologie et une seule compatible avec la structure de groupe de* G, *et pour laquelle* $\mathfrak{V}$ *est le filtre des voisinages de l'élément neutre e. Pour cette topologie, le filtre des voisinages d'un point quelconque* $a \in G$ *est identique à chacun des deux filtres* $a.\mathfrak{V}$ *et* $\mathfrak{V}.a$.

S'il existe une topologie répondant à la question, le filtre des voisinages de a est identique à chacun des deux filtres $a.\mathfrak{V}$ et $\mathfrak{V}.a$ d'après ce qui précède, ce qui montre l'*unicité* de cette topologie. Son existence sera établie si nous prouvons: 1° que les filtres $a.\mathfrak{V}$ sont les filtres de voisinages d'une topologie sur G; 2° que cette topologie est compatible avec la structure de groupe de G.

1) Le filtre $a.\mathfrak{V}$ satisfait à l'axiome (V_{III}) (I, p. 3) d'après (GV_I) et (GV_{II}), comme on l'a vu ci-dessus; pour voir que c'est le filtre des voisinages de a dans une topologie sur G, il faut établir que l'axiome (V_{IV}) est vérifié. Soit donc V un ensemble quelconque de $\mathfrak{V}$, et W un ensemble de $\mathfrak{V}$ tel que $W.W \subset V$; quel que soit $x \in a.W$, on a $x.W \subset a.W.W \subset a.V$, autrement dit, $a.V$ appartient au filtre $x.\mathfrak{V}$, d'où (V_{IV}).

2) Montrons maintenant que la topologie définie par les filtres de voisinages $a.\mathfrak{V}$ satisfait à (GT'). Soient a et b deux points quelconques de G; si on pose $x = au$, $y = bv$, il faut prouver que xy^{-1} est aussi voisin qu'on veut de ab^{-1} dès que u et v sont assez voisins de e. Or $(ab^{-1})^{-1}(xy^{-1}) = buv^{-1}b^{-1}$; donnons-nous arbitrairement un voisinage U de e; on aura $buv^{-1}b^{-1} \in U$ si $uv^{-1} \in b^{-1}Ub = V$, et V appartient à $\mathfrak{V}$ d'après (GV_{III}); mais d'après (GV_I) et (GV_{II}) il existe $W \in \mathfrak{V}$ tel que $W.W^{-1} \subset V$; il suffira donc de prendre $u \in W$, $v \in W$ pour avoir $xy^{-1} \in (ab^{-1})U$, ce qui achève la démonstration.

Un moyen fréquent de définir une topologie compatible avec une structure de groupe sur G consistera à se donner un filtre satisfaisant aux axiomes (GV_I), (GV_{II}) et (GV_{III}); les conditions correspondantes pour une *base de filtre* $\mathfrak{B}$ sont les suivantes:

(GV'_I) *Quel que soit* $U \in \mathfrak{B}$, *il existe* $V \in \mathfrak{B}$ *tel que* $V.V \subset U$.
(GV'_{II}) *Quel que soit* $U \in \mathfrak{B}$, *il existe* $V \in \mathfrak{B}$ *tel que* $V^{-1} \subset U$.
(GV'_{III}) *Quels que soient* $a \in G$ *et* $U \in \mathfrak{B}$, *il existe* $V \in \mathfrak{B}$ *tel que* $V \subset a.U.a^{-1}$.

Tout voisinage de e identique à son image par la symétrie $x \mapsto x^{-1}$ est dit *symétrique*; si V est un voisinage quelconque de e, $V \cup V^{-1}$, $V \cap V^{-1}$ et $V.V^{-1}$ sont des voisinages symétriques; d'après (GV_{II}), les voisinages symétriques forment un *système fondamental de voisinages* de e. De même, d'après (GV_I), lorsque V parcourt un système fondamental de voisinages de e, les ensembles V^n (n entier fixe $\neq 0$) forment un système fondamental de voisinages de e.

Remarque. — Lorsque G est *commutatif*, on a $x.A.x^{-1} = A$ pour toute partie A et tout élément x de G; la condition (GV_{III}) (resp. (GV'_{III})) est automatiquement vérifiée pour tout filtre (resp. toute base de filtre) sur G. Au contraire, si G n'est pas commutatif, (GV_{III}) n'est pas une conséquence de (GV_I) et (GV_{II}) (voir III, p. 67, exerc. 5).

Pour un groupe commutatif G, écrit *additivement*, les axiomes caractérisant le filtre $\mathfrak{V}$ des voisinages de l'origine dans une topologie compatible avec la structure de groupe de G, sont donc les suivants:

(GA_I) *Quel que soit* $U \in \mathfrak{V}$, *il existe* $V \in \mathfrak{V}$ *tel que* $V + V \subset U$.
(GA_{II}) *Quel que soit* $U \in \mathfrak{V}$, *on a* $-U \in \mathfrak{V}$.

Proposition 2. — *Pour qu'un groupe topologique* G *soit séparé, il faut et il suffit que l'ensemble* $\{e\}$ *soit fermé.*

La condition est évidemment nécessaire; inversement, si elle est satisfaite, la diagonale Δ de $G \times G$, image réciproque de l'ensemble $\{e\}$ par l'application continue $(x, y) \mapsto xy^{-1}$, est un ensemble fermé, donc (I, p. 52, prop. 1) G est séparé.

Corollaire. — *Pour qu'un groupe topologique* G *soit séparé, il faut et il suffit que l'intersection des voisinages de e se réduise au point e.*

La condition est évidemment nécessaire; inversement, si elle est satisfaite, l'ensemble $\{e\}$ est fermé: en effet, si $x \neq e$, il existe un voisinage V de e tel que $x^{-1} \notin V$, donc $e \notin xV$, ce qui montre que x ne peut être adhérent à $\{e\}$.

Exemple. — Définition d'une topologie de groupe par un ensemble de sous-groupes.

Si $\mathfrak{B}$ est une *base de filtre* sur un groupe G, formée de *sous-groupes* de G, il est immédiat qu'elle satisfait aux axiomes (GV'_{I}) et (GV'_{II}), car pour tout sous-groupe H de G, $H.H^{-1} = H$. La base de filtre $\mathfrak{B}$ sera donc un *système fondamental de voisinages* de e dans une topologie compatible avec la structure de groupe de G, pourvu qu'elle satisfasse à (GV'_{III}) (condition qui sera remplie en particulier si tous les sous-groupes de $\mathfrak{B}$ sont distingués, ce qui sera toujours le cas si G est *commutatif*). Pour que la topologie ainsi définie soit *séparée,* il faut et il suffit, d'après la prop. 2, que l'*intersection des sous-groupes appartenant à* $\mathfrak{B}$ *se réduise à e.* Les cas les plus intéressants sont ceux où le sous-groupe $\{e\}$ *n'appartient pas à* $\mathfrak{B}$ (sinon la topologie définie par $\mathfrak{B}$ est la topologie *discrète*); si cette condition est remplie, la topologie définie par $\mathfrak{B}$ ne peut être séparée que si $\mathfrak{B}$ est un ensemble *infini.*

L'intersection de deux sous-groupes étant un sous-groupe, on peut définir une topologie de groupe sur G à partir d'un ensemble *quelconque* $\mathfrak{F}$ de sous-groupes de G; il suffit de considérer l'ensemble $\mathfrak{G}$ des sous-groupes $a.H.a^{-1}$, où H parcourt $\mathfrak{F}$ et a parcourt G, puis l'ensemble $\mathfrak{B}$ des intersections *finies* de sous-groupes appartenant à $\mathfrak{G}$; $\mathfrak{B}$ est une base de filtre, et satisfait à (GV'_{III}).

En particulier, considérons le groupe additif d'un *anneau* A; tout ensemble $\mathfrak{F}$ d'*idéaux* de A (A, I, p. 98) définit une topologie compatible avec la structure de ce groupe additif; cette topologie est séparée si l'intersection des idéaux de $\mathfrak{F}$ est l'idéal nul; elle est distincte de la topologie discrète si aucune intersection *finie* d'idéaux de $\mathfrak{F}$ n'est l'idéal nul. Les topologies définies de cette manière jouent un grand rôle en Théorie des nombres (voir les exerc. des §§ 6 et 7 de ce chapitre).

3. Isomorphismes et isomorphismes locaux

Conformément aux définitions générales (E, IV, p. 6) un *isomorphisme* f d'un groupe topologique G *sur* un groupe topologique G′ est une application bijective de G sur G′ qui est à la fois un *isomorphisme de la structure de groupe de* G sur celle de G′, et un *homéomorphisme* de G sur G′. Autrement dit, pour que f soit un isomorphisme de G sur G′, il faut et il suffit que: 1° f soit bijective; 2° quels que soient les points x, y de G, $f(xy) = f(x)f(y)$; 3° f soit bicontinue.

Par exemple, si a est un point quelconque de G, l'application $x \mapsto axa^{-1}$ est un isomorphisme de G sur G, c'est-à-dire (*loc. cit.*) un *automorphisme* du groupe topologique G, qu'on appelle *automorphisme intérieur.*

Si une topologie $\mathscr{T}$ est compatible avec la structure de groupe d'un groupe G, et si G^0 désigne le groupe topologique obtenu en munissant le groupe opposé de G de la topologie $\mathscr{T}$, la symétrie $x \mapsto x^{-1}$ est un *isomorphisme* du groupe topologique G sur le groupe topologique G^0.

DÉFINITION 2. — *Étant donnés deux groupes topologiques* G, G', *on appelle isomorphisme local de* G *à* G' *un homéomorphisme* f *d'un voisinage* V *de l'élément neutre de* G *sur un voisinage* V' *de l'élément neutre de* G', *satisfaisant aux conditions suivantes*:

1° *Pour tout couple de points* x, y *de* V *tels que* $xy \in V$, $f(xy) = f(x)f(y)$.

2° *Si* g *est l'application réciproque de* f, *pour tout couple de points* x', y' *de* V' *tels que* $x'y' \in V'$, $g(x'y') = g(x')g(y')$.

L'application g *est alors un isomorphisme local de* G' *à* G.

On dit que deux groupes topologiques G, G' *sont localement isomorphes s'il existe un isomorphisme local de* G *à* G'.

Deux groupes topologiques isomorphes sont évidemment localement isomorphes; la réciproque est inexacte.

*Par exemple, nous verrons (V, §1, n° 4), que les groupes topologiques **R** et **T** sont localement isomorphes, mais non isomorphes.*

Toute *restriction* à un voisinage de l'élément neutre de G d'un isomorphisme local f de G à G', est encore un isomorphisme local de G à G'.

Un isomorphisme local de G à G s'appelle encore *automorphisme local* de G.

En général, si f est un homéomorphisme d'un voisinage V de l'élément neutre de G sur un voisinage V' de l'élément neutre de G', satisfaisant à la condition 1° de la déf. 2, il ne satisfait pas nécessairement à la condition 2° (voir III, p. 67, exerc. 7). Toutefois, G et G' sont alors *localement isomorphes*; de façon précise:

PROPOSITION 3. — *Soient* G *et* G' *deux groupes topologiques, et* f *un homéomorphisme d'un voisinage* V *de l'élément neutre de* G *sur un voisinage* V' *de l'élément neutre de* G', *satisfaisant à la condition* 1° *de la définition* 2; f *est alors un prolongement d'un isomorphisme local de* G *à* G'.

En effet, on voit sans peine que, si W est un voisinage de l'élément neutre de G tel que $W.W \subset V$, la restriction de f à W est un isomorphisme local de G à G'.

§ 2. SOUS-GROUPES; GROUPES QUOTIENTS; HOMOMORPHISMES; ESPACES HOMOGÈNES; GROUPES PRODUITS

1. Sous-groupes d'un groupe topologique

Soient G un groupe topologique, H un sous-groupe de G. D'après (GT'), la topologie induite sur H par celle de G est compatible avec la structure de groupe de H; la structure de *groupe topologique* ainsi définie sur H est dite *induite* par celle de G. Sauf mention expresse du contraire, quand on considérera un sous-groupe H de G comme un groupe topologique, c'est toujours de cette structure induite qu'il s'agira.

PROPOSITION 1. — *L'adhérence* $\overline{\mathrm{H}}$ *d'un sous-groupe* H *d'un groupe topologique* G *est un sous-groupe de* G. *Si* H *est un sous-groupe distingué,* $\overline{\mathrm{H}}$ *est aussi un sous-groupe distingué.*

En effet, si a et b sont adhérents à H, ab^{-1} est adhérent à H, puisque l'application $(x, y) \mapsto xy^{-1}$ est continue dans G × G, et transforme H × H en H (I, p. 9, th. 1). De la même manière, en vertu de la continuité de l'application $x \mapsto axa^{-1}$, on voit que si H est un sous-groupe distingué, il en est de même de $\overline{\mathrm{H}}$.

En particulier, l'adhérence N de l'ensemble $\{e\}$ réduit à l'élément neutre de G, est un *sous-groupe distingué* de G; pour qu'il se réduise à e, il faut et il suffit (III, p. 5, prop. 2) que G soit *séparé*.

PROPOSITION 2. — *Dans un groupe* séparé G, *l'adhérence d'un sous-groupe commutatif* H *est un sous-groupe commutatif.*

On peut se borner au cas où H est partout dense dans G, en vertu de la prop. 1; les fonctions continues xy et yx, étant égales dans H × H, le sont alors aussi dans G × G, en vertu du principe de prolongement des identités (I, p. 53, cor. 1).

PROPOSITION 3. — *Dans un groupe séparé* G, *l'ensemble* M′ *des éléments permutables aux éléments d'une partie quelconque* M *de* G *est un sous-groupe fermé. En particulier, le centre de* G *est fermé dans* G.

En effet, M′ est l'intersection des ensembles F_m des $x \in \mathrm{G}$ tels que $xm = mx$, lorsque m parcourt M; la proposition résulte de ce que les F_m sont fermés (I, p. 53, prop. 2).

PROPOSITION 4. — *Dans un groupe topologique* G, *tout sous-groupe* H *localement fermé en un point* (I, p. 20, déf. 2) *est fermé.*

Par translation, H est localement fermé en chacun de ses points, autrement dit H est localement fermé dans G. Soit V un voisinage ouvert symétrique de e dans G tel que V ∩ H soit fermé dans V. Si $x \in \overline{\mathrm{H}}$, on a $x\mathrm{V} \cap \mathrm{H} \neq \varnothing$; si $y \in x\mathrm{V} \cap \mathrm{H}$, on a $x \in y\mathrm{V}$, et $y(\mathrm{V} \cap \mathrm{H}) = (y\mathrm{V}) \cap \mathrm{H}$ est fermé dans $y\mathrm{V}$; comme x est adhérent à $(y\mathrm{V}) \cap \mathrm{H}$, on a bien $x \in \mathrm{H}$.

COROLLAIRE. — *Dans un groupe topologique, pour qu'un sous-groupe soit ouvert, il faut et il suffit qu'il ait un point intérieur. Tout sous-groupe ouvert est fermé.*

La première partie est immédiate, car si un sous-groupe H a un point intérieur, on voit par translation que tous ses points sont intérieurs. La seconde assertion est un cas particulier de la prop. 4.

PROPOSITION 5. — *Dans un groupe topologique* G, *pour qu'un sous-groupe* H *soit discret, il faut et il suffit qu'il ait un point isolé. Tout sous-groupe discret d'un groupe* séparé *est fermé.*

Si H a un point isolé, on voit par translation que tous ses points sont isolés, donc H est discret. La seconde assertion est un cas particulier de la prop. 4, car si G est séparé, $\{e\}$ est fermé dans G et *a fortiori* dans tout voisinage de e.

Remarque. — Soit H un sous-groupe quelconque d'un groupe topologique G. Pour tout $x \in \overline{\mathrm{H}}$, on a $\overline{x\mathrm{H}} = x.\overline{\mathrm{H}} = \overline{\mathrm{H}}$, puisque les translations sont des homéomorphismes de G sur lui-même. Autrement dit, pour tout $x \in \overline{\mathrm{H}}$, xH est *dense* dans $\overline{\mathrm{H}}$. On en conclut que si H n'est pas fermé, $\overline{\mathrm{H}} \cap \complement \mathrm{H}$ est *dense* dans $\overline{\mathrm{H}}$.

2. Composantes connexes d'un groupe topologique

Soit V un voisinage *symétrique* de e dans G; le sous-groupe *engendré* par V, qu'on note V^{∞} est formé, comme on sait, de tous les composés $\prod_{i=1}^{n} x_i$ de suites finies d'éléments de V; V^{∞} est *ouvert*, puisque e lui est intérieur; il est donc fermé d'après la prop. 4 de III, p. 7. On en conclut que:

PROPOSITION 6. — *Tout groupe connexe est engendré par chacun des voisinages de l'élément neutre.*

La réciproque de cette proposition est inexacte en général, comme nous le verrons dans IV, p. 8. Si un groupe topologique G est engendré par chacun des voisinages de l'élément neutre, on peut seulement dire qu'il ne contient *aucun sous-groupe ouvert* distinct de G.

*Comme exemple de groupe G non connexe, contenant un sous-groupe ouvert distinct de G, citons le *groupe multiplicatif* $\mathbf{R}^*$ des nombres réels $\neq 0$, dans lequel le sous-groupe $\mathbf{R}_+^*$ des nombres >0 est à la fois ouvert et fermé (voir IV, p. 12).*

PROPOSITION 7. — *Soient* G *un groupe topologique,* M *une partie de* G *contenant l'élément neutre* e, H *le sous-groupe de* G *engendré par* M. *Si* M *est connexe,* H *est connexe.*

Soit M′ l'ensemble $\mathrm{M} \cup \mathrm{M}^{-1}$; il est connexe, puisque M^{-1}, image de M par l'application continue $x \mapsto x^{-1}$, est connexe (I, p. 82, prop. 4); comme M et M^{-1} contiennent e, M′ est connexe (I, p. 81, prop. 2). Les groupe H est alors réunion des ensembles M'^n pour les entiers $n \geqslant 1$ (A, I, p. 32, prop. 2 et p. 7, prop. 2); or M'^n est l'image de la partie $\mathrm{M}' \times \mathrm{M}' \times \cdots \times \mathrm{M}'$ (n fois) de $\mathrm{G} \times \mathrm{G} \times \cdots \times \mathrm{G}$ par l'application continue $(x_1, x_2, \ldots, x_n) \mapsto x_1 x_2 \ldots x_n$; donc M'^n est connexe (I, p. 83, prop. 8, et p. 82, prop. 4); comme e appartient à tous les M'^n, H est connexe (I, p. 81, prop. 2).

COROLLAIRE. — *Le groupe des commutateurs d'un groupe topologique connexe est connexe.*

En effet, l'ensemble C des commutateurs est l'image de $\mathrm{G} \times \mathrm{G}$ par l'application continue $(x, y) \mapsto xyx^{-1}y^{-1}$, donc est connexe (I, p. 83, prop. 8 et p. 82, prop. 4); comme C contient évidemment e et engendre le groupe des commutateurs, cela prouve le corollaire.

PROPOSITION 8. — *Dans un groupe topologique* G, *la composante connexe* K *de l'élément neutre* e *est un sous-groupe distingué fermé; la composante connexe d'un point* x *est la classe* $x.\mathrm{K} = \mathrm{K}.x$.

En effet, si $a \in \mathrm{K}$, $a^{-1}\mathrm{K}$ est connexe et contient e; donc on a $\mathrm{K}^{-1}\mathrm{K} \subset \mathrm{K}$, ce qui prouve que K est un sous-groupe de G; ce sous-groupe est invariant par tout automorphisme de G, en particulier par tout automorphisme intérieur, donc K est *distingué*; on sait en outre que K est fermé (I, p. 84, prop. 9). Enfin, la translation à gauche $y \mapsto xy$ étant un homéomorphisme de G qui transforme e en x, la composante connexe de x est $x.\mathrm{K}$.

On dit que la composante connexe de l'élément neutre e de G est la *composante neutre* de G.

3. Sous-groupes partout denses

La proposition suivante généralise la prop. 1 de III, p. 7 et la prop. 6 de III, p. 8:

PROPOSITION 9. — (i) *Soit* H *un sous-groupe partout dense d'un groupe topologique* G; *si* K *est un sous-groupe distingué de* H, *l'adhérence* $\overline{\mathrm{K}}$ *de* K *dans* G *est un sous-groupe distingué de* G.

(ii) *Soit* H *un sous-groupe partout dense d'un groupe topologique* G; *si* H *est engendré par chacun des voisinages de l'élément neutre dans* H, G *est engendré par chacun des voisinages de l'élément neutre dans* G.

(i) L'application $(z, x) \mapsto zxz^{-1}$ est continue dans $\mathrm{G} \times \mathrm{G}$, et applique $\mathrm{H} \times \mathrm{K}$ dans K; donc (I, p. 9, th. 1), elle applique $\mathrm{G} \times \overline{\mathrm{K}} = \overline{\mathrm{H}} \times \overline{\mathrm{K}}$ dans $\overline{\mathrm{K}}$.

(ii) Soit V un voisinage symétrique quelconque de e dans G; $\mathrm{V} \cap \mathrm{H}$ est un voisinage de l'élément neutre dans H, donc engendre H; par suite, V engendre un sous-groupe H′ contenant H; mais H′ est ouvert et fermé (III, p. 7, corollaire), donc contient $\overline{\mathrm{H}} = \mathrm{G}$.

4. Espaces à opérateurs

Soient E un espace topologique, G un groupe topologique. On dit que G *opère continûment* dans E si les conditions suivantes sont vérifiées:

1° G opère sur E, autrement dit (A, I, p. 50) E est muni d'une loi de composition externe $(s, x) \mapsto s.x$ dont G est l'ensemble d'opérateurs, et qui est telle que $s.(t.x) = (st).x$ et $e.x = x$ pour s, t dans G et $x \in \mathrm{E}$.

2° L'application $(s, x) \mapsto s.x$ de $\mathrm{G} \times \mathrm{E}$ dans E est *continue*.

Lemme 1. — *Si un groupe topologique* G *opère continûment dans un espace topologique* E, *alors, pour tout* $s \in \mathrm{G}$, *l'application* $x \mapsto s.x$ *est un homéomorphisme de* E *sur lui-même.*

En effet, cette application est une bijection continue dont la bijection réciproque $x \mapsto s^{-1}.x$ est aussi continue.

Rappelons (A, I, p. 54) que, pour tout $x \in E$, l'ensemble $G.x$ des transformés $s.x$ de x par les éléments $s \in G$ est appelé l'*orbite* de x (pour le groupe d'opérateurs G); l'ensemble des $s \in G$ tels que $s.x = x$ est un sous-groupe de G, appelé *stabilisateur* de x (A, I, p. 52). La relation $R\{x, y\}$: « y appartient à l'orbite de x » est une relation d'équivalence dans E, dite *définie par* G; les classes d'équivalence pour cette relation sont les orbites des points de E. L'espace topologique E/R est appelé l'*espace des orbites* du groupe G dans E, ou encore l'*espace quotient de* E *par le groupe* G, et on le note E/G; on dit aussi que la topologie de E/G est la *topologie quotient de celle de* E *par* G.

Lemme 2. — *Si un groupe topologique* G *opère continûment dans un espace topologique* E, *la relation d'équivalence* R *définie par* G *est ouverte.*

En effet, le saturé pour R d'une partie ouverte U de E est l'ensemble $\bigcup_{s \in G} s.U$, et chacun des $s.U$ est ouvert (lemme 1).

Exemples. — 1) Soit H un sous-groupe d'un groupe topologique G; H opère continûment dans G par la loi externe $(s, x) \mapsto sx$. Il opère aussi continûment dans G par la loi externe $(s, x) \mapsto sxs^{-1}$.

2) *Si K est un corps topologique (III, p. 54), le groupe multiplicatif K* opère continûment dans K par la loi externe $(s, x) \mapsto sx$.*

3) Soient G un groupe topologique, E un espace topologique; l'application $(s, x) \mapsto x$ de $G \times E$ dans E est une loi externe sur E et G opère continûment dans E pour cette loi; on dit alors que G opère *trivialement* dans E.

Remarque. — Au lieu de dire qu'un groupe topologique G opère continûment dans un espace topologique E, on dit aussi parfois que G opère continûment à *gauche* dans E. Lorsque le groupe topologique G^0 opposé à G opère continûment dans E, on dit que G opère continûment *à droite* dans E; il revient au même de dire que E est muni d'une loi de composition externe continue $(s, x) \mapsto s.x$ ayant G comme ensemble d'opérateurs et telle que $s.(t.x) = (ts).x$ et $e.x = x$. On note souvent une telle loi *à droite*: $(s, x) \mapsto x.s$ (d'où la terminologie), et on a alors $(x.t).s = x.(ts)$. Lorsque G opère continûment à droite dans E par la loi $(s, x) \mapsto x.s$, il opère aussi continûment à gauche dans E par la nouvelle loi externe $(s, x) \mapsto x.s^{-1}$ en vertu de l'axiome (GT_{II}).

Soient E (resp. E′) un ensemble dans lequel opère un groupe G (resp. G′), f un homomorphisme de G dans G′, g une application de E dans E′. On dit que f et g sont *compatibles* si l'on a $g(s.x) = f(s).g(x)$ pour tout $s \in G$ et tout $x \in E$. Si E″ est un troisième ensemble où opère un groupe G″, f' un homomorphisme de G′ dans G″, g' une application de E′ dans E″, et si f' et g' sont compatibles, alors $f' \circ f$ et $g' \circ g$ sont compatibles. Lorsque E, E′ sont des espaces topologiques, G, G′ des groupes topologiques opérant continûment dans E, E′ respectivement, on dit que (f, g) est un *morphisme* de l'espace à opérateurs E dans l'espace à opérateurs E′ lorsque f et g sont *continues* et *compatibles*. Par passage aux quotients, g définit alors une application continue de E/G dans E′/G′ (I, p. 21, corollaire).

Soient G un groupe topologique opérant continûment dans un espace topologique E, φ l'application canonique de E sur l'espace des orbites E/G. Soient A une partie quelconque de E, A' le sous-espace de E saturé pour la relation d'équivalence R définie par G (réunion des orbites des points de A; on dit aussi que A' est le *saturé de* A *par* G); G opère continûment dans A' par la restriction de $(s, x) \mapsto s.x$ à G × A'. En outre, comme R est ouverte (lemme 2) et A' saturé, la prop. 4 de I, p. 32, et la relation $\varphi(A) = \varphi(A')$, entraînent:

PROPOSITION 10. — *La bijection canonique du sous-espace* $\varphi(A)$ *de* E/G *sur l'espace des orbites* A'/G *est un homéomorphisme.*

Soit maintenant S une relation d'équivalence dans E telle que, pour tout $s \in G$, l'application $x \mapsto s.x$ soit *compatible* avec S (autrement dit, telle que la relation $x \equiv y$ (mod. S) entraîne $s.x \equiv s.y$ (mod. S)); nous dirons pour abréger que la relation S est *compatible avec le groupe* G. Si ψ est l'application canonique de E sur E/S, et si on désigne par $s.\psi(x)$ la classe mod. S de $s.x$, le groupe G opère dans l'espace E/S par $(s, \psi(x)) \mapsto s.\psi(x) = \psi(s.x)$. En outre:

PROPOSITION 11. — *Si la relation d'équivalence* S *dans* E *est ouverte et compatible avec* G, G *opère continûment dans* E/S.

Comme la relation d'égalité (resp. la relation S) est ouverte dans G (resp. dans E), tout revient à démontrer que l'application $(s, x) \mapsto s.\psi(x) = \psi(s.x)$ de G × E dans E/S est continue (I, p. 34, cor. de la prop. 8); or cela résulte du fait que ψ et $(s, x) \mapsto s.x$ sont continues.

Remarque. — Soit G' un second groupe topologique opérant continûment dans E, et supposons que l'on ait $s.(s'.x) = s'.(s.x)$ quels que soient $s \in G$, $s' \in G'$, $x \in E$; alors la relation d'équivalence S définie par G' est compatible avec G, et comme elle est ouverte (III, p. 10, lemme 2), on voit que G opère continûment dans E/G'; de même, G' opère alors continûment dans E/G. On dit dans ce cas que les deux groupes G, G' opèrent dans E de manières *permutables.*

5. Espaces homogènes

Soient G un groupe topologique, H un sous-groupe de G. Le groupe H opère continûment *à droite* dans G par la loi externe $(t, x) \mapsto xt$, l'orbite d'un point $x \in G$ étant la classe à gauche xH suivant H. L'ensemble des orbites est donc ce que nous avons appelé en algèbre (A, I, p. 56) l'*ensemble homogène* G/H. Quand nous parlerons de G/H comme d'un espace topologique, il s'agira toujours, sauf mention expresse du contraire, de l'espace des orbites de G (pour H), autrement dit de l'espace quotient de G par la relation d'équivalence $x^{-1}y \in H$. Conformément aux définitions générales, nous dirons que la topologie de cet espace est la topologie *quotient de celle de* G *par* H et G/H, muni de sa topologie, sera appelé *espace homogène* des classes à gauche suivant H.

Proposition 12. — *Le groupe* G *opère continûment dans tout espace homogène* G/H.

Comme la relation d'équivalence $x^{-1}y \in \mathrm{H}$ est ouverte (III, p. 10, lemme 2), cet énoncé est un cas particulier de la prop. 11 de III, p. 11.

Proposition 13. — *Soient* G *un groupe topologique,* H *un sous-groupe de* G. *Pour que l'espace homogène* G/H *soit séparé, il faut et il suffit que* H *soit fermé dans* G.

La condition est nécessaire, H étant une classe d'équivalence suivant la relation $x^{-1}y \in \mathrm{H}$; inversement, si H est fermé, le graphe de cette relation est fermé dans G × G, étant l'image réciproque de H par l'application continue $(x, y) \mapsto x^{-1}y$. Comme la relation d'équivalence $x^{-1}y \in \mathrm{H}$ est ouverte, G/H est séparé (I, p. 55, prop. 8).

Proposition 14. — *Soient* G *un groupe topologique,* H *un sous-groupe de* G. *Pour que l'espace homogène* G/H *soit discret, il faut et il suffit que* H *soit ouvert dans* G.

En effet, les images réciproques dans G des points de G/H par l'application canonique sont les classes $x\mathrm{H}$ $(x \in \mathrm{G})$; pour que ces ensembles soient ouverts dans G, il faut et il suffit que H soit ouvert dans G.

Soit E un espace topologique non vide dans lequel un groupe topologique G opère continûment et *transitivement*; E est alors (au sens algébrique) un G-*ensemble homogène* (A, I, p. 56). Soient x un point de E, H_x son stabilisateur. La surjection continue $s \mapsto s.x$ de G sur E se factorise canoniquement en

$$\mathrm{G} \xrightarrow{f_x} \mathrm{G}/\mathrm{H}_x \xrightarrow{g_x} \mathrm{E}$$

où f_x est l'application canonique de G sur l'espace homogène G/H_x, et g_x la bijection $s.\mathrm{H}_x \mapsto s.x$ de G/H_x sur E; on sait en outre (I, p. 21, prop. 6) que g_x est une application *continue*. Mais g_x n'est pas nécessairement un homéomorphisme de G/H_x sur E (III, p. 72, exerc. 29). Lorsque, pour tout $x \in \mathrm{E}$, g_x est un homéomorphisme, on dit que E est un *espace homogène topologique* (correspondant au groupe topologique G); pour cela, il est nécessaire et suffisant que, pour tout $x \in \mathrm{E}$, l'application $s \mapsto s.x$ de G dans E soit ouverte.

Proposition 15. — *Pour qu'un espace topologique* E, *dans lequel un groupe topologique* G *opère continûment et transitivement, soit un espace homogène topologique (relativement à* G*), il suffit que, pour un point* $x_0 \in \mathrm{E}$, *l'application* $s \mapsto s.x_0$ *transforme tout voisinage de* e *dans* G *en un voisinage de* x_0 *dans* E.

En effet, tout $x \in \mathrm{E}$ s'écrit $x = t.x_0$ pour un $t \in \mathrm{G}$; si V est un voisinage de e, $\mathrm{V}.x = (\mathrm{V}t).x_0$ est un voisinage de x, car on peut écrire $(\mathrm{V}t).x_0 = t.((t^{-1}\mathrm{V}t).x_0)$ et la conclusion résulte de ce que $t^{-1}\mathrm{V}t$ est un voisinage de e dans G, et $y \mapsto t.y$ un homéomorphisme de E sur lui-même (III, p. 9, lemme 1). On en déduit que pour tout ensemble ouvert U dans G, et tout $x \in \mathrm{E}$, $\mathrm{U}.x$ est ouvert dans E; en effet, pour tout $t \in \mathrm{U}$, $t^{-1}\mathrm{U}$ est un voisinage de e, donc $(t^{-1}\mathrm{U}).x$ est un voisinage de x, et $t.((t^{-1}U).x) = U.x$ est un voisinage de $t.x$, d'où notre assertion, qui achève de démontrer la proposition.

6. Groupes quotients

PROPOSITION 16. — *Soient* G *un groupe topologique,* H *un sous-groupe distingué de* G. *La topologie quotient de celle de* G *par* H *est compatible avec la structure de groupe de* G/H.

Si $x \mapsto \dot{x}$ est l'application canonique de G sur G/H, il faut prouver que $(\dot{x}, \dot{y}) \mapsto \dot{x}\dot{y}^{-1}$ est une application continue de $(G/H) \times (G/H)$ dans G/H. Comme la relation d'équivalence $x^{-1}y \in H$ est ouverte (III, p. 10, lemme 2), il suffit de montrer que $(x, y) \mapsto \dot{x}\dot{y}^{-1}$ est une application continue de $G \times G$ dans G/H (I, p. 34, cor. de la prop. 8 et I, p. 21, prop. 6). Mais cela résulte de ce que cette application est composée des applications continues $x \mapsto \dot{x}$ et $(x, y) \mapsto xy^{-1}$.

Lorsque nous parlerons désormais d'un groupe quotient G/H d'un groupe topologique G comme d'un groupe topologique, il faudra toujours entendre, sauf mention expresse du contraire, que sa topologie est la topologie quotient de celle de G par H.

PROPOSITION 17. — *Soit* φ *l'application canonique d'un groupe topologique* G *sur un groupe quotient* G/H. *Si* $\mathfrak{V}$ *est un système fondamental de voisinages de* e *dans* G, $\varphi(\mathfrak{V})$ *est un système fondamental de voisinages de l'élément neutre* $\varphi(e)$ *de* G/H.

C'est un cas particulier de la prop. 5 de I, p. 33.

Les prop. 13 et 14 (III, p. 12) donnent en particulier, pour les groupes quotients:

PROPOSITION 18. — *Soient* G *un groupe topologique,* H *un sous-groupe distingué de* G.

a) *Pour que le groupe quotient* G/H *soit séparé, il faut et il suffit que* H *soit fermé dans* G.

b) *Pour que le groupe quotient* G/H *soit discret, il faut et il suffit que* H *soit ouvert dans* G.

Si G est un groupe topologique, et N l'adhérence de $\{e\}$ dans G, N est un sous-groupe distingué fermé de G (III, p. 7, prop. 1), donc G/N est séparé; on dit que G/N est le *groupe séparé associé à* G.

PROPOSITION 19. — *Si* H *est un sous-groupe distingué discret d'un groupe topologique* G, G/H *est localement isomorphe* (III, p. 6) *à* G.

En effet, soit V un voisinage de e dans G, ne contenant aucun point de H autre que e, et soit W un voisinage ouvert symétrique de e dans G tel que $W^2 \subset V$. La restriction à W de l'application canonique φ de G sur G/H est *injective*: en effet, la relation $\varphi(x) = \varphi(y)$ signifie que $x^{-1}y \in H$, et si $x \in W$, $y \in W$, on a $x^{-1}y \in W^2 \subset V$, d'où $x = y$. D'après la prop. 17, la restriction de φ à W est donc un homéomorphisme de W sur $\varphi(W)$; comme en outre $\varphi(xy) = \varphi(x)\varphi(y)$ quels que soient x, y dans W, G et G/H sont localement isomorphes (III, p. 6, prop. 3).

7. Sous-groupes et groupes quotients d'un groupe quotient

Soient G un groupe topologique, H un sous-groupe distingué de G, φ l'application canonique de G sur G/H. On sait (A, I, p. 37) que si A′ est un sous-groupe de G/H, $\overset{-1}{\varphi}(A')$ est un sous-groupe de G contenant H. Réciproquement, si A est un sous-groupe de G, $\varphi(A)$ est un sous-groupe de G/H; en outre, il existe une bijection canonique du groupe quotient $A/(A \cap H)$ sur le sous-groupe $\varphi(A)$ de G/H et une bijection canonique de $\varphi(A)$ sur le groupe quotient AH/H, et ces bijections sont des isomorphismes pour les *structures de groupe*.

PROPOSITION 20. — *Soient* A *un sous-groupe d'un groupe topologique* G, H *un sous-groupe distingué de* G, φ *l'application canonique de* G *sur* G/H. *La bijection canonique de* $\varphi(A)$ *sur* AH/H *est un isomorphisme de groupes topologiques.*

Cela résulte des remarques qui précèdent, et de la prop. 10 de III, p. 11.

La bijection canonique de $A/(A \cap H)$ sur $\varphi(A)$ est un homomorphisme continu, puisqu'elle provient par passage au quotient de la restriction de φ à A, mais en général les groupes topologiques $A/(A \cap H)$ et AH/H *ne sont pas isomorphes* (cf. III, p. 27, cor. 3).

*Par exemple, prenons pour G le groupe additif **R** des nombres réels, pour H le groupe **Z** des entiers, pour A le groupe $\theta\mathbf{Z}$ des multiples entiers d'un nombre irrationnel θ; on a $A \cap H = \{0\}$, donc $A/(A \cap H)$ est un groupe discret, isomorphe à **Z**; au contraire, $A + H$ est partout dense dans **R** (comme on le verra dans V, §1, prop. 1), donc $(A + H)/H$, qui est localement isomorphe à $A + H$ (III, p. 13, prop. 19), n'est pas un groupe discret, et par suite n'est pas isomorphe à $A/(A \cap H)$.*

On a toutefois la proposition suivante:

PROPOSITION 21. — *Soient* G *un groupe topologique,* G_0 *un sous-groupe partout dense,* H_0 *un sous-groupe distingué fermé de* G_0, H *son adhérence dans* G, φ *l'application canonique* $G \to G/H$; *la bijection canonique* $G_0/H_0 \to \varphi(G_0)$ *est un isomorphisme du groupe topologique* G_0/H_0 *sur un sous-groupe partout dense de* G/H.

Comme $H_0 = H \cap G_0$, tout revient à prouver que si U_0 est un ensemble ouvert dans G_0, saturé pour la relation $x^{-1}y \in H_0$, il est la trace sur G_0 d'un ensemble ouvert dans G, saturé pour la relation $x^{-1}y \in H$ (I, p. 23, prop. 10). Soit U un ensemble ouvert dans G tel que $U_0 = U \cap G_0$; comme $U_0 = U_0H_0$, on vérifie aussitôt que l'on a $U_0 = UH_0 \cap G_0$; comme UH_0 est ouvert dans G, on peut donc supposer que $U = UH_0$. Cela étant, l'ensemble UH est ouvert dans G et saturé pour la relation $x^{-1}y \in H$; montrons que $UH \cap G_0 = U_0$, ce qui achèvera la démonstration. Or, si $u \in U$, $h \in H$ sont tels que $uh \in G_0$, il y a un voisinage symétrique V de e dans G tel que $uV \subset U$; comme Vh est un voisinage de h dans G, il existe $z \in V$ tel que $zh \in H_0$; mais alors $uz^{-1} \in U$ et on a $uh = (uz^{-1})(zh)$. On peut donc supposer que $h \in H_0$, et comme $UH_0 = U$, on a $uh \in U_0$.

Soit G un groupe topologique opérant continûment dans un espace topologique E, et soit K un sous-groupe *distingué* de G, contenu dans le stabilisateur de *chacun* des points de E. Pour tout $x \in \mathrm{E}$, la relation $s \equiv t$ (mod. K) entraîne donc $s.x = t.x$, et par passage au quotient on en déduit une application $\dot{s} \mapsto \dot{s}.x$ de G/K dans E; on vérifie immédiatement que pour la loi externe ainsi définie $(\dot{s}, x) \mapsto \dot{s}.x$, G/K opère dans E. En outre, G/K opère *continûment* dans E pour cette loi: en effet, comme la relation d'égalité dans E et la relation $s \equiv t$ (mod. K) dans G sont ouvertes, cela résulte de la continuité de l'application $(s, x) \mapsto \dot{s}.x = s.x$ de G × E dans E (I, p. 34, cor. de la prop. 8 et I, p. 21, prop. 6).

Soient maintenant G un groupe topologique opérant continûment dans un espace topologique E, H un sous-groupe *distingué* quelconque de G. Le groupe H opère continûment dans E; soit S la relation d'équivalence dans E définie par H, qui est ouverte (III, p. 10, lemme 2). La relation S est *compatible avec le groupe* G (III, p. 11); en effet, si $y \equiv x$ (mod. S), il existe $t \in \mathrm{H}$ tel que $y = t.x$, d'où, pour tout $s \in \mathrm{G}$, $s.y = (sts^{-1}).(s.x)$, et comme H est distingué, $sts^{-1} \in \mathrm{H}$, d'où notre assertion. Si ψ est l'application canonique de E sur E/S, le groupe G opère donc continûment dans E/S pour la loi externe $(s, \psi(x)) \mapsto \psi(s.x)$ (III, p. 11, prop. 11). En outre, le groupe H est contenu dans le stabilisateur de chacun des points de E/S; comme on l'a vu ci-dessus, G/H *opère continûment dans* E/S = E/H, pour la loi externe $(\dot{s}, \psi(x)) \mapsto \psi(s.x)$. Si on désigne par R la relation d'équivalence dans E définie par G, la relation S entraîne R, et la relation d'équivalence R/S dans E/S est la relation définie par le groupe G/H. Par suite (I, p. 21, prop. 7):

PROPOSITION 22. — *Soient* G *un groupe topologique opérant continûment dans un espace topologique* E, H *un sous-groupe distingué de* G. *La bijection canonique de* E/G *sur* (E/H)/(G/H) *est un homéomorphisme.*

COROLLAIRE. — *Soient* G *un groupe topologique,* H *un sous-groupe distingué de* G, K *un sous-groupe distingué de* G *contenant* H; *la bijection canonique de* G/K *sur* (G/H)/(K/H) *est un isomorphisme de groupes topologiques.*

On sait déjà (A, I, p. 39) que cette bijection est un isomorphisme de groupes, et la prop. 22 (appliquée au groupe K opérant à droite dans G) achève d'établir le corollaire.

8. Homomorphismes continus et morphismes stricts

PROPOSITION 23. — *Pour qu'un homomorphisme* f *d'un groupe topologique* G *dans un groupe topologique* G′ *soit continu dans* G, *il faut et il suffit qu'il soit continu en un point.*

La condition est évidemment nécessaire. Réciproquement, si f est continu au point $a \in \mathrm{G}$ et si V′ est un voisinage de $f(a)$, $f^{-1}(\mathrm{V}') = \mathrm{V}$ est un voisinage de a; pour tout $x \in \mathrm{G}$, on a $f(xa^{-1}\mathrm{V}) = f(x)(f(a))^{-1}f(\mathrm{V}) \subset f(x)(f(a))^{-1}\mathrm{V}'$, ce qui établit la continuité de f au point x.

Un homomorphisme continu d'un groupe topologique G dans un groupe topologique G′ est encore appelé un *morphisme* de G dans G′ pour les structures de groupe topologique (cf. E, IV, p. 11).

Soit f un homomorphisme continu d'un groupe topologique G dans un groupe topologique G′; l'image réciproque $H = \overset{-1}{f}(e')$ de l'élément neutre e' de G′ est un *sous-groupe distingué* de G et $f(G)$ est un *sous-groupe* de G′. Considérons la factorisation canonique $f = \psi \circ \dot{f} \circ \varphi$, où φ est l'application canonique $G \to G/H$, ψ l'injection canonique $f(G) \to G'$, et enfin $\dot{f}$ un *homomorphisme continu bijectif* du groupe quotient G/H sur le sous-groupe $f(G)$ (I, p. 22); on dira que $\dot{f}$ est l'homomorphisme bijectif *associé* à f. En général, $\dot{f}$ n'est pas un isomorphisme de groupes topologiques.

Par exemple, soient G′ un groupe topologique non discret, G le groupe topologique obtenu en munissant G′ de la topologie discrète; l'application identique de G dans G′ est un homomorphisme bijectif continu, mais non bicontinu.

Définition 1. — *On dit qu'un homomorphisme continu f d'un groupe topologique* G *dans un groupe topologique* G′ *est un morphisme strict de* G *dans* G′, *si l'homomorphisme bijectif $\dot{f}$ de $G/\overset{-1}{f}(e')$ sur $f(G)$, associé à f, est un isomorphisme de groupes topologiques (autrement dit, si $\dot{f}$ est bicontinu).*

Un isomorphisme d'un groupe topologique G sur un groupe topologique G′ est donc un morphisme strict bijectif de G dans G′.

Proposition 24. — *Soit f un homomorphisme continu d'un groupe topologique* G *dans un groupe topologique* G′; *les trois propositions suivantes sont équivalentes*:

a) *f est un morphisme strict*;

b) *l'image par f de tout ensemble ouvert dans* G *est un ensemble ouvert dans* $b(G)$;

c) *l'image par f de tout voisinage de l'élément neutre dans* G *est un voisinage de l'élément neutre dans* $f(G)$.

Compte tenu du lemme 2 de III, p. 10, l'équivalence de a) et b) résulte aussitôt des définitions (I, p. 33, prop. 5). L'équivalence de b) et c) est un cas particulier de la prop. 15 de III, p. 12, si l'on observe que G opère continûment dans $f(G)$ par la loi externe $(s, f(t)) \mapsto f(st)$.

Remarques. — 1) D'après la condition b) de la prop. 24, tout homomorphisme continu d'un groupe topologique dans un groupe *discret* est un *morphisme strict*.

Si le groupe G est *compact* et $f(G)$ *séparé*, l'homomorphisme bijectif $\dot{f}$ associé à f est bicontinu (I, p. 76, cor 2, et I, p. 74, cor. 4); donc, *tout homomorphisme continu d'un groupe compact dans un groupe séparé est un morphisme strict.*

2) Soient f un morphisme strict de G dans G′, g un morphisme strict de G′ dans G″; si f est *surjectif*, ou si g est *injectif*, il résulte aussitôt de la prop. 24 que $g \circ f$ est un morphisme strict de G dans G″. Par contre, cette conclusion n'est plus nécessairement valable si aucune des deux hypothèses précédentes n'est satisfaite, même si f est injectif et g surjectif (III, p. 70, exerc. 19).

3) Soit f un homomorphisme continu d'un groupe topologique G dans un groupe topologique G', et soit H un sous-groupe distingué de G; par passage aux quotients, on déduit de f un homomorphisme g du groupe G/H sur le groupe quotient $f(G)/f(H)$. Cet homomorphisme est *continu* (I, p. 21, corollaire). En outre, si f est un *morphisme strict* de G dans G', g est un *morphisme strict* de G/H sur $f(G)/f(H)$: en effet, si U est ouvert dans G/H, et si on désigne par φ (resp. φ') l'application canonique de G sur G/H (resp. de $f(G)$ sur $f(G)/f(H)$), on a $g(U) = \varphi'(f(\overset{-1}{\varphi}(U)))$, et comme $\overset{-1}{\varphi}(U)$ est ouvert dans G, $g(U)$ est ouvert dans $f(G)/f(H)$, d'où notre assertion.

9. Produit de groupes topologiques

Soit $(G_\iota)_{\iota \in I}$ une famille de groupes topologiques. On sait (A, I, p. 43) qu'on définit sur l'ensemble produit $G = \prod_{\iota \in I} G_\iota$ une structure de groupe (dite *produit* des structures de groupes des G_ι) en posant $(x_\iota).(y_\iota) = (x_\iota y_\iota)$; si e_ι est l'élément neutre de G_ι, $e = (e_\iota)$ est l'élément neutre de G, et on a $(x_\iota)^{-1} = (x_\iota^{-1})$. La *topologie produit* (I, p. 14) des topologies des G_ι est *compatible* avec la structure de groupe précédente. En effet, l'application $((x_\iota), (y_\iota)) \mapsto (x_\iota y_\iota^{-1})$ de $G \times G$ dans G est composée de l'application $((x_\iota, y_\iota)) \mapsto (x_\iota y_\iota^{-1})$ de $\prod_{\iota \in I} (G_\iota \times G_\iota)$ dans G, et de l'application canonique $((x_\iota), (y_\iota)) \mapsto ((x_\iota, y_\iota))$ de $G \times G$ sur $\prod_{\iota \in I} (G_\iota \times G_\iota)$; et ces applications sont continues (I, p. 25, cor. 1 et prop. 2).

DÉFINITION 2. — *On dit que le groupe topologique obtenu en munissant l'ensemble produit* $G = \prod_{\iota \in I} G_\iota$ *de la structure de groupe produit des structures de groupe des* G_ι, *et de la topologie produit des topologies des* G_ι, *est le produit des groupes topologiques* G_ι.

Si $(J_\kappa)_{\kappa \in K}$ est une *partition* de I, G est isomorphe au produit des groupes topologiques $\prod_{\iota \in J_\kappa} G_\iota$ (associativité du produit).

Si H_ι est un sous-groupe de G_ι, le produit des groupes topologiques H_ι est isomorphe au sous-groupe $\prod_\iota H_\iota$ de $\prod_\iota G_\iota$. En particulier, soit J une partie quelconque de I, et $J' = \complement J$; le groupe topologique $\prod_{\iota \in J} G_\iota$ est isomorphe au sous-groupe distingué $G'_J = \left(\prod_{\iota \in J} G_\iota\right) \times \left(\prod_{\iota \in J'} \{e_\iota\}\right)$ de G. Comme la projection de tout ensemble ouvert est un ensemble ouvert, la projection pr_J de G sur $\prod_{\iota \in J} G_\iota$ est un *morphisme strict*; par suite, le groupe quotient G/G'_J est isomorphe à $G'_{J'}$: G est isomorphe au produit $G'_J \times (G/G'_J)$.

PROPOSITION 25. — *Soit* $(G_\iota)_{\iota \in I}$ *une famille de groupes topologiques, et soit* H *le sous-*

groupe distingué de $G = \prod_{\iota \in I} G_\iota$ *formé des* $x = (x_\iota)$ *tels que les* x_ι *soient égaux à l'élément neutre* e_ι *de* G_ι *sauf pour un nombre fini d'indices. Le sous-groupe* H *est partout dense dans* G.

C'est un cas particulier de I, p. 28, prop. 8.

Soit $(E_\iota)_{\iota \in I}$ une famille d'espaces topologiques, et pour chaque $\iota \in I$, soit G_ι un groupe topologique opérant continûment dans E_ι. Il est clair que le groupe produit $G = \prod_{\iota \in I} G_\iota$ opère continûment dans l'espace produit $E = \prod_{\iota \in I} E_\iota$ pour la loi externe $((s_\iota), (x_\iota)) \mapsto (s_\iota . x_\iota)$ (I, p. 25, cor. 1 et prop. 2); en outre l'orbite pour G d'un point $x = (x_\iota)$ de E est le produit des orbites des x_ι (pour les G_ι). Soit φ_ι l'application canonique de E_ι sur E_ι/G_ι, et soit $\varphi = (\varphi_\iota)$ l'application produit de E sur $\prod_{\iota \in I} (E_\iota/G_\iota)$; la remarque précédente montre que la bijection canoniquement associée à φ applique l'espace des orbites E/G sur $\prod_{\iota \in I} (E_\iota/G_\iota)$. En outre:

PROPOSITION 26. — *La bijection de* E/G *sur* $\prod_{\iota \in I} (E_\iota/G_\iota)$ *canoniquement associée à* (φ_ι) *est un homéomorphisme.*

En effet, comme les φ_ι sont surjectives et ouvertes, $\varphi = (\varphi_\iota)$ est ouverte (I, p. 34, cor. de la prop. 8).

COROLLAIRE. — *Soit* $(G_\iota)_{\iota \in I}$ *une famille de groupes topologiques, et pour chaque* $\iota \in I$, *soit* H_ι *un sous-groupe distingué de* G_ι; *on désigne par* φ_ι *l'application canonique de* G_ι *sur* G_ι/H_ι. *Posons* $G = \prod_{\iota \in I} G_\iota$, $H = \prod_{\iota \in I} H_\iota$. *L'homomorphisme bijectif de* G/H *sur* $\prod_{\iota \in I} (G_\iota/H_\iota)$ *associé à l'homomorphisme continu* $(x_\iota) \mapsto (\varphi_\iota(x_\iota))$ *est un isomorphisme de groupes topologiques.*

En effet, cet homomorphisme est un isomorphisme pour les structures de groupe.

Remarque. — Si G est un groupe topologique *commutatif* noté additivement, l'application $(x, y) \mapsto x + y$ de $G \times G$ sur G est un *morphisme strict*; c'est en effet un homomorphisme de $G \times G$ sur G, puisque $(x + x') + (y + y') = (x + y) + (x' + y')$; il est continu, et enfin l'image du voisinage $V \times V$ de l'origine dans $G \times G$, par cet homomorphisme, est le voisinage $V + V$ de l'origine dans G.

10. Produits semi-directs de groupes topologiques

PROPOSITION 27. — *Soient* L, N *deux groupes topologiques,* $y \mapsto \sigma_y$ *un homomorphisme de* L *dans le groupe des automorphismes* Γ *de la structure de groupe (non topologique) de* N. *On suppose que l'application* $(x, y) \mapsto \sigma_y(x)$ *de* $N \times L$ *dans* N *est continue. Alors:*

1° *Sur le produit semi-direct externe* S *de* N *et de* L, *relatif à* σ (A, I, p. 64, déf. 2), *la topologie produit de celles de* N *et de* L *est compatible avec la structure de groupe; les injections canoniques* $j_1 : N \to S$, $j_2 : L \to S$ *sont des isomorphismes respectifs des groupes topologiques* N *et* L *sur les sous-groupes* $j_1(N)$ *et* $j_2(L)$ *du groupe topologique* S, *et* pr_2 *est un morphisme strict de* S *sur* L.

2° *Soient* $f: N \to G$, $g: L \to G$ *deux homomorphismes continus dans un groupe topologique* G, *vérifiant la relation* $f(\sigma_y(x)) = g(y)f(x)g(y^{-1})$; *alors l'homomorphisme associé*: $(x, y) \mapsto f(x)g(y)$ *de* S *dans* G *est continue.*

La proposition résulte aussitôt des définitions et des propriétés de la topologie produit.

On dit que le groupe topologique S ainsi défini est le *produit semi-direct topologique externe* de N et de L (relatif à σ); on observera que la condition imposée à σ implique que L *opère continûment à gauche* dans N pour la loi externe $(x, y) \mapsto \sigma_y(x)$ (III, p. 10).

Soient maintenant G un groupe topologique, N, L deux sous-groupes de G tels que G soit, en tant que groupe non muni d'une topologie, le *produit semi-direct* de N et de L (A, I, p. 65); il est clair alors que l'application $(x, y) \mapsto \sigma_y(x)$ est *continue* dans N × L, et l'homomorphisme canonique bijectif $h: (x, y) \mapsto xy$ de S dans G *continu*. Mais ce dernier homomorphisme n'est pas nécessairement *bicontinu*; lorsqu'il est bicontinu, on dit que G est *produit semi-direct topologique* de N et de L. Pour qu'il en soit ainsi, il faut et il suffit que, si $p: G \to N$, $q: G \to L$ sont les applications faisant correspondre à $z \in G$ les éléments uniques $p(z) \in N$, $q(z) \in L$ tels que $z = p(z)q(z)$, l'une des applications p, q soit *continue* (auquel cas toutes deux le sont). Il revient au même de dire que la restriction à L de l'application canonique $G \to G/N$ est un isomorphisme du groupe topologique L sur le groupe topologique G/N.

§ 3. STRUCTURES UNIFORMES DE GROUPES

1. Structures uniformes droite et gauche sur un groupe topologique

Dans un groupe topologique C, on aperçoit la possibilité de définir une notion de « points assez voisins », et par suite une structure uniforme, en opérant de la manière suivante: x et y étant deux points quelconques de G, on effectue sur ces deux points *la même translation* amenant l'un d'eux, par exemple x, sur l'élément neutre e; la « proximité » de x et y est alors évaluée, en quelque sorte, par le voisinage V de e dans lequel se trouve ramené y. Cette translation, qui revient à composer x^{-1} avec x et y respectivement, peut d'ailleurs se faire *à droite* ou *à gauche*; nous allons voir que, dans chacun des deux cas, on obtient effectivement une structure uniforme sur G *compatible* avec la topologie de G. Prenons le cas où la translation se fait *à droite*; à tout voisinage V de e, on fait correspondre l'ensemble V_d des couples $(x, y) \in G \times G$ tels que $yx^{-1} \in V$. Soit $\mathfrak{S}_d$ la famille des ensembles V_d, lorsque V parcourt le filtre $\mathfrak{V}$ des voisinages de e; $\mathfrak{S}_d$ est un *système fondamental d'entourages* (II, p. 2). En effet, comme $e \in V$, la diagonale Δ de $G \times G$ est contenue dans V_d quel que soit $V \in \mathfrak{V}$, donc $\mathfrak{S}_d$ est une base de filtre et satisfait à (U'_I) (II, p. 2); comme les relations $yx^{-1} \in V$ et $xy^{-1} \in V^{-1}$ sont équivalentes, on a $\overset{-1}{V}_d = (V^{-1})_d$, donc, d'après (GV_{II}), $\overset{-1}{V}_d \in \mathfrak{S}_d$, d'où (U'_{II}) (II, p. 2); enfin, les relations $zx^{-1} \in V$ et $yz^{-1} \in V$ entraînent $yx^{-1} \in V.V$, donc $V_d \circ V_d \subset (V.V)_d$, et (GV_I) montre que $\mathfrak{S}_d$ satisfait à (U'_{III}) (II, p. 2).

La structure uniforme définie par $\mathfrak{S}_d$ est compatible avec la topologie de G, car les relations $y \in V_d(x)$ et $y \in V.x$ sont équivalentes par définition, autrement dit $V_d(x) = V.x$.

On raisonne de manière analogue lorsque la translation se fait *à gauche*, et on peut poser la définition suivante:

Définition 1. — *On appelle structure uniforme droite* (resp. *gauche*) *sur un groupe topologique* G, *la structure uniforme dont un système fondamental d'entourages est obtenu en faisant correspondre à tout voisinage* V *de l'élément neutre* e, *l'ensemble* V_d (resp. V_s) *des couples* (x, y) *tels que* $yx^{-1} \in V$ (resp. $x^{-1}y \in V$).

Lorsque V parcourt un système fondamental de voisinages de e, les ensembles V_d (resp. V_s) forment un système fondamental d'entourages de la structure uniforme droite (resp. gauche).

A toute proposition sur la topologie d'un espace uniforme correspond une proposition sur la topologie d'un groupe, la traduction se faisant à l'aide de la déf. 1 et des formules $V_d(x) = V.x$, $V_d(A) = V.A$, $V_s(x) = x.V$, $V_s(A) = A.V$ qui en découlent immédiatement. Par exemple, on a, pour toute partie non vide A de G (II, p. 5, cor. 1),

$$\overline{A} = \bigcap_{V \in \mathfrak{V}} V.A = \bigcap_{V \in \mathfrak{V}} A.V. \tag{1}$$

De même (II, p. 5, cor. 3), *tout groupe séparé est régulier.*

La structure uniforme droite et la structure uniforme gauche sur un groupe topologique sont en général *distinctes* (voir III, p. 73, exerc. 4). Elles sont évidemment confondues si le groupe est *commutatif*, car alors $V_d = V_s$; elles sont aussi confondues si le groupe est *compact* (II, p. 27, th. 1).

En général, on désignera par G_s (resp. G_d) l'*espace uniforme* obtenu en munissant l'ensemble G de sa structure uniforme gauche (resp. droite).

Proposition 1. — *Les translations à droite et à gauche sont des isomorphismes de la structure uniforme droite sur elle-même.*

Pour les translations à droite, c'est immédiat, car la relation $yx^{-1} \in V$ est équivalente à $(ya)(xa)^{-1} \in V$ (en d'autres termes, l'application $(x, y) \mapsto (xa, ya)$ laisse V_d invariant). Pour les translations à gauche, cela résulte de (GV_{III}); en effet, la relation $yx^{-1} \in V$ est équivalente à $(ay)(ax)^{-1} \in aVa^{-1}$, donc $x \mapsto ax$ est uniformément continue dans G_d.

On voit de même que les translations à droite et à gauche sont des isomorphismes de la structure uniforme gauche sur elle-même.

Tout *automorphisme intérieur* $x \mapsto axa^{-1}$ de G est donc à la fois un automorphisme de la structure de groupe, de la topologie, et de chacune des deux structures uniformes de G.

PROPOSITION 2. — *La symétrie* $x \mapsto x^{-1}$ *est un isomorphisme de la structure uniforme droite sur la structure uniforme gauche.*

C'est une conséquence immédiate de la déf. 1 (III, p. 19).

Il faut se garder de croire que l'application $(x, y) \mapsto xy$ de l'espace uniforme $G_d \times G_d$ dans l'espace uniforme G_d soit en général uniformément continue. De même, la symétrie $x \mapsto x^{-1}$, considérée comme application de G_d sur G_d, n'est pas en général uniformément continue (voir III, p. 73, exerc. 3 et 4).

PROPOSITION 3. — *Tout homomorphisme continu f d'un groupe topologique* G *dans un groupe topologique* G' *est uniformément continu lorsqu'on le considère comme une application de* G_d *dans* G'_d (ou de G_s dans G'_s).

En effet, si V' est un voisinage de l'élément neutre dans G', et $V = \overset{-1}{f}(V')$, la relation $yx^{-1} \in V$ entraîne $f(y)(f(x))^{-1} = f(yx^{-1}) \in V'$.

2. Structures uniformes des sous-groupes, groupes quotients et groupes produits

Si H est un sous-groupe d'un groupe topologique G, la structure uniforme induite sur H par la structure uniforme droite de G, n'est autre que la structure uniforme droite du groupe topologique H.

Si H est un sous-groupe distingué de G, et φ l'application canonique de G sur G/H, on obtient un système fondamental d'entourages de la structure uniforme droite du groupe quotient G/H en associant à tout voisinage V de l'élément neutre dans G, l'ensemble des couples $(\dot{x}, \dot{y})$ de points de G/H tels que $\dot{y}\dot{x}^{-1} \in \varphi(V)$ (III, p. 13, prop. 17); cette condition signifie qu'il existe au moins un point $x \in \dot{x}$, et au moins un point $y \in \dot{y}$, tels que $yx^{-1} \in V$ (ce qui s'écrit aussi $(x, y) \in V_d$). En particulier, si N est l'adhérence de l'élément neutre dans G, la structure uniforme droite sur G/N est isomorphe à la structure uniforme séparée *associée* à la structure uniforme droite sur G (cf. II, p. 24).

Enfin, sur un produit d'une famille (G_ι) de groupes topologiques, la structure uniforme droite est la structure *produit* des structures uniformes droites des G_ι (cf. II, p. 10).

On a des énoncés analogues pour la structure uniforme gauche.

Pour que les structures uniformes droite et gauche sur le groupe produit $\prod_\iota G_\iota$ soient identiques, il faut et il suffit que les structures uniformes droite et gauche de chacun des groupes facteurs G_ι soient identiques. Il en est toujours ainsi lorsque certains des G_ι sont commutatifs, et les autres compacts.

3. Groupes complets

DÉFINITION 2. — *On dit qu'un groupe topologique est complet si sa structure uniforme droite et sa structure uniforme gauche sont des structures d'espace complet.*

D'après la prop. 2 de III, p. 21, il suffit, pour qu'un groupe soit complet, que l'*une* de ses deux structures uniformes soit une structure d'espace complet. Pour que G soit complet, il faut et il suffit que le groupe séparé G/N associé à G (III, p. 13) le soit (II, p. 25).

Tout sous-groupe *fermé* d'un groupe complet est complet (II, p. 16, prop. 8). Tout produit de groupes complets est complet (II, p. 17, prop. 10).

Par contre, si G est un groupe complet et H un sous-groupe distingué fermé de G, le groupe quotient G/H n'est pas nécessairement complet (voir cependant IX, § 3, prop. 4).

PROPOSITION 4. — *Si, dans un groupe topologique* G, *il existe un voisinage* V *de* e *qui est complet pour la structure uniforme droite ou la structure uniforme gauche,* G *est complet.*

Supposons par exemple V complet pour la structure uniforme droite et soit $\mathfrak{F}$ un filtre de Cauchy sur G_d; $\mathfrak{F}$ contient un ensemble M petit d'ordre V_d, et si $x_1 \in M$, on a donc $M \subset Vx_1$; la trace de $\mathfrak{F}$ sur le sous-space complet Vx_1 de G_d est donc un filtre de Cauchy qui converge vers un point x_0; comme x_0 est adhérent à $\mathfrak{F}$, il est point limite de $\mathfrak{F}$ (II, p. 14, cor. 2 de la prop. 5).

COROLLAIRE 1. — *Un groupe localement compact est complet.*

En effet, tout espace compact est complet pour son unique structure uniforme (II, p. 27, th. 1).

COROLLAIRE 2. — *Tout sous-groupe localement compact d'un groupe topologique séparé* G *est fermé dans* G.

En effet, tout sous-espace complet d'un espace uniforme séparé est fermé (II, p. 16, prop. 8).

PROPOSITION 5. — *Soient* G_1 *un groupe topologique,* G_2 *un groupe topologique séparé et complet,* H_1 (resp. H_2) *un sous-groupe partout dense de* G_1 (resp. G_2). *Tout homomorphisme continu* u *de* H_1 *dans* H_2 *se prolonge d'une seule manière en un homomorphisme continu* $\bar{u}$ *de* G_1 *dans* G_2. *En outre, si* G_1 *est séparé et complet, et si* u *est un isomorphisme de* H_1 *sur* H_2, $\bar{u}$ *est un isomorphisme de* G_1 *sur* G_2.

En effet, u est uniformément continu pour les structures uniformes droites de H_1 et H_2 (III, p. 21, prop. 3), donc se prolonge d'une seule manière en une application $\bar{u}$ de G_1 dans G_2, uniformément continue pour les structures uniformes droites de ces groupes (II, p. 20, th. 2). En outre, en vertu du principe de prolongement des identités (I, p. 53, cor. 1), $\bar{u}$ est un homomorphisme de G_1 dans G_2, d'où la première assertion. Pour démontrer la seconde, il suffit de considérer l'isomorphisme v de H_2 sur H_1 réciproque de u, et son prolongement $\bar{v}$ en un homomorphisme continu de G_2 dans G_1; en vertu de l'unicité du prolongement,

$\bar{v} \circ \bar{u}$ et $\bar{u} \circ \bar{v}$ sont respectivement l'identité dans G_1 et dans G_2, donc (E, II, p. 18) $\bar{u}$ est bijective.

Remarque. — Lorsque l'homomorphisme continu u est bijectif, il n'en résulte pas en général que $\bar{u}$ soit injectif ni surjectif (cf. III, p. 73, exerc. 12); voir toutefois III, p. 26, prop. 10.

4. Complétion d'un groupe topologique

Soit G un groupe topologique séparé. L'*espace uniforme* G_d peut être considéré comme *sous-espace* partout dense de son *complété* $\hat{G}_d$. Nous allons chercher si on peut considérer G comme *sous-groupe* partout dense d'un *groupe séparé et complet* G'. S'il en est ainsi, *l'espace uniforme* G'_d est nécessairement isomorphe à $\hat{G}_d$ (II, p. 20, corollaire); on doit donc pouvoir définir sur $\hat{G}_d$ une *structure de groupe topologique* qui *induise* sur G la structure de groupe topologique donnée. Il nous faut par suite examiner: 1° si on peut *prolonger par continuité* les fonctions xy et x^{-1} à $\hat{G}_d \times \hat{G}_d$ et à $\hat{G}_d$ respectivement; 2° si les fonctions ainsi prolongées définissent bien sur $\hat{G}_d$ une structure de *groupe* (elles définiront alors nécessairement une structure de *groupe topologique* induisant sur G la structure donnée). Nous devrons ensuite établir que: 3° lorsque les opérations précédentes sont possibles, le groupe topologique qu'elles définissent est *complet*. Enfin, nous verrons que: 4° s'il existe un groupe complet répondant à la question, il est *unique* à une isomorphe près.

1) *Prolongement par continuité de xy et x^{-1}.* — Les fonctions xy et x^{-1} n'étant pas uniformément continues en général, on ne peut appliquer le théorème de prolongement des fonctions uniformément continues (II, p. 20, th. 2). Néanmoins, on peut prolonger xy, grâce à la prop. 11 de II, p. 20 et à la proposition suivante:

PROPOSITION 6. — *Soient $\mathfrak{F}$ et $\mathfrak{G}$ deux filtres de Cauchy sur G_d; l'image, par l'application $(x, y) \mapsto xy$, du filtre $\mathfrak{F} \times \mathfrak{G}$, est une base de filtre de Cauchy sur G_d.*

Évaluons la « proximité » de xy et $x'y'$ dans G_d, autrement dit, formons le produit $(x'y')(xy)^{-1} = x'y'y^{-1}x^{-1}$; pour tout $a \in G$, on peut encore écrire $(x'y')(xy)^{-1} = (x'a^{-1})(ay'y^{-1}a^{-1})(ax^{-1})$; nous allons voir qu'en choisissant convenablement a, chacun des trois facteurs de ce produit est très petit dès que les couples (x, y) et (x', y') appartiennent tous deux à un même ensemble assez petit de $\mathfrak{F} \times \mathfrak{G}$. En effet, voit V un voisinage quelconque de e dans G; il existe un ensemble $A \in \mathfrak{F}$, petit d'ordre V_d; prenons pour a un point de A; si x et x' sont deux points quelconques de A, on a $x'a^{-1} \in V$ et $ax^{-1} \in V$. D'autre part, la relation $ay'y^{-1}a^{-1} \in V$ équivaut à $y'y^{-1} \in a^{-1}Va = W$; comme W est un voisinage de e, il existe un ensemble $B \in \mathfrak{G}$, petit d'ordre W_d; donc, quels que soient (x, y) et (x', y') dans $A \times B$, on a $(x'y')(xy)^{-1} \in V^3$, ce qui démontre la proposition.

Pour qu'on puisse prolonger x^{-1} par continuité à $\hat{G}_d$, il faut et il suffit que *l'image, par la symétrie $x \mapsto x^{-1}$, d'un filtre de Cauchy sur G_d soit un filtre de Cauchy sur*

G_d (II, p. 20, prop. 11). On peut donner des exemples de groupes topologiques G pour lesquels cette condition n'est pas vérifiée (cf. X, § 3, exerc. 16); *nous supposerons qu'elle est vérifiée dans la suite de ce raisonnement.*

2) *Les fonctions* xy et x^{-1} *prolongées, définissent une structure de groupe sur* $\hat{G}_d$. — En effet, si on applique le principe de prolongement des identités (I, p. 53, cor. 1) aux fonctions $x(yz)$ et $(xy)z$ définies dans $\hat{G}_d \times \hat{G}_d \times \hat{G}_d$, et égales dans le sous-espace partout dense $G_d \times G_d \times G_d$, on voit que la loi de composition $(x, y) \mapsto xy$ est *associative* dans $\hat{G}_d$. Pour la même raison, les fonctions x, ex, xe sont identiques dans $\hat{G}_d$, et les fonctions e, xx^{-1}, $x^{-1}x$ sont identiques dans $\hat{G}_d$.

3) *Le groupe topologique* $\hat{G}_d$ *est complet.* — En effet, soit $\mathscr{U}_d$ sa *structure uniforme droite*, et soit $\mathscr{U}$ la structure uniforme obtenue sur $\hat{G}_d$ par *complétion* de la structure uniforme droite de G. Les structures $\mathscr{U}$ et $\mathscr{U}_d$ induisent la *même* structure uniforme sur G; toute base de filtre de Cauchy $\mathfrak{B}$ *sur* G pour la structure $\mathscr{U}_d$ est donc une base de filtre de Cauchy pour la structure $\mathscr{U}$. Or, $\mathfrak{B}$ converge dans $\hat{G}_d$, puisque $\mathscr{U}$ est une structure d'espace complet; comme les topologies sur $\hat{G}_d$ déduites de $\mathscr{U}$ et $\mathscr{U}_d$ sont identiques (la topologie déduite de $\mathscr{U}$ étant compatible avec la structure de groupe de $\hat{G}_d$ en vertu de 2)), on voit (II, p. 17, prop. 9) que $\mathscr{U}_d$ est une structure d'espace complet. Cette conclusion montre d'ailleurs que $\mathscr{U}$ et $\mathscr{U}_d$ sont *identiques* (II, p. 20, corollaire).

4) *Unicité.* — Elle résulte de la prop. 5 de III, p. 22.

En résumé, nous avons démontré le théorème suivant:

Théorème 1. — *Pour qu'un groupe topologique séparé* G *soit isomorphe à un sous-groupe partout dense d'un groupe complet* $\hat{G}$, *il faut et il suffit que l'image, par la symétrie* $x \mapsto x^{-1}$, *d'un filtre de Cauchy pour la structure uniforme droite de* G *soit encore un filtre de Cauchy pour cette structure. Le groupe complet* $\hat{G}$ (qu'on appelle le *groupe complété* de G) *est alors unique* (à un isomorphisme près).

Proposition 7. — *Soit* G *un groupe topologique séparé admettant un groupe complété* $\hat{G}$. *Les adhérences, dans* $\hat{G}$, *des voisinages de l'élément neutre dans* G, *forment un système fondamental de voisinages de l'élément neutre dans* $\hat{G}$.

En effet, $\hat{G}$ étant régulier, tout voisinage de l'élément neutre dans $\hat{G}$ contient l'adhérence V d'un voisinage ouvert U de e dans $\hat{G}$ et V est aussi l'adhérence de la trace de U sur G.

Soit G un groupe non nécessairement séparé; soient $N = \overline{\{e\}}$, $G' = G/N$ le groupe séparé associé à G (III, p. 13). Si G' admet un groupe complété $\hat{G}'$, on dit que ce dernier est le groupe *séparé complété de* G et on le note $\hat{G}$; $\hat{G}'_d$ (resp. $\hat{G}'_s$) est alors l'espace uniforme *séparé complété* (II, p. 23) de G_d (resp. G_s).

PROPOSITION 8. — *Soient* G *un groupe admettant un groupe séparé complété* $\hat{G}'$. *Tout homomorphisme continu* u *de* G *dans un groupe séparé complet* H *se factorise d'une seule manière en* $u = v \circ \varphi$, *où* v *est un homomorphisme continu de* $\hat{G} = \hat{G}'$ *dans* H *et* φ *l'application canonique de* G *dans* $\hat{G}$ (*composée de l'injection canonique de* G′ *dans* $\hat{G}$ *et de l'homomorphisme canonique* ψ *de* G *sur* $G/N = G'$).

Comme le noyau de u est fermé et contient e, il contient N, donc u s'écrit $u = w \circ \psi$, où w est un homomorphisme continu de G′ dans H; il suffit alors d'appliquer à w la prop. 5 de III, p. 22.

COROLLAIRE. — *Soient* G_1, G_2 *deux groupes topologiques admettant des groupes séparés complétés* $\hat{G}_1$, $\hat{G}_2$ *respectivement. Pour tout homomorphisme continu* $f\colon G_1 \to G_2$, *il existe un homomorphisme continu* $\hat{f}\colon \hat{G}_1 \to \hat{G}_2$ *et un seul rendant commutatif le diagramme*

$$\begin{array}{ccc} G_1 & \xrightarrow{f} & G_2 \\ {\scriptstyle \varphi_1}\downarrow & & \downarrow{\scriptstyle \varphi_2} \\ \hat{G}_1 & \xrightarrow[\hat{f}]{} & \hat{G}_2 \end{array}$$

où φ_1 *et* φ_2 *sont les homomorphismes canoniques.*

Il suffit d'appliquer la prop. 8 à l'homomorphisme $\varphi_2 \circ f\colon G_1 \to \hat{G}_2$.

PROPOSITION 9. — *Soit* G *un groupe topologique séparé. S'il existe un voisinage* V_0 *de l'élément neutre tel que l'application* $x \mapsto x^{-1}$ *de* V_0 *dans* G *soit uniformément continue pour la structure uniforme droite, alors* G *admet un groupe complété.*

Montrons que le critère du th. 1 est vérifié. Soit donc $\mathfrak{F}$ un filtre de Cauchy pour la structure uniforme droite de G; il existe par suite un ensemble $A \in \mathfrak{F}$ petit d'ordre $(V_0)_d$ pour cette structure; autrement dit, si $a \in A$, on a $xa^{-1} \in V_0$ pour tout $x \in A$, ou encore $A \subset V_0 a$. Montrons que pour tout voisinage W de e, il existe un ensemble $B \subset A$ appartenant à $\mathfrak{F}$ et tel que B^{-1} soit petit d'ordre W_d: cela signifie que, pour x, y dans B, on doit avoir $y^{-1}x \in W$. Or, on peut écrire $x = sa$ et $y = ta$, avec s, t dans V_0, et on a alors $yx^{-1} = ts^{-1}$ et $y^{-1}x = a^{-1}t^{-1}sa$. Par hypothèse, il existe un voisinage W′ de e tel que les relations $s \in V_0$, $t \in V_0$ et $ts^{-1} \in W'$ entraînent $t^{-1}s \in aWa^{-1}$; si $B \subset A$ est un ensemble de $\mathfrak{F}$ petit d'ordre W'_d, on aura donc bien $y^{-1}x \in W$ quels que soient x, y dans B, ce qui prouve la proposition.

5. Structure uniforme et complétion d'un groupe commutatif

Nous avons déjà remarqué que, dans un groupe topologique commutatif G, les structures uniformes droite et gauche sont identiques; lorsqu'on parle de *la structure uniforme* de G, c'est toujours de cette unique structure qu'il est question.

THÉORÈME 2. — *Soit* G *un groupe topologique commutatif; les fonctions* x^{-1} *et* xy *sont uniformément continues dans* G *et* G × G *respectivement; en outre* G *admet un groupe séparé complété* $\hat{G}$, *qui est commutatif.*

La continuité uniforme de x^{-1} résulte de la prop. 2 de III, p. 21; celle de xy, de la prop. 3 de III, p. 21, puisque $(x, y) \mapsto xy$ est un homomorphisme continu de G × G dans G. Si G est séparé, il satisfait à la condition du th. 1 de III, p. 24 (comme tout groupe séparé dont les structures uniformes droite et gauche sont identiques); en outre, les fonctions xy et yx sont égales dans $\hat{G} \times \hat{G}$, d'après le principe de prolongement des identités. D'où la seconde assertion, en considérant dans le cas général le groupe séparé associé à G.

On déduit en particulier de ce théorème que, si f et g sont deux applications uniformément continues d'un espace uniforme E dans un groupe commutatif G, noté additivement, les fonctions $-f$ et $f + g$ sont uniformément continues.

PROPOSITION 10. — *Soient* G *un groupe commutatif,* $\mathcal{T}_1$, $\mathcal{T}_2$ *deux topologies séparées compatibles avec la structure de groupe de* G; *on suppose que* $\mathcal{T}_1$ *est plus fine que* $\mathcal{T}_2$ *et qu'il existe un système fondamental de voisinages de* 0 *pour* $\mathcal{T}_1$ *qui soient fermés pour* $\mathcal{T}_2$. *Soient* G_1, G_2 *les groupes complétés de* G *pour* $\mathcal{T}_1$ *et* $\mathcal{T}_2$ *respectivement, et soit* $f: G_1 \to G_2$ *l'homomorphisme continu qui prolonge l'application identique de* G (III, p. 22, prop. 5); *alors* f *est injectif.*

Supposons G noté additivement. Soit $\mathcal{U}_1$ la structure uniforme sur G correspondant (III, p. 20) à la topologie $\mathcal{T}_1$; il suffira de montrer que si $\mathfrak{F}$ et $\mathfrak{F}'$ sont deux filtres de Cauchy minimaux (II, p. 14) pour $\mathcal{U}_1$, qui convergent dans G_2 vers le même point a, alors $\mathfrak{F} = \mathfrak{F}'$ (II, p. 21). Pour cela, il suffit de montrer que $\mathfrak{F} \cap \mathfrak{F}'$ est un filtre de Cauchy pour $\mathcal{U}_1$. Soit V un voisinage de 0 dans G pour $\mathcal{T}_1$, fermé pour $\mathcal{T}_2$; soit W un voisinage symétrique de 0 dans G pour $\mathcal{T}_1$, tel que $W + W \subset V$. Par hypothèse, il existe dans $\mathfrak{F}$ (resp. $\mathfrak{F}'$) un ensemble M (resp. M') petit d'ordre W_d; pour $x \in M$, $y \in M$, on a donc $y - x \in W$, ou encore $y \in x + W$; si $\overline{W}$ et $\overline{V}$ sont les adhérences de W et V dans G_2, on déduit de ce qui précède que $y \in x + \overline{W}$, donc, puisque a est adhérent à M, $a \in x + \overline{W}$ pour tout $x \in M$. De même, on a $a \in x' + \overline{W}$ pour tout $x' \in M'$, d'où l'on tire $x - x' \in \overline{W} + \overline{W}$; mais comme $(x, y) \mapsto x + y$ est une application continue de $G_2 \times G_2$ dans G_2, on a $\overline{W} + \overline{W} \subset \overline{W + W} \subset \overline{V}$. On en conclut que pour $x \in M$, $x' \in M'$, on a $x - x' \in \overline{V} \cap G = V$, puisque V est *fermé* pour $\mathcal{T}_2$; ceci achève donc la démonstration.

COROLLAIRE 1. — *Sous les hypothèses de la prop.* 10, *si* A *est une partie de* G *qui est un sous-espace complet pour la structure uniforme* $\mathcal{U}_2$ *correspondant à* $\mathcal{T}_2$, A *est aussi un sous-espace complet pour la structure uniforme* $\mathcal{U}_1$ *correspondant à* $\mathcal{T}_1$.

En effet, si A_1 est l'adhérence de A dans G_1, $f(A_1)$ est contenu dans l'adhérence de A dans G_2, égale à A par hypothèse. Comme $f(A) = A$ par définition et que f est injective, on a $A_1 = A$.

COROLLAIRE 2. — *Soient* G *un groupe commutatif,* $\mathcal{T}_1$, $\mathcal{T}_2$ *deux topologies séparées compatibles avec la structure de groupe de* G. *On suppose que* $\mathcal{T}_1$ *est plus fine que* $\mathcal{T}_2$ *et qu'il existe un système fondamental* $\mathfrak{V}$ *de voisinages de* 0 *pour* $\mathcal{T}_1$ *qui soient complets pour la structure uniforme* $\mathcal{U}_2$ *correspondant à* $\mathcal{T}_2$. *Alors* G *est complet pour la structure uniforme* $\mathcal{U}_1$ *correspondant à* $\mathcal{T}_1$.

En effet, les ensembles de $\mathfrak{V}$ sont fermés pour $\mathcal{T}_2$, donc complets pour $\mathcal{U}_1$ en vertu du cor. 1; la proposition résulte alors de la prop. 4 de III, p. 22.

§ 4. GROUPES OPÉRANT PROPREMENT DANS UN ESPACE TOPOLOGIQUE. COMPACITÉ DANS LES GROUPES TOPOLOGIQUES ET LES ESPACES À OPÉRATEURS

1. Groupes opérant proprement dans un espace topologique

DÉFINITION 1. — *Soit* G *un groupe topologique opérant continûment dans un espace topologique* E. *On dit que* G *opère proprement dans* E *si l'application* $\theta: (s, x) \mapsto (x, s.x)$ *de* $G \times E$ *dans* $E \times E$ *est propre* (I, p. 72, déf. 1).

Soit $\Gamma \subset G \times E \times E$ le graphe de l'application $\rho: (s, x) \mapsto s.x$; puisque ρ est continue, l'application $\sigma: (s, x) \mapsto (s, x, s.x)$ est un homéomorphisme de $G \times E$ sur Γ; l'application composée $G \times E \xrightarrow{\sigma} \Gamma \xrightarrow{pr_{23}} E \times E$ n'est autre que θ. La déf. 1 revient donc à dire que la restriction de pr_{23} à Γ est une application *propre* de Γ dans $E \times E$.

Le th. 1 de I, p. 75, montre que G opère proprement dans E si et seulement si la condition suivante est vérifiée:

Pour tout ensemble A filtré par un ultrafiltre $\mathfrak{F}$ et toute application $\alpha \mapsto (s_\alpha, x_\alpha)$ de A dans $G \times E$, si l'application $\alpha \mapsto (s_\alpha . x_\alpha, x_\alpha)$ a une limite (b, a) suivant $\mathfrak{F}$, alors $\alpha \mapsto s_\alpha$ a une limite $t \in G$ suivant $\mathfrak{F}$, telle que $t.a = b$.

Exemples. — 1) Soit H un sous-groupe *fermé* d'un groupe topologique G. Si G opère proprement dans E, il en est de même de H, puisque $H \times E$ est fermé dans $G \times E$ (I, p. 74, cor. 1). Si l'on prend par exemple $E = G$, G opérant dans lui-même par translation à gauche, l'application $\theta: G \times E \to E \times E$ est un homéomorphisme, donc est propre, et l'on voit donc que H *opère proprement dans* G *par translation à gauche.*

2) Si G opère proprement dans E, il opère proprement *dans tout sous-espace* E' *de* E *réunion d'orbites de points de* E (autrement dit, saturé pour la relation d'équivalence définie par G). En effet, l'image réciproque de $E' \times E'$ dans $G \times E$ est $G \times E'$, et il suffit d'appliquer la prop. 3 de I, p. 72.

Proposition 1. — *Soient* G *un groupe topologique opérant continûment dans un espace topologique* E, K *une partie quasi-compacte de* G. *L'application* $\rho: (s, x) \mapsto s.x$ *de* $K \times E$ *dans* E *est propre.*

En effet, ρ se factorise en $K \times E \xrightarrow{\alpha} K \times E \xrightarrow{pr_2} E$, où $\alpha(s, x) = (s, s.x)$. L'application α est un homéomorphisme, car $\alpha^{-1}(s, y) = (s, s^{-1}.y)$ est continue; puisque K est quasi-compact, pr_2 est propre (I, p. 77, cor. 5); donc ρ est propre (I, p. 73, prop. 5).

Corollaire 1. — *Si* A *est une partie fermée* (resp. *compacte*) *de* E, *alors* K.A *est fermé dans* E (resp. *compact si* E *est séparé*). *En particulier, si* F *est une partie fermée et* K *une partie quasi-compacte de* G, KF *est fermé dans* G.

L'assertion relative aux parties fermées résulte de la prop. 1 et de ce qu'une application propre est fermée (I, p. 72, prop. 1); l'assertion relative aux parties compactes est triviale.

On notera que si L est une partie compacte de E, F une partie fermée de G, F.L n'est pas nécessairement fermé dans E (III, p. 72, exerc. 29; cf. III, p. 35, corollaire).

Corollaire 2. — *Si* K *est un sous-groupe quasi-compact d'un groupe topologique* G, *la relation d'équivalence* $x^{-1}y \in K$ *est fermée, et l'application canonique* $\varphi: G \to G/K$ *est propre.*

La première assertion résulte du cor. 1; la seconde résulte alors du I, p. 75, th. 1.

Corollaire 3. — *Soient* K *un sous-groupe distingué quasi-compact d'un groupe topologique* G, φ *l'application canonique* $G \to G/K$. *Pour tout sous-groupe fermé* A *de* G, *la bijection canonique de* $A/(A \cap K)$ *sur* $\varphi(A)$ *est un isomorphisme de groupes topologiques.*

En effet, comme $x^{-1}y \in K$ est une relation d'équivalence fermée (cor. 2), le corollaire résulte de I, p. 32, prop. 4.

Proposition 2. — *Soit* K *un groupe compact opérant continûment dans un espace séparé* E. *Alors:*

a) K *opère proprement dans* E.

b) *L'application* $(s, x) \mapsto s.x$ *de* $K \times E$ *dans* E *est propre.*

c) *L'application canonique de* E *sur* E/K *est propre.*

En effet, b) résulte de la prop. 1. D'autre part, comme K est compact, $pr_2: (s, x) \mapsto x$ est propre (I, p. 77, cor. 5); donc, comme E est séparé, $(s, x) \mapsto (x, s.x)$ est propre (I, p. 74, cor. 3), ce qui prouve a). En vertu du cor. 1 de la prop. 1, l'application canonique $\varphi: E \to E/K$ est fermée; pour tout espace topologique Z, si on fait opérer trivialement K dans Z, K opère continûment dans $E \times Z$, donc l'application canonique $E \times Z \to (E \times Z)/K$ est fermée d'après ce qui précède; mais $(E \times Z)/K$ s'identifie canoniquement à $(E/K) \times Z$ (III, p. 10, lemme 2 et I, p. 34, cor. de la prop. 8). Donc l'application canonique $E \times Z \to (E \times Z)/K$ s'identifie à $\varphi \times Id_Z$, et dire qu'elle est fermée pour tout Z signifie que φ est propre.

COROLLAIRE 1. — *Les hypothèses étant celles de la prop.* 2, *pour que* E *soit compact* (resp. *localement compact*), *il faut et il suffit que* E/K *le soit.*

Cela résulte de ce que l'application canonique $E \to E/K$ est propre, compte tenu de I, p. 79, corollaire.

COROLLAIRE 2. — *Soient* G *un groupe topologique séparé,* K *un sous-groupe compact de* G. *Pour que* G *soit compact* (resp. *localement compact*) *il faut et il suffit que* G/K *soit compact* (resp. *localement compact*).

En effet, il suffit d'appliquer le cor. 1 à K opérant dans G par translation à droite.

2. Propriétés des groupes opérant proprement

PROPOSITION 3. — *Si un groupe topologique* G *opère proprement dans un espace topologique* E, *l'espace des orbites* E/G *est séparé. Si de plus* G *est séparé, alors* E *est séparé.*

Soit $C \subset E \times E$ le graphe de la relation d'équivalence R définie par G dans E; c'est l'image de $G \times E$ par l'application $\theta\colon (s, x) \mapsto (x, s.x)$. Comme θ est propre, C est fermé dans $E \times E$ (I, p. 72, prop. 1). Comme la relation R est ouverte (III, p. 10, lemme 2), on en conclut que E/G est séparé (I, p. 55, prop. 8).

Supposons maintenant G séparé; l'application $x \mapsto (e, x)$ de E dans $G \times E$ est un homéomorphisme sur une partie fermée de $G \times E$, donc est propre (I, p. 72, prop. 2); si on compose avec cette application l'application $(s, x) \mapsto (x, s.x)$ de $G \times E$ dans $E \times E$, qui est propre par hypothèse, on obtient une application propre de E dans $E \times E$ (I, p. 73, prop. 5) qui n'est autre que l'application diagonale $x \mapsto (x, x)$; donc la diagonale de $E \times E$ est fermée (I, p. 72, prop. 1), ce qui démontre que E est séparé (I, p. 52, prop. 1).

PROPOSITION 4. — *Soit* G *un groupe topologique opérant proprement dans un espace topologique* E, *et soit* x *un point de* E. *Désignons par* $G.x$ *l'orbite de* x, *par* K_x *le stabilisateur de* x. *Alors*:

a) *L'application* $s \mapsto s.x$ *est une application propre de* G *dans* E.

b) K_x *est quasi-compact.*

c) *L'application canonique de* G/K_x *sur* $G.x$ *est un homéomorphisme.*

d) *L'orbite* $G.x$ *est fermée dans* E.

L'image réciproque par $\theta\colon (s, x) \mapsto (x, s.x)$ de $\{x\} \times E$ est $G \times \{x\}$; la prop. 3 de I, p. 72, montre que la restriction de θ à $G \times \{x\}$ est une application propre de $G \times \{x\}$ dans $\{x\} \times E$, d'où a). Comme K_x est l'image réciproque de x par $s \mapsto s.x$, b) résulte de I, p. 75, th. 1. Le fait que l'application canonique $G/K_x \mapsto G.x$ soit un homéomorphisme et le fait que $G.x$ soit fermé dans E sont conséquences de a) (I, p. 72, prop. 2 et p. 73, prop. 5 b)).

PROPOSITION 5. — *Soit* G (resp. G′) *un groupe topologique opérant continûment dans un espace topologique* E (resp. E'). *Soient* φ *un homomorphisme continu de* G *dans* G', ψ *une application continue de* E *dans* E' *telles que* φ *et* ψ *soient compatibles* (III, p. 10).

(i) *Si* φ *est surjectif,* ψ *surjective et propre, et si* G *opère proprement dans* E, *alors* G' *opère proprement dans* E'.

(ii) *Si* φ *est propre, si* G' *opère proprement dans* E' *et si* E *est séparé, alors le groupe* G *opère proprement dans* E.

Pour démontrer (i), on considère le diagramme commutatif

$$\begin{array}{ccc} G \times E & \xrightarrow{\theta} & E \times E \\ {\scriptstyle\alpha}\downarrow & & \downarrow{\scriptstyle\beta} \\ G' \times E' & \xrightarrow{\theta'} & E' \times E' \end{array}$$

où $\alpha = \varphi \times \psi$, $\beta = \psi \times \psi$. Par hypothèse, θ est propre et il en est de même de β (I, p. 73, prop. 4 a)); donc $\beta \circ \theta = \theta' \circ \alpha$ est propre (I, p. 73, prop. 5 a)); comme α est surjective, on en déduit que θ' est propre (I, p. 73, prop. 5 b)).

Pour démontrer (ii), considérons un ultrafiltre $\mathfrak{U}$ sur $G \times E$, tel que $(s, x) \mapsto s.x$ et $(s, x) \mapsto x$ convergent suivant $\mathfrak{U}$ vers y_0 et x_0 respectivement. On en conclut que $(s, x) \mapsto \varphi(s).\psi(x)$ et $(s, x) \mapsto \psi(x)$ convergent suivant $\mathfrak{U}$. Puisque G' opère proprement dans E', cela entraîne (III, p. 27) que $(s, x) \mapsto \varphi(s)$ converge suivant $\mathfrak{U}$ vers un point $s'_0 \in G'$; comme φ est propre, on en conclut (I, p. 75, th. 1) que $(s, x) \mapsto s$ converge suivant $\mathfrak{U}$ vers un point $s_0 \in G$. L'unicité de la limite dans E montre alors que $y_0 = s_0.x_0$, ce qui montre que G opère proprement dans E (I, p. 75, th. 1).

Corollaire. — *Soient* G *un groupe topologique,* K *un sous-groupe de* G. *Pour que* G *opère proprement dans* G/K, *il faut et il suffit que* K *soit quasi-compact.*

La nécessité de la condition résulte de la prop. 4 b) de III, p. 29. Pour montrer que la condition est suffisante, observons d'abord que G opère proprement dans lui-même par translation à gauche (III, p. 27, *Exemple* 1) et d'autre part l'application canonique $\psi : G \to G/K$ est propre (III, p. 28, cor. 2). Il suffit alors d'appliquer la prop. 5, (i) en y faisant G, $\varphi = \mathrm{Id}_G$, $E = G$, $E' = G/K$, ψ étant l'application canonique.

3. Groupes opérant librement dans un espace topologique

Rappelons la définition suivante (A, I, p. 54):

Définition 2. — *Soit* G *un groupe opérant dans un ensemble* E. *On dit que* G *opère librement dans* E *si le stabilisateur de tout point de* E *est réduit à e, autrement dit si les relations* $s.x = x$, $x \in E$, $s \in G$ *entraînent* $s = e$.

Exemple. — Soit G un groupe et soit H un sous-groupe de G. Le groupe H opère librement par translations (à droite ou à gauche) dans G.

Soient G un groupe opérant librement dans un ensemble E, R la relation d'équivalence dans E définie par G, $C \subset E \times E$ le graphe de R. Si $(x, y) \in C$, il existe un $s \in G$ tel que $s.x = y$; de plus cet élément est *unique*, car si $s.x = s'.x$, on a $s'^{-1}s.x = x$, d'où $s'^{-1}s = e$, puisque G opère librement. Si l'on fait correspondre au couple $(x, y) \in C$ l'unique élément $s \in G$ tel que $s.x = y$, on définit une application $\varphi: C \to G$, que nous appellerons l'*application canonique de* C *dans* G. Avec ces notations:

PROPOSITION 6. — *Soit* G *un groupe topologique opérant continûment dans un espace topologique* E. *On suppose que* G *opère librement dans* E. *Alors, pour que* G *opère proprement, il faut et il suffit que l'on ait:*

(FP) *Le graphe* C *de la relation d'équivalence définie par* G *est fermé dans* $E \times E$, *et l'application canonique* $\varphi: C \to G$ *est continue.*

L'ensemble C est l'image de l'application $\theta: (s, x) \mapsto (x, s.x)$ de $G \times E$ dans $E \times E$. On sait (I, p. 72, prop. 2) que pour que θ soit propre, il faut et il suffit que C soit fermé dans $E \times E$ et que si on désigne par θ' l'application θ considérée comme application de $G \times E$ dans C, θ' soit un homéomorphisme. Or l'hypothèse entraîne que θ' est bijective et que son application réciproque est $(x, y) \mapsto (\varphi(x, y), x)$; pour que θ' soit un homéomorphisme, il faut et il suffit donc que φ soit continue.

4. Groupes localement compacts opérant proprement

PROPOSITION 7. — *Soit* G *un groupe localement compact opérant continûment dans un espace séparé* E. *Pour que* G *opère proprement, il faut et il suffit que, pour tout couple de points* x, y *de* E, *il existe un voisinage* V_x *de* x *et un voisinage* V_y *de* y *tels que l'ensemble* K *des* $s \in G$ *pour lesquels* $s.V_x \cap V_y \neq \varnothing$ *soit relativement compact dans* G.

Soit F l'espace compact obtenu en adjoignant à G un point à l'infini ω et soit Γ le graphe de $\rho: (s, x) \mapsto s.x$ considéré comme partie de $F \times E \times E$; montrons que si la restriction à Γ de pr_{23} est propre, Γ est *fermé dans* $F \times E \times E$. En effet, l'hypothèse entraîne que l'application $u: (t, s, x, y) \mapsto (t, x, y)$ de $F \times \Gamma$ dans $F \times E \times E$ est fermée. Si Γ' est l'ensemble des points (s, s) dans $F \times G$ pour $s \in G$, Γ' est fermé dans $F \times G$, étant le graphe de l'injection canonique $G \to F$ (I, p. 53, cor. 2); l'intersection $(\Gamma' \times E \times E) \cap (F \times \Gamma)$ est donc une partie fermée de $F \times \Gamma$, et il est immédiat que son image par u est l'ensemble Γ considéré comme partie de $F \times E \times E$, d'où notre assertion. Or, on a $(\{\omega\} \times E \times E) \cap \Gamma = \varnothing$. Par définition de F, pour tout $(x, y) \in E \times E$, il existe donc un voisinage W de (x, y) dans $E \times E$ et une partie compacte K de G tels que $((G - K) \times W) \cap \Gamma = \varnothing$; comme on peut prendre pour W un voisinage de la forme $V_x \times V_y$, où V_x et V_y sont des voisinages de x et y respectivement, la relation $((G - K) \times W) \cap \Gamma = \varnothing$ se traduit par « $s \notin K$ entraîne $s.V_x \cap V_y = \varnothing$ », et nous avons démontré la nécessité de la condition de l'énoncé. Inversement, supposons cette condition vérifiée; soit A un ensemble filtré par un ultrafiltre $\mathfrak{F}$ et soit $\alpha \mapsto (s_\alpha, x_\alpha)$ une application de A dans $G \times E$ telle que $\lim_{\mathfrak{F}} x_\alpha = x$, $\lim_{\mathfrak{F}} s_\alpha . x_\alpha = y$. Supposons que K, V_x et V_y vérifient la condition de l'énoncé. Par hypothèse, il existe un ensemble $M \in \mathfrak{F}$ tel que pour $\alpha \in M$, on ait $x_\alpha \in V_x$ et $s_\alpha . x_\alpha \in V_y$, donc $s_\alpha \in K$, ce qui prouve que $\alpha \mapsto s_\alpha$ converge suivant $\mathfrak{F}$ et achève la démonstration.

Lorsque G est compact, la condition de l'énoncé de la prop. 7 est trivialement vérifiée, et on retrouve ainsi la prop. 2 a) de III, p. 28.

La prop. 7 montre en particulier qu'un groupe *discret* G opérant continûment dans un espace séparé E opère proprement dans E si et seulement si, pour tout couple (x, y) de points de E, il existe un voisinage V_x de x et un voisinage V_y de y tels que l'ensemble des $s \in G$ pour lesquels $s . V_x \cap V_y \neq \varnothing$ soit *fini*.

Proposition 8. — *Soit* G *un groupe discret opérant proprement dans un espace séparé* E. *Soit x un point de* E *et soit* K_x *le stabilisateur de x.*

a) *Le sous-groupe* K_x *est fini.*

b) *Il existe un voisinage ouvert* U *de x dans* E *possédant les propriétés suivantes:*

(i) U *est stable par* K_x;

(ii) *la relation d'équivalence induite dans* U *par la relation définie par* G *est la relation définie par* K_x;

(iii) *pour tout* $s \in G - K_x$, *on a* $U \cap s . U = \varnothing$.

c) *L'application canonique* $U/K_x \to E/G$ *est un homéomorphisme de* U/K_x *sur un voisinage ouvert de la classe de x dans* E/G.

En vertu de la prop. 7, K_x est fini. Pour construire un ensemble ouvert U vérifiant les conditions requises, notons d'abord qu'il existe, d'après la prop. 7, un ensemble ouvert U_0 contenant x et tel que l'ensemble K des $s \in G$ pour lesquels $s . U_0 \cap U_0 \neq \varnothing$ soit fini. On a évidemment $K_x \subset K$; soient $s_1, \ldots, s_n$ les éléments de $K - K_x$. Si l'on pose $x_i = s_i . x$ $(1 \leqslant i \leqslant n)$, on a $x_i \neq x$ pour tout i; puisque E est séparé, il existe pour chaque indice i un voisinage ouvert V_i de x et un voisinage ouvert V'_i de $s_i . x$ tels que $V_i \cap V'_i = \varnothing$; posons $U_i = V_i \cap s_i^{-1} . V'_i$. Il est clair que U_i est ouvert et contient x, et l'on a $U_i \cap s_i . U_i \subset V_i \cap V'_i = \varnothing$. Soit $U' = U_0 \cap U_1 \cap \cdots \cap U_n$; U' est ouvert, contient x et est tel que $U' \cap s . U' = \varnothing$ pour $s \notin K_x$; en posant $U = \bigcap_{t \in K_x} t . U'$ on obtient un ensemble ouvert stable pour K_x, contenant x et tel que $U \cap s . U = \varnothing$ pour $s \notin K_x$; c'est l'ensemble ouvert cherché.

Le fait que l'application canonique $U/K_x \to E/G$ soit un homéomorphisme de U/K_x sur un ensemble ouvert dans E/G résulte de I, p. 32, prop. 4, puisque U est ouvert et la relation d'équivalence définie par G ouverte (III, p. 10, lemme 2).

Corollaire. — *Si l'on suppose en outre que* $K_x = \{e\}$, *le point x possède un voisinage ouvert* U *tel que* $U \cap s . U = \varnothing$ *pour tout* $s \neq e$ *dans* G, *et que la restriction à* U *de* *l'application canonique* E → E/G *soit un homéomorphisme de* U *sur une partie ouverte de* E/G.

5. Groupes opérant continûment dans un espace localement compact

PROPOSITION 9. — *Soit* G *un groupe topologique opérant continûment dans un espace localement compact* E. *Si* E/G *est séparé, il est localement compact.*

En effet, comme la relation d'équivalence dans E définie par G est ouverte (III, p. 10, lemme 2), la proposition résulte de I, p. 80, prop. 10.

PROPOSITION 10. — *Soit* G *un groupe topologique opérant continûment dans un espace localement compact* E, *et supposons* E/G *séparé; soit* φ *l'application canonique de* E *sur* E/G. *Pour toute partie compacte* K' *de* E/G, *il existe une partie compacte* K *de* E *telle que* $\varphi(K) = K'$.

Comme la relation d'équivalence définie par G est ouverte (III, p. 10, lemme 2), la proposition est un cas particulier de la prop. 10 de I, p. 80.

PROPOSITION 11. — *Soit* G *un groupe topologique séparé opérant proprement dans un espace non vide* E. *Si* E *est compact* (resp. *localement compact*), *il en est de même de* G *et de* E/G.

Par hypothèse, l'application $\theta: (s, x) \mapsto (x, s.x)$ de $G \times E$ dans $E \times E$ est propre; si $E \times E$ est compact (resp. localement compact) le corollaire de I, p. 79 montre qu'il en est de même de $G \times E$, donc de G puisque $E \neq \varnothing$. Comme E/G est séparé (III, p. 29, prop. 3) on sait que si E est compact (resp. localement compact), E/G est compact (I, p. 78, prop. 8) (resp. localement compact (prop. 9)) (voir III, p. 72, exerc. 29).

Nous allons maintenant donner des critères permettant d'affirmer qu'un groupe topologique séparé G opère proprement dans un espace localement compact E. Pour tout couple de parties K, L de E, nous noterons P(K, L) l'ensemble des $s \in G$ tels que $s.K \cap L \neq \varnothing$.

THÉORÈME 1. — *Soit* G *un groupe topologique séparé, opérant continûment dans un espace topologique* E. *Soient* K *une partie compacte de* E, L *une partie fermée de* E. *Alors*:

a) *L'ensemble* P(K, L) *est fermé dans* G.

b) *Si* G *opère proprement dans* E, *et si* L *est compact,* P(K, L) *est compact.*

c) *Réciproquement, si* E *est localement compact, et si, pour tout couple de parties compactes* K, L *de* E, P(K, L) *est relativement compact dans* G (*donc compact d'après* a)), *alors* G *opère proprement dans* E (*et si* E *est non vide,* G *est localement compact d'après la prop.* 11).

L'application $(s, x) \mapsto s.x$ de $G \times K$ dans E est continue; l'image réciproque L' de L par cette application est donc fermée. Comme K est compact, la projection $pr_1: G \times K \to G$ est propre (I, p. 77, cor. 5) et l'image de L' par pr_1 est fermée (I, p. 72, prop. 1). Comme cette image est P(K, L), ceci démontre a).

Démontrons b). Notons que E est séparé (III, p. 29, prop. 3). Par hypothèse l'application θ: $(s, x) \mapsto (x, s.x)$ de $G \times E$ dans $E \times E$ est propre; comme $K \times L$ est compact, $\overset{-1}{\theta}(K \times L)$ est compact, E étant séparé (I, p. 77, prop. 6); la projection $P(K, L)$ de $\overset{-1}{\theta}(K \times L)$ dans G est donc un ensemble compact.

Démontrons c). Comme $K \times L$ est fermé dans $E \times E$, $\overset{-1}{\theta}(K \times L)$ est une partie fermée de $P(K, L) \times K$, donc est un ensemble compact sous les hypothèses de c). Comme toute partie compacte de $E \times E$ est contenue dans un ensemble compact de la forme $K \times L$, on en conclut que l'image réciproque par θ d'une partie compacte quelconque de $E \times E$ est compacte, et puisque $E \times E$ est localement compact, ceci prouve que θ est propre (I, p. 77, prop. 7) (voir IV, p. 46, exerc. 4 c)).

Remarque. — On a évidemment $P(K, L) \subset P(K \cup L, K \cup L)$; donc, pour que G opère proprement dans un espace localement compact E, il suffit que pour toute partie compacte K de E, l'ensemble $P(K, K)$ soit relativement compact dans G. En particulier, pour qu'un groupe *discret* G opère proprement dans un espace localement compact E, il faut et il suffit que, pour toute partie compacte K de E, l'ensemble des $s \in G$ tels que $s.K \cap K \neq \varnothing$ soit *fini*.

Exemple. — *Soit X une variété analytique complexe, analytiquement isomorphe à une partie ouverte bornée de $\mathbf{C}^n$, et soit G le groupe des automorphismes analytiques de X; la topologie de la convergence compacte est compatible avec la structure de groupe de G, et on peut montrer que G opère proprement dans X. En particulier, tout sous-groupe discret de G opère proprement dans X.

Prenons par exemple pour X le demi-plan $\mathscr{I}(z) > 0$, analytiquement isomorphe à un disque ouvert dans $\mathbf{C}$; le groupe G est le groupe des transformations $z \mapsto (az + b)/(cz + d)$, avec a, b, c, d réels et $ad - bc \neq 0$. Le sous-groupe H de G formé des transformations pour lesquelles a, b, c, d sont entiers et $ad - bc = 1$, est un sous-groupe discret de G, appelé *groupe modulaire*. En vertu de ce qui précède, il opère proprement dans le demi-plan $\mathscr{I}(z) > 0$.$_*$

PROPOSITION 12. — *Soit* G *un groupe topologique séparé opérant continûment dans un espace topologique* E. *Soit* K *une partie compacte de* E, *et soit* ρ_K *l'application* $(s, x) \mapsto s.x$ *de* $G \times K$ *dans* E. *Alors*:

a) *Si* G *opère proprement dans* E, ρ_K *est une application propre.*

b) *Si* E *est localement compact, et si* ρ_K *est propre pour toute partie compacte* K *de* E, G *opère proprement dans* E.

L'application ρ_K se factorise en $G \times K \xrightarrow{\theta_K} K \times E \xrightarrow{pr_2} E$, où θ_K est la restriction à $G \times K$ de l'application θ: $(s, x) \mapsto (x, s.x)$ de $G \times E$ dans $E \times E$. Comme $\overset{-1}{\theta}(K \times E) = G \times K$, θ_K est propre si θ l'est (I, p. 72, prop. 3). D'autre part, comme K est compact, la projection pr_2 de $K \times E$ sur E est propre (I, p. 77, cor. 5) donc ρ_K est propre (I, p. 73, prop. 5).

Supposons inversement que pour toute partie compacte K de E, ρ_K soit propre; si L est une partie compacte de E, $\overset{-1}{\rho_K}(L)$ est une partie compacte de

$G \times K$, dont la projection dans G est P(K, L); donc P(K, L) est compact, et si E est localement compact, on en conclut que G opère proprement dans G, en vertu du th. 1 de III, p. 33.

COROLLAIRE. — *Soit* G *un groupe topologique séparé opérant proprement dans un espace topologique* E. *Pour toute partie compacte* K *de* E *et toute partie fermée* F *de* G, F.K *est une partie fermée de* E.

Cela résulte de la prop. 12 et de I, p. 72, prop. 1.

6. Espaces homogènes localement compacts

PROPOSITION 13. — *Soient* G *un groupe localement compact,* H *un sous-groupe fermé de* G. *L'espace homogène* G/H *est localement compact et paracompact.*

Comme G/H est séparé (III, p. 12, prop. 13), il est localement compact en vertu de III, p. 33, prop. 9, appliquée à H opérant à droite dans G. Reste donc à montrer que G/H est paracompact. Soit V un voisinage compact symétrique de e dans G, et soit $G_0 = V^{\infty}$ le sous-groupe de G engendré par V, qui est ouvert (III, p. 7, corollaire). Le groupe G_0 opère continûment dans G/H (III, p. 12, prop. 12); montrons que chacune des orbites $G_0 . z$ (pour $z \in G/H$) est une partie *ouverte* de G/H, réunion dénombrable d'ensembles compacts; il en résultera que G/H est *somme topologique* des orbites distinctes $G_0 . z$, et par suite est paracompact (I, p. 70, th. 5). Le fait que $G_0 . z$ soit ouvert dans G/H résulte de ce que G_0 est ouvert dans G, et la relation d'équivalence $x^{-1}y \in H$ ouverte dans G (III, p. 10, lemme 2). D'autre part, $G_0 . z$ est réunion des $V^n . z$ $(n \geqslant 1)$, et comme V^n est compact dans G et G/H séparé, $V^n . z$ est compact, ce qui achève la démonstration.

PROPOSITION 14. — *Dans un groupe localement compact* G, *la composante neutre* C *est l'intersection des sous-groupes ouverts de* G.

Comme C est un sous-groupe distingué fermé de G (III, p. 8, prop. 8), G/C est un groupe localement compact (prop. 13) qui est totalement discontinu (I, p. 84, prop. 9). Comme l'image réciproque, par l'application canonique de G sur G/C, d'un sous-groupe ouvert de G/C, est un sous-groupe ouvert de G contenant C, on voit qu'on peut se borner à démontrer la proposition pour le groupe G/C; autrement dit, on est ramené au cas où G est totalement discontinu. On sait alors (II, p. 32, corollaire) que tout voisinage compact V de e contient un voisinage U de e, à la fois ouvert et fermé. Comme U est compact, et $B = \complement U$ fermé, il existe un voisinage ouvert symétrique W de e tel que $W \subset U$ et $UW \cap BW = \varnothing$ (III, p. 20 et II, p. 31, prop. 4), et *a fortiori* $UW \subset U$. Par récurrence sur n, on en déduit $W^n \subset U$ pour tout entier $n > 0$; le sous-groupe $W^{\infty} = \bigcup_{n>0} W^n$ de G engendré par W, qui est ouvert (III, p. 7, corollaire), est donc contenu dans U, ce qui démontre la proposition.

Nous avons en outre prouvé:

COROLLAIRE 1. — *Si* G *est un groupe localement compact totalement discontinu, tout voisinage de* e *dans* G *contient un sous-groupe ouvert de* G.

COROLLAIRE 2. — *Un groupe localement compact qui est engendré par chacun des voisinages de l'élément neutre est connexe.*

COROLLAIRE 3. — *Soient* G *un groupe localement compact,* H *un sous-groupe fermé de* G, φ *l'application canonique de* G *sur* G/H. *Les composantes connexes de* G/H *sont les adhérences des images par* φ *des composantes connexes de* G.

Soit C la composante neutre de G. Les composantes connexes de G sont les ensembles sC, où $s \in$ G (III, p. 8, prop. 8); il est clair que $\varphi(s\mathrm{C})$ est connexe, donc aussi $\overline{\varphi(s\mathrm{C})}$ (I, p. 81, prop. 1). Mais $\varphi(s\mathrm{C}) = \varphi(s\mathrm{CH})$ et comme sCH est saturé pour la relation d'équivalence définie par H, et que cette relation est ouverte (III, p. 10, lemme 2), on a $\overline{\varphi(s\mathrm{CH})} = \varphi(\overline{s\mathrm{CH}}) = \varphi(s.\overline{\mathrm{CH}})$ (I, p. 33, prop. 7).

Posons $\mathrm{L} = \overline{\mathrm{CH}}$; L est un sous-groupe fermé de G contenant C et H; pour prouver que les ensembles $\varphi(s.\mathrm{L}) = s.\varphi(\mathrm{L})$ sont les composantes connexes de G/H, il suffit de montrer que l'espace quotient de G/H par la relation d'équivalence dont les ensembles $s.\varphi(\mathrm{L})$ sont les classes est totalement discontinu. Or, cet espace quotient est homéomorphe à l'espace homogène G/L (I, p. 21, prop. 7); on est ainsi ramené à prouver que lorsque $\mathrm{C} \subset \mathrm{H}$, G/H est *totalement discontinu*. Comme G/H s'identifie alors à (G/C)/(H/C) (III, p. 15, prop. 22), on peut supposer que G est lui-même totalement discontinu. Tout voisinage de $\varphi(e)$ dans G/H contient un voisinage de la forme $\varphi(\mathrm{V})$, où V est un voisinage de e dans G, et par suite (cor. 1) il contient un voisinage de la forme $\varphi(\mathrm{K})$, où K est un sous-groupe *ouvert et compact* de G; $\varphi(\mathrm{K})$ est alors ouvert et fermé dans G/H, ce qui montre que la composante connexe de $\varphi(e)$ dans G/H est réduite à ce point; par translation, il en est de même de la composante connexe de tout point de G/H, ce qui achève de démontrer le corollaire.

§ 5. SOMMES INFINIES DANS LES GROUPES COMMUTATIFS

1. Familles sommables dans un groupe commutatif

Dans ce paragraphe, il n'est question que de *groupes topologiques commutatifs séparés*, dont la loi de composition est notée *additivement*; la traduction en notation multiplicative ne sera donnée que pour les résultats les plus importants.

Soient G un groupe commutatif séparé, I un ensemble d'indices quelconque, $(x_\iota)_{\iota \in \mathrm{I}}$ une famille de points de G, dont l'ensemble d'indices est I. A toute partie *finie* J de I, faisons correspondre l'élément $s_J = \sum_{\iota \in J} x_\iota$ de G, que nous appellerons *somme partielle finie de la famille* $(x_\iota)_{\iota \in I}$, correspondant à l'ensemble J, et qui a été défini en Algèbre (A, I, p. 13; on rappelle qu'on pose, par convention, $\sum_{\iota \in \varnothing} x_\iota = 0$). Si $\mathfrak{F}(I)$ désigne l'*ensemble des parties finies* de I, on définit ainsi une application $J \mapsto s_J$ de $\mathfrak{F}(I)$ dans G. Or, $\mathfrak{F}(I)$, ordonné par la relation $\subset$, est un ensemble *filtrant* pour cette relation (E, III, p. 12): en effet, si J et J' sont deux éléments de $\mathfrak{F}(I)$, on a $J \subset J \cup J'$, $J' \subset J \cup J'$, et $J \cup J'$ est encore une partie finie de I. Soit Φ le *filtre des sections* de l'ensemble filtrant $\mathfrak{F}(I)$.

DÉFINITION 1. — *Soit* $(x_\iota)_{\iota \in I}$ *une famille de points d'un groupe commutatif séparé* G; *soit* $\mathfrak{F}(I)$ *l'ensemble des parties finies de l'ensemble d'indices* I; *pour tout partie finie* J *de* I, *soit* s_J *la somme des* x_ι *tels que* $\iota \in J$. *On dit que la famille* $(x_\iota)_{\iota \in I}$ *est sommable si l'application* $J \mapsto s_J$ *a une limite suivant le filtre* Φ *des sections de l'ensemble* $\mathfrak{F}(I)$ *des parties finies de* I *ordonné par la relation* $\subset$; *cette limite est alors appelée la somme de la famille* $(x_\iota)_{\iota \in I}$ *et se note* $\sum_{\iota \in I} x_\iota$ (ou simplement $\sum_\iota x_\iota$, et même $\sum x_\iota$ lorsqu'aucune confusion ne peut en résulter).

La déf. 1 équivaut à la suivante: *la famille* (x_ι) *est sommable et a pour somme* s, *si, pour tout voisinage* V *de l'origine dans* G, *il existe une partie finie* J_0 *de* I *telle que, pour toute partie finie* $J \supset J_0$ *de* I, *on ait* $s_J \in s + V$.

Si G est noté *multiplicativement*, et si on pose $p_J = \prod_{\iota \in J} x_\iota$ pour toute partie finie J de I, la famille (x_ι) sera dite *multipliable* si l'application $J \mapsto p_J$ a une limite suivant le filtre Φ; cette limite sera appelée le *produit* de la famille (x_ι), et notée $\prod_{\iota \in I} x_\iota$.

Remarques. — 1) Lorsque I est *fini*, la déf. 1 redonne la définition ordinaire de la somme d'une famille finie. Plus généralement, si I est quelconque, et si $x_\iota = 0$ sauf pour les indices ι appartenant à une partie *finie* J de I, la somme $\sum_{\iota \in I} x_\iota$ est égale à $\sum_{\iota \in J} x_\iota$, et coïncide donc avec la somme définie dans ce cas en Algèbre (A, I, p. 14).

2) La définition d'une famille sommable ne fait intervenir aucune relation d'*ordre* sur l'ensemble d'indices I; on peut donc dire que la notion de somme ainsi définie est *commutative*. De façon plus précise, on a la propriété suivante: soit $(x_\iota)_{\iota \in I}$ une famille sommable, φ une application bijective d'un ensemble d'indices K sur l'ensemble I; si on pose $y_\kappa = x_{\varphi(\kappa)}$, la famille $(y_\kappa)_{\kappa \in K}$ est sommable et a même somme que (x_ι). En effet, si $s = \sum_{\iota \in I} x_\iota$, et si $\sum_{\iota \in J} x_\iota \in s + V$ pour toute partie finie J contenant la partie finie J_0, on aura $\sum_{\kappa \in L} y_\kappa \in s + V$ pour toute partie finie L de K contenant $\overset{-1}{\varphi}(J_0)$.

3) La déf. 1, ainsi que les conventions et remarques qui la suivent,

s'appliquent, plus généralement, à toute famille de points d'un *espace topologique séparé* E, muni d'une loi de *monoïde commutatif*.

2. Le critère de Cauchy

Soit $(x_\iota)_{\iota \in \mathrm{I}}$ une famille sommable dans G; pour tout voisinage V de l'origine dans G, il existe une partie finie J_0 de I telle que, pour toute partie finie K de I *ne rencontrant pas* J_0, on ait $s_{\mathrm{K}} \in \mathrm{V}$; en effet, $\mathrm{J} = \mathrm{J}_0 \cup \mathrm{K}$ est une partie finie quelconque contenant J_0; soient $s = \sum_{\iota \in \mathrm{I}} x_\iota$ et W un voisinage symétrique de 0 tel que $\mathrm{W} + \mathrm{W} \subset \mathrm{V}$; d'après la déf. 1, il existe J_0 tel que $s_{\mathrm{J}} \in s + \mathrm{W}$, $s_{\mathrm{J}_0} \in s + \mathrm{W}$, d'où $s_{\mathrm{K}} = s_{\mathrm{J}} - s_{\mathrm{J}_0} \in \mathrm{W} + \mathrm{W} \subset \mathrm{V}$.

Réciproquement, supposons que la famille (x_ι) possède cette propriété; alors l'image, par l'application $\mathrm{J} \mapsto s_{\mathrm{J}}$, du filtre Φ, est une *base de filtre de Cauchy* dans G; en effet, soit J une partie finie contenant J_0, et posons $\mathrm{K} = \mathrm{J} \cap \complement \mathrm{J}_0$; on a $\mathrm{K} \cap \mathrm{J}_0 = \varnothing$, et $s_{\mathrm{K}} = s_{\mathrm{J}} - s_{\mathrm{J}_0}$, donc $s_{\mathrm{J}} \in s_{\mathrm{J}_0} + \mathrm{V}$; si J' est une seconde partie finie contenant J_0, on a donc $s_{\mathrm{J}} - s_{\mathrm{J}'} \in \mathrm{V} + \mathrm{V}$, d'où la proposition. Par suite:

THÉORÈME 1 (critère de Cauchy). — *Dans un groupe commutatif séparé* G, *pour qu'une famille* $(x_\iota)_{\iota \in \mathrm{I}}$ *soit sommable, il faut que, pour tout voisinage* V *de l'origine, il existe une partie finie* J_0 *de* I *telle que, pour toute partie finie* K *de* I *ne rencontrant pas* J_0, *on ait* $\sum_{\iota \in \mathrm{K}} x_\iota \in \mathrm{V}$. *Cette condition nécessaire est aussi suffisante lorsque* G *est complet.*

D'une manière plus imagée, on peut dire qu'en ôtant de la famille (x_ι) un nombre fini (assez grand) de termes, toute *somme partielle finie* de la sous-famille restante doit être *aussi voisine que l'on veut de* 0.

Une conséquence immédiate de la première partie du th. 1 est la proposition suivante:

PROPOSITION 1. — *Si la famille* (x_ι) *est sommable, tout voisinage de* 0 *contient tous les* x_ι, *à l'exception d'une sous-famille finie* (en d'autres termes, si I est infini, on a $\lim x_\iota = 0$ suivant le *filtre des complémentaires des parties finies de* I).

Cette condition *nécessaire* pour qu'une famille (x_ι) soit sommable *n'est nullement suffisante* en général, même lorsque G est complet; on en verra de nombreux exemples par la suite (voir IV, p. 33).

COROLLAIRE 1. — *Soit* $(x_\iota)_{\iota \in \mathrm{I}}$ *une famille sommable dans un groupe commutatif dont l'élément neutre admet un système fondamental dénombrable de voisinages; l'ensemble des indices* ι *tels que* $x_\iota \neq 0$ *est alors dénombrable.*

En effet, soit (V_n) un système fondamental dénombrable de voisinages de 0; si H_n est l'ensemble des indices ι tels que $x_\iota \notin \mathrm{V}_n$, l'ensemble H des indices ι tels que $x_\iota \neq 0$ est la réunion des H_n, et chacun des H_n est *fini* d'après la prop. 1.

Ce corollaire n'est plus nécessairement valable lorsqu'on ne suppose pas que l'origine possède un système fondamental dénombrable de voisinages. *Considérons par exemple, le groupe produit $\mathbf{R}^{\mathbf{R}}$ (groupe additif des fonctions numériques finies d'une variable réelle, muni de la topologie de la convergence *simple* (cf. X, § 1, n° 3)) et soit f_a l'élément de $\mathbf{R}^{\mathbf{R}}$ tel que $f_a(a) = 1, f_a(x) = 0$ pour $x \neq a$; la famille $(f_a)_{a \in \mathbf{R}}$ est sommable et a pour somme la fonction égale à 1 en tout point de **R**.$_*$ Toutefois:

COROLLAIRE 2. — *Soit* G *un groupe topologique commutatif séparé et complet, tel qu'un système fondamental de voisinages de* 0 *soit formé de sous-groupes de* G (cf. III, p. 5, *Exemple*); *pour qu'une famille* $(x_\iota)_{\iota \in I}$ *de points de* G *soit sommable, il faut et il suffit que* $\lim x_\iota = 0$ *suivant le filtre des complémentaires des parties finies de* I.

En effet, soient V un voisinage de 0, H un sous-groupe ouvert de G contenu dans V; s'il existe une partie finie J_0 de I telle que $x_\iota \in H$ pour tout $\iota \notin J_0$, on a aussi $\sum_{\iota \in K} x_\iota \in H$ pour toute partie finie K de I ne rencontrant pas J_0. Il suffit donc d'appliquer le th.1.

Remarque. — Lorsque G est noté multiplicativement, le critère de Cauchy s'exprime de la manière suivante: pour que la famille $(x_\iota)_{\iota \in I}$ soit multipliable, il faut que, pour tout voisinage V de l'unité, il existe une partie finie J_0 de I telle que, pour toute partie finie K de I ne rencontrant pas J_0, on ait $\prod_{\iota \in K} x_\iota \in V$; cette condition est suffisante lorsque G est complet. On en déduit que, si I est infini et si (x_ι) est multipliable, on a $\lim x_\iota = 1$, suivant le filtre des complémentaires des parties finies de I; si en outre l'unité possède un système fondamental dénombrable de voisinages, l'ensemble des indices ι tels que $x_\iota \neq 1$ est dénombrable.

3. Sommes partielles. Associativité

PROPOSITION 2. — *Dans un groupe complet* G, *toute sous-famille d'une famille sommable est sommable.*

En effet, le critère de Cauchy est trivialement vérifié pour une sous-famille de $(x_\iota)_{\iota \in I}$ s'il l'est pour cette famille.

Si $(x_\iota)_{\iota \in I}$ est sommable, la somme $\sum_{\iota \in J} x_\iota$ est donc définie pour toute partie (finie ou non) J de I; on l'appelle encore *somme partielle* de la famille (x_ι), correspondant à la partie J de l'ensemble d'indices. L'ensemble des sommes partielles d'une famille sommable est évidemment contenu dans l'*adhérence* de l'ensemble des sommes partielles *finies*.

THÉORÈME 2 (*associativité* de la somme). — *Soit* $(x_\iota)_{\iota \in I}$ *une famille sommable dans un groupe complet* G, *et soit* $(I_\lambda)_{\lambda \in L}$ *une partition quelconque de* I; *si on pose* $s_\lambda = \sum_{\iota \in I_\lambda} x_\iota$, *la famille* $(s_\lambda)_{\lambda \in L}$ *est sommable et a même somme que la famille* $(x_\iota)_{\iota \in I}$.

D'une manière plus imagée, on peut dire que, si on a une famille sommable dans un groupe complet, on peut *associer* arbitrairement ses termes en sous-familles et former la somme de chaque sous-famille ainsi obtenue; la famille de ces sommes partielles est encore sommable, et sa somme est égale à celle de la famille donnée.

Posons $s = \sum_{\iota \in I} x_\iota$, et soit V un voisinage *fermé* quelconque de 0 dans G; il existe une partie finie J_0 de I telle que, pour toute partie finie J de I, contenant J_0, on ait $\sum_{\iota \in J} x_\iota \in s + V$. Soit K_0 la partie de L formée des indices λ tels que $J_\lambda = I_\lambda \cap J_0$ *ne soit pas vide*; K_0 est évidemment finie. Soit K une partie finie quelconque de L, contenant K_0; on va montrer que $\sum_{\lambda \in K} s_\lambda \in s + V$, ce qui établira le théorème. Or, s_λ est très voisin d'une somme partielle finie de (x_ι), dont les indices appartiennent tous à I_λ; de façon précise, étant donné un voisinage symétrique W de 0, il existe pour chaque $\lambda \in K$ une partie finie H_λ de I_λ, *contenant* J_λ, et telle que $s_\lambda - \sum_{\iota \in H_\lambda} x_\iota \in W$. Posons $J = \bigcup_{\lambda \in K} H_\lambda$; J est une partie finie de I contenant J_0, et on a

$$\sum_{\iota \in J} x_\iota = \sum_{\iota \in \bigcup_{\lambda \in K} H\lambda} x_\iota = \sum_{\lambda \in K} \Big(\sum_{\iota \in H\lambda} x_\iota \Big)$$

d'après l'associativité de la somme finie (A, I, p. 9). En vertu du choix de J_0 et des H_λ, on a donc

$$\sum_{\lambda \in K} s_\lambda \in s + V + nW$$

où n désigne le nombre d'éléments de K; cette relation a lieu pour tout W, donc on a aussi $\sum_{\lambda \in K} s_\lambda \in s + V$, puisque V, étant fermé, est l'intersection des voisinages $V + nW$ (III, p. 20, formule (1)).

C.Q.F.D.

On peut donc écrire la *formule d'associativité* de la somme:

(1) $$\sum_{\lambda \in L} \Big(\sum_{\iota \in I_\lambda} x_\iota \Big) = \sum_{\iota \in \bigcup_{\lambda \in L} I_\lambda} x_\iota$$

valable lorsque la famille (I_λ) est une *partition* de sa réunion, et que le *second* membre est défini. En particulier, si l'ensemble d'indices $I = L \times M$ est un *produit*, et si la famille « double » $(x_{\lambda\mu})_{(\lambda,\mu) \in L \times M}$ est *sommable*, on a la *formule d'échange des signes de sommation*

(2) $$\sum_{(\lambda,\mu) \in L \times M} x_{\lambda\mu} = \sum_{\lambda \in L} \Big(\sum_{\mu \in H} x_{\lambda\mu} \Big) = \sum_{\mu \in M} \Big(\sum_{\lambda \in L} x_{\lambda\mu} \Big).$$

Il faut observer que le *premier membre* de (1) peut avoir un sens, sans que le second soit défini. Considérons par exemple le cas où $I = L \times \{1, 2\}$ (L infini), I_λ étant formé des deux éléments $(\lambda, 1)$ et $(\lambda, 2)$; si on prend $x_{\lambda,1} = a$, $x_{\lambda,2} = -a$, où a est un élément $\neq 0$ de G, toutes les sommes partielles correspondant aux I_λ sont nulles, donc le premier membre de (1) est défini et égal à 0, tandis que le second membre de (1) n'a pas de sens, comme le montre la prop. 1 de III, p. 38.

De même, si le premier membre de (2) n'est pas défini, chacun des deux derniers membres de (2) peut avoir un sens, sans que les éléments de G qu'ils représentent soient nécessairement égaux (voir IV, p. 61, exerc. 17).

D'une manière plus imagée, on peut dire que, s'il est toujours possible d'« associer » arbitrairement les termes d'une somme, on ne peut, par contre, « dissocier » en leurs éléments ceux des termes d'une somme qui se présentent eux-mêmes comme des sommes. Cette opération est toutefois légitime lorsque ces termes « dissociables » sont en nombre *fini*. En effet:

PROPOSITION 3. — *Soit* $(x_\iota)_{\iota \in I}$ *une famille de points d'un groupe* G, *et* $(I_\lambda)_{\lambda \in L}$ *une partition* finie *de* I; *si chacune des sous-familles* $(x_\iota)_{\iota \in I_\lambda}$ *est sommable, la famille* $(x_\iota)_{\iota \in I}$ *est sommable, et on a la formule* (1).

Il suffit de la démontrer lorsque $L = \{1, 2\}$; on procédera ensuite par récurrence sur le nombre d'éléments de L. Posons $s_1 = \sum_{\iota \in I_1} x_\iota$, $s_2 = \sum_{\iota \in I_2} x_\iota$; pour tout voisinage V de l'origine, il existe une partie finie J_1 (resp. J_2) de I_1 (resp. I_2) telle que pour toute partie finie H_1 (resp. H_2) de I_1 (resp. I_2) contenant J_1 (resp. J_2), on ait $\sum_{\iota \in H_1} x_\iota \in s_1 + V$ (resp. $\sum_{\iota \in H_2} x_\iota \in s_2 + V$). Si on pose $J_0 = J_1 \cup J_2$, on en déduit que, pour toute partie finie H de I, contenant J_0, on a $\sum_{\iota \in H} x_\iota \in s_1 + s_2 + V + V$, d'où la proposition.

4. Familles sommables dans un produit de groupes

PROPOSITION 4. — *Soit* $G = \prod_{\lambda \in L} G_\lambda$ *un produit d'une famille de groupes commutatifs séparés. Pour qu'une famille* $(x_\iota)_{\iota \in I}$ *de points de* G *soit sommable, il faut et il suffit que, pour tout* $\lambda \in L$, *la famille* $(\mathrm{pr}_\lambda x_\iota)_{\iota \in I}$ *soit sommable; si* s_λ *est sa somme,* $s = (s_\lambda)$ *est la somme de la famille* (x_ι).

Cela résulte aussitôt de la condition de convergence, suivant un filtre, d'une fonction prenant ses valeurs dans un espace produit (I, p. 51, cor. 1); on a en effet, pour toute partie finie J de I, $\mathrm{pr}_\lambda\left(\sum_{\iota \in J} x_\iota\right) = \sum_{\iota \in J} \mathrm{pr}_\lambda x_\iota$.

5. Image d'une famille sommable par un homomorphisme continu

PROPOSITION 5. — *Soit f un homomorphisme continu d'un groupe commutatif* G *dans un groupe commutatif* G'. *Si* (x_ι) *est une famille sommable dans* G, $(f(x_\iota))$ *est une famille sommable dans* G', *et on a*

$$\sum f(x_\iota) = f\left(\sum x_\iota\right). \tag{3}$$

Pour toute partie finie J de l'ensemble d'indices, on a en effet

$$f\left(\sum_{\iota \in J} x_\iota\right) = \sum_{\iota \in J} f(x_\iota),$$

et l'image par *f* d'une base de filtre convergente est une base de filtre convergente (I, p. 50, cor. 1).

PROPOSITION 6. — *Soient* (x_ι), (y_ι) *deux familles sommables dans un groupe* G, *correspondant au même ensemble d'indices; les familles* $(-x_\iota)$, (nx_ι) $(n \in \mathbf{Z})$, $(x_\iota + y_\iota)$ *sont sommables, et on a*

$$\sum (-x_\iota) = -\sum x_\iota \tag{4}$$

$$\sum (nx_\iota) = n \sum x_\iota \tag{5}$$

$$\sum (x_\iota + y_\iota) = \sum x_\iota + \sum y_\iota. \tag{6}$$

En effet, $x \mapsto -x$ et $x \mapsto nx$ sont des homomorphismes continus de G dans G; d'autre part, si (x_ι) et (y_ι) sont sommables, la famille $((x_\iota, y_\iota))$ est sommable dans $G \times G$, et comme $(x, y) \mapsto x + y$ est un homomorphisme continu de $G \times G$ dans G, on en déduit (6).

Remarque. — Les prop. 4 et 5 s'appliquent encore au cas, signalé plus haut, des familles sommables dans un espace topologique E muni d'une loi de monoïde commutatif il en est de même de la prop. 3 (III, p. 41) et de la formule (6) si on suppose en outre que l'application $(x, y) \mapsto x + y$ est continue dans $E \times E$.

6. Séries

Dans un groupe topologique commutatif séparé G, noté additivement, considérons une suite de points $(x_n)_{n \in \mathbf{N}}$, et faisons-lui correspondre la suite des *sommes partielles* $s_n = \sum_{p=0}^{n} x_p$ $(n \in \mathbf{N})$; l'application $(x_n) \mapsto (s_n)$ est une application *bijective* de l'ensemble $G^{\mathbf{N}}$ des suites (x_n) de points de G, sur lui-même; car, si la suite (s_n) est donnée, la suite (x_n) est déterminée par les relations $x_0 = s_0$, $x_n = s_n - s_{n-1}$ $(n \geqslant 1)$.

On appelle *série définie par la suite* (x_n), ou *série de terme général* x_n (ou simplement *série* (x_n), par abus de langage, s'il ne risque pas d'y avoir de confusion), le *couple* des suites (x_n) et (s_n) ainsi associées. La série définie par la suite (x_n) est dite *convergente* si la suite (s_n) est convergente; la limite de cette suite est appelée *la* somme *de la série* et se note $\mathop{\mathrm{S}}_{n=0}^{\infty} x_n$ (ou $\sum_{n=0}^{\infty} x_n$ par abus de notation).

Si la série de terme général x_n est *convergente,* on se permettra parfois, par abus de langage, de l'appeler « la série $\mathop{\mathrm{S}}_{n=0}^{\infty} x_n$ », ou encore « la série $x_0 + x_1 + \cdots + x_n + \cdots$ ».

Une condition *nécessaire* pour la convergence de la série de terme général x_n, est que la suite (s_n) soit une *suite de Cauchy*, c'est-à-dire que, pour tout voisinage V de l'origine dans G, il existe un entier n_0 tel que, pour tout couple d'entiers $n \geqslant n_0$, $p > 0$, on ait

$$s_{n+p} - s_n = \sum_{i=n+1}^{n+p} x_i \in V.$$

Si G est *complet*, cette condition est aussi *suffisante* (*critère de Cauchy pour les séries*).

Si la série de terme général x_n est convergente, on a en particulier $\lim_{n\to\infty} x_n = \lim_{n\to\infty} (s_n - s_{n-1}) = 0$; mais cette condition *nécessaire* de convergence n'est nullement suffisante en général, même lorsque G est complet (voir IV, p. 33).

PROPOSITION 7. — *Si les séries définies par les suites* (x_n) *et* (y_n) *sont convergentes, il en est de même des séries définies par les suites* $(-x_n)$ *et* $(x_n + y_n)$, *et on a*

$$\mathop{\mathsf{S}}_{n=0}^{\infty} (-x_n) = -\mathop{\mathsf{S}}_{n=0}^{\infty} x_n \tag{7}$$

$$\mathop{\mathsf{S}}_{n=0}^{\infty} (x_n + y_n) = \mathop{\mathsf{S}}_{n=0}^{\infty} x_n + \mathop{\mathsf{S}}_{n=0}^{\infty} y_n. \tag{8}$$

C'est une conséquence évidente de la continuité de $-x$ dans G, et de $x + y$ dans $G \times G$.

COROLLAIRE. — *Si* (x_n), (y_n) *sont deux suites de points de* G *telles que* $x_n = y_n$ *sauf pour un nombre fini d'indices, et si la série de terme général* x_n *converge, il en est de même de la série de terme général* y_n.

En effet, la série de terme général $x_n - y_n$ a tous ses termes nuls à partir d'un certain rang.

On exprime encore ce corollaire en disant qu'*on peut modifier arbitrairement un nombre fini de termes d'une série convergente sans qu'elle cesse d'être convergente.*

En particulier, si $y_n = 0$ pour $n < m$, $y_n = x_n$ pour $n \geqslant m$, la série de terme général y_n converge en même temps que la série de terme général x_n; sa somme se note $\mathop{\mathsf{S}}_{n=m}^{\infty} x_n$ et s'appelle le *reste* d'indice m de la série (x_n); comme $\mathop{\mathsf{S}}_{n=m}^{\infty} x_n = \mathop{\mathsf{S}}_{n=0}^{\infty} x_n - s_{m-1}$, le reste d'indice m d'une série convergente *tend vers* 0 lorsque m augmente indéfiniment.

Si une suite $(x_n)_{n\in I}$ a pour ensemble d'indices une partie infinie I de **N**, et si φ désigne l'*application bijective strictement croissante* de **N** sur I, on appelle encore, par abus de language, *série* définie par la suite $(x_n)_{n\in I}$, la série définie par la suite $(x_{\varphi(n)})_{n\in \mathbf{N}}$; si elle est convergente, sa somme se note $\mathop{\mathsf{S}}_{n\in I}^{\infty} x_n$. On vérifie immédiatement que cette série converge en même temps que la série de terme général z_n, où on pose $z_n = x_n$ si $n \in I$, $z_n = 0$ si $n \in \complement I$.

Il importe de remarquer que, si la série définie par une suite $(x_n)_{n\in \mathbf{N}}$ est convergente, il peut exister des parties infinies I de **N** telles que la série définie par la suite partielle $(x_n)_{n\in I}$ *ne soit pas convergente* (voir III, p. 79, exerc. 5, et IV, p. 38, *Exemples*).

Les prop. 4 et 5 s'étendent de même aux séries; nous laissons au lecteur le soin de les énoncer.

PROPOSITION 8 (*associativité restreinte* des séries). — *Soit* (k_n) *une suite strictement croissante d'entiers* $\geqslant 0$ *avec* $k_0 = 0$; *si la série de terme général* x_n *converge, et si on pose*

$u_n = \sum_{p=k_{n-1}}^{k_n - 1} x_p$, *la série de terme général* u_n *est convergente, et on a* $\mathop{\mathsf{S}}\limits_{n=1}^{\infty} u_n = \mathop{\mathsf{S}}\limits_{n=0}^{\infty} x_n$.

En effet, la suite des sommes partielles de la série (u_n) n'est autre que la suite $(s_{k_n - 1})$ *extraite* de la suite (s_n) des sommes partielles de la série (x_n).

7. Séries commutativement convergentes

Soient (x_n) une suite *sommable* dans G, $s = \sum_{n \in \mathbf{N}} x_n$ sa somme. Pour tout voisinage V de s, il existe $J_0 \in \mathfrak{F}(\mathbf{N})$ telle que l'on ait $s_J \in s + V$ pour $J \in \mathfrak{F}(\mathbf{N})$ et $J_0 \subset J$; soit m le plus grand entier dans J_0; pour $n \geqslant m$, on a donc $s_n \in s + V$, ce qui montre que *la série* (x_n) est *convergente* et a pour somme s. Mais la réciproque est *inexacte*: la suite des termes d'une série convergente peut fort bien ne pas être sommable (voir IV, p. 38).

En outre, la structure d'*ordre* de $\mathbf{N}$ intervient de façon essentielle dans la définition d'une série convergente; si la série (x_n) est convergente, et si σ est une *permutation* de $\mathbf{N}$, la série $(x_{\sigma(n)})$ n'est pas nécessairement convergente (cf. IV, p. 60, exerc. 15).

Définition 2. — *On dit qu'une série définie par une suite* (x_n) *est commutativement convergente si, pour toute permutation* σ *de* $\mathbf{N}$, *la série définie par la suite* $(x_{\sigma(n)})$ *est convergente.*

Proposition 9. — *Pour que la série définie par la suite* (x_n) *soit commutativement convergente, il faut et il suffit que la suite* (x_n) *soit sommable; pour toute permutation* σ *de* $\mathbf{N}$, *on a alors*

$$\mathop{\mathsf{S}}\limits_{n=0}^{\infty} x_{\sigma(n)} = \sum_{n \in \mathbf{N}} x_n.$$

La condition est évidemment suffisante. Pour voir qu'elle est nécessaire, raisonnons par l'absurde, en supposant la série (x_n) commutativement convergente, mais la suite (x_n) non sommable. L'image par l'application $H \mapsto s_H$ du filtre Φ ne peut alors être la base d'un filtre de Cauchy dans G, sans quoi ce filtre, qui a un point adhérent par hypothèse, convergerait (II, p. 14, cor. 2 de la prop. 5). Il existe donc un voisinage V de 0 tel que, pour toute partie finie J de $\mathbf{N}$, il existe une partie finie H de $\mathbf{N}$ ne rencontrant pas J et telle que $\sum_{n \in H} x_n \notin V$. On peut alors définir, par récurrence, une *partition* de $\mathbf{N}$ en sous-ensembles *finis* H_k $(k \in \mathbf{N})$ telle que $\sum_{n \in H_k} x_n \notin V$ pour une infinité d'indices k. Il est clair qu'il existe une permutation σ de $\mathbf{N}$ telle que, pour tout k, les valeurs de n telles que $\sigma(n) \in H_k$ soient consécutives. Pour une telle permutation, la série de terme général $x_{\sigma(n)}$ ne saurait être convergente, d'où la contradiction annoncée.

Remarque. — Soit G un groupe topologique séparé et complet, tel qu'un système fondamental de voisinages de 0 soit formé de sous-groupes de G (cf. III, p. 5, *Exemple*); alors, pour toute suite (x_n) de points de G telle que $\lim_{n\to\infty} x_n = 0$, la série définie par la suite (x_n) est *commutativement convergente*, en vertu de la prop. 9 et de III, p. 39, cor. 2.

Si le groupe G est noté *multiplicativement*, on appelle *produit infini défini par une suite* (x_n) de points de G (ou *produit infini de facteur général* x_n, ou même *produit* (x_n) si aucune confusion n'est possible) le couple formé de la suite (x_n) et de la suite des produits partiels $p_n = \prod_{k=0}^{n} x_k$; le produit infini est dit *convergent* si la suite (p_n) converge, et la limite de cette suite se note $\mathop{\mathsf{P}}_{n=0}^{\infty} x_n$ (ou $\prod_{n=0}^{\infty} x_n$ par abus de notation). Nous laissons au lecteur le soin de traduire en notation multiplicative les propriétés des séries que nous venons d'établir.

§ 6. GROUPES TOPOLOGIQUES À OPÉRATEURS; ANNEAUX TOPOLOGIQUES; CORPS TOPOLOGIQUES

1. Groupes topologiques à opérateurs

Sur un ensemble G, on dit qu'une structure de *groupe à opérateurs* (A, I, p. 29) et une topologie sont *compatibles* si la topologie et la structure de groupe de G sont compatibles (III, p. 1) et si en outre les endomorphismes de G définis par les opérateurs (A, I, p. 30) sont *continus*. On dit alors que G, muni de la structure de groupe à opérateurs et de la topologie données, est un *groupe topologique à opérateurs*.

Si H est un sous-groupe stable d'un groupe topologique à opérateurs G, la topologie induite sur H par celle de G est compatible avec la structure de groupe à opérateurs de H. En outre:

Proposition 1. — *Si* H *est un sous-groupe stable d'un groupe topologique à opérateurs* G, *l'adhérence* $\overline{H}$ *de* H *dans* G *est un sous-groupe stable de* G.

On sait déjà que $\overline{H}$ est un sous-groupe de G (III, p. 7, prop. 1); en outre, pour tout opérateur α de G, l'image de H par l'application continue $x \mapsto x^\alpha$ est contenue dans H, donc l'image de $\overline{H}$ est contenue dans $\overline{H}$ (I, p. 9, th. 1).

Soit H un sous-groupe stable distingué d'un groupe topologique à opérateurs; pour tout opérateur α de G, l'application de G/H dans lui-même obtenue à partir de $x \mapsto x^\alpha$ par passage aux quotients est continue (III, p. 17, *Remarque* 3); la structure de groupe à opérateurs de G/H est donc compatible avec la topologie quotient de celle de G par H.

Soit $(G_\iota)_{\iota\in I}$ une famille de groupes topologiques à opérateurs, tous les G_ι étant supposés avoir le même ensemble d'opérateurs Ω. Pour tout $\alpha \in \Omega$, l'application $x \mapsto ((\mathrm{pr}_\iota\, x)^\alpha)$ de $G = \prod_{\iota\in I} G_\iota$ dans lui-même est continue (I, p. 25, prop. 1); la structure de groupe à opérateurs de G est donc compatible avec la topologie produit des topologies des G_ι.

Si G est un groupe topologique à opérateurs séparé, admettant un complété $\hat{G}$ (III, p. 24), tout endomorphisme $x \mapsto x^\alpha$ de G, défini par un opérateur de G, se prolonge par continuité en un endomorphisme de $\hat{G}$ (III, p. 22, prop. 5), donc $\hat{G}$ est ainsi muni d'une structure de groupe topologique à opérateurs, ayant même ensemble d'opérateurs que G.

2. Somme directe topologique de sous-groupes stables

Comme l'étude des groupes commutatifs à opérateurs est équivalente à celle des modules (A, III, p. 21) nous nous permettrons d'utiliser à l'occasion la terminologie propre à ces derniers pour les groupes commutatifs à opérateurs quelconques; c'est ainsi que nous parlerons d'*applications linéaires* au lieu d'homomorphismes de groupes commutatifs à opérateurs, et que nous appellerons encore *projecteur* un endomorphisme idempotent d'un groupe commutatif à opérateurs (A, II, p. 18).

Lorsqu'un groupe topologique commutatif à opérateurs E (noté additivement) est somme directe d'une famille *finie* $(M_i)_{1 \leqslant i \leqslant n}$ de sous-groupes stables, l'application canonique bijective $(x_i) \mapsto \sum_{i=1}^{n} x_i$ du groupe produit $\prod_{i=1}^{n} M_i$ sur E est *continue*, mais *n'est pas nécessairement un homéomorphisme*.

Définition 1. — *Soit* E *un groupe topologique commutatif à opérateurs et soit* $(M_i)_{1 \leqslant i \leqslant n}$ *une famille finie de sous-groupes stables de* E, *telle que* E *soit somme directe des* M_i. *On dit que* E *est somme directe topologique des* M_i *si l'application canonique* $(x_i) \mapsto \sum_{i=1}^{n} x_i$ *du groupe produit* $\prod_{i=1}^{n} M_i$ *sur* E *est un homéomorphisme* (et par suite un isomorphisme de groupes topologiques à opérateurs).

Proposition 2. — *Soit* E *un groupe topologique commutatif à opérateurs somme directe des sous-groupes stables* M_i $(1 \leqslant i \leqslant n)$; *soit* $(p_i)_{1 \leqslant i \leqslant n}$ *la famille de projecteurs associée à la décomposition* $E = \sum_{i=1}^{n} M_i$ (A, II, p. 18, prop. 12). *Pour que* E *soit somme directe topologique des* M_i, *il faut et il suffit que les* p_i *soient continus.*

En effet, l'application $x \mapsto (p_i(x))$ est l'application réciproque de $(x_i) \mapsto \sum_{i=1}^{n} x_i$.

Comme $1_E = \sum_{i=1}^{n} p_i$ (1_E désignant l'application identique de E), il suffit que $n-1$ des projecteurs p_i soient continus pour que le n-ème le soit.

Lorsque E est somme directe topologique de deux sous-groupes stables M, N, on dit encore que N est un *supplémentaire topologique* de M dans E; pour qu'il en soit ainsi, il faut et il suffit que l'application canonique de E/M sur N (A, II, p. 20, prop. 13) soit un *isomorphisme* de groupes topologiques à opérateurs.

COROLLAIRE. — *Soient* E *un groupe topologique commutatif à opérateurs,* M *un sous-groupe stable de* E. *Les conditions suivantes sont équivalentes*:

a) M *admet dans* E *un supplémentaire topologique.*

b) *Il existe un projecteur continu* p *de* E *dans* E *tel que* $p(\mathrm{E}) = \mathrm{M}$.

c) *L'application identique de* M *peut être prolongée en une application linéaire continue de* E *dans* M.

Il résulte de la prop. 2 que a) entraîne b) et il est clair que b) entraîne c). Enfin, si p est une application linéaire continue de E dans M prolongeant l'application identique de M, p est un projecteur continu et les projecteurs p et $1_{\mathrm{E}} - p$ sont associés à la décomposition en somme directe $\mathrm{E} = \mathrm{M} + \mathrm{N}$, où $\mathrm{N} = \overset{-1}{p}(0)$.

Remarques. — 1) Pour éviter toute confusion, on dit parfois qu'un sous-groupe stable de E supplémentaire de M (au sens de la structure de groupe à opérateurs sans topologie) est un *supplémentaire algébrique* de M.

2) Lorsqu'un groupe topologique commutatif à opérateurs *séparé* E est somme directe topologique d'une famille $(\mathrm{M}_i)_{1 \leqslant i \leqslant n}$ de sous-groupes stables, chacun des sous-groupes M_i est *fermé* dans E, car c'est l'ensemble des $x \in \mathrm{E}$ tels que $p_i(x) = x$ (I, p. 53, prop. 2).

PROPOSITION 3. — *Soient* E, F *deux groupes topologiques commutatifs à opérateurs,* u *une application linéaire continue de* E *dans* F. *Pour qu'il existe une application linéaire continue* v *de* F *dans* E *telle que* $u \circ v$ *soit l'application identique de* F (auquel cas on dit que u est *inversible à droite* et que v est *inverse à droite de* u), *il faut et il suffit que* u *soit un morphisme strict* (III, p. 16) *de* E *sur* F *et que* $\overset{-1}{u}(0)$ *admette un supplémentaire topologique dans* E.

Les conditions sont *nécessaires*. En effet, on a alors $u(v(\mathrm{F})) = \mathrm{F}$ et *a fortiori* $u(\mathrm{E}) = \mathrm{F}$; en outre; si l'on pose $p = v \circ u$, p est une application linéaire continue de E dans lui-même telle que $p^2 = p$; par suite (III, p. 47, corollaire) $p(\mathrm{E}) = v(u(\mathrm{E})) = v(\mathrm{F})$ admet dans E un supplémentaire topologique $\overset{-1}{p}(0)$; mais comme $u(p(x)) = u(x)$ par hypothèse, on a $\overset{-1}{u}(0) = \overset{-1}{p}(0)$. Enfin l'application bijective de $\mathrm{E}/\overset{-1}{u}(0)$ sur F, associée à u, est composée de l'application bijective de $\mathrm{E}/\overset{-1}{p}(0)$ sur $v(\mathrm{F})$, associée à p, et de la restriction de u à $v(\mathrm{F})$; comme v est continue, ces deux applications sont des isomorphismes, donc u est un morphisme strict de E sur F.

Les conditions sont *suffisantes*. En effet, si φ est l'homomorphisme canonique de E sur $\mathrm{E}/\overset{-1}{u}(0)$, dire que $\overset{-1}{u}(0)$ admet un supplémentaire topologique M dans E signifie que la restriction de φ à M est un isomorphisme de M sur $E/\overset{-1}{u}(0)$. Comme d'autre part $u = w \circ \varphi$, où w est un isomorphisme de $E/\overset{-1}{u}(0)$ sur E, on voit que la restriction de u à M est un isomorphisme de M sur F, et l'isomorphisme réciproque v est donc tel que $u \circ v$ soit l'application identique de F sur lui-même.

Proposition 4. — *Soient* E, F *deux groupes topologiques commutatifs à opérateurs, u une application linéaire continue de* E *dans* F. *Pour qu'il existe une application linéaire continue v de* F *dans* E *telle que $v \circ u$ soit l'application identique de* E *sur lui-même* (auquel cas on dit que u est *inversible à gauche* et que v est *inverse à gauche* de u), *il faut et il suffit que u soit un isomorphisme* (topologique) *de* E *sur* $u(E)$, *et que* $u(E)$ *admette un supplémentaire topologique dans* F.

Les conditions sont *suffisantes*, car si elles sont remplies, on obtient un inverse à gauche v de u en prenant le composé de l'isomorphisme de $u(E)$ sur E, réciproque de u, et d'un projecteur continu de F sur $u(E)$.

Les conditions sont *nécessaires*. En effet, la relation $v(u(x)) = x$ montre que $\overset{-1}{u}(0)$ est réduit à 0; u est donc une bijection de S sur $u(E)$, et comme la restriction de v à $u(E)$ est continue, u est un isomorphisme de E sur $u(E)$. D'autre part, si l'on pose $q = u \circ v$, q est une application linéaire continue de F sur $u(E)$ telle que $q^2 = q$, ce qui prouve (III, p. 47, corollaire) que $u(E)$ admet un supplémentaire topologique dans F.

3. Anneaux topologiques

Définition 2. — *On appelle anneau topologique un ensemble* A *muni d'une structure d'anneau et d'une topologie satisfaisant aux axiomes suivants*:

(AT_I). *L'application* $(x, y) \mapsto x + y$ *de* $A \times A$ *dans* A *est continue.*
(AT_{II}). *L'application* $x \mapsto -x$ *de* A *dans* A *est continue.*
(AT_{III}). *L'application* $(x, y) \mapsto xy$ *de* $A \times A$ *dans* A *est continue.*

Les deux premiers axiomes expriment que la topologie de A est compatible avec sa structure de *groupe additif* (III, p. 1).

Une structure d'anneau et une topologie étant données sur un ensemble A, on dit qu'elles sont *compatibles* si elles satisfont aux axiomes (AT_I), (AT_{II}) et (AT_{III}).

Exemples. — 1) Sur un anneau A, la topologie *discrète* est compatible avec la structure d'anneau; un anneau topologique dont la topologie est discrète est dit anneau *discret.*

*2) On verra dans IV, p. 10 (resp. p. 11) que la topologie de la droite rationnelle **Q** (resp. de la droite numérique **R**) est compatible avec la structure d'anneau de **Q** (resp. **R**).*

Dans un anneau topologique, toute *homothétie* à gauche $x \mapsto ax$ (resp. toute homothétie à droite $x \mapsto xa$) est continue (et est un homéomorphisme si a est inversible).

Soit A un anneau topologique, et soit G le groupe des éléments inversibles de A. Soit $\mathscr{T}$ la topologie la moins fine sur G rendant continues les applications $x \mapsto x$ et $x \mapsto x^{-1}$ de G dans A (I, p. 12, prop. 4). Alors $\mathscr{T}$ est *compatible* avec la structure de groupe de G. En effet, il suffit de montrer que lorsque G est muni de $\mathscr{T}$, les applications $(x, y) \mapsto xy^{-1}$ et $(x, y) \mapsto yx^{-1}$ de $G \times G$ dans A sont continues (*loc. cit.*); or, par exemple, l'application $(x, y) \mapsto xy^{-1}$ de $G \times G$ dans A est composée de l'application $(u, v) \mapsto uv$ de $A \times A$ dans A et de l'application $(x, y) \mapsto (x, y^{-1})$ de $G \times G$ dans $A \times A$, et ces applications sont toutes deux continues par définition; on raisonne de même pour l'application $(x, y) \mapsto yx^{-1}$.

Comme on peut écrire identiquement

$$xy - x_0y_0 = (x - x_0)(y - y_0) + (x - x_0)y_0 + x_0(y - y_0),$$

l'axiome (AT_{III}) (compte tenu de (AT_I) et (AT_{II})), est équivalent aux deux suivants:

(AT_{IIIa}) *Quel que soit* $x_0 \in A$, *les applications* $x \mapsto x_0x$ *et* $x \mapsto xx_0$ *sont continues au point* $x = 0$.

(AT_{IIIb}) *L'application* $(x, y) \mapsto xy$ *de* $A \times A$ *dans* A *est continue au point* (0, 0).

On en déduit un système de conditions nécessaires et suffisantes que doit vérifier le *filtre* $\mathfrak{V}$ *des voisinages de* 0 dans un anneau A pour définir sur A une topologie compatible avec sa structure d'anneau: $\mathfrak{V}$ doit satisfaire aux axiomes (GA_I) et (GA_{II}) de III, p. 4, et en outre aux deux axiomes suivants:

(AV_I) *Quels que soient* $x_0 \in A$ *et* $V \in \mathfrak{V}$, *il existe* $W \in \mathfrak{V}$ *tel que* $x_0W \subset V$ *et* $Wx_0 \subset V$.

(AV_{II}) *Quel que soit* $V \in \mathfrak{V}$, *il existe* $W \in \mathfrak{V}$ *tel que* $WW \subset V$.

Remarque. — On rencontre assez souvent en Analyse des anneaux vérifiant les axiomes (AT_I), (AT_{II}) et (AT_{IIIa}), mais non (AT_{IIIb}). *Un exemple est l'anneau des mesures sur un groupe compact, où la loi multiplicative est la convolution, et la topologie est la topologie vague (INT, VIII).*

Exemple 3). — Soit $\mathfrak{B}$ une *base de filtre* sur un anneau A, formée d'*idéaux bilatères*; $\mathfrak{B}$ est un système fondamental de voisinages de 0 pour une topologie compatible avec la structure de groupe additif de A; il résulte aussitôt de (AV_I) et (AV_{II}) que cette topologie est compatible avec la structure d'*anneau* de A.

Soient E un espace topologique, f et g deux applications de E dans un anneau topologique A; si f et g sont continues en un point $x_0 \in E$, $f + g$, $-f$ et fg sont aussi continues en ce point. Il en résulte que les applications continues de E dans A forment un *sous-anneau* de l'anneau A^E des applications de E dans A. On voit aussi que, si A est *commutatif*, tout *polynôme en n variables*, à coefficients dans A, et défini dans A^n, est *continu* dans A^n. De même, soient f et g deux applications d'un ensemble E *filtré* par un filtre $\mathfrak{F}$, dans un anneau topologique *séparé* A; si $\lim_{\mathfrak{F}} f$ et $\lim_{\mathfrak{F}} g$ existent, il en est de même de $\lim_{\mathfrak{F}} (f + g)$, $\lim_{\mathfrak{F}} (-f)$ et $\lim_{\mathfrak{F}} (fg)$, et on a (I, p. 50, cor. 1 et I, p. 52, prop. 1)

$$\lim_{\mathfrak{F}}(f + g) = \lim_{\mathfrak{F}} f + \lim_{\mathfrak{F}} g \tag{1}$$

$$\lim_{\mathfrak{F}}(-f) = -\lim_{\mathfrak{F}} f \tag{2}$$

$$\lim_{\mathfrak{F}}(fg) = (\lim_{\mathfrak{F}} f)(\lim_{\mathfrak{F}} g). \tag{3}$$

4. Sous-anneaux. Idéaux. Anneaux quotients. Produits d'anneaux

Si H est un sous-anneau d'un anneau topologique A, la topologie induite sur H par celle de A est compatible avec la structure d'anneau de H; la structure d'anneau topologique ainsi définie sur H est dite *induite* par celle de A.

Proposition 5. — *Soit* H *un sous-anneau partout dense d'un anneau topologique* A, *et* K *un sous-anneau* (resp. *idéal à gauche, idéal à droite, idéal bilatère*) *de* H. *L'adhérence* $\overline{K}$ *de* K *dans* A *est un sous-anneau* (resp. *idéal à gauche, idéal à droite, idéal bilatère*) *de* A.

Le raisonnement est le même que pour la prop. 9 de III, p. 9: si par exemple K est idéal à gauche dans H, l'application $(z, x) \mapsto zx$ est continue dans $A \times A$, et applique $H \times K$ dans K; elle applique donc $A \times \overline{K} = \overline{H} \times \overline{K}$ dans $\overline{K}$.

Soit H un *idéal bilatère* dans un anneau topologique A; par le même raisonnement que pour les groupes quotients (III, p. 13, prop. 16), on voit que la *topologie quotient* de celle de A par la relation $x - y \in H$ est *compatible* avec la structure d'anneau de A/H. En particulier, l'adhérence N de 0 dans A est un *idéal bilatère fermé*, d'après la prop. 5; l'anneau quotient A/N, qui est séparé (III, p. 12, prop. 13), est dit l'*anneau séparé associé à* A.

Soit $(A_\iota)_{\iota \in I}$ une famille d'anneaux topologiques. Sur l'ensemble produit $A = \prod_{\iota \in I} A_\iota$, la *topologie produit* des topologies des A_ι est *compatible* avec la structure d'anneau, produit des structures d'anneau des A_ι (même démonstration que pour les groupes produits); l'anneau topologique A ainsi défini est dit le *produit* des anneaux topologiques A_ι.

5. Complétion d'un anneau topologique

Quand on parle de *la* structure uniforme d'un anneau topologique A, il s'agit toujours, sauf mention expresse du contraire, de la structure uniforme de son *groupe additif*; en particulier, on dit que A est un anneau *complet* si son groupe additif est complet.

Soit A un anneau topologique *séparé*: muni de sa structure de groupe additif, il peut être considéré comme sous-groupe partout dense d'un *groupe commutatif séparé et complet* $\hat{A}$, déterminé à une isomorphie près (III, p. 26, th. 2). Pour qu'on puisse considérer A comme un *sous-anneau* d'un *anneau complet*, il faut qu'on puisse *prolonger par continuité* la fonction *xy* à l'espace $\hat{A} \times \hat{A}$. La possibilité de ce prolongement va résulter du théorème plus général suivant:

Théorème 1. — *Soient* E, F, G *trois groupes commutatifs séparés et complets*, A *un sous-groupe partout dense de* E, B *un sous-groupe partout dense de* F. *Si f est une application*

Z-*bilinéaire*[1] *continue de* A × B *dans* G, *f peut être prolongée par continuité en une application* **Z**-*bilinéaire continu de* E × F *dans* G.

Soient (x_0, y_0) un point quelconque de E × F, $\mathfrak{U}$ et $\mathfrak{B}$ les traces sur A et B respectivement, des filtres de voisinages de x_0 et y_0 ($\mathfrak{U}$ et $\mathfrak{B}$ sont des filtres par hypothèse) ; pour montrer que f peut être prolongée par continuité, il suffit de voir que $f(\mathfrak{U} \times \mathfrak{B})$ est une *base de filtre de Cauchy* dans G (II, p. 20, prop. 11). Partons de l'identité :

$$f(x', y') - f(x, y) = f(x' - x, y_1) + f(x_1, y' - y) + f(x' - x, y' - y_1) + f(x - x_1, y' - y).$$

Nous allons voir qu'en prenant (x, y) et (x', y') dans un ensemble assez petit de $\mathfrak{U} \times \mathfrak{B}$, et en choisissant convenablement x_1 et y_1, on peut rendre très petit chacun des termes du second membre. Soit W un voisinage quelconque de 0 dans G; f étant continue au point (0, 0) de A × B, il existe un ensemble $U \in \mathfrak{U}$ et un ensemble $V \in \mathfrak{B}$ tels que, pour $x \in U$, $x' \in U$, $y \in V$, $y' \in V$, on ait $f(x' - x, y' - y) \in W$. Prenons un point $x_1 \in U$, et un point $y_1 \in V$; quels que soient x, x' dans U, et y, y' dans V, on aura donc

$$f(x' - x, y' - y_1) + f(x - x_1, y' - y) \in W + W.$$

D'autre part, l'application partielle $x \mapsto f(x, y_1)$ est continue dans A; il existe donc un ensemble $U' \subset U$, appartenant à $\mathfrak{U}$, et tel que, pour $x \in U'$ et $x' \in U'$, on ait $f(x' - x, y_1) \in W$. De même, il existe $V' \subset V$ et appartenant à $\mathfrak{B}$ tel que, pour $y \in V'$ et $y' \in V'$, on ait $f(x_1, y' - y) \in W$. Par suite, si (x, y) et (x', y') sont deux points quelconques de $U' \times V'$, on a

$$f(x', y') - f(x, y) \in W + W + W + W,$$

ce qui démontre l'existence du prolongement $\bar{f}$ de f. Le fait que $\bar{f}$ est **Z**-*bilinéaire* est une conséquence immédiate du principe de prolongement des identités (I, p. 53, cor. 1).

C.Q.F.D.

Dans l'application de ce théorème à un anneau topologique séparé A, on a $E = F = G = \hat{A}$, $B = A$, et f est l'application **Z**-bilinéaire $(x, y) \mapsto xy$, continue par hypothèse. On désignera encore par xy la valeur de la fonction prolongée dans $\hat{A} \times \hat{A}$; cette fonction est une loi de composition dans $\hat{A}$, et dire qu'elle est **Z**-bilinéaire signifie qu'elle est *distributive* à droite et à gauche par rapport à l'addition; elle est d'autre part *associative* d'après le principe de prolongement des identités. Enfin, pour la même raison, l'élément unité de A est aussi élément unité de $\hat{A}$. Par suite :

PROPOSITION 6. — *Un anneau topologique séparé* A *est isomorphe à un sous-anneau partout*

[1] On rappelle (A, II, p. 50) que f est dite **Z**-*bilinéaire* si, quels que soient les éléments x, x' de A, et y, y' de B, on a

$$f(x + x', y) = f(x, y) + f(x', y) \quad \text{et} \quad f(x, y + y') = f(x, y) + f(x, y').$$

dense d'un anneau séparé et complet $\hat{A}$, *déterminé à une isomorphie près* (et appelé l'anneau *complété* de A).

Si A est *commutatif* il en est de même de $\hat{A}$ (principe de prolongement des identités).

Soient A un anneau topologique non nécessairement séparé, N l'adhérence de 0 dans A, $A' = A/N$ l'anneau séparé associé à A; l'anneau $\hat{A}'$ complété de A' s'appelle l'anneau *séparé complété* de A et se note aussi $\hat{A}$. On démontre comme dans III, p. 25, prop. 8 que tout homomorphisme continu u de A dans un anneau topologique *séparé et complet* C se factorise de façon unique en $u = v \circ \varphi$, où v est un homomorphisme continu de $\hat{A}$ dans C et φ l'application canonique de A dans $\hat{A}$. Si A, B sont deux anneaux topologiques, $u\colon A \to B$ un homomorphisme continu, il existe donc un homomorphisme continu et un seul $\hat{u}\colon \hat{A} \to \hat{B}$ tel que le diagramme

$$\begin{array}{ccc} A & \xrightarrow{u} & B \\ {\scriptstyle\varphi}\downarrow & & \downarrow{\scriptstyle\psi} \\ \hat{A} & \xrightarrow[\hat{u}]{} & \hat{B} \end{array}$$

soit commutatif (φ et ψ étant les applications canoniques): il suffit en effet d'appliquer à $\psi \circ u$ le résultat précédent.

6. Modules topologiques

DÉFINITION 3. — *Étant donné un anneau topologique* A, *on appelle module topologique à gauche sur* A *un ensemble* E, *muni*:

1° *d'une structure de* A-*module à gauche*;

2° *d'une topologie compatible avec la structure de groupe additif de* E *et satisfaisant en outre à l'axiome suivant*:

(MT) *L'application* $(\lambda, x) \mapsto \lambda x$ *de* $A \times E$ *dans* E *est continue.*

On définit de la même manière la notion de module topologique *à droite* sur un anneau topologique A; comme tout module à droite sur A peut être considéré comme module à gauche sur l'anneau opposé A^0, et que la topologie de A est compatible avec la structure d'anneau de A^0, il n'y a pas lieu de distinguer les modules topologiques à droite sur A des modules topologiques à gauche sur A^0.

Exemples. — $_*$1) Un espace vectoriel topologique sur **R** (resp. **C**) est un module topologique sur **R** (resp. **C**) (cf. EVT, I, §1, nº 1).$_*$

2) Soient A un anneau, $\mathfrak{B}$ une base de filtre sur A formée d'idéaux bilatères de A, E un A-module à gauche. Si on munit A de la topologie (compatible avec sa structure d'anneau) pour laquelle $\mathfrak{B}$ est un système fondamental de voisinages de 0 (III, p. 49, *Exemple* 3), et E de la topologie (compatible avec sa structure de groupe additif) dont les $\mathfrak{a}E$, où $\mathfrak{a}$ parcourt $\mathfrak{B}$, forment un système fondamental de voisinages de 0 (III, p. 5, *Exemple*), on vérifie aussitôt que E est un module topologique sur A.

Remarque. — Étant donné un anneau topologique A, considérons sur un A-module à gauche E une topologie compatible avec la structure de groupe additif de E. En vertu de l'identité

$$\lambda x - \lambda_0 x_0 = (\lambda - \lambda_0)x_0 + \lambda_0(x - x_0) + (\lambda - \lambda_0)(x - x_0)$$

l'axiome (MT) est équivalent au système des trois axiomes suivants:

($\mathrm{MT}'_{\mathrm{I}}$) *Quel que soit* $x_0 \in \mathrm{E}$, *l'application* $\lambda \mapsto \lambda x_0$ *est continue au point* $\lambda = 0$.

($\mathrm{MT}'_{\mathrm{II}}$) *Quel que soit* $\lambda_0 \in \mathrm{A}$, *l'application* $x \mapsto \lambda_0 x$ *est continue au point* $x = 0$.

($\mathrm{MT}'_{\mathrm{III}}$) *L'application* $(\lambda, x) \mapsto \lambda x$ *est continue au point* (0, 0).

On en déduit un système de conditions nécessaires et suffisantes que doit vérifier le *filtre* $\mathfrak{V}$ *des voisinages de* 0 dans un A-module E, pour définir sur E une topologie compatible avec sa structure de module; $\mathfrak{V}$ doit satisfaire aux axiomes (GA_{I}) et ($\mathrm{GA}_{\mathrm{II}}$) de III, p. 4, et en outre aux trois axiomes suivants:

(MV_{I}) *Quels que soient* $x_0 \in \mathrm{E}$ *et* $\mathrm{V} \in \mathfrak{V}$, *il existe un voisinage* S *de* 0 *dans* A *tel que* $\mathrm{S}.x_0 \subset \mathrm{V}$.

($\mathrm{MV}_{\mathrm{II}}$) *Quels que soient* $\lambda_0 \in \mathrm{A}$ *et* $\mathrm{V} \in \mathfrak{V}$, *il existe* $\mathrm{W} \in \mathfrak{V}$ *tel que* $\lambda_0.\mathrm{W} \subset \mathrm{V}$.

($\mathrm{MV}_{\mathrm{III}}$) *Quel que soit* $\mathrm{V} \in \mathfrak{V}$, *il existe* $\mathrm{U} \in \mathfrak{V}$ *et un voisinage* T *de* 0 *dans* A *tels que* $\mathrm{T}.\mathrm{U} \subset \mathrm{V}$.

Toute groupe topologique commutatif est un **Z**-module topologique lorsque l'anneau **Z** est muni de la topologie discrète.

Si M est un sous-module d'un module topologique E sur A, il est clair que la topologie induite sur M par celle de E est compatible avec la structure de module de M. En outre, sur le A-module quotient E/M, la topologie quotient de celle de E par M est compatible avec la structure de A-module. Il suffit en effet pour le voir de montrer que l'application $(\lambda, \dot{x}) \mapsto \lambda\dot{x}$ de $\mathrm{A} \times (\mathrm{E}/\mathrm{M})$ dans E/M est continue (en désignant par $x \mapsto \dot{x}$ l'application canonique de E sur E/M). Or, comme on peut identifier les groupes topologiques additifs $\mathrm{A} \times (\mathrm{E}/\mathrm{M})$ et $(\mathrm{A} \times \mathrm{E})/(\{0\} \times \mathrm{M})$ (III, p. 18, corollaire), il suffit de montrer que l'application $(\lambda, x) \mapsto \lambda\dot{x}$ de $\mathrm{A} \times \mathrm{E}$ dans E/M est continue, ce qui est immédiat, cette application étant composée de $x \mapsto \dot{x}$ et de $(\lambda, x) \mapsto \lambda x$.

Soit $(\mathrm{E}_\iota)_{\iota \in \mathrm{I}}$ une famille quelconque de modules topologiques sur A, et soit $\mathrm{E} = \prod_{\iota \in \mathrm{I}} \mathrm{E}_\iota$ le A-module produit des E_ι. Sur E la topologie produit est compatible avec la structure de A-module: il suffit de voir que l'application

$$(\lambda, x) \mapsto (\lambda.\mathrm{pr}_\iota\, x)_{\iota \in \mathrm{I}}$$

de $\mathrm{A} \times \mathrm{E}$ dans E est continue, ou encore (I, p. 25, prop. 1) que, pour tout indice $\kappa \in \mathrm{I}$, $(\lambda, x) \mapsto \lambda.\mathrm{pr}_\kappa\, x$ est une application continue de $\mathrm{A} \times \mathrm{E}$ dans E_κ; or, cette application est composée des applications continues $(\lambda, x_\kappa) \mapsto \lambda x_\kappa$ et $(\lambda, x) \mapsto (\lambda, \mathrm{pr}_\kappa\, x)$.

Soient A un anneau topologique séparé, E un A-module topologique séparé. Soit $\hat{\mathrm{E}}$ le groupe additif complété du groupe topologique commutatif E (III, p. 26, th. 2). L'application **Z**-bilinéaire $(\lambda, x) \mapsto \lambda x$ du produit $\mathrm{A} \times \mathrm{E}$ des groupes additifs A, E dans le groupe additif E se prolonge par continuité en une application **Z**-bilinéaire de $\hat{\mathrm{A}} \times \hat{\mathrm{E}}$ dans $\hat{\mathrm{E}}$ (III, p. 50, th. 1), que nous désignerons encore par $(\lambda, x) \mapsto \lambda x$. En vertu du principe de prolongement des identités, on a encore $\lambda(\mu x) = (\lambda\mu)x$ pour $\lambda \in \hat{A}$, $\mu \in \hat{A}$, $x \in \hat{E}$ et $1 \cdot x = x$ pour $x \in \hat{E}$ (en désignant par 1 l'élément unité de A); la loi externe $(\lambda, x) \mapsto \lambda x$ définit donc sur $\hat{E}$ une structure de $\hat{A}$-module compatible avec la topologie de $\hat{E}$. Nous dirons que le module topologique $\hat{E}$ sur $\hat{A}$ ainsi défini est le *complété* du module topologique E sur A.

Soit E un module topologique sur un anneau topologique A, A et E n'étant pas nécessairement séparés. Soit N (resp. F) l'adhérence de $\{0\}$ dans A (resp. E); N est un idéal bilatère de A (III, p. 50, prop. 5) et F un sous-A-module de E (III, p. 45, prop. 1); en outre, on a par continuité $\lambda x \in F$ lorsque $\lambda \in N$ ou $x \in F$. On en déduit aussitôt, par passage aux quotients, une application $(\dot{\lambda}, \dot{x}) \mapsto \dot{\lambda}\dot{x}$ de $(A/N) \times (E/F)$ dans E/F, et on vérifie (grâce à III, p. 18, corollaire) que cette application est continue, et définit donc sur E/F une structure de module topologique sur l'anneau topologique A/N. Si l'on pose $B = A/N$, $L = E/F$, on dit que le B-module L est le module séparé *associé* à E; son complété $\hat{L}$ est un module topologique sur le séparé complété $\hat{A}$ (égal par définition à $\hat{B}$) de A (III, p. 52), qu'on appelle le module *séparé complété* de E et que l'on note $\hat{E}$. On voit comme dans III, p. 25, prop. 8 que tout homomorphisme continu $u: E \to G$ de E dans un $\hat{A}$-module séparé et complet G se factorise de façon unique en $u = v \circ \varphi$ où v est un homomorphisme continu de $\hat{E}$ dans G et φ l'application canonique de E dans $\hat{E}$. On en conclut que si E, E′ sont deux A-modules topologiques, $u: E \to E'$ un homomorphisme continu, il existe un homomorphisme continu et un seul $\hat{u}: \hat{E} \to \hat{E}'$ tel que le diagramme

$$\begin{array}{ccc} E & \xrightarrow{u} & E' \\ {\scriptstyle\varphi}\downarrow & & \downarrow{\scriptstyle\varphi'} \\ \hat{E} & \xrightarrow[\hat{u}]{} & \hat{E}' \end{array}$$

soit commutatif, φ et φ' étant les applications canoniques.

7. Corps topologiques

Dans ce qui suit, et dans les chapitres IV et V, lorsqu'on considérera un *corps* K, on désignera par K^* le *groupe multiplicatif* des éléments $\neq 0$ de K.

DÉFINITION 4. — *On appelle corps topologique un ensemble* K *muni d'une structure de corps et d'une topologie compatible avec la structure d'anneau de* K, *et satisfaisant en outre à l'axiome suivant:*

(KT) *L'application* $x \mapsto x^{-1}$ *de* K^* *dans* K^* *est continue.*

Une structure de corps et une topologie sur un ensemble K sont dites *compatibles*, si la structure d'anneau correspondante et la topologie sont compatibles, et si en outre (KT) est vérifié.

Exemples. — 1) Sur un corps K, la topologie *discrète* est compatible avec la structure de corps; un corps topologique dont la topologie est discrète est dit corps *discret*.

*2) La topologie de la droite rationnelle **Q** (resp. de la droite numérique **R**) est compatible avec la structure de corps de **Q** (resp. **R**; voir IV, p. 10, resp. p. 11).

La déf. 4 montre que, si K est un corps topologique, la topologie *induite* par celle de K sur le groupe multiplicatif K* est *compatible* avec la structure de ce groupe(cf. III, p. 49).

Si $a \neq 0$, les homothéties $x \mapsto ax$ et $x \mapsto xa$ sont des *homéomorphismes* de K sur lui-même; il en est de même de l'application $x \mapsto ax + b$ quel que soit $b \in K$. On notera que les homothéties $x \mapsto ax$ et $x \mapsto xa$ sont des *automorphismes* du *groupe additif* (topologique) de K lorsque $a \neq 0$. Si V est un voisinage quelconque de 0 dans K, aV et Va sont donc des voisinages de 0 quel que soit $a \neq 0$.

Soient E un espace topologique, et f une application de E dans un corps topologique K; si, en un point $x_0 \in E$, f est continue et $f(x_0) \neq 0$, f^{-1} est continue en x_0. En particulier, si K est *commutatif*, toute *fonction rationnelle* de n variables, à coefficients dans K, est continue en tout point de K^n où son dénominateur n'est pas nul.

De même, si f est une application d'un ensemble E filtré par un filtre $\mathfrak{F}$, dans un corps topologique séparé K, et si $\lim_{\mathfrak{F}} f$ existe et est $\neq 0$, $\lim_{\mathfrak{F}} f^{-1}$ existe, et on a

$$\lim_{\mathfrak{F}} f^{-1} = (\lim_{\mathfrak{F}} f)^{-1}. \tag{4}$$

Si H est un *sous-corps* d'un corps topologique K, la topologie induite sur H par celle de K est compatible avec la structure de corps de H: la structure de corps topologique ainsi définie sur H est dite *induite* par celle de K. En outre, $\overline{H}$ est aussi un *sous-corps* de K (démonstration analogue à celle de III, p. 50, prop. 5).

Dans un corps topologique K, l'adhérence de l'ensemble réduit à 0 est un idéal bilatère, d'après III, p. 50, prop. 5, donc est nécessairement $\{0\}$ ou K; autrement dit, si la topologie de K n'est pas la topologie la moins fine (I, p. 11), elle est séparée (III, p. 5, prop. 2).

8. Structures uniformes d'un corps topologique

Dans un corps topologique K, il faut distinguer:

1° La structure uniforme du *groupe additif* de K, définie sur K et dite *structure uniforme additive de* K.

2° Les structures uniformes droite et gauche du *groupe multiplicatif* K*, définies *sur* K* et dites (par abus de langage) *structures uniformes multiplicatives* de K.

La structure *induite* sur K* par la structure uniforme additive de K est en général *distincte* des structures uniformes multiplicatives de K (voir III, p. 82, exerc. 17).

D'après la prop. 6 de III, p. 51, un corps topologique séparé K peut être considéré comme *sous-anneau partout dense* d'un *anneau séparé et complet* $\hat{K}$. Pour que

$\hat{K}$ soit un *corps topologique*, il faut qu'on puisse *prolonger par continuité* l'application $x \mapsto x^{-1}$ à $(\hat{K})^*$; et cette condition nécessaire est aussi suffisante, car alors les fonctions xx^{-1}, $x^{-1}x$ et 1 sont égales dans $(\hat{K})^* \times (\hat{K})^*$ d'après le principe de prolongement des identités, ce qui prouve que la valeur, pour tout $x \neq 0$, de la fonction prolongée est bien l'*inverse* de x dans $\hat{K}$. Autrement dit (cf. II, p. 20, prop. 11):

PROPOSITION 7. — *Pour que l'anneau complété* $\hat{K}$ *d'un corps topologique séparé* K *soit un corps topologique, il faut et il suffit que l'image, par l'application* $x \mapsto x^{-1}$, *de tout filtre de Cauchy (pour la structure additive), auquel* 0 *n'est pas adhérent, soit encore un filtre de Cauchy (pour la structure additive).*

Il y a des corps topologiques où cette condition n'est pas vérifiée, et où l'anneau $\hat{K}$ admet des diviseurs de 0 (voir III, p. 85, exerc. 26). En outre, lorsque l'anneau complété $\hat{K}$ est un corps topologique, rien n'assure *a priori* que les structures *multiplicatives* de $\hat{K}$ soient des structures d'espace *complet*. Toutefois, il en sera ainsi pour les corps K tels que $\hat{K}$ soit *localement compact* (voir I, p. 66, prop. 13, et III, p. 22, prop. 4), ou *commutatif*; en effet, pour ces derniers, on a la proposition suivante:

PROPOSITION 8. — *Si la structure uniforme additive d'un corps topologique commutatif* K *est une structure d'espace séparé et complet, la structure multiplicative sur* K^* *est une structure d'espace complet.*

Nous allons montrer que si $\mathfrak{F}$ est un filtre de Cauchy pour la structure *multiplicative* sur K^*, $\mathfrak{F}$ est une base de filtre de Cauchy pour la structure *additive* sur K, et ne converge pas vers 0, ce qui établira la proposition. Soit U un voisinage quelconque de 0 dans K, V un voisinage fermé de 0 tel que $V \subset U$, $VV \subset U$ (III, p. 49, axiome (AV_{II})) et $-1 \notin V$; il existe par hypothèse un ensemble $A \in \mathfrak{F}$ tel que, quels que soient $x \in A$, $y \in A$, $x^{-1}y \in 1 + V$. Soit a un point de A; on a $A \subset a + aV$, et $a + aV$ est un ensemble fermé ne contenant pas 0, donc 0 n'est pas adhérent à A, ni par suite à $\mathfrak{F}$. Soit W un voisinage de 0 tel que $aW \subset V$ (III, p. 49, axiome (AV_I)); il existe par hypothèse un ensemble $B \in \mathfrak{F}$ tel que $B \subset A$ et que, quels que soient $x \in B$, $y \in B$, on ait $x^{-1}y \in 1 + W$, d'où $y - x \subset xW \subset AW \subset aW + aVW$; comme K est commutatif, $aVW = aWV \subset VV \subset U$, donc $y - x \in U + U$, ce qui démontre la proposition.

La même démonstration prouve que la prop. 8 s'étend au cas où tout filtre de Cauchy pour *l'une* des structures multiplicatives de K est ausssi un filtre de Cauchy pour l'autre structure multiplicative.

§ 7. LIMITES PROJECTIVES DE GROUPES ET D'ANNEAUX TOPOLOGIQUES

Dans tout ce paragraphe, on désigne par I *un ensemble préordonné filtrant à droite*[1] *et non vide, par* $\alpha \leqslant \beta$ *la relation de préordre dans* I. *Sauf mention expresse du contraire, tous les systèmes projectifs considérés ont pour ensemble d'indices* I.

1. Limites projectives de groupes topologiques et d'espaces à l'opérateurs

Nous dirons qu'un système projectif $(G_\alpha, f_{\alpha\beta})$ est un *système projectif de groupes topologiques* si les G_α sont des groupes topologiques et les $f_{\alpha\beta}$ des homomorphismes *continus*. Alors $G = \varprojlim G_\alpha$ est un sous-groupe du groupe produit $\prod_\alpha G_\alpha$ (A, I, p. 113); lorsqu'on le munit de la structure de groupe topologique induite par celle de $\prod_\alpha G_\alpha$, on dit que le groupe topologique ainsi obtenu est *limite projective* du système projectif de groupes topologiques $(G_\alpha, f_{\alpha\beta})$. Si les G_α sont séparés (resp. séparés et complets), G est séparé et fermé dans $\prod_\alpha G_\alpha$ (resp. séparé et complet) (I, p. 55, cor. 2 et II, p. 17, corollaire).

Si $(G'_\alpha, f'_{\alpha\beta})$ est un second système projectif de groupes topologiques et si, pour tout α, $u_\alpha \colon G_\alpha \to G'_\alpha$ est un homomorphisme continu, tel que les u_α forment un système projectif d'applications, alors $u = \varprojlim u_\alpha$ est un homomorphisme continu de G dans $G' = \varprojlim G'_\alpha$ (I, p. 28). Les mêmes résultats sont valables lorsqu'on remplace « groupe topologique » par « anneau topologique »; on laisse au lecteur le soin d'énoncer les résultats analogues pour les modules topologiques (III, p. 52).

Soient $(E_\alpha, g_{\alpha\beta})$ un système projectif d'espaces topologiques, $(G_\alpha, f_{\alpha\beta})$ un système projectif de groupes topologiques; supposons que chaque G_α *opère continûment* dans E_α (III, p. 9) et que l'on ait les relations

$$g_{\alpha\beta}(s_\beta . x_\beta) = f_{\alpha\beta}(s_\beta) . g_{\alpha\beta}(x_\beta) \tag{1}$$

pour $x_\beta \in E_\beta$, $s_\beta \in G_\beta$, $\alpha \leqslant \beta$. On sait (A, I, p. 114) que le groupe $G = \varprojlim G_\alpha$ opère dans $E = \varprojlim E_\alpha$; en outre G opère *continûment* dans E. En effet, si g_α (resp. f_α) est l'application canonique $E \to E_\alpha$ (resp. $G \to G_\alpha$), on a par définition

$$g_\alpha(s . x) = f_\alpha(s) . g_\alpha(x)$$

[1] On notera que la définition de la limite projective d'un système projectif d'ensembles $(E_\alpha, f_{\alpha\beta})$ ne suppose pas que l'ensemble préordonné d'indices I soit filtrant (E, III, p. 52); le lecteur vérifiera sans peine que cette hypothèse n'intervient pas non plus dans la plupart des définitions et résultats de ce paragraphe, avant la prop. 1.

donc les applications $(s, x) \mapsto g_\alpha(s.x)$ sont continues dans $E \times G$, ce qui prouve la continuité de $(s, x) \mapsto s.x$ (I, p. 28).

L'application $h_\alpha: E/G \to E_\alpha/G_\alpha$ déduite de f_α et g_α est donc continue (III, p. 10), et il en est de même de l'application $h: E/G \to \varprojlim E_\alpha/G_\alpha$ déduite des h_α (I, p. 28).

Proposition 1. — *Les* E_α *et* G_α *étant supposés vérifier les hypothèses précédentes*:

a) *Si, pour tout* $\alpha \in I$, *le stabilisateur de tout point de* E_α *est un sous-groupe compact de* G_α, *alors le stabilisateur de tout point* $x = (x_\alpha)$ *de* E *est un sous-groupe compact de* G, *l'orbite de* x (*pour* G) *est canoniquement homéomorphe à la limite projective des orbites des* x_α (*pour les* G_α), *et l'application canonique* $h: E/G \to \varprojlim E_\alpha/G_\alpha$ *est injective.*

b) *Si, pour tout* $\alpha \in I$, *toute orbite d'un point de* E_α (*pour* G_α) *est compacte, alors toute orbite d'un point de* E (*pour* G) *est relativement compacte, et* h *est surjective. Si en outre* h *est bijective, toute orbite d'un point de* E *est compacte.*

Soit $x = (x_\alpha) \in E$, et pour tout $\alpha \in I$, soit $E'_\alpha = G_\alpha . x_\alpha$ l'orbite de x_α. Pour $\alpha \leqslant \beta$, il résulte de (1) et de la relation $g_{\alpha\beta}(x_\beta) = x_\alpha$ que l'on a $g_{\alpha\beta}(E'_\beta) \subset E'_\alpha$, autrement dit, (E'_α) est un système projectif de parties des E_α. Pour tout $\alpha \in I$, soit $u_\alpha: G_\alpha \to E'_\alpha$ l'application continue $s_\alpha \mapsto s_\alpha . x_\alpha$; les u_α forment un système projectif d'applications, et $u = \varprojlim u_\alpha$ est l'application continue $s \mapsto s.x$ de G dans le sous-espace $E' = \varprojlim E'_\alpha$ de E. L'hypothèse de a) entraîne que $\overset{-1}{u_\alpha}(y_\alpha)$ est compact pour tout $y_\alpha \in E'_\alpha$. Comme en outre u_α est surjectif, les conditions de I, p. 65, cor. 2, *a*) sont vérifiées, donc on en déduit les deux premières assertions de a). Ceci entraîne que si $x = (x_\alpha)$ et $y = (y_\alpha)$ sont tels que, pour tout α, x_α et y_α appartiennent à la même orbite pour G_α, alors x et y appartiennent à la même orbite pour G, ce qui prouve que h est injective.

De même, l'hypothèse de b) entraîne que le système projectif des applications canoniques $v_\alpha: E_\alpha \to E_\alpha/G_\alpha$ vérifie les conditions de I, p. 65, cor. 2, *a*), donc sa limite projective $v = \varprojlim v_\alpha: E \to \varprojlim E_\alpha/G_\alpha$ est surjective et l'image réciproque par v de tout point de $\varprojlim E_\alpha/G_\alpha$ est compacte. Comme v se factorise en $E \xrightarrow{\psi} E/G \xrightarrow{h} \varprojlim E_\alpha/G_\alpha$, où ψ est l'application canonique, on en déduit les assertions de b).

Corollaire 1. — *Si les* G_α *sont compacts et les* E_α *séparés, les conclusions de* a) *et de* b) *sont valables.*

En effet, les hypothèses de a) et b) sont vérifiées, tout sous-groupe fermé de G_α étant compact et $u_\alpha: s_\alpha \mapsto s_\alpha . x_\alpha$ étant une application continue d'un espace compact dans un espace séparé.

Corollaire 2. — *Si, pour tout* $\alpha \in I$, *le groupe* G_α *opère transitivement dans l'espace* E_α, *et si le stabilisateur de tout point de* E_α *est un sous-groupe compact de* G_α, *alors* G *opère transitivement dans* E *et le stabilisateur de tout point de* E *est un sous-groupe compact de* G.

En effet, l'hypothèse de la prop. 1, a) est vérifiée, et $E'_\alpha = E_\alpha$ pour tout α.

COROLLAIRE 3. — *On suppose les* G_α *séparés. Pour tout* $\alpha \in I$, *soit* K_α *un sous-groupe compact de* G_α *et supposons que l'on ait* $f_{\alpha\beta}(K_\beta) \subset K_\alpha$ *pour* $\alpha \leqslant \beta$. *Alors, si* $K = \varprojlim K_\alpha$, *l'application canonique* h *de l'espace homogène* G/K *dans* $\varprojlim G_\alpha/K_\alpha$ *est un homéomorphisme.*

Avec les notations de la prop. 1, le fait que h est bijective résulte du cor. 1 appliqué en remplaçant E_α par G_α et G_α par K_α opérant *à droite* par les translations (III, p. 11). Soit φ l'application canonique $G \to G/K$, et pour tout α, soit f_α l'application canonique $G \to G_\alpha$; lorsque, pour chaque α, les V_α parcourent un système fondamental de voisinages ouverts de l'élément neutre e_α de G_α, les ensembles $V = \overset{-1}{f_\alpha}(V_\alpha)$ (α et V_α variables) forment un système fondamental de voisinages de e dans G (I, p. 29, prop. 9), et les $\varphi(V.K)$ un système fondamental de voisinages de $\varphi(e)$ dans G/K. Il s'agit de prouver que l'image par h de $\varphi(V.K)$ contient un voisinage de $h(\varphi(e))$, c'est-à-dire qu'il existe un $\beta \geqslant \alpha$ et un voisinage W_β de e_β dans G_β tels que $\overset{-1}{f_\beta}(W_\beta.K_\beta) \subset V.K$. Or, la relation $x \in V.K$ équivaut à l'existence d'un $y \in K$ tel que $f_\alpha(xy^{-1}) \in V_\alpha$, ou encore $f_\alpha(x) \in V_\alpha.f_\alpha(K)$, autrement dit, on a $V.K = \overset{-1}{f_\alpha}(V_\alpha.f_\alpha(K))$. Soit $U_\alpha = V_\alpha.f_\alpha(K)$; nous allons voir qu'il existe $\beta \geqslant \alpha$ tel que si on pose $U_\beta = \overset{-1}{f_{\alpha\beta}}(U_\alpha)$, on ait $K_\beta \subset U_\beta$; il en résultera bien qu'il existe un voisinage W_β de e_β dans G_β tel que $W_\beta.K_\beta \subset U_\beta$ (II, p. 31, corollaire), ce qui établira la relation cherchée $\overset{-1}{f_\beta}(W_\beta.K_\beta) \subset \overset{-1}{f_\beta}(U_\beta) = V.K$. Raisonnons par l'absurde, et posons, pour tout $\beta \geqslant \alpha$, $M_\beta = K_\beta \cap \complement U_\beta$; comme $\overset{-1}{f_{\beta\gamma}}(U_\beta) = U_\gamma$ pour $\alpha \leqslant \beta \leqslant \gamma$, les M_β forment un système projectif de parties compactes des G_β (pour $\beta \geqslant \alpha$); s'ils étaient tous non vides, il en serait de même de leur limite projective M (I, p. 64, prop. 8). Il est clair que l'on a $M \subset K$ et $f_\alpha(M) \subset M_\alpha$; mais cela est absurde puisque $f_\alpha(K) \subset U_\alpha$, ce qui achève la démonstration.

2. Approximation des groupes topologiques

Soit G un groupe et soit $(H_\alpha)_{\alpha\in I}$ une famille filtrante décroissante de sous-groupes distingués de G. Pour tout $\alpha \in I$, soit $G_\alpha = G/H_\alpha$, et pour $\alpha \leqslant \beta$, soit $f_{\alpha\beta}$ l'homomorphisme canonique $G/H_\beta \to G/H_\alpha$, qui fait donc correspondre à toute classe T de G mod. H_β la classe TH_α de G mod. H_α qui contient T. Il est clair que $(G_\alpha, f_{\alpha\beta})$ est un système projectif de groupes, les éléments de $\tilde{G} = \varprojlim G_\alpha$ étant les familles décroissantes $(T_\alpha)_{\alpha\in I}$, où T_α est une classe de G mod. H_α pour tout α. L'application $i : s \mapsto (sH_\alpha)$ de G dans $\tilde{G}$, limite projective des homomorphismes canoniques $G \to G/H_\alpha$, est un homomorphisme de G dans $\tilde{G}$, et l'image réciproque par i d'un élément $(T_\alpha) \in \tilde{G}$ est égale à $\bigcap_{\alpha\in I} T_\alpha$. Le noyau de i est donc

$\bigcap_{\alpha \in I} H_\alpha$, et l'image de i se compose des familles $(T_\alpha) \in \tilde{G}$ dont l'intersection est *non vide.*

Supposons maintenant que G soit un *groupe topologique*; si on munit $G_\alpha = G/H_\alpha$ de la topologie quotient, il est clair que $(G_\alpha, f_{\alpha\beta})$ est un système projectif de groupes topologiques, et que $i: G \to \tilde{G}$ est un homomorphisme continu.

Proposition 2. — *Soient* G *un groupe topologique,* $(H_\alpha)_{\alpha \in I}$ *une famille filtrante décroissante de sous-groupes distingués de* G *vérifiant la condition suivante*:

(AP) *Pour tout* $\alpha \in I$, H_α *est fermé dans* G *et tout voisinage de* e *dans* G *contient un des* H_α (autrement dit, la base de filtre formée des H_α converge vers e).

Alors l'application $i: G \to \tilde{G} = \varprojlim G/H_\alpha$ *est un morphisme strict de* G *sur* $i(G)$; $\tilde{G}$ *est séparé et* $i(G)$ *est dense dans* $\tilde{G}$; *enfin le noyau de* i *est l'adhérence de* $\{e\}$ *dans* G. *Si en outre un des* H_α *est complet, alors* i *est surjective.*

Il est clair que les $G_\alpha = G/H_\alpha$ sont séparés (III, p. 13, prop. 18), donc il en est de même de $\tilde{G}$, sous-espace de $\prod_{\alpha \in I} G_\alpha$. Le noyau H de i est l'intersection des H_α, et est donc un sous-groupe fermé de G; comme tout voisinage de e contient l'un des H_α, il contient H, et par suite (III, p. 20, formule (1)) H est l'adhérence de $\{e\}$. Montrons ensuite que $i(G)$ est dense dans $\tilde{G}$. Soit f_α l'application canonique $\tilde{G} \to G_\alpha$, restriction à $\tilde{G}$ de la projection pr_α; $\varphi_\alpha = f_\alpha \circ i$ est l'application canonique $G \to G/H_\alpha$. Pour tout ensemble ouvert non vide U de $\tilde{G}$, il existe un $\alpha \in I$ et un ensemble ouvert non vide U_α dans G_α tels que $\overset{-1}{f_\alpha}(U_\alpha) \subset U$ (I, p. 29, prop. 9), donc $\overset{-1}{i}(U) \supset \overset{-1}{\varphi_\alpha}(U_\alpha)$; mais comme φ_α est surjective, $\overset{-1}{i}(U)$ n'est pas vide, ce qui prouve qui $i(G) \cap U \neq \varnothing$.

Pour voir que i est un morphisme strict sur $i(G)$, considérons un voisinage V de e dans G; il existe un voisinage W de e dans G tel que $W^2 \subset V$, et un $\alpha \in I$ tel que $H_\alpha \subset W$; on en déduit que V contient $WH_\alpha = \overset{-1}{\varphi_\alpha}(\varphi_\alpha(W)) = \overset{-1}{i}(\overset{-1}{f_\alpha}(\varphi_\alpha(W)))$; comme $\overset{-1}{f_\alpha}(\varphi_\alpha(W))$ est un voisinage de l'élément neutre dans $\tilde{G}$, cela prouve notre assertion (III, p. 16, prop. 24).

Enfin, supposons qu'il existe un $\gamma \in I$ tel que H_γ soit complet; pour voir que i est surjective, il suffit de prouver que toute famille décroissante $(T_\alpha) \in \tilde{G}$ a une intersection non vide. Comme T_γ se déduit par translation de H_γ, c'est un sous-espace complet de G (pour la structure uniforme droite et la structure uniforme gauche). De plus, comme tout voisinage U de e dans G contient l'un des H_α, l'ensemble T_α correspondant est petit d'ordre U_d (ou U_s), autrement dit l'ensemble des T_α contenus dans T_γ est une base de *filtre de Cauchy*; elle converge donc dans T_γ, et comme les T_α sont fermés dans G (étant déduits par translation des H_α), leur intersection est non vide.

C.Q.F.D.

COROLLAIRE 1. — *Si la condition* (AP) *est vérifiée et si en outre les groupes* (*séparés*) G/H_α *sont complets, le groupe* G *admet un groupe séparé complété, qui s'identifie à* $\tilde{G}$, *l'application* $i: G \to \tilde{G}$ *s'identifiant à l'application canonique* (III, p. 25).

En effet, $\tilde{G}$ est alors complet (III, p. 57) et la prop. 2 montre que $i(G)$ est isomorphe au groupe séparé associé à G; comme il est dense dans $\tilde{G}$, on en déduit le corollaire (III, p. 25).

En particulier:

COROLLAIRE 2. — *Soient* G *un groupe,* (H_α) *une famille filtrante décroissante de sous-groupes distingués de* G. *Si l'on munit* G *de la topologie de groupe pour laquelle les* H_α *forment un système fondamental de voisinages de e* (III, p. 5, *Exemple*), *le groupe séparé associé à* G *est isomorphe à* $G/(\bigcap_\alpha H_\alpha) = G_1$, G_1 *admet un groupe complété et l'application canonique* $G_1 \to \tilde{G} = \varprojlim G/H_\alpha$ *se prolonge en un isomorphisme de* $\hat{G} = \hat{G}_1$ *sur* $\tilde{G}$.

En effet, le sous-groupe H_α de G étant ouvert, est aussi fermé (III, p. 7, corollaire) et G/H_α est discret (III, p. 13, prop. 18), donc les conditions du cor. 1 sont satisfaites.

COROLLAIRE 3. — *Soient* G *un groupe,* G_0 *un sous-groupe de* G, (H_α) *une famille filtrante décroissante de sous-groupes distingués de* G_0. *On suppose que les* H_α *forment un système fondamental de voisinages de e pour une topologie séparée sur* G, *compatible avec la structure de groupe de* G. *Alors le groupe topologique* G *ainsi défini admet un groupe complété* $\hat{G}$, *et l'adhérence* $\overline{G_0}$ *de* G_0 *dans* $\hat{G}$ *est canoniquement isomorphe à* $\varprojlim G_0/H_\alpha$.

En effet, G_0 est un sous-groupe ouvert de G; l'application $x \mapsto x^{-1}$ de G_0 dans G est uniformément continue pour la structure uniforme droite de G, car les relations $x \in G_0$, $y \in G_0$, $xy^{-1} \in H_\alpha$ entraînent $yx^{-1} \in H_\alpha$, puis $x^{-1}y = x^{-1}(yx^{-1})x \in H_\alpha$ puisque H_α est un sous-groupe distingué de G_0. L'existence du groupe complété $\hat{G}$ résulte donc de III, p. 25, prop. 9; comme alors $\overline{G^0}$ s'identifie au groupe complété de G_0 (II, p. 26, cor. 1), la seconde assertion résulte du cor. 2.

Dans toute la fin de ce numéro, nous supposerons que G est *séparé* et que (H_α) est une famille décroissante filtrante de sous-groupes distingués *compacts* vérifiant la condition (AP); en vertu de la prop. 2 (III, p. 60), l'application $i: G \to \tilde{G} = \varprojlim G/H_\alpha$ est alors un *isomorphisme de groupes topologiques,* permettant d'identifier G et $\tilde{G}$; nous noterons f_α l'application canonique $G \to G/H_\alpha$.

Lemme 1. — *Sous les hypothèses de la prop.* 2 (III, p. 60), *pour toute partie fermée* E *de* G, *on a* $E = \bigcap_\alpha EH_\alpha$.

En effet, E est l'intersection des ensembles EV, où V parcourt le filtre des voisinages de e (III, p. 20, formule (1)), et tout voisinage de e contient un H_α; d'où la conclusion puisque $E \subset EH_\alpha$.

PROPOSITION 3. — *On suppose* G *séparé, les* H_α *compacts et vérifiant* (AP).

a) *Soit* L *un sous-groupe fermé de* G; *alors, pour tout* $\alpha \in I$, *le sous-groupe* $L_\alpha = f_\alpha(L)$ *de* $G_\alpha = G/H_\alpha$ *est fermé, et l'isomorphisme* i *de* G *sur* $\varprojlim G_\alpha$ *donne par restriction un isomorphisme de* L *sur* $\varprojlim L_\alpha$. *Si de plus* L *est distingué dans* G, *alors* L_α *est distingué dans* G_α *pour tout* $\alpha \in A$, *et par passage aux quotients,* i *donne un isomorphisme de* G/L *sur* $\varprojlim G_\alpha/L_\alpha$.

b) *Inversement, pour tout* $\alpha \in I$, *soit* L_α *un sous-groupe fermé de* G_α, *et supposons que l'on ait* $L_\alpha = f_{\alpha\beta}(L_\beta)$ *pour* $\alpha \leqslant \beta$. *Il existe alors un sous-groupe fermé* L *de* G *et un seul tel que* $L_\alpha = f_\alpha(L)$ *pour tout* $\alpha \in I$; *en outre, si pour tout* $\alpha \in I$, L_α *est distingué dans* G_α, *alors* L *est distingué dans* G.

a) Comme H_α est compact, LH_α est fermé dans G (III, p. 28, cor. 1), donc L_α est fermé dans G_α. Puisque i identifie les groupes topologiques G et $\varprojlim G_\alpha$ et que $\varprojlim L_\alpha$ s'identifie à un sous-groupe (topologique) de $\varprojlim G_\alpha$, i identifie à $\varprojlim L_\alpha$ le sous-groupe $\bigcap_\alpha LH_\alpha$ de G, et pour démontrer la première assertion, il suffit de remarquer que $L = \bigcap_\alpha LH_\alpha$ en vertu du lemme 1. D'autre part, si L est distingué, alors, pour tout $\alpha \in I$, l'application $f'_\alpha : G/L \to G_\alpha/L_\alpha$ déduite de f_α par passage aux quotients est un morphisme strict surjectif (III, p. 17, *Remarque* 3), dont le noyau est le sous-groupe distingué *compact* $H_\alpha L/L$ de G/L, image canonique du sous-groupe compact H_α de G. Comme les sous-groupes $H_\alpha L/L$ de G/L vérifient la condition (AP) (III, p. 16, prop. 24) et que G/L est séparé, la dernière assertion de a) résulte de la prop. 2 de III, p. 60.

b) Soit $f'_{\alpha\beta}$ la restriction de $f_{\alpha\beta}$ à L_β pour $\alpha \leqslant \beta$; $(L_\alpha, f'_{\alpha\beta})$ est alors un système projectif de groupes topologiques, dont la limite projective L s'identifie au sous-groupe $G \cap \prod_\alpha L_\alpha$ de G. Par hypothèse $f'_{\alpha\beta}$ est surjective et son noyau est le sous-groupe compact $f_\beta(H_\alpha) \cap L_\beta$ de L_β; par suite (I, p. 64, cor. 1) on a $L_\alpha = f_\alpha(L)$ pour tout $\alpha \in I$. Si L′ est un second sous-groupe fermé de G tel que $f_\alpha(L') = L_\alpha$ pour tout $\alpha \in I$, on a $L'H_\alpha = \overset{-1}{f_\alpha}(L_\alpha)$, d'où (lemme 1)

$$L' = \bigcap_\alpha L'H_\alpha = \bigcap_\alpha \overset{-1}{f_\alpha}(L_\alpha) = L.$$

Enfin, la dernière assertion de b) résulte de la formule $L = \bigcap_\alpha \overset{-1}{f_\alpha}(L_\alpha)$, les $\overset{-1}{f_\alpha}(L_\alpha)$ étant alors distingués dans G.

PROPOSITION 4. — *On suppose* G *séparé, les* H_α *compacts et vérifiant* (AP). *Si* C_α *est la composante neutre de* $G_\alpha = G/H_\alpha$, *la composante neutre* C *de* G *s'identifie à* $\varprojlim C_\alpha$ *et on a* $f_\alpha(C) = C_\alpha$.

La proposition résultera du lemme suivant:

Lemme 2. — *Soient* G *un groupe topologique séparé,* H *un sous-groupe distingué compact de* G, φ *l'application canonique* $G \to G/H$. *Si* C *est la composante neutre de* G, $\varphi(C)$ *est la composante neutre de* $G' = G/H$.

En effet, une fois ce lemme établi, on aura $f_\alpha(C) = C_\alpha$ pour tout $\alpha \in I$, et comme C est un sous-groupe fermé de G (III, p. 8, prop. 8), il suffira d'appliquer la prop. 3 a) de III, p. 62.

Pour démontrer le lemme 2, observons d'abord que si C′ est la composante connexe de l'élément neutre e' dans G′, on a $\varphi(C) \subset C'$ puisque $\varphi(C)$ est connexe. Supposons que $\varphi(C) \neq C'$. Comme C est un sous-groupe distingué fermé de G (III, p. 8, prop. 8), $\varphi(C)$ est un sous-groupe distingué de G′; si ψ est l'application canonique $G' \to G'/\varphi(C)$, $\psi(C')$ serait connexe et non réduit à l'élément neutre, donc la composante connexe de $G'/\varphi(C)$ serait distincte de l'élément neutre. Mais $G'/\varphi(C)$ est isomorphe à $(G/H)/(HC/H)$, donc à G/HC, et par suite aussi à $(G/C)/(HC/C)$ (III, p. 15, corollaire et III, p. 14, prop. 20). Or, G/C est séparé et totalement discontinu (I, p. 84, prop. 9), et HC/C, image canonique du sous-groupe distingué compact H de G, est un sous-groupe compact de G/C. On est donc ramené à démontrer le lemme 2 lorsque G est en outre supposé *totalement discontinu*, soit $C = \{e\}$.

Supposons alors que $C' \neq \{e'\}$; en remplaçant G par son sous-groupe $\overset{-1}{\varphi}(C')$, qui est totalement discontinu et contient H, on peut supposer que G′ est *connexe* et non réduit à un point.

Soit $\mathfrak{M}$ l'ensemble des sous-groupes fermés L de G tels que $LH = G$; montrons que l'ensemble $\mathfrak{M}$, ordonné par la relation $\supset$, est *inductif*. En effet, si $\mathfrak{T}$ est une partie totalement ordonnée de $\mathfrak{M}$, alors, pour tout $x \in G$, l'ensemble des $xH \cap L$ pour $L \in \mathfrak{T}$ est une base de filtre composée d'ensembles fermés dans l'espace compact xH; l'intersection de ces ensembles est donc non vide, ce qui prouve que l'intersection des sous-groupes $L \in \mathfrak{T}$ appartient encore à $\mathfrak{M}$. Appliquant le th. de Zorn, on voit donc qu'il existe dans $\mathfrak{M}$ un élément *minimal* L_0. Comme H est compact, $G/H = L_0H/H$ est isomorphe à $L_0/(L_0 \cap H)$ (III, p. 28, cor. 3); comme L_0 est totalement discontinu et $L_0 \cap H$ compact, on voit qu'on peut remplacer G par L_0; autrement dit, on peut supposer en outre qu'il n'existe *aucun* sous-groupe fermé $L \neq G$ tel que $LH = G$.

Or, soit F l'intersection des voisinages à la fois ouverts et fermés de e dans G; montrons que F est un sous-groupe fermé de G. En effet, comme il est évident que F est fermé, il suffit de montrer que $F^{-1}.F \subset F$. Mais si $x \in F$ et si V est un voisinage ouvert et fermé de e dans G, il en est de même de xV: sans quoi, e appartiendrait au complémentaire W de xV dans G, qui est encore ouvert et fermé, et on aurait $x \notin W$, donc par définition $x \notin F$ contrairement à l'hypothèse. On en conclut que xF, intersection des xV pour les voisinages ouverts et fermés V de e, contient F, autrement dit $x^{-1}F \subset F$, ce qui prouve notre assertion. Puisque G est totalement discontinu et non réduit à e, on a $F \neq G$. Mais si V est un voisinage à la fois ouvert et fermé de e dans G, VH est aussi à la fois ouvert et fermé dans G (III, p. 28, cor. 1), donc $\varphi(V)$ est à la fois ouvert et fermé dans G/H, ce qui implique $\varphi(V) = G/H$ en vertu de l'hypothèse. On va en conclure que $FH = G$, ce qui impliquera contradiction, et démontrera donc le lemme. En effet, pour tout $x \in G$, xH rencontre tout voisinage V de e à la fois ouvert et fermé, donc aussi l'intersection F de ces voisinages, puisque les ensembles $V \cap xH$ forment une base de filtre composée d'ensembles fermés dans l'espace compact xH. C.Q.F.D.

Remarque. — Si le sous-groupe H_α est compact pour *un* $\alpha \in I$, alors H_β est compact pour $\beta \geqslant \alpha$, puisque c'est un sous-groupe fermé de H_α. Comme l'ensemble des $\beta \in I$ tels que $\beta \geqslant \alpha$ est cofinal à I, il revient essentiellement au même, pour l'étude du groupe G, de supposer un des H_α compact ou *tous* les H_α compacts.

3. Application aux limites projectives

Proposition 5. — *Soit* $(G_\alpha, f_{\alpha\beta})$ *un système projectif de groupes topologiques séparés, tel que les* $f_{\alpha\beta}$ *soient des morphismes stricts surjectifs, de noyaux compacts. Alors, pour tout* $\alpha \in I$, *l'application canonique* f_α *de* $G = \varprojlim G_\alpha$ *dans* G_α *est un morphisme strict surjectif, de noyau compact.*

Le fait que f_α soit surjectif et de noyau compact est conséquence de I, p. 64, cor. 1. Reste à voir que f_α est un morphisme strict. Désignons par e (resp. e_α) l'élément neutre de G (resp. G_α). Tout voisinage V de e dans G contient un ensemble de la forme $\overset{-1}{f_\beta}(V_\beta)$, où V_β est un voisinage de e_β dans G_β, et où l'on peut supposer $\beta \geqslant \alpha$; comme $f_{\alpha\beta}$ est un morphisme strict surjectif, $f_{\alpha\beta}(V_\beta)$ est un voisinage de e_α dans G_α, et comme f_β est surjectif, on a $V_\beta \subset f_\beta(V)$, d'où

$$f_\alpha(V) = f_{\alpha\beta}(f_\beta(V)) \supset f_{\alpha\beta}(V_\beta),$$

ce qui prouve que $f_\alpha(V)$ est un voisinage de e_α dans G_α.

Si $H_\alpha = \overset{-1}{f_\alpha}(e_\alpha)$, les sous-groupes distingués compacts H_α de G vérifient évidemment la condition (AP) de III, p. 60 et G_α s'identifie à G/H_α. En particulier les prop. 3 (III, p. 62) et 4 (III, p. 62) s'appliquent à G et aux H_α.

Corollaire 1. — *Soient* $(G_\alpha, f_{\beta\alpha})$ *un système projectif de groupes topologiques vérifiant les hypothèses de la prop.* 5, $(G'_\alpha, f'_{\alpha\beta})$ *un système projectif de groupes topologiques, et pour chaque* α, *soit* $u_\alpha : G_\alpha \to G'_\alpha$ *un morphisme strict surjectif, de noyau compact, les* u_α *formant un système projectif d'applications. Alors* $u = \varprojlim u_\alpha$ *est un morphisme strict de* $G = \varprojlim G_\alpha$ *sur* $G' = \varprojlim G'_\alpha$, *de noyau compact.*

Soit N_α le noyau de u_α; $L_\alpha = \overset{-1}{f_\alpha}(N_\alpha)$ est alors le noyau du morphisme strict surjectif $v_\alpha = u_\alpha \circ f_\alpha : G \to G'_\alpha$; comme L_α/H_α est isomorphe à N_α (III, p. 14, prop. 20), L_α est un sous-groupe distingué *compact* de G (III, p. 28, cor. 2). Le noyau L de u est l'intersection des L_α; désignons par φ l'application canonique

$G \to G/L$; on peut écrire $v_\alpha = w_\alpha \circ \varphi$, où w_α est un morphisme strict de G/L sur G'_α, de noyau L_α/L. Comme l'intersection des L_α/L est l'élément neutre de G/L et que les L_α/L forment une base de filtre et sont compacts, cette base de filtre converge vers l'élément neutre de G/L (I, p. 60, corollaire). La prop. 2 de III, p. 60 montre alors que $w = \varprojlim w_\alpha$ est un *isomorphisme* de G/L sur G'; on en conclut que $w \circ \varphi$ est un morphisme strict de G sur G', de noyau L; mais il est clair que $u = w \circ \varphi$, ce qui démontre le corollaire.

COROLLAIRE 2. — *Soit* $(G_\alpha, f_{\alpha\beta})$ *un système projectif de groupes topologiques vérifiant les conditions de la prop.* 5, *et soit* G' *un groupe topologique dans lequel il existe un voisinage* V' *de l'élément neutre e' ne contenant aucun sous-groupe de* G' *distinct de* $\{e'\}$. *Alors, pour tout homomorphisme continu* $v\colon G \to G'$, *il existe un indice* $\alpha \in I$ *et un homomorphisme continu* $v_\alpha\colon G_\alpha \to G'$ *tels que* $v = v_\alpha \circ f_\alpha$.

En effet, comme $\overset{-1}{v}(V')$ est un voisinage de e dans G, il existe un indice α et un voisinage V_α de e_α dans G_α tels que $\overset{-1}{f_\alpha}(V_\alpha) \subset \overset{-1}{v}(V')$. On a donc $v(H_\alpha) \subset V'$, et comme $v(H_\alpha)$ est un sous-groupe de G', $v(H_\alpha) = \{e'\}$. Comme f_α s'identifie à l'application canonique $G \to G/H_\alpha$, le corollaire résulte de la factorisation canonique d'un homomorphisme continu (III, p. 16).

Exercices

§ 1

1) Toute topologie compatible avec la structure de groupe d'un groupe *fini* G s'obtient en prenant pour voisinages de l'élément neutre les ensembles contenant un sous-groupe distingué H de G.

2) On appelle groupe *semi-topologique* un groupe G muni d'une topologie telle que, pour tout $a \in G$, les translations $x \mapsto ax$ et $x \mapsto xa$ soient continues dans G, et que la symétrie $x \mapsto x^{-1}$ soit continue dans G.[1]

a) Pour qu'un filtre $\mathfrak{V}$ sur un groupe G soit filtre de voisinages de e pour une topologie faisant de G un groupe semi-topologique, il faut et il suffit que $\mathfrak{V}$ satisfasse aux axiomes (GV_{II}) et (GV_{III}) de III, p. 3, et que la famille des filtres $\mathfrak{V}(x) = x.\mathfrak{V} = \mathfrak{V}.x$ $(x \in G)$ satisfasse à l'axiome (V_{IV}) de I, p. 3.

b) Sur un groupe infini G, montrer que la topologie pour laquelle les ensembles ouverts sont $\varnothing$ et les complémentaires des parties finies de G, fait de G un groupe semi-topologique non séparé dans lequel $\{e\}$ est fermé, mais n'est pas compatible avec la structure de groupe de G.

*c) Définir sur la droite numérique **R** une topologie plus fine que la topologie usuelle, pour laquelle **R** soit un groupe semi-topologique mais non un groupe topologique (considérer une suite décroissante (r_n) de nombres >0, tendant vers 0, et prendre les intersections des intervalles symétriques $]-a, a[$ et du complémentaire de l'ensemble des points $\pm r_n$).*

3) Soit A une partie d'un groupe semi-topologique (resp. topologique) G. Si V parcourt le filtre des voisinages de e, l'intersection des ensembles AV, ou des ensembles VA (resp. des ensembles VAV) est l'adhérence $\overline{A}$ de A.

4) On appelle groupe *paratopologique* un groupe G muni d'une topologie satisfaisant à l'axiome (GT_I) de III, p. 1.[1]

a) Pour qu'un filtre $\mathfrak{V}$ sur un groupe G soit filtre de voisinages de e pour une topologie faisant de G un groupe paratopologique, il faut et il suffit que $\mathfrak{V}$ satisfasse aux axiomes (GV_I) et

[1] Lorsque G est *localement compact*, ces conditions entraînent que la topologie de G est compatible avec sa structure de groupe (X, § 3, exerc. 25).

(GV_{III}) de III, p. 3, et que l'on ait $e \in V$ pour tout $V \in \mathfrak{B}$; la topologie correspondante est alors unique. Pour qu'elle soit séparée, il faut et il suffit que l'intersection des ensembles $V.V^{-1}$, où V parcourt $\mathfrak{B}$, soit réduite au point e.

b) Sur le groupe **Z** des entiers, soit, pour tout $n > 0$, V_n l'ensemble formé de 0 et des entiers $m \geqslant n$. Montrer que les V_n forment un système fondamental de voisinages de 0 pour une topologie non séparée sur **Z**, faisant de **Z** un groupe paratopologique dans lequel $\{0\}$ est fermé.

c) Pour qu'un groupe paratopologique G soit un groupe topologique, il faut et il suffit que pour toute partie A de G, l'intersection des ensembles AV (ou des ensembles VA) lorsque V parcourt le filtre des voisinages de e, soit l'adhérence $\overline{A}$ de A (pour voir que la condition est suffisante, prendre pour A le complémentaire d'un voisinage ouvert de e).

5) Sur un groupe G, soit $\mathfrak{B}$ un filtre satisfaisant aux axiomes (GV_I) et (GV_{II}) de III, p. 3.

a) Il existe sur G une topologie $\mathcal{T}_s$ (resp. $\mathcal{T}_d$) et une seule telle que pour tout $a \in G$, le filtre des voisinages de a pour $\mathcal{T}_s$ (resp. $\mathcal{T}_d$) soit $a.\mathfrak{B}$ (resp. $\mathfrak{B}.a$).

Soit G_s (resp. G_d) l'espace topologique obtenu en munissant G de $\mathcal{T}_s$ (resp. $\mathcal{T}_d$). Pour tout $a \in G$, la translation à gauche $x \mapsto ax$ (resp. la translation à droite $x \mapsto xa$) est une application continue de G_s dans G_s (resp. de G_d dans G_d). La symétrie $x \mapsto x^{-1}$ est une application continue de G_s dans G_d et de G_d dans G_s.

b) Les conditions suivantes sont équivalentes: 1° $\mathfrak{B}$ satisfait à (GV_{III}) (III, p. 3); 2° pour tout $a \in G$, $x \mapsto xa$ est une application continue de G_s dans G_s; 3° $x \mapsto x^{-1}$ est une application continue de G_s dans G_s.

**c*) Soit G_0 le groupe $\mathbf{GL}(2, \mathbf{Q}_p)$ des matrices carrées d'ordre 2, sur le corps p-adique $\mathbf{Q}_p$. Pour tout entier $n > 0$, soit H_n l'ensemble des matrices de la forme $I + p^n U$, où U est une matrice d'ordre 2 dont les éléments sont des entiers p-adiques. Montrer que les $H_n^{\mathbf{N}}$ sont des sous-groupes de $G = G_0^{\mathbf{N}}$, dont l'intersection est réduite à l'élément neutre. En déduire que si $\mathfrak{B}$ est le filtre ayant pour base les $H_n^{\mathbf{N}}$, les topologies $\mathcal{T}_s$ et $\mathcal{T}_d$ correspondantes sur G sont séparées; montrer que ces topologies sont distinctes.*

6) Soient G un groupe topologique, V un voisinage ouvert de e dans G. Montrer que l'ensemble des $x \in V$ tels que $x^2 \in V$ est la réunion des voisinages W de e tels que $W^2 \subset V$.

*7) Soit φ l'application canonique de **R** sur $\mathbf{T} = \mathbf{R}/\mathbf{Z}$, et soit f l'application $x \mapsto \varphi(3x)$, restreinte au voisinage $V = \left]-\frac{1}{8}, +\frac{1}{8}\right[$ de 0 dans **R**; montrer que f est un homéomorphisme de V sur $f(V)$ et satisfait à la condition 1° de la déf. 2 de III, p. 6, mais n'est pas un isomorphisme local de **R** à **T**.*

¶ 8) Soient G un groupe topologique séparé, $s \neq e$ un point de G. Montrer qu'il existe un voisinage symétrique V de e pour lequel $s \notin V^2$ et il existe un recouvrement de G formé d'au plus 17 ensembles de la forme $a_k V b_k$ $(1 \leqslant k \leqslant 17)$. (Considérer dans l'ensemble des voisinages symétriques V de e tels que $s \notin V^2$ un élément maximal. On est amené ainsi à considérer l'ensemble S des $x \in G$ tels que $x^2 = s$; observer que si x, y sont deux éléments de S tels que $xy^{-1} \in S$, on a nécessairement $s^2 = e$, et si z est un troisième élément de S tel que $xz^{-1} \in S$ et $yz^{-1} \in S$, z est nécessairement permutable à xy^{-1}, et $xy^{-1}z^{-1} \notin S$). Lorsque G est commutatif, on peut dans l'énoncé précédent remplacer le nombre 17 par 5.

9) Montrer que sur un groupe G, la borne supérieure d'une famille de topologies compatibles avec la structure de groupe de G est compatible avec cette structure.

§ 2

1) Étendre aux groupes semi-topologiques (III, p. 66, exerc. 2) et aux groupes paratopologiques (III, p. 66, exerc. 4) les prop. 3 (III, p. 7), 6, 8 (III, p. 8) et 9, (ii) (III, p. 9) et le cor. de la prop. 4 (III, p. 7).

2) *a*) Étendre aux groupes semi-topologiques (III, p. 66, exerc. 2) les prop. 1, 2 et 4 (III, p. 7). (Pour voir que l'adhérence $\overline{\mathrm{H}}$ d'un sous-groupe est un sous-groupe, remarquer d'abord que $s\overline{\mathrm{H}} \subset \overline{\mathrm{H}}$ pour tout $s \in \mathrm{H}$.)

b) Soit G le groupe $\mathbf{Z}^{(\mathbf{N})}$, et soit e_i ($i \in \mathbf{N}$) l'élément de G dont toutes les coordonnées sont nulles sauf celle d'indice i, égale à 1. Pour tout $n \in \mathbf{N}$, soit V_n l'ensemble des $z = (z_k) \in \mathrm{G}$ tels que $z_k = 0$ pour $k \leqslant n$ et $z_k \geqslant 0$ pour $k > n$. Les V_n forment un système fondamental de voisinages de 0 pour une topologie faisant de G un groupe paratopologique séparé. Soit H le sous-groupe de G engendré par les éléments $e_0 + e_n$ ($n \geqslant 1$); montrer que dans G, H est discret mais non fermé et que $\overline{\mathrm{H}}$ n'est pas un sous-groupe de G.

3) Donner un exemple de groupe topologique non séparé dans lequel le centre n'est pas fermé et a pour adhérence un sous-groupe non commutatif (cf. III, p. 66, exerc. 1). Donner un exemple de groupe semi-topologique ayant les mêmes propriétés et dans lequel tout ensemble réduit à un point est fermé (cf. III, p. 66, exerc. 2 *b*)).

¶ 4) *a*) Dans un groupe semi-topologique G, l'intersection des voisinages à la fois ouverts et fermés de e est un sous-groupe fermé H invariant par tous les automorphismes de G (remarquer qu'il ne peut exister de partition de G en deux ensembles ouverts et fermés dont chacun rencontre H).

b) Dans l'ensemble $\mathfrak{S}$ des sous-groupes de G, on définit une application φ qui, à tout sous-groupe H de G, fait correspondre le sous-groupe $\varphi(\mathrm{H})$ de H intersection des voisinages à la fois ouverts et fermés de e dans H. Dans l'ensemble $\mathfrak{S}$, ordonné par la relation $\supset$, on considère la *chaîne* Γ de G pour l'application φ (E, III, p. 75, exerc. 6); montrer que le plus petit des sous-groupes de Γ est la composante connexe de e dans G (remarquer que ce plus petit sous-groupe est nécessairement connexe).

5) On dit qu'un groupe semi-topologique G est *quasi-topologique* si pour tout $a \in \mathrm{G}$, l'application $x \mapsto xax^{-1}$ de G dans G est continue. Tout groupe commutatif semi-topologique est quasi-topologique.

a) Montrer que dans un groupe quasi-topologique, le normalisateur d'un sous-groupe fermé est fermé.

b) Soit G un groupe quasi-topologique engendré par chacun des voisinages de e (resp. connexe). Montrer que tout sous-groupe distingué discret (resp. totalement discontinu) D de G est contenu dans le centre de G (si $a \in \mathrm{D}$, montrer qu'il existe un voisinage V de e tel que $xax^{-1} = a$ pour tout $x \in \mathrm{V}$).

$_*c$) Soit G le groupe des matrices $\begin{pmatrix} 1 & 0 \\ y & x \end{pmatrix}$, où $x > 0$ et y sont des nombres réels. Si on identifie G à une partie de $\mathbf{R}^2$ par l'application $(x, y) \mapsto \begin{pmatrix} 1 & 0 \\ y & x \end{pmatrix}$, la topologie $\mathscr{T}_0$ induite sur G par celle de $\mathbf{R}^2$ est compatible avec la structure de groupe. Soit H le sous-groupe distingué de G formé des matrices $\begin{pmatrix} 1 & 0 \\ y & 1 \end{pmatrix}$, et soit H* le complémentaire de l'élément neutre dans H. On définit une topologie $\mathscr{T}$ plus fine que $\mathscr{T}_0$ en prenant pour système fondamental de voisinages de e dans G les intersections des voisinages de e pour $\mathscr{T}_0$ avec le complémentaire de H* dans G. Pour cette topologie, montrer que G est un groupe semi-topologique connexe, non quasi-topologique, et dans lequel H est un sous-groupe discret non contenu dans le centre.$_*$

$_*$6) Soit G le groupe orthogonal $\mathbf{O}_2(\mathbf{Q})$, qu'on identifie à un sous-espace de l'espace $\mathbf{Q}^4$ de toutes les matrices d'ordre 2 sur $\mathbf{Q}$; la topologie induite sur G par celle de $\mathbf{Q}^4$ est compatible avec la structure de groupe. Montrer que dans le groupe G, le groupe des commutateurs n'est pas fermé et a pour adhérence le groupe $\mathbf{SO}_2(\mathbf{Q})$ (cf. A, IX, § 10, exerc. 3).$_*$

7) *a*) Montrer que dans un groupe quasi-topologique (exerc. 5) G connexe le groupe des commutateurs est connexe. (Soit P_k l'ensemble des produits de k commutateurs $x^{-1}y^{-1}xy$; montrer que P_k est réunion d'ensembles connexes dont chacun rencontre P_{k-1}).

b) Soit G un groupe infini dont le groupe des commutateurs est fini (par exemple le produit d'un groupe fini non commutatif et d'un groupe commutatif infini). Si on munit G de la topologie définie dans l'exerc. 2 *b*) de III, p. 66, G est un groupe semi-topologique connexe dont le groupe des commutateurs est non connexe.

¶ 8) Soit G un groupe quasi-topologique (exerc. 5).

a) Étendre à G la prop. 9,(i) de III, p. 9 (montrer d'abord que $x\overline{K}x^{-1} \subset \overline{K}$ pour $x \in H$). Donner un exemple de groupe semi-topologique non quasi-topologique, dans lequel la prop. 9,(i) de III, p. 9 n'est pas valable (cf. III, p. 64, exerc. 2 *b*)).

b) Soient H, K deux sous-groupes de G tels que $H \supset K$ et que K contienne le groupe des commutateurs de H. Montrer que $\overline{K}$ contient le groupe des commutateurs de $\overline{H}$ (méthode analogue).

c) Déduire de *b*) que si dans G tout ensemble réduit à un point est fermé, l'adhérence dans G de tout sous-groupe résoluble (resp. commutatif) (A, I, p. 71) est résoluble (resp. commutatif) (raisonner sur la longueur de la suite des groupes dérivés du sous-groupe considéré).

9) Soient G un groupe quasi-topologique, H un sous-groupe distingué fermé de G contenant le groupe des commutateurs de G. Montrer que si la composante connexe K de e dans H est résoluble, alors la composante connexe L de e dans G est résoluble (montrer en utilisant l'exerc. 7 *a*) que K contient le groupe des commutateurs de L).

10) Soit G un groupe quasi-topologique dans lequel tout ensemble réduit à un point est fermé et dont la composante neutre C est telle que G/C soit fini. Montrer que si G/C a k éléments, l'ensemble des conjugués xax^{-1} d'un élément $a \in G$ est infini ou a au plus k éléments (considérer l'application $x \mapsto xax^{-1}$ de G sur cet ensemble). En particulier, si G est connexe, l'ensemble des conjugués de tout élément n'appartenant pas au centre de G est infini.

11) Soit G un groupe, muni ou non d'une topologie, opérant sur un espace topologique E de sorte que chacune des applications $x \mapsto s.x$ ($s \in G$) de E dans E soit continue. Étendre à cette situation les résultats du nº 4 (III, p. 9).

12) Soient G un groupe semi-topologique (resp. paratopologique, resp. quasi-topologique), H un sous-groupe distingué de G.

a) Montrer que lorsqu'on munit G/H de la topologie quotient de celle de G par H, G/H est un groupe semi-topologique (resp. paratopologique, resp. quasi-topologique).

b) Étendre aux groupes semi-topologiques (resp. paratopologiques, resp. quasi-topologiques) les résultats du nº 7 (III, p. 14).

13) Soient G un groupe semi-topologique (resp. paratopologique), H un sous-groupe partout dense dans G. Quelle est la topologie de l'espace homogène G/H?

14) Soient G un groupe semi-topologique, H un sous-groupe distingué de G. Montrer que le groupe semi-topologique $G/\overline{H}$ est isomorphe au groupe séparé associé à G/H.

¶ 15) Soit G un groupe quasi-topologique dans lequel tout ensemble réduit à un point est fermé. Montrer que si G est résoluble, il existe une suite de composition de G formée de sous-groupes *fermés* de G et dont les quotients sont commutatifs (raisonner par récurrence sur la longueur de la suite des groupes dérivés de G, en utilisant l'exerc. 8 *c*).

¶ 16) Soit H un sous-groupe d'un groupe semi-topologique G, contenu dans la composante connexe K de e. Montrer que les composantes connexes de l'espace G/H sont les images des composantes connexes de G par l'application canonique f de G sur G/H (si L est une composante connexe de G/H, montrer que $\overset{-1}{f}(L)$ est connexe, en raisonnant par l'absurde). Montrer que K est le plus petit des sous-groupes fermés H de G tels que G/H soit totalement discontinu.

$_*$17) Soit G le groupe additif des applications $n \mapsto f(n)$ de **N** dans **Q** telles que $\lim_{n\to\infty} f(n)$ existe dans **R**. Pour tout $\alpha > 0$, soit V_α l'ensemble des $f \in G$ tels que $|f(n)| < \alpha$ pour tout $n \in \mathbf{N}$. Montrer que les V_α satisfont aux axiomes (GV_I) et (GV_{II}) et qu'avec la topologie définie par les V_α, le groupe G est séparé et totalement discontinu. Soit H le sous-groupe des $f \in G$ tels que $\lim_{n\to\infty} f(n) = 0$. Montrer que H est fermé et que G/H est isomorphe à **R**, donc connexe.$_*$

18) Pour qu'un homomorphisme continu f d'un groupe topologique G dans un groupe topologique G′ soit un morphisme strict, il faut et il suffit que l'image par f de tout ensemble ouvert dans G contienne au moins un point intérieur par rapport à $f(G)$.

19) Soient G, G′, G″ trois groupes topologiques, f un morphisme strict de G dans G′, g un morphisme strict de G′ dans G″. Montrer que si $f(G)$ contient le noyau $\overset{-1}{g}(e'')$ de g (e'' élément neutre de G″), $g \circ f$ est un morphisme strict de G dans G″ (cf. III, p. 15, corollaire). Donner un exemple où f est injectif, où la condition précédente n'est pas remplie, et où $g \circ f$ n'est pas un morphisme strict de G dans G″ (cf. III, p. 14, remarque suivant la prop. 20).

20) Soient H, H′ deux sous-groupes d'un groupe semi-topologique G, tels que $H' \subset H$. Montrer que si f, f', sont les applications canoniques de G sur G/H et G/H′ respectivement, il existe une application φ et une seule de G/H′ sur G/H telle que $f = \varphi \circ f'$; φ est continue et ouverte. Si de plus H′ est ouvert par rapport à H, tout point x de G/H′ a un voisinage V tel que la restriction de φ à V soit un homéomorphisme de V sur un voisinage de $\varphi(x)$ dans G/H.

21) Soient G un groupe topologique, H et K deux sous-groupes de G tels que $G = HK$ et $H \cap K = \{e\}$. Pour tout $x \in G$, on peut écrire d'une seule manière $x = f(x)g(x)$, où $f(x) \in H$ et $g(x) \in K$; pour que l'application $(y, z) \mapsto yz$ de $H \times K$ sur G soit un homéomorphisme, il faut et il suffit que l'une des applications f, g soit continue. Montrer que cette condition est toujours remplie si l'un des sous-groupes H, K est compact et fermé, et l'autre fermé (remarquer que si H et K sont fermés, f et g ne peuvent avoir de valeur d'adhérence distincte de e lorsque x tend vers e dans G) (cf. EVT, IV, § 2, exerc. 19).

22) Soient G le produit d'une famille $(G_\iota)_{\iota\in I}$ de groupes topologiques, et G′ un groupe topologique tel qu'il existe un voisinage V′ de l'élément neutre e' de G′ ne contenant aucun sous-groupe distingué distinct de $\{e'\}$. Si f est un homomorphisme continu de G dans G′, montrer qu'il existe une partie J de I dont le complémentaire J′ est fini, telle que f soit égale à e' dans le sous-groupe $\prod_{\iota\in J} G_\iota \times \prod_{\iota\in J'} \{e_\iota\}$ de G.

23) Sur l'ensemble produit G d'une famille $(G_\iota)_{\iota\in I}$ de groupes topologiques, on considère la structure de groupe produit de celles des G_ι, et la topologie engendrée par l'ensemble des produits $\prod_{\iota\in I} A_\iota$, où A_ι est ouvert dans G_ι pour tout $\iota \in I$ et où l'ensemble des $\iota \in I$ tels que $A_\iota \neq G_\iota$ a un cardinal $< \mathfrak{c}$, $\mathfrak{c}$ étant un cardinal infini donné (I, p. 95, exerc. 9). Montrer que cette topologie est compatible avec la structure de groupe de G. En déduire un exemple de groupe topologique séparé non discret dans lequel toute partie compacte est finie (cf. I, p. 105, exerc. 4).

¶ 24) Soient G et G′ deux groupes connexes localement isomorphes.

a) Soit f un isomorphisme local de G à G′, défini dans un voisinage V de l'élément neutre e de G; soit H le sous-groupe du produit $G \times G'$ engendré par l'ensemble des points $(x, f(x))$, où x parcourt V. On considère sur H la base de filtre formée des images, par l'application $x \mapsto (x, f(x))$, des voisinages de e contenus dans V. Montrer que cette base de filtre est un système fondamental de voisinages de l'élément neutre de H pour une topologie $\mathscr{T}$ compatible avec la structure de groupe de H.

b) Montrer qu'il existe deux sous-groupes distingués discrets K, K′ contenus dans le centre de H, tels que G soit isomorphe à H/K et G′ à H/K′ (utiliser l'exerc. 5 *b*) de III, p. 68).
$_*$c) On prend pour G et G′ le groupe **T**, pour f l'isomorphisme local qui, à tout point $\varphi(x)$, où $-\frac{1}{4} \leqslant x \leqslant \frac{1}{4}$ (φ homomorphisme canonique de **R** sur $\mathbf{T} = \mathbf{R}/\mathbf{Z}$) fait correspondre $\varphi(\theta x)$, où θ est un nombre irrationnel tel que $0 < \theta < 1$. Montrer que pour cet isomorphisme local, la topologie $\mathscr{T}$ définie sur H est distincte de la topologie induite sur H par la topologie produit sur $G \times G'$.$_*$

¶ 25) Soient G un groupe topologique, K un sous-groupe distingué de G, φ l'application canonique $G \to G/K$. Soit f un homomorphisme continu d'un groupe topologique H dans G, tel que tout élément de $f(H)$ soit permutable à tout élément de K; alors $(y, z) \mapsto f(y)z$ est un homomorphisme continu g de $H \times K$ dans G. Pour que g soit un morphisme strict de $H \times K$ dans G, il faut et il suffit que $\varphi \circ f$ soit un morphisme strict de H dans G/K.

26) Soit $(G_\iota)_{\iota \in I}$ une famille de groupes topologiques, et pour chaque $\iota \in I$, soit K_ι un sous-groupe *ouvert* distingué de G_ι. On désigne par $\mathfrak{V}$ le filtre des voisinages de l'élément neutre dans le groupe topologique produit $K = \prod_{\iota \in I} K_\iota$. Montrer que dans le groupe produit $G = \prod_{\iota \in I} G_\iota$, $\mathfrak{V}$ est une base de filtre de voisinages de e pour une topologie compatible avec la structure de groupe de G. Muni de cette topologie, on dit que G est le *produit local* des G_ι (relatif aux K_ι); K est alors un sous-groupe distingué ouvert de G, et G/K est isomorphe au produit (discret) des groupes G_ι/K_ι. Si, pour tout $\iota \in I$, K'_ι est un second sous-groupe distingué ouvert de G_ι, pour que les topologies de produit local sur G, relatives aux familles (K_ι) et (K'_ι), soient les mêmes, il faut et il suffit que $K'_\iota = K_\iota$ sauf pour un nombre fini d'indices.

Pour tout $\kappa \in I$, soit G'_κ le sous-groupe distingué de G formé des $x = (x_\iota)$ tels que $x_\iota = e_\iota$ pour $\iota \neq \kappa$; muni de la topologie induite par une topologie de produit local sur G, G'_κ est canoniquement isomorphe à G_κ. L'adhérence dans G du sous-groupe engendré par les G'_ι est le sous-groupe distingué G_0 de G formé des $x = (x_\iota)$ tels que $x_\iota \in K_\iota$ sauf pour un nombre fini d'indices. On dit que G_0 est le *produit direct local* des G_ι (relatif aux K_ι); G_0/K est alors un groupe discret isomorphe à la somme restreinte (A, I, p. 45) des G_ι/K_ι.

¶ 27) On dit qu'un groupe G vérifie la propriété P(n) (n entier >0) si, pour tout système $(s_1, \ldots, s_n)$ de n éléments de G, il existe une permutation $\sigma \in \mathfrak{S}_n$ distincte de l'identité (mais dépendant de $s_1, \ldots, s_n$) pour laquelle on a $s_{\sigma(1)} \ldots s_{\sigma(n)} = s_1 \ldots s_n$.

a) Montrer que le groupe non commutatif $\mathfrak{S}_3$ vérifie P(4).

b) Soit G un groupe topologique séparé et connexe. Montrer que si G vérifie P(n) pour un $n > 1$, G est commutatif. (Prouver que G vérifie P($n - 1$). Pour cela, étant donnés $n - 1$ éléments $s_1, \ldots, s_{n-1}$ de G, se ramener au cas où il existe un voisinage U de e tel que, pour tout $x \in U$, on ait pour un indice $i = i(x)$, $s_1 \ldots s_{n-1}x = s_1 \ldots s_i x s_{i+1} \ldots s_{n-1}$; en déduire que le centralisateur dans G de l'un des éléments $s_{j+1} \ldots s_{n-1}$ $(0 \leqslant j \leqslant n-2)$ est à la fois ouvert et fermé, donc égal à G. En conclure le résultat si $j \geqslant 1$; si $j = 0$, montrer que l'on a $s_1 s_2 \ldots s_{n-1} = s_2 \ldots s_{n-1} s_1$.)

¶ 28) *a*) Soit S une partie stable d'un groupe topologique G; montrer que $\mathring{S}$ et $\overline{S}$ sont stables et que $S\mathring{S} \subset \mathring{S}$ et $\mathring{S}S \subset \mathring{S}$. En outre, si S est ouvert et $e \in \overline{S}$, on a $S = \mathring{\overline{S}}$ (si $x \in \overline{S} - S$, montrer que x est point frontière de S).

b) On suppose désormais que G est un groupe topologique commutatif, noté additivement. Pour toute partie non vide A de G, on désigne par $s(A)$ l'ensemble des $x \in G$ tels que $x + A \subset A$, ou encore l'intersection des $A + (-y)$ où y parcourt A; on pose

$$b(A) = s(A) \cap s(-A).$$

L'ensemble $s(A)$ est une partie stable de G et $b(A)$ est un sous-groupe de G formé des $x \in G$

tels que $x + A = A$. Montrer que pour toute partie non vide fermée F de G, $s(F)$ est fermé. Pour toute partie non vide A de G, on a $s(A) \subset s(\overline{A})$ et $s(A) \subset s(\mathring{A})$; si $A = \mathring{\overline{A}}$, on a $s(A) = s(\overline{A})$.

c) Soit $\mathfrak{S}$ l'ensemble des parties stables ouvertes S de G telles que $0 \notin S$; on suppose que $\mathfrak{S} \neq \varnothing$. L'ensemble $\mathfrak{S}$, ordonné par inclusion, est alors inductif; soit $\mathfrak{M} \neq \varnothing$ l'ensemble de ses éléments maximaux. Montrer que si $M \in \mathfrak{M}$, on a $M = \mathring{\overline{M}}$ (utiliser *a*)), et pour tout entier $n > 0$, M est égal à l'ensemble des $x \in G$ tels que $nx \in M$. En outre, le sous-groupe $b(M)$ est égal au complémentaire dans G de $M \cup (-M)$ (si $x \notin M$ et $-x \notin M$, considérer la réunion des ensembles $kx + M$ pour les entiers $k \geqslant 0$;) en déduire que $G = M + (-M)$.

On dit qu'un sous-groupe fermé B de G est *résiduel* s'il existe $M \in \mathfrak{M}$ tel que $B = b(M)$.

d) On appelle *radical* de G et on note T_G l'intersection de tous les sous-groupes résiduels de G; si $T_G = G$ (resp. $T_G = \{0\}$) on dit que G est un groupe *radical* (resp. *sans radical*). Pour que $x \in T_G$, il faut et il suffit que toute partie stable ouverte de G contenant x contienne 0. En déduire que si G est discret, T_G est le sous-groupe de torsion de G. Pour tout homomorphisme continu f de G dans un groupe topologique commutatif G′, on a $f(T_G) \subset T'_{G}$; si H est un sous-groupe de G contenu dans T_G, on a $T_{G/H} = T_G/H$. Le sous-groupe T_G est le plus petit des sous-groupes H de G tels que G/H soit sans radical.

e) Montrer que parmi les sous-groupes H de G tels que $T_H = H$, il en existe un plus grand $H_0 \subset T_G$, qui est fermé.

f) Si $T_G \neq G$, pour que T_G soit ouvert, il faut et il suffit qu'il existe dans G un sous-groupe résiduel ouvert (montrer que si $b(M)$ est ouvert pour un $M \in \mathfrak{M}$, on a nécessairement $T_G \supset b(M)$, en utilisant *e*)).

29) Soient G le groupe topologique $\mathbf{R}$, φ l'application canonique de $\mathbf{R}$ sur son groupe quotient $\mathbf{T} = \mathbf{R}/\mathbf{Z}$, θ un nombre irrationnel. Le groupe G opère continûment dans $E = \mathbf{T}^2$ par la loi $(s, (x, y)) \mapsto (x + \varphi(s), y + \varphi(\theta s))$. Montrer que le stabilisateur de tout point $z \in E$ est réduit à 0, que l'orbite de z est partout dense dans E et n'est pas un espace homogène topologique relativement à G.

30) On dit qu'un groupe topologique G *n'a pas de sous-groupes arbitrairement petits* s'il existe un voisinage V de e tel que $\{e\}$ soit le seul sous-groupe de G contenu dans V.

a) Soient G un groupe topologique, H un sous-groupe distingué. Montrer que si H et G/H n'ont pas de sous-groupes arbitrairement petits, il en est de même de G.

b) Déduire de *a*) que si H_1, H_2 sont deux sous-groupes distingués d'un groupe topologique G tels que G/H_1 et G/H_2 n'aient pas de sous-groupes arbitrairement petits, $G/(H_1 \cap H_2)$ n'a pas de sous-groupes arbitrairement petits.

¶ 31) Soient G un groupe topologique connexe, H un sous-groupe de G, U une partie ouverte de G telle que $G = UH$. Soit $V = H \cap (U^{-1}U)$; montrer que l'on a $H = V^{\infty}$ (montrer que si on pose $A = H \cap \complement(V^{\infty})$, les ensembles $U.V^{\infty}$ et $U.A$ ont une intersection vide).

§ 3

1) Sur un groupe topologique G, la structure uniforme droite est la seule structure uniforme compatible avec la topologie de G, et qui admette un système fondamental d'entourages dont chacun soit invariant par toute translation $(x, y) \mapsto (xa, ya)$.

2) La définition des structures uniformes droite et gauche sur un groupe topologique G n'utilise que les propriétés (GV_I) et (GV_{II}) (III, p. 3) du filtre $\mathfrak{V}$ des voisinages de e dans G. Si on suppose que $\mathfrak{V}$ est un filtre satisfaisant à ces deux axiomes mais non nécessairement à (GV_{III}) (III, p. 3), montrer que les structures uniformes droite et gauche sont respectivement compatibles avec les topologies $\mathscr{T}_d$ et $\mathscr{T}_s$ définies dans l'exerc. 5 *a*) de III, p. 67.

3) Montrer que dans un groupe topologique G, les conditions suivantes sont équivalentes:
α) Les structures uniformes droite et gauche sur G sont identiques.
β) Pour tout voisinage V de e, il existe un voisinage W de e tel que, pour tout $x \in G$, on ait $xWx^{-1} \subset V$.
γ) La symétrie $x \mapsto x^{-1}$ est une application uniformément continue de G_d sur G_d (ou de G_s sur G_s).
δ) L'application $(x, y) \mapsto xy$ est une application uniformément continue de l'un des quatre espaces $G_d \times G_d$, $G_s \times G_s$, $G_d \times G_s$, $G_s \times G_d$ dans l'un des deux espaces G_d, G_s.

4) Soit $G = \mathbf{GL}(2, \mathbf{R})$ le groupe multiplicatif des matrices carrées inversibles d'ordre 2 à éléments réels. Pour tout entier $n > 0$, soit V_n l'ensemble des matrices $X = \begin{pmatrix} x & y \\ z & t \end{pmatrix} \in G$ telles que $|x - 1| \leqslant 1/n$, $|y| \leqslant 1/n$, $|z| \leqslant 1/n$, $|t - 1| \leqslant 1/n$. Montrer que la famille des V_n est un système fondamental de voisinages de l'élément neutre pour une topologie compatible avec la structure de groupe de G; pour cette topologie, G est localement compact, et les structures uniformes droite et gauche sur G sont distinctes.

5) Soient G un groupe topologique, K un sous-groupe distingué de G. Si on considère G/K comme partie de $\mathfrak{P}(G)$, montrer que la structure uniforme droite sur le groupe topologique G/K est induite par la structure uniforme sur $\mathfrak{P}(G)$ définie à partir de la structure uniforme droite sur G, par le procédé de l'exerc. 5 de II, p. 34.

6) Montrer que la borne supérieure des structures uniformes droite et gauche sur un groupe topologique G (II, p. 10) est une structure uniforme compatible avec la topologie de G; on dit que c'est la *structure uniforme bilatère* sur G. Montrer que tout groupe topologique séparé est isomorphe à un sous-groupe partout dense d'un groupe topologique dont la structure uniforme bilatère est une structure d'espace complet.

* 7) Montrer que si G est un produit infini de groupes identiques au groupe topologique défini dans l'exerc. 4, G est complet mais il n'existe aucun voisinage de e dans lequel $x \mapsto x^{-1}$, considérée comme application de G_d dans G_d, soit uniformément continue.*

8) On dit qu'un groupe topologique séparé G est *localement précompact* s'il existe un voisinage V_0 de e qui est précompact pour la structure uniforme droite (ou la structure uniforme gauche) sur G. Montrer que tout groupe localement précompact admet un groupe complété localement compact (utiliser III, p. 25, prop. 9).

9) Soient G un groupe topologique séparé, K un sous-groupe distingué fermé de G. Montrer que si les groupes topologiques K et G/K sont complets, G est complet (considérer sur G un filtre de Cauchy minimal pour la structure uniforme droite (ou gauche) sur G, et son image sur G/K).

10) Soient $(G_\iota)_{\iota \in I}$ une famille de groupes topologiques, $G = \prod_{\iota \in I} G_\iota$ le groupe produit muni de la topologie définie dans l'exerc. 23 de III, p. 70. Montrer que si les G_ι sont complets, il en est de même de G.

11) Les hypothèses et notations étant celles de l'exerc. 26 de III, p. 71, on suppose que chacun des groupes G_ι soit séparé et admette un complété. Montrer que le groupe G, produit local des G_ι relativement à une famille (K_ι) de sous-groupes ouverts distingués, admet un complété $\hat{G}$, qui est isomorphe au produit local des $\hat{G}_\iota$ relativement aux adhérences $\overline{K}_\iota$ des K_ι.

12) *a*) Soient G′ un groupe séparé et complet, G_0 un sous-groupe partout dense de G′ et distinct de G′, G le groupe topologique obtenu en munissant G_0 de la topologie discrète.

L'application identique $G \to G_0$ est un homomorphisme continu bijectif, mais son prolongement continu $\hat{G} \to \hat{G}_0$ n'est pas surjectif.

*b) Soient G le groupe $\mathbf{Q}^2$, θ un nombre irrationnel, u l'homomorphisme continu $(x, y) \mapsto x + \theta y$ de G dans $\mathbf{R}$, et soit $G' = u(G)$; $u: G \to G'$ est bijectif, mais son prolongement continu $\hat{G} \to \hat{G}'$ n'est pas injectif.

c) Déduire de b) et c) un exemple d'homomorphisme continu bijectif $G \to G'$ de groupes commutatifs séparés dont le prolongement continu $\hat{G} \to \hat{G}'$ n'est ni injectif ni surjectif.*

§ 4

1) Pour qu'un sous-groupe H d'un groupe topologique G opère proprement dans G par la loi externe $(s, x) \mapsto sxs^{-1}$, il faut et il suffit que G soit séparé et H compact (utiliser les prop. 2 (III, p. 28) et 4 (III, p. 29)).

2) Soient G un groupe topologique, H un sous-groupe de G. Pour que l'application $(x, y) \mapsto xy$ de $H \times G$ dans G soit propre, il faut et il suffit que H soit quasi-compact (considérer l'image réciproque de e par cette application).

3) Donner un exemple de groupe compact opérant continûment (et par suite non proprement, cf. prop. 3 (III, p. 29) dans un espace non séparé (cf. III, p. 69, exerc. 13).

4) Donner un exemple de groupe topologique séparé G opérant proprement dans un espace topologique séparé E, tel que l'application $(s, x) \mapsto s.x$ ne soit pas fermée et que l'application canonique $E \to E/G$ ne soit pas fermée (cf. exerc. 2)).

5) Pour qu'un sous-groupe H d'un groupe topologique G opère proprement dans G par translation à gauche, il est nécessaire (et suffisant) que H soit fermé dans G.

*6) Pour tout nombre réel $a \geqslant 1$, on pose

$$f_a(t) = \left(t + \frac{a(a+2)}{a+1}, -\frac{a}{a+1}\right) \qquad \text{pour } t < -\frac{a}{a+1}$$

$$f_a(t) = (a, t) \qquad \text{pour } -\frac{a}{a+1} \leqslant t \leqslant \frac{a}{a+1}$$

$$f_a(t) = \left(-t + \frac{a(a+2)}{a+1}, \frac{a}{a+1}\right) \qquad \text{pour } t > \frac{a}{a+1}.$$

On désigne par C_a l'ensemble des $f_a(t)$ pour $t \in \mathbf{R}$, par E le sous-espace de $\mathbf{R}^2$ réunion des C_a pour $a \geqslant 1$, et des droites D', D'', où D' (resp. D'') est l'ensemble des points $(t, -1)$ (resp. $(t, 1)$) pour $t \in \mathbf{R}$.

a) Le groupe $\mathbf{R}$ opère dans E par la loi $(s, z) \mapsto s.z$ telle que:

1° $s.(t, -1) = (s + t, -1)$; 2° $s.(t, 1) = (t - s, 1)$; 3° $s.f_a(t) = f_a(s + t)$ pour $a \geqslant 1$. Montrer que $\mathbf{R}$ opère continûment dans E et que les quatre conditions de la prop. 4 (III, p. 29) sont vérifiées, mais que $E/\mathbf{R}$ n'est pas séparé.

b) Dans E, soit S la relation d'équivalence dont les classes sont réduites à un point z pour $z \notin D'$ et $z \notin D''$, et de la forme $\{z, -z\}$ pour $z \in D'$ ou $z \in D''$; soit E' l'espace quotient E/S. La relation S est compatible avec le groupe $\mathbf{R}$ opérant dans E (III, p. 11); montrer que $\mathbf{R}$ opère continûment dans E', que les quatre conditions de la prop. 4 (III, p. 29) sont vérifiées et que $E'/\mathbf{R}$ est séparé, mais que $\mathbf{R}$ n'opère pas proprement dans E'.*

7) Soient G un groupe séparé opérant continûment dans un espace localement compact E. On suppose que: 1° pour toute partie compacte K de E, la restriction à $G \times K$ de l'application $(s, x) \mapsto s.x$ est une application fermée de $G \times K$ dans E; 2° pour tout $x \in E$, $s \mapsto s.x$ est une application propre de G dans E. Montrer que G opère proprement dans E (utiliser la prop. 12 (III, p. 34)).

8) Soit G_0 un groupe topologique séparé non discret dans lequel tout ensemble compact est fini (III, p. 70, exerc. 23). Soit G le groupe G_0 muni de la topologie discrète. Montrer que G opère continûment mais non proprement dans G_0 par translation à gauche, et est tel que P(K, L) soit compact quelles que soient les parties compactes K, L de G_0 (III, p. 33, th. 1).

¶ 9) Soit G un groupe topologique opérant continûment dans deux espaces E, E′, et soit $f: E \rightarrow E'$ une application continue compatible avec l'application identique de G (III, p. 10). Soit $\bar{f}: E/G \rightarrow E'/G$ l'application continue déduite de f par passage aux quotients.

a) Montrer que si f est ouverte (resp. fermée, propre, injective, surjective), il en est de même de $\bar{f}$. (Pour voir que si f est propre, il en est de même de $\bar{f}$, montrer que l'image réciproque d'un point de E′/G par $\bar{f}$ est quasi-compacte).

b) On suppose que G opère proprement et librement dans E et E′. Montrer que si $\bar{f}$ est propre, il en est alors de même de f (observer que la restriction de f à une orbite $G.x$ est un homéomorphisme sur $G.f(x)$).

¶ 10) Soient G un groupe topologique, E, F deux espaces topologiques dans lesquels G opère continûment; alors G opère continûment dans E × F pour la loi $(s, (x, y)) \mapsto (s.x, s.y)$; on pose $E \times^G F = (E \times F)/G$.

a) Montrer que $E \times^G G$ (où G opère par translation à gauche dans lui-même) est canoniquement homéomorphe à E. (Remarquer que si U est ouvert dans E, la réunion des orbites des points de $U \times \{e\}$ est ouverte dans E × G).

b) Soit F′ un troisième espace topologique dans lequel G opère continûment, et soit $f: F \rightarrow F'$ une application continue compatible avec l'application identique de G. Par passage aux quotients, on déduit de $\mathrm{Id}_E \times f$ une application continue $\bar{f}: E \times^G F \rightarrow E \times^G F'$. Si f est ouverte (resp. propre, injective, surjective), il en est de même de $\bar{f}$ (exerc. 9). Donner un exemple dans lequel f est fermée, G opère proprement dans E, mais $\bar{f}$ n'est pas fermée (prendre F = G, F′ = P, espace réduit à un point, et utiliser l'exerc. 4 de III, p. 73).

c) Montrer que si G opère proprement dans E, G opère proprement dans E × F.

d) Montrer que si F est compact, l'application canonique $E \times^G F \rightarrow E/G$ est propre (utiliser *b*)).

e) On suppose que G soit localement compact, et on désigne par G′ l'espace topologique compactifié d'Alexandroff de G; si ω est le point à l'infini de G′, G opère continûment dans G′ par la loi externe telle que $s.t = st$ si $t \in G$, $s.\omega = \omega$; E est alors homéomorphe à un sous-espace ouvert de $E \times^G G'$ (utiliser *b*)). En déduire que si G opère proprement dans E et si en outre E/G est localement compact, alors E est localement compact (utiliser *c*) pour prouver que $E \times^G G'$ est séparé).

f) Donner un exemple de groupe localement compact G opérant continûment dans un espace E non localement compact, de sorte que E/G soit réduit à un point (cf. III, p. 72, exerc. 29).

¶ 11) Soient G un groupe topologique, H et K deux sous-groupes fermés de G.

a) Montrer que les trois conditions suivantes sont équivalentes: 1° H × K opère proprement dans G pour la loi externe $((h, k), s) \mapsto hsk^{-1}$; 2° H opère proprement dans l'espace homogène G/K; 3° K opère proprement dans l'espace homogène G/H.

b) On suppose G localement compact; les conditions (équivalentes) de *a*) sont aussi équivalentes à la suivante: pour tout couple de parties compactes A, B de G, l'intersection $HA \cap BK$ est compacte. En particulier ces conditions sont vérifiées si l'un des sous-groupes H, K est compact.

c) On suppose G localement compact. Montrer que les conditions suivantes sont équivalentes: 1° pour tout $x \in G$, l'application $h \mapsto h.xK$ de H dans G/K est propre; 2° pour tout $x \in G$, l'application $k \mapsto k.xH$ de K dans G/H est propre; 3° pour tout $x \in G$ et toute partie compacte A de G, $Hx \cap AK$ est compacte; 4° pour tout $x \in G$ et toute partie compacte A de G,

$Kx \cap AH$ est compacte. Si l'un des sous-groupes H, K est distingué ou si les structures uniformes droite et gauche de G sont identiques (III, p. 73, exerc. 3), montrer que ces conditions entraînent celles de *a*).

12) *a*) Soient E un espace compact, G un groupe topologique opérant continûment dans E. On suppose que toute orbite A suivant G possède un intérieur non vide par rapport à son adhérence $\overline{A}$. Montrer qu'il existe au moins une orbite compacte (considérer un élément minimal dans l'ensemble des parties compactes de E stables par G).

$_*$*b*) Donner un exemple de groupe localement compact opérant continûment dans un espace compact et pour lequel aucune orbite n'est compacte (III, p. 72, exerc. 29).$_*$

¶ 13) Soient G un groupe localement compact, D un sous-groupe discret de G tel que l'espace homogène G/D soit compact. Montrer que pour tout $d \in D$, l'ensemble des sds^{-1}, où s parcourt G, est fermé dans G. (Prouver d'abord, à l'aide de la prop. 10 de III, p. 33, qu'il existe une partie compacte K de G telle que $G = K.D$; utiliser encore III, p. 28, cor. 1).

14) *a*) Soit G un groupe topologique opérant continûment dans un espace topologique E, et soit x_0 un point de E tel que $s.x_0 = x_0$ pour tout $s \in G$. Pour tout voisinage V de x_0 et toute partie quasi-compacte K de G, montrer que l'ensemble $\bigcap_{s \in K} s.V$ est un voisinage de x_0.

b) Déduire de *a*) que si G est un groupe localement compact, V un voisinage de e, K une partie compacte de G, l'ensemble $\bigcap_{s \in K} sVs^{-1}$ est un voisinage de e.

¶ 15) Soient G un groupe localement compact, G_0 la composante connexe de e dans G. On suppose que le groupe quotient G/G_0 est *compact*.

a) Montrer que G est dénombrable à l'infini (remarquer qu'il en est ainsi de G_0 et utiliser la prop. 10 de III, p. 33).

b) Soit (U_n) une suite décroissante de voisinages de e dans G. Montrer qu'il existe dans G un sous-groupe compact distingué K contenu dans l'intersection des U_n, et tel que l'élément neutre de G/K admette un système fondamental dénombrable de voisinages. (Il existe un voisinage compact symétrique V_0 de e dans G tel que $G = V_0G_0$. Définir par récurrence une suite de voisinages compacts symétriques V_n de e tels que $V_n^2 \subset V_{n-1} \cap U_n$ et $xV_nx^{-1} \subset V_{n-1}$ pour tout $x \in V_0$ (exerc. 14 *b*)); montrer que l'intersection K des V_n répond à la question).

c) Soit E un espace localement compact admettant une base dénombrable, dans lequel G opère continûment et de sorte qu'il n'existe aucun $s \neq e$ dans G tel que $s.x = x$ pour tout $x \in E$. Montrer que l'élément neutre de G admet un système fondamental dénombrable de voisinages. (Soit (W_n) une base de la topologie de E formée d'ensembles relativement compacts; pour tout couple d'entiers (m, n) tel que $\overline{W}_m \subset W_n$, soit U_{mn} l'ensemble des $s \in G$ tels que $s.\overline{W}_m \subset W_n$; montrer que les U_{mn} sont ouverts dans G et appliquer le résultat de *b*).)

16) Soient G un groupe localement compact connexe, K un sous-groupe compact distingué de G, N un sous-groupe fermé distingué *de* K tel que K/N n'ait pas de sous-groupes arbitrairement petits (III, p. 72, exerc. 30). Montrer que dans ce cas N est un sous-groupe distingué *de* G. (L'hypothèse sur K/N entraîne qu'il existe dans G un voisinage compact U de e tel que $xNx^{-1} \subset N$ pour tout $x \in U$).

¶ 17) Soit G un groupe localement compact n'ayant pas de sous-groupes arbitrairement petits (III, p. 72, exerc. 30).

a) Montrer que tout point de G admet un système fondamental dénombrable de voisinages (exerc. 15 *b*)).

b) Il existe un voisinage compact V de e tel que pour deux points x, y de V, la relation $x^2 = y^2$ entraîne $x = y$. (On peut supposer G non commutatif. Raisonnant par l'absurde, il existerait deux suites (x_n), (y_n) de points de G, tendant vers e, telles que $x_n^2 = y_n^2$ et $x_n y_n^{-1} = a_n \neq e$. Soit U un voisinage compact de e ne contenant aucun sous-groupe de G distinct de $\{e\}$, et soit p_n le plus petit entier $p > 0$ tel que $a_n^{p+1} \notin$ U; montrer, en passant au besoin à une suite extraite, que l'on peut supposer que $a = \lim_{n\to\infty} a_n^{p_n}$ existe, est $\neq e$ et appartient à U. Montrer que $a^{-1} = a$ et obtenir ainsi une contradiction.)

c) Soit U un voisinage compact symétrique de e ne contenant aucun sous-groupe distinct de $\{e\}$, et soit V un voisinage de e. Montrer qu'il existe un nombre $c(\text{V}) > 0$ tel que pour tout couple d'entiers $p > 0$, $q > 0$ tels que $p \leqslant c(\text{V})q$ et tout élément $x \in$ G tel que $x, x^2, \ldots, x^q$ appartiennent à U, on ait $x^p \in$ V. (Raisonner par l'absurde, en supposant qu'il existe deux suites d'entiers (p_n), (q_n) telles que $\lim_{n\to\infty}(p_n/q_n) = 0$ et pour chaque n un élément $a_n \in$ G tel que les a_n^h appartiennent à U pour $1 \leqslant h \leqslant q_n$, mais $a_n^{p_n} \notin$ V; on peut supposer en outre que la suite $(a_n^{p_n})$ a une limite $a \neq e$ appartenant à U. Montrer alors qu'on aurait $a^m \in$ U pour tout entier $m > 0$ et en déduire une contradiction).

18) Soit G un groupe localement compact, totalement discontinu, et dont les structures uniformes droite et gauche soient identiques. Montrer que tout voisinage de e dans G contient un sous-groupe *distingué* ouvert et compact de G (utiliser le cor. 1 de III, p. 36 et l'exerc. 3 de III, p. 73).

¶ 19) Soient G un groupe localement compact, G_0 la composante neutre de G, H un sous-groupe fermé de G. Montrer que si l'espace homogène G/H est localement connexe, G_0H est ouvert dans G. (Soit H_0 la composante neutre de H; il existe un sous-groupe L de H, ouvert dans H et tel que L/H_0 soit compact (III, p. 36, cor. 1); montrer d'une part que LG_0 est fermé dans G en utilisant III, p. 28, cor. 1; d'autre part, montrer que LG_0 est ouvert dans G en considérant l'image canonique de G_0 dans G/L, et en utilisant le cor. 3 de I, p. 36 et le fait qu'un espace quotient d'un espace localement connexe est localement connexe (I, p. 85, prop. 12)).

*20) Soient φ l'homomorphisme canonique $\mathbf{R} \to \mathbf{T}$, θ un nombre irrationnel. Sur l'espace topologique $\text{G} = \mathbf{R}^2 \times \mathbf{T}^2$ on définit une loi de groupe en posant

$$(x_1, x_2, t_1, t_2)(x'_1, x'_2, t'_1, t'_2) = (x_1 + x'_1, x_2 + x'_2, t_1 + t'_1 + \varphi(x_2x'_1), t_2 + t'_2 + \varphi(\theta x_2 x'_1)).$$

On définit ainsi sur G une structure de groupe localement compact (et même de groupe de Lie). Montrer que le groupe des commutateurs de G n'est pas fermé.*

¶ 21) Soit M un espace compact muni d'une structure de monoïde telle que: 1° l'application $(x, y) \mapsto xy$ de M × M dans M est continue; 2° pour tout $a \in$ M, la relation $ax = ay$ entraîne $x = y$.

a) Montrer que si F est une partie fermée de M et x un élément de M tels que $x\text{F} \subset \text{F}$, on a $x\text{F} = \text{F}$. (Soit y une valeur d'adhérence de la suite $(x^n)_{n\geqslant 1}$ dans M; montrer que $y\text{F} = \bigcap_{n\geqslant 1} x^n\text{F}$, et en déduire que $yx\text{F} = y\text{F}$).

b) Déduire de a) que si en outre, pour tout $a \in$ M, la relation $xa = ya$ entraîne $x = y$, M est un groupe topologique compact (montrer d'abord qu'il existe un élément neutre e; pour voir que $x \mapsto x^{-1}$ est continue, raisonner par l'absurde en considérant un ultrafiltre sur M qui converge vers e).

¶ 22) a) Montrer que dans un groupe topologique séparé G, toute partie stable S qui est compacte, ou ouverte et relativement compacte, est un sous-groupe de G (utiliser l'exerc. 21 ci-dessus, ainsi que l'exerc. 28 a) de III, p. 72). En déduire qu'un groupe commutatif compact est un groupe radical (III, p. 72, exerc. 28 d)).

b) Déduire de a) que dans un groupe compact K, toute partie stable localement compacte est un sous-groupe de K.

c) Soient G un groupe topologique séparé, S une partie stable fermée de G, telle qu'il existe une partie précompacte K de G pour la structure uniforme droite, pour laquelle on a $SK = G$. Montrer que S est un sous-groupe de G. (Étant donné un élément $s \in S$, déterminer par récurrence une suite d'éléments $x_i \in K$ et une suite d'éléments $s_i \in S$ tels que $s^{-1}x_i = s_{i+1}x_{i+1}$; observer que, pour $i < j$, $s^{-1}x_i x_j^{-1} \in S$ et que pour tout voisinage V de e dans G, il existe un couple d'éléments x_i, x_j tels que $i < j$ et $x_i x_j^{-1} \in V$).

23) Soient p un nombre premier, (G_n) une suite infinie de groupes topologiques identiques au groupe discret $\mathbf{Z}/(p^2)$, H_n le sous-groupe $(p)/(p^2)$ de G_n. Soit G le produit direct local des G_n relatif aux H_n (III, p. 71, exerc. 26); G est un groupe localement compact non compact. Montrer que l'homomorphisme continu $u: x \mapsto px$ de G dans lui-même n'est pas un morphisme strict de G sur $u(G)$, et que $u(G)$ n'est pas fermé dans G.

24) Soient G un groupe topologique, H un sous-groupe fermé de G, $\pi: G \to G/H$ l'application canonique. Pour tout voisinage ouvert symétrique V de e dans G, on note $U_H(V)$ l'ensemble des couples $(\dot{x}, \dot{y})$ d'éléments de G/H tels qu'il existe $x \in \dot{x}$ et $y \in \dot{y}$ pour lesquels $x^{-1}y \in V$. Les ensembles $U_H(V)$ sont invariants pour l'opération $(s, (\dot{x}, \dot{y})) \to (s.\dot{x}, s.\dot{y})$ de G dans $(G/H) \times (G/H)$.

a) Montrer que si H est compact, les ensembles $U_H(V)$ forment un système fondamental d'entourages pour une structure uniforme sur G/H, compatible avec la topologie quotient (utiliser l'exerc. 14 *a*) de III, p. 76).

$_*$*b*) Soit G le groupe $\mathbf{GL}(2, \mathbf{R})$ muni de la topologie définie dans III, p. 73, exerc. 4, et soit H le sous-groupe fermé commutatif de G formé des matrices $\begin{pmatrix} 1 & 0 \\ z & 1 \end{pmatrix}$, où z parcourt $\mathbf{R}$. Montrer que les ensembles $U_H(V)$ ne forment pas un système fondamental d'entourages d'une structure uniforme sur G/H (remarquer qu'il y a des voisinages V_0 de e dans G tels que, pour aucun voisinage V de e dans G, on n'ait $VHV \subset HV_0H$.)$_*$

25) Soient G un groupe localement compact, H un sous-groupe fermé de G. On suppose que G/H est compact et qu'il existe un ensemble générateur compact E de G. Montrer qu'il existe un ensemble générateur compact de H. (On peut supposer que E est un voisinage compact symétrique de e dans G; en remarquant que G est réunion des E^n pour $n > 0$, montrer qu'il existe un entier m tel que $G = H.E^m$; si l'on pose $E^m = C$, montrer que la réunion de $H \cap C$ et de $H \cap CEC^{-1}$ est un ensemble générateur de H; on montrera d'abord que si K est le sous-groupe de G engendré par $H \cap CEC^{-1}$, on a $KC = G$). (Cf. A, I, p. 125, exerc. 14).

§ 5

1) Soit $(x_\iota)_{\iota \in I}$ une famille sommable dans un groupe complet G, et soit $\mathfrak{S}$ un ensemble de parties de I, filtrant pour la relation $\subset$, et formant un recouvrement de I; montrer que $\sum_{\iota \in I} x_\iota = \lim_J \sum_{\iota \in J} x_\iota$, la limite étant prise suivant le filtre des sections de $\mathfrak{S}$.

¶ 2) Soit $(x_\iota)_{\iota \in I}$ une famille de points d'un groupe commutatif séparé G. Pour toute partie finie H de I, soit $s_H = \sum_{\iota \in H} x_\iota$, et soit A l'ensemble des valeurs d'adhérence de l'application $H \mapsto s_H$ suivant l'ensemble ordonné filtrant $\mathfrak{F}(I)$. D'autre part, pour toute partie finie J de I, soit $\Phi(J)$ l'adhérence de l'ensemble des s_H, où H parcourt l'ensemble des parties finies de I telles que $H \cap J = \varnothing$. Montrer que si $A \neq \varnothing$, l'ensemble $A - A$ (ensemble des $x - x'$, où $x \in A$, $x' \in A$) est identique à l'ensemble $B = \bigcap_{J \in \mathfrak{F}(I)} \Phi(J)$. Montrer qu'on a en tout cas $B + B \subset B$. En déduire que si A n'est pas vide, B est un sous-groupe fermé de G et A une classe suivant ce sous-groupe.

3) Avec les notations de l'exerc. 2, on prend pour G le groupe additif discret **Z** des entiers rationnels, pour I l'ensemble **N**. Donner un exemple de suite (x_m) non sommable telle que l'ensemble A se réduise au seul point 0 (choisir les x_n de sorte que toute somme partielle finie, dont les termes ont des indices $\geqslant m$, soit un entier multiple de m).

¶ 4) Soit (x_n) une suite de points d'un groupe commutatif séparé G. Si, pour toute partie infinie I de **N**, la série définie par la suite $(x_n)_{n \in I}$ est convergente, alors la suite (x_n) est sommable (raisonner par l'absurde comme dans la démonstration de la prop. 9 de III, p. 44).

¶ 5) *a*) Soit σ une permutation de **N**, et soit $\varphi(n)$ le plus petit nombre d'intervalles de **N** dont la réunion soit $\sigma(\llbracket 0, n \rrbracket)$. Supposons que $\varphi(n)$ soit *borné* lorsque n parcourt **N**; alors, pour toute série convergente (u_n) dont les termes appartiennent à un groupe commutatif séparé G, la série $(u_{\sigma(n)})$ est convergente et a même somme que (u_n).

b*) Supposons $\varphi(n)$ non borné dans **N. Former une série (u_n) dont les termes appartiennent au groupe additif **R**, qui converge dans **R** mais soit telle que la série $(u_{\sigma(n)})$ ne soit pas convergente. (Considérer une suite strictement croissante (m_k) d'entiers, définie par récurrence sur k, de façon que les conditions suivantes soient remplies: 1° si $\llbracket 0, n_k \rrbracket$ est le plus grand intervalle de **N**, d'origine 0, contenu dans $\sigma(\llbracket 0, m_k \rrbracket)$, $\sigma(\llbracket 0, m_k \rrbracket) \subset \llbracket 0, n_{k+1} \rrbracket$; 2° $\varphi(m_k) \geqslant k + 1$. Définir ensuite de façon convenable u_n pour $n_k < n \leqslant n_{k+1}$). Généraliser au cas où les u_n appartiennent à un groupe commutatif séparé et complet G, engendré par un voisinage quelconque de 0.$_*$

6) Soit (x_{mn}) une suite double de points d'un groupe commutatif séparé G, satisfaisant aux conditions suivantes:

1° la série définie par la suite $(x_{mn})_{n \in \mathbf{N}}$ est convergente pour tout $m \geqslant 0$; soit y_m sa somme;

2° si on pose $r_{mn} = \mathop{\mathrm{S}}\limits_{p=n}^{\infty} x_{mp}$, la série définie par la suite $(r_{mn})_{m \in \mathbf{N}}$ est convergente pour tout $n \geqslant 0$; on désigne sa somme par t_n.

Montrer que pour tout $n \geqslant 0$, la série définie par la suite $(x_{mn})_{m \in \mathbf{N}}$ est convergente; soit z_n sa somme. Pour que la série de terme général y_m ait même somme que la série de terme général z_n, il faut et il suffit que t_n tende vers 0 lorsque n augmente indéfiniment.

§ 6

1) Dans un anneau topologique séparé A, le commutant de toute partie de A (et en particulier le centre de A) est fermé, ainsi que l'annulateur à gauche (resp. à droite) de toute partie de A.

2) *a*) Dans un anneau topologique A, soit $\mathfrak{a}$ un idéal à gauche discret; montrer que pour tout $x \in \mathfrak{a}$, l'annulateur à gauche de x dans A est ouvert. En déduire que si A est un anneau non discret sans diviseur de 0, il ne contient aucun idéal (à gauche ou à droite) discret autre que $\{0\}$.

b) Soit A un anneau topologique localement connexe, et soit $\mathfrak{a}$ un idéal à gauche totalement discontinu; montrer que pour tout $x \in \mathfrak{a}$, l'annulateur à gauche de x dans A est ouvert. En déduire que si A n'admet pas de diviseur de 0, il ne contient aucun idéal (à gauche ou à droite) totalement discontinu autre que $\{0\}$.

3) Dans un anneau topologique A, la composante connexe de 0 est un idéal bilatère. En déduire que si A est quasi-simple (A, VIII, § 5, exerc. 5) et non connexe (en particulier, si A est un corps topologique non connexe) il est totalement discontinu.

4) Soit (x_ι) une famille sommable dans un anneau topologique séparé A, et soit s sa somme; pour tout $a \in$ A, la famille (ax_ι) (resp. $(x_\iota a)$) est sommable et a pour somme as (resp. sa). Si (x_λ) et (y_μ) sont deux familles sommables dans A, telles que la famille $(x_\lambda y_\mu)$ soit sommable,

on a $\sum_{\lambda,\mu} x_\lambda y_\mu = (\sum_\lambda x_\lambda)(\sum_\mu x_\mu)$. Si A est en outre complet et si un des x_λ est inversible, la sommabilité de la famille $(x_\lambda y_\mu)$ entraîne celle de (y_μ).

5) On appelle *rectangle* une partie de $\mathbf{N} \times \mathbf{N}$ qui est le produit de deux intervalles de $\mathbf{N}$; étant donnée une partie finie E de $\mathbf{N} \times \mathbf{N}$, soit $\varphi(E)$ le plus petit nombre de rectangles deux à deux disjoints dont la réunion soit E. Soit (E_n) une suite croissante de parties finies de $\mathbf{N} \times \mathbf{N}$, formant un recouvrement de $\mathbf{N} \times \mathbf{N}$, et telle que la suite $(\varphi(E_n))$ soit bornée. Si (x_n), (y_n) sont deux séries convergentes dont les termes appartiennent à un anneau topologique séparé A, on a

$$\lim_{n\to\infty} \sum_{(h,k)\in E_n} x_h y_k = \left(\mathop{\mathrm{S}}_{n=0}^{\infty} x_n\right)\left(\mathop{\mathrm{S}}_{n=0}^{\infty} y_n\right).$$

Former un exemple d'une suite (E_n) satisfaisant aux conditions ci-dessus et telle que $E_{n+1} - E_n$ ne contienne qu'un seul élément pour tout n.

6) Soient A un anneau topologique, $\mathfrak{a}$, $\mathfrak{b}$ deux idéaux bilatères de A tels que $A = \mathfrak{a} + \mathfrak{b}$, $\mathfrak{a} \cap \mathfrak{b} = \{0\}$. Montrer que l'anneau topologique A est isomorphe au produit des anneaux topologiques $\mathfrak{a}$ et $\mathfrak{b}$.

7) Définir la notion de pseudo-anneau topologique (cf. A, I, p. 93). Soit A un pseudo-anneau topologique, et soit B l'anneau obtenu en adjoignant à A un élément unité (A, II, p. 177); montrer que sur B la topologie produit de celle de A par la topologie discrète sur $\mathbf{Z}$ est compatible avec la structure d'anneau de B, et induit sur A (idéal bilatère de B) la topologie donnée.

8) Soit A un anneau topologique.

a) Pour que l'ensemble A^* des éléments inversibles de A soit ouvert dans A, il faut et il suffit qu'il existe un voisinage V de 1 dont tous les éléments soient inversible dans A.

b) Si A^* est ouvert dans A, tout idéal maximal (à droite ou à gauche) de A est fermé, et le radical de A est fermé. Si A n'a pas d'idéaux à gauche fermés autres que $\{0\}$ et A, A est un corps (A, I, p. 109, th. 1).

c) Soit A le sous-anneau du corps topologique $\mathbf{Q}$ formé des $k/2^n$ ($k \in \mathbf{Z}$, $n \in \mathbf{N}$); montrer qu'il ne contient aucun idéal fermé autre que $\{0\}$ et A, mais n'est pas un corps.

9) *a*) On dit qu'un élément x (resp. un idéal $\mathfrak{a}$) d'un anneau topologique A est *topologiquement nilpotent* si la suite $(x^n)_{n\geqslant 1}$ converge vers 0 (resp. si la base de filtre des $\mathfrak{a}^n$ ($n \geqslant 1$) converge vers 0). Tout élément d'un idéal topologiquement nilpotent est topologiquement nilpotent.

b) On suppose que A^* est ouvert dans A. Montrer que pour tout élément topologiquement nilpotent x de A, $1 - x$ est inversible (observer que $1 - x^n$ est inversible pour n assez grand). En conclure que si tous les éléments d'un idéal (à gauche ou à droite) $\mathfrak{a}$ sont topologiquement nilpotents, $\mathfrak{a}$ est contenu dans le radical de A.

c) On suppose que A est complet et qu'il existe un système fondamental de voisinages de 0 formé de sous-groupes du groupe additif de A. Montrer que si x est topologiquement nilpotent, $1 - x$ est inversible dans A.

d) Sous les mêmes hypothèses que dans *c*), montrer que si $y \in A$ est topologiquement nilpotent, l'équation $x^2 + x = y$ admet une racine $x \in A$, qui est un élément topologiquement nilpotent.

¶ 10) *a*) Soit B un anneau, E un B-module libre $B_d^{(I)}$, A l'anneau End(E) des endomorphismes de E. Pour tout sous-ensemble fini F de E, soit V_F l'ensemble des $u \in A$ tels que $u(x) = 0$ pour tout $x \in F$. Montrer que les V_F forment un système fondamental de voisinages de 0 pour une topologie séparée sur A, compatible avec la structure d'anneau de A, et pour laquelle A est totalement discontinu.

b) On prend $I = \mathbf{N}$, et pour B un anneau commutatif sans diviseur de 0, mais dont le radical

$\mathfrak{R}$ n'est pas réduit à 0 (A, VIII, § 6, nº 3). Montrer que le radical de A n'est pas fermé. (Soit (e_n) la base canonique de E. Remarquer d'une part que tout $u \in$ A, tel que $u(e_n) = 0$ sauf pour un nombre fini d'indices et que $u(\mathrm{E}) \subset \mathfrak{R}.\mathrm{E}$, appartient au radical de A (cf. A, VIII, § 6, exerc. 5); considérer d'autre part l'élément u_0 de tel que $u_0(e_n) = e_n + te_{n+1}$ avec $t \neq 0$ dans $\mathfrak{R}$, pour tout n).

¶ 11) *a*) On dit qu'un anneau topologique A est un *anneau de Gelfand* si A* est ouvert dans A et si la topologie induite sur A* par celle de A est compatible avec sa structure de groupe multiplicatif. Tout corps topologique séparé est un anneau de Gelfand (cf. III, p. 82, exerc. 20 *e*)).

b) Montrer que si A est un anneau de Gelfand, il en est de même de tout anneau de matrices $\mathbf{M}_n(\mathrm{A})$, muni de la topologie produit (sur A^{n^2}) (raisonner par récurrence sur n).

12) Dans un anneau topologique A, on dit qu'un ensemble M est *borné à droite* (resp. *à gauche*) si, pour tout voisinage U de 0 dans A, il existe un voisinage V de 0 tel que $\mathrm{VM} \subset \mathrm{U}$ (resp. $\mathrm{MV} \subset \mathrm{U}$); on dit que M est *borné* s'il est à la fois borné à gauche et à droite. On dit que la topologie de A est *localement bornée* (et que A est un anneau topologique *localement borné*) s'il existe un voisinage de 0 borné dans A.

a) Tout anneau topologique admettant un système fondamental de voisinages de 0 formé d'idéaux à droite est borné à droite. Montrer que si, dans l'exercice 10 *a*), on prend I infini et pour B un corps, l'anneau A est borné à gauche mais aucun voisinage de 0 dans A n'est borné à droite.

b) Si un anneau topologique A est borné à droite (resp. borné) et admet un système fondamental de voisinages de 0 qui sont des sous-groupes du groupe additif de A, alors il admet un système fondamental de voisinages de 0 qui sont des idéaux à droite (resp. bilatères).

c) Toute réunion finie d'ensembles bornés est bornée; l'adhérence d'un ensemble borné est bornée; si M et N sont bornés, il en est de même de M + N et de MN.

d) Dans un anneau topologique A, tout ensemble précompact est borné.

e) Si M et N sont deux parties bornées de A, montrer que l'application $(x, y) \mapsto xy$ de $\mathrm{M} \times \mathrm{N}$ dans A est uniformément continue.

f) Soit A un anneau topologique séparé. Montrer que si (x_n) est une suite d'éléments inversibles tendant vers 0 dans A, l'ensemble des x_n^{-1} n'est pas borné (à gauche ou à droite) dans A.

g) Si A est un anneau borné, montrer que $x \mapsto x^{-1}$ est uniformément continue, dans l'ensemble A* des éléments inversibles de A.

h) Montrer que dans un anneau borné, séparé et complet A, l'ensemble A* des éléments inversibles et le radical de A sont fermés (utiliser *g*)).

i) Dans un produit $\prod_\iota \mathrm{A}_\iota$ d'anneaux topologiques, pour qu'un ensemble soit borné, il faut et il suffit que toutes ses projections le soient.

j) Tout sous-anneau d'un anneau localement borné, et tout produit d'anneaux localement bornés, est un anneau localement borné.

k) Le complété d'un anneau séparé localement borné est localement borné.

13) Soit A un anneau topologique borné (exerc. 12), tel que l'ensemble A* des éléments inversibles soit ouvert. Montrer que le radical de A est ouvert. Si A est sans radical, il est donc discret; en particulier, un corps topologique borné séparé est discret. Un anneau compact sans radical A, dans lequel A* est ouvert, est fini; en particulier, un corps topologique compact est fini.

¶ 14) Soit A un anneau compact, totalement discontinu,[1] et sans radical. Alors A est isomorphe au produit d'une famille d'anneaux simples finis. (Montrer d'abord qu'il existe dans A un système fondamental de voisinages de 0 formé d'idéaux bilatères, en utilisant l'exerc. 12 *b*) et la prop. 14 de III, p. 35. En déduire qu'il existe dans A un ensemble maximal Φ

[1] On peut montrer qu'un anneau compact est nécessairement totalement discontinu.

d'idéaux bilatères tels que : 1° tout idéal bilatère $\mathfrak{N} \in \Phi$ est un idéal bilatère maximal et ouvert; 2° aucun des idéaux $\mathfrak{N} \in \Phi$ ne contient une intersection finie d'idéaux de Φ distincts de $\mathfrak{N}$. Montrer alors que A est isomorphe au produit des $A/\mathfrak{N}$, où $\mathfrak{N} \in \Phi$; on prouvera d'abord que l'intersection des $\mathfrak{N} \in \Phi$ est réduite à 0 en utilisant l'exerc. 9 *b*) de III, p. 80).

15) Soit A un anneau compact totalement discontinu. Montrer que le radical $\mathfrak{R}$ de A est topologiquement nilpotent (III, p. 80, exerc. 9 *a*); utiliser l'exerc. 12 *b*) de III, p. 81 et la prop. 14 de III, p. 35). En déduire que $\mathfrak{R}$ est l'ensemble des $x \in A$ tels que ax soit topologiquement nilpotent pour tout $a \in A$ (cf. III, p. 80, exerc. 9 *c*).

16) Montrer que sur un anneau A (resp. un corps K), la borne supérieure $\mathcal{T}$ d'une famille $(\mathcal{T}_\iota)$ de topologies compatibles avec la structure d'anneau de A (resp. la structure de corps de K) est encore compatible avec cette structure. Un ensemble M borné à gauche (resp. à droite) pour chacune des topologies $\mathcal{T}_\iota$ est aussi borné à gauche (resp. à droite) pour $\mathcal{T}$.

17) Si K est un corps topologique séparé et non discret, chacune des structures uniformes multiplicatives de K est *incomparable* à la structure uniforme induite sur K^* par la structure uniforme de K (cf. III, p. 81, exerc. 13).

18) Soient K un corps topologique séparé, A une partie fermée de K, B une partie compacte de K telle que $0 \notin B$; montrer que AB et BA sont fermés dans K (cf. III, p. 28, cor. 1). *Dans le corps **R** des nombres réels, donner un exemple où A est fermé, B compact, $0 \in B$ et AB n'est pas fermé.*

19) *a*) Soit K un corps muni d'une topologie séparée $\mathcal{T}$ compatible avec sa structure d'anneau; montrer qu'il existe un voisinage V de 0 dans K tel que $(\complement V) \cup (\complement V)^{-1} = K^*$ (ce qui équivaut à $V \cap (V \cap K^*)^{-1} = \varnothing$).

b) On suppose en outre $\mathcal{T}$ non discrète. Montrer que pour tout voisinage U de 0 dans K, on a, en posant $U^* = U \cap K^*$, $U^*(U^*)^{-1} = K^*$.

¶ 20) *a*) Soit K un corps muni d'une topologie séparée non discrète $\mathcal{T}$ compatible avec sa structure d'*anneau*. Pour qu'une partie M de K soit bornée à droite (resp. à gauche), il faut et il suffit que pour tout voisinage U de 0 il existe $a \in K^*$ tel que $aM \subset U$ (resp. $Ma \subset U$); M est alors aussi borné à droite (resp. à gauche) pour toute topologie séparée $\mathcal{T}'$ moins fine que $\mathcal{T}$ et compatible avec la structure d'anneau de K.

b) Si $\mathcal{T}$ est localement bornée (III, p. 81, exerc. 12), et U est un voisinage borné de 0 pour $\mathcal{T}$, l'ensemble des xU (resp. Ux) où x parcourt K^*, est un système fondamental de voisinages de 0 pour $\mathcal{T}$. Pour que tout point de K admette un système fondamental dénombrable de voisinages pour $\mathcal{T}$, il faut et il suffit qu'il existe une suite (a_n) de points de K ayant 0 pour valeur d'adhérence.

c) Toute borne supérieure d'une famille finie de topologies localement bornées sur K (compatibles avec la structure d'anneau de K) est localement bornée. Réciproquement, si la borne supérieure $\mathcal{T}$ d'une famille $(\mathcal{T}_\iota)$ de topologies localement bornées sur K est localement bornée, $\mathcal{T}$ est déjà la borne supérieure d'une sous-famille *finie* de $(\mathcal{T}_\iota)$. (Remarquer que si U est un voisinage de 0 borné pour $\mathcal{T}$, il existe un système fini d'indices (ι_k), et pour chaque k un voisinage borné V_k de 0 pour $\mathcal{T}_{\iota_k}$ tel que $\bigcap_k V_k \subset U$; d'autre part, il existe $a_k \in K^*$ tel que $U \subset a_k V_k$).

d) On dit qu'une partie F d'un corps K est un *quasi-anneau* si on a $F \neq K$, $0 \in F$, $1 \in F$, $-F = F$, $FF \subset F$, s'il existe un élément $c \in F^* = F \cap K^*$ tel que $c(F + F) \subset F$ et enfin si, pour tout $x \in F$, il existe $y \in F$, tel que $yF \subset Fx$ et $Fy \subset xF$. Montrer que si $\mathcal{T}$ est une topologie séparée, non discrète, compatible avec la structure d'anneau de K et localement bornée, tout voisinage borné symétrique U de 0 pour $\mathcal{T}$ tel que $UU \subset U$ et $1 \in U$ est un quasi-anneau, et on a $U^*(U^*)^{-1} = K^*$ (exerc. 19 *b*)). Si V est un voisinage borné symétrique quelconque de 0 pour $\mathcal{T}$, l'ensemble U des $x \in K$ tels que $xV \subset V$ (ou $Vx \subset V$) est un voisinage borné symétrique de 0 pour $\mathcal{T}$ tel que $UU \subset U$ et $1 \in U$, donc un quasi-anneau.

e) Réciproquement, soit F un quasi-anneau dans K tel que $F^*(F^*)^{-1} = K^*$. Montrer qu'il existe une topologie séparée $\mathcal{T}$, non discrète, compatible avec la structure d'anneau de K et telle que F soit un voisinage borné de 0 pour $\mathcal{T}$. On peut prendre en particulier pour F tout sous-anneau A de K tel que K soit corps des quotients à droite de A (A, I, p. 155, exerc. 15). En particulier, si $K = \mathbf{Q}$ et $F = \mathbf{Z}$, la topologie $\mathcal{T}$ correspondante sur K n'est pas compatible avec sa structure de corps.

¶ 21) *a*) Soit $\mathcal{T}$ une topologie séparée localement bornée sur un corps K, pour laquelle K soit connexe. Montrer qu'il existe dans K des éléments topologiquement nilpotents (III, p. 80, exerc. 9 *a*)) non nuls. (Si U est un voisinage symétrique borné de 0, et t un élément $\neq 0$ tel que $Ut + Ut \subset U$, montrer que K est la réunion des Ut^{-n}, en utilisant la prop. 6 de III, p. 8).

b) Soit $\mathcal{T}$ une topologie séparée localement bornée sur K, pour laquelle il existe des éléments $\neq 0$ topologiquement nilpotents. Montrer qu'il existe un voisinage U de 0 tel que pour tout voisinage V de 0, il existe un entier n_0 tel que $U^n \subset V$ pour $n \geqslant n_0$, ce qui entraîne que tous les éléments de U sont topologiquement nilpotents et que tout point admet un système fondamental dénombrable de voisinages pour $\mathcal{T}$. (Soient $t \neq 0$ un élément topologiquement nilpotent, W un voisinage borné de 0; prendre pour U un voisinage borné de 0 tel que $UW \subset Wt$). L'ensemble T des éléments topologiquement nilpotents de K est donc un voisinage de 0 pour $\mathcal{T}$.

¶ 22) Dans un corps K muni d'une topologie séparée $\mathcal{T}$ compatible avec sa structure d'anneau, on dit qu'un ensemble R contenant 0 est *rétroborné* si $(\complement R)^{-1}$ est borné. On dit que $\mathcal{T}$ est *localement rétrobornée* s'il existe un système fondamental de voisinages rétrobornés de 0 pour $\mathcal{T}$.

a) Une topologie localement rétrobornée $\mathcal{T}$ est localement bornée, et est un élément minimal dans l'ensemble des topologies séparées compatibles avec la structure d'anneau de K; en outre $\mathcal{T}$ est compatible avec la structure de corps de K (utiliser l'exerc. 19 *a*) de III, p. 82).

b) On suppose désormais que $\mathcal{T}$ est une topologie localement rétrobornée. Montrer que pour tout voisinage V de 0 dans K, $x \mapsto x^{-1}$ est uniformément continue dans $\complement V$. En déduire que l'anneau complété $\hat{K}$ de K est un corps topologique dont la topologie est localement rétrobornée.

c) Tout voisinage de 0 pour $\mathcal{T}$ contient un voisinage V de 0 tel que $E(V) = (\complement V) \cap (\complement V)^{-1}$ ne soit pas vide. Montrer que sur E(V) les trois structures uniformes induites par la structure uniforme additive et les structures uniformes multiplicatives de K sont identiques. En déduire que, si K est complet, les structures uniformes multiplicatives sur K* sont des structures uniformes d'espace complet.

d) Montrer qu'un élément $x \in K^*$ est, ou bien topologiquement nilpotent, ou bien tel que x^{-1} soit topologiquement nilpotent, ou bien tel que la suite $(x^n)_{n \in \mathbf{Z}}$ soit bornée, les trois cas s'excluant mutuellement. (En considérant un voisinage borné U tel que $UU \subset U$ (III, p. 82, exerc. 20 *d*)), montrer que si 0 est valeur d'adhérence de la suite $(x^n)_{n \geqslant 0}$, x est topologiquement nilpotent). S'il existe des éléments $\neq 0$ de K topologiquement nilpotents, montrer que l'ensemble B formé de 0 et des $x \in K^*$ tels que x^{-1} ne soit pas topologiquement nilpotent, est un voisinage borné de 0 dans K, invariant par tout automorphisme intérieur (utiliser l'exerc. 21 *b*)); B contient alors tous les voisinages bornés U de 0 tels que $UU \subset U$; parmi ceux de ces voisinages qui sont invariants par tous les automorphismes intérieurs, il y en a un plus grand que tous les autres, qui est identique à B lorsque le groupe des commutateurs de K* est borné, et en particulier lorsque K est commutatif.

e) Si U est un voisinage symétrique borné de 0 dans K tel que $UU \subset U$, il existe $b \in U^*$ tel que $K^* = U^* \cup ((U^*)^{-1}b)$. Soit $a \in U^*$ tel que $Ua \subset bU$, et supposons que la suite $(a^{-n})_{n \geqslant 0}$ soit bornée. Montrer que l'ensemble V des $x \in K$ tels que xU soit contenu dans la réunion des Ua^{-n} est un voisinage borné de 0 tel que $VV \subset V$ et $K^* = V^* \cup (V^*)^{-1}$.

f) On suppose que dans K il n'y ait aucun élément topologiquement nilpotent $\neq 0$. Montrer qu'il existe un voisinage borné de 0 dans K qui est un sous-anneau A de K tel que $K^* = A^* \cup (A^*)^{-1}$. (Partir d'un voisinage borné V de 0 tel que $K^* = V^* \cup (V^*)^{-1}$ et

$VV \subset V$ (voir *e*)) ; si $c \in V^*$ est tel que $c(V + V) \subset V$, observer que l'anneau A engendré par V est contenu dans la réunion des Vc^{-n} ($n \geqslant 0$)).

¶ 23) Pour tout nombre premier p et tout nombre rationnel $x \neq 0$, on désigne par $v_p(x)$ l'exposant de p dans la décomposition de x en facteurs premiers ; l'application v_p de $\mathbf{Q}^*$ dans $\mathbf{Z}$ est appelée la *valuation p-adique* sur $\mathbf{Q}$; l'ensemble des $x \in \mathbf{Q}$ tels que $x = 0$ ou $v_p(x) \geqslant m$ (pour un $m \in \mathbf{Z}$) est l'idéal fractionnaire (p^m) de $\mathbf{Q}$.

a) Montrer que les (p^m) ($m \in \mathbf{Z}$) forment un système fondamental de voisinages de 0 dans $\mathbf{Q}$ pour une topologie localement rétrobornée (exerc. 22) $\mathscr{T}_p$ sur $\mathbf{Q}$, dite *topologie p-adique*. Le complété $\mathbf{Q}_p$ de $\mathbf{Q}$ pour cette topologie est un corps appelé *corps p-adique*, et ses éléments sont dits *nombres p-adiques*. L'adhérence $\mathbf{Z}_p$ de $\mathbf{Z}$ dans $\mathbf{Q}_p$ est un anneau principal compact ouvert dans $\mathbf{Q}_p$, dans lequel $\mathfrak{p} = p\mathbf{Z}_p$ est le seul idéal premier ; $\mathbf{Z}_p/\mathfrak{p}$ est isomorphe au corps premier $\mathbf{F}_p = \mathbf{Z}/(p)$, et plus généralement le groupe additif quotient $\mathfrak{p}^m/\mathfrak{p}^n$ est isomorphe à $\mathbf{Z}/(p^{n-m})$ ($m < n$). On dit que les éléments de $\mathbf{Z}_p$ sont les *entiers p-adiques*.

b) Montrer que tout homomorphisme continu du groupe additif $\mathbf{Q}_p$ dans lui-même est de la forme $x \mapsto ax$, où $a \in \mathbf{Q}_p$ (si f est un tel homomorphisme, montrer que $f(rx) = rf(x)$ quel que soit $r \in \mathbf{Q}$, puis passer à la limite dans $\mathbf{Q}_p$).

c) Montrer que tout sous-groupe *compact* $G \neq \{0\}$ du groupe additif $\mathbf{Q}_p$ est identique à un $\mathfrak{p}^n$ ($n \in \mathbf{Z}$) et qu'il n'y a pas de sous-groupe additif fermé et non compact de $\mathbf{Q}_p$, distinct de $\mathbf{Q}_p$. (Soit m le plus grand entier tel que $G \subset \mathfrak{p}^m$; en considérant le groupe quotient $(G + \mathfrak{p}^n)/\mathfrak{p}^n$ pour $n > m$, montrer que $G + \mathfrak{p}^n = \mathfrak{p}^m$ et conclure en utilisant la formule (1) de III, p. 20).

¶ 24) *a*) Montrer que tout sous-groupe du groupe multiplicatif $\mathbf{Q}_p^*$ du corps p-adique $\mathbf{Q}_p$ est isomorphe au produit d'un sous-groupe du groupe multiplicatif U des éléments inversibles de $\mathbf{Z}_p$ et d'un sous-groupe additif discret isomorphe à $\mathbf{Z}$ ou à $\{0\}$.

b) Montrer que les sous-groupes compacts du sous-groupe $V = 1 + \mathfrak{p}$ de U sont identiques aux groupes $1 + \mathfrak{p}^n$ ($n > 0$) (même raisonnement que dans l'exerc. 23 *c*)).

c) Montrer que pour tout $a \in U$, la suite $(a^{p^n})_{n \in \mathbf{N}}$ tend vers une limite α telle que $\alpha \equiv a$ (mod. $\mathfrak{p}$) et que l'on a $\alpha^p = \alpha$ (on prouvera par récurrence sur n que $a^{p^n} \equiv a^{p^{n-1}}$ (mod. $\mathfrak{p}^n$)). Montrer que toutes les racines du polynôme $X^{p-1} - 1$ (dans une extension algébriquement close de $\mathbf{Q}_p$) appartiennent à $\mathbf{Q}_p$ et sont deux à deux non congrues mod. $\mathfrak{p}$ (appliquer ce qui précède aux racines de la congruence $x^{p-1} - 1 \equiv 0$ (mod. p)). Si $p > 2$ et si d est le pgcd de n et de $p - 1$, le polynôme $X^n - 1$ a exactement d racines dans $\mathbf{Q}_p$, qui sont racines de $X^d - 1$ (même méthode, en prenant pour a une racine de $X^n - 1$).

En déduire que, si $p > 2$, tout sous-groupe compact du groupe multiplicatif $\mathbf{Q}_p^*$ est le produit direct d'un sous-groupe *fini* de U (formé de racines $(p - 1)^{\text{èmes}}$ de l'unité) et d'un sous-groupe de la forme $1 + \mathfrak{p}^n$ (utiliser *b*)). Comment se modifient ces résultats pour $p = 2$? (Faire jouer au groupe $1 + \mathfrak{p}^2$ le rôle précédemment occupé par $1 + \mathfrak{p}$.)

¶ 25) *a*) Soit $a \neq 0$ un nombre p-adique. Pour que l'application $n \mapsto a^n$ soit continue dans $\mathbf{Z}$ (considéré comme sous-espace de $\mathbf{Q}_p$), il faut et il suffit que $a \in 1 + \mathfrak{p}$. Si cette condition est remplie, montrer que $n \mapsto a^n$ est uniformément continue dans $\mathbf{Z}$ et se prolonge en un homomorphisme continu de $\mathbf{Z}_p$ dans U, notée $x \mapsto a^x$, qui est injectif si $a \neq 1$. Si $p > 2$, et si m est le plus grand entier tel que $a \in 1 + \mathfrak{p}^m$, $x \mapsto a^x$ est un isomorphisme de $\mathbf{Z}_p$ sur $1 + \mathfrak{p}^m$. Comment se modifie ce résultat lorsque $p = 2$?

b) Montrer que tout homomorphisme continu de $\mathbf{Z}_p$ dans U est de la forme $x \mapsto a^x$, pour un $a \in 1 + \mathfrak{p}$ (si f est un tel homomorphisme, et $f(1) = a$, on a $f(n) = a^n$ pour $n \in \mathbf{Z}$).

c) Montrer que l'application $(x, y) \mapsto x^y$ est continue dans $(1 + \mathfrak{p}) \times \mathbf{Z}_p$. Si $p > 2$, $b \in \mathbf{Z}_p$, et si m est le plus grand entier tel que $b \in \mathfrak{p}^m$, l'application $x \mapsto x^b$ est un isomorphisme du groupe multiplicatif $1 + \mathfrak{p}$ sur le sous-groupe multiplicatif $1 + \mathfrak{p}^{m+1}$ (utiliser l'exerc. 24 *b*)). Comment se modifie ce résultat lorsque $p = 2$?

d) Si n est un entier premier à $p - 1$ et à p, montrer que l'application $x \mapsto x^n$ est un automorphisme du groupe multiplicatif U (utiliser l'exerc. 24 *c*)).

26) *a*) Soient p, q deux nombres premiers distincts; la topologie $\mathscr{T}$ sur $\mathbf{Q}$, borne supérieure de $\mathscr{T}_p$ et de $\mathscr{T}_q$, est localement bornée (III, p. 82, exerc. 20 *c*)) et compatible avec la structure de corps de $\mathbf{Q}$. Pour cette topologie, aucune des deux suites $((p/q)^n)_{n \geqslant 0}$, $((q/p)^n)_{n \geqslant 0}$ n'est bornée; la suite $(1/p^n)_{n \geqslant 0}$ est non bornée, mais la suite $(p^n)_{n \geqslant 0}$, qui est bornée, ne tend pas vers 0 (cf. III, p. 83, exerc. 22 *d*)). Montrer que le complété de $\mathbf{Q}$ pour la topologie $\mathscr{T}$ est isomorphe au produit des corps topologiques $\mathbf{Q}_p$ et $\mathbf{Q}_q$.

b) Si P est l'ensemble des nombres premiers, la borne supérieure $\mathscr{T}_0$ des topologies $\mathscr{T}_p$, pour $p \in \mathrm{P}$, est compatible avec la structure de corps de $\mathbf{Q}$, mais n'est pas localement bornée (III, p. 82, exerc. 20 *c*)). Quel est le complété de $\mathbf{Q}$ pour la topologie $\mathscr{T}_0$?

27) Soient A un anneau topologique intègre séparé, A′ l'ensemble des éléments $\neq 0$ de A, R la relation d'équivalence $xt = yz$ entre les couples (x, y) et (z, t) dans $\mathrm{A} \times \mathrm{A}'$; l'ensemble quotient $\mathrm{K} = (\mathrm{A} \times \mathrm{A}')/\mathrm{R}$ est le corps des fractions de A.

a) On munit A′ de la topologie induite par celle de A, $\mathrm{A} \times \mathrm{A}'$ de la topologie produit. Montrer que si la relation R est ouverte, la topologie quotient de celle de $\mathrm{A} \times \mathrm{A}'$ par R est une topologie séparée sur K, compatible avec la structure de corps de K.

b) On suppose que, pour tout $a \neq 0$ dans A, l'application $x \mapsto ax$ de A dans lui-même soit ouverte. Montrer que R est alors ouverte.

c) On suppose que K est muni d'une topologie $\mathscr{T}$ compatible avec sa structure d'*anneau* et induisant sur A (plongé canoniquement dans K) la topologie donné. Déduire de *a*) et *b*) qu'il existe sur K une topologie séparée $\mathscr{T}'$, moins fine que $\mathscr{T}$ et compatible avec la structure de *corps* de K.

28) Soient E, F deux groupes topologiques commutatifs à opérateurs, $u\colon \mathrm{E} \to \mathrm{F}$, $v\colon \mathrm{F} \to \mathrm{E}$ deux applications linéaires continues. Montrer que si $u \circ v \circ u = u$, $u^{-1}(0)$ et $v(u(\mathrm{E}))$ sont supplémentaires topologiques dans E, $u(\mathrm{E})$ et $v^{-1}(u^{-1}(0))$ supplémentaires topologiques dans F, et que la restriction de u à $v(u(\mathrm{E}))$ est un isomorphisme de $v(u(\mathrm{E}))$ sur $u(\mathrm{E})$.

¶29) *a*) Montrer qu'il existe une suite double (E_{nm}) de parties finies symétriques de $\mathbf{Z}$ définies pour $0 \leqslant n \leqslant m$, contenant 0, non réduites à 0 pour $m \geqslant 1$, et vérifiant les conditions suivantes: 1° pour tout $n \geqslant 0$, les ensembles $\mathrm{E}_{n+1,m} + (\bigcup_{r=n+1}^{m} \mathrm{E}_{n+1,r})$, $\mathrm{E}_{n+1,m} \cdot (\bigcup_{r=n+1}^{m} \mathrm{E}_{n+1,r})$ et $k.\mathrm{E}_{n+1,m}$ pour $k \leqslant n+1$ sont tous contenus dans la réunion $\bigcup_{s=n}^{m} \mathrm{E}_{ns}$; 2° si on désigne par y_m le plus petit élément >0 de $\mathrm{E}_{0,m} - \{0\}$, et par z_m le plus grand élément de $\mathrm{E}_{0,m}$, on a $y_{m+1} \geqslant z_m + m + 1$; 3° $\mathrm{E}_{n+1,m} \subset \mathrm{E}_{n,m}$. (Supposant les E_{pq} déterminés pour $p \leqslant q \leqslant m$, déterminer successivement $\mathrm{E}_{m+1,m+1}$, $\mathrm{E}_{m,m+1}, \ldots, \mathrm{E}_{0,m+1}$ par récurrence descendante).

b) On désigne par V_n la réunion des E_{nm} pour tous les $m \geqslant n$. Montrer que (V_n) est un système fondamental de voisinages de 0 pour une topologie sur $\mathbf{Z}$ compatible avec la structure d'anneau de $\mathbf{Z}$, et pour laquelle aucun sous-groupe de $\mathbf{Z}$ autre que $\mathbf{Z}$ n'est ouvert.

§ 7

1) *a*) Montrer que l'anneau $\mathbf{Z}_p$ des entiers p-adiques (III, p. 84, exerc. 23 *a*)) est isomorphe à la limite projective de la suite des anneaux discrets $\mathbf{Z}/(p^n)$, $f_{nm}\colon \mathbf{Z}/(p^m) \to \mathbf{Z}/(p^n)$ (pour $n \leqslant m$) étant l'homomorphisme canonique, lorsque $\mathbf{Z}/(p^n)$ est considéré comme anneau quotient de $\mathbf{Z}/(p^m)$.

b) Pour tout $n > 0$, soient G_n le groupe $\mathbf{Z}$ des entiers rationnels, E_n son groupe quotient $\mathbf{Z}/(p^n)$ (p premier), G_n et E_n étant munis de la topologie discrète; on considère (G_n) comme un système projectif, $\mathrm{G}_m \to \mathrm{G}_n$ étant l'identité, (E_n) comme un système projectif, $f_{nm}\colon \mathrm{E}_m \to \mathrm{E}_n$ étant l'homomorphisme canonique (voir *a*)) pour $n \leqslant m$. Alors l'orbite pour G_n de tout point de E_n est compacte, mais l'orbite pour $\mathrm{G} = \varprojlim \mathrm{G}_n$ d'un point $x = (x_n)$ de

$E = \varprojlim E_n$ n'est pas compacte, et n'est pas isomorphe à la limite projective des orbites des x_n, et l'application canonique $E/G \to \varprojlim E_n/G_n$ n'est pas injective.

c) Pour tout $n > 0$, soit G_n le sous-groupe $p^n\mathbf{Z}$ de $\mathbf{Z}$ (p premier), E_n le groupe $\mathbf{Z}$, G_n et E_n étant munis de la topologie discrète et G_n opérant par translations dans E_n; on considère (E_n) et (G_n) comme des systèmes projectifs, $E_m \to E_n$ étant l'identité, $G_m \to G_n$ l'injection canonique ($n \leqslant m$). Alors le stabilisateur de tout point de E_n (pour G_n) est compact, l'orbite pour $G = \varprojlim G_n$ de tout point de $E = \varprojlim E_n$ est compacte, mais l'application canonique $E/G \to \varprojlim E_n/G_n$ n'est pas surjective.

d) Déduire de *b*) et *c*) un exemple de système projectif d'espaces à opérateurs (E_α), pour un système projectif de groupes (G_α), tels que si l'on pose $E = \varprojlim E_\alpha$, $G = \varprojlim G_\alpha$, l'application canonique $E/G \to \varprojlim E_\alpha/G_\alpha$ ne soit ni injective, ni surjective.

2) Soit $(E_\alpha, f_{\alpha\beta})$ un système projectif d'ensembles non vides tel que $\varprojlim E_\alpha = \varnothing$. On désigne par G_α le $\mathbf{Z}$-module libre des combinaisons linéaires formelles d'éléments de E_α, à coefficients dans $\mathbf{Z}$ (A, II, p. 25), par $g_{\alpha\beta}$ l'homomorphisme $G_\beta \to G_\alpha$ qui se réduit à $f_{\alpha\beta}$ dans E_β. Montrer que le groupe $\varprojlim G_\alpha$ est réduit à l'élément neutre. (Raisonner par l'absurde, en considérant pour un élément $z = (z_\alpha)$ de $\varprojlim G_\alpha$ et pour tout α, l'ensemble fini F_α des éléments de E_α dont le coefficient dans z_α n'est pas nul, et en observant que $f_{\alpha\beta}(F_\beta) = F_\alpha$.) En déduire un exemple de système projectif $(G_\alpha, g_{\alpha\beta})$ de groupes tel que les $g_{\alpha\beta}$ soient surjectifs, les G_α infinis et $\varprojlim G_\alpha$ réduit à l'élément neutre (cf. E, III, p. 94, exerc. 4).

¶ 3) *a*) Montrer que tout groupe compact totalement discontinu est limite projective d'une famille de groupes finis discrets (utiliser l'exerc. 18 de III, p. 77).

b) Soient G un groupe compact totalement discontinu, L un sous-groupe fermé de G. Montrer qu'il existe une section continue $G/L \to G$ associée à l'application canonique $G \to G/L$. (Utiliser a) et la prop. 3 de III, p. 62; considérer, pour chaque α, l'ensemble fini F_α des sections $G_\alpha/L_\alpha \to G_\alpha$, et remarquer que ces ensembles forment un système projectif pour des applications surjectives canoniques $h_{\alpha\beta}: F_\beta \to F_\alpha$.)

4) Soient G un groupe topologique séparé, (H_α) une famille filtrante de sous-groupes distingués compacts vérifiant la condition (AP) de III, p. 60. Soit (L_α) une famille de sous-groupe fermés de G tels que $H_\alpha \subset L_\alpha$ pour tout $\alpha \in I$ et $L_\alpha = H_\alpha L_\beta$ pour $\alpha \leqslant \beta$; si l'on pose $L = \bigcap_\alpha L_\alpha$, montrer que l'on a $L_\alpha = H_\alpha L$ pour tout α (utiliser la prop. 3 de III, p. 62).

5) Soient G un groupe topologique séparé, E un espace topologique séparé dans lequel G opère continument; soit (H_α) une famille filtrante décroissante de sous-groupes compacts distingués de G, vérifiant la condition (AP) de III, p. 58. On pose $E_\alpha = E/H_\alpha$; montrer que l'application canonique $E \to \varprojlim E_\alpha$ est un homéomorphisme.

¶ *6) Soit $(G_n, f_{nm})_{n\in\mathbf{N}}$ le système projectif de groupes compacts tel que $G_n = \mathbf{T} = \mathbf{R}/\mathbf{Z}$ pour tout n, et f_{nm} est l'homomorphisme continu $x \mapsto p^{m-n}x$ de $\mathbf{T}$ sur lui-même, pour $n \leqslant m$, p étant un nombre premier donné. Le groupe topologique $\mathbf{T}_p = \varprojlim G_n$ est appelé le *solénoïde p-adique*; c'est un groupe commutatif compact et connexe.

a) Pour tout n, l'homomorphisme continu $f_n: \mathbf{T}_p \to G_n$ est surjectif et son noyau est isomorphe au groupe $\mathbf{Z}_p$ des entiers p-adiques (cf. III, p. 85, exerc. 1 *a*)).

b) Soit φ l'homomorphisme canonique $\mathbf{R} \to \mathbf{R}/\mathbf{Z} = \mathbf{T}$. Pour tout $x \in \mathbf{R}$, on pose $\theta(x) = (\varphi(x/p^n))_{n\in\mathbf{N}}$; montrer que θ est un homomorphisme continu injectif de $\mathbf{R}$ dans $\mathbf{T}_p$, et que $\theta(\mathbf{R})$ est un sous-groupe partout dense de $\mathbf{T}_p$.

c) Soit I un intervalle ouvert dans **R**, de centre 0 et de longueur < 1; montrer que dans $\mathbf{T}_p$, le sous-espace $\overset{-1}{f_0}(\varphi(\mathrm{I}))$ est homéomorphe au produit $\mathrm{I} \times \mathbf{Z}_p$. En particulier, le groupe $\mathbf{T}_p$ n'est pas localement connexe.

d) Montrer que tout sous-groupe fermé H de $\mathbf{T}_p$ distinct de $\mathbf{T}_p$ et de $\{0\}$, est totalement discontinu et isomorphe à un groupe de la forme $\mathbf{Z}/n\mathbf{Z}$ ou $(\mathbf{Z}/n\mathbf{Z}) \times \mathbf{Z}_p$, où n est un entier premier à p (utiliser la prop. 3 de III, p. 62).

e) Montrer que $\mathbf{T}_p$ est un espace compact connexe *indécomposable*, c'est-à-dire qu'il n'existe pas de recouvrement de $\mathbf{T}_p$ formé de deux ensembles compacts connexes P, Q distincts de $\mathbf{T}_p$. (Observer qu'il existe un entier n tel que $f_n(\mathrm{P}) \neq \mathrm{G}_n$ et $f_n(\mathrm{Q}) \neq \mathrm{G}_n$, et examiner les ensembles $f_{n+1}(\mathrm{P})$ et $f_{n+1}(\mathrm{Q})$ pour obtenir une contradiction.)$_*$

NOTE HISTORIQUE

(N.-B. Les chiffres romains renvoient à la bibliographie placée à la fin de cette note.)

La théorie générale des groupes topologiques est une des plus récentes de l'Analyse; mais on connaissait depuis longtemps des groupes topologiques particuliers; et, dans la seconde moitié du XIXᵉ siècle, Sophus Lie avait édifié la vaste théorie des groupes topologiques qu'il appelait « groupes continus », et qu'on désigne aujourd'hui sous le nom de « groupes de Lie »; le lecteur trouvera de plus amples renseignements sur la genèse et le développement de cette théorie dans les Notes historiques du livre qui lui est consacré dans ce traité.

L'étude des groupes topologiques généraux a été inaugurée par O. Schreier, en 1926 (I); elle a depuis lors fait l'objet de nombreux travaux qui ont, entre autres, permis d'élucider, dans une large mesure, la structure des groupes localement compacts. Nous n'avons voulu donner ici que les définitions et les résultats les plus élémentaires de la théorie, et renvoyons le lecteur désireux d'un exposé approfondi aux monographies de L. Pontrjagin (II), A. Weil (III) et D. Montgomery–L. Zippin (IV).

Nombres réels

§ 1. DÉFINITION DES NOMBRES RÉELS

1. Le groupe ordonné des nombres rationnels

On a défini en Algèbre (A, I, p. 112), la relation d'ordre $x \leqslant y$ dans l'ensemble $\mathbf{Q}$ des nombres rationnels; on a vu qu'elle fait de $\mathbf{Q}$ un ensemble *totalement ordonné*, et qu'elle est *compatible* avec la structure de *groupe additif* de $\mathbf{Q}$, c'est-à-dire (A, VI, § 1, nº 1) que, pour tout $z \in \mathbf{Q}$, la relation $x \leqslant y$ est équivalente à $x + z \leqslant y + z$ (ce qu'on énonce encore en disant que *l'ordre est invariant par translation*). Rappelons que l'on pose, dans $\mathbf{Q}$ (comme dans tout groupe totalement ordonné),

$$x^+ = \sup(x, 0), \qquad x^- = \sup(-x, 0) = (-x)^+, \qquad |x| = \sup(x, -x);$$

$|x|$ est appelé *valeur absolue* de x; on a

$$x = x^+ - x^-, \qquad |x| = x^+ + x^-$$

et l'*inégalité du triangle*

$$|x + y| \leqslant |x| + |y|, \tag{1}$$

ainsi que l'inégalité

$$||x| - |y|| \leqslant |x - y| \tag{2}$$

qui en est une conséquence immédiate; on a de même

$$|x^+ - y^+| \leqslant |x - y|. \tag{3}$$

Les relations $x \geqslant 0$, $x = x^+$, $x^- = 0$, $|x| = x$ (resp. $x \leqslant 0$, $x = -x^-$, $x^+ = 0$, $|x| = -x$) sont *équivalentes*. La relation $|x| = 0$ est équivalente à $x = 0$; si

$a \geqslant 0$, la relation $|x| \leqslant a$ est équivalente à $-a \leqslant x \leqslant a$, la relation $|x| \geqslant a$ à « $x \geqslant a$ ou $x \leqslant -a$ ». Quels que soient x, y, z dans $\mathbf{Q}$, on a

$$\sup(x, y) + z = \sup(x + z, y + z) \tag{4}$$

$$\inf(x, y) = -\sup(-x, -y) \tag{5}$$

et, comme cas particuliers,

$$\sup(x, y) = x + (y - x)^+ = x + (x - y)^- \tag{6}$$

$$\inf(x, y) = x - (y - x)^- = x - (x - y)^+. \tag{7}$$

Enfin, on désigne par $\mathbf{Q}_+$ l'ensemble des nombres rationnels $\geqslant 0$; on a les relations

$$\mathbf{Q}_+ + \mathbf{Q}_+ \subset \mathbf{Q}_+ \tag{8}$$

$$\mathbf{Q}_+ \cap (-\mathbf{Q}_+) = \{0\} \tag{9}$$

$$\mathbf{Q}_+ \cup (-\mathbf{Q}_+) = \mathbf{Q}. \tag{10}$$

La relation $x \leqslant y$ est *équivalente* à $y - x \in \mathbf{Q}_+$.

Nous allons, à l'aide de cette relation d'ordre, définir sur $\mathbf{Q}$ *une topologie compatible avec sa structure de groupe additif*.

2. La droite rationnelle

Considérons l'ensemble $\mathfrak{F}$ des *intervalles ouverts symétriques* $]-a, +a[$, où a parcourt l'ensemble des nombres rationnels > 0; nous allons montrer que $\mathfrak{F}$ est un *système fondamental de voisinages de* 0 dans une topologie compatible avec la structure de groupe additif de $\mathbf{Q}$.

Le groupe $\mathbf{Q}$ est commutatif, et l'axiome ($\mathrm{GV}'_{\mathrm{II}}$) (III, p. 4) est évidemment vérifié; il suffit donc de voir que ($\mathrm{GV}'_{\mathrm{I}}$) (III, p. 4) l'est aussi, autrement dit que, pour tout $a > 0$, il existe $b > 0$ tel que les conditions $|x| < b$, $|y| < b$ entraînent $|x + y| < a$; or, d'après l'inégalité du triangle, il suffit de prendre $b = a/2$.

Définition 1. — *On appelle droite rationnelle l'espace topologique obtenu en munissant l'ensemble* $\mathbf{Q}$ *de la topologie de groupe dont un système fondamental de voisinages de* 0 *est formé par les intervalles ouverts symétriques* $]-a, +a[$ $(a > 0)$.

Le groupe topologique $\mathbf{Q}$ *ainsi défini est appelé groupe additif de la droite rationnelle.*

Quel que soit le nombre rationnel $a > 0$, il existe un entier $n > 0$ tel que $1/n < a$; les intervalles ouverts $\left]-\frac{1}{n}, +\frac{1}{n}\right[$ $(n = 1, 2, \ldots)$ forment donc un système fondamental de voisinages de 0 sur la droite rationnelle.

On a un système fondamental de voisinages d'un point quelconque $x \in \mathbf{Q}$, en prenant les intervalles ouverts $]x - a, x + a[$, où a parcourt l'ensemble des nombres rationnels > 0 (ou seulement l'ensemble des nombres $1/n$).

La définition 1 est donc équivalente à celle que nous avons donnée dans I, p. 4.

Pour tout couple (a, b) tel que $a < b$, il existe $c \in \mathbf{Q}$ tel que $a < c < b$ (par exemple $c = (a + b)/2$); il en résulte que la droite rationnelle est un espace *séparé* et *non discret*.

Pour tout $a > 0$, soit U_a l'ensemble des couples (x, y) de $\mathbf{Q} \times \mathbf{Q}$ tels que $|x - y| < a$; lorsque a parcourt l'ensemble des nombres rationnels > 0 (ou seulement l'ensemble des nombres $1/n$), les ensembles U_a forment un *système fondamental d'entourages* de la structure uniforme du groupe additif $\mathbf{Q}$ de la droite rationnelle. Les relations (2) et (3) (IV, p. 1) montrent que $|x|$, x^+ et x^- sont *uniformément continues* dans $\mathbf{Q}$. Il s'ensuit que les fonctions $\sup(x, y)$ et $\inf(x, y)$ sont uniformément continues dans $\mathbf{Q} \times \mathbf{Q}$.

3. La droite numérique et les nombres réels

DÉFINITION 2. — *On désigne par* $\mathbf{R}$ *le groupe topologique complété du groupe additif* $\mathbf{Q}$ *de la droite rationnelle. Les éléments de* $\mathbf{R}$ *sont appelés nombres réels; en tant qu'espace topologique,* $\mathbf{R}$ *est appelé droite numérique; en tant que groupe topologique, on l'appelle groupe additif de la droite numérique.*

On identifiera toujours $\mathbf{Q}$ avec le sous-groupe partout dense de $\mathbf{R}$, auquel il est canoniquement isomorphe; avec cette convention, tout nombre rationnel est un nombre réel. Tout nombre réel non rationnel est dit *irrationnel*; on a vu dans II, p. 15 qu'il en existe (on le verra d'une autre manière dans IV, p. 12; voir aussi IV, p. 47, exerc. 2); donc (III, p. 8, *Remarque*), l'ensemble $\complement\mathbf{Q}$ des nombres irrationnels est *partout dense* dans $\mathbf{R}$.

Nous allons voir qu'on peut *prolonger* à $\mathbf{R}$ la *structure d'ordre* de $\mathbf{Q}$, de manière que la structure d'ordre prolongée soit encore compatible avec la structure de groupe additif de $\mathbf{R}$:

PROPOSITION 1. — *La relation* $y - x \in \overline{\mathbf{Q}}_+$ *est une relation d'ordre dans* $\mathbf{R}$, *qui fait de* $\mathbf{R}$ *un ensemble totalement ordonné, est compatible avec la structure de groupe additif de* $\mathbf{R}$, *et induit sur* $\mathbf{Q}$ *la relation d'ordre* $x \leqslant y$.

Montrons d'abord que les relations $y - x \in \overline{\mathbf{Q}}_+$ et $z - y \in \overline{\mathbf{Q}}_+$ entraînent $z - x \in \overline{\mathbf{Q}}_+$; en effet, la fonction $x + y$ est continue dans $\mathbf{R} \times \mathbf{R}$; d'après (8) (IV, p. 2), on a donc $\overline{\mathbf{Q}}_+ + \overline{\mathbf{Q}}_+ \subset \overline{\mathbf{Q}}_+$ (I, p. 9, th. 1). En second lieu, on va voir que les relations $y - x \in \overline{\mathbf{Q}}_+$ et $x - y \in \overline{\mathbf{Q}}_+$ entraînent $x = y$, ce qui établit que $y - x \in \overline{\mathbf{Q}}_+$ est une *relation d'ordre* dans $\mathbf{R}$. Montrons pour cela que $\overline{\mathbf{Q}}_+ \cap (-\overline{\mathbf{Q}}_+) = \{0\}$; les fonctions $x \mapsto x^+$ et $x \mapsto x^-$ étant uniformément continues dans $\mathbf{Q}$, se prolongent par continuité dans $\mathbf{R}$ (II, p. 20, th. 2); soient f et g leurs prolongements respectifs. On a par prolongement $x = f(x) - g(x)$ quel que soit $x \in \mathbf{R}$; pour $x \in \overline{\mathbf{Q}}_+$, $g(x) = 0$; d'autre part, comme $-\overline{\mathbf{Q}}_+$ est l'adhérence de $-\mathbf{Q}_+$ d'après la continuité de $-x$, on a $f(x) = 0$ pour $x \in -\overline{\mathbf{Q}}_+$. Donc, pour $x \in \overline{\mathbf{Q}}_+ \cap (-\overline{\mathbf{Q}}_+)$, $f(x) = g(x) = 0$, d'où $x = 0$.

D'après (10) (IV, p. 2), on a $\overline{\mathbf{Q}}_+ \cup (-\overline{\mathbf{Q}}_+) = \mathbf{R}$, donc $\mathbf{R}$ est *totalement ordonné* par la relation d'ordre $y - x \in \overline{\mathbf{Q}}_+$.

En outre, comme les relations $y - x \in \overline{\mathbf{Q}}_+$ et $(y + z) - (x + z) \in \overline{\mathbf{Q}}_+$ sont équivalentes, la relation d'ordre $y - x \in \overline{\mathbf{Q}}_+$ est bien compatible avec la structure de groupe additif de $\mathbf{R}$.

Enfin, si x et y appartiennent à $\mathbf{Q}$, les relations $y - x \in \overline{\mathbf{Q}}_+$ et $y - x \in \mathbf{Q}_+$ sont équivalentes, ce qui achève la démonstration, en prouvant que la relation d'ordre $y - x \in \overline{\mathbf{Q}}_+$ induit sur $\mathbf{Q}$ la relation $x \leqslant y$; on la notera encore $x \leqslant y$.

L'ensemble $\overline{\mathbf{Q}}_+$ est identique à l'ensemble des $x \geqslant 0$ dans $\mathbf{R}$; on l'écrira $\mathbf{R}_+$; c'est un ensemble *fermé*. On désignera par $\mathbf{R}_+^*$ l'ensemble des $x > 0$; c'est le complémentaire de $-\mathbf{R}_+$, donc c'est un ensemble *ouvert* dans $\mathbf{R}$.

4. Propriétés des intervalles de R

PROPOSITION 2. — *Tout intervalle fermé* (resp. *ouvert*) *de* $\mathbf{R}$, *est un ensemble fermé* (resp. *ouvert*) *dans* $\mathbf{R}$.

En effet, les ensembles $[a, \rightarrow[\; = a + \mathbf{R}_+$ et $]\leftarrow, a] = a - \mathbf{R}_+$ se déduisent par translation de $\mathbf{R}_+$ et $-\mathbf{R}_+$ respectivement, donc (III, p. 2) sont fermés; les ensembles $]\leftarrow, a[$ et $]a, \rightarrow[$, qui en sont les complémentaires respectifs, sont ouverts; enfin, l'intervalle fermé $[a, b]$ (resp. l'intervalle ouvert $]a, b[$), intersection de $[a, \rightarrow[$ et $]\leftarrow, b]$ (resp. de $]a, \rightarrow[$ et $]\leftarrow, b[$) est un ensemble fermé (resp. ouvert).

Les intervalles fermés $[-a, +a]$ $(a > 0)$ de $\mathbf{R}$ sont donc des voisinages de 0; montrons qu'ils forment un *système fondamental de voisinages de* 0 lorsque a parcourt $\mathbf{R}_+^*$. Il suffit d'établir la proposition suivante:

PROPOSITION 3. — *Lorsque* r *parcourt l'ensemble des nombres rationnels* >0, *les intervalles* $S_r = [-r, +r]$ *de* $\mathbf{R}$ *forment un système fondamental de voisinages de* 0.

En effet (III, p. 24, prop. 7), on obtient un système fondamental de voisinages de 0 dans $\mathbf{R}$ en prenant les *adhérences*, dans $\mathbf{R}$, des intervalles $S_r \cap \mathbf{Q} = [-r, +r]$ *de* $\mathbf{Q}$. La proposition sera démontrée si on établit que S_r est l'adhérence de $S_r \cap \mathbf{Q}$. Or, S_r est fermé dans $\mathbf{R}$; il suffit donc de montrer que, si x est un nombre réel tel que $-r < x < r$, x est adhérent à $S_r \cap \mathbf{Q}$. Or, $]-r, +r[$ est un ensemble ouvert dans $\mathbf{R}$, donc, pour tout voisinage assez petit V de 0 dans $\mathbf{R}$, $x + V \subset \;]-r, +r[$; mais, comme $\mathbf{Q}$ est partout dense dans $\mathbf{R}$, il existe un nombre rationnel $r' \in x + V$, et on a donc $-r < r' < r$, c'est-à-dire $r' \in S_r \cap \mathbf{Q}$.

COROLLAIRE. — *Tout point de la droite numérique possède un système fondamental dénombrable de voisinages.*

PROPOSITION 4. — *Pour tout couple* (x, y) *de nombres réels tels que* $x < y$, *il existe un nombre rationnel* r *tel que* $x < r < y$.

Comme $\mathbf{Q}$ est partout dense dans $\mathbf{R}$, il suffit de voir que $]x, y[$ *n'est pas vide*;

par translation, on se ramène au cas où $x = 0$, $y > 0$. Or, **R** étant un espace séparé, il existe, d'après la prop. 3, un nombre rationnel $r > 0$ tel que $y \notin [-r, +r]$, ce qui entraîne $0 < r < y$.

PROPOSITION 5. — *Soit* I *un intervalle quelconque de* **R**. *La topologie induite sur* I *par celle de* **R** *est engendrée par l'ensemble des intervalles ouverts de* I (I étant considéré comme ensemble totalement ordonné par la relation $x \leqslant y$).

Tout intervalle ouvert de I est la trace sur I d'un intervalle ouvert de **R**: c'est évident pour un intervalle borné; et l'intervalle illimité $]a, \rightarrow[$ *de* I est la trace de l'intervalle illimité $]a, \rightarrow[$ *de* **R**. On peut donc se borner au cas où I = **R**; mais alors, la proposition résulte de la prop. 3, car tout voisinage d'un point $x \in \mathbf{R}$ contient un intervalle ouvert $]x - a, x + a[$.

Remarque. — Si A est une partie *partout dense* de **R**, la topologie de **R** est encore engendrée par l'ensemble des intervalles ouverts dont les extrémités appartiennent à A. En effet, si $]x - a, x + a[$ est un intervalle ouvert contenant x, il existe deux points y, z de A tels que $x - a < y < x$ et $x < z < x + a$; donc $]y, z[$ contient x et est contenu dans $]x - a, x + a[$. Ce raisonnement montre même que les intervalles considérés forment une *base* (I, p. 5) de la topologie de **R**. En particulier, si on prend A = **Q**, on voit que la topologie de **R** a une *base dénombrable*.

5. Longueur d'un intervalle

DÉFINITION 3. — *On appelle longueur d'un intervalle borné d'origine* a *et d'extrémité* b, *le nombre réel positif* $b - a$.

Tout intervalle borné contenant plus d'un point a donc une longueur > 0. Si $a \leqslant b$, les quatre intervalles $[a, b]$, $]a, b[$, $[a, b[$, $]a, b]$ ont même longueur. Un intervalle d'extrémités $a + c$ et $b + c$ a même longueur que l'intervalle d'extrémités a et b: en d'autres termes, *la longueur d'un intervalle est invariante par translation.*

Si $a \leqslant c \leqslant d \leqslant b$, on a $d - c \leqslant b - a$; donc, si un intervalle borné I est contenu dans un intervalle borné I', la longueur de I est inférieure à celle de I'.

Si n intervalles ouverts, $I_1, I_2, \ldots, I_n$ sans point commun deux à deux, sont contenus dans l'intervalle $[a, b]$ $(a < b)$, on voit aisément, par récurrence sur n, que, si $I_k =]c_k, d_k[$, il existe une permutation σ des indices k $(1 \leqslant k \leqslant n)$ telle que l'on ait $d_{\sigma(k)} \leqslant c_{\sigma(k+1)}$ pour $1 \leqslant k \leqslant n - 1$. Il en résulte immédiatement que la somme des longueurs des intervalles I_k est au plus égale à la longueur de $[a, b]$; elle ne peut lui être égale que si $c_{\sigma(1)} = a$, $d_{\sigma(n)} = b$ et $d_{\sigma(k)} = c_{\sigma(k+1)}$ pour $1 \leqslant k \leqslant n - 1$.

6. Structure uniforme additive de R

Le groupe **R** étant totalement ordonné, les fonctions x^+, x^- et $|x|$ sont définies dans **R** de la même manière que dans **Q** et satisfont à toutes les relations rappelées ci-dessus pour $\mathbf{Q}$, notamment aux relations (1) à (7) (IV, p. 1 et 2). Soit a un nombre réel >0, et U_a l'ensemble des couples $(x, y) \in \mathbf{R} \times \mathbf{R}$ tels que $|x - y| < a$; lorsque a parcourt l'ensemble des nombres réels >0 (ou seulement l'ensemble des nombres $1/n$), les ensembles U_a forment un *système fondamental d'entourages* de la structure uniforme du groupe additif $\mathbf{R}$ de la droite numérique (dite encore *structure uniforme additive de la droite numérique*).

Les fonctions $|x|$, x^+ et x^- sont *uniformément continues* dans $\mathbf{R}$, les fonctions $\sup(x, y)$ et $\inf(x, y)$ *uniformément continues* dans $\mathbf{R} \times \mathbf{R}$; ces fonctions sont donc identiques à celles qu'on obtient en *prolongeant par continuité* les fonctions de même nom définies dans $\mathbf{Q}$ et dans $\mathbf{Q} \times \mathbf{Q}$ respectivement.

§ 2. PROPRIÉTÉS TOPOLOGIQUES FONDAMENTALES DE LA DROITE NUMÉRIQUE

1. L'axiome d'Archimède

Les propriétés topologiques de la droite numérique, que nous allons exposer dans ce paragraphe, découlent du théorème suivant:

THÉORÈME 1. — *Quels que soient les nombres réels $x > 0$ et $y > 0$, il existe un entier $n > 0$ tel que $y < nx$.*

En effet, il existe deux nombres rationnels p/q, r/s tels que $0 < p/q < x$ et $y < r/s$, puisque les intervalles ouverts $]0, x[$ et $]y, \rightarrow[$ ne sont pas vides (IV, p. 4, prop. 4); il suffit de prendre n tel que $nps > qr$.

Remarque. — On trouvera dans V, § 2 une construction axiomatique de la théorie des nombres réels dans laquelle l'énoncé ci-dessus figure en tant qu'axiome; pour plus de détails sur cet axiome, voir la Note historique du chap. IV.

2. Parties compactes de R

THÉORÈME 2 (Borel–Lebesgue). — *Pour qu'une partie de la droite numérique $\mathbf{R}$ soit compacte, il faut et il suffit qu'elle soit fermée et bornée.*

1) La condition est *nécessaire*. Soit A une partie compacte de $\mathbf{R}$, et a un nombre réel >0. L'ensemble A est fermé (I, p. 62, prop. 4) et il existe un nombre fini de points x_i ($1 \leqslant i \leqslant n$) de $\mathbf{R}$ tels que A soit contenu dans la réunion des voisinages $[x_i - a, x_i + a]$ (I, p. 61). Soit b le maximum des nombres $|x_i|$; on a $A \subset [-b - a, b + a]$.

2 La condition est *suffisante*. Il suffit de montrer que tout intervalle $[-a, a]$ ($a > 0$) est *compact*; comme cet intervalle est un ensemble fermé dans un espace uniforme complet, il suffira de voir que, pour tout $b > 0$, on peut recouvrir $[-a, +a]$ par un nombre *fini* d'intervalles de la forme $[x - b, x + b]$ (II, p. 30, corollaire). Or, soit n un entier >0 tel que $a < nb$; si $x \in [-a, +a]$ et si m est le

plus grand entier (positif ou négatif) tel que $mb \leqslant x$, on a $-n \leqslant m \leqslant n$ et $mb \leqslant x \leqslant (m+1)b$; donc les $2n+1$ intervalles $((k-1)b, (k+1)b)$ $(-n \leqslant k \leqslant n)$ forment un recouvrement du type voulu.

Corollaire 1. — *Pour qu'une partie de la droite numérique* **R** *soit relativement compacte, il faut et il suffit qu'elle soit bornée.*

Corollaire 2. — *La droite numérique est un espace localement compact et non compact.*

Remarque. — Le th. 2 est souvent cité sous le nom de « théorème de Heine–Borel »; voir les Notes historiques des chap. II et IV.

3. Borne supérieure d'une partie de R

Rappelons (E, III, p. 10) que la *borne supérieure* (resp. *inférieure*) d'une partie A d'un ensemble ordonné E est (lorsqu'elle existe) *le plus petit majorant* (resp. *le plus grand minorant*) de A.

Théorème 3. — *Toute partie majorée* (resp. *minorée*) *et non vide de la droite numérique a une borne supérieure* (resp. *inférieure*).

En effet, soit A une partie majorée et non vide de **R**; soit b un majorant de A; on a donc $A \subset]\leftarrow, b]$. Pour chaque $x \in A$, considérons l'ensemble A_x des majorants de x appartenant à A; les ensembles A_x forment une *base de filtre* $\mathfrak{B}$ sur **R**, car $A_y \subset A_x$ si $y \geqslant x$. Soit a un point de A; pour tout $x \geqslant a$, appartenant à A, A_x est contenu dans l'intervalle *compact* $[a, b]$, donc la base de filtre $\mathfrak{B}$ a un point adhérent c. Les intervalles $[x, \rightarrow[$ étant fermés, c appartient à leur intersection, donc c est un *majorant* de A; d'autre part, tout autre majorant z de A est $\geqslant c$, car, dans le cas contraire, le voisinage $]z, \rightarrow[$ de c ne contiendrait aucun point de A; c est donc bien la *borne supérieure* de A.

On peut raisonner de même pour un ensemble minoré non vide B, ou remarquer simplement que $-B$ est majoré et non vide, et que, si c est la borne supérieure de $-B$, $-c$ est la borne inférieure de B.

La borne supérieure c de A peut être caractérisée par les deux propriétés suivantes:

1° Quel que soit $x \in A$, $x \leqslant c$.

2° Quel que soit $a < c$, il existe $x \in A$ tel que $a < x \leqslant c$.

La borne supérieure d'un ensemble *fermé* (majoré et non vide) appartient à cet ensemble et en constitue *le plus grand élément*; la borne supérieure d'une partie A quelconque, majorée et non vide, de **R**, peut donc être définie comme *le plus grand nombre réel adhérent à* A.

4. Caractérisation des intervalles

Proposition 1. — *Pour qu'une partie non vide* A *de* **R** *soit un intervalle, il faut et il suffit que, quels que soient les points* a, b *de* A *tels que* $a < b$, *l'intervalle fermé* $[a, b]$ *soit contenu dans* A.

La condition est évidemment nécessaire. Réciproquement, supposons-la vérifiée. Si A n'est ni majoré ni minoré, il est identique à $\mathbf{R}$, car, pour tout $x \in \mathbf{R}$, il existe alors deux points a, b de A tels que $a < x < b$. Si A est majoré et non minoré, soit k sa borne supérieure; quel que soit $x < k$, il existe a et b dans A tels que $a < x < b \leqslant k$, donc $x \in$ A; A ne peut donc être que l'un des deux intervalles $]\leftarrow, k]$, $]\leftarrow, k[$. On raisonne de même dans les autres cas.

5. Parties connexes de R

THÉORÈME 4. — *Pour qu'une partie* A *de* $\mathbf{R}$ *soit connexe, il faut et il suffit que* A *soit un intervalle.*

1° La condition est *nécessaire.* Supposons A connexe; s'il est réduit à un point, c'est un intervalle. Sinon, soient a et b deux points de A tels que $a < b$; il suffit, d'après la prop. 1 de IV, p. 7, de montrer que tout x tel que $a < x < b$ appartient à A. Or, si on avait $x \notin$ A, on aurait $\mathrm{A} \subset \complement\{x\}$; mais $\complement\{x\}$ est la réunion de deux ensembles ouverts $]\leftarrow, x[$ et $]x, \rightarrow[$ qui sont sans point commun et dont chacun rencontre A; A ne serait donc pas connexe, contrairement à l'hypothèse.

2° La condition est *suffisante.* Montrons d'abord que tout intervalle *compact* $[a, b]$ est connexe. Pour tout entier $n > 0$ soit $\mathrm{V}_{1/n}$ l'entourage formé des couples (x, y) tels que $|x - y| \leqslant 1/n$; d'après II, p. 32, prop. 6, il suffit de voir que deux points quelconques x, y de $[a, b]$ tels que $x < y$ peuvent être joints par une $\mathrm{V}_{1/n}$-chaîne. Soit p le plus grand entier tel que $p/n \leqslant x$, q le plus grand entier tel que $q/n \leqslant y$ (ces entiers existent d'après le th. 1 de IV, p. 6); on a $p \leqslant q$. Si $q = p$, $y - x < 1/n$, les points x et y forment déjà une $\mathrm{V}_{1/n}$-chaîne. Si $q < p$, posons $x_i = (p + i)/n$ $(i = 1, 2, \ldots, q - p)$; on a $x_1 - x \leqslant 1/n$, $y - x_{q-p} \leqslant 1/n$ et $x_{i+1} - x_i = 1/n$, donc les points $x, x_1, x_2, \ldots, x_{q-p}, y$ forment une $\mathrm{V}_{1/n}$-chaîne joignant x et y.

Si maintenant I est un intervalle quelconque non réduit à un point, et a et b deux points de I tels que $a < b$, l'intervalle $[a, b]$ est contenu dans I et est connexe, donc I est connexe.

COROLLAIRE 1. — *La droite numérique est un espace connexe et localement connexe.*

COROLLAIRE 2. — *Les seules parties compactes et connexes de* $\mathbf{R}$ *sont les intervalles fermés bornés.*

D'après le th. 4, une partie de $\mathbf{R}$ ne contenant aucun intervalle non réduit à un point est *totalement discontinue*; il en est ainsi, en particulier, de l'ensemble $\mathbf{Q}$ des nombres rationnels, puisque l'ensemble $\complement\mathbf{Q}$ des nombres irrationnels est partout dense.

PROPOSITION 2. — *Tout ensemble ouvert non vide dans* $\mathbf{R}$ *est la réunion d'une famille dénombrable d'intervalles ouverts, sans point commun deux à deux.*

Soit A un ensemble ouvert non vide dans $\mathbf{R}$; comme $\mathbf{R}$ est localement connexe, toute *composante connexe* de A est un ensemble ouvert connexe (I, p. 85, prop. 11) donc un *intervalle ouvert* d'après le th. 4. Deux quelconques de ces intervalles sont toujours sans point commun; d'autre part, chacun d'eux contient un nombre rationnel, donc l'ensemble de ces intervalles a une puissance inférieure à celle de **Q**, c'est-à-dire est *dénombrable*.

Tout ensemble *fermé* dans **R** est donc le complémentaire de la réunion d'une suite (finie ou infinie) (I_n) d'intervalles ouverts sans point commun deux à deux; ces intervalles sont dits intervalles *contigus* à l'ensemble fermé considéré. Réciproquement, si on se donne une telle suite d'intervalles, le complémentaire de leur réunion est un ensemble fermé auquel ces intervalles sont contigus.

Exemple. — Définissons par récurrence, une famille dénombrable $(I_{n,p})$ d'intervalles ouverts, deux à deux sans point commun, de la manière suivante:

L'entier n prend toutes les valeurs $\geqslant 0$; pour chaque valeur de n, p prend les valeurs $1, 2, 3, \cdots, 2^n$. Tous les intervalles $I_{n,p}$ sont contenus dans $A = [0, 1]$, et on prend $I_{0,1} =]\frac{1}{3}, \frac{2}{3}[$ (« tiers médian » de $]0, 1[$). Supposons ensuite les $2^{m+1} - 1$ intervalles $I_{n,p}$ définis pour $0 \leqslant n \leqslant m$, de sorte que, si J_m est leur réunion, l'ensemble $A \cap \complement J_m$ soit la réunion de 2^{m+1} intervalles fermés $K_{m,p}$ $(1 \leqslant p \leqslant 2^{m+1})$ deux à deux sans point commun, et ayant tous pour longueur $\frac{1}{3^{m+1}}$. Si $K_{m,p} = [a, b]$, on prend alors pour $I_{m+1,p}$ l'intervalle ouvert $\left]a + \frac{b-a}{3}, b - \frac{b-a}{3}\right[$ (« tiers médian » de l'intervalle $]a, b[$); on vérifie immédiatement que $K_{m,p} \cap \complement I_{m+1,p}$ est réunion de deux intervalles disjoints de longueur $\frac{1}{3^{m+2}}$, donc $A \cap \complement J_{m+1}$ est réunion de 2^{m+2} intervalles fermés disjoints de longeur $\frac{1}{3^{m+2}}$ (fig. 1).

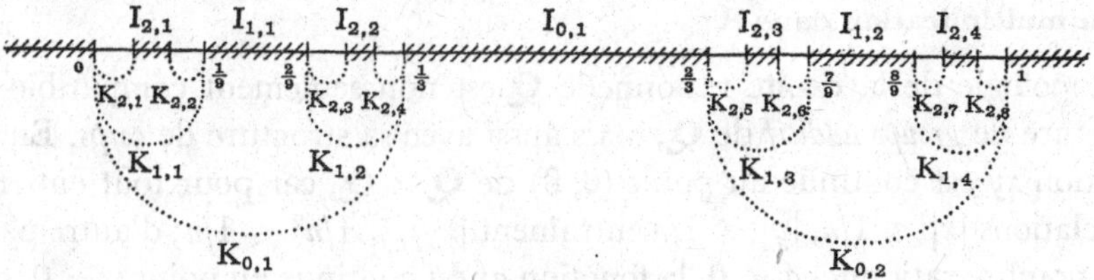

Figure 1

Si K' est le complémentaire de la réunion des $I_{n,p}$ l'ensemble fermé $K = A \cap K'$ est appelé l'*ensemble triadique de Cantor*; il est évidemment *compact* (IV, p. 6, th. 2); en outre, il est *totalement discontinu*. En effet, s'il contenait un intervalle I de longueur > 0, I serait nécessairement contenu dans un intervalle $K_{m,p}$, donc sa longueur serait $\leqslant 1/3^{m+1}$ quel que soit m, ce qui est absurde.

6. Homéomorphismes d'un intervalle sur un intervalle

THÉORÈME 5. — *Soit* I *un intervalle de* **R**; *pour qu'une application* f *de* I *dans* **R** *soit un homéomorphisme de* I *sur* $f(I)$, *il faut et il suffit que* f *soit strictement monotone et continue dans* I; $f(I)$ *est alors un intervalle de* **R**.

1° La condition est *nécessaire*. En effet, soient a et b deux points de I tels que $a < b$ et supposons par exemple $f(a) < f(b)$. Montrons que f est strictement croissante dans I. Tout d'abord, si $a < c < b$, on a nécessairement $f(a) < f(c) < f(b)$; en effet, si on avait par exemple $f(a) < f(b) < f(c)$, l'image par f de l'intervalle (a, c) serait un ensemble connexe (I, p. 82, prop. 4) et contiendrait donc l'intervalle $(f(a), f(c))$; il existerait par suite $x \in (a, c)$ tel que $f(x) = f(b)$, contrairement à l'hypothèse que f est injective.

On en déduit que, si x et y sont deux points de I tels que $x < y$, on a $f(x) < f(y)$; en effet, on a $f(a) < f(x) < f(b)$ pour $a < x < b$, $f(a) < f(b) < f(x)$ pour $b < x$, $f(x) < f(a) < f(b)$ pour $x < a$; en répétant le raisonnement pour a, x et y au lieu de a, b et x, on voit que $f(x) < f(y)$.

2° La condition est *suffisante*. Supposons f continue et strictement monotone (par exemple, strictement croissante) dans I; $f(\mathrm{I})$ est connexe, donc est un intervalle, et comme f est strictement croissante, f est une application bijective de I sur $f(\mathrm{I})$. En outre, l'image par f d'un intervalle ouvert *dans* I est un intervalle ouvert *dans* $f(\mathrm{I})$; donc (IV, p. 5, prop. 5), f est un homéomorphisme de I sur $f(\mathrm{I})$.

Remarque. — La première partie de la démonstration précédente établit en fait qu'une application *continue* et *injective* de I dans **R** est *strictement monotone*; d'après la seconde partie, on voit que *toute application injective et continue f d'un intervalle* I *dans* **R** *est un homéomorphisme de* I *sur* $f(\mathrm{I})$.

§ 3. LE CORPS DES NOMBRES RÉELS

1. La multiplication dans R

La topologie de la droite rationnelle **Q** est non seulement compatible avec la structure de *groupe additif* de **Q**, mais aussi avec sa structure de *corps*. En effet, la fonction xy est continue au point (0, 0) de $\mathbf{Q} \times \mathbf{Q}$, car pour tout entier $n > 0$, les relations $|x| \leqslant 1/n$, $|y| \leqslant 1/n$ entraînent $|xy| \leqslant 1/n^2 \leqslant 1/n$; d'autre part, pour tout nombre rationnel $a \neq 0$, la fonction ax est continue au point $x = 0$, car pour n entier >0, la relation $|x| \leqslant \dfrac{1}{n|a|}$ entraîne $|ax| \leqslant 1/n$. Cela montre que xy est continue en tout point de $\mathbf{Q} \times \mathbf{Q}$ (III, p. 49).

Pour montrer que $1/x$ est continue dans $\mathbf{Q}^*$, on va établir, de façon plus précise, qu'elle est *uniformément continue* (pour la structure additive) dans le complémentaire d'un voisinage arbitraire V de 0. En effet, on a

$$\left|\frac{1}{x} - \frac{1}{y}\right| = \frac{|x - y|}{|xy|};$$

il existe un entier $m > 0$ tel que, pour tout $x \in \complement \mathrm{V}$, $|x| \geqslant 1/m$; si x et y sont deux points de $\complement \mathrm{V}$ tels que $|x - y| \leqslant 1/m^2 n$, on a donc $\left|\dfrac{1}{x} - \dfrac{1}{y}\right| \leqslant 1/n$.

L'image par la fonction $1/x$, de tout filtre de Cauchy sur $\mathbf{Q}^*$ (relatif à la structure uniforme additive) auquel 0 n'est pas adhérent, est encore un filtre de Cauchy (pour la structure uniforme additive). Donc (III, p. 56, prop. 7):

Proposition 1. — *Les fonctions xy et $1/x$, définies respectivement dans* $\mathbf{Q} \times \mathbf{Q}$ *et* $\mathbf{Q}^*$, *se prolongent par continuité à* $\mathbf{R} \times \mathbf{R}$ *et* $\mathbf{R}^*$ *respectivement, et définissent sur* $\mathbf{R}$ *une structure de corps topologique commutatif. Muni de cette structure,* $\mathbf{R}$ *est appelé le corps des nombres réels.*

Toutes les propriétés des corps topologiques établies dans III, p. 54 à 56, sont naturellement applicables; en particulier, toute *fonction rationnelle* de n variables réelles, à coefficients réels, est *continue* en tout point de $\mathbf{R}^n$ où son dénominateur n'est pas nul.

2. Le groupe multiplicatif $\mathbf{R}^*$

On sait (III, p. 55) que la topologie induite sur $\mathbf{R}^*$ par celle de la droite numérique est *compatible* avec la structure de groupe multiplicatif de $\mathbf{R}^*$; comme $\mathbf{R}^*$ est *ouvert* dans l'espace localement compact $\mathbf{R}$, $\mathbf{R}^*$ est un groupe topologique *localement compact* (I, p. 66, prop. 13), donc *complet* (III, p. 22, cor. 1; cela résulte aussi de III, p. 56, prop. 8); bien entendu, cette dernière propriété se rapporte à la structure uniforme *multiplicative* de $\mathbf{R}^*$, et non à la structure uniforme induite sur $\mathbf{R}^*$ par la structure uniforme additive de $\mathbf{R}$.

La fonction xy applique l'ensemble $\mathbf{Q}_+ \times \mathbf{Q}_+$ dans $\mathbf{Q}_+$, donc elle applique $\mathbf{R}_+ \times \mathbf{R}_+$ dans $\mathbf{R}_+$ (I, p. 9, th. 1); en d'autres termes, *le produit de deux nombres réels positifs est positif*. Les formules $(-x)y = -xy$, $(-x)(-y) = xy$ montrent alors que le produit d'un nombre positif et d'un nombre négatif est négatif, et que le produit de deux nombres négatifs est positif; on en tire la relation

$$|xy| = |x| . |y| \tag{1}$$

(qu'on pourrait déduire par prolongement de la même relation dans $\mathbf{Q} \times \mathbf{Q}$).

Si $x > 0$, $y > 0$, on a $xy \neq 0$, donc $xy > 0$; de même, si $x < 0$, $y > 0$, $xy < 0$; si $x < 0$, $y < 0$, $xy > 0$. En particulier, si $x \neq 0$, $x^2 > 0$; une *somme de carrés* de nombres réels ne peut être nulle que si chacun de ces nombres est nul.

Si $x > 0$ et $y \leqslant z$ (resp. $y < z$), on a $xy \leqslant xz$ (resp. $xy < xz$); autrement dit, *une homothétie de rapport* >0 *conserve l'ordre* dans $\mathbf{R}$; comme $(-x)y = -xy$, une homothétie de rapport <0 change l'ordre de $\mathbf{R}$ en l'ordre opposé.

Si $x > 0$, $1/x > 0$, car $x.(1/x) = 1 > 0$; si $0 < x < y$, on a $xy > 0$, puis $x.(1/xy) < y.(1/xy)$, c'est-à-dire $1/y < 1/x$; l'application $x \mapsto 1/x$ de l'ensemble $\mathbf{R}_+^*$ des nombres réels >0 sur lui-même est *strictement décroissante*.

On voit de même que la fonction $1/x$ est strictement décroissante dans $]\leftarrow, 0[$, d'où résulte que la fonction $\dfrac{1}{x-a}$ est strictement décroissante dans chacun des intervalles $]\leftarrow, a[$ et $]a, \rightarrow[$.

Il résulte de ce qui précède que $\mathbf{R}_+^*$ est un *sous-groupe* du groupe multiplicatif $\mathbf{R}^*$; en outre, la relation d'ordre $x \leqslant y$ est *compatible* avec la structure de groupe multiplicatif de $\mathbf{R}_+^*$, autrement dit ce dernier est un *groupe totalement ordonné* (A, VI, § 1).

Le fait que le produit de deux nombres réels positifs soit positif peut encore s'exprimer en disant que $\mathbf{R}$ est un *corps ordonné* (A, VI, § 2); et on a vu en Algèbre (*loc. cit.*) que toutes les propriétés qui précèdent sont communes aux corps ordonnés.

PROPOSITION 2. — *Le groupe multiplicatif* $\mathbf{R}^*$ *des nombres réels* $\neq 0$ *est un groupe topologique isomorphe au produit de ses sous-groupes* $\mathbf{R}_+^*$ *et* $U_0 = \{-1, +1\}$.

Posons, pour $x \neq 0$, $\operatorname{sgn} x = \frac{x}{|x|}$ (*signe* de x); la fonction sgn est un homomorphisme de $\mathbf{R}^*$ sur U_0; on a $x = |x| . \operatorname{sgn} x$, et cette décomposition de x en un produit d'un élément de $\mathbf{R}_+^*$ et d'un élément de U_0 est unique; donc la structure de groupe de $\mathbf{R}^*$ est le produit de celles de $\mathbf{R}_+^*$ et de U_0. D'autre part, l'application $x \mapsto |x|$ est continue, et il en est de même de $x \mapsto \operatorname{sgn} x = \frac{x}{|x|}$ puisque $x \neq 0$; d'où la proposition.

On étend la fonction sgn à $\mathbf{R}$ tout entier en posant $\operatorname{sgn} 0 = 0$.

On verra au chap. V (V, § 4, nº 1, th. 1) que le groupe topologique $\mathbf{R}_+^*$ est *isomorphe* au groupe *additif* $\mathbf{R}$, ce qui achèvera de déterminer la structure du groupe topologique $\mathbf{R}^*$.

3. Racines n-ièmes

Soit n un entier >0 quelconque; de la relation $0 < x < y$, on déduit, par récurrence sur n, que $0 < x^n < y^n$; autrement dit, la fonction $x \mapsto x^n$ est *strictement croissante* pour $x \geqslant 0$; elle est évidemment *continue* en tout point, donc (IV, p. 9, th. 5) c'est un *homéomorphisme* de $\mathbf{R}_+$ sur un intervalle I; d'autre part, comme $x \geqslant 1$ entraîne $x^{n-1} \geqslant 1$, donc $x^n \geqslant x$, I n'est pas borné, et par suite $I = \mathbf{R}_+$.

On désigne par $x^{1/n}$ ou $\sqrt[n]{x}$, et on appelle x *puissance* $1/n$ ou *racine n-ième de x*, la valeur pour $x \geqslant 0$ de l'*application réciproque* de $x \mapsto x^n$ (pour $n = 2, 3$, on dit racine *carrée*, racine *cubique*; pour $n = 2$, on écrit $\sqrt{x}$ au lieu de $\sqrt[2]{x}$). Le nombre positif $x^{1/n}$ est donc défini comme l'unique solution positive de l'équation

(2) $$y^n = x \qquad (x \geqslant 0).$$

En particulier, on voit qu'il existe un nombre réel x tel que $x^2 = 2$, alors qu'aucun nombre rationnel ne possède cette propriété; on retrouve donc de cette manière que la droite rationnelle $\mathbf{Q}$ n'est pas un espace complet.

L'application $x \mapsto x^{1/n}$ de $\mathbf{R}_+$ sur lui-même est *strictement croissante* et *continue*. D'après (2), on a $0^{1/n} = 0$, $1^{1/n} = 1$ et en outre

(3) $$(xy)^{1/n} = x^{1/n}y^{1/n},$$

ce qui montre que $x \mapsto x^{1/n}$ est un *automorphisme* du groupe topologique $\mathbf{R}_+^*$.

Dans V, § 4, nº 1, nous généraliserons ce résultat en obtenant *tous* les automorphismes du groupe multiplicatif $\mathbf{R}_+^*$.

§ 4. LA DROITE NUMÉRIQUE ACHEVÉE

1. Homéomorphie des intervalles ouverts de R

PROPOSITION 1. — *Tous les intervalles ouverts non vides de* **R** *sont homéomorphes à la droite* **R**.

Considérons d'abord un intervalle ouvert *borné* $I =]a, b[$ $(a < b)$. Posons, pour $x \in I, f(x) = -\left(\frac{1}{x-a} + \frac{1}{x-b}\right)$. Cette fonction est continue et strictement croissante dans I, car on a vu que $\frac{1}{x-b}$ est strictement décroissante dans $]\leftarrow, b[$ et $\frac{1}{x-a}$ strictement décroissante dans $]a, \rightarrow[$. Il en résulte que f est un homéomorphisme de I sur un intervalle $f(I)$ de **R** (IV, p. 9, th. 5); $f(I)$ n'est borné ni supérieurement, ni inférieurement, car si on avait par exemple $f(x) \leqslant c$ quel que soit $x \in I$, on en tirerait, puisque $b - x > 0$, $1 - \frac{b-x}{x-a} \leqslant c(b - x)$, d'où contradiction dès que x est suffisamment voisin de b (en vertu de la continuité des deux membres, qui sont des fonctions rationnelles, au point b). Donc $f(I) = \mathbf{R}$, ce qui établit que tout intervalle ouvert borné est homéomorphe à **R**. Soit g l'application réciproque de f; elle applique tout intervalle ouvert illimité de **R** sur un intervalle J contenu dans I et ouvert par rapport à I. Puisque I est ouvert dans **R**, J est lui-même ouvert dans **R**; comme il est borné, il est homéomorphe à **R**, ce qui démontre que tout intervalle ouvert illimité est homéomorphe à **R**.

Remarque. — Pour démontrer que tous les intervalles ouverts *bornés* sont homéomorphes entre eux, il suffirait de remarquer que, pour $a \neq b$, $a' \neq b'$, il existe un homéomorphisme de **R** sur lui-même, de la forme $x \mapsto \alpha x + \beta$ (et un seul) qui applique a sur a' et b sur b', donc tout intervalle ouvert (resp. fermé, semi-ouvert) d'extrémités a, b, sur un intervalle ouvert (resp. fermé, semi-ouvert) d'extrémités a', b': ce que le lecteur vérifiera facilement en calculant α et β.

2. La droite achevée

On va maintenant définir, par *adjonction* de deux nouveaux éléments à **R**, un espace topologique $\overline{\mathbf{R}}$ tel que tout homéomorphisme de **R** sur un intervalle ouvert borné I de **R** puisse se prolonger en un homéomorphisme de $\overline{\mathbf{R}}$ sur l'intervalle fermé ayant mêmes extrémités que I.

Pour cela, soit $\overline{\mathbf{R}}$ l'ensemble obtenu par adjonction à **R** (E, II, p. 30) de deux éléments qu'on notera respectivement $-\infty$, $+\infty$. On prolonge à $\overline{\mathbf{R}}$ la structure d'ordre de **R**, en posant $-\infty < a$, $a < +\infty$ pour tout $a \in \mathbf{R}$, et $-\infty < +\infty$; il est clair qu'on a ainsi un ensemble totalement ordonné, dont la structure d'ordre induit sur **R** la structure d'ordre de la droite numérique. En second lieu, considérons sur $\overline{\mathbf{R}}$ la topologie engendrée par l'ensemble des intervalles ouverts de $\overline{\mathbf{R}}$;

comme la trace sur $\mathbf{R}$ d'un intervalle ouvert de $\overline{\mathbf{R}}$ est un intervalle ouvert de $\mathbf{R}$, cette topologie induit sur $\mathbf{R}$ la topologie de la droite numérique.

DÉFINITION 1. — *On appelle droite numérique achevée l'ensemble* $\overline{\mathbf{R}}$ *muni de la structure d'ordre et de la topologie ainsi définies.*

Lorsqu'on raisonne sur la droite achevée $\overline{\mathbf{R}}$, il est souvent commode, par un abus de langage, d'appeler encore ses points *nombres réels*; les points de $\mathbf{R}$ (auxquels ce nom était réservé jusqu'ici) sont alors dits *nombres réels finis*. Nous adoptons cette convention *dans ce paragraphe et dans les trois suivants*; chaque fois que nous l'adopterons par la suite, nous signalerons expressément à quelle partie du texte elle s'étend.

Si a est un nombre réel fini, les intervalles $[a, +\infty[$ et $]-\infty, a]$ (resp. $]a, +\infty[$ et $]-\infty, a[$) de $\overline{\mathbf{R}}$ sont contenus dans $\mathbf{R}$ et identiques aux intervalles de $\mathbf{R}$ désignés jusqu'ici par les notations $[a, \rightarrow[$ et $]\leftarrow, a]$ (resp. $]a, \rightarrow[$ et $]\leftarrow, a[$); ces nouvelles notations sont beaucoup plus fréquemment employées. De même $\mathbf{R}$ est identique à l'intervalle $]-\infty, +\infty[$ de $\overline{\mathbf{R}}$; on le désigne parfois par cette notation.

PROPOSITION 2. — *Tout homéomorphisme f de $\mathbf{R}$ sur un intervalle $]a, b[$ se prolonge en un homéomorphisme $\bar{f}$ de $\overline{\mathbf{R}}$ sur $[a, b]$; si f est une fonction croissante, $\bar{f}$ est un isomorphisme de la structure d'ordre de $\overline{\mathbf{R}}$ sur celle de $[a, b]$.*

En effet, soit d'abord f un homéomorphisme croissant. Si on prolonge f à $\overline{\mathbf{R}}$ en posant $\bar{f}(-\infty) = a, \bar{f}(+\infty) = b$, il est immédiat que $\bar{f}$ est une application strictement croissante (donc bijective) de $\overline{\mathbf{R}}$ sur $[a, b]$. Elle applique donc tout intervalle ouvert de $\overline{\mathbf{R}}$ sur un intervalle ouvert par rapport à $[a, b]$, donc est un homéomorphisme de $\overline{\mathbf{R}}$ sur $[a, b]$, en vertu de la déf. 1, et de la prop. 5 de IV, p. 5.

Si f est décroissant, on appliquera ce qui précède à l'homéomorphisme croissant $x \mapsto -f(x)$ de $\mathbf{R}$ sur $]-b, -a[$.

Toutes les propriétés de l'intervalle $[a, b]$, obtenues au § 2, qui ne font intervenir que la structure d'ordre et la topologie de cet intervalle, se transportent donc à $\overline{\mathbf{R}}$, d'où les propositions suivantes:

PROPOSITION 3. — *La droite numérique achevée est compacte.*

Il existe donc (II, p. 27, th. 1) une structure uniforme et une seule compatible avec la topologie de $\overline{\mathbf{R}}$; cette structure est isomorphe à la structure uniforme induite sur $[a, b]$ par la structure uniforme additive de $\mathbf{R}$. Mais il faut remarquer que la structure uniforme *induite* sur $\mathbf{R}$ par celle de $\overline{\mathbf{R}}$ (structure qui est compatible avec la topologie de la droite numérique) *n'est pas la structure uniforme additive* de $\mathbf{R}$; car pour cette dernière $\mathbf{R}$ est un espace *complet*, alors que $\mathbf{R}$ n'est pas un sous-espace complet de $\overline{\mathbf{R}}$, puisque $\mathbf{R}$ n'est pas fermé dans $\overline{\mathbf{R}}$.

PROPOSITION 4. — *Toute partie non vide de $\overline{\mathbf{R}}$ possède une borne supérieure et une borne inférieure.*

La borne supérieure (resp. inférieure) d'une partie non vide A de $\overline{\mathbf{R}}$ se note sup A (resp. inf A). On a évidemment

(1) $$\inf A \leqslant \sup A.$$

Si $A \subset B$, $\sup A \leqslant \sup B$ et $\inf A \geqslant \inf B$ (E, III, p. 10, prop. 4).

PROPOSITION 5. — *Pour qu'une partie* A *de* $\overline{\mathbf{R}}$ *soit connexe, il faut et il suffit que* A *soit un intervalle.*

COROLLAIRE. — *La droite numérique achevée est un espace connexe et localement connexe.*

PROPOSITION 6. — *Pour qu'une application* f *dans* $\overline{\mathbf{R}}$ *d'un intervalle* I *de* $\overline{\mathbf{R}}$ *soit un homéomorphisme de* I *sur* $f(\mathrm{I})$, *il faut et il suffit que* f *soit strictement monotone et continue dans* I; $f(\mathrm{I})$ *est alors un intervalle de* $\overline{\mathbf{R}}$.

Enfin, les fonctions $\sup(x, y)$ et $\inf(x, y)$ sont *continues* dans $\overline{\mathbf{R}} \times \overline{\mathbf{R}}$.

3. L'addition et la multiplication dans $\overline{\mathbf{R}}$

Remarquons d'abord que la fonction $-x$ se prolonge par continuité à $\overline{\mathbf{R}}$, suivant les formules $-(+\infty) = -\infty$ et $-(-\infty) = +\infty$; la fonction ainsi prolongée est encore un homéomorphisme de $\overline{\mathbf{R}}$ sur lui-même.

En second lieu, considérons les fonctions $x + y$ et xy, définies dans $\mathbf{R} \times \mathbf{R}$, à valeurs dans $\mathbf{R}$; si on considère qu'elles prennent leurs valeurs *dans l'espace topologique* $\overline{\mathbf{R}}$, nous allons voir qu'on peut aussi les prolonger par continuité en certains points de $\overline{\mathbf{R}} \times \overline{\mathbf{R}}$.

En ce qui concerne $x + y$, posons $A' =]-\infty, +\infty]$, $A'' = [-\infty, +\infty[$; on a la proposition suivante:

PROPOSITION 7. — *La fonction* $x + y$ *peut être prolongée par continuité à chacun des ensembles* $A' \times A'$, $A'' \times A''$, *suivant les formules*

$$(2) \qquad \begin{cases} x + (+\infty) = (+\infty) + x = +\infty & (x \neq -\infty) \\ x + (-\infty) = (-\infty) + x = -\infty & (x \neq +\infty). \end{cases}$$

Montrons par exemple que, lorsque (x, y) tend vers le point $(a, +\infty)$ $(a \neq -\infty)$, en restant dans $\mathbf{R} \times \mathbf{R}$, $x + y$ tend vers $+\infty$. En effet, il existe un nombre fini $b < a$, et l'intervalle $]b, +\infty]$ est un voisinage de a dans $\overline{\mathbf{R}}$; quel que soit c fini, les relations $x > b, y > c - b$ entraînent $x + y > c$, ce qui montre que $x + y$ est aussi voisin qu'on veut de $+\infty$ lorsque (x, y) est assez voisin de $(a, +\infty)$. On raisonne de même dans les autres cas.

Par contre $x + y$ *n'a pas de limite* aux points $(-\infty, +\infty)$ et $(+\infty, -\infty)$ de $\overline{\mathbf{R}} \times \overline{\mathbf{R}}$; en effet, si $x + y$ avait une limite k (finie ou infinie) lorsque (x, y) tend vers $(+\infty, -\infty)$ en restant dans $\mathbf{R} \times \mathbf{R}$, il en résulterait que, pour tout a fini, la fonction $(x + a) - x$ tendrait vers k lorsque x tend vers $+\infty$ en restant dans $\mathbf{R}$, ce qui est absurde, puisque $(x + a) - x = a$, et que a est arbitraire.

La fonction $x + y$ applique $A' \times A'$ (resp. $A'' \times A''$) dans A' (resp. A''). C'est donc une *loi de composition* dans A' (resp. A'') qui prolonge l'addition dans $\mathbf{R}$; en vertu du principe de prolongement des identités (I, p. 53, cor. 1), cette loi est *commutative* et *associative*; 0 *est élément neutre* pour cette loi; le seul élément de A' *non simplifiable* (A, I, p. 15) est $+\infty$, d'après les formules (2).

Si x, y, z, t sont des points de $\overline{\mathbf{R}}$ tels que $x \leqslant y$ et $z \leqslant t$, on a $x + z \leqslant y + t$ lorsque les deux membres de cette inégalité sont définis.

On notera que, dans $\overline{\mathbf{R}}$, la relation $x < y$ n'entraîne $x + z < y + z$ que lorsque z est *fini*, d'après les formules (2); on vérifie aisément que les relations $x < y$ et $z < t$ entraînent encore $x + z < y + t$ lorsque les deux membres de cette inégalité ont un sens.

On pose encore, dans $\overline{\mathbf{R}}$, $x^+ = \sup(x, 0)$, $x^- = \sup(-x, 0)$, $|x| = \sup(x, -x)$; on a donc $(+\infty)^+ = (-\infty)^- = +\infty$, $(+\infty)^- = (-\infty)^+ = 0$,

$$|+\infty| = |-\infty| = +\infty.$$

Les sommes $x^+ - x^-$ et $x^+ + x^-$ ont un sens quel que soit $x \in \overline{\mathbf{R}}$, et valent donc respectivement x et $|x|$ d'après le principe de prolongement des identités. En outre, chaque fois que la somme $x + y$ est définie, on a $|x + y| \leqslant |x| + |y|$.

On notera par contre que les formules (6) et (7) de IV, p. 2, peuvent cesser d'avoir un sens pour certaines valeurs de x et y dans $\overline{\mathbf{R}}$; par exemple, pour $x = -\infty$, $y = 0$, on a $\sup(x, y) = 0$, mais la somme $x + (y - x)^+$ n'est pas définie, car $(y - x)^+ = +\infty$.

Désignons maintenant par $\overline{\mathbf{R}}^*$ le complémentaire de 0 dans $\overline{\mathbf{R}}$; l'analogue de la prop. 7 pour la multiplication est la suivante:

PROPOSITION 8. — *La fonction xy peut être prolongée par continuité à l'ensemble $\overline{\mathbf{R}}^* \times \overline{\mathbf{R}}^*$, suivant les formules*

$$(3) \qquad \begin{cases} x.(+\infty) = (+\infty).x = \begin{cases} +\infty & \text{si } x > 0 \\ -\infty & \text{si } x < 0 \end{cases} \\ x.(-\infty) = (-\infty).x = \begin{cases} -\infty & \text{si } x > 0 \\ +\infty & \text{si } x < 0. \end{cases} \end{cases}$$

Nous laissons au lecteur la démonstration de cette proposition, qui est analogue à celle de la prop. 7.

On voit de même que xy *n'a pas de limite* aux points $(0, +\infty)$, $(+\infty, 0)$, $(0, -\infty)$, $(-\infty, 0)$ de $\overline{\mathbf{R}} \times \overline{\mathbf{R}}$.

La fonction xy est une *loi de composition* dans $\overline{\mathbf{R}}^*$, prolongeant la multiplication dans $\mathbf{R}^*$; cette loi est *associative* et *commutative* (principe de prolongement des identités); elle admet 1 pour élément unité; les éléments non simplifiables dans $\overline{\mathbf{R}}^*$ sont $+\infty$ et $-\infty$.

Si $x \leqslant y$ et $z > 0$, on a $xz \leqslant yz$ lorsque les deux membres de cette inégalité sont définis; lorsque le produit xy a un sens, il en est de même de $|x|.|y|$, et on a $|xy| = |x|.|y|$.

Enfin, la formule de distributivité

$$(4) \qquad x(y + z) = xy + xz$$

est encore valable, en vertu du principe de prolongement des identités, lorsque *toutes* les opérations qui figurent aux deux membres sont définies.

On notera que le premier membre de (4) peut avoir un sens sans que le second soit défini; il suffit de considérer par exemple le cas où $x = +\infty, y = 2, z = -1$. Il faut donc n'user qu'avec précaution de la formule de distributivité dans $\overline{\mathbf{R}}$.

Enfin, pour tout $\varepsilon > 0$, la relation $|x| \geqslant \varepsilon$ entraîne $|1/x| \leqslant \varepsilon$, donc la fonction $1/x$, définie dans $\mathbf{R}^*$, a pour limite 0 lorsque x tend vers $+\infty$ ou $-\infty$; elle se prolonge donc par continuité à $\overline{\mathbf{R}}^*$.

§ 5. FONCTIONS NUMÉRIQUES

1. Fonctions numériques

DÉFINITION 1. — *Les applications d'un ensemble* E *dans la droite numérique sont appelées fonctions numériques (ou fonctions réelles) définies dans* E.

Par un abus de langage analogue à celui signalé dans IV, p. 14, nous appellerons *fonctions numériques* définies dans E, *dans ce paragraphe et dans le suivant*, les applications de E dans $\overline{\mathbf{R}}$; les applications de E dans $\mathbf{R}$ seront appelées *fonctions numériques finies*.

Si f et g sont deux fonctions numériques définies dans E, la relation $f \leqslant g$ est par définition équivalente à « quel que soit $x \in E, f(x) \leqslant g(x)$ »; cette relation est une *relation d'ordre* dans l'ensemble $\overline{\mathbf{R}}^E$ des fonctions numériques définies dans E. En outre, $\overline{\mathbf{R}}^E$, ordonné par cette relation, est un ensemble *réticulé*; en effet, si f et g sont deux fonctions numériques, la fonction numérique h telle que, pour tout $x \in E$, $h(x) = \sup(f(x), g(x))$, est la plus petite des fonctions numériques qui sont à la fois $\geqslant f$ et $\geqslant g$; conformément aux notations générales, on désignera cette fonction (qui est la borne supérieure de f et g dans $\overline{\mathbf{R}}^E$) par la notation $\sup(f, g)$; de même, la fonction numérique égale à $\inf(f(x), g(x))$ pour tout $x \in E$, sera notée $\inf(f, g)$.

On remarquera que $\sup(f, g)$ est l'application composée de l'application $(u, v) \mapsto \sup(u, v)$ de $\overline{\mathbf{R}} \times \overline{\mathbf{R}}$ dans $\overline{\mathbf{R}}$, et de l'application $x \mapsto (f(x), g(x))$ de E dans $\overline{\mathbf{R}} \times \overline{\mathbf{R}}$. On a une propriété analogue pour $\inf(f, g)$.

Une fonction numérique f définie dans un ensemble E est dite *majorée* (resp. *minorée*) dans E, si $f(E)$ est une partie majorée de $A'' = [-\infty, +\infty[$ (resp. une partie minorée de $A' =]-\infty, +\infty]$); f est dite *bornée* dans E si elle est à la fois majorée et minorée, c'est-à-dire si $f(E)$ est une partie bornée *de* $\mathbf{R}$ (rappelons que *toute* partie de $\overline{\mathbf{R}}$ est bornée).

Toute fonction bornée est donc *finie*; la réciproque est inexacte comme le montre l'exemple de la fonction $1/x$ dans $\mathbf{R}_+^* =]0, +\infty[$.

2. Fonctions numériques définies dans un ensemble filtré

PROPOSITION 1. — *Soient f et g deux fonctions numériques, définies dans un ensemble* E, *filtré par un filtre* $\mathfrak{F}$. *Si* $\lim_{\mathfrak{F}} f$ *et* $\lim_{\mathfrak{F}} g$ *existent, et si, pour toute partie* $A \in \mathfrak{F}$, *il existe* $x \in A$ *tel que* $f(x) \leqslant g(x)$, *on a* $\lim_{\mathfrak{F}} f \leqslant \lim_{\mathfrak{F}} g$.

Pour établir cette proposition, nous démontrerons l'énoncé suivant, qui lui est équivalent:

PROPOSITION 2. — *Soient f et g deux fonctions numériques, définies dans un ensemble* E, *filtré par un filtre* $\mathfrak{F}$. *Si* $\lim_{\mathfrak{F}} f$ *et* $\lim_{\mathfrak{F}} g$ *existent, et si* $\lim_{\mathfrak{F}} f > \lim_{\mathfrak{F}} g$, *il existe un ensemble* $A \in \mathfrak{F}$ *tel que, pour tout* $x \in A$, $f(x) > g(x)$.

Posons $a = \lim_{\mathfrak{F}} f$, $b = \lim_{\mathfrak{F}} g$, et soit c tel que $b < c < a$. L'intervalle $]c, +\infty]$ de $\overline{\mathbf{R}}$ (resp. $[-\infty, c[$) est un voisinage de a (resp. b); il existe donc un ensemble $M \in \mathfrak{F}$ (resp. un ensemble $N \in \mathfrak{F}$) tel que $f(x) > c$ pour tout $x \in M$ (resp. $g(x) < c$ pour tout $x \in N$); l'ensemble $A = M \cap N$ appartient à $\mathfrak{F}$ et on a $f(x) > c > g(x)$ pour tout $x \in A$.

De la prop. 1, on déduit, comme cas particulier, le théorème suivant:

THÉORÈME 1 (principe de prolongement des inégalités). — *Soient f, g deux fonctions numériques, définies dans un ensemble* E, *filtré par un filtre* $\mathfrak{F}$. *Si* $\lim_{\mathfrak{F}} f$ *et* $\lim_{\mathfrak{F}} g$ *existent, et si* $f \leqslant g$, *on a aussi* $\lim_{\mathfrak{F}} f \leqslant \lim_{\mathfrak{F}} g$.

Remarque. — Si on a en particulier $f(x) < g(x)$ pour tout $x \in E$ (ou seulement pour tous les points d'un ensemble du filtre $\mathfrak{F}$), on peut en conclure, d'après le th. 1, que $\lim_{\mathfrak{F}} f \leqslant \lim_{\mathfrak{F}} g$; *mais il ne faudrait pas croire qu'on puisse en déduire l'inégalité plus précise* $\lim_{\mathfrak{F}} f < \lim_{\mathfrak{F}} g$. Par exemple, si on prend pour E l'ensemble **N** des entiers naturels, filtré par le filtre de Fréchet, et si $f(n) = 0$, $g(n) = 1/n$, on a $f(n) < g(n)$ quel que soit n, mais $\lim\limits_{n \to \infty} f(n) = \lim\limits_{n \to \infty} g(n) = 0$.

D'une manière plus imagée, on peut dire qu'on *perd en précision* lorsqu'on passe à la limite dans une inégalité *stricte*.

THÉORÈME 2 (théorème de la limite monotone). — *Soient* E *un ensemble ordonné,* A *une partie de* E *filtrante à droite.*[1] *Toute fonction numérique monotone f définie dans* A *possède une limite suivant* A (I, p. 49); *si f est croissante* (resp. *décroissante*), *cette limite est égale à la borne supérieure* (resp. *inférieure*) *de l'ensemble* $f(A) \subset \overline{\mathbf{R}}$.

Supposons par exemple que f soit croissante, et soit $a = \sup f(A)$. Si $a = -\infty$, le théorème est trivial. Si $a > -\infty$, pour tout $b < a$, il existe $x \in A$ tel que $b < f(x) \leqslant a$; donc, si S_x est la *section* de A relative à x (ensemble des $y \geqslant x$, cf. I, p. 38), $f(S_x)$ est contenu dans le voisinage $]b, +\infty]$ de a, d'où le théorème. Démonstration analogue lorsque f est décroissante.

COROLLAIRE. — *Pour qu'une fonction numérique croissante* (resp. *décroissante*), *définie*

[1] Cet énoncé suppose implicitement que la relation d'ordre dans E est notée $x \leqslant y$. Si cette relation est notée $x(\sigma)y$, où (σ) est un certain signe ou groupe de signes caractéristique de la relation envisagée, il faut remplacer, dans l'énoncé, les mots « filtrante à droite » par « filtrante pour la relation (σ) ».

dans une partie filtrante A *d'un ensemble ordonné* E, *ait une limite finie suivant* A, *il faut et il suffit qu'elle soit majorée* (resp. *minorée*) *dans* A.

Si on applique le th. 2 au cas où $A = E = \mathbf{N}$ (ordonné par la relation $\leqslant$), on a la proposition suivante:

PROPOSITION 3. — *Toute suite monotone de nombres réels a une limite dans* $\overline{\mathbf{R}}$.

En particulier, toute suite croissante (resp. décroissante) de nombres *finis* converge vers un nombre réel fini si elle est majorée (resp. minorée), vers $+\infty$ (resp. $-\infty$) dans le cas contraire. Par exemple, la suite des entiers positifs converge vers $+\infty$.

C'est ce fait qui est à l'origine de la notation $\lim\limits_{n\to\infty} u_n$ pour désigner la limite d'une suite (I, p. 48).

De même, toute suite d'entiers (p_n) *strictement croissante* converge vers $+\infty$, car on voit, par récurrence, que $p_n \geqslant p_0 + n$ quel que soit n.

3. Limites à droite et à gauche d'une fonction d'une variable réelle

Soit A une partie non vide de $\overline{\mathbf{R}}$, et $a \neq -\infty$ un point de $\overline{\mathbf{R}}$ adhérent à l'ensemble $B = A \cap \left[-\infty, a\right[$. L'ensemble B est filtrant pour la relation $\leqslant$, et son filtre des sections $\mathfrak{F}$ est identique à la *trace* sur B du filtre des voisinages de a dans $\overline{\mathbf{R}}$.

DÉFINITION 2. — *Soit f une fonction définie dans la partie* A *de* $\overline{\mathbf{R}}$, *à valeurs dans un espace topologique* E. *Une limite de f suivant le filtre $\mathfrak{F}$, si elle existe, s'appelle limite à gauche de f au point a, relativement à* A, *et se note* $\lim\limits_{x\to a,\, x<a,\, x\in A} f(x)$, *ou* $f(a-)$ *lorsque* E *est séparé.*

On définit de même, lorsque $a \neq +\infty$ est adhérent à l'ensemble $A \cap \left]a, +\infty\right]$, une *limite à droite* (si elle existe) de f au point a qu'on note $\lim\limits_{x\to a,\, x>a,\, x\in A} f(x)$, ou $f(a+)$ lorsque E est séparé.

Le th. 2 de IV, p. 18 entraîne immédiatement la proposition suivante:

PROPOSITION 4. — *Soient* A *une partie de* $\overline{\mathbf{R}}$, $a \neq -\infty$ *un point adhérent à l'intersection* $A \cap \left[-\infty, a\right[$; *si f est une fonction numérique monotone définie dans* A, *elle a une limite à gauche* $f(a-)$ *au point a, relativement à* A.

4. Bornes d'une fonction numérique

DÉFINITION 3. — *Soit f une fonction numérique définie dans un ensemble* E; *on appelle borne supérieure* (resp. *borne inférieure*) *de f dans une partie non vide* A *de* E, *et on note* $\sup\limits_{x\in A} f(x)$ (resp. $\inf\limits_{x\in A} f(x)$) *la borne supérieure* (resp. *borne inférieure*) *dans* $\overline{\mathbf{R}}$ *de l'ensemble* $f(A)$.

En particulier, si A est une partie non vide de $\overline{\mathbf{R}}$, on a

$$\sup A = \sup_{x\in A} x. \tag{1}$$

Il est souvent plus commode d'utiliser la notation du second membre pour désigner la borne supérieure de A.

Le nombre $a = \sup_{x \in A} f(x)$ est caractérisé par les deux propriétés suivantes:

1° Quel que soit $x \in A, f(x) \leqslant a$.

2° Quel que soit $b < a$, il existe $x \in A$ tel que $b < f(x) \leqslant a$.

Les nombres $\sup_{x \in A} f(x)$ et $\inf_{x \in A} f(x)$ appartiennent à l'*adhérence* de $f(A)$ dans $\overline{\mathbf{R}}$. On a $\inf_{x \in A} f(x) \leqslant \sup_{x \in A} f(x)$; pour que ces deux nombres soient *égaux*, il faut et il suffit que f soit *constante* dans A.

Pour qu'une fonction numérique f, définie dans un ensemble E, soit *majorée* (resp. *minorée*) dans une partie non vide A de E, il faut et il suffit que $\sup_{x \in A} f(x) < +\infty$ (resp. $\inf_{x \in A} f(x) > -\infty$); on dit encore dans ce cas que f est *bornée supérieurement* (resp. *bornée inférieurement*) dans A. Pour que f soit *bornée* dans A, il faut et il suffit que $|f|$ soit *majorée* dans A, donc que $\sup_{x \in A} |f(x)| < +\infty$.

On a

$$\inf_{x \in A} f(x) = -\sup_{x \in A} (-f(x)). \tag{2}$$

Cette relation ramène toutes les propriétés de la borne inférieure à celles de la borne supérieure; aussi ne parlerons-nous en général que de ces dernières.

PROPOSITION 5. — *Soit f une fonction numérique définie dans un ensemble* E. *Dans l'ensemble* $\mathfrak{F}(E)$ *des parties finies de* E, *ordonné filtrant pour la relation* $\subset$, *la fonction numérique* $H \mapsto \sup_{x \in H} f(x)$ *est croissante, la fonction numérique* $H \mapsto \inf_{x \in H} f(x)$ *est décroissante et on a*

$$\begin{cases} \sup_{x \in E} f(x) = \lim_{H \in \mathfrak{F}(E)} (\sup_{x \in H} f(x)) \\ \inf_{x \in E} f(x) = \lim_{H \in \mathfrak{F}(E)} (\inf_{x \in H} f(x)). \end{cases} \tag{3}$$

Posons $\varphi(H) = \sup_{x \in H} f(x)$; il est clair que φ est croissante; elle a donc une limite a (IV, p. 18, th. 2), et comme $\varphi(H) \leqslant \sup_{x \in E} f(x)$ quel que soit H, $a \leqslant \sup_{x \in E} f(x)$ (IV, p. 18, th. 1). Si on avait $a < \sup_{x \in E} f(x)$, il existerait $x_0 \in E$ tel que $a < f(x_0)$, d'où contradiction puisque $\varphi(H) \geqslant f(x_0)$ dès que $x_0 \in H$.

En particulier, d'après (1) (IV, p. 19), on a, pour toute partie non vide A de $\overline{\mathbf{R}}$,

$$\sup A = \lim_{H \in \mathfrak{F}(A)} (\sup_{x \in H} x). \tag{4}$$

PROPOSITION 6. — *Soient f et g deux fonctions numériques définies dans* E. *Si* $f(x) \leqslant g(x)$ *en tout point d'une partie non vide* A *de* E, *on a*

$$(5)\qquad \begin{cases} \sup\limits_{x\in A} f(x) \leqslant \sup\limits_{x\in A} g(x) \\ \inf\limits_{x\in A} f(x) \leqslant \inf\limits_{x\in A} g(x). \end{cases}$$

PROPOSITION 7. — *Soit f une fonction numérique définie dans* E; *si* A *et* B *sont deux parties non vides de* E *telles que* $A \subset B$, *on a*

$$(6)\qquad \sup_{x\in A} f(x) \leqslant \sup_{x\in B} f(x).$$

PROPOSITION 8. — *Soient f une fonction numérique définie dans* E, *et* $(A_\iota)_{\iota\in I}$ *une famille de parties non vides de* E; *on a*

$$(7)\qquad \sup_{x\in \bigcup\limits_{\iota\in I} A_\iota} f(x) = \sup_{\iota\in I}\,(\sup_{x\in A_\iota} f(x)).$$

Ces propositions sont des cas particuliers de E, III, p. 11, prop. 6 et 7 et cor. de la prop. 5.

Soit f une fonction numérique définie dans un ensemble produit $E_1 \times E_2$; si A_2 est une partie non vide de E_2, on notera $\sup\limits_{x_2\in A_2} f(x_1, x_2)$ la borne supérieure dans A_2 de la fonction numérique $x_2 \mapsto f(x_1, x_2)$ définie dans E_2. De la prop. 8, on déduit en particulier:

PROPOSITION 9. — *Soit f une fonction numérique définie dans un ensemble produit* $E_1 \times E_2$. *Quelles que soient les parties non vides* A_1 *de* E_1, A_2 *de* E_2, *on a*

$$(8)\qquad \sup_{(x_1, x_2)\in A_1\times A_2} f(x_1, x_2) = \sup_{x_1\in A_1}\,(\sup_{x_2\in A_2} f(x_1, x_2)) = \sup_{x_2\in A_2}\,(\sup_{x_1\in A_1} f(x_1, x_2)).$$

5. Enveloppes d'une famille de fonctions numériques

DÉFINITION 4. — *Soit* $(f_\iota)_{\iota\in I}$ *une famille de fonctions numériques, définies dans un ensemble* E. *On appelle enveloppe supérieure* (resp. *enveloppe inférieure*) *de la famille* (f_ι), *et on note* $\sup\limits_{\iota\in I} f_\iota$ *ou* $\sup\limits_{\iota} f_\iota$ (resp. $\inf\limits_{\iota\in I} f_\iota$ *ou* $\inf\limits_{\iota} f_\iota$), *la fonction numérique définie dans* E, *dont la valeur en tout point* $x \in E$ *est* $\sup\limits_{\iota\in I}\,(f_\iota(x))$ (resp. $\inf\limits_{\iota\in I}\,(f_\iota(x))$).

L'enveloppe supérieure de la famille (f_ι) n'est autre que la *borne supérieure* de cette famille dans l'ensemble ordonné réticulé $\overline{\mathbf{R}}^E$ des fonctions numériques définies dans E, ce qui justifie la notation $\sup\limits_{\iota} f_\iota$.

En outre, si on munit $\overline{\mathbf{R}}^E$ de la *topologie produit* de celles de ses facteurs (tous identiques à $\overline{\mathbf{R}}$), on a la proposition suivante:

PROPOSITION 10. — *Dans l'espace produit* $\overline{\mathbf{R}}^E$, *l'enveloppe supérieure* $\sup\limits_{\iota} f_\iota$ *d'une famille de fonctions numériques* $(f_\iota)_{\iota\in I}$ *est la limite, suivant l'ensemble filtrant* $\mathfrak{F}(I)$ *des parties finies de* I, *de l'application* $H \mapsto \sup_{\iota\in H} f_\iota$ (qui, à tout partie finie H de I, fait correspondre l'enveloppe supérieure de la sous-famille finie $(f_\iota)_{\iota\in H}$).

Cela résulte aussitôt de la prop. 5 de IV, p. 20, et de I, p. 51, cor. 2.

On peut donc écrire

$$\sup_{\iota\in I} f_\iota = \lim_{H\in\mathfrak{F}(I)} (\sup_{\iota\in H} f_\iota). \tag{9}$$

DÉFINITION 5. — *Une famille* $(f_\iota)_{\iota\in I}$ *de fonctions numériques, définies dans un ensemble* E, *est dite uniformément majorée* (resp. *uniformément minorée*) *dans* E, *s'il existe un nombre fini* a *tel que* $f_\iota(x) \leqslant a$ (resp. $f_\iota(x) \geqslant a$) *quels que soient* $x \in E$ *et* $\iota \in I$. *La famille* (f_ι) *est dite uniformément bornée dans* E *si elle est à la fois uniformément majorée et uniformément minorée dans* E.

Pour que (f_ι) soit uniformément majorée dans E, il faut et il suffit donc que l'*enveloppe supérieure* de cette famille soit *majorée* dans E. Pour que (f_ι) soit uniformément bornée dans E, il faut et il suffit que l'enveloppe supérieure de la famille $(|f_\iota|)$ soit majorée dans E (c'est-à-dire qu'il existe un nombre fini $a \geqslant 0$ tel que, pour tout $\iota \in I$ et tout $x \in E$, $|f_\iota(x)| \leqslant a$).

6. Limite supérieure et limite inférieure d'une fonction numérique suivant un filtre

Soit f une fonction numérique, définie dans un ensemble E, *filtré* par un filtre $\mathfrak{G}$. On sait (I, p. 39) que $\mathfrak{G}$ est un ensemble ordonné *filtrant* pour la relation $\supset$. Considérons, pour tout ensemble $X \in \mathfrak{G}$, le nombre réel $\sup_{x\in X} f(x)$; on définit ainsi une application $X \mapsto \sup_{x\in X} f(x)$ de $\mathfrak{G}$ dans $\overline{\mathbf{R}}$, qui est *décroissante* dans $\mathfrak{G}$, d'après la prop. 7 de IV, p. 21. Elle a donc une *limite* suivant l'ensemble filtrant $\mathfrak{G}$, d'après le th. 2 de IV, p. 18.

DÉFINITION 6. — *On appelle limite supérieure de* f *suivant le filtre* $\mathfrak{G}$, *et on note* $\lim.\sup_{\mathfrak{G}} f$, *ou* $\lim.\sup_{x,\mathfrak{G}} f(x)$, *la limite de la fonction numérique* $X \mapsto \sup_{x\in X} f(x)$ *suivant l'ensemble filtrant* $\mathfrak{G}$.

On définit de même la *limite inférieure* de f suivant le filtre $\mathfrak{G}$, qu'on note $\lim.\inf_{\mathfrak{G}} f$, ou $\lim.\inf_{x,\mathfrak{G}} f(x)$.

On a donc, par définition

$$\begin{cases} \lim.\sup_{\mathfrak{G}} f = \lim_{X\in\mathfrak{G}} (\sup_{x\in X} f(x)) \\ \lim.\inf_{\mathfrak{G}} f = \lim_{X\in\mathfrak{G}} (\inf_{x\in X} f(x)). \end{cases} \tag{10}$$

On se dispense souvent d'indiquer le filtre $\mathfrak{G}$ dans les notations, et on écrit simplement $\lim.\sup f$, ou $\lim.\sup_x f(x)$, ou $\lim.\sup f(x)$, lorsqu'il ne peut en résulter de confusion.

D'après les formules (10) et le th. 1 de IV, p. 18, on a

$$(11)\qquad \inf_{x\in E} f(x) \leqslant \lim.\inf_{\mathfrak{G}} f \leqslant \lim.\sup_{\mathfrak{G}} f \leqslant \sup_{x\in E} f(x).$$

D'après IV, p. 18, th. 2, on peut aussi écrire

$$(12)\qquad \begin{cases} \lim.\sup_{\mathfrak{G}} f = \inf\limits_{X\in\mathfrak{G}} (\sup\limits_{x\in X} f(x)) \\ \lim.\inf_{\mathfrak{G}} f = \sup\limits_{X\in\mathfrak{G}} (\inf\limits_{x\in X} f(x)). \end{cases}$$

On peut d'ailleurs remplacer, aux seconds membres des formules (10) et (12), le filtre $\mathfrak{G}$ par une quelconque de ses *bases* $\mathfrak{B}$.

D'après (2) (IV, p. 20) et (10), on a

$$(13)\qquad \lim.\inf_{\mathfrak{G}} f = -\lim.\sup_{\mathfrak{G}} (-f),$$

ce qui permet de n'étudier que les propriétés de la limite supérieure.

THÉORÈME 3. — *La limite supérieure d'une fonction numérique f suivant un filtre $\mathfrak{G}$ est égale à la plus grande valeur d'adhérence de f suivant $\mathfrak{G}$.*

En effet, soit b une valeur d'adhérence de f suivant $\mathfrak{G}$; pour tout $X \in \mathfrak{G}$, b est adhérent à $f(X)$, donc $b \leqslant \sup\limits_{x\in X} f(x)$, ce qui entraîne, d'après (12), $b \leqslant \lim.\sup_{\mathfrak{G}} f = a$.

D'autre part, soit V un voisinage ouvert quelconque du point a dans $\overline{\mathbf{R}}$; il existe $X_0 \in \mathfrak{G}$ tel que, pour tout $X \in \mathfrak{G}$ contenu dans X_0, on ait $\sup\limits_{x\in X} f(x) \in V$; comme V est ouvert, on en déduit que $f(X)$ rencontre V; donc a est une *valeur d'adhérence* de f suivant $\mathfrak{G}$, ce qui achève la démonstration.

COROLLAIRE 1. — *Pour que* $\lim.\sup_{\mathfrak{G}} f = \lim.\inf_{\mathfrak{G}} f$, *il faut et il suffit que f ait une limite suivant le filtre $\mathfrak{G}$; on a alors*

$$\lim_{\mathfrak{G}} f = \lim.\sup_{\mathfrak{G}} f = \lim.\inf_{\mathfrak{G}} f.$$

En effet, comme $\overline{\mathbf{R}}$ est compact, pour que la base de filtre $f(\mathfrak{G})$ ait un point limite, il faut et il suffit que l'ensemble de ses points adhérents se réduise à un point (I, p. 60, corollaire).

COROLLAIRE 2. — *Si $\mathfrak{H}$ est un filtre plus fin que $\mathfrak{G}$, on a*

$$\lim.\inf_{\mathfrak{G}} f \leqslant \lim.\inf_{\mathfrak{H}} f \leqslant \lim.\sup_{\mathfrak{H}} f \leqslant \lim.\sup_{\mathfrak{G}} f.$$

En effet, toute valeur d'adhérence de f suivant $\mathfrak{H}$ est aussi valeur d'adhérence de f suivant $\mathfrak{G}$ (I, p. 49).

En particulier, si $\lim_{\mathfrak{H}} f$ existe, on a

$$\lim.\inf_{\mathfrak{G}} f \leqslant \lim_{\mathfrak{H}} f \leqslant \lim.\sup_{\mathfrak{G}} f.$$

COROLLAIRE 3. — *Soit* A *un ensemble du filtre* $\mathfrak{G}$ *et soient* $\mathfrak{G}_A$ *le filtre induit sur* A *par* $\mathfrak{G}$, f_A *la restriction de* f *à* A; *on a*

$$\lim.\sup_{\mathfrak{G}_A} f_A = \lim.\sup_{\mathfrak{G}} f.$$

En effet, tout point adhérent à la base de filtre $f(\mathfrak{G})$ est adhérent à la base de filtre $f_A(\mathfrak{G}_A)$, et réciproquement.

En raison de ce fait, lorsque f n'est définie que sur une partie A de E appartenant à $\mathfrak{G}$, on écrit souvent $\lim.\sup_{\mathfrak{G}} f$, au lieu de $\lim.\sup_{\mathfrak{G}} f_A$, par abus de langage.

PROPOSITION 11. — *Soient* f *et* g *deux fonctions numériques définies dans un ensemble filtré* E. *La relation* $f \leqslant g$ *entraîne*

$$\begin{cases} \lim.\sup f \leqslant \lim.\sup g \\ \lim.\inf f \leqslant \lim.\inf g. \end{cases} \tag{14}$$

C'est une conséquence immédiate des relations (12) (IV, p. 23).

Lorsque E est un *espace topologique*, et $\mathfrak{G}$ le *filtre des voisinages* d'un point a de E, on écrit $\lim.\sup_{x\to a} f(x)$ (resp. $\lim.\inf_{x\to a} f(x)$) au lieu de $\lim.\sup_{\mathfrak{G}} f$ (resp. $\lim.\inf_{\mathfrak{G}} f$); on a évidemment

$$\lim.\inf_{x\to a} f(x) \leqslant f(a) \leqslant \lim.\sup_{x\to a} f(x). \tag{15}$$

Plus généralement, lorsque E est un *sous-espace* d'un espace topologique F, et $\mathfrak{G}$ la trace sur E du filtre des voisinages d'un point $a \in \overline{E}$, on écrit $\lim.\sup_{x\to a,\, x\in E} f(x)$ (resp. $\lim.\inf_{x\to a,\, x\in E} f(x)$) au lieu de $\lim.\sup_{\mathfrak{G}} f$ (resp. $\lim.\inf_{\mathfrak{G}} f$); on dit que $\lim.\sup_{x\to a,\, x\in E} f(x)$ est *la limite supérieure de* $f(x)$ *lorsque* x *tend vers* a, *en restant dans* E. Lorsque E est le complémentaire de $\{a\}$, on remplace, dans ces notations, « $x \in E$ » par « $x \neq a$ ».

Si A est une partie de E telle que $a \in \overline{A}$, on a (IV, p. 23, cor. 2)

$$\lim.\inf_{x\to a,\, x\in E} f(x) \leqslant \lim.\inf_{x\to a,\, x\in A} f(x) \leqslant \lim.\sup_{x\to a,\, x\in A} f(x) \leqslant \lim.\sup_{x\to a,\, x\in E} f(x)$$

Si V est un voisinage de a dans F, on a (cor. 3)

$$\lim.\sup_{x\to a,\, x\in V\cap E} f(x) = \lim.\sup_{x\to a,\, x\in E} f(x).$$

Autrement dit, les notions de limite inférieure et de limite supérieure, en un point d'un espace topologique, ont, comme celle de limite, un caractère *local*.

Enfin, lorsque $\mathfrak{G}$ est le *filtre de Fréchet* sur **N**, la limite supérieure (resp. inférieure) suivant $\mathfrak{G}$ de l'application $n \mapsto u_n$ de **N** dans $\overline{\mathbf{R}}$ se note $\lim.\sup_{n\to\infty} u_n$ (resp. $\lim.\inf_{n\to\infty} u_n$) et s'appelle *limite supérieure* (resp. *limite inférieure*) *de la suite de nombres réels* u_n.

La relation $\lim.\sup_{n\to\infty} u_n = a \in \mathbf{R}$ est donc équivalente à la suivante: quel que soit $\varepsilon > 0$, il existe un entier n_0 tel que, pour tout $n \geqslant n_0$, $u_n \leqslant a + \varepsilon$, et, pour une infinité de valeurs de n, $u_n \geqslant a - \varepsilon$. On traduit de même la définition de la limite supérieure d'une suite lorsqu'elle a pour valeur $+\infty$ ou $-\infty$.

Étant donné une suite (f_n) de fonctions numériques définies sur un ensemble E, on désignera par $\lim_{n\to\infty}.\sup f_n$ (resp. $\lim_{n\to\infty}.\inf f_n$) la fonction numérique dont la valeur, en un point quelconque $x \in E$, est $\lim_{n\to\infty}.\sup f_n(x)$ (resp. $\lim_{n\to\infty}.\inf f_n(x)$). D'après (10) (IV, p. 22) et (12) (IV, p. 23), on a

$$(16)\quad \begin{cases} \lim_{n\to\infty}.\sup f_n = \inf_{n\in\mathbf{N}}(\sup_{m\geqslant n} f_m) \leqslant \lim_{n\to\infty}(\sup_{m\geqslant n} f_m) \\ \lim_{u\to\infty}.\inf f_n = \sup_{n\in\mathbf{N}}(\inf_{m\geqslant n} f_m) = \lim_{n\to\infty}(\inf_{m\geqslant n} f_m) \end{cases}$$

les limites étant prises dans l'*espace produit* $\overline{\mathbf{R}}^{\mathrm{E}}$. Pour que la suite (f_n) ait une *limite* dans $\overline{\mathbf{R}}^{\mathrm{E}}$, il faut et il suffit que $\lim_{n\to\infty}.\sup f_n = \lim_{n\to\infty}.\inf f_n$ (IV, p. 23, cor. 1 et I, p. 51, cor. 1).

7. Opérations algébriques sur les fonctions numériques

Soient f et g deux fonctions numériques définies dans un ensemble E; si la somme $f(x) + g(x)$ (resp. le produit $f(x)g(x)$) a un sens quel que soit $x \in E$, on notera encore $f + g$ (resp. fg) la fonction numérique $x \mapsto f(x) + g(x)$ (resp. $x \mapsto f(x)g(x)$). De même, si $1/f(x)$ a un sens quel que soit $x \in E$, on notera $1/f$ la fonction $x \mapsto 1/f(x)$.

Cette dernière fonction est donc définie lorsque f ne prend pas la valeur 0; lorsque f prend ses valeurs dans l'intervalle $[0, +\infty]$ (resp. dans $[-\infty, 0]$), on peut encore considérer que $1/f(x)$ est partout défini en posant $1/0 = +\infty$ (resp. $1/0 = -\infty$); la fonction $1/f$ sera encore définie dans ce cas.

Supposons E filtré par un filtre $\mathfrak{F}$, et que $\lim_{\mathfrak{F}} f$ et $\lim_{\mathfrak{F}} g$ existent; si, d'une part, la fonction $f + g$ (resp. fg, resp. $1/f$) est définie, et si, d'autre part, l'expression $\lim_{\mathfrak{F}} f + \lim_{\mathfrak{F}} g$ (resp. $\lim \mathfrak{F} f . \lim_{\mathfrak{F}} g$, resp. $1/\lim_{\mathfrak{F}} f$) a un sens, alors $\lim_{\mathfrak{F}}(f + g)$ (resp. $\lim_{\mathfrak{F}} fg$, resp. $\lim_{\mathfrak{F}}(1/f)$) existe et est égale à cette expression, en vertu de la continuité de la fonction $x + y$ (resp. xy, resp. $1/x$) aux points où elle est définie.

PROPOSITION 12. — *Soient f et g deux fonctions numériques définies dans un ensemble* E, *et* A *une partie non vide de* E.

1° *On a*

$$(17)\quad \sup_{x\in A}(f(x) + g(x)) \leqslant \sup_{x\in A} f(x) + \sup_{x\in A} g(x)$$

$$(18)\quad \sup_{x\in A} f(x) + \inf_{x\in A} g(x) \leqslant \sup_{x\in A}(f(x) + g(x))$$

lorsque les deux membres de ces inégalités sont définis.

2° *Si $f(x)$ et $g(x)$ sont $\geqslant 0$ pour tout $x \in A$, on a*

$$(19)\quad \sup_{x\in A}(f(x)g(x)) \leqslant \sup_{x\in A} f(x) . \sup_{x\in A} g(x)$$

$$(20)\quad \sup_{x\in A} f(x) . \inf_{x\in A} g(x) \leqslant \sup_{x\in A}(f(x)g(x))$$

lorsque les deux membres de ces inégalités sont définis.

3° *Si* $f(x) \geqslant 0$ *quel que soit* $x \in A$,

$$\sup_{x \in A} (1/f(x)) = 1/\inf_{x \in A} f(x) \tag{21}$$

(en posant $1/0 = +\infty$).

Soit en effet H une partie *finie* quelconque de A; si x_0 est un des points de H où $f + g$ prend sa plus grande valeur, on a

$$f(x_0) + g(x_0) \leqslant \sup_{x \in H} f(x) + \sup_{x \in H} g(x);$$

d'autre part, si x_1 est un des points de H où f prend sa plus grande valeur, on a

$$f(x_1) + g(x_1) \geqslant \sup_{x \in H} f(x) + \inf_{x \in H} g(x);$$

donc

$$\sup_{x \in H} f(x) + \inf_{x \in H} g(x) \leqslant \sup_{x \in H} (f(x) + g(x)) \leqslant \sup_{x \in H} f(x) + \sup_{x \in H} g(x).$$

Les inégalités (17) et (18) en résultent, en appliquant la prop. 5 de IV, p. 20 et le th. 1 de IV, p. 18. Démonstrations analogues pour les autres inégalités.

Corollaire 1. — *Soient* f *une fonction numérique définie dans* E, *et* k *un nombre réel. On a*

$$\sup_{x \in A} (f(x) + k) = k + \sup_{x \in A} f(x) \tag{22}$$

lorsque les deux membres sont définis, et, pour $k \geqslant 0$,

$$\sup_{x \in A} (kf(x)) = k . \sup_{x \in A} f(x) \tag{23}$$

lorsque les deux membres sont définis.

Corollaire 2. — *Soient* f_1 *et* f_2 *deux fonctions numériques définies respectivement dans des ensembles* E_1 *et* E_2; *quelles que soient les parties non vides* $A_1 \subset E_1$, $A_2 \subset E_2$, *on a*

$$\sup_{(x_1, x_2) \in A_1 \times A_2} (f_1(x_1) + f_2(x_2)) = \sup_{x_1 \in A_1} f_1(x_1) + \sup_{x_2 \in A_2} f_2(x_2) \tag{24}$$

lorsque les deux membres sont définis; si f_1 *et* f_2 *sont* $\geqslant 0$ *dans* A_1 *et* A_2 *respectivement, on a*

$$\sup_{(x_1, x_2) \in A_1 \times A_2} (f_1(x_1) f_2(x_2)) = \sup_{x_1 \in A_1} f_1(x_1) . \sup_{x_2 \in A_2} f_2(x_2) \tag{25}$$

lorsque les deux membres sont définis

C'est une conséquence du corollaire précédent, et de IV, p. 21, prop. 9.

En particulier, si A et B sont deux parties de $\overline{\mathbf{R}}$ telles que l'ensemble A + B des sommes $x + y$ ($x \in A$, $y \in B$) soit défini, on a

$$\sup(A + B) = \sup A + \sup B \tag{26}$$

si le second membre a un sens. De même, si A et B sont deux parties de $[0, +\infty]$, on a

$$\sup AB = \sup A . \sup B \tag{27}$$

lorsque les deux membres ont un sens.

PROPOSITION 13. — *Soient f et g deux fonctions numériques définies dans un ensemble filtré* E.

1° *On a*

$$\lim.\sup(f + g) \leqslant \lim.\sup f + \lim.\sup g \tag{28}$$

$$\lim.\sup f + \lim.\inf g \leqslant \lim.\sup(f + g) \tag{29}$$

lorsque les deux membres de ces inégalités sont définis.

2° *Si f et g sont* $\geqslant 0$ *dans* E, *on a*

$$\lim.\sup fg \leqslant (\lim.\sup f)(\lim.\sup g) \tag{30}$$

$$(\lim.\sup f)(\lim.\inf g) \leqslant \lim.\sup fg \tag{31}$$

lorsque les deux membres de ces inégalités sont définis.

3° *Si* $f \geqslant 0$ *dans* E,

$$\lim.\sup(1/f) = 1/(\lim.\inf f) \tag{32}$$

(en posant $1/0 = +\infty$).

Ce sont des conséquences de la prop. 12 (IV, p. 25) et des relations (10) (IV, p. 22).

COROLLAIRE 1. — *Soient f et g deux fonctions numériques définies dans un ensemble filtré* E. *Si* lim g *existe, on a*

$$\lim.\sup(f + g) = \lim.\sup f + \lim g \tag{33}$$

lorsque les deux membres sont définis, et

$$\lim.\sup fg = (\lim.\sup f)(\lim g) \tag{34}$$

lorsque les deux membres sont définis, et que f et g sont $\geqslant 0$.

COROLLAIRE 2. — *Soient f et g deux fonctions numériques définies dans un ensemble filtré* E. *Si* $\lim f = +\infty$, $\lim.\inf g > -\infty$, *et si* $f + g$ *est définie, on a* $\lim(f + g) = +\infty$. *Si* $\lim f = +\infty$, $\lim.\inf g > 0$ *et si* fg *est défini, on a* $\lim fg = +\infty$.

§ 6. FONCTIONS NUMÉRIQUES CONTINUES ET FONCTIONS NUMÉRIQUES SEMI-CONTINUES

1. Fonctions numériques continues

En dehors des propriétés générales des fonctions continues à valeurs dans un espace topologique quelconque (I, p. 8), les fonctions numériques continues possèdent les deux propriétés fondamentales suivantes:

THÉORÈME 1 (Weierstrass). — *Soit f une fonction numérique définie et continue dans un espace quasi-compact non vide* E. *Il existe au moins un point* $a \in E$ *tel que* $f(a) = \sup_{x \in E} f(x)$, *et au moins un point* $b \in E$ *tel que* $f(b) = \inf_{x \in E} f(x)$.

En effet, $f(E)$ est compact (I, p. 62, th. 2), donc fermé dans $\overline{\mathbf{R}}$; par suite $f(E)$ contient ses bornes.

On énonce souvent ce théorème en disant qu'*une fonction numérique continue dans un espace quasi-compact non vide y atteint ses bornes.*

Corollaire. — *Si une fonction numérique f, définie dans un espace quasi-compact non vide* E, *est continue et finie dans* E, *elle est bornée dans* E.

Théorème 2 (Bolzano). — *Soit f une fonction numérique définie et continue dans un espace connexe* E. *Si a et b sont deux points quelconques de* E, *et* α *un nombre réel appartenant à l'intervalle fermé de bornes* $f(a)$ *et* $f(b)$, *il existe au moins un point* $x \in E$ *tel que* $f(x) = \alpha$.

En effet, $f(E)$, qui est connexe (I, p. 82, prop. 4), est un intervalle de $\overline{\mathbf{R}}$ (IV, p. 15, prop. 5), et par suite contient l'intervalle fermé de bornes $f(a)$ et $f(b)$.

On exprime souvent cette propriété en disant qu'*une fonction numérique continue dans un espace connexe ne peut passer d'une valeur à une autre sans passer par toutes les valeurs intermédiaires.*

Cette propriété n'est d'ailleurs nullement caractéristique des fonctions continues; on peut donner des exemples de fonctions définies dans un espace connexe, *discontinues en tout point*, et qui la possèdent (IV, p. 55, exerc. 2).

2. Fonctions semi-continues

Soit f une fonction numérique définie dans un espace topologique E; pour que f soit continue en un point $a \in E$, il faut et il suffit que: 1° quel que soit le nombre réel h tel que $h < f(a)$, il existe un voisinage V de a tel qu'en tout point $x \in V$, on ait $h < f(x)$; 2° quel que soit le nombre réel k tel que $k > f(a)$, il existe un voisinage W de a tel qu'en tout point $x \in W$, on ait $k > f(x)$.

Les fonctions pour lesquelles *une seule* des deux conditions ci-dessus est remplie jouent un rôle important en Analyse. De façon précise, nous poserons la définition suivante:

Définition 1. — *Une fonction numérique f, définie dans un espace topologique* E, *est dite semi-continue inférieurement* (resp. *semi-continue supérieurement*) *en un point* $a \in E$, *si quel que soit* $h < f(a)$ (resp. $k > f(a)$), *il existe un voisinage* V *de a tel que* $h < f(x)$ (resp. $k > f(x)$) *pour tout* $x \in V$.

Une fonction numérique est dite semi-continue inférieurement (resp. *semi-continue supérieurement*) *dans* E, *si elle est semi-continue inférieurement* (resp. *supérieurement*) *en tout point de* E.

Pour qu'une fonction numérique f soit *continue* en un point a, il faut et il suffit donc qu'elle soit *à la fois semi-continue supérieurement et semi-continue inférieurement* au point a.

Si f est semi-continue inférieurement en un point, $-f$ est semi-continue supérieurement en ce point, et réciproquement; aussi nous bornerons-nous, dans ce qui suit, à considérer les propriétés des fonctions semi-continues *inférieurement*.

Il est clair qu'une fonction semi-continue inférieurement dans E, est semi-continue inférieurement dans tout *sous-espace* de E.

Exemples. — 1) Si en un point a, f admet un *minimum relatif*, c'est-à-dire s'il existe un voisinage V de a tel que, pour tout $x \in V$, $f(a) \leqslant f(x)$, f est semi-continue inférieurement au point a. En particulier, si $f(a) = -\infty$, f est semi-continue inférieurement au point a.

2) Définissons une fonction numérique f dans $\mathbf{R}$, en posant $f(x) = 0$ si x est irrationnel, $f(x) = 1/q$ si x est rationnel et égal à la fraction irréductible p/q $(q > 0)$. Pour tout n entier > 0, l'ensemble des nombres rationnels p/q tels que $q < n$ est fermé et ses points sont isolés; pour tout x irrationnel, il existe donc un voisinage V de x tel que $f(y) \leqslant 1/n$ pour tout $y \in V$, ce qui prouve que f est continue au point x; et d'autre part, f admet un *maximum relatif* en tout point rationnel x, donc f est semi-continue supérieurement dans $\mathbf{R}$.

La condition pour que f soit semi-continue inférieurement au point a peut encore s'exprimer en disant que, pour tout $h < f(a)$, $\overset{-1}{f}(]h, +\infty])$ doit être un *voisinage* de a.

Il suffit d'ailleurs de supposer cette condition vérifiée seulement pour une *suite croissante* (h_n) de nombres réels $<f(a)$ et tendant vers $f(a)$.

Munissons $\overline{\mathbf{R}}$ de la topologie dont les ensembles ouverts sont $\varnothing$ et les *intervalles ouverts illimités à droite de* $\overline{\mathbf{R}}$ (c'est-à-dire les intervalles $]a, +\infty]$ pour a fini, et l'intervalle $[-\infty, +\infty] = \overline{\mathbf{R}}$). Pour que la fonction numérique f soit semi-continue inférieurement au point a, il faut et il suffit qu'elle soit *continue* en ce point, lorsqu'on la considère comme une application dans $\overline{\mathbf{R}}$ muni de la topologie précédente.

PROPOSITION 1. — *Pour qu'une fonction numérique f soit semi-continue inférieurement dans un espace topologique* E, *il faut et il suffit que, pour tout nombre fini k,* $\overset{-1}{f}(]k, +\infty])$ (ensemble des $x \in E$ tels que $f(x) > k$) *soit un ensemble ouvert dans* E (ou, ce qui revient au même, que $\overset{-1}{f}([-\infty, k])$ *soit un ensemble fermé dans* E).

En effet, cette condition exprime que $\overset{-1}{f}(]k, +\infty])$ est un voisinage de chacun de ses points.

Pour que f soit semi-continue inférieurement dans E, il suffit que $\overset{-1}{f}(]k, +\infty])$ soit un ensemble ouvert dans E, pour tous les nombres réels k appartenant à un ensemble *partout dense* dans $\mathbf{R}$.

COROLLAIRE. — *Pour qu'une partie* A *d'un espace topologique* E *soit un ensemble ouvert* (resp. *fermé*) *dans* E, *il faut et il suffit que sa fonction caractéristique*[1] φ_A *soit semi-continue inférieurement* (resp. *supérieurement*) *dans* E.

[1] Rappelons (E, III, p. 38) que la *fonction caractéristique* φ_A d'une partie A d'un ensemble E, est la fonction définie dans E, telle que $\varphi_A(x) = 1$ pour tout $x \in A$, et $\varphi_A(x) = 0$ pour tout $x \in \complement A$.

En effet, $\overset{-1}{\varphi_{\mathrm{A}}}(]k, +\infty])$ est égal à $\varnothing$ pour $k \geqslant 1$, à A pour $0 \leqslant k < 1$ et à E pour $k < 0$.

Théorème 3. — *Soit f une fonction semi-continue inférieurement dans un espace quasi-compact non vide* E; *il existe au moins un point $a \in \mathrm{E}$ tel que* $f(a) = \inf_{x \in \mathrm{E}} f(x)$ (autrement dit, *f atteint sa borne inférieure dans* E).

En effet, pour tout $k \in f(\mathrm{E})$, considérons l'ensemble $\mathrm{A}_k = \overset{-1}{f}([-\infty, k])$; ces ensembles sont non vides et forment une *base de filtre* sur E; comme ils sont *fermés* d'après la prop. 1, ils ont au moins un point commun a (axiome (C″) des espaces quasi-compacts (I, p. 59)). Pour tout $x \in \mathrm{E}$, on a donc $f(a) \leqslant f(x)$, d'où le théorème.

Corollaire. — *Soit f une fonction semi-continue inférieurement dans un espace quasi-compact non vide* E; *si $f(x) > -\infty$ pour tout $x \in \mathrm{E}$, f est minorée dans* E.

On remarquera que ce théorème, et le théorème correspondant pour les fonctions semi-continues supérieurement redonnent comme cas particulier le théorème de Weierstrass (IV, p. 27, th. 1).

Proposition 2. — *Soient f et g deux fonctions numériques semi-continues inférieurement en un point $a \in \mathrm{E}$. Les fonctions* $\inf(f, g)$ *et* $\sup(f, g)$ *sont semi-continues inférieurement au point a. Il en est de même de $f + g$ si cette fonction est définie, et de fg si f et g sont $\geqslant 0$ et si le produit fg est défini.*

Faisons par exemple la démonstration pour $f + g$; les raisonnements sont analogues dans les autres cas. La proposition est évidente si $f(a)$ ou $g(a)$ est égal à $-\infty$; sinon, on a $f(a)+g(a) > -\infty$. Tout nombre fini $h < f(a)+g(a)$ peut s'écrire $h = r + s$, où $r < f(a)$ et $s < g(a)$ sont finis (il suffit de prendre s tel que $h - f(a) < s < g(a)$); par hypothèse, il existe un voisinage V de a tel que, pour tout $x \in \mathrm{V}$, on ait $r < f(x)$, et un voisinage W tel que, pour tout $x \in \mathrm{W}$, $s < g(x)$; il en résulte que $h = r+s < f(x)+g(x)$ pour tout point x du voisinage $\mathrm{V} \cap \mathrm{W}$.

On voit de même que, si f est semi-continue inférieurement en un point a, et si $f \geqslant 0$, $1/f$ est semi-continue supérieurement au point a.

Théorème 4. — *L'enveloppe supérieure d'une famille (f_ι) de fonctions semi-continues inférieurement en un point $a \in \mathrm{E}$, est semi-continue inférieurement au point a.*

En effet, soit g cette enveloppe supérieure; quel que soit $h < g(a)$, il existe un indice ι tel que $h < f_\iota(a) \leqslant g(a)$, puis un voisinage V de a tel que $h < f_\iota(x)$ pour tout $x \in \mathrm{V}$, d'où *a fortiori* $h < g(x)$ pour tout $x \in \mathrm{V}$.

D'après la prop. 2, l'enveloppe *inférieure* d'un nombre *fini* de fonctions semi-continues inférieurement, est encore semi-continue inférieurement; mais il n'en est pas de même en général de l'enveloppe inférieure d'une famille *infinie* de fonctions semi-continues inférieurement. Par exemple, pour tout nombre rationnel r, désignons par f_r la fonction égale à 0 au point r, à 1 pour tout nombre réel $x \neq r$; l'enveloppe inférieure des f_r est la fonction g égale à 0 pour tout nombre rationnel, à 1 pour tout nombre irrationnel (« fonction de Dirichlet »); elle n'est donc pas semi-continue inférieurement aux points irrationnels.

Corollaire. — *L'enveloppe supérieure d'une famille de fonctions numériques continues dans un espace* E *est semi-continue inférieurement dans* E.

Dans IX, §1, n° 7, prop. 7, nous montrerons que la *réciproque* de cette proposition est vraie si E est *uniformisable* (et dans ce cas seulement); toute fonction semi-continue inférieurement dans un espace uniformisable est l'enveloppe supérieure d'une famille de fonctions continues.

Proposition 3. — *Soient* E *un espace topologique,* f *une fonction numérique* $\geqslant 0$ *définie dans* E *et semi-continue inférieurement; alors* f *est limite d'une suite croissante* $(f_n)_{n \geqslant 1}$ *de fonctions semi-continues inférieurement dans* E, *telle que chaque* f_n *soit combinaison linéaire, à coefficients* $\geqslant 0$*; de fonctions caractéristiques d'ensembles ouverts dans* E.

Etant donnés deux entiers $k \geqslant 1$ et $n \geqslant 1$, notons v_{kn} la fonction caractéristique de l'intervalle $]k/2^n, +\infty]$ de $\overline{\mathbf{R}}$. Pour tout $x \in \overline{\mathbf{R}}_+$, posons $u_n(x) = 2^{-n} \sum_{k=1}^{n.2^n} v_{kn}(x)$; il est immédiat que la suite $(u_n(x))_{n \geqslant 1}$ est croissante et admet x pour limite dans $\overline{\mathbf{R}}$. La suite des fonctions $f_n = u_n \circ f$ est donc croissante et converge vers f, et l'on a $f_n = 2^{-n} \sum_{k=1}^{n.2^n} \varphi_{\mathrm{U}(k,n)}$, où $\mathrm{U}(k, n)$ est l'ensemble ouvert $\overset{-1}{f}(]k/2^n, +\infty])$ de E (IV, p. 29, prop. 1).

Proposition 4. — *Pour qu'une fonction numérique* f, *définie dans un espace topologique* E, *soit semi-continue inférieurement en un point* $a \in$ E, *il faut et il suffit que* $\lim_{x \to a} . \inf f(x) = f(a)$ (ou, ce qui revient au même, que $\lim_{x \to a} . \inf f(x) \geqslant f(a)$).

La condition est *nécessaire*. En effet, quel que soit $h < f(a)$, il existe un voisinage V de a tel que $h < f(x)$ quel que soit $x \in \mathrm{V}$, donc $h \leqslant \inf_{x \in \mathrm{V}} f(x) \leqslant \lim_{x \to a} . \inf f(x)$ (IV, p. 23, formules (12)), et par suite $f(a) \leqslant \lim_{x \to a} . \inf f(x)$. La condition est *suffisante*; en effet, si elle est vérifiée, pour tout $h < f(a)$, il existe un voisinage V de a tel que $h \leqslant \inf_{x \in \mathrm{V}} f(x)$, donc f est semi-continue inférieurement au point a.

Proposition 5. — *Soit* f *une fonction numérique quelconque, définie dans une partie partout dense* A *d'un espace topologique* E; *si, pour tout* $x \in$ E, *on pose* $g(x) = \lim_{y \to x,\, y \in \mathrm{A}} . \inf f(y)$, g *est semi-continue inférieurement dans* E.

En effet, quel que soit $h < g(x)$, il existe un voisinage *ouvert* V de x tel que, pour tout $z \in \mathrm{V} \cap \mathrm{A}$, $h < f(z)$; or V est un voisinage d'un quelconque de ses points y; on a donc $\lim_{z \to y,\, z \in \mathrm{A}} . \inf f(z) = g(y) \geqslant h$ quel que soit $y \in \mathrm{V}$, d'où la proposition.

On dit que g est la fonction *régularisée semi-continue inférieurement* de f. On définit de même la *régularisée semi-continue supérieurement* de f.

On peut encore définir g comme *la plus grande* des fonctions φ semi-continues inférieurement dans E, et telles que $\varphi(x) \leqslant f(x)$ quel que soit $x \in$ A. Si f est *semi-continue inférieurement* dans A, g est un *prolongement* de f à E, d'après la prop. 3.

§ 7. SOMMES ET PRODUITS INFINIS DE NOMBRES RÉELS

Comme tout point de **R** possède un système fondamental *dénombrable* de voisinages (IV, p. 4, corollaire), une famille (x_ι) de nombres réels *finis* ne peut être sommable dans **R** que si l'ensemble des indices ι tels que $x_\iota \neq 0$ est *dénombrable* (III, p. 39, cor. 1). L'étude des familles sommables dans **R** est donc essentiellement ramenée à celle des *suites* sommables. Toutefois, il arrivera qu'on ait à considérer une famille non dénombrable (x_ι) de nombres réels finis, dont les termes seront fonctions d'un paramètre t; il pourra se faire que cette famille soit sommable quel que soit t, mais que l'ensemble (dénombrable) des indices ι tels que $x_\iota \neq 0$ dépende de t. Aussi ne ferons-nous, dans ce qui suit, aucune hypothèse sur le cardinal de l'ensemble des indices.

1. Familles sommables dans R de nombres finis positifs

Théorème 1. — *Pour qu'une famille (x_ι) de nombres réels finis $\geqslant 0$ soit sommable dans* **R**, *il faut et il suffit que l'ensemble des sommes partielles finies de cette famille soit majoré dans* **R**. *La borne supérieure de cet ensemble est alors la somme de la famille (x_ι).*

En effet, pour toute partie finie H de l'ensemble d'indices I, posons $s_H = \sum_{\iota \in H} x_\iota$; comme les x_ι sont $\geqslant 0$, la relation $H \subset H'$ entraîne $s_H \leqslant s_{H'}$. En d'autres termes, l'application $H \mapsto s_H$ est *croissante* dans l'ensemble filtrant $\mathfrak{F}(I)$ des parties finies de I; donc (IV, p. 18, corollaire), pour qu'elle ait une limite finie, il faut et il suffit qu'elle soit *majorée*.

Remarque. — Soit (H_λ) une famille de parties finies de I telle que, pour toute partie finie H de I, il existe un indice λ tel que $H \subset H_\lambda$; pour que (x_ι) soit sommable, il faut et il suffit évidemment que la famille des s_{H_λ} soit *majorée* dans **R**. En particulier, soit (x_n) une suite de nombres finis $\geqslant 0$, et posons, pour tout entier n, $s_n = \sum_{p=0}^{n} x_p$; pour que la suite (x_n) soit sommable dans **R**, il faut et il suffit que, pour *une suite* d'entiers strictement croissante (n_k), la suite partielle (s_{n_k}) soit *majorée* dans **R**.

Exemples. — 1) Pour tout nombre q tel que $0 \leqslant q < 1$, la suite (q^n) (« progression géométrique de raison q ») est sommable dans **R**, car $s_n = \dfrac{1 - q^{n+1}}{1 - q} \leqslant \dfrac{1}{1 - q}$; la somme de cette suite est $\lim_{n \to \infty} s_n = \dfrac{1}{1 - q}$.

2) Soient a et b deux nombres tels que $0 \leqslant a < 1$, $0 \leqslant b < 1$; la famille $(a^m b^n)_{(m,n) \in \mathbf{N} \times \mathbf{N}}$ est sommable dans **R**. En effet, toute partie finie de $\mathbf{N} \times \mathbf{N}$ est contenue dans une partie de la forme $(0, p) \times (0, p)$; et l'on a

$$\sum_{m=0}^{p} \sum_{n=0}^{p} a^m b^n = \Big(\sum_{m=0}^{p} a^m\Big)\Big(\sum_{m=0}^{p} b^n\Big) = \frac{1 - a^{p+1}}{1 - a} \cdot \frac{1 - b^{p+1}}{1 - b} \leqslant \frac{1}{(1 - a)(1 - b)}.$$

3) Pour tout entier $p > 1$, la suite (n^{-p}) $(n > 0)$ est sommable, car on a

$$s_{2^{n+1}} - s_{2^n} = \sum_{k=1}^{2^n} (2^n + k)^{-p} < 2^n.(2^n)^{-p}$$

d'où, en ajoutant membre à membre ces inégalités

$$s_{2^n} < \frac{1}{1 - 2^{1-p}}.$$

4) La suite $(1/n)$ $(n > 0)$ n'est pas sommable dans $\mathbf{R}$, car on a

$$s_{2^{n+1}} - s_{2^n} = \sum_{k=1}^{2^n} \frac{1}{2^n + k} > \frac{2^n}{2^{n+1}} = \frac{1}{2}$$

d'où, en ajoutant membre à membre

$$s_{2^n} > n/2$$

et le critère du th. 1 n'est donc pas satisfait.

5) Soit (I_n) une suite d'intervalles ouverts non vides, sans point commun deux à deux, contenus dans un intervalle de longueur finie l; la somme des longueurs d'un nombre fini d'intervalles de cette famille est $\leqslant l$ (IV, p. 5), donc la famille des longueurs des I_n est sommable dans $\mathbf{R}$, et sa somme est $\leqslant l$.

THÉORÈME 2 (principe de comparaison). — *Soient $(x_\iota)_{\iota \in \mathrm{I}}$ et $(y_\iota)_{\iota \in \mathrm{I}}$ deux familles de nombres finis $\geqslant 0$, telles que $x_\iota \leqslant y_\iota$ quel que soit ι. Si (y_ι) est sommable dans $\mathbf{R}$, il en est de même de (x_ι) et on a $\sum_\iota x_\iota \leqslant \sum_\iota y_\iota$; si en outre il existe un indice κ tel que $x_\kappa < y_\kappa$, on a $\sum_\iota x_\iota < \sum_\iota y_\iota$.*

L'hypothèse entraîne que, pour toute partie finie H de I, $\sum_{\iota \in \mathrm{H}} x_\iota \leqslant \sum_{\iota \in \mathrm{H}} y_\iota$, d'où la première partie du théorème, d'après le th. 1; l'inégalité sur les sommes résulte du principe de prolongement des inégalités (IV, p. 18, th. 1). Si $x_\kappa < y_\kappa$, on a

$$\sum_\iota x_\iota = x_\kappa + \sum_{\iota \neq \kappa} x_\iota < y_\kappa + \sum_{\iota \neq \kappa} y_\iota = \sum_\iota y_\iota.$$

Ce théorème fournit le critère le plus fréquemment employé pour décider si une suite (x_n) de nombres positifs est ou non sommable dans $\mathbf{R}$; on cherche à la *comparer* à une suite (y_n) plus simple, pour laquelle on sait déjà si elle est sommable ou non; s'il existe un nombre fini $a > 0$ tel que $x_n \leqslant a y_n$ pour tout n à partir d'un certain rang, et si (y_n) est sommable, il en est de même de (x_n); si au contraire il existe un nombre fini $b > 0$ tel que $x_n \geqslant b y_n$ pour tout n à partir d'un certain rang, et si (y_n) n'est pas sommable dans $\mathbf{R}$, (x_n) n'est pas sommable dans $\mathbf{R}$. Nous verrons ultérieurement (FVR, V, §4) comment peut se faire cette recherche des suites de comparaison dans les cas qui se présentent le plus fréquemment.

Exemples. — 1) Considérons, pour un nombre réel fini $a > 0$, la suite $\left(\frac{a^n}{n!}\right)$; soit n_0 le plus petit entier tel que $a < n_0$. Pour tout $n \geqslant n_0$, on a

$$\frac{a^n}{n!} \leqslant \frac{a^{n_0}}{n_0!} \cdot \left(\frac{a}{n_0}\right)^{n-n_0}$$

et comme $q = \frac{a}{n_0} < 1$, la suite (q^{n-n_0}) est sommable, donc aussi $\left(\frac{a^n}{n!}\right)$.

2) Soit (a_n) une suite sommable de nombres positifs; comme $\lim_{n\to\infty} a_n = 0$, il existe un entier n_0 tel que, pour $n \geqslant n_0$, $a_n \leqslant 1$; par suite, pour tout $n \geqslant n_0$, $a_n^2 \leqslant a_n$, ce qui montre que la suite (a_n^2) est sommable dans $\mathbf{R}$; il en est de même de (a_n^p) pour tout entier $p > 1$.

3) Soient a et b deux nombres tels que $a > 1$, $b > 1$; on a

$$\frac{1}{a^m + b^n} \leqslant \frac{1}{2(\sqrt{a})^m(\sqrt{b})^n},$$

donc la famille $\left(\frac{1}{a^m + b^n}\right)$ est sommable dans $\mathbf{R}$.

Corollaire. — *Soit $(x_\iota)_{\iota\in I}$ une famille sommable dans $\mathbf{R}$ de nombres finis $\geqslant 0$; pour toute partie* H *de* I, *on a*

$$\sum_{\iota\in H} x_\iota \leqslant \sum_{\iota\in I} x_\iota$$

les deux membres n'étant égaux que si $x_\iota = 0$ quel que soit $\iota \in \complement H$.

2. Familles sommables dans R de nombres finis de signe quelconque

Théorème 3. — *Soit $(x_\iota)_{\iota\in I}$ une famille de nombres réels finis. Les propriétés suivantes sont équivalentes:*

a) *la famille (x_ι) est sommable dans* $\mathbf{R}$;

b) *la famille $(|x_\iota|)$ est sommable dans* $\mathbf{R}$;

c) *l'ensemble des sommes partielles finies de la famille (x_ι) est borné dans* $\mathbf{R}$.

Soit I_1 l'ensemble des $\iota \in I$ tels que $x_\iota \geqslant 0$, I_2 l'ensemble des $\iota \in I$ tels que $x_\iota < 0$. Pour que la famille $(x_\iota)_{\iota\in I}$ (resp. $(|x_\iota|)_{\iota\in I}$) soit sommable, il faut et il suffit que chacun des familles $(x_\iota)_{\iota\in I_1}$ et $(x_\iota)_{\iota\in I_2}$ (resp. $(|x_\iota|)_{\iota\in I_1}$ et $(|x_\iota|)_{\iota\in I_2}$) le soit (III, p. 39, prop. 2 et III, p. 41, prop. 3). Or, il revient au même de dire que $(x_\iota)_{\iota\in I_1}$ est sommable, ou que $(|x_\iota|)_{\iota\in I_1}$ est sommable, ou que l'ensemble des sommes partielles finies de la famille $(x_\iota)_{\iota\in I_1}$ est borné (IV, p. 32, th. 1); et la même assertion est valable en remplaçant I_1 par I_2. D'où aussitôt le théorème.

Le th. 3 montre que l'étude de la sommabilité dans $\mathbf{R}$ d'une famille de nombres réels finis est entièrement ramenée à celle de la famille de leurs valeurs absolues.

Rappelons (III, p. 42, prop. 6) que, si (x_ι) et (y_ι) sont deux familles sommables de nombres réels finis, la famille $(x_\iota + y_\iota)$ est sommable, et

$$\sum_\iota (x_\iota + y_\iota) = \sum_\iota x_\iota + \sum_\iota y_\iota.$$

En outre, si (x_ι) est une famille sommable de nombres réels finis, et a un nombre fini quelconque, la famille (ax_ι) est sommable dans $\mathbf{R}$, et on a $\sum_\iota ax_\iota = a.\sum_\iota x_\iota$.

3. Produit de deux sommes infinies

Proposition 1. — *Si les familles* $(x_\lambda)_{\lambda\in L}$ *et* $(y_\mu)_{\mu\in M}$ *de nombres réels finis sont sommables dans* **R**, *il en est de même de la famille* $(x_\lambda y_\mu)_{(\lambda,\mu)\in L\times M}$ *et on a*

(1) $$\sum_{(\lambda,\mu)\in L\times M} x_\lambda y_\mu = \Big(\sum_{\lambda\in L} x_\lambda\Big)\Big(\sum_{\mu\in M} y_\mu\Big).$$

Toute partie finie de L × M est contenue dans une partie finie de la forme H × K, où H est une partie finie de L, K une partie finie de M. Par hypothèse, il existe un nombre $a > 0$ tel que $\sum_{\lambda\in H} |x_\lambda| \leqslant a$ et $\sum_{\mu\in K} |y_\mu| \leqslant a$, quelles que soient les parties finies H et K de L et M respectivement; donc

$$\sum_{(\lambda,\mu)\in H\times K} |x_\lambda y_\mu| = \Big(\sum_{\lambda\in H} |x_\lambda|\Big)\Big(\sum_{\mu\in K} |y_\mu|\Big) \leqslant a^2,$$

ce qui prouve que la famille $(x_\lambda y_\mu)$ est sommable dans **R**, d'après les th. 1 (IV, p. 32) et 3 (IV, p. 34). D'après l'associativité de la somme, on peut écrire (III, p. 40, formule (2))

$$\sum_{(\lambda,\mu)\in L\times M} x_\lambda y_\mu = \sum_{\lambda\in L}\Big(\sum_{\mu\in M} x_\lambda y_\mu\Big) = \sum_{\lambda\in L} x_\lambda\Big(\sum_{\mu\in M} y_\mu\Big) = \Big(\sum_{\lambda\in L} x_\lambda\Big)\Big(\sum_{\mu\in M} y_\mu\Big)$$

d'où la proposition.

4. Familles multipliables dans R*

Dans le groupe multiplicatif **R*** des nombres réels finis et $\neq 0$, une famille $(x_\iota)_{\iota\in I}$ ne peut être multipliable que si $\lim x_\iota = 1$ suivant le filtre des complémentaires des parties finies de I (III, p. 38, prop. 1). En particulier, il ne peut y avoir qu'un nombre *fini* d'indices ι tels que $x_\iota < 0$. Nous pouvons donc nous borner à ne considérer que des familles (x_ι) dont tous les termes soient *strictement positifs*; il est commode alors de poser $x_\iota = 1 + u_\iota$, où les u_ι sont soumis aux conditions $-1 < u_\iota < +\infty$ quel que soit ι. Comme tout point de **R*** a un système fondamental dénombrable de voisinages, l'ensemble des ι tels que $u_\iota \neq 0$ est *dénombrable* si la famille $(1 + u_\iota)$ est multipliable dans **R***.

Théorème 4. — *Pour que la famille* $(1 + u_\iota)$ *soit multipliable dans* **R***, *il faut et il suffit que la famille* (u_ι) *soit sommable dans* **R**.

Lemme. — 1° *Si* $(a_i)_{1\leqslant i\leqslant p}$ *est une suite finie de nombres* >0,

(2) $$\prod_{i=1}^{p} (1 + a_i) \geqslant 1 + \sum_{i=1}^{p} a_i.$$

2° *Si en outre* $a_i < 1$ *quel que soit* i,

(3) $$\prod_{i=1}^{p} (1 - a_i) \geqslant 1 - \sum_{i=1}^{p} a_i.$$

Ces relations sont évidentes si $p = 1$; elles se démontrent par récurrence sur p. Si

$$\prod_{i=1}^{p-1} (1 + a_i) \geqslant 1 + \sum_{i=1}^{p-1} a_i,$$

on a

$$\prod_{i=1}^{p} (1 + a_i) \geqslant (1 + a_p)(1 + \sum_{i=1}^{p-1} a_i)$$

$$= 1 + \sum_{i=1}^{p} a_i + a_p . \sum_{i=1}^{p-1} a_i \geqslant 1 + \sum_{i=1}^{p} a_i.$$

De même, si

$$\prod_{i=1}^{p-1} (1 - a_i) \geqslant 1 - \sum_{i=1}^{p-1} a_i,$$

on a

$$\prod_{i=1}^{p} (1 - a_i) \geqslant (1 - a_p)(1 - \sum_{i=1}^{p-1} a_i) = 1 - \sum_{i=1}^{p} a_i + a_p . \sum_{i=1}^{p-1} a_i \geqslant 1 - \sum_{i=1}^{p} a_i.$$

Ce lemme étant démontré, remarquons que, si la famille $(1 + u_\iota)$ est multipliable, il en est de même des familles $(1 + u_\iota^+)$ et $(1 - u_\iota^-)$ puisque $\mathbf{R}^*$ est un groupe complet (III, p. 39, prop. 2) ; et réciproquement, si les familles $(1 + u_\iota^+)$ et $(1 - u_\iota^-)$ sont multipliables, il en est de même de $(1 + u_\iota)$ (III, p. 41, prop. 3). On peut donc se borner à considérer séparément le cas où tous les u_ι sont $\geqslant 0$, et celui où ils sont tous $\leqslant 0$.

Supposons d'abord $u_\iota \geqslant 0$ quel que soit ι. Si la famille $(1 + u_\iota)$ est multipliable, pour tout $\varepsilon > 0$ il existe une partie finie J de l'ensemble d'indices I telle que, pour toute partie finie H de I ne rencontrant pas J, on ait

$$1 \leqslant \prod_{\iota \in \mathrm{H}} (1 + u_\iota) \leqslant 1 + \varepsilon ;$$

d'après (2), il en résulte que $\sum_{\iota \in \mathrm{H}} u_\iota \leqslant \varepsilon$, ce qui montre que (u_ι) est sommable dans $\mathbf{R}$ en vertu du critère de Cauchy (III, p. 38, th. 1).

Réciproquement, supposons (u_ι) sommable dans $\mathbf{R}$. Pour tout ε tel que $0 < \varepsilon < 1$, il existe une partie finie J de I telle que, pour toute partie finie H de I ne rencontrant pas J, on ait $0 \leqslant \sum_{\iota \in \mathrm{H}} u_\iota \leqslant \varepsilon$. D'après (3), on a donc $\prod_{\iota \in \mathrm{H}} (1 - u_\iota) \geqslant 1 - \varepsilon$; mais on a $1 + u \leqslant \dfrac{1}{1 - u}$ pour tout nombre u tel que $0 \leqslant u < 1$, donc

$$1 \leqslant \prod_{\iota \in \mathrm{H}} (1 + u_\iota) \leqslant \frac{1}{1 - \varepsilon}$$

ce qui montre que $(1 + u_\iota)$ est multipliable (critère de Cauchy).

La démonstration est analogue lorsque tous les u_ι sont $\leqslant 0$. Pour établir que (u_ι) est sommable lorsque $(1 + u_\iota)$ est multipliable, on utilisera ici la formule (2), ainsi que l'inégalité $1 - u \leqslant \dfrac{1}{1+u}$ pour $0 \leqslant u < 1$; pour montrer que $(1 + u_\iota)$ est multipliable lorsque (u_ι) est sommable, on utilisera la formule (3).

Dans V, §4, l'étude topologique du groupe $\mathbf{R}^*$ nous permettra de donner un autre critère de multipliabilité d'une famille dans $\mathbf{R}^*$; à l'aide de la fonction logarithme; nous retrouverons plus tard l'équivalence de ce critère et du précédent, au moyen des propriétés différentielles du logarithme (FVR, V, §4, n° 3).

5. Familles sommables et familles multipliables dans $\overline{\mathbf{R}}$

Dans l'intervalle $[0, +\infty]$ de $\overline{\mathbf{R}}$, l'addition est une loi de composition associative et commutative (IV, p. 16) ; donc la notion de famille *sommable* de nombres de cet intervalle est encore définie (III, p. 37, *Remarque* 3).

PROPOSITION 2. — *Toute famille (x_ι) de nombres réels positifs est sommable dans $\overline{\mathbf{R}}$.*

En effet, l'application $H \mapsto s_H$ de l'ensemble ordonné filtrant $\mathfrak{F}(I)$ dans $\overline{\mathbf{R}}$ est *croissante*, donc (IV, p. 18, th. 2) a une limite.

Le même raisonnement montre que toute famille de nombres réels *négatifs* est sommable dans $\overline{\mathbf{R}}$.

De même, la multiplication est une loi de composition associative et commutative dans chacun des intervalles $[0, 1]$ et $[1, +\infty]$ de $\overline{\mathbf{R}}$; la notion de famille multipliable est donc définie dans chacun de ces intervalles.

PROPOSITION 3. — *Toute famille $(1 + u_\iota)$ (resp. $(1 - u_\iota)$) de nombres $\geqslant 1$ (resp. $\geqslant 0$ et $\leqslant 1$) est multipliable dans $\overline{\mathbf{R}}$.*

Même démonstration que pour la prop. 2.

COROLLAIRE. — *Pour que le produit $\prod_\iota (1 + u_\iota)$ (resp. $\prod_\iota (1 - u_\iota)$) de nombres $\geqslant 1$ (resp. strictement positifs et $\leqslant 1$) soit égal à $+\infty$ (resp. à 0), il faut et il suffit que $\sum_\iota u_\iota = +\infty$.*

En effet, si $\sum_\iota u_\iota$ est finie, $\prod_\iota (1 + u_\iota)$ et $\prod_\iota (1 - u_\iota)$ appartiennent à $\mathbf{R}^*$, et réciproquement, d'après le th. 4 de IV, p. 35.

Remarque. — Le théorème d'associativité (III, p. 39, th. 2) est encore valable quand on remplace G par $\overline{\mathbf{R}}$ et qu'on suppose les $x_\iota \geqslant 0$. En effet, cela est évident si $\sum_{\iota \in I} x_\iota$ est fini; supposons au contraire $\sum_{\iota \in I} x_\iota = +\infty$. Alors, pour tout a fini et > 0 il existe une partie finie H de I telle que $\sum_{\iota \in H} x_\iota \geqslant a$; soit K une partie finie de L telle que $H \subset \bigcup_{\lambda \in K} I_\lambda$; comme on a $s_\lambda \geqslant \sum_{\iota \in I_\lambda \cap H} x_\iota$ pour tout $\lambda \in K$, on a

$\sum_{\lambda\in K} s_\lambda \geqslant \sum_{\iota\in H} x_\iota \geqslant a$, ce qui prouve que $\sum_{\lambda\in L} s_\lambda = +\infty$. Nous laissons au lecteur le soin d'énoncer la proposition analogue pour les familles multipliables de nombres de $(0, 1)$ ou de $(1, +\infty)$.

6. Séries et produits infinis de nombres réels

On dit simplement qu'une série de nombres réels finis est *convergente* lorsqu'elle est *convergente dans* **R**.

DÉFINITION 1. — *Une série de nombres réels finis est dite absolument convergente si la série des valeurs absolues de ses termes est convergente.*

PROPOSITION 4. — *Pour qu'une série de nombres réels finis soit commutativement convergente, il faut et il suffit qu'elle soit absolument convergente.*

Cela résulte en effet de III, p. 44, prop. 9 et du th. 3 de IV, p. 34.

Autrement dit, si (u_n) est une suite de nombres réels finis, il revient au même de dire que la *série* de terme général u_n est *commutativement convergente*, ou qu'elle est *absolument convergente*, ou que la *suite* (u_n) est *sommable dans* **R**. Toutes les propriétés des familles sommables, démontrées dans III, p. 39 à p. 42, s'appliquent donc aux séries absolument convergentes. En particulier, si la série de terme général u_n est absolument convergente, la somme $\sum_{n\in H} u_n$ existe quelle que soit la partie H de **N**; et, si (H_p) est une partition de **N**, on a $\sum_{n=0}^{\infty} u_n = \sum_p \left(\sum_{n\in H_p} u_n\right)$ (*associativité* des séries absolument convergentes).

Comme on l'a déjà signalé (III, p. 43), une série de nombres réels peut être convergente sans être commutativement convergente, ou, ce qui revient au même, sans être absolument convergente.

Exemple. Séries alternées. — Une série définie par une suite (u_n) de nombres réels finis, est dite *alternée* si $u_n = (-1)^n v_n$, avec $v_n \geqslant 0$ quel que soit n. Montrons qu'une condition *suffisante* pour qu'une telle série converge, est que *la suite* (v_n) *soit décroissante et ait pour limite* 0. En effet, si on pose $s_n = \sum_{p=0}^{n} u_p$, l'hypothèse que (v_n) est décroissante entraîne que

$$s_{2n+1} \leqslant s_{2n+3} \leqslant s_{2n+2} \leqslant s_{2n}$$

quel que soit $n \geqslant 0$. La suite (s_{2n}) (resp. (s_{2n+1})) est décroissante et minorée (resp. croissante et majorée); elle a donc une limite finie a (resp. b), et on a $b \leqslant a$; comme $a - b = \lim_{n\to\infty} (s_{2n} - s_{2n+1}) = \lim_{n\to\infty} v_{2n+1} = 0$, la proposition est démontrée.

Si on prend par exemple $v_n = 1/n$, les hypothèses précédentes sont satisfaites, donc la série de terme général $(-1)^n/n$ (« série harmonique alternée ») est convergente; on a vu (IV, p. 33) que la série de terme général $1/n$ (« série harmonique ») n'est pas convergente, donc la série harmonique alternée n'est pas absolument convergente.

Rappelons (III, p. 43, prop. 7) que, si (u_n) et (v_n) sont deux séries convergentes de nombres réels finis, la série $(u_n + v_n)$ est convergente, et

$$\mathop{\mathrm{S}}_{n=0}^{\infty} (u_n + v_n) = \mathop{\mathrm{S}}_{n=0}^{\infty} u_n + \mathop{\mathrm{S}}_{n=0}^{\infty} v_n;$$

de même, si la série (u_n) est convergente, la série (au_n) est convergente, quel que soit le nombre fini a, et $\mathop{\mathrm{S}}_{n=0}^{\infty} au_n = a \,.\, \mathop{\mathrm{S}}_{n=0}^{\infty} u_n$.

Enfin, si les séries (u_n) et (v_n) sont convergentes, et si $u_n \leqslant v_n$ quel que soit n, on a $\mathop{\mathrm{S}}_{n=0}^{\infty} u_n \leqslant \mathop{\mathrm{S}}_{n=0}^{\infty} v_n$, d'après le principe de prolongement des inégalités (IV, p. 18, th. 1).

Il faut noter que, si on suppose la série (v_n) convergente mais non absolument convergente, et si $|u_n| \leqslant |v_n|$ pour tout n, on ne peut nullement en conclure que la série (u_n) soit convergente, comme on le voit en prenant $u_n = |v_n|$.

On dit simplement qu'un produit infini de nombres réels finis et $\neq 0$ est *convergent* s'il est *convergent dans* $\mathbf{R}^*$; sa valeur est donc un nombre *fini* et *non nul.*

Définition 2. — *Un produit infini de facteur général* $1 + u_n$ *est dit absolument convergent si le produit de facteur général* $1 + |u_n|$ *est convergent.*

Proposition 5. — *Pour qu'un produit infini de nombres réels finis soit commutativement convergent, il faut et il suffit qu'il soit absolument convergent.*

Cela résulte de III, p. 44, prop. 9 et du th. 4 de IV, p. 35.

De plus, pour que le produit de facteur général $1 + u_n$ soit *absolument convergent*, il faut et il suffit que la série de terme général u_n soit *absolument convergente.*

Un produit de nombres réels $\neq 0$ peut être convergent sans être commutativement convergent, ou, ce qui revient au même, sans être absolument convergent.

Exemple. — Si on prend, pour $n \geqslant 2$, $u_{2n-1} = -1/n$, $u_{2n} = 1/n$, le produit $(1 + u_n)$ n'est pas absolument convergent, puisque la série (u_n) n'est pas absolument convergente; mais, comme

$$\prod_{p=3}^{2n} (1 + u_p) = \prod_{p=2}^{n} \left(1 - \frac{1}{p^2}\right), \qquad \prod_{p=3}^{2n+1} (1 + u_p) = \left(1 - \frac{1}{n+1}\right) \prod_{p=2}^{n} \left(1 - \frac{1}{p^2}\right)$$

il résulte du th. 4 que le produit est convergent, et a pour valeur

$$\prod_{n=2}^{\infty} \left(1 - \frac{1}{n^2}\right).$$

En outre, il faut observer que la *convergence* de la série de terme général u_n *n'est ni nécessaire ni suffisante* pour que le produit de facteur général $1 + u_n$ soit *convergent* (voir IV, p. 60, exerc. 21 et 22).

§ 8. DÉVELOPPEMENTS USUELS DES NOMBRES RÉELS

1. Valeurs approchées d'un nombre réel

DÉFINITION 1. — *Étant donné un nombre* $\varepsilon > 0$, *on dit qu'un nombre réel* r *est valeur approchée à* ε *près d'un nombre réel* x, *si* $|x - r| \leqslant \varepsilon$; r *est dit valeur approchée par défaut si* $r \leqslant x$, *par excès si* $r \geqslant x$.

Soit A une partie *partout dense* de $\mathbf{R}$; pour tout $x \in \mathbf{R}$, et tout $\varepsilon > 0$, il existe une valeur approchée de x à ε près par défaut (resp. par excès) appartenant à A, car l'intervalle $]x - \varepsilon, x[$ (resp. $]x, x + \varepsilon[$) contient un point au moins de A. Si on considère maintenant une suite *strictement décroissante donnée* (ε_n) de nombres >0, *tendant vers* 0, et si $r_n \in$ A est une valeur approchée de x à ε_n près, la suite (r_n) a pour *limite* x lorsque n croît indéfiniment.

Dans le cas où A est un *sous-groupe* du groupe additif $\mathbf{R}$, et qu'on astreint les ε_n à *appartenir à* A, on peut définir canoniquement, pour tout $x \in \mathbf{R}$, une suite (r_n) de valeurs approchées par défaut de x, appartenant à A.

En effet, d'après l'axiome d'Archimède (IV, p. 6, th. 1), l'ensemble des entiers p tels que $p\varepsilon_n \leqslant x$ a un *plus grand élément* p_n; autrement dit, il existe un entier p_n et un seul tel que

(1) $$p_n\varepsilon_n \leqslant x < (p_n + 1)\varepsilon_n.$$

Comme $|x - p_n\varepsilon_n| \leqslant \varepsilon_n$, $p_n\varepsilon_n$ est une valeur approchée de x à ε_n près par défaut et appartient à A d'après l'hypothèse; de même $(p_n + 1)\varepsilon_n$ est une valeur approchée de x à ε_n près par excès, appartenant à A, et les deux suites $(p_n\varepsilon_n)$ et $((p_n + 1)\varepsilon_n)$ ont pour limite x.

2. Développements des nombres réels relatifs à une suite de base

On va se borner à étudier le cas où $\varepsilon_n = \dfrac{1}{d_n}$, (d_n) étant une suite strictement croissante d'entiers tels que $d_0 = 1$, et que d_n soit un *multiple* de d_{n-1} pour $n \geqslant 1$. On posera $a_n = \dfrac{d_n}{d_{n-1}}$ $(n \geqslant 1)$: c'est un entier >1. Dans ce cas, la suite des valeurs approchées par défaut $r_n = \dfrac{p_n}{d_n}$ est *croissante*: en effet, p_n est le plus grand entier tel que $\dfrac{p_n}{d_n} \leqslant x$; mais on a

$$\frac{p_{n-1}}{d_{n-1}} = \frac{p_{n-1}a_n}{d_n} \leqslant x < \frac{p_{n-1} + 1}{d_{n-1}} = \frac{p_{n-1}a_n + a_n}{d_n}$$

d'où $a_np_{n-1} \leqslant p_n < a_np_{n-1} + a_n$, et par suite $r_{n-1} \leqslant r_n \leqslant x$. On pose

(2) $$p_n = a_np_{n-1} + u_n$$

et on a $0 \leqslant u_n < a_n$, ce qui équivaut à $0 \leqslant u_n \leqslant a_n - 1$, puisque u_n est entier.

On en tire

$$(3) \qquad r_n = r_{n-1} + \frac{u_n}{d_n} = p_0 + \sum_{k=1}^{n} \frac{u_k}{d_k}$$

et, comme $x = \lim_{n\to\infty} r_n$,

$$(4) \qquad x = p_0 + \sum_{n=1}^{\infty} \frac{u_n}{d_n}.$$

La série qui figure au second membre de (4) et dont x est la somme, est appelée le *développement de x relatif à la suite de base (d_n)*. Tous les coefficients u_n sont $\geqslant 0$; p_0 est, par définition, le plus grand entier p tel que $p \leqslant x$; on l'appelle *partie entière de x*, et on le désigne souvent par la notation $[x]$.

3. Définition d'un nombre réel par son développement

Réciproquement, donnons-nous un entier q_0, et une suite (v_n) $(n \geqslant 1)$ d'entiers tels que $0 \leqslant v_n \leqslant a_n - 1$, et cherchons s'il existe un nombre x dont le développement (4) soit tel que $p_0 = q_0$, $u_n = v_n$ quel que soit n. Si ce nombre existe, il est *unique*, étant égal à $q_0 + \sum_{n=1}^{\infty} \frac{v_n}{d_n}$.

Pour tout entier $m > 0$, on a (principe de comparaison)

$$\sum_{n=m+1}^{\infty} \frac{v_n}{d_n} \leqslant \sum_{n=m+1}^{\infty} \frac{a_n - 1}{d_n} = \sum_{n=m+1}^{\infty} \left(\frac{1}{d_{n-1}} - \frac{1}{d_n}\right) = \frac{1}{d_m}$$

et les deux membres extrêmes ne sont égaux que si $v_n = a_n - 1$ pour tout $n > m$ (IV, p. 33, th. 2). Donc la série de terme général $\frac{v_n}{d_n}$ est convergente; en outre, si $x = q_0 + \sum_{n=1}^{\infty} \frac{v_n}{d_n}$, on a

$$s_m = q_0 + \sum_{n=1}^{m} \frac{v_n}{d_n} \leqslant x \leqslant s_m + \frac{1}{d_m}$$

et on ne peut avoir $x = s_m + \frac{1}{d_m}$ que si $v_n = a_n - 1$ quel que soit $n > m$. Comme s_m est une fraction de dénominateur d_m, la valeur approchée r_m de x à $1/d_m$ près par défaut est égale à s_m ou à $s_m + \frac{1}{d_m}$; et ce dernier cas ne peut se produire que si $v_n = a_n - 1$ pour tout $n > m$. Nous sommes ainsi amenés à distinguer deux cas:

1° Il existe une *infinité* de valeurs de n telles que $v_n < a_n - 1$: la série $q_0 + \sum_{n=1}^{\infty} \frac{v_n}{d_n}$ est alors identique au développement de sa somme x.

2° Il existe un entier $m \geqslant 0$ tel que $v_n = a_n - 1$ pour $n > m$, et $v_m < a_m - 1$ (si $m > 0$); alors la somme x de la série $q_0 + \sum_{n=1}^{\infty} \frac{v_n}{d_n}$ est égale au nombre rationnel

$$q_0 + \sum_{n=1}^{m} \frac{v_n}{d_n} + \frac{1}{d_m} \tag{5}$$

qui est de la forme k/d_m (k entier); le *développement* de x est identique à la série (5), dont tous les termes d'indices $>m$ sont nuls; on dit qu'un tel développement est *limité*. La série

$$q_0 + \sum_{n=1}^{\infty} \frac{v_n}{d_n} = q_0 + \sum_{n=1}^{m} \frac{v_n}{d_n} + \sum_{n=m+1}^{\infty} \frac{a_n - 1}{d_n} \tag{6}$$

est appelée le *développement impropre* du nombre x.

Inversement, soit x un nombre rationnel qui peut se mettre sous forme d'une fraction de dénominateur d_n pour une valeur de n; soit m le plus petit entier tel que x soit de la forme k/d_m (k entier); on a $r_n < x$ pour $n < m$, et $r_m = x$, donc le développement de x est de la forme (5), et x a un développement impropre, donné par la formule (6); ce développement impropre est d'ailleurs *unique*.

Pour qu'un nombre rationnel, mis sous forme irréductible p/q, soit égal à une fraction de dénominateur d_m, il faut et il suffit que q *divise* d_m (le nombre m sera alors le plus petit entier n tel que q divise d_n). Il peut se faire que *tout nombre rationnel* ait cette propriété (pour un n convenablement choisi): il faut et il suffit pour cela que tout entier >0 divise un d_n; ce sera par exemple le cas si $d_n = n!$. Si les d_n ont cette propriété, pour qu'un nombre soit rationnel, il faut et il suffit que son développement relatif à la suite (d_n) soit limité.

En résumé, à toute suite s dont le premier terme q_0 est un entier quelconque, et dont le terme v_n ($n \geqslant 1$) est tel que $0 \leqslant v_n \leqslant a_n - 1$, correspond un nombre réel égal à $q_0 + \sum_{n=1}^{\infty} \frac{v_n}{d_n}$; si I_n désigne l'intervalle $[0, a_n - 1]$ de $\mathbf{N}$, on définit ainsi une application φ de $E = \mathbf{Z} \times \prod_{n=1}^{\infty} I_n$ *sur* la droite numérique $\mathbf{R}$; en outre l'équation $\varphi(s) = x$, où $x \in \mathbf{R}$ est donné, a *une* solution si x n'est pas une fraction de dénominateur d_n (pour un n convenable), et *deux* solutions dans le cas contraire.

4. Comparaison des développements

La connaissance des développements de deux nombres réels distincts x, y, permet de déterminer si $x < y$ ou si $x > y$.

En effet, soient $x = p_0 + \sum_{n=1}^{\infty} \frac{u_n}{d_n}$, $y = q_0 + \sum_{n=1}^{\infty} \frac{v_n}{d_n}$ les développements de x et y. Si $p_0 < q_0$, on a $x < y$, car

$$p_0 \leqslant x < p_0 + 1 \leqslant q_0 \leqslant y.$$

Plus généralement, supposons que $p_0 = q_0$, et $u_n = v_n$ pour $1 \leqslant n < m$, mais que $u_m < v_m$; si

$$r_n = p_0 + \sum_{k=1}^{n} \frac{u_k}{d_k}, \qquad s_n = q_0 + \sum_{k=1}^{n} \frac{v_k}{d_k},$$

on a $r_n = s_n$ pour $n < m$, et, comme $u_m + 1 \leqslant v_m$, $r_m + \frac{1}{d_m} \leqslant s_m$; mais $r_m \leqslant x < r_m + \frac{1}{d_m} \leqslant s_m \leqslant y$, donc on a encore $x < y$. Autrement dit, *l'ordre de x et y est le même que celui des deux premiers termes distincts de leurs développements respectifs.*

Il en résulte que, si $p_0 = q_0$ et $u_n = v_n$ pour $n < m$, les m premiers termes du développement de tout nombre z appartenant à l'intervalle fermé d'extrémités x et y sont *les mêmes* que ceux des développements de x et y.

On remarquera aussi que, dans ce cas, on a $|y - x| \leqslant \frac{1}{d_{m-1}}$. Si on munit $\mathbf{Z}$ et les intervalles I_n de la topologie *discrète*, on peut donc dire que l'application φ définie ci-dessus est *continue* dans l'*espace produit* E.

5. Développements de base a

Les suites de base les plus importantes sont celles où $d_n = a^n$, a étant un entier > 1; on dit alors que a est le *nombre de base* (ou simplement *la base*) des développements correspondants. Pour les calculs numériques manuels, on emploie les développements de base 10, qui sont dits *développements décimaux*; dans les calculs sur ordinateurs, on utilise le plus souvent les développements de base 2 (dits développements *dyadiques*).

Pour représenter les valeurs approchées par défaut r_n d'un nombre $x \geqslant 0$, dans son développement de base a, on se sert du symbolisme suivant: on désigne chaque entier u tel que $0 \leqslant u \leqslant a - 1$ par un signe particulier; si $r_n = p_0 + \sum_{k=1}^{n} \frac{u_k}{d_k}$, on écrit d'abord, à l'aide de ces signes, le développement de base a de l'entier positif $p_0 = [x]$ (E, III, p. 40), puis on place une virgule, et on écrit ensuite successivement les signes représentant les nombres $u_1, u_2, \ldots, u_n$. Si S est le symbole ainsi obtenu, on écrit souvent, par abus de langage, $x = \mathrm{S}\ldots$; il doit être entendu une fois pour toutes qu'une telle relation n'est qu'une manière abrégée d'indiquer que le second membre est la valeur approchée de x à $1/a^n$ *près par défaut.*

Pour les nombres négatifs, l'usage établi est différent: on écrit, dans le symbolisme précédent, une valeur approchée de $x' = -x \geqslant 0$, en le faisant précéder du signe «$-$»; c'est donc en réalité une valeur approchée de x *par excès* à $1/a^n$ près qu'on désigne ainsi.

Cette manière de faire ne laisse pas de présenter des inconvénients pour le calcul numérique; et pour la notation des logarithmes négatifs, on adopte le même symbolisme que pour les nombres positifs, en surlignant simplement la partie entière, pour indiquer qu'elle est égale à l'opposé du nombre écrit.

6. Cardinal de R

On a $\mathbf{R} = \bigcup_{n \in \mathbf{Z}} [n, n+1[$, et tous les intervalles $[n, n+1[$ sont équipotents à $[0, 1[$; comme $[0, 1[$ est un ensemble infini, on en conclut (E, III, p. 49, cor. 3) que **R** est *équipotent à l'intervalle* $[0, 1[$. En considérant le développement *dyadique* des nombres de l'intervalle $[0, 1[$, nous allons montrer que cet intervalle est équipotent à l'ensemble S de toutes les suites (u_n) dont les termes sont égaux à 0 ou à 1.

Tout d'abord, il est équipotent au sous-ensemble S′ de S formé des suites (u_n) telles que $u_n \neq 0$ pour une infinité de valeurs de n (IV, p. 42). D'autre part, l'ensemble S″ complémentaire de S′ dans S, est équipotent à l'ensemble des développements *impropres* des nombres rationnels égaux à une fraction de dénominateur 2^n; comme ces nombres forment une partie de **Q**, leur ensemble est *dénombrable*, donc aussi S″. Comme S′ est infini, il est *équipotent à* S (E, III, p. 49, cor. 4), d'où la proposition.

Remarquons maintenant que S est *équipotent* à $\mathfrak{P}(\mathbf{N})$; en effet, on définit une application bijective de $\mathfrak{P}(\mathbf{N})$ sur S, en faisant correspondre à toute partie X de **N** la suite (u_n) telle que $u_n = 0$ pour $n \in X$, et $u_n = 1$ pour $n \in \complement X$.

Nous avons finalement démontré le théorème suivant:

Théorème 1 (Cantor). — *L'ensemble des nombres réels est équipotent à l'ensemble des parties d'un ensemble infini dénombrable.*

Corollaire. — *L'ensemble des nombres réels a une puissance strictement supérieure à celle d'un ensemble dénombrable.*

On dit qu'un ensemble équipotent à **R** *a la puissance du continu*. D'après la prop. 1 de IV, p. 13, tout *intervalle* non réduit à un point a la puissance du continu; le complémentaire d'une partie dénombrable de **R** a la puissance du continu (E, III, p. 49, cor. 4); en particulier, *l'ensemble des nombres irrationnels a la puissance du continu.*

Exercices

§ 1

1) Sur un groupe commutatif ordonné G, on dit qu'une topologie $\mathscr{T}$ est *compatible* avec la structure de groupe ordonné de G si elle est compatible avec la structure de groupe de G et si l'ensemble G_+ des $x \geqslant 0$ est *fermé* pour $\mathscr{T}$.

a) Soient $\mathscr{T}$ une topologie séparée compatible avec la structure de groupe ordonné de G, et soit $\hat{G}$ le complété de G (pour $\mathscr{T}$); dans le groupe $\hat{G}$, l'adhérence P de G_+ est telle que $y - x \in P$ soit une relation de préordre compatible avec la structure de groupe de $\hat{G}$.

b) Soit θ un nombre irrationnel; on considère dans $\mathbf{Q}^2$ la relation d'ordre pour laquelle l'ensemble des éléments positifs est formé de (0, 0) et des couples (x, y) tels que $y - \theta x \geqslant 0$. Pour cette structure d'ordre, $\mathbf{Q}^2$ est un groupe totalement ordonné G, et la topologie produit de celle de la droite rationnelle par elle-même est compatible avec cette structure de groupe ordonné. Mais sur $\hat{G} = \mathbf{R}^2$, la relation $y - x \in P = \overline{G}_+$ n'est pas une relation d'ordre.

c) Sur un groupe totalement ordonné G, la topologie $\mathscr{T}_0(G)$ (I, p. 91, exerc. 5) est la moins fine des topologies compatibles avec la structure de groupe ordonné (distinguer deux cas suivant que l'ensemble des $x > 0$ admet ou non un plus petit élément); toute topologie sur G, compatible avec la structure de groupe de G et plus fine que $\mathscr{T}_0(G)$, est compatible avec la structure de groupe ordonné, et pour une telle topologie, $x \mapsto x^+$ est continue; mais montrer que $x \mapsto x^+$ est uniformément continue pour $\mathscr{T}_0(G)$, mais non nécessairement pour une topologie de groupe $\mathscr{T}$ plus fine que $\mathscr{T}_0(G)$ (voir *b*)).

2) *a*) Soit G un groupe commutatif réticulé; pour tout $x \geqslant 0$ dans G, on désigne par I(x) l'intervalle $[-x, x]$ dans G (E, III, p. 14). Pour qu'une famille non vide (c_α) d'éléments $\geqslant 0$ de G soit telle que les intervalles $I(c_\alpha)$ forment un système fondamental de voisinages de 0 pour une topologie $\mathscr{T}$ sur G compatible avec la structure de groupe de G, il faut et il suffit que l'ensemble des c_α soit filtrant décroissant et que, pour tout α, il existe β tel que $2c_\beta \leqslant c_\alpha$. Lorsqu'il en est ainsi l'application $x \mapsto x^+$ de G dans lui-même est uniformément continue (cf. A, VI, § 1, exerc. 14). Pour que $\mathscr{T}$ soit séparée, il faut et il suffit que $0 = \inf c_\alpha$; alors $\mathscr{T}$ est compatible avec la structure de groupe ordonné de G.

b) Sur le groupe complètement réticulé $G = \mathbf{Z}^{\mathbf{N}}$ produit d'une infinité dénombrable de groupes totalement ordonnés $\mathbf{Z}$, il n'y a aucune topologie non discrète définie par le procédé de *a*), mais la topologie produit des topologies discrètes sur les facteurs $\mathbf{Z}$ est compatible avec la structure de groupe ordonné de G, séparée et non discrète.

c) Sur un groupe totalement ordonné G, la seule topologie séparée définie par le procédé de *a*) est la topologie $\mathscr{T}_0(G)$ (I, p. 91, exerc. 5).

¶ 3) Soient G un groupe commutatif réticulé, M le monoïde semi-réticulé inférieurement des ensembles *majeurs* de G (A, VI, § 1, exerc. 30); toute partie majorée (resp. minorée) de M admet une borne supérieure (resp. inférieure), et G est canoniquement identifié à une partie de M. On désigne par G′ le plus grand sous-groupe de M (ensemble des éléments symétrisables (A, I, p. 15) de M).

a) On considère sur G une topologie $\mathscr{T}$ définie par le procédé de l'exerc. 2 *a*); soit V_α l'ensemble des couples (z, z') de $M \times M$ tels que $z - c_\alpha \leqslant z' \leqslant z + c_\alpha$; montrer que les V_α forment un système fondamental d'entourages d'une structure uniforme $\mathscr{U}$ sur M, et que la topologie $\mathscr{T}'$ déduite de $\mathscr{U}$ induit $\mathscr{T}$ sur G; si $\mathscr{T}$ est séparée, $\mathscr{U}$ est une structure uniforme séparée (remarquer qu'alors les éléments de M, considérés comme des parties de G, sont fermés); en outre, l'espace uniforme M ainsi défini est alors *complet*. Montrer que l'application $(z, z') \mapsto z + z'$ de $M \times M$ dans M est uniformément continue. Supposant $\mathscr{T}$ séparée, montrer que, dans M, l'ensemble des majorants (resp. des minorants) d'une partie quelconque de M est fermé pour $\mathscr{T}'$ (le démontrer d'abord pour l'ensemble des majorants ou des minorants d'un élément de M, en considérant les éléments de M comme des parties de G); l'application $(z, z') \mapsto \inf(z, z')$ de $M \times M$ dans M est uniformément continue (même méthode).

b) On suppose désormais $\mathscr{T}$ séparée; l'adhérence $\overline{G}$ de G dans M est alors un groupe réticulé complet pour la topologie induite par $\mathscr{T}'$. Le groupe G′ est fermé dans M (remarquer que son adhérence est un sous-groupe de M) et la topologie induite par $\mathscr{T}'$ sur G′ est compatible avec la structure de groupe ordonné de G′. Pour que $G' = \overline{G}$, il suffit que dans G′ tout intervalle ouvert non vide $]a, b[$ contienne un élément de G, ce qui a toujours lieu si G est totalement ordonné. Dans ce dernier cas, la topologie induite sur G′ par $\mathscr{T}'$ est $\mathscr{T}_0(G')$.

c) On prend pour G le groupe ordonné $\mathbf{Q}^2$ produit du groupe totalement ordonné $\mathbf{Q}$ par lui-même; alors $G' = M = \mathbf{R}^2$, muni de l'ordre produit. Montrer que sur G il n'y a que trois topologies séparées non discrètes distinctes définies par le procédé de l'exerc. 2 *a*), obtenues en prenant pour ensemble des c_α, soit l'ensemble des couples (x, y) tels que $x > 0, y > 0$, soit l'ensemble des $(x, 0)$ tels que $x > 0$, soit l'ensemble des $(0, y)$ tels que $y > 0$. Pour la première de ces topologies, on a $\overline{G} = G'$ bien qu'il y ait des intervalles ouverts non vides de G′ ne contenant aucun élément de G; pour les deux autres topologies, on a $\overline{G} \neq G'$. Pour ces trois topologies, l'ensemble des éléments $z > 0$ de G n'est pas ouvert.

d) On prend pour G le groupe $\mathbf{Q}^2$ muni de l'ordre lexicographique (E, III, p. 23), qui en fait un groupe totalement ordonné non archimédien. On a alors $\overline{G} = G' \neq M$; M est totalement ordonné mais sur M la topologie $\mathscr{T}'$ est distincte de la topologie $\mathscr{T}_0(M)$; G′ est isomorphe au groupe $\mathbf{R} \times \mathbf{Q}$ muni de l'ordre lexicographique; dans G′ le sous-groupe $H = \mathbf{R} \times \{0\}$ est ouvert et isolé, (A, VI § 1, exerc. 4) mais sur le groupe quotient G′/H, la topologie quotient est distincte de $\mathscr{T}_0(G'/H)$.

¶ 4) *a*) Soit E un ensemble totalement ordonné. Sur le $\mathbf{Z}$-module F des combinaisons linéaires formelles des éléments de E à coefficients dans $\mathbf{Z}$ (A, II, p. 25), on définit une structure de groupe totalement ordonné en prenant comme ensemble F_+ des éléments $\geqslant 0$ l'ensemble formé de 0 et des combinaisons linéaires $\sum_{\xi \in E} n(\xi)\xi \neq 0$ telles que $n(\xi) > 0$ pour le plus grand élément $\xi \in E$ tel que $n(\xi) \neq 0$. Montrer que E s'identifie à une partie cofinale de F_+.

b) On suppose E bien ordonné, et on considère le groupe G des applications bornées de E dans F; on définit sur G une structure de groupe totalement ordonné en prenant pour ensemble G_+ des éléments $\geqslant 0$ l'ensemble formé de 0 et des applications bornées x de E dans F telles que $x(\xi) > 0$ pour le plus petit $\xi \in E$ tel que $x(\xi) \neq 0$ (ordre lexicographique). Montrer que pour la topologie $\mathscr{T}_0(G)$, G est complet; si en outre E est non dénombrable et est tel que tout segment $]\leftarrow, \xi]$ $(\xi \in E)$ soit dénombrable, alors dans G toute intersection dénombrable d'ensembles ouverts est un ensemble ouvert et tout ensemble compact est fini (cf. I, p. 105, exerc. 4).

c) On suppose désormais E bien ordonné, non dénombrable mais tel que tout segment $]\leftarrow, \xi]$ soit dénombrable. Pour tout $\xi \in E$, soit c_ξ l'application constante de E dans E égale à ξ; les c_ξ forment un ensemble cofinal dans G_+. Soit E_0 un ensemble obtenu en adjoignant à E un élément ω; sur l'ensemble $H = G \times E_0$, on considère la topologie $\mathscr{T}$ engendrée par les ensembles suivants: 1° $V_{a,b,\xi} =]a, b[\times \{\xi\}$ pour $a < b$ dans G et $\xi \in E$; 2° $W_{a,b,\xi}$, défini de la façon suivante pour $a < b$ dans G, $\xi \in E$ tel que $c_\xi > \sup(|a|, |b|)$: $W_{a,b,\xi}$ est formé des (x, ω) tels que $a < x < b$ et des couples (x, ζ) tels que $\zeta \in E$, $\zeta \geqslant \xi$ et, soit $a < x < b$, soit $4c_\zeta + a < x < 4c_\zeta + b$. Montrer que $\mathscr{T}$ est séparée et que, dans H, tout ensemble compact pour $\mathscr{T}$ est fini. En outre, G opère continûment dans H par la loi $(x, (y, \zeta)) \mapsto (x + y, \zeta)$; mais G n'opère pas proprement dans H, bien que les conditions *a*), *b*), *c*), *d*) de III, p. 29, prop. 4 soient remplies et que, pour tout couple de parties compactes K, L de H, l'ensemble P(K, L) (III, p. 33, th. 1) soit compact.

§ 2

1) Un point $a \in \mathbf{R}$ est dit *adhérent à gauche* à une partie A de $\mathbf{R}$ s'il est adhérent à A et s'il existe un intervalle $]a, b[$ $(a < b)$ ne contenant aucun point de A. Montrer que l'ensemble des points adhérents à gauche à une partie de $\mathbf{R}$ est dénombrable (établir une correspondance biunivoque entre cet ensemble et un ensemble d'intervalles ouverts, deux à deux sans point commun). En déduire que toute partie bien ordonnée de $\mathbf{R}$ est dénombrable.

¶ 2) Une partie A de $\mathbf{R}$, dénombrable et partout dense, n'est pas fermée. (Si (a_n) est une suite obtenue en rangeant dans un certain ordre les points de A, définir une suite d'intervalles $[b_n, c_n]$ tels que $b_{n-1} < b_n < c_n < c_{n-1}$ quel que soit n, et que $[b_n, c_n]$ ne contienne aucun point a_k d'indice $k \leqslant n$; conclure à l'aide du th. 2 de IV, p. 6). En déduire que $\mathbf{R}$ n'est pas dénombrable (cf. IV, p. 44).

3) Soit (I_n) une suite infinie d'intervalles ouverts non vides dans $\mathbf{R}$ tels que $\bar{I}_n \cap \bar{I}_m = \varnothing$ pour $m \neq n$. Montrer que le complémentaire de la réunion des I_n est un ensemble parfait (I, p. 8); en particulier, l'ensemble triadique de Cantor est parfait.

4) La somme des longueurs des intervalles contigus à l'ensemble triadique de Cantor est égale à 1. Définir de même un sous-ensemble parfait et totalement discontinu A de $[0, 1]$ tel que la somme des longueurs des intervalles contigus à A et contenus dans $[0, 1]$ soit un nombre donné m tel que $0 < m \leqslant 1$.

¶ 5) Soit l un nombre >0; on suppose qu'à tout point $x \in \mathbf{R}$ corresponde un intervalle ouvert $I(x)$ de milieu x, de longueur $\leqslant l$. Montrer que tout intervalle compact $[a, b]$ peut être recouvert par un nombre fini d'intervalles $I(x_i)$, dont la somme des longueurs est $\leqslant l + 2(b - a)$. (On prouvera que si la proposition est vraie pour tout intervalle $[a, x]$ tel que $a \leqslant x < c$, il existe $d > c$ tel qu'elle soit vraie pour tout intervalle $[a, y]$ tel que $a \leqslant y < d$). Si $l = (b - a)/n$, où n est entier $\geqslant 1$, montrer que le résultat ne peut être amélioré.

¶ 6) *a*) Soit E un espace totalement ordonné non vide, muni de la topologie $\mathscr{T}_0(E)$ (I, p. 91, exerc. 5). Pour que E soit compact il faut et il suffit que toute partie de E admette une borne supérieure, autrement dit que E soit *achevé* (E, III, p. 71, exerc. 11). (Pour montrer que la condition est nécessaire, raisonner comme pour le th. 3 de IV, p. 7; pour voir qu'elle est suffisante, considérer un filtre $\mathfrak{F}$ sur E et montrer que, si A est l'ensemble des bornes inférieures des ensembles de $\mathfrak{F}$, la borne supérieure de A est un point adhérent à $\mathfrak{F}$).

b) Donner un exemple d'ensemble réticulé achevé E non compact pour la topologie $\mathscr{T}_0(E)$.

¶ 7) Soit E un ensemble totalement ordonné non vide, muni de la topologie $\mathscr{T}_0(E)$.

a) Si E est connexe, montrer qu'il possède les deux propriétés suivantes:

α) Toute partie majorée et non vide de E a une borne supérieure (si A est majoré et non vide, B l'ensemble de ses majorants, C l'ensemble des minorants de B, montrer que $B \cup C = E$ et que B et C sont fermés).

β) L'ensemble E est *sans trou*, autrement dit (E, III, p. 73, exerc. 19) tout intervalle ouvert $]a, b[$ $(a < b)$ dans E est non vide (raisonnement du th. 4 de IV, p. 8).

b) Inversement, montrer que si E possède les propriétés α) et β) il est connexe. (Montrer d'abord que tout intervalle fermé $[a, b]$ est connexe: en supposant qu'il existe une partition de cet intervalle en deux ensembles fermés non vides A, B et que $a \in A$, considérer la borne inférieure de B et montrer qu'on arrive à une contradiction.)

c) Montrer que si E est connexe, il est localement compact et localement connexe, et que les seules parties connexes de E sont les intervalles (bornés ou non).

8) Soient E et F deux ensembles totalement ordonnés, munis des topologies $\mathscr{T}_0(E)$ et $\mathscr{T}_0(F)$ (I, p. 91, exerc. 5).

a) On suppose E connexe. Soit f une application continue de E dans F. Montrer que, quels que soient x, y dans E tels que $x < y$, tout $z \in F$ appartenant à l'intervalle fermé d'extrémités $f(x)$ et $f(y)$ appartient à $f(E)$ (utiliser l'exerc. 7). En déduire que, pour que f soit un homéomorphisme de E sur $f(E)$, il faut et il suffit que f soit continue et strictement monotone.

b) Donner un exemple d'homéomorphisme de la droite rationnelle $\mathbf{Q}$ sur elle-même qui n'est pas strictement monotone.

¶ 9) *a*) Soit E un ensemble totalement ordonné dénombrable et sans trou (exerc. 7). Montrer qu'il existe une application bijective strictement croissante φ de E sur un des quatre intervalles de $\mathbf{Q}$ d'extrémités 0 et 1. (Ranger en suites (a_n), (b_n) les éléments de E et de celui des intervalles de $\mathbf{Q}$ qui convient, et définir φ par récurrence.) Si on munit E de la topologie $\mathscr{T}_0(E)$ (I, p. 91, exerc. 5), φ est alors un homéomorphisme de E sur φ(E).

b) Déduire de *a*) que toute partie dénombrable d'un intervalle ouvert $]a, b[$ de $\mathbf{R}$, dense dans cet intervalle, est homéomorphe à $\mathbf{Q}$.

c) Déduire de *a*) que pour tout ensemble ordonné dénombrable E, muni de $\mathscr{T}_0(E)$, il existe un homéomorphisme strictement croissant de E sur un sous-espace de $\mathbf{Q}$ (plonger E dans un espace totalement ordonné dénombrable et sans trou E′ tel que $\mathscr{T}_0(E)$ soit induite par $\mathscr{T}_0(E')$).

10) Montrer que toute partie dénombrable de l'ensemble triadique de Cantor K, dense par rapport à K et ne contenant aucune extrémité d'intervalle contigu à K, est homéomorphe à la droite rationnelle $\mathbf{Q}$ (utiliser l'exerc. 9).

¶ 11) *a*) Soit E un ensemble totalement ordonné, muni de la topologie $\mathscr{T}_0(E)$ (I, p. 91, exerc. 5). Si E est connexe et s'il existe une partie dénombrable partout dense A de E, montrer qu'il existe un homéomorphisme (strictement monotone en vertu de l'exerc. 8) de E sur un des intervalles de $\mathbf{R}$ d'extrémités 0 et 1, qui applique A sur l'intersection de $\mathbf{Q}$ et de cet intervalle (utiliser les exerc. 9 et 7).

b) Déduire de *a*) que si B est une partie de $\mathbf{R}$ dont le complémentaire est partout dense, il existe un homéomorphisme de $\mathbf{R}$ sur lui-même, appliquant B sur une partie de l'ensemble $\complement\mathbf{Q}$ des nombres irrationnels (considérer une partie dénombrable partout dense A de $\mathbf{R}$ contenue dans $\complement B$).

c) Dans l'ensemble $\mathbf{R} \times \{0, 1\}$, totalement ordonné par l'ordre lexicographique, on désigne par $\mathbf{R}'$ le complémentaire de $\mathbf{Q} \times \{1\}$. Montrer que $\mathbf{R}'$, muni de $\mathscr{T}_0(\mathbf{R}')$, est localement compact, totalement discontinu, contient un ensemble dénombrable dense $\mathbf{Q}'$ homéomorphe à $\mathbf{Q}$, mais que la topologie induite sur un intervalle ouvert non vide de $\mathbf{R}'$ n'admet pas de base dénombrable; en particulier un tel intervalle ne peut être homéomorphe à une partie de **R**.

¶ 12) *a*) Soient A un ensemble bien ordonné, I l'intervalle $[0, 1[$ de **R**; montrer que l'ensemble $E = A \times I$, totalement ordonné par l'ordre lexicographique et muni de la topologie $\mathcal{T}_0(E)$, est connexe (exerc. 7); il y a donc des ensembles totalement ordonnés E connexes pour $\mathcal{T}_0(E)$ et ayant un cardinal arbitraire (cf. IV, p. 52, exerc. 7 *b*)).

b) On prend pour A un ensemble bien ordonné non dénombrable dont tout segment $]\leftarrow, t]$ soit dénombrable; l'espace topologique E correspondant est alors appelé *demi-droite d'Alexandroff*. Montrer que pour tout intervalle $[a, b]$ de E il existe un homéomorphisme strictement croissant de $[a, b]$ sur l'intervalle $[0, 1]$ de **R**. (On prouvera par récurrence transfinie qu'il existe un homéomorphisme strictement croissant de $A \cap [a, b]$ (A étant identifié à l'ensemble des points $(t, 0)$ de E) sur un sous-espace de $[0, 1]$).

¶ 13) Soit a un nombre irrationnel > 0; pour tout nombre rationnel x, soit $f_a(x)$ le nombre réel de l'intervalle $[0, a[$ tel que $x - f_a(x)$ soit un multiple entier de a; montrer que f_a est une application injective et continue de **Q** dans $[0, a[$. En déduire, à l'aide de l'exerc. 9 (IV, p. 48), qu'il existe des applications bijectives continues de **Q** sur lui-même, dont l'application réciproque n'est continue en aucun point.

¶ 14) Soient E un espace topologique séparé et connexe non réduit à un point, Δ la diagonale dans $E \times E$.

a) Montrer qu'il ne peut exister de partition de $\complement\Delta$ formée de deux ensembles ouverts D_1, D_2 tels que $\overset{-1}{D_1} = D_1$ et $\overset{-1}{D_2} = D_2$. (Remarquer d'abord, en utilisant l'exerc. 4 *a*) de I, p. 114, que pour tout $x \in E$, $\overline{D_1(x)}$ et $\overline{D_2(x)}$ sont connexes; en déduire que, si $y \in D_1(x)$, on a $\overline{D_2(x)} \times \{y\} \subset D_1$, et montrer que cela entraîne que, pour tout $x \in E$, un des deux ensembles $D_1(x)$, $D_2(x)$ est vide; conclure que l'un des ensembles D_1, D_2 est vide, contrairement à l'hypothèse.) En déduire que, ou bien $\complement\Delta$ est connexe, ou bien $\complement\Delta$ a exactement deux composantes connexes A, B telles que $B = \overset{-1}{A}$.

b) On dit qu'une structure d'ordre total sur E est *compatible* avec la topologie $\mathcal{T}$ de E si $\mathcal{T}_0(E)$ (I, p. 91, exerc. 5) est moins fine que $\mathcal{T}$. Déduire de *a*) que, pour qu'il existe sur E une telle structure d'ordre total, il faut et il suffit que $\complement\Delta$ soit non connexe; il y a alors exactement deux telles structures d'ordre (avec les notations de *a*), montrer que la relation d'ordre est nécessairement $(x, y) \in A$ ou $(x, y) \in B = \overset{-1}{A}$). Montrer que les intervalles pour ces structures d'ordre sont connexes pour $\mathcal{T}$, et que ce sont les seules parties connexes de E pour $\mathcal{T}$.

c) Montrer que si E est localement connexe ou localement compact pour $\mathcal{T}$, et s'il existe sur E une structure d'ordre total compatible avec $\mathcal{T}$, on a nécessairement $\mathcal{T} = \mathcal{T}_0(E)$. (Lorsque E est localement connexe, utiliser *b*). Lorsque E est localement compact, montrer que tout voisinage compact d'un point x de E pour $\mathcal{T}$ est aussi un voisinage de x pour $\mathcal{T}_0(E)$, en considérant la frontière de ce voisinage.)

**d*) Soit E le sous-espace de $\mathbf{R}^2$ formé du point $(0, 0)$ et de l'ensemble des couples (x, y) tels que $x > 0$, $y = \sin(1/x)$; montrer qu'il y a sur E une structure d'ordre total compatible avec la topologie induite par celle de $\mathbf{R}^2$, mais que cette topologie est strictement plus fine que celle de E.*

Donner un exemple d'espace séparé connexe E dont aucun point n'admet de système fondamental de voisinages connexes, et sur lequel il y a une structure d'ordre total compatible avec la topologie de E (cf. I, p. 114, exerc. 2 *b*)).

¶ 15 *a*) Soit E un espace séparé connexe tel que, pour tout $x \in E$, $\complement\{x\}$ ait exactement deux composantes connexes; pour chacune de ses composantes connexes K, on a alors

$\overline{K} = K \cup \{x\}$ (I, p. 114, exerc. 4 *a*)). Soient x, y deux points distincts de E, A, B les composantes connexes de $\complement\{x\}$, A′, B′ celles de $\complement\{y\}$. Montrer que l'un des deux ensembles A, B est contenu dans A′ ou dans B′.

b) Soit x_0 un point de E et soient $A(x_0)$, $B(x_0)$ les composantes connexes de $\complement\{x_0\}$. Pour tout $x \neq x_0$, il y a une seule des deux composantes connexes de $\complement\{x\}$ qui est contenue dans $A(x_0)$ ou qui contient $A(x_0)$; on la désigne par $A(x)$. Montrer que la relation $A(x) \subset A(y)$ est une relation d'ordre total compatible (exerc. 14) avec la topologie de E.

c) Étendre la conclusion de *b*) au cas où $\complement\{x\}$ a deux composantes connexes, sauf pour un point $a \in E$, pour lequel $\complement\{a\}$ est connexe.

**d*) Soit E le sous-espace de $\mathbf{R}^2$ formé des points $a = (0, 1)$, $b = (0, -1)$ et des points (x, y) tels que $x \neq 0$, $y = \sin(1/x)$. Montrer que pour la topologie $\mathscr{T}$ induite sur E par celle de $\mathbf{R}^2$, E est connexe, que $\complement\{a\}$ et $\complement\{b\}$ sont connexes et que pour tout x distinct de a et de b, $\complement\{x\}$ a exactement deux composantes connexes, mais il n'existe pas d'ordre total sur E compatible avec $\mathscr{T}$.*

¶ 16) Soit E un espace séparé connexe, *complètement irréductible* entre deux points distincts a, b, c'est-à-dire tel qu'il n'existe aucune partie connexe de E, distincte de E et contenant a et b. Montrer que $E' = \complement\{a, b\}$ est connexe et que, pour tout $x \in E'$, le complémentaire de x dans E a exactement deux composantes connexes $A(x)$ et $B(x)$ telles que $a \in A(x)$, $b \in B(x)$, $a \notin B(x)$, $b \notin A(x)$. (En utilisant I, p. 114, exerc. 4 *a*), montrer que $\complement\{x\}$ ne peut admettre une partition en trois ensembles ouverts non vides.) En déduire qu'il y a sur E une structure d'ordre total compatible avec la topologie de E (utiliser l'exerc. 15).

¶ 17) Soit E un espace séparé connexe, tel que pour tout recouvrement de E formé de trois ensembles connexes non vides et distincts de E, il y ait deux de ces ensembles dont la réunion est différente de E.

a) Montrer que pour tout $x \in E$, $\complement\{x\}$ a au plus deux composantes connexes (même méthode que dans l'exerc. 16).

b) Montrer qu'il y a au plus deux points de E dont le complémentaire est connexe. En outre, s'il y a deux points distincts a, b ayant cette propriété, montrer que pour tout x distinct de a et de b, a et b appartiennent à des composantes connexes différentes de $\complement\{x\}$.

c) Déduire de *a*) et *b*) qu'il y a sur E une structure d'ordre total compatible avec la topologie de E (utiliser l'exerc. 15).

¶ 18) *a*) Soit E un espace compact, connexe, localement connexe et irréductible entre deux de ses points a, b (II, p. 39, exerc. 19). Soit x un point de E distinct de a et de b. Montrer que $\complement\{x\}$ admet exactement deux composantes connexes et que a et b appartiennent à des composantes connexes différentes de $\complement\{x\}$. (En raisonnant comme dans l'exerc. 16, montrer d'abord que $\complement\{x\}$ ne peut admettre plus de deux composantes connexes. D'autre part, pour chaque voisinage connexe et fermé V de x, ne contenant ni a ni b, soient A_V, B_V les composantes connexes respectives de a et b dans $\complement V$; montrer qu'elles sont distinctes en utilisant II, p. 39, exerc. 17; considérer enfin la réunion des A_V (resp. des B_V) lorsque V parcourt l'ensemble des voisinages fermés connexes de x dans E). En déduire qu'il existe sur E une structure d'ordre total telle que $\mathscr{T}_0(E)$ soit la topologie donnée sur E (IV, p. 49, exerc. 15 et 14 *c*)).

b) Soit E un espace compact connexe irréductible entre deux de ses points a, b. Montrer que si E contient plus d'un constituant premier (II, p. 40, exerc. 20), l'espace E′ des constituants premiers de E (*loc. cit.*) est irréductible entre les constituants premiers de a et de b, et qu'il existe sur E′ une structure d'ordre total telle que la topologie de E′ soit identique à $\mathscr{T}_0(E')$. *Donner un exemple où E′ est distinct de E (cf. IV, p. 49, exerc. 15 *d*)).*

¶ 19) *a*) Soient E un espace connexe séparé, a, b deux points distincts de E tels qu'il n'existe aucune partie *fermée* connexe de E, distincte de E et contenant a et b. Pour qu'un point x de

E, distinct de a et de b, soit tel que $\complement\{x\}$ soit non connexe, il faut et il suffit que pour tout $y \in \complement\{x\}$, il existe dans $\complement\{y\}$ une partie connexe, fermée dans E, contenant x et l'un des points a, b. (Pour voir que la condition est nécessaire, utiliser I, p. 114, exerc. 4 a)). Pour voir que la condition est suffisante, soit A (resp. B) l'ensemble des $y \in$ E tels qu'il y ait une partie connexe de $\complement\{y\}$ fermée dans E, et contenant a et x (resp. b et x) ; montrer que A et B sont ouverts non vides et sans point commun et que $\complement\{x\} = \mathrm{A} \cup \mathrm{B}$.)

b) Soit E un espace compact connexe, irréductible entre deux de ses points a, b (II, p. 39, exerc. 19). Montrer que si pour tout couple de points distincts x, y de E il existe un ensemble compact connexe dans E, contenant y et l'un des points a, b mais ne contenant pas x, alors il existe sur E une structure d'ordre total telle que $\mathscr{T}_0(\mathrm{E})$ soit la topologie donnée sur E (exerc. 15 et 16).

20) Dans la construction de l'exerc. 24 c) de I, p. 109, on prend pour X_0 l'intervalle $[0, 1]$ de $\mathbf{R}$. Montrer que les homéomorphismes de X sur lui-même sont les mêmes que les homéomorphismes de X_0 sur lui-même, bien que la topologie de X soit strictement plus fine que celle de X_0 (utiliser l'exerc. 20 b) de I, p. 103).

21) Montrer que si $r > 2$, il n'existe pas de groupe r fois transitif (A, I, p. 131, exerc. 14) formé d'homéomorphismes de $\mathbf{R}$ sur elle-même (considérer le sous-groupe laissant invariants deux points de $\mathbf{R}$).

*22) Soit $f : \mathbf{R} \to \mathrm{X}$ une application continue bijective de $\mathbf{R}$ sur un espace localement compact et localement connexe X. Considérant $\mathbf{R}$ comme plongée dans la droite achevée $\overline{\mathbf{R}}$, soit H^+ (resp. H^-) l'ensemble des valeurs d'adhérence de f lorsque x tend vers $+\infty$ (resp. vers $-\infty$).

a) Montrer qu'il n'est pas possible qu'il existe trois points a, b, c dans X tels que $a \in \mathrm{H}^+$, $b \in \mathrm{H}^+$, $c \in \mathrm{H}^-$, $a \neq b$ et $a \neq c$. (Si V est un voisinage compact connexe de a dans X, ne contenant ni b ni c, montrer qu'il existerait une suite $(t_n)_{n \in \mathbf{Z}}$ dans $\mathbf{R}$, strictement croissante et telle que $\lim_{n \to +\infty} t_n = +\infty$, $\lim_{n \to -\infty} t_n = -\infty$, et $f(t_n) \notin \mathrm{V}$ pout tout n. En remarquant que V serait réunion des ensembles $\mathrm{V} \cap f([t_n, t_{n+1}])$, en déduire une contradiction en utilisant l'exerc. 18 a) de II, p. 39).

b) Déduire de a) que chacun des ensembles H^+, H^- a au plus un élément. En déduire que X est nécessairement homéomorphe à l'un des cinq espaces suivants : 1º $\mathbf{R}$; 2º le sous-espace de $\mathbf{R}^2$, réunion d'un cercle $\|z\| = 1$ et de l'intervalle $[1, +\infty[$ de $\mathbf{R}$; 3º le sous-espace de $\mathbf{R}^2$, réunion du cercle $\|z - 1\| = 1$ et de son symétrique par rapport à 0 ; 4º le sous-espace de $\mathbf{R}^2$, réunion du cercle $\|z\| = 1$ et de l'intervalle $[-1, 1]$ de $\mathbf{R}$; 5º le sous-espace de $\mathbf{R}^2$, réunion du cercle $\|z\| = 1$, du cercle $\|z\| = 2$ et du segment $[1, 2]$ de $\mathbf{R}$. (Noter que lorsque par exemple H^+ est réduit à un point a, on a $\lim_{t \to +\infty} f(t) = a$.)$_*$

§ 3

1) Soient x un nombre réel $\geqslant 0$, p et q deux entiers > 0. Démontrer les relations

$$(x^{1/p})^{1/q} = x^{1/pq}, \qquad (x^p)^{1/q} = (x^{1/q})^p, \qquad x^{1/p}x^{1/q} = (x^{p+q})^{1/qp}.$$

2) a) Sur l'anneau de polynômes $\mathrm{A} = \mathbf{R}[\mathrm{X}]$, on considère la structure d'anneau totalement ordonné pour laquelle les éléments $\geqslant 0$ sont 0 et les polynômes $\neq 0$ dont le coefficient dominant est > 0. Montrer que la topologie $\mathscr{T}_0(\mathrm{A})$ (I, p. 91, exerc. 5) n'est pas compatible avec la structure d'anneau de A.

b) Sur un corps ordonné K (A, VI, § 2, nº 2) la topologie $\mathscr{T}_0(\mathrm{K})$ est compatible avec la structure d'anneau de K et les ensembles bornés pour cette topologie d'anneau (III, p. 81, exerc. 12) sont les ensembles bornés pour la structure d'ordre. La topologie $\mathscr{T}_0(\mathrm{K})$ est localement rétrobornée (III, p. 83, exerc. 22), et en particulier compatible avec la structure de corps de K; en outre le complété $\hat{K}$ de K pour cette topologie, qui est un corps (*loc. cit.*), est canoniquement muni d'une structure de corps ordonné (IV, p. 46, exerc. 3 *b*)).

c) Sur le corps $K = \mathbf{Q}(\sqrt{2})$, considéré comme sous-corps ordonné de **R**, on considère la topologie $\mathcal{T}$, transportée de la topologie produit sur $\mathbf{Q}^2$ par la bijection $(x, y) \mapsto x + y\sqrt{2}$. Cette topologie est plus fine que $\mathcal{T}_0(K)$ et compatible avec la structure de corps de K; mais le complété de ce corps topologique n'est pas un corps.

d) Le corps $K = \mathbf{Q}(\sqrt[3]{2})$, considéré comme espace vectoriel sur **Q**, est somme directe du sous-espace vectoriel G′ engendré par 1 et $\sqrt[3]{2}$ et du sous-espace vectoriel G″ engendré par $\sqrt[3]{4}$. On considère sur G′ et sur G″ les topologies induites par celle de **R**, sur K la topologie $\mathcal{T}$ produit des topologies de G′ et de G″. Montrer que $\mathcal{T}$ est compatible avec la structure de groupe additif de K et est plus fine que $\mathcal{T}_0(K)$ (quand K est considéré comme sous-corps ordonné de **R**), mais n'est pas compatible avec la structure d'anneau de K.

¶ 3) *a*) Si f est un isomorphisme du corps **R** sur un sous-corps de **R**, montrer que f est nécessairement l'application identique de **R** sur lui-même. (Remarquer que les nombres rationnels sont invariants par f et d'autre part que $f(x^2) = (f(x))^2 \geqslant 0$, donc que f est croissant).

b) Soit K_0 le corps **R**(X) des fractions rationnelles à une indéterminée sur **R**, ordonné en prenant comme polynômes > 0 ceux dont le coefficient dominant est > 0. Soit K l'extension algébrique ordonnée maximale de K_0. Montrer qu'il existe un automorphisme croissant f de K tel que $f(\xi) = \xi$ pour $\xi \in \mathbf{R}$ et $f(X) = X^2$ (utiliser A, VI, § 2, exerc. 15).

§ 4

1) Montrer que les intervalles semi-ouverts bornés et les intervalles fermés illimités de **R** sont tous homéomorphes entre eux. Si $a < b$, aucun des trois intervalles $]a, b[$, $[a, b[$, $[a, b]$ n'est homéomorphe à l'un des deux autres.

2) Montrer que l'application $x \mapsto x/(1 + |x|)$ est un homéomorphisme de **R** sur l'intervalle ouvert $]-1, 1[$.

3) Soient I l'intervalle $[0, 1]$ de **R**, f un homéomorphisme de I sur lui-même tel que $f(0) = 0$, $f(1) = 1$. Montrer qu'il existe une application continue g de $I \times I$ dans I telle que: 1° pour tout $x \in I$, $g(x, 0) = x$, $g(x, 1) = f(x)$; 2° pour tout $y \in I$, l'application partielle $x \mapsto g(x, y)$ est un homéomorphisme de I sur lui-même tel que $g(0, y) = 0$, $g(1, y) = 1$.

4) Montrer que la structure uniforme sur **R** induite par l'unique structure uniforme de $\overline{\mathbf{R}}$ est strictement moins fine que la structure uniforme additive de **R**.

5) Lorsque le point (x, y) tend vers $(+\infty, -\infty)$ en restant dans $\mathbf{R} \times \mathbf{R}$, montrer que l'ensemble des valeurs d'adhérence de la fonction $x + y$ est identique à $\overline{\mathbf{R}}$. De même, lorsque (x, y) tend vers $(0, +\infty)$ en restant dans $\mathbf{R} \times \mathbf{R}$, l'ensemble des valeurs d'adhérence de xy est identique à $\overline{\mathbf{R}}$.

6) Montrer que toute fonction rationnelle $P(x)/Q(x)$ à coefficients dans **R**, définie dans l'ensemble des points où $Q(x) \neq 0$, peut se prolonger par continuité aux points $+\infty$ et $-\infty$ (en prenant ses valeurs dans $\overline{\mathbf{R}}$).

¶ 7) Soit E un ensemble totalement ordonné.

a) Soit E_1 l'*achèvement* de E (E, III, p. 72, exerc. 15), ensemble totalement ordonné dont les éléments sont les parties X de E telles que: 1° si $x \in X$ et $y \leqslant x$, alors $y \in X$; 2° si X possède une borne supérieure dans E, cette borne appartient à X (condition qui équivaut à dire que X est fermé pour $\mathscr{T}_0(\mathrm{E})$ (I, p. 91, exerc. 5)) ; les éléments de E_1 sont ordonnés par inclusion. Pour la topologie $\mathscr{T}_0(\mathrm{E}_1)$, E_1 est compact (IV, p. 47, exerc. 6 *a*)). L'application $x \mapsto \,]\leftarrow, x]$ de E dans E_1 est strictement croissante et si on identifie E à son image par cette application, E est dense dans E_1 et $\mathscr{T}_0(\mathrm{E})$ est induite par $\mathscr{T}_0(\mathrm{E}_1)$. Pour que E_1 soit connexe, il faut et il suffit que E soit sans trou (IV, p. 48, exerc. 7).

b) Pour tout cardinal $\mathfrak{c}$, donner un exemple d'espace totalement ordonné E connexe pour $\mathscr{T}_0(\mathrm{E})$ et tel que tout système fondamental de voisinages d'un point quelconque de E ait un cardinal $\geqslant \mathfrak{c}$ (utiliser *a*) et la méthode de IV, p. 46, exerc. 4 *b*)).

c) Avec les notations de *a*), soit E_2 le sous-ensemble du produit lexicographique $\mathrm{E}_1 \times \{-1, 0, 1\}$, complémentaire de l'ensemble formé: 1° des points $(x, 0)$, où $x \notin \mathrm{E}$; 2° des points $(x, 1)$ où $x \in \mathrm{E}$ et l'ensemble des $y > x$ dans E a un plus petit élément; 3° des points $(x, -1)$ où $x \in \mathrm{E}$ et l'ensemble des $y < x$ dans E a un plus grand élément. Montrer que E_2, muni de $\mathscr{T}_0(\mathrm{E}_2)$, est compact et totalement discontinu, que E s'identifie par l'application strictement croissante $x \mapsto (x, 0)$ à une partie partout dense de E_2 et que la topologie induite sur E par $\mathscr{T}_0(\mathrm{E}_2)$ est la topologie discrète.

d) Soit E′ un ensemble totalement ordonné contenant E, induisant sur E la structure d'ordre donnée, compact pour $\mathscr{T}_0(\mathrm{E}')$ et tel que E soit dense dans E′ pour cette topologie. Montrer qu'il existe une application surjective croissante et continue $f : \mathrm{E}' \to \mathrm{E}_1$ et une application surjective croissante et continue $g : \mathrm{E}_2 \to \mathrm{E}'$, qui se réduisent à l'application identique dans E.

§ 5

1) Soient E_1, E_2 deux ensembles ordonnés filtrants à droite, et f une fonction numérique définie dans $\mathrm{E}_1 \times \mathrm{E}_2$ telle que, pour tout $x_1 \in \mathrm{E}_1$, l'application $x_2 \mapsto f(x_1, x_2)$ soit croissante dans E_2 et que, pour tout $x_2 \in \mathrm{E}_2$, l'application $x_1 \mapsto f(x_1, x_2)$ soit croissante dans E_1. Montrer que, suivant le produit des filtres des sections de E_1 et de E_2, f a une limite dans $\overline{\mathbf{R}}$, égale à sa borne supérieure.

2) *a*) Soient f une fonction numérique définie dans un ensemble E, A une partie non vide de E, φ une fonction numérique croissante définie dans $\overline{f(\mathrm{A})}$. Si φ est continue au point $a = \sup\limits_{x \in \mathrm{A}} f(x)$, on a $\sup\limits_{x \in \mathrm{A}} \varphi(f(x)) = \varphi(\sup\limits_{x \in \mathrm{A}} f(x))$.

b) Soient f une fonction numérique définie dans un ensemble E filtré par un filtre $\mathfrak{F}$, φ une fonction numérique définie dans un voisinage ouvert V de l'ensemble des valeurs d'adhérence de f suivant $\mathfrak{F}$. Montrer que si φ est croissante et continue dans V, on a

$$\lim.\sup_{\mathfrak{F}}(\varphi \circ f) = \varphi(\lim.\sup_{\mathfrak{F}} f).$$

3) Soit f une fonction numérique définie dans un ensemble infini E et soit $\mathfrak{S}$ le filtre des complémentaires des parties finies de E. Montrer que $\lim.\sup_{\mathfrak{S}} f$ est la borne supérieure de l'ensemble des nombres réels x tels que l'ensemble $\overset{-1}{f}(]x, +\infty])$ soit infini.

4) Soient f, g deux fonctions numériques définies dans un ensemble E filtré par un filtre $\mathfrak{F}$. Montrer que

$$\lim.\sup_{\mathfrak{F}}(\sup(f, g)) = \sup(\lim.\sup_{\mathfrak{F}} f, \lim.\sup_{\mathfrak{F}} g).$$

Donner un exemple d'un ensemble E filtré par un filtre $\mathfrak{F}$ et d'une famille infinie (f_ι) de fonctions numériques définies dans E et telle que

$$\sup_\iota(\lim.\sup_{\mathfrak{F}} f_\iota) < \lim.\sup_{\mathfrak{F}}(\sup_\iota f_\iota).$$

5) Soient f, g deux fonctions numériques définies dans un ensemble filtré. Montrer que si $\lim g$ existe et est $\geqslant 0$, on a

$$\lim.\sup fg = (\lim.\sup f)(\lim g)$$

lorsque les deux membres sont définis.

6) Soit E_1 (resp. E_2) un ensemble filtré par un filtre $\mathfrak{F}_1$ (resp. $\mathfrak{F}_2$), et soit f une fonction numérique définie dans $E_1 \times E_2$. Montrer par un exemple que les trois nombres $\lim.\sup_{\mathfrak{F}_1 \times \mathfrak{F}_2} f(x_1, x_2)$, $\lim.\sup_{\mathfrak{F}_1}(\lim.\sup_{\mathfrak{F}_2} f(x_1, x_2))$, $\lim.\sup_{\mathfrak{F}_2}(\lim.\sup_{\mathfrak{F}_1} f(x_1, x_2))$ sont en général distincts.

¶ 7) Soit f une fonction numérique définie dans une partie fermée A de $\overline{\mathbf{R}}$. On désigne par $\lim.\sup\limits_{x \to a, x \geqslant a} f(x)$ (resp. $\lim.\sup\limits_{x \to a, x \leqslant a} f(x)$) la limite supérieure de $f(x)$, lorsque x tend vers un point $a \in A$, en restant dans $A \cap [a, +\infty]$ (resp. $A \cap [-\infty, a]$). Montrer que l'ensemble des points $a \in A$ tels que $\lim.\sup\limits_{x \to a, x \geqslant a} f(x) \neq \lim.\sup\limits_{x \to a, x \leqslant a} f(x)$ est dénombrable. (Prouver que, pour tout couple de nombres rationnels p, q tels que $p < q$, l'ensemble $G_{p,q}$ des points $a \in A$ tels que

$$\lim.\sup_{x \to a, x \geqslant a} f(x) \leqslant p < q \leqslant \lim.\sup_{x \to a, x \leqslant a} f(x)$$

est dénombrable, en utilisant l'exerc. 1 de IV, p. 47).

8) Déduire de l'exerc. 7 qu'une fonction numérique f définie dans une partie fermée A de $\overline{\mathbf{R}}$, et *monotone* dans A, est continue dans A, sauf aux points d'une partie dénombrable de A.

¶ 9) Soient E un espace topologique admettant une base dénombrable, f une fonction numérique définie dans E. Montrer que l'ensemble des points $x \in E$ tels que $\lim\limits_{x \to a, x \neq a} f(x)$ existe et soit différente de $f(a)$, est dénombrable (même méthode que dans l'exerc. 7.

¶ 10) Soient E un espace topologique admettant une base dénombrable (U_n), f une fonction numérique définie dans E; on dit que f atteint un *maximum relatif strict* en un point $a \in E$ s'il existe un voisinage V de a tel que, pour tout $x \in V \cap A$, tel que $x \neq a$, on ait $f(x) < f(a)$. Montrer que l'ensemble M des points de E où f atteint un maximum relatif strict est dénombrable. (Considérer l'ensemble des U_n tels que f atteigne en un point de U_n un maximum relatif strict égal à sa borne supérieure dans U_n; montrer qu'il existe une application de cet ensemble *sur* M.)

11) Soit (u_n) une suite de nombres réels >0 telle que $\lim\limits_{n \to \infty} u_n = 0$. Montrer qu'il existe une infinité d'indices n tels que $u_n \geqslant u_m$ pour tout $m \geqslant n$.

12) Soit (u_n) une suite de nombres réels >0 telle que $\lim.\inf\limits_{n \to \infty} u_n = 0$. Montrer qu'il existe une infinité d'indices n tels que $u_n \leqslant u_m$ pour tout $m \leqslant n$.

13) Soient (u_n) une suite de nombres réels finis, (ε_n) une suite de nombres $\geqslant 0$, telles que $\lim\limits_{n \to \infty} \varepsilon_n = 0$, et que $u_{n+1} \geqslant u_n - \varepsilon_n$ quel que soit l'entier $n \geqslant 0$. On pose $a = \lim.\inf\limits_{n \to \infty} u_n$, $b = \lim.\sup\limits_{n \to \infty} u_n$; montrer que l'ensemble des valeurs d'adhérence de la suite (u_n) est l'intervalle $[a, b]$.

14) Soit (r_n) une suite croissante de nombres finis >0, telle que $\lim r_n = +\infty$; pour tout nombre réel fini $r > 0$, on désigne par $N(r)$ le plus grand indice n tel que $r_n \leqslant r$. Montrer que

$$\lim.\sup_{r \to \infty} \frac{N(r)}{r} = \lim.\sup_{n \to \infty} \frac{n}{r_n}, \qquad \lim.\inf_{r \to \infty} \frac{N(r)}{r} = \lim.\inf_{n \to \infty} \frac{n}{r_n}.$$

¶15) Soient (x_n) une suite de nombres réels finis, (p_n) une suite de nombres finis $\geqslant 0$ telle que $\lim_{n\to\infty} (\sum_{i=0}^{n} p_i) = +\infty$. On pose $y_n = (\sum_{i=0}^{n} p_i x_i)/(\sum_{i=0}^{n} p_i)$ pour les n tels que $\sum_{i=0}^{n} p_i \neq 0$. Montrer que

$$\lim_{n\to\infty}.\inf x_n \leqslant \lim_{n\to\infty}.\inf y_n \leqslant \lim_{n\to\infty}.\sup y_n \leqslant \lim_{n\to\infty}.\sup x_n.$$

Soit H une partie non vide quelconque de l'ensemble des valeurs d'adhérence de la suite (x_n) dans $\overline{\mathbf{R}}$; montrer qu'on peut déterminer la suite (p_n) de nombres $\geqslant 0$ telle que $\lim_{n\to\infty} (\sum_{i=0}^{n} p_i) = +\infty$, de sorte que l'ensemble des valeurs d'adhérence de la suite (y_n) correspondante contienne H. (Se ramener au cas où H est dénombrable, puis définir (p_n) par récurrence, en prenant ses termes égaux à 0 ou à 1.)

En déduire que, pour que la suite (x_n) converge dans $\overline{\mathbf{R}}$, il faut et suffit que, pour *toute* suite (p_n) de nombres $\geqslant 0$ telle que $\lim_{n\to\infty} (\sum_{i=0}^{n} p_i) = +\infty$, la suite (y_n) converge dans $\overline{\mathbf{R}}$.

16) Soient x_0, y_0 deux nombres réels tels que $0 < y_0 \leqslant x_0$; pour $n > 0$, on définit par récurrence deux suites (x_n), (y_n) par les relations $x_{n+1} = (x_n + y_n)/2$, $y_{n+1} = \sqrt{x_n y_n}$. Montrer que les deux suites (x_n), (y_n) tendent vers une même limite α (« moyenne arithmético-géométrique » de x_0 et y_0); en outre, il existe des nombres $a > 0$, γ tel que $0 < \gamma < 1$, tels que $x_n - y_n \leqslant a\gamma^{2^n}$ pour tout n (observer que $x_{n+1} - y_{n+1} = (x_n - y_n)^2/4(x_{n+1} + y_{n+1})$).

17) Soit g une application de $]0, 1]$ dans $[-1, 1]$ telle que $\lim_{x\to 0, x>0} g(x) = 0$. Montrer qu'il existe une application continue croissante g_2 et une application continue décroissante g_1 de $[0, 1]$ dans $[-1, 1]$, telles que $g_1(0) = g_2(0) = 0$ et $g_1(x) \leqslant g(x) \leqslant g_2(x)$ pour $0 < x \leqslant 1$. (Pour tout entier $n > 0$, considérer la borne inférieure x_n des x tels que $g(x) \geqslant 1/n$.)

18) Étendre les définitions et résultats des n°s 1 à 6 aux fonctions prenant leurs valeurs dans un ensemble totalement ordonné E tel que E soit compact pour la topologie $\mathscr{T}_0(\mathrm{E})$ (cf. IV, p. 47, exerc. 6).

§ 6

1) Soit f une application continue d'un intervalle ouvert $\mathrm{I} \subset \mathbf{R}$ dans $\mathbf{R}$; montrer que si $f(\mathrm{I})$ est ouvert et si, pour tout $y \in \mathbf{R}$, l'ensemble $\overset{-1}{f}(y)$ a au plus deux points distincts, f est monotone.

¶ 2) Soit B une base de $\mathbf{R}$ considéré comme espace vectoriel sur le corps $\mathbf{Q}$ (« base de Hamel »); B n'est pas dénombrable (IV, p. 47, exerc. 2). Soit φ une bijection d'une partie $\mathrm{C} \neq \mathrm{B}$ de B sur l'ensemble B. On définit une application f de $\mathbf{R}$ dans lui-même en posant, pour tout $x = \sum_{\xi\in\mathrm{B}} \lambda(\xi)\xi$ (avec $\lambda(\xi) \in \mathbf{Q}$, $\lambda(\xi) = 0$ sauf pour un nombre fini d'éléments $\xi \in \mathrm{B}$), $f(x) = \sum_{\xi\in\mathrm{C}} \lambda(\xi)\varphi(\xi)$. Montrer que $f(x + y) = f(x) + f(y)$ mais que pour tout $z \in \mathbf{R}$, $\overset{-1}{f}(z)$ est une partie partout dense de $\mathbf{R}$, ce qui entraîne que f n'est majorée ni minorée dans aucun intervalle de $\mathbf{R}$.

¶ 3) *a*) Pour tout intervalle $\mathrm{I} \subset \mathbf{R}$, on désigne par G(I) le groupe des homéomorphismes de I sur lui-même. Montrer que pour deux intervalles I, J de $\mathbf{R}$ non réduits à un point, G(I) et G(J) sont isomorphes. Dans G(I), l'ensemble F(I) des homéomorphismes croissants est un sous-groupe distingué d'indice 2.

b) On pose $G = G(\mathbf{R})$, $F = F(\mathbf{R})$. Pour tout $f \in G$, et tout $x \in \mathbf{R}$, on pose

$$\sigma(x; f) = \operatorname{sgn}(f(x) - x).$$

Soit T^+ (resp. T^-) l'ensemble des $f \in F$ tels que $\sigma(x; f)$ soit constant et égal à 1 (resp. -1) dans $\mathbf{R}$; montrer que tout élément de T^+ (resp. T^-) est conjugué dans F de la translation $x \mapsto x + 1$ (resp. $x \mapsto x - 1$). (Si $f \in T^+$, considérer la suite des $f^n(0)$ pour $n \in \mathbf{Z}$.)

c) On pose $T = T^+ \cup T^-$; montrer que tout élément $f \in F$ n'appartenant pas à T est produit dans F de deux éléments de T. (Écrire $f = f_1 f_2$ dans F, avec $f_1(x) = \sup(x, f(x))$ et $f_2(x) = \inf(x, f(x))$; si g est la translation $x \mapsto x + 1$, $f_1 g$ et $g^{-1} f_2$ appartiennent à T.)

d) Pour que deux éléments f, g soient conjugués dans F, il faut et il suffit qu'il existe $s \in F$ tel que $\sigma(x; f) = \sigma(s(x); g)$ pour tout $x \in \mathbf{R}$. (Considérer les composantes connexes I_n de l'ensemble ouvert des x tels que $\sigma(x; f) \neq 0$, observer que d'après *a*), $F(I_n)$ et F sont isomorphes et utiliser *b*).) En particulier, si $[a, b]$ est un intervalle de $\mathbf{R}$ tel que

$$\sigma(a; f) = \sigma(b; f) = 0$$

pour un $f \in F$, l'élément f' de F égal à f pour $x \leqslant a$ ou $x \geqslant b$, et tel que

$$f'(x) = x + \varepsilon(f(x) - x)$$

pour $a < x < b$, où $0 < \varepsilon < 1$, est conjugué de f dans F.

e) Soient f un élément de F, a, b, c, d quatre nombres réels tels que $a < c < b < d$ et $f(x) - x = 0$ pour $x = a$, $x = b$, $x = c$, $x = d$, $\sigma(x; f) = 1$ pour $a < x < c$ et pour $b < x < d$. Soient a', b' deux nombres tels que $a \leqslant a' < c$, $b < b' \leqslant d$; on pose $J = [a, b]$, $J' = [a', b']$, et on désigne par f_1 la restriction de f à J, qui est un élément de F(J). Montrer qu'il existe un homéomorphisme croissant s de J sur J' tel que l'élément $f_2 = s f_1 s^{-1}$ de F(J') soit tel que $f_2(x) > f^{-1}(x)$ pour $a' < x < b'$ (utiliser *d*)).

f) Soient f un élément de F, $[a, b]$ un intervalle de $\mathbf{R}$ tel que $f(x) - x = 0$ pour $x = a$ et $x = b$, $\sigma(x; f) = -1$ pour $x < a$ et $\sigma(x; f) = +1$ pour $x > b$. Montrer qu'il existe un élément g de F, conjugué de f dans F et tel que $g(x) > f(x)$ pour tout $x \in \mathbf{R}$ (même méthode).

g) On désigne par H^+ (resp. H^-) le sous-groupe distingué de F formé des $f \in F$ tels que $f(x) = x$ dans un voisinage de $+\infty$ (resp. de $-\infty$). Montrer que H^+, H^- et $H = H^+ \cap H^-$ sont les seuls sous-groupes distingués de F distincts de F et de $\{e\}$. (Si N est un sous-groupe distingué de F distinct de F et si $f \in N$ n'appartient pas à H^+, montrer qu'il existe dans N un élément g tel que l'ensemble des $x \in \mathbf{R}$ tels que $\sigma(x; g) = +1$ soit un intervalle $]a, +\infty[$ et que l'on ait $g(x) = x$ pour $x \leqslant a$. On utilisera pour cela les constructions de *e*) et *f*), ainsi que *b*) et *c*). Pour prouver que H ne contient aucun sous-groupe distingué dans F et distinct de H et de $\{e\}$, considérer un élément $f \in H$ distinct de e; soient a et b les bornes inférieure et supérieure (finies par hypothèse) de l'ensemble des $x \in \mathbf{R}$ tels que $\sigma(x; f) \neq 0$. Observer alors que F ($[a, b]$) est isomorphe à F et utiliser le résultat précédent.)

h) Montrer que le groupe H est simple. (Même méthode que pour prouver que H ne contient pas de sous-groupes distingués non triviaux de F.)

4) Soient f une fonction semi-continue inférieurement dans un espace topologique E, φ une fonction semi-continue inférieurement et croissante dans $f(E) \subset \overline{\mathbf{R}}$; montrer que $\varphi \circ f$ est semi-continue inférieurement dans E.

5) Soit f une fonction semi-continue inférieurement dans un espace topologique E. Montrer que pour toute partie non vide A de E, on a $\sup f(\overline{A}) = \sup f(A)$.

¶ 6) Soit f une fonction numérique définie dans un espace topologique E. On appelle *oscillation* de f en point $a \in E$ le nombre (fini ou infini)

$$\omega(a; f) = \limsup_{x \to a} f(x) - \liminf_{x \to a} f(x)$$

lorsque le second membre est défini.

a) Montrer que $x \mapsto \omega(x; f)$ est semi-continue supérieurement dans le sous-espace A des points de E où cette application est définie.

b) Si f est *finie* dans E, on a $A = E$, et pour tout point $a \in E$

$$\omega(a; f) = \lim_{(x,y)\to(a,a)} \sup\ (f(x) - f(y)).$$

c) Soit f une fonction numérique finie et semi-continue inférieurement dans E. Montrer que si en un point $a \in E$, $\omega(a; f)$ a une valeur *finie*, on a $\lim_{x\to a} \inf \omega(x; f) = 0$. (Raisonner par l'absurde, en montrant que, dans l'hypothèse contraire, il existerait des points x arbitrairement voisins de a et tels que $f(x)$ soit aussi grand qu'on veut.)

d) Pour tout nombre rationnel $r = p/q$ mis sous forme irréductible (avec $q > 0$), on pose $f(r) = q$; montrer que f est semi-continue inférieurement dans $\mathbf{Q}$ mais qu'en tout point $r \in \mathbf{Q}$, on a $\omega(r; f) = +\infty$.

¶ 7) Soient E un espace localement compact, f une fonction semi-continue inférieurement dans E.

a) Si, pour tout $a \subset E$, on a $\lim_{x\to a} \sup f(x) = +\infty$, montrer que l'ensemble $\overset{-1}{f}(+\infty)$ est partout dense dans E (pour tout $a \in E$ et tout voisinage V de a, on définira une suite (U_n) d'ensembles ouverts relativement compacts tels que $\overline{U}_{n+1} \subset U_n$ et que $f(x) > n$ pour tout $x \in U_n$).

**b*) Soit $n \mapsto r_n$ une bijection de $\mathbf{N}$ sur l'ensemble des nombres rationnels appartenant à $[0, 1]$, et soit $\varphi(x) = 1/\sqrt{|x|}$ (avec $\varphi(0) = +\infty$); la fonction $f(x) = \sum_{n=0}^{\infty} 2^{-n}\varphi(x - r_n)$ est semi-continue inférieurement dans $[0, 1]$, $\overset{-1}{f}(+\infty)$ est dense dans cet intervalle, ainsi que son complémentaire (pour prouver ce dernier point, observer que la série de terme général $2^{-n}\int_0^1 \varphi(x - r_n)\,dx$ est convergente (INT, IV, § 3, nº 6, th. 5)).*

c) Si f est finie, montrer que l'ensemble des points x tels que $\omega(x; f)$ soit finie est partout dense (utiliser *a*)).

d) Montrer que l'ensemble des points de E où f est continue (f étant fini ou non) est partout dense. (Se ramener au cas où f est bornée, en remplaçant f par $f/(1 + |f|)$ exerc. 4); observer que $1/\omega(x; f)$ est semi-continue inférieurement, utiliser *a*) et l'exerc. 6 *c*) de IV, p. 56).

8) Soient E un espace topologique, A une partie fermée de $E \times \overline{\mathbf{R}}$. Montrer que l'application $x \mapsto \inf(A(x))$ de $\mathrm{pr}_1 A$ dans $\overline{\mathbf{R}}$ est semi-continue inférieurement. Inversement, si $f\colon E \to \overline{\mathbf{R}}$ est une fonction semi-continue inférieurement, la partie B de $E \times \overline{\mathbf{R}}$ formée des couples (x, y) tels que $y \geqslant f(x)$ est fermée dans $E \times \overline{\mathbf{R}}$.

¶ 9) *a*) Soient E et F deux espaces séparés, π une application continue propre (I, p. 72) de E dans F. Soit g une fonction numérique semi-continue inférieurement dans E. Pour tout $y \in F$, soit $f(y)$ la borne inférieure de g dans l'ensemble $\overset{-1}{\pi}(y)$ (borne inférieure égale à $+\infty$ si $\overset{-1}{\pi}(y) = \varnothing$). Montrer que f est semi-continue inférieurement dans E. (Utiliser le fait que $\pi(E)$ est fermé et que pour tout $y \in \pi(E)$, $\overset{-1}{\pi}(y)$ est compact et tout voisinage de $\overset{-1}{\pi}(y)$ contient un voisinage saturé pour la relation d'équivalence $\pi(x) = \pi(x')$.)

b) Soit g la fonction continue $|x_1x_2 - 1|$ définie dans $\mathbf{R} \times]0, +\infty[$, et pour tout $x_1 \in \mathbf{R}$ soit $f(x_1) = \inf_{x_2>0} g(x_1, x_2)$; montrer que f n'est pas semi-continue inférieurement.

10) Étendre la déf. 1 (IV, p. 28), la prop. 1 (IV, p. 29) et le th. 3 (IV, p. 30) aux fonctions définies dans un espace topologique E et prenant leurs valeurs dans un ensemble

totalement ordonné quelconque F. Si f et g sont deux applications de E dans F, semi-continues inférieurement en un point a, $\inf(f, g)$ et $\sup(f, g)$ sont semi-continues inférieurement au point a. Il en est de même de $f + g$ si F est un groupe commutatif totalement ordonné.

Si F, muni de $\mathscr{T}_0(\mathrm{F})$, est *compact* (IV, p. 47, exerc. 6), étendre aux fonctions à valeurs dans F le th. 4 (IV, p. 30) et les prop. 4 et 5 (IV, p. 31).

¶ 11) On munit $\overline{\mathbf{R}}$ de la topologie *droite* (I, p. 90, exerc. 2); pour qu'une application f d'un espace topologique E dans $\overline{\mathbf{R}}$ soit continue au sens de cette topologie, il faut et il suffit que f admette un minimum relatif en *tout* point de E. Si on prend $\mathrm{E} = \mathbf{R}$ (muni de la topologie usuelle), montrer que l'ensemble $f(\mathrm{E})$ est alors *dénombrable*. (Raisonnant par l'absurde, supposons que l'intervalle $(\alpha, \beta) \cap f(\mathrm{E})$ soit non dénombrable, et pour tout $y \in (\alpha, \beta)$, soit $\mathrm{U}(y) = \overset{-1}{f}((y, +\infty))$, qui est un ensemble *ouvert* dans $\mathbf{R}$. Soit (I_n) la suite (finie ou infinie) des composantes connexes de $\mathrm{U}(\beta)$ et pour chaque n, soit $x_n \in \mathrm{I}_n$; pour tout $y \in (\alpha, \beta)$, soit $g_n(y)$ (resp. $h_n(y)$) l'origine (resp. l'extrémité) de la composante connexe de $\mathrm{U}(y)$ contenant x_n; montrer que pour un n au moins une des fonctions g_n, h_n doit prendre une infinité non dénombrable de valeurs distinctes dans (α, β), et conclure à l'aide de l'exerc. 8 de IV, p. 54.)

12) Soit f une fonction numérique finie continue et non constante dans un intervalle compact (a, b) de $\mathbf{R}$, telle que $f(a) = f(b) = 0$; soit Z la partie fermée de (a, b) formée des x tels que $f(x) = 0$, et soit c la plus grande des longueurs des intervalles contigus de Z dans (a, b). Montrer que, pour tout t tel que $0 < t < c$, il existe un point $x \in (a, b)$ tel que $x + t \in (a, b)$ et $f(x + t) = f(x)$.

13) Soit f une fonction numérique finie continue dans un intervalle compact (a, b) de $\mathbf{R}$, et non strictement monotone. Montrer qu'il existe un point $x_0 \in \,]a, b[$ tel que pour tout $\varepsilon > 0$, il existe dans (a, b) deux points y, z tels que $x_0 - \varepsilon < y < x_0 < z < x_0 + \varepsilon$ et $f(y) = f(z)$.

14) Soit f une application continue de $\mathbf{R}$ dans lui-même.

a) Montrer que si f est uniformément continue dans $\mathbf{R}$, il existe deux nombres réels $\alpha \geqslant 0$, $\beta \geqslant 0$ tels que $|f(x)| \leqslant \alpha|x| + \beta$ pour tout $x \in \mathbf{R}$.

b) Montrer que si f est monotone et bornée dans $\mathbf{R}$, f est uniformément continue dans $\mathbf{R}$.

¶ 15) Soient E la demi-droite d'Alexandroff (IV, p. 49, exerc. 12 *b*)), E′ son compactifié par adjonction d'un point à l'infini Ω. Montrer que pour toute application continue f de E dans lui-même, ou bien on a $\lim_{x \to \Omega, x \in \mathrm{E}} f(x) = \Omega$, ou bien il existe $z \in \mathrm{E}$ tel que f soit *constante* dans l'intervalle $(z, \rightarrow($. (Montrer que si, lorsque x tend vers Ω, f admet une valeur d'adhérence $c \in \mathrm{E}$, on a nécessairement $\lim_{x \to \Omega, x \in \mathrm{E}} f(x) = c$; on prouvera que f ne peut avoir d'autre valeur d'adhérence dans E′, en utilisant le fait que toute suite croissante converge dans E. Utiliser ensuite l'exerc. 12 *b*) de IV, p. 49 et le fait que dans E′ toute intersection dénombrable de voisinages de Ω est encore un voisinage de Ω.)

16) Soient E un espace topologique localement connexe, f une fonction numérique définie dans E. On suppose que: 1° pour toute partie connexe A de E, $f(\mathrm{A})$ est une partie connexe de $\overline{\mathbf{R}}$ (autrement dit un intervalle); 2° il existe dans $\mathbf{R}$ un ensemble partout dense D tel que pour tout $y \in \mathrm{D}$, $\overset{-1}{f}(y)$ soit fermé dans E. Montrer que dans ces conditions f est *continue*. (Pour tout $y_0 \in \mathrm{D}$, montrer que l'ensemble des $x \in \mathrm{E}$ tels que $f(x) > y_0$ est ouvert, en considérant les composantes connexes du complémentaire de $\overset{-1}{f}(y_0)$). Montrer que la propriété ne s'étend pas aux espaces E non localement connexes (considérer la fonction caractéristique de la composante connexe d'un ensemble ouvert).

§ 7

1) Soit (x_ι) une famille de nombres réels, appartenant tous à l'intervalle $A' =]-\infty, +\infty]$ (resp. à l'intervalle $A'' = [-\infty, +\infty[$). Pour que la famille (x_ι) soit sommable dans $\overline{\mathbf{R}}$, il faut et il suffit que l'*une* des conditions suivantes soit remplie:

a) un des nombres x_ι au moins est égal à $+\infty$ (resp. à $-\infty$);

b) l'une au moins des deux sommes $\sum_\iota x_\iota^+$, $\sum_\iota x_\iota^-$ est finie.

Dans le premier cas, on a $\sum_\iota x_\iota = +\infty$ (resp. $\sum_\iota x_\iota = -\infty$); dans le second, $\sum_\iota x_\iota = \sum_\iota x_\iota^+ - \sum_\iota x_\iota^-$.

2) Soit (x_ι) une famille de nombres réels appartenant tous à l'intervalle A′ (resp. A″) et satisfaisant à la condition *b*) de l'exerc. 1. Montrer que toute sous-famille de (x_ι) est sommable dans $\overline{\mathbf{R}}$, et que la somme des x_ι est associative (cf. III, p. 39, th. 2).

3) Soit $(x_n)_{n \geqslant 0}$ une suite *décroissante* de nombres finis $\geqslant 0$. Pour que cette suite soit sommable dans $\mathbf{R}$, il faut et il suffit que la suite $(2^n x_{2^n})_{n \geqslant 0}$ soit sommable dans $\mathbf{R}$ (« critère de condensation de Cauchy »). *En déduire que la série de terme général $1/n^\alpha$ est convergente si $\alpha > 1$, non convergente si $0 < \alpha \leqslant 1$.*

4) Soit (a_n) une suite quelconque de nombres finis $\geqslant 0$. Montrer que la suite $\left(\dfrac{a_n}{(1+a_1)(1+a_2)\ldots(1+a_n)}\right)$ est sommable dans $\mathbf{R}$ (mettre chaque terme de cette suite sous forme d'une différence).

5) Soit (d_n) une suite de nombres finis $\geqslant 0$ telle que $\sum_{n=0}^{\infty} d_n = +\infty$. Que peut-on dire de la convergence des séries de terme général

$$\frac{d_n}{1+d_n}; \quad \frac{d_n}{1+nd_n}; \quad \frac{d_n}{1+n^2 d_n}; \quad \frac{d_n}{1+d_n^2} \ ?$$

6) Établir que $s = \sum_{n=1}^{\infty} (1/n)$ est égal à $+\infty$ en montrant que $s \geqslant s + \frac{1}{2}$ (minorer séparément, en fonction de s, la somme des termes d'indice pair et la somme des termes d'indice impair).

7) Montrer que pour tout entier $p > 1$

$$\sum_{n=1}^{\infty} \frac{(-1)^{n-1}}{n^p} = (1 - 2^{1-p}) \sum_{n=1}^{\infty} \frac{1}{n^p}.$$

8) Montrer que pour m entier > 0, on a $\displaystyle\sum_{n \geqslant 1, n \neq m} \frac{1}{m^2 - n^2} = -\frac{3}{4m^2}$ (décomposer en éléments simples la fraction rationnelle $\dfrac{1}{m^2 - x^2}$).

9) Si la série de terme général x_n est convergente dans $\mathbf{R}$, montrer que l'on a $\liminf_{n \to \infty} nx_n \leqslant 0 \leqslant \limsup_{n \to \infty} nx_n$.

¶ 10) Pour qu'une série (u_n) soit convergente dans $\mathbf{R}$, il faut et il suffit que pour *toute* suite croissante (p_n) de nombres > 0 tels que $\lim_{n \to \infty} p_n = +\infty$, on ait $\lim_{n \to \infty} \left(\left(\sum_{k=0}^{n} p_k u_k\right)/p_n\right) = 0$ (utiliser l'exerc. 15 de IV, p. 55).

11) On considère une suite (a_n) dont chaque terme est une somme d'une suite finie de nombres réels finis

$$a_n = b_{n,1} + b_{n,2} + \cdots + b_{n,k_n}.$$

Pour tout couple (n, p) d'entiers positifs tels que $p \leqslant k_n$, si $m = \sum_{i=1}^{n-1} k_i + p$, on pose $c_m = b_{n,p}$. Montrer que si la série de terme général a_n est convergente dans $\mathbf{R}$, et si

$$d_n = |b_{n,1}| + |b_{n,2}| + \cdots + |b_{n,k_n}|$$

tend vers 0 lorsque n augmente indéfiniment, la série de terme général c_m est convergente et a la même somme que la série de terme général a_n.

¶ 12) Soit (u_n) une suite de nombres réels finis. Pour toute permutation σ de l'ensemble $\mathbf{N}$, on pose

$$r(n) = |\sigma(n) - n| . \sup_{m \geqslant n} |u_m|.$$

a) Si la série de terme général u_n est convergente, et si $\lim_{n \to \infty} r(n) = 0$, montrer que la série de terme général $v_n = u_{\sigma(n)}$ est convergente et a même somme. (Considérer pour de grandes valeurs de n la différence $\sum_{k=0}^{n} v_k - \sum_{k=0}^{n} u_k$, et si h est le plus petit entier $\leqslant n$ tel que $\sigma(h) > n$, remarquer que dans la différence précédente, il y a au plus $\sigma(h) - h$ termes dans chacune des deux sommes qui ne disparaissent pas.)

b) On suppose que la série de terme général u_n est convergente. Donner un exemple de permutation σ telle que $\lim_{n \to \infty} r(n) = 0$, mais que le critère de III, p. 79, exerc. 5 *a*) ne soit pas vérifié. (Définir de façon convenable une famille d'intervalles $I_k = (n_k - 2k, n_k + 2k)$ deux à deux sans point commun dans $\mathbf{N}$, et prendre σ tel que $\sigma(n) = n$ lorsque n n'appartient à aucun des I_k, et $\sigma(n_k - 2j) = n_k + 2j$, $\sigma(n_k + 2j) = n_k - 2j$ pour tout k et $0 \leqslant j \leqslant k$).

13) Soit (u_n) une suite de nombres réels $\geqslant 0$ tels que $\lim_{n \to \infty} u_n = 0$, et $\sum_{n=0}^{\infty} u_n = +\infty$. Soit (p_n) une suite strictement croissante de nombres > 0 tels que $\lim_{n \to \infty} p_n = +\infty$. Montrer qu'il existe une permutation σ de $\mathbf{N}$ telle que, pour tout $n \in \mathbf{N}$, $\sum_{k=0}^{n} u_{\sigma(n)} \leqslant p_n$.

¶ 14) Soit (u_n) une suite de nombres réels finis telle que la série de terme général u_n soit convergente, mais non absolument convergente; soit $s = \mathop{\mathsf{S}}_{n=0}^{\infty} u_n$. Montrer que, pour tout nombre $s' \geqslant s$, il existe une permutation σ de $\mathbf{N}$ telle que $\sigma(n) = n$ pour les indices n tels que $u_n \geqslant 0$, et que $\mathop{\mathsf{S}}_{n=0}^{\infty} u_{\sigma(n)} = s'$. (Montrer par récurrence sur m qu'il y a une permutation σ_m de $\mathbf{N}$ telle que $\sigma_m(k) = k$ pour tout k tel que $u_k \geqslant 0$ et que, si on pose $u_k^{(m)} = u_{\sigma_m(k)}$, il y a un entier p_m tel que, pour $k \geqslant p_m$, on ait $|s' - \sum_{i=0}^{k} u_i^{(m)}| \leqslant 1/m$. En outre, σ_{m+1} est tel que $\sigma_{m+1}(k) = \sigma_m(k)$ pour tout k tel que $\sigma_m(k) < p_m$ et tout k tel que $u_k \leqslant -1/m$.)

15) Soit (u_n) une suite de nombres réels finis telle que $\lim_{n \to \infty} u_n = 0$ et $\sum_n u_n^+ = \sum_n u_n^- = +\infty$. Si a et b sont deux nombres réels quelconques (finis ou non) tels que $a \leqslant b$, montrer qu'il existe une permutation σ de $\mathbf{N}$ telle que, si on pose $s_n = \sum_{k=0}^{n} u_{\sigma(k)}$, on ait $\liminf_{n \to \infty} s_n = a$ et $\limsup_{n \to \infty} s_n = b$. Montrer que l'ensemble des valeurs d'adhérence de la suite (s_n) est alors l'intervalle (a, b).

¶ 16) Soit (u_n) une suite de nombres réels finis telle que la série de terme général u_n soit convergente mais non absolument convergente. Montrer qu'il existe une permutation σ de $\mathbf{N}$ satisfaisant à la condition de III, p. 79, exerc. 5 *a*), mais telle que la série de terme général $u_{\sigma^{-1}(n)}$ ne soit pas convergente. (Soient h, k, m trois entiers ayant les propriétés suivantes: si $p_1, \ldots, p_r$ sont les entiers n tels que $h \leqslant n < h + m$ et $u_n \geqslant 0$, on a $u_{p_1} + \cdots + u_{p_r} > 2$ et $h + m < k - r$; en outre quels que soient les entiers μ, ν tels que $h + m \leqslant \mu \leqslant \nu$, on a $\left|\sum_{n=\mu}^{\nu} u_n\right| \leqslant 1$. On pose $s = m - r$ et on désigne par $q_1, \ldots, q_s$ les entiers n tels que $h \leqslant n < h + m$ et $u_n < 0$. Considérer la permutation π de l'intervalle $[h, k + s]$ de $\mathbf{N}$ telle que $\pi(p_i) = k - i + 1$ pour $1 \leqslant i \leqslant r, \pi(q_j) = k + j$ pour $1 \leqslant j \leqslant s, \pi(k + j) = h + s - j$ pour $1 \leqslant j \leqslant s$, $\pi(k - i + 1) = h + s + i - 1$ pour $1 \leqslant i \leqslant r$ et enfin $\pi(n) = n$ pour $h + m \leqslant n \leqslant k - r$; montrer que l'on a

$$\left|\sum_{\iota=h}^{k} u_\iota - \sum_{\iota=h}^{k} u_{\pi^{-1}(\iota)}\right| \geqslant 1.)$$

17) Si on pose $u_{mn} = 1/(m^2 - n^2)$ pour $m \neq n$, $u_{mm} = 0$, montrer que

$$\sum_{m=1}^{\infty}\Big(\sum_{n=1}^{\infty} u_{mn}\Big) = -\sum_{n=1}^{\infty}\Big(\sum_{m=1}^{\infty} u_{mn}\Big) \neq 0$$

(utiliser l'exerc. 8 de IV, p. 59).

18) Soit $(1 + u_\iota)$ une famille de nombres réels appartenant tous à l'intervalle $[0, +\infty[$ (resp. à l'intervalle $]0, +\infty]$). Pour que la famille $(1 + u_\iota)$ soit multipliable dans $\mathbf{R}$, il faut et il suffit que l'*une* des conditions suivantes soit remplie:

a) un des nombres $1 + u_\iota$ au moins est égal à 0 (resp. à $+\infty$);

b) la famille (u_ι) est sommable dans $\overline{\mathbf{R}}$.

19) Soit $(1 + u_\iota)_{\iota \in I}$ une famille multipliable dans $\mathbf{R}$. Pour toute partie non vide H de I, on pose $v_H = \prod_{\iota \in H} u_\iota$. Montrer que la famille $(v_H)_{H \in \mathfrak{F}(I)}$ est sommable dans $\mathbf{R}$ et que l'on a $1 + \sum_H v_H = \prod_{\iota \in I}(1 + u_\iota)$. Réciproque.

En déduire que pour $-1 < x < 1$, $\prod_{n=0}^{\infty}(1 + x^{2^n}) = 1/(1 - x)$.

20) Soit (u_n) une suite de nombres réels finis positifs telle que $u_0 > 0$, et soit $s_n = \sum_{k=0}^{n} u_k$ pour tout $n \geqslant 0$. Pour que la suite (u_n) soit sommable dans $\mathbf{R}$, il faut et il suffit que la suite (u_n/s_n) le soit (appliquer le th. 4 de IV, p. 35 à la suite $\left(1 - \frac{u_n}{s_n}\right)$). Même propriété en remplaçant la suite (u_n/s_n) par (u_n/s_{n-1}).

21) On pose $u_n = (-1)^n/\sqrt{n}$ pour $n \geqslant 2$; le produit de facteur général $(1 + u_n)$ n'est pas convergent, mais la série de terme général u_n est convergente.

22) Pour $n \geqslant 2$, on pose $u_{2n-1} = -1/\sqrt{n}$, $u_{2n} = (1 + \sqrt{n})/n$. Le produit de facteur général $1 + u_n$ est convergent, mais la série de terme général u_n n'est pas convergente.

§ 8

1) Si x et y sont réels, on a

$$[x+y] = [x] + [y] + \varepsilon \quad \text{avec} \quad \varepsilon = 0 \quad \text{ou} \quad \varepsilon = 1;$$

$$[x-y] = [x] - [y] - \varepsilon \quad \text{avec} \quad \varepsilon = 0 \quad \text{ou} \quad \varepsilon = 1;$$

$$[x] + [x+y] + [y] \leqslant [2x] + [2y];$$

$$[x] + \left[x + \frac{1}{n}\right] + \left[x + \frac{2}{n}\right] + \cdots + \left[x + \frac{n-1}{n}\right] = [nx]$$

$$\left[\frac{[nx]}{n}\right] = [x]$$

pour n entier >0.

2) Soit (ε_n) une suite strictement décroissante de nombres finis >0 tendant vers 0; pour tout $x \in \mathbf{R}$, soit $r_n(x)$ le multiple de ε_n qui est valeur approchée de x à ε_n près par défaut. Afin que, pour tout $x \in \mathbf{R}$, la suite $(r_n(x))$ soit croissante, il faut et il suffit que pour tout n, ε_n soit multiple entier de ε_{n+1}.

3) Soit a un entier >1. Pour qu'un nombre réel x soit rationnel, il faut et il suffit que son développement de base a, $x = p_0 + \sum_{n=1}^{\infty} u_n a^{-n}$ soit *périodique*, c'est-à-dire qu'il existe deux entiers n_0 et $r > 0$ tels que $u_{n+r} = u_n$ pour tout $n \geqslant n_0$.

¶ 4) Soit (u_n) une suite sommable dans $\mathbf{R}$ de nombres >0, satisfaisant aux conditions suivantes: $u_{n+1} \leqslant u_n$ et $u_n \leqslant \sum_{k=1}^{\infty} u_{n+k}$ pour tout $n \geqslant 0$. Montrer que pour tout nombre a tel que $0 < a \leqslant s = \sum_{n=0}^{\infty} u_n$, il existe une partie I de $\mathbf{N}$ telle que $a = \sum_{n \in \mathrm{I}} u_n$. Les conditions précédentes sont en particulier remplies lorsque $u_{n+1} \leqslant u_n \leqslant 2u_{n+1}$ pour tout n; cas des développements dyadiques.

¶ 5) Pour tout nombre réel $x \in \,]0, 1]$, il existe une suite infinie croissante et une seule (q_n) formée d'entiers >0, telles que $x = \sum_{n=1}^{\infty} 1/(q_1 q_2 \ldots q_n)$. Pour que x soit rationnel, il faut et il suffit que $q_{n+1} = q_n$ à partir d'un certain rang.

¶ 6) Pour tout nombre réel $x > 1$, il existe une suite infinie (t_n) et une seule, formée d'entiers $\geqslant 1$, telle que $t_{n+1} \geqslant t_n^2$ pour tout $n \geqslant 1$ et que $x = \prod_{n=1}^{\infty} \left(1 + \frac{1}{t_n}\right)$ (utiliser l'exerc. 19 de IV, p. 61). Pour que x soit rationnel, il faut et il suffit que $t_{n+1} = t_n^2$ à partir d'un certain rang (pour démontrer la nécessité de la condition, montrer que si on pose $x_n = \prod_{k=n+1}^{\infty} \left(1 + \frac{1}{t_k}\right)$, les dénominateurs des fractions $\frac{x_n}{x_n - 1}$ (mises sous forme irréductible) forment une suite décroissante).

¶ *7) Soit $(\varepsilon_n)_{n \geqslant 0}$ une suite de nombres égaux à 1 ou à -1; montrer que le nombre réel

$$x_n = \varepsilon_0 \sqrt{2 + \varepsilon_1 \sqrt{2 + \varepsilon_2 \sqrt{2 + \cdots + \varepsilon_n \sqrt{2}}}}$$

est défini, et égal à

$$2 \sin\left(\frac{\pi}{4} \sum_{k=0}^{n} \frac{\varepsilon_0 \varepsilon_1 \ldots \varepsilon_k}{2^k}\right).$$

En déduire que $\lim_{n\to\infty} x_n$ existe et que pour tout nombre réel x tel que $-2 \leqslant x \leqslant 2$, il existe une suite (ε_n) telle que x soit égal à la limite de la suite (x_n) correspondante; pour quelles valeurs de x la suite (ε_n) est-elle unique? Pour quelles valeurs de x est-elle périodique (voir IV, p. 62, exerc. 3)?$_*$

8) Montrer qu'il ne peut exister d'application non constante ψ d'un intervalle $I \subset \mathbf{R}$ dans l'ensemble $\mathbf{N}^{\mathbf{N}}$ des suites d'entiers naturels, qui, pour tout $x \in I$, ait la propriété suivante: pour tout entier n, il existe un voisinage V de x dans I tel que, pour tout $y \in V$, les n premiers termes de la suite $\psi(y)$ soient identiques aux n premiers termes de la suite $\psi(x)$ (remarquer que cela entraînerait la continuité de ψ, lorsqu'on munit chacun des facteurs $\mathbf{N}$ de la topologie discrète, et $\mathbf{N}^{\mathbf{N}}$ du produit de ces topologies).

9) Montrer que l'ensemble triadique de Cantor K (IV, p. 9) est identique à l'ensemble des nombres réels $x \in [0, 1]$, dont le développement de base 3 (resp. le développement impropre de base 3 si x est origine d'un intervalle contigu à K) $x = \sum_{n=1}^{\infty} u_n 3^{-n}$ est tel que $u_n \neq 1$ pour tout n (donc $u_n = 0$ ou $u_n = 2$). Si on pose alors $v_n = u_n/2$ pour tout n, et $f(x) = \sum_{n=1}^{\infty} v_n 2^{-n}$, montrer que f est une application continue *surjective* de K dans $[0, 1]$; en déduire que K a la puissance du continu.

¶ 10) Soient (d_n) une suite de base, $a_n = d_n/d_{n-1}$ $(n \geqslant 1)$, (n_i) une suite d'entiers strictement croissante, (b_i) une suite d'entiers telle que $0 < b_i < a_{n_i} - 1$ pour tout i. Soit G l'ensemble des $x \in [0, 1]$ tels que pour le développement $\sum_{n=1}^{\infty} u_n/d_n$ de x, ou le développement impropre de x lorsqu'il en existe un, on ait $u_{n_i} \neq b_i$ pour tout $i \in \mathbf{N}$. Montrer que G est un ensemble parfait totalement discontinu, et que si l est la somme des longueurs des intervalles contigus à G, contenus dans $[0, 1]$, on a $1 - l = \prod_{i=0}^{\infty}\left(1 - \frac{1}{a_{n_i}}\right)$.

¶ 11) Soit E un espace topologique séparé. On suppose que pour toute suite finie s dont les termes sont égaux à 0 ou à 1, il existe une partie non vide $A(s)$ de E, satisfaisant aux conditions suivantes:

1° Si s est une suite de n termes (égaux à 0 ou 1), s', s'' les suites de $n+1$ termes (égaux à 0 ou 1) dont les n premiers termes sont égaux à ceux de s, on a $A(s) = A(s') \cup A(s'')$; en outre, si s_0 est la suite vide, $A(s_0) = E$.

2° Pour toute suite infinie $(u_n)_{n \geqslant 0}$ dont les termes sont égaux à 0 ou à 1, si on désigne par s_n la suite finie $(u_k)_{0 \leqslant k \leqslant n}$, la base de filtre formée par les $A(s_n)$ converge vers un point de E.

Montrer que dans ces conditions il existe une application *surjective* continue de l'ensemble triadique de Cantor K dans E.

¶ 12) Déduire de l'exerc. 11 que:

a) Si A est une partie compacte de $\mathbf{R}$, il existe une application continue de l'ensemble triadique de Cantor K sur A (prendre pour les $A(s)$ les intersections de A avec des intervalles convenablement choisis).

b) Si de plus A est parfait et totalement discontinu, il est homéomorphe à K (même méthode, en procédant de sorte que si s_1 et s_2 sont deux suites distinctes ayant même nombre de termes (égaux à 0 ou 1), on ait $A(s_1) \cap A(s_2) = \varnothing$).

¶ 13) Soit E un espace topologique séparé *dénombrable*. On suppose que pour toute suite finie s dont les termes sont égaux à 0 ou à 1, il existe une partie non vide $B(s)$ de E, satisfaisant aux conditions suivantes:

1° Si s est une suite finie de n termes (égaux à 0 ou 1), s', s'' les suites de $n+1$ termes (égaux à 0 ou 1) dont les n premiers termes sont égaux à ceux de s, on a $B(s') \cup B(s'') = B(s)$, $B(s') \cap B(s'') = \varnothing$; en outre, si s_0 est la suite vide, $B(s_0) = E$.

2° Pour tout $x \in E$, si s_n désigne la suite (unique) de n termes égaux à 0 ou 1 et telle que $x \in B(s_n)$, la base de filtre formée par les $B(s_n)$ converge vers x dans E.

Montrer que, dans ces conditions, E est *homéomorphe à la droite rationnelle* **Q**. (Établir d'abord que E est homéomorphe à une partie dénombrable de l'ensemble triadique de Cantor K, dense par rapport à K et ne contenant aucune extrémité d'intervalle contigu à K. Pour cela, on remarquera que les hypothèses associent à chaque $x \in E$ une suite infinie $(u_n(x))$ dont les termes sont égaux à 0 ou à 1 ; en utilisant le fait que E est dénombrable, on montrera qu'on peut modifier la bijection $s \mapsto B(s)$ de sorte que pour aucun $x \in E$ les $u_n(x)$ ne forment une suite stationnaire. Utiliser enfin l'exerc. 10 de IV, p. 48).

En déduire que tout sous-espace dénombrable de **R** sans point isolé est homéomorphe à **Q**.

14) Montrer que toute partie fermée de **R** est dénombrable ou a la puissance du continu (utiliser l'exerc. 12 *b*) de IV, p. 63 et l'exerc. 17 de I, p. 107).

15) Montrer que l'ensemble des ensembles ouverts dans **R** et l'ensemble des ensembles compacts, parfaits et totalement discontinus dans **R**, ont la puissance du continu.

16) *a*) Soient A une partie fermée dénombrable de **R**, f une fonction numérique continue définie dans **R**. Si f est constante dans chacun des intervalles contigus à A, f est constante (utiliser le th. de Bolzano).

b) Si f est l'application continue de l'ensemble triadique de Cantor K dans $(0, 1)$, définie dans l'exerc. 9 (IV, p. 63), montrer qu'on peut prolonger f en une fonction continue dans **R**, et constante dans chacun des intervalles contigus à K.

17) Soit E un espace topologique contenant une partie dénombrable partout dense. Montrer que l'ensemble des fonctions numériques continues dans E a la puissance du continu.

NOTE HISTORIQUE

(N.-B. — Les chiffres romains renvoient à la bibliographie placée à la fin de cette note.)

Toute mesure de grandeurs implique une notion confuse de nombre réel (on en verra dans V, § 2, les raisons précises). Du point de vue mathématique, on doit faire remonter les origines de la théorie des nombres réels à la formation progressive, dans la science babylonienne, d'un système de numération capable (en principe) de noter des valeurs aussi approchées qu'on veut de tout nombre réel (I). La possession d'un tel système, et la confiance dans le calcul numérique qui ne peut manquer d'en résulter, aboutissent inévitablement, en effet, à une notion « naïve » de nombre réel, qui n'est guère différente de celle qu'on retrouve aujourd'hui (liée au système de numération décimal) dans l'enseignement élémentaire ou chez les physiciens et ingénieurs; cette notion ne se laisse pas définir avec exactitude, mais on peut l'exprimer en disant qu'un nombre est considéré comme défini par la possibilité d'en obtenir des valeurs approchées et d'introduire celles-ci dans le calcul: ce qui, d'ailleurs, implique nécessairement un certain degré de confusion entre les mesures de grandeurs données dans l'expérience, qui ne sont naturellement pas susceptibles d'approximation indéfinie, et des « nombres » tels que $\sqrt{2}$ (en supposant qu'on possède un algorithme pour l'approximation indéfinie de celui-ci).

Un pareil point de vue « pragmatiste » reparaît donc dans toutes les écoles mathématiques où l'habileté calculatrice l'emporte sur le souci de la rigueur et les préoccupations théoriques. Ce sont ces dernières, au contraire, qui dominent dans la mathématique grecque: aussi lui doit-on la première théorie rigoureuse et cohérente des rapports de grandeurs, c'est-à-dire, essentiellement, des nombres réels; elle est l'aboutissement d'une série de découvertes sur les proportions et en particulier sur les rapports incommensurables, dont il est difficile d'exagérer l'importance dans l'histoire de la pensée grecque, mais dont, en l'absence de textes précis, nous ne pouvons qu'à peine discerner les grandes lignes. La mathématique grecque à ses débuts est inséparablement liée à des spéculations, partie scientifiques, partie philosophiques et mystiques, sur les proportions, les similitudes et les rapports, en particulier les « rapports simples » (exprimables par des fractions à petits numérateur et dénominateur); et ce fut l'une des tendances caractéristiques de l'école pythagoricienne de prétendre tout expliquer par le nombre entier et les rapports d'entiers. Mais ce fut l'école pythagoricienne, justement, qui découvrit l'incommensurabilité du côté du carré avec sa diagonale (l'irrationalité de $\sqrt{2}$): premier exemple, sans doute, d'une démonstration d'impossibilité en mathématique; le seul fait de se poser une telle question implique la distinction nette entre un rapport et ses valeurs approchées, et suffit à indiquer l'immense fossé qui sépare les mathématiciens grecs de leurs devanciers.[1]

Nous sommes mal renseignés sur le mouvement d'idées qui accompagna et suivit cette importante découverte.[2] Nous nous bornerons à indiquer sommairement les idées principales qui sont à la base de la théorie des rapports des grandeurs, théorie qui, édifiée par le grand mathématicien Eudoxe (contemporain et ami de Platon), fut définitivement adoptée par la mathématique grecque classique, et nous est connue par les Éléments d'Euclide (II) où elle se trouve magistralement exposée (dans le Livre V de ces Éléments):

1) Le mot et l'idée de *nombre* sont strictement réservés aux entiers naturels >1 (1 est la monade et non un nombre à proprement parler), à l'exclusion, non seulement de nos nombres irrationnels, mais même de ce que nous nommons nombres rationnels, ceux-ci étant, pour les mathématiciens grecs de l'époque classique, des rapports de nombres. Il y a là beaucoup plus qu'une simple question de terminologie, le mot de nombre étant lié pour les Grecs (et pour les modernes jusqu'à une époque récente) à l'idée de *système à double loi de composition* (addition et multiplication): les rapports d'entiers sont conçus par les mathématiciens grecs classiques comme des opérateurs, définis sur l'ensemble des entiers ou sur une partie de cet ensemble (le rapport de p à q est l'opérateur qui, à N, fait correspondre, *si* N *est multiple de* q, l'entier $p.(N/q)$), et formant un groupe multiplicatif, mais non un système à double loi de composition. En ceci, les mathématiciens grecs se séparaient volontairement des « logisticiens » ou calculateurs professionnels, qui n'avaient, comme leurs prédécesseurs égyptiens ou babyloniens, aucun scrupule à traiter comme des nombres les fractions ou les sommes d'un entier et d'une fraction. Il semble d'ailleurs qu'ils se soient imposé cette restriction de l'idée de nombre pour des motifs plus philosophiques que mathématiques, et à la suite des réflexions des premiers penseurs grecs sur l'un

[1] La découverte de l'irrationalité de $\sqrt{2}$ est attribuée par les uns à Pythagore lui-même, sans autorité suffisante semble-t-il; par les autres, à quelque pythagoricien du ve siècle; on s'accorde, sur le témoignage de Platon dans son *Théétète*, à attribuer à Théodore de Cyrène la démonstration de l'irrationalité de $\sqrt{3}$, $\sqrt{5}$, « *et ainsi de suite jusqu'à* $\sqrt{17}$ », à la suite de quoi Théétète aurait, soit obtenu une démonstration générale pour $\sqrt{N}$ (N = entier non carré parfait), soit en tout cas (si, comme il se peut, la démonstration de Théodore était générale dans son principe) procédé à une classification de certains types d'irrationnelles. On ne sait pas si ces premières démonstrations d'irrationalité procédaient par voie arithmétique ou géométrique: v. là-dessus G. H. Hardy and E. M. Wright, *An Introduction to the Theory of Numbers*, Oxford, 1938, chap. IV; cf. aussi Sir Th. Heath, *A History of Greek Mathematics*, 2 vol., Oxford, 1921; H. Vogt, Entdeckung des Irrationalen..., *Bibliotheca Mathematica* (III) 10 (1909), p. 97, et H. Hasse und H. Scholz, *Die Grundlagenkrise der griechischen Mathematik*, (Pan-Verlag), 1928.

[2] On consultera en particulier là-dessus les articles de O. Becker et ceux de O. Tœplitz parus dans *Quellen und Studien zur Geschichte der Mathematik* (Abt. B, Studien), vol. 1-2-3, Berlin (Springer), 1931–36, et en outre les ouvrages cités dans la note précédente, ainsi que B. L. van der Waerden, Zenon und die Grundlagenkrise..., *Math. Ann.*, t. CXVII (1940), p. 141.

et le multiple, l'unité ne pouvant (dans ce système de pensée) se partager sans perdre par là même son caractère d'unité.[1]

2) La théorie des grandeurs est fondée axiomatiquement, et à la fois pour toute espèce de grandeurs (on trouve des allusions à des théories antérieures qui, à ce qu'il semble, traitaient séparément des longueurs, des aires, des volumes, des temps, etc.). Les grandeurs d'une même espèce sont caractérisées par le fait d'être susceptibles de comparaison (c'est-à-dire qu'on suppose définie l'égalité, qui est à proprement parler une équivalence, et les relations $>$ et $<$), d'être ajoutées et retranchées ($A + B$ est défini, et $A - B$ si $A > B$), et satisfont à l'axiome dit « d'Archimède » (IV, p. 6, th. 1); celui-ci est clairement conçu dès le début, comme clef de voûte de l'édifice (il est en effet indispensable à toute caractérisation axiomatique des nombres réels: cf. V, §2); c'est par un pur accident qu'on lui a attribué le nom d'Archimède, et celui-ci insiste, dans l'introduction de sa « Quadrature de la Parabole » (III), sur le fait que cet axiome a été employé par ses prédécesseurs, qu'il joue un rôle essentiel dans les travaux d'Eudoxe, et que ses conséquences ne sont pas moins assurées que les déterminations d'aires et de volumes faites sans son secours.[2]

On verra au Chapitre V, § 2, comment, de ce fondement axiomatique, découle nécessairement la théorie des nombres réels. On notera que, pour Eudoxe, les grandeurs d'une espèce donnée forment un système à *une* loi de composition interne (l'addition), mais que ce système possède une loi de composition *externe* avec pour opérateurs les *rapports de grandeurs*, ceux-ci étant conçus comme formant un *groupe multiplicatif*. A et A′ étant des grandeurs de même espèce, et de même B et B′, les *rapports* de A à A′ et de B à B′ sont *définis* comme égaux, si, quels que soient les entiers m et m', $mA < m'A'$ entraîne $mB < m'B'$ et $mA > m'A'$ entraîne $mB > m'B'$; on définit par des moyens analogues les inégalités entre rapports. Que ces rapports forment un *domaine d'opérateurs* pour toute espèce de grandeur équivaut à l'axiome (non explicité mais plusieurs fois utilisé dans la rédaction d'Euclide) de l'existence de la quatrième proportionnelle: un rapport A/A' étant donné, et B′ étant donné, il existe un B, de même espèce que B′, tel que $B/B' = A/A'$. Ainsi l'idée géniale d'Eudoxe permettait d'identifier entre eux les domaines d'opérateurs définis par toute espèce de grandeur[3]; d'une manière

[1] Platon (*République*, livre VII, 525e) se moque des calculateurs « *qui changent l'unité pour de la menue monnaie* » et nous dit que, là où ceux-ci divisent, les savants multiplient: ce qui veut dire que, par exemple, pour le mathématicien, l'égalité de deux rapports a/b et c/d se constate, non en divisant a par b et c par d, ce qui conduit en général à un calcul de fractions (c'est ainsi qu'auraient opéré aussi les Égyptiens ou les Babyloniens), mais en vérifiant que $a.d = b.c$; et autres faits semblables.

[2] Allusion manifeste à des polémiques qui ne nous ont pas été conservées: on croirait un moderne parlant de l'axiome de Zermelo.

[3] Elle permet ainsi de faire en toute rigueur ce que faisaient couramment les premiers mathématiciens grecs lorsqu'ils considéraient comme démontré un théorème sur les proportions dès que celui-ci était démontré pour tout rapport rationnel. Il semble qu'avant Eudoxe on ait tenté de construire une théorie qui aurait atteint les mêmes objets en définissant le rapport A/A' de deux grandeurs par ce que nous appellerions en langage moderne les termes de la fraction continuée qui l'exprime; sur ces essais, auxquels conduisait naturellement l'algorithme dit « d'Euclide » pour la

analogue, on peut identifier l'ensemble des rapports d'entiers (voir plus haut) avec une *partie* de l'ensemble des rapports de grandeurs, à savoir avec l'ensemble des rapports rationnels (rapports de grandeurs commensurables); cependant, du fait que ces rapports, en tant qu'opérateurs sur les entiers, sont (en général) définis seulement sur une partie de l'ensemble des entiers, il restait nécessaire d'en développer la théorie séparément (Livre VII d'Euclide).

Le domaine d'opérateurs universel ainsi construit était donc pour les mathématiciens grecs l'équivalent de ce qu'est pour nous l'ensemble des nombres réels; il est clair d'ailleurs qu'avec l'*addition* des grandeurs et la *multiplication* des rapports de grandeurs, ils possédaient l'équivalent de ce qu'est pour nous le *corps* des nombres réels, bien que sous une forme beaucoup moins maniable.[1] On peut, d'autre part, se demander s'ils avaient conçu ces ensembles (ensemble des grandeurs d'une espèce donnée, ou ensemble des rapports de grandeurs) comme *complets* à notre sens; on ne voit pas bien, autrement, pourquoi ils auraient admis (sans même éprouver le besoin d'en faire un axiome) l'existence de la quatrième proportionnelle; de plus, certains textes paraissent se référer à des idées de ce genre; enfin, ils admettaient certainement comme évident qu'une courbe, susceptible d'être décrite d'un mouvement continu, ne peut passer d'un côté à l'autre d'une droite sans couper celle-ci, principe qu'ils ont utilisé par exemple dans leurs recherches sur la duplication du cube (construction de $\sqrt[3]{2}$ par des intersections de courbes) et qui est essentiellement équivalent à la propriété dont il s'agit: cependant, les textes que nous possédons ne nous permettent pas de connaître avec une entière précision leurs idées sur ce point.

Tel est donc l'état de la théorie des nombres réels à l'époque classique de la mathématique grecque. Pour admirable que fût la construction d'Eudoxe, et ne laissant rien à désirer du point de vue de la rigueur et de la cohérence, il faut avouer qu'elle manquait de souplesse, et était peu favorable au développement du calcul numérique et surtout du calcul algébrique. De plus, sa nécessité logique ne pouvait apparaître qu'à des esprits épris de rigueur et exercés à l'abstraction; il est donc naturel qu'au déclin des mathématiques grecques, on voie reparaître peu à peu le point de vue « naïf » qui s'était conservé à travers la tradition des logisticiens; c'est lui qui domine par exemple chez Diophante (IV), véritable continuateur de cette tradition bien plutôt que de la science grecque officielle; celui-ci, tout en reproduisant pour la forme la définition euclidienne du nombre, entend en réalité par le mot « nombre », l'inconnue de problèmes

recherche d'une commune mesure de A et A′ si elle existe (ou pour la détermination du p. g. c. d.), cf. les articles de O. Becker cités plus haut (note (²), IV, p. 66).

[1] Si peu maniable que les mathématiciens grecs, pour traduire dans leur langage la science algébrique des Babyloniens, s'étaient trouvés obligés d'utiliser systématiquement un moyen d'un tout autre ordre, à savoir la correspondance entre deux *longueurs* et l'*aire* du rectangle construit sur ces deux longueurs pour côtés: ce qui n'est pas une loi de composition à proprement parler, et ne permet pas d'écrire commodément des relations algébriques d'un degré plus élevé que le second.

On notera d'autre part que, dans tout cet exposé, nous faisons abstraction de la question des nombres négatifs, sur laquelle nous renvoyons à la Note historique de A, I, p. 158.

algébriques dont la solution est, soit un entier, soit un nombre fractionnaire, soit même une irrationnelle.[1] Bien que ce changement d'attitude, au sujet du nombre, soit lié à l'un des progrès les plus importants de l'histoire des mathématiques, à savoir le développement de l'Algèbre, il ne constitue bien entendu pas un progrès en lui-même, mais plutôt un recul.

Il ne nous est pas possible de suivre ici les vicissitudes de l'idée de nombre à travers les mathématiques hindoue, arabe et occidentale jusqu'à la fin du moyen âge; c'est la notion « naïve » de nombre qui y domine; et, bien que les Éléments d'Euclide servissent de base à l'enseignement des mathématiques durant cette période, il est vraisemblable que la doctrine d'Eudoxe resta généralement incomprise parce que la nécessité n'en apparaissait plus. Les « rapports » d'Euclide étaient le plus souvent qualifiés de « nombres »; on leur appliquait les règles du calcul des entiers, obtenant ainsi des résultats exacts, sans chercher à analyser à fond les raisons du succès du ces méthodes.

Nous voyons cependant déjà R. Bombelli, au milieu du XVIe siècle, exposer sur ce sujet, dans son Algèbre (V),[2] un point de vue qui (à condition de supposer acquis les résultats du livre V d'Euclide) est essentiellement correct; ayant reconnu qu'une fois choisie l'unité de longueur il y a correspondance biunivoque entre les longueurs et les rapports de grandeurs, il définit *sur les longueurs* les diverses opérations algébriques (en supposant fixée l'unité, bien entendu), et, représentant les nombres par les longueurs, obtient la définition géométrique du corps des nombres réels (point de vue dont on fait le plus souvent revenir le mérite à Descartes), et donne ainsi à son Algèbre une base géométrique solide.[3]

Mais l'Algèbre de Bombelli, encore que singulièrement avancée pour son époque, n'allait pas au-delà de l'extraction des radicaux et de la résolution par radicaux des équations des 2e, 3e et 4e degrés; bien entendu la possibilité de l'extraction des radicaux est admise par lui sans discussion. Simon Stévin (VI), lui aussi, adopte un point de vue analogue au sujet du nombre, qui est pour lui ce qui note une mesure de grandeur, et qu'il considère comme essentiellement « continu » (sans qu'il précise le sens qu'il donne à ce mot); s'il distingue les « nombres géométriques » des « nombres arithmétiques », c'est seulement d'après l'accident de leur mode de définition, sans qu'il y ait là pour lui une différence de nature; voici d'ailleurs son dernier mot sur ce sujet: « *Nous concluons doncques qu'il n'y a aucuns nombres absurds, irrationnels, irreguliers, inexplicables ou sourds, mais*

[1] « *Le « nombre » se trouve non rationnel* », Diophante, livre IV, problème IX. Sur ce retour à la notion naïve de nombre, cf. aussi Eutocius, dans son Commentaire sur Archimède ((III), t. III, p. 120–126 de la 2e éd. = p. 140–148 de la 1re éd.).

[2] Il s'agit ici du livre IV de cette Algèbre, qui demeura inédit jusqu'à nos jours; il importe peu, pour l'objet de l'exposé ci-dessus, que les idées de Bombelli sur ce sujet aient été ou non connues de ses contemporains.

[3] Nous n'entrons pas ici dans l'histoire de l'emploi des nombres négatifs, qui est du ressort de l'Algèbre. Notons pourtant que Bombelli, en ce même lieu, donne avec une parfaite clarté la définition, purement formelle (telle qu'on pourrait la trouver dans une Algèbre moderne), non seulement des quantités négatives, mais aussi des nombres complexes.

qu'il y a en eux telle excellence, et concordance, que nous avons matiere de mediter nuict et jour en leur admirable parfection » (VI, p. 10). D'autre part, ayant le premier constitué en méthode de calcul l'outil des fractions décimales, et proposé pour celles-ci une notation déjà voisine de la nôtre, il conçut clairement que ces fractions fournissent un algorithme d'approximation indéfinie de tout nombre réel, comme il ressort de son *Appendice algebraique* de 1594, « *contenant regle generale de toutes Equations* » (brochure dont l'unique exemplaire connu fut brûlé à Louvain en 1914; mais v. (VI), t. I, p. 88). Une telle équation étant mise sous la forme $P(x) = Q(x)$ (où P est un polynôme de degré supérieur à celui du polynôme Q, et $P(0) < Q(0)$), on substitue à x les nombres 10, 100, 1 000,... jusqu'à trouver $P(x) > Q(x)$, ce qui, dit-il, détermine le nombre de chiffres de la racine; puis (si par exemple la racine se trouve avoir deux chiffres) on substitue, 10, 20,... ce qui détermine le chiffre des dizaines; puis de même pour le chiffre suivant, puis pour les chiffres décimaux successifs: « *Et procedant ainsi infiniment*, dit-il, *l'on approche infiniment plus pres au requis* » (VI, p. 88). Comme on voit, Stévin a eu (le premier sans doute) l'idée nette du th. 2 de IV, p. 28, et a reconnu dans ce théorème l'outil essentiel pour la résolution systématique des équations numériques; on reconnaît là, en même temps, une conception intuitive si claire du continu numérique, qu'il restait peu de chose à faire pour la préciser définitivement.

Cependant, dans les deux siècles qui suivirent, l'établissement définitif de méthodes correctes se trouva deux fois retardé par le développement de deux théories dont nous n'avons pas à faire l'histoire ici: le calcul infinitésimal, et la théorie des séries. A travers les discussions qu'elles soulèvent, on reconnaît, comme à toutes les époques de l'histoire des mathématiques, le perpétuel balancement entre les chercheurs occupés d'aller de l'avant, au prix de quelque insécurité, persuadés qu'il sera toujours temps plus tard de consolider le terrain conquis, et les esprits critiques, qui (sans nécessairement le céder en rien au premiers pour les facultés intuitives et les talents d'inventeur) ne croient pas perdre leur peine en consacrant quelque effort à l'expression précise et à la justification rigoureuse de leurs conceptions. Au XVIIe siècle, l'objet principal du débat est la notion d'infiniment petit, qui, justifiée *a posteriori* par les résultats auxquels elle permettait d'atteindre, paraissait en opposition ouverte avec l'axiome d'Archimède; et nous voyons les esprits les plus éclairés de cette époque finir par adopter un point de vue peu différent de celui de Bombelli, et qui s'en distingue surtout par l'attention plus grande apportée aux méthodes rigoureuses des anciens; Isaac Barrow (le prédécesseur de Newton, et qui lui-même prit une part importante à la création du calcul infinitésimal) en donne un brillant exposé dans ses *Leçons de Mathématique* professées à Cambridge en 1664–65–66 (VII); reconnaissant la nécessité, pour retrouver au sujet du nombre la proverbiale « certitude géométrique », de retourner à la théorie d'Eudoxe, il présente longuement, et fort judicieusement, la défense de celle-ci (qui, à son témoignage, paraissait inintelligible à beaucoup de ses contemporains) contre ceux qui la taxaient d'obscurité ou même d'absurdité. D'autre part, définissant les nombres comme des symboles qui dénotent des rapports de grandeurs, et susceptibles de se combiner entre eux par les opérations de l'arithmétique, il obtient le corps des nombres réels, en des termes repris après lui par Newton dans son *Arithmétique* et auxquels ses successeurs jusqu'à Dedekind et Cantor ne devaient rien changer.

Mais c'est vers cette époque que s'introduisit la méthode des développements en série, qui bientôt, entre les mains d'algébristes impénitents, prend un caractère exclusivement formel et détourne l'attention des mathématiciens des questions de convergence que soulève le sain emploi des séries dans le domaine des nombres réels. Newton, principal créateur de la méthode, était encore conscient de la nécessité de considérer ces questions: et, s'il ne les avait pas suffisamment élucidées, il avait reconnu du moins que les séries de puissances qu'il introduisait convergeaient « le plus souvent » au moins aussi bien qu'une série géométrique (dont la convergence était déjà connue des anciens) pour de petites valeurs de la variable (VIII); vers la même époque, Leibniz avait observé qu'une série alternée, à termes décroissants en valeur absolue et tendant vers 0, est convergente; au siècle suivant, d'Alembert, en 1768, exprime des doutes sur l'emploi des séries non convergentes. Mais l'autorité des Bernoulli et surtout d'Euler fait que de tels doutes sont exceptionnels à cette époque.

Il est clair que des mathématiciens qui auraient eu l'habitude de faire servir les séries au calcul numérique n'auraient jamais négligé ainsi la notion de convergence; et ce n'est pas un hasard que le premier qui, en ce domaine comme en beaucoup d'autres, ait amené le retour aux méthodes correctes, ait été un mathématicien qui, dès sa prime jeunesse, avait eu l'amour du calcul numérique: C. F. Gauss, qui, presque enfant, avait pratiqué l'algorithme de la moyenne arithmético-géométrique,[1] ne pouvait manquer de se former de la limite une notion claire; et nous le voyons, dans un fragment qui date de 1800 (mais fut publié seulement à notre époque) (IX, vol. X[1], p. 390), définir avec précision, d'une part la borne supérieure et la borne inférieure, d'autre part la limite supérieure et la limite inférieure d'une suite de nombres réels; l'existence des premières (pour une suite bornée) paraissant admise comme évidente, et les dernières étant correctement définies comme limites, pour n tendant vers $+\infty$, de $\sup_{p\geqslant 0} u_{n+p}$, $\inf_{p\geqslant 0} u_{n+p}$. Gauss, d'autre part, donne aussi, dans son mémoire de 1812 sur la série hypergéométrique (IX, t. III, p. 139) le premier modèle d'une discussion de convergence conduite, comme il dit, « *en toute rigueur, et faite pour satisfaire ceux dont les préférences vont aux méthodes rigoureuses des géomètres anciens* »: il est vrai que cette discussion, constituant un point secondaire dans le mémoire, ne remonte pas aux premiers principes de la théorie des séries; c'est Cauchy qui établit ceux-ci le

[1] x_0, y_0 étant donnés et > 0, soient $x_{n+1} = (x_n + y_n)/2$, $y_{n+1} = \sqrt{x_n y_n}$; pour n tendant vers $+\infty$, x_n et y_n tendent (très rapidement) vers une limite commune, dite moyenne arithmético-géométrique de x_0 et y_0 (IV, p. 55, exerc. 16); cette fonction est intimement liée aux fonctions elliptiques et forma le point de départ des importants travaux de Gauss sur ce sujet.

premier, dans son *Cours d'Analyse* de 1821 (X) d'une manière en tout point correcte, à partir du critère de Cauchy clairement énoncé, et admis comme évident; comme, sur la définition du nombre, il s'en tient au point de vue de Barrow et de Newton, on peut donc dire que pour lui les nombres réels sont définis par les axiomes des grandeurs et le critère de Cauchy: ce qui suffit en effet à les définir (cf. V, §2).

C'est au même moment qu'est définitivement éclairci un autre aspect important de la théorie des nombres réels. Comme nous l'avons dit, on avait toujours admis comme géométriquement évident que deux courbes continues ne peuvent se traverser sans se rencontrer; principe qui (convenablement précisé) équivaudrait, lui aussi, à la propriété de la droite d'être un espace complet. Ce principe est encore à la base de la démonstration « rigoureuse » donnée par Gauss en 1799 du théorème de d'Alembert, d'après lequel tout polynôme à coefficients réels admet une racine réelle ou complexe (IX, t. III, p. 1); la démonstration du même théorème, donnée par Gauss en 1815 (IX, t. III, p. 31), s'appuie, de même qu'un essai antérieur de Lagrange, sur le principe, analogue mais plus simple, d'après lequel un polynôme ne peut changer de signe sans s'annuler: c'est le cas particulier du th. 2 de IV, p. 28, que nous avons vu utiliser déjà par Stévin. En 1817, Bolzano donne, à partir du critère de Cauchy, une démonstration complète de ce dernier principe, qu'il obtient comme cas particulier du théorème analogue pour les fonctions numériques continues d'une variable numérique (XI). Énonçant clairement (avant Cauchy) le « critère de Cauchy », il cherche à le justifier par un raisonnement qui, en l'absence de toute définition arithmétique du nombre réel, n'était et ne pouvait être qu'un cercle vicieux; mais, ce point une fois admis, son travail est entièrement correct et fort remarquable, comme contenant, non seulement la définition moderne d'une fonction continue (donnée ici pour les première fois), avec la démonstration de la continuité des polynômes, mais même la démonstration d'existence de la borne inférieure d'un ensemble borné *quelconque* de nombres réels (il ne parle pas d'ensembles, mais, ce qui revient au même, de propriétés de nombres réels). D'autre part, Cauchy, dans son *Cours d'Analyse* (X), définissant, lui aussi, les fonctions continues d'une ou plusieurs variables numériques, démontre également qu'une fonction continue d'une variable ne peut changer de signe sans s'annuler, et ce par le raisonnement même de Simon Stévin, qui devient naturellement correct, une fois définie la continuité, dès qu'on se sert du critère de Cauchy (ou bien dès qu'on admet, comme Cauchy le fait à cet endroit, le principe équivalent dit des « intervalles emboîtés », dont la convergence des fractions décimales indéfinies n'est bien entendu qu'un cas particulier).

Une fois parvenus à ce point, il ne restait aux mathématiciens qu'à préciser et développer les résultats acquis, en corrigeant quelques erreurs et comblant quelques lacunes. Cauchy, par exemple, avait cru un moment qu'une série convergente, à termes fonctions continues d'une variable, a pour somme une fonction continue: la rectification de ce point par Abel, au cours de ses importants travaux sur les séries (XII, t. I, p. 219; cf. aussi t. II, p. 257, et *passim*), aboutit finalement à l'élucidation par Weierstrass, dans ses cours (inédits mais qui eurent une influence considérable), de la notion de convergence uniforme (v. Note historique du Chap. X). D'autre part, Cauchy avait, sans justification suffisante, admis l'existence du minimum d'une fonction continue dans l'une des démonstrations données par lui de l'existence des racines d'un polynôme; c'est encore Weierstrass qui apporta la clarté sur les questions de ce genre en démontrant dans ses cours le th. 1 de IV, p. 24 pour les fonctions de variables numériques, définies dans des intervalles fermés bornés; c'est à la suite de sa critique de l'application injustifiée de ce théorème à des ensembles de fonctions (dont le « principe de Dirichlet » est l'exemple le plus connu) que commence le mouvement d'idées qui aboutit, comme on l'a vu dans la Note historique du chapitre I (I, p. 123), à la définition générale des espaces compacts et à l'énoncé moderne du théorème tel que nous l'avons donné.

En même temps, Weierstrass, dans ses cours, avait reconnu l'intérêt logique qu'il y a à dégager entièrement l'idée de nombre réel de la théorie des grandeurs: utiliser celle-ci, en effet, revient à définir axiomatiquement l'ensemble des points de la droite (donc en définitive l'ensemble des nombres réels) et admettre l'existence d'un tel ensemble; bien que cette manière de faire soit essentiellement correcte, il est évidemment préférable de partir seulement des nombres rationnels, et d'en déduire les nombres réels par complétion.[1] C'est ce que firent, par des méthodes diverses, et indépendamment les uns des autres, Weierstrass, Dedekind, Méray et Cantor; tandis que le procédé dit des « coupures », proposé par Dedekind (XIII), se rapprochait beaucoup des définitions d'Eudoxe, les autres méthodes proposées se rapprochent de celle qui est exposée dans ce Traité. C'est à ce moment aussi que Cantor commence à développer la théorie des ensembles de nombres réels, dont Dedekind avait conçu la première idée (v. Bibliographie du chap. I), obtenant ainsi les principaux résultats élémentaires sur la topologie de la droite, la structure des ensembles fermés, les notions d'ensemble dérivé, d'ensemble parfait totalement discontinu, etc.; il obtient également le th. 1 de IV, p. 44 sur la puissance du continu, et en déduit que le continu n'est pas dénombrable, que l'ensemble des nombres transcendants a la puissance du continu, et aussi (résultat paradoxal pour l'époque) que l'ensemble des points du plan (ou de l'espace) a même puissance que l'ensemble des points de la droite.

[1] En effet, on ramène ainsi la question de l'existence, c'est-à-dire, en langage moderne, la non-contradiction de la théorie des nombres réels, à la question analogue pour les nombres rationnels, *à condition toutefois qu'on suppose acquise la théorie des ensembles abstraits* (puisque la complétion suppose la notion de partie arbitraire d'un ensemble infini); autrement dit, on ramène tout à cette dernière théorie, puisqu'on en peut tirer la théorie des nombres rationnels (v. E, III, p. 30 et A, I, p. 111). Au contraire, si l'on ne suppose pas qu'on dispose de la théorie des ensembles abstraits, il est impossible de ramener la non-contradiction de la théorie des nombres réels à celle de l'arithmétique, et il devient à nouveau nécessaire d'en donner une caractérisation axiomatique indépendante.

Avec Cantor, les questions étudiées dans le présent chapitre ont pris, à peu de chose près, leur forme définitive ; renvoyant à la Note historique du chapitre I (I, p. 122) sur le retentissement immédiat de son œuvre, indiquons brièvement dans quels sens elle a été prolongée. En dehors des travaux de topologie générale, et des applications à l'Intégration, dont nous traiterons ailleurs d'une manière approfondie, il s'agit surtout des recherches sur la structure et la classification des ensembles de points sur la droite et des fonctions numériques de variables réelles ; elles ont leur origine dans les travaux de Borel (XIV), orientés surtout vers la théorie de la mesure, mais qui aboutissent entre autres à la définition des « ensembles boréliens » : ce sont les ensembles appartenant à la plus petite famille de parties de **R**, comprenant les intervalles, et fermée par rapport à la réunion et à l'intersection *dénombrables* et à l'opération $\complement$ (cf. IX, §6, n° 3). A ces ensembles sont intimement liées les fonctions dites « boréliennes » ou « de Baire », c'est-à-dire celles qui peuvent être obtenues à partir des fonctions continues par l'opération de limite de suite, répétée « transfiniment » ; elles furent définies par Baire au cours d'importants travaux où il abandonne entièrement le point de vue de la mesure pour aborder systématiquement l'aspect qualitatif et « topologique » de ces questions (XV) : c'est à cette occasion qu'il définit et étudie le premier les fonctions semi-continues, et qu'en vue de caractériser les fonctions limites de fonctions continues, il introduit l'importante notion d'ensemble maigre (ensemble « de première catégorie » dans la terminologie de Baire) que nous étudierons dans IX, §5. Quant aux nombreux travaux qui ont suivi ceux de Baire, et qui sont dus principalement aux écoles russe et surtout polonaise, nous ne pouvons ici qu'en signaler l'existence (v. par exemple (XVI) et le périodique *Fundamenta Mathematicae*).

BIBLIOGRAPHIE

(I) O. Neugebauer, *Vorlesungen über Geschichte der antiken Mathematik*, Bd. I: Vorgriechische Mathematik, Berlin (Springer), 1934.

(II) *Euclidis Elementa*, 5 vol., éd. J. L. Heiberg, Lipsiae (Teubner), 1883–88.

(II *bis*) T. L. Heath, *The thirteen books of Euclid's Elements...*, 3 vol., Cambridge, 1908.

(III) *Archimedis Opera Omnia*, 3 vol., éd. J. L. Heiberg, 2e éd., 1913–15.

(III) *bis*) *Les Œuvres complètes d'Archimède*, trad. P. Ver Eecke, Paris-Bruxelles (Desclée-de Brouwer), 1921.

(IV) *Diophanti Alexandrini Opera Omnia...*, 2 vol., éd. P. Tannery, Lipsiae (Teubner), 1893–95.

(IV *bis*) *Diophante d'Alexandrie*, trad. P. Ver Eecke, Bruges (Desclée-de Brouwer), 1926.

(V) R. Bombelli, *L'Algebra*, éd. E. Bortolotti, Bologna (Zanichelli), 1929.

(VI) Les Œuvres Mathématiques de Simon Stevin de Bruges, Ou ſont inſérées les Memoires Mathematiques, Eſquelles s'eſt exercé le Tres-haut & Tres-illustre Prince Maurice de Nassau, Prince d'Aurenge, Gouverneur des Provinces des Païs-bas unis, General par Mer & par Terre, &c., *Le tout reveu, corrigé, et augmenté* par Albert Girard Samielois, Mathematicien, A Leyde, Chez Bonaventure & Abraham Elsevier, Imprimeurs ordinaires de l'Université, Anno CIƆ IƆ CXXXIV (= 1634), vol. I.

(VII) I. Barrow, *Mathematical Works*, Cambridge (University Press), 1860.

(VIII) I. Newton, *De Analysi per aequatione numero terminorum infinitas*, in *Commercium Epistolicum D. Johannis Collins et aliorum de Analysi promota*, Londini, 1712. (= *The mathematical papers of Isaac Newton*, ed. D. T. Whiteside, t. II, p. 206–247, Cambridge (University Press), 1968).

(IX) C. F. Gauss, *Werke*, vol. III (Göttingen, 1876) et X^1 (*ibid.*, 1917).

(X) A. Cauchy, *Cours d'Analyse de l'Ecole Royale Polytechnique*, 1re partie, 1821 = *Œuvres* (II), t. III, Paris (Gauthier-Villars), 1897.

(XI) B. Bolzano, *Rein Analytischer Beweis des Lehrsatzes, dass zwischen je zwei Werthen, die ein entgegengesetzes Resultat gewähren, wenigstens eine reelle Wurzel liegt*, Ostwald's Klassiker, n° 153, Leipzig, 1905.

(XII) N. H. Abel, *Œuvres*, 2 vol., éd. Sylow et Lie, Christiania, 1881.

(XIII) R. Dedekind, *Gesammelte mathematische Werke*, t. II, Braunschweig (Vieweg), 1932, p. 315.

(XIV) E. Borel, *Leçons sur la théorie des fonctions*, 2e édition, Paris (Gauthier-Villars), 1914.

(XV) R. Baire, *Leçons sur les fonctions discontinues*, Paris (Gauthier-Villars), 1905.

(XVI) N. Lusin, *Leçons sur les ensembles analytiques et leurs applications*, Paris (Gauthier-Villars), 1930.

INDEX DES NOTATIONS

$\lim.\sup_{\mathfrak{G}} f$, $\lim.\inf_{\mathfrak{G}} f$, $\lim.\sup_{x,\mathfrak{G}} f(x)$, $\lim.\inf_{x,\mathfrak{G}} f(x)$: IV, p. 22.
$\lim.\sup f$, $\lim.\inf f$, $\lim.\sup_x f(x)$, $\lim.\inf_x f(x)$: IV, p. 22.
$\lim.\sup_{x \to a} f(x)$, $\lim.\inf_{x \to a} f(x)$: IV, p. 24.
$\lim.\sup_{x \to a, x \in E} f(x)$, $\lim.\inf_{x \to a, x \in E} f(x)$, $\lim.\sup_{x \to a, x \neq a} f(x)$, $\lim.\inf_{x \to a, x \neq a} f(x)$: IV, p. 24.
$\lim.\sup_{n \to \infty} u_n$, $\lim.\inf_{n \to \infty} u_n$ ((u_n) suite de nombres réels) : IV, p. 24.
$\lim.\sup_{n \to \infty} f_n$, $\lim.\inf_{n \to \infty} f_n$ ((f_n) suite de fonctions numériques) : IV, p. 25.
$f + g$, fg, $1/f$ (f, g fonctions à valeurs dans $\overline{\mathbf{R}}$) : IV, p. 25.
$[x]$ (x nombre réel) : IV, p. 41.

INDEX TERMINOLOGIQUE

BIBLIOGRAPHIE

(I) O. Schreier, Abstrakte kontinuierliche Gruppen, *Hamb. Abh.*, t. IV (1926), p. 15.

(II) L. Pontrjagin *Topological groups*, Princeton University Press, 1939.

(III) A. Weil, L'intégration dans les groupes topologiques et ses applications, *Actual. Scient. et Ind.* n° 869, Paris (Hermann), 1940.

(IV) D. Montgomery–L. Zippin, *Topological transformation groups*, New York (Interscience), 1955.

TABLE DES MATIÈRES